A mente nova do imperador

CB053031

FUNDAÇÃO EDITORA DA UNESP

Presidente do Conselho Curador
Mário Sérgio Vasconcelos

Diretor-Presidente / Publisher
Jézio Hernani Bomfim Gutierre

Superintendente Administrativo e Financeiro
William de Souza Agostinho

Conselho Editorial Acadêmico
Divino José da Silva
Luís Antônio Francisco de Souza
Marcelo dos Santos Pereira
Patricia Porchat Pereira da Silva Knudsen
Paulo Celso Moura
Ricardo D'Elia Matheus
Sandra Aparecida Ferreira
Tatiana Noronha de Souza
Trajano Sardenberg
Valéria dos Santos Guimarães

Editores-Adjuntos
Anderson *Nobara*
Leandro Rodrigues

Roger Penrose

Rouse Ball Professor of Mathematics
Universidade de Oxford

A mente nova do imperador

Sobre computadores, mentes e as leis da física

Prefácio
Martin Gardner

Tradução
Gabriel Cozzella

editora
unesp

Título original: *The Emperor's New Mind*
© 1989 Oxford University Press
© 1999, 2016 Roger Penrose, para o prefácio

© 2023 Editora Unesp

Direitos de publicação reservados à:
Fundação Editora da Unesp (FEU)
Praça da Sé, 108
01001-900 – São Paulo – SP
Tel.: (0xx11) 3242-7171
Fax: (0xx11) 3242-7172
www.editoraunesp.com.br
www.livrariaunesp.com.br
atendimento.editora@unesp.br

Dados Internacionais de Catalogação na Publicação (CIP) de acordo com ISBD
Elaborado por Odilio Hilario Moreira Junior – CRB-8/9949

P417m Penrose, Roger

A mente nova do imperador: Sobre computadores, mentes e as leis da física / Roger Penrose; traduzido por Gabriel Cozzella. – São Paulo: Editora Unesp, 2023.

Tradução de: *The Emperor's New Mind*: Concerning Computers, Minds, and the Laws of Physics

Inclui bibliografia.
ISBN: 978-65-5711-140-6

1. Inteligência artificial. I. Cozzella, Gabriel. II. Título.

2022-2146 CDD 006.3
CDU 004.81

Editora afiliada:

Asociación de Editoriales Universitarias de América Latina y el Caribe

Associação Brasileira de Editoras Universitárias

Dedico este livro à memória amorosa de minha querida mãe, que por pouco não viveu para vê-lo.

Sumário

Nota para o leitor
Sobre a leitura de equações matemáticas

Em diversos lugares deste livro recorri ao uso de fórmulas matemáticas, de maneira desafiadora em face dos avisos que são frequentemente dados aos autores de que cada fórmula desse tipo fará com que o público leitor caia pela metade. Se você é um leitor que acha que qualquer fórmula é intimidadora (e muitas pessoas acham), eu recomendo o procedimento que eu mesmo adoto quando me encontro nessa situação. O procedimento é, basicamente, ignorar totalmente a linha com a fórmula e pular para a próxima linha que contenha texto de fato! Bem, não é exatamente assim; deveríamos dar o benefício da dúvida à fórmula, olhá-la de relance, em vez de um olhar amplo, e daí prosseguir. Depois de um tempo, se estivermos munidos de uma confiança renovada, poderíamos retornar à fórmula negligenciada e tentar extrair algumas características mais salientes dela. O texto em si pode ser útil em nos elucidar o que é importante e o que pode ser tranquilamente ignorado nela. Caso contrário, não tenham medo de abandoná-la totalmente.

Agradecimentos

Existem muitas pessoas que me auxiliaram, de uma forma ou de outra, na escrita deste livro e às quais devo meus agradecimentos. Em particular, existem aqueles que são defensores da IA forte (especialmente aqueles que estiveram envolvidos em um programa de televisão da BBC a que uma vez assisti), os quais, por expressarem opiniões tão extremadas sobre a IA, me motivaram, alguns anos atrás, a embarcar neste projeto. (Porém, se eu soubesse do trabalho futuro que teria ao escrever, temo que não haveria começado!) Muitas pessoas passaram os olhos em versões de pequenas partes do texto original e me forneceram muitas sugestões úteis de melhorias; para eles, eu também ofereço meus agradecimentos: Toby Bailey, David Deutsch (que também me ajudou muito ao verificar minhas especificações das máquinas de Turing), Stuart Hamsphire, Jim Hartle, Lane Hughston, Angus McIntyre, Mary Jane Mowat, Tristan Needham, Ted Newman, Eric Penrose, Toby Penrose, Wolfgang Rindler, Engelbert Schücking e Dennis Sciama. A ajuda de Christopher Penrose com informações detalhadas acerca do conjunto de Mandelbrot é particularmente apreciada, assim como a de Jonathan Penrose com informações úteis em relação ao xadrez de computadores. Agradecimentos especiais para Colin Blakemore, Erich Harth e David Hubel por lerem e checarem o Capítulo 9, que trata de um tema no qual eu certamente não sou especialista – ainda que, assim como com relação a todos que agradeço, eles não sejam de nenhuma forma responsáveis por quaisquer erros que permaneçam. Eu agradeço a NSF por apoio sob os contratos DMS 84-05644, DMS 86-06488 (na Rice University, Houston, onde algumas palestras foram dadas e sobre as quais parte deste livro se baseia) e PHY 86-12424 (na Syracuse University, onde ocorreram algumas discussões valiosas sobre mecânica quântica). Tenho uma dívida grande também com Martin Gardner, por sua enorme generosidade em fornecer um prefácio para este trabalho e por alguns comentários específicos. Em especial sou grato a minha amada Vanessa por suas cuidadosas e detalhadas críticas de diversos capítulos, por um auxílio inestimável com as referências e, de forma alguma menos importante, por me aguentar quando eu estava nos meus momentos mais insuportáveis – e por seu profundo amor e apoio quando ele era vital.

Agradecimentos pelas figuras

Os editores procuraram ou são gratos às pessoas e instituições mencionadas pelas permissões de reprodução do material ilustrativo.

Figs. 4.6 e 4.9 de D. A. Klarner (ed.), *The mathematical Gardner* (Wadsworth International, 1981).

Fig. 4.7 de B. Grünbaum e G. C. Shephard, *Tilings and patterns* (W. H. Freeman, 1987). Copyright © 1987 por W. H. Freeman and Company. Utilizada com permissão.

Fig. 4.10 de K. Chandrasekharan, *Hermann Weyl 1885-1985* (Springer, 1986).

Figs. 4.11 e 10.3 de "Pentaplexity: a class of non-periodic tilings of the plane". *The Mathematical Intelligencer*, **2**, 32-7 (Springer, 1979).

Figs. 4.12 de H. S. M. Coxeter, M. Emmer, R. Penrose e M. L. Teuber (eds.), *M. C. Escher: Art and Science* (North-Holland, 1986).

Fig. 5.2 © 1989 Herdeiros de M. C. Escher/Condon Art. Baarn, Países Baixos.

Fig. 10.4 de *Journal of Materials Research*, **2**, 1-4 (Materials Research Society, 1987).

As demais imagens (incluindo figuras 4.10 e 4.12) são do autor.

Prefácio

Por Martin Gardner

Muitos matemáticos e físicos de grande estatura acham complexo, se não impossível, escrever um livro que leigos possam entender. Até este ano poderíamos supor que Roger Penrose, um dos físicos matemáticos com maior conhecimento e criatividade do mundo, pertencia a esse grupo. Aqueles de nós que havíamos lido seus artigos não técnicos e suas notas de aula sabíamos que não era esse o caso. Ainda assim, foi uma grata surpresa ver que Penrose havia dedicado um tempo em meio de seus afazeres para produzir um livro maravilhoso para o leitor leigo informado. É um livro que eu acredito que se tornará um clássico.

Ainda que os capítulos escritos por Penrose percorram searas vastas, indo desde a teoria da relatividade à mecânica quântica e à cosmologia, suas preocupações centrais são com o que os filósofos chamam de "problema mente-corpo". Por décadas, os defensores da "IA (inteligência artificial) forte" tentaram nos persuadir de que era apenas uma questão de um século ou dois (alguns até abaixaram o tempo para cinquenta anos!) até que os computadores eletrônicos estivessem fazendo tudo aquilo que uma mente humana pode fazer. Estimulados pela ficção científica em suas juventudes e convencidos de que nossas mentes são simplesmente "computadores feitos de carne" (como já colocado por Marvin Minsky), eles tinham certeza de que o prazer e a dor, a apreciação da beleza e do humor, a consciência e o livre-arbítrio são capacidades que emergirão naturalmente quando robôs eletrônicos tiverem um comportamento algorítmico suficientemente complexo.

Alguns filósofos da ciência (particularmente John Searle, cujo notório experimento mental do quarto chinês é discutido profundamente por Penrose) discordam fortemente. Para eles, um computador não é essencialmente diferente das calculadoras mecânicas que operam com rodas, alavancas ou qualquer outra coisa capaz de transmitir sinais. (É possível montar um computador cuja base seja composta por bolinhas de gude ou água se movendo ao longo de canos.) Pelo fato de a eletricidade viajar através dos fios mais rapidamente que outras formas de energia (exceto a luz), os computadores podem brincar com símbolos de forma mais rápida que as calculadoras mecânicas e, assim, realizar tarefas de enorme complexidade. Porém, será que um computador eletrônico "entende" o que está fazendo de alguma forma superior ao "entendimento" de um ábaco? Computadores agora são capazes de jogar xadrez no mesmo nível que grandes mestres. Eles "entendem" o jogo melhor do que um aparato capaz de jogar o jogo da velha que um grupo de *hackers* tenha construído com brinquedos antigos?

O livro escrito por Penrose é a investida mais poderosa já escrita contra a IA forte. Objeções têm sido levantadas nos últimos séculos contra a afirmação reducionista de que a mente é uma máquina operada pelas leis conhecidas da física, mas a ofensiva de Penrose é mais persuasiva, pois ela bebe de fontes de informação que não estavam previamente disponíveis para os objetores. O livro revela que Penrose é mais que um físico matemático. Ele também é um filósofo de primeira linha, sem medo de tratar de problemas que os filósofos contemporâneos tendem a considerar sem significado.

Penrose também tem a coragem de afirmar, ao contrário de uma crescente negativa expressa por um pequeno grupo de físicos, a existência de um realismo robusto. Não apenas o universo "existe", mas a verdade matemática também tem sua misteriosa existência eterna e independente. Como Newton e Einstein, Penrose tem um senso profundo de humildade e admiração com relação tanto ao mundo físico quanto ao reino platônico da matemática pura. O distinto teórico dos números Paul Erdös gosta de falar sobre "o livro de Deus", no qual todas as melhores provas matemáticas estão registradas. Aos matemáticos ocasionalmente é permitido que vislumbrem uma parte de uma página desse livro. Quando um físico ou um matemático experimenta uma súbita inspiração que o leva a um momento de "aha!", Penrose acredita, é mais do que simplesmente algo "emergente de algum cálculo complicado". É a mente tendo um contato momentâneo com a verdade objetiva. Poderia ser, ele pondera, que o mundo de Platão e o mundo físico (o qual os físicos agora dissolveram na matemática) são em realidade uma coisa só?

Muitas páginas do livro de Penrose são devotadas à famosa estrutura fractal conhecida como conjunto de Mandelbrot, em homenagem a Benoît Mandelbrot, que a descobriu. Ainda que autossimilar em um sentido estatístico, à medida que partes da estrutura são amplificadas, seu padrão infinitamente convoluto continua mudando de formas imprevisíveis. Penrose acha incompreensível (assim como eu) que qualquer um possa supor que essa exótica estrutura não "exista" no universo tanto quanto o Monte Everest existe, estando sujeita a ser explorada da mesma maneira que uma selva é explorada.

Penrose se encontra dentro de um conjunto cada vez maior de físicos que pensam que Einstein não estava sendo teimoso ou cabeça-dura quando ele dizia que "sua intuição" apontava que a mecânica quântica era incompleta. Para dar suporte a isso, Penrose levará você, leitor, por um estonteante *tour* que tratará de tópicos tais como números complexos, máquinas de Turing, teoria da complexidade, os incríveis paradoxos da mecânica quântica, sistemas formais, a indecidibilidade de Gödel, espaços de fase, espaços de Hilbert, buracos negros, buracos brancos, radiação Hawking, entropia, a estrutura do cérebro e muitos outros tópicos que estão no cerne das especulações atuais. Será que cães e gatos são "conscientes" de si? É possível em teoria que uma máquina transmissora de matéria transloque uma pessoa de um lugar para o outro da forma como os astronautas são teletransportados para cima e para baixo na série de televisão *Star Trek* (*Jornada nas Estrelas*)? Qual é o valor de sobrevivência que a evolução encontrou em produzir a consciência? Existe um nível além da mecânica quântica no qual a direção do tempo e sua distinção entre antes e depois esteja firmemente incrustada? Será que as leis da mecânica quântica, ou talvez até leis mais profundas, são essenciais para o funcionamento da mente?

Para as duas últimas questões a resposta de Penrose é positiva. Sua famosa teoria de "*twistors*" – objetos geométricos abstratos que existem em um espaço complexo de maiores dimensões e subjacente ao espaço-tempo – é muito técnica para sua inclusão neste livro. Eles são o resultado de duas décadas de esforço por parte de Penrose para investigar um local mais profundo do que aquele que os campos e as partículas da mecânica quântica ocupam. Em sua classificação quádrupla de teorias como soberbas, úteis, provisórias e errôneas, Penrose modestamente coloca sua teoria de *twistors* na classe de provisórias, junto com supercordas e outros esquemas de unificação que são amplamente debatidos hoje.

Desde 1973, Penrose tem ocupado a cátedra de Professor Rouse Ball de matemática da Universidade de Oxford. O título é apropriado, já que W. W. Rouse Ball não só era um notório matemático, mas ele também era um mágico amador com um fervoroso interesse relacionado à matemática recreativa, de forma que ele escreveu um trabalho clássico em inglês nessa área, *Mathematical Recreations and Essays* [Recreações e ensaios matemáticos]. Penrose compartilha do entusiasmo de Ball pelas brincadeiras. Em sua juventude, ele descobriu um "objeto impossível" chamado de "tribarra". (Um objeto impossível é o desenho de uma figura sólida que não pode existir, pois contém elementos autocontraditórios.) Ele e seu pai Lionel, um geneticista, transformaram a tribarra na escadaria de Penrose, uma estrutura que Maurits Escher utilizou em duas conhecidas litografias: *Subindo e descendo* e *Cachoeira*. Um dia, quando Penrose estava deitado em sua cama, em um "ataque de loucura", ele visualizou um objeto impossível no espaço quadridimensional. É algo, ele disse, que, se encontrado por uma criatura quadridimensional, a faria exclamar "Meu Deus, o que é aquilo?".

Durante a década de 1960, quando Penrose trabalhava em cosmologia com seu amigo Stephen Hawking, ele fez o que é provavelmente sua descoberta mais conhecida. Se a teoria da relatividade funciona "em todos os níveis", então deve existir uma singularidade em todo buraco negro onde as leis da física deixam de ser válidas. Mesmo essa conquista foi eclipsada nos anos recentes pela construção feita por Penrose de duas formas que ladrilham o plano, similar a um mosaico de Escher, mas que podem ladrilhá-lo somente de forma não periódica. (O leitor pode ver mais sobre essas maravilhosas formas em meu livro *Penrose Tiles to Trapdoor Ciphers* [Dos ladrilhos de Penrose às cifras de alçapão].) Penrose os inventou – ou melhor, os descobriu – sem qualquer esperança de que eles fossem úteis. Para a surpresa de todos, acontece que as formas tridimensionais de seus mosaicos podem estar subjacentes a um estranho novo tipo de matéria. O estudo desses "quasicristais" é agora uma das áreas de pesquisa de maior atividade na cristalografia. É também um exemplo dramático em tempos modernos de como a matemática recreativa pode ter aplicações imprevisíveis.

As conquistas de Penrose na matemática e na física – das quais eu mencionei apenas uma pequena fração – derivam de um senso de maravilhamento que durou toda sua vida com relação ao mistério e a beleza da existência. Sua intuição aponta para ele que a mente humana é mais do que somente uma coleção de pequenos fios e interruptores. O personagem Adam de seu prólogo e epílogo é parcialmente um símbolo do alvorecer da consciência na lenta evolução da vida senciente. Para mim ele também é Penrose – a criança sentada na terceira fileira, mantendo alguma distância dos líderes da área de IA –, que ousa sugerir que os imperadores da IA forte estão nus. Muitas das opiniões de Penrose estão infundidas de humor, mas esta não é motivo para risada.

Apresentação

A mente nova do imperador, publicado em sua forma original em 1989, representa minha primeira tentativa séria de adentrar o gênero da escrita científica para o público amplo. Como parte do objetivo deste livro, eu tento apresentar da forma mais clara que posso uma boa parte do profundo progresso que os físicos fizeram com relação a um entendimento do funcionamento do mundo físico. Porém, esta não é simplesmente uma obra de exposição científica. Eu também tento indicar alguns pontos nos quais o nosso arcabouço atual de entendimento científico está muito distante de sua meta final. Particularmente, eu argumento que o fenômeno da *consciência* não pode ser acomodado dentro do contexto das teorias físicas atuais.

Isso vai contra uma certa percepção comum das implicações de um ponto de vista científico. Segundo essa percepção, *todos* os aspectos da mentalidade (incluindo a existência consciente) são simplesmente características da atividade *computacional* do cérebro; consequentemente, computadores eletrônicos também deveriam ser capazes de ter consciência e exibir tal qualidade assim que atingirem uma certa quantidade suficiente de poder computacional e forem programados da maneira correta. Eu faço o melhor que posso para, de forma fria e desapaixonada, expressar minhas razões científicas para não crer nessa percepção, argumentando que os aspectos conscientes das nossas mentes *não* são explicáveis em termos computacionais. Mais que isso, que nossas mentes conscientes não encontram morada dentro do paradigma científico atual. Ainda assim, não é minha ideia que nós tenhamos que olhar além da ciência para um entendimento da mentalidade, somente que a ciência *existente* não é rica o suficiente para tal.

Uma coisa que eu não havia antecipado adequadamente enquanto escrevia este livro é a ira que minha tese provocaria, especialmente daqueles que defendem veementemente o modelo computacional da mente, mas também de alguns que acreditam que a ciência é uma inimiga mortal do estudo da consciência. Sem dúvida a posição filosófica de uma pessoa com relação à mente pode – assim como a religião de uma pessoa – ser um assunto delicado. Mas o *quão* delicado esse assunto pode ser não foi algo que eu havia compreendido totalmente.

Meu raciocínio, como apresentado neste livro, possui dois pilares. O primeiro deles se propõe a mostrar, apelando para resultados de Gödel (e Turing) que o *pensamento matemático* (e, assim, o pensamento consciente em geral) é algo que não pode ser encapsulado por qualquer modelo computacional do pensamento. Essa é a parte do meu argumento com que meus críticos em geral mais se incomodam. O segundo pilar do raciocínio é demonstrar que existe uma lacuna importante em nosso *paradigma físico do mundo*, em um nível que deveria ser a ponte entre o mundo submicroscópico da mecânica quântica e o mundo macroscópico da física clássica. Meu ponto de vista demanda que a física faltante que se encontra nesta lacuna, quando encontrada, terá um papel essencial no entendimento físico da mente consciente. Mais que isto, deve existir algo além de um funcionamento puramente computacional nessa tão buscada área da física.

Nos cerca de dez anos que se passaram desde a primeira impressão deste livro houve uma miríade de evidentes avanços, e quero delinear alguns deles aqui, de maneira que o leitor possa ganhar algum entendimento do que eu acredito ser o *status* atual destas ideias. Para começar, consideremos o *status* de relevância do teorema de Gödel com relação a algumas das críticas que meus argumentos levantaram. O que o teorema de Gödel nos diz, em resumo, é o seguinte (o que não é controverso). Suponha que nos seja dado um procedimento computacional **P** para estabelecer a veracidade de asserções matemáticas (digamos, asserções de um tipo particularmente bem definido, tal como o conhecido "último teorema de Fermat", cf. p.110-1). Assim, se estivermos preparados para aceitar que as regras de **P** são *confiáveis* – no sentido de que nós aceitamos que derivações bem-sucedidas de alguma asserção matemática mediante o uso das regras de **P** nos fornecem uma *demonstração incontestável* da veracidade de tal asserção – então nós devemos também aceitar como incontestavelmente verdadeira alguma outra asserção, G(**P**), que está *além do escopo* das regras de **P** (cf. p.164). Assim, uma vez que tenhamos visto como mecanizar uma parte do nosso entendimento matemático (digamos, em **P**), então nós também podemos ver como *transcender* tal mecanização. Para mim, isso fornece uma razão evidente para acreditar que o nosso entendimento matemático possui elementos que estão além de algo puramente computacional. Porém, muitos críticos continuaram não convencidos e apontaram diversas brechas nessa dedução. Em meu livro seguinte, *Shadows of the Mind*[1] [*Sombras da mente*, Ed. Unesp, 2021], eu respondi a todas essas críticas com bastante detalhes e forneci diversos novos argumentos para contrariá-las. No entanto, o debate permanece.[2]

Uma das razões pelas quais as pessoas algumas vezes têm dificuldade em ver a relevância do teorema de Gödel para nosso entendimento matemático é que, segundo a forma pela qual o teorema é geralmente apresentado, G(**P**) parece ter pouca relevância para qualquer resultado matemático de interesse. Mais que isso, G(**P**), como uma afirmação matemática, seria imensamente difícil de compreender. Dessa forma, mesmo os matemáticos geralmente estão felizes de descartar asserções matemáticas como G(**P**). Ainda assim, existem exemplos de afirmações de Gödel que são facilmente acessíveis, mesmo para aqueles que não tenham qualquer familiaridade particular com a terminologia matemática ou com notações além daquelas que são utilizadas na aritmética ordinária.

Um exemplo particularmente interessante disso chegou a mim (em uma palestra dada por Dan Isaacson em 1996) somente após os escritos acima terem sido publicados. Este resultado é conhecido como *teorema de Goodstein.*[3] Eu acredito que é instrutivo explicar o teorema de Goodstein explicitamente aqui, de forma que o leitor possa ganhar alguma experiência prática com um teorema do tipo Gödel.[4]

---

1 Oxford University Press, 1994; Vintage, 1995.

2 O leitor interessado pode querer ver os comentários críticos, juntos de minhas próprias respostas, em *Behavioral and Brain Sciences*, 13 (4, 1990), p.643-705 e *Psyche* (MIT Press, 2, 1996), p.1-129. A última referência pode ser encontrada no *site* http://psyche.cs.monash.edu.au/psyche-index-v2_1.html e é possível obter algum ganho ao ler minha resposta (intitulada Além das dúvidas de uma sombra) aos comentários antes de embarcar em um estudo dos detalhes de *Sombras da mente*. Uma referência adicional relevante é *O grande, o pequeno e a mente humana* (Cambridge University Press, 1997 [Ed. Unesp, 2001]).

3 R. L. Goodstein, On the restricted ordinal theorem, *Journal of Symbolic Logic*, 9, 1944, p.33-41.

4 Veja também R. Penrose, On understanding understanding, *International Studies in the Philosophy of Science*, 11, 1997, p.7-20.

Para apreciar o que o teorema de Goodstein afirma, considere qualquer número inteiro positivo, digamos 581. Primeiro, vamos expressá-lo como uma soma de potências distintas de 2:

$$581 = 2^9 + 2^6 + 2^2 + 1.$$

(Isso é o que geralmente está envolvido na formação da representação *binária* do número 581, isto é **1001000101**, onde os **1**s representam as potências de 2 que estão presentes na expansão, e os **0**s, aquelas que estão ausentes.) Será percebido que os expoentes nesta expressão, isto é, os números 9, 6 e 2 também podem ser representados desta forma ($9 = 2^3 + 1$, $6 = 2^2 + 2^1$, $2 = 2^1$) e nós obtemos (lembrando que $2^1 = 2$)

$$581 = 2^{2^3+1} + 2^{2^2+2} + 2^2 + 1.$$

Ainda existe um expoente no próximo degrau da hierarquia, isto é, o "3", para o qual essa representação pode novamente ser utilizada ($3 = 2^1 + 1$) e nós obtemos

$$581 = 2^{2^{2^1+1}+1} + 2^{2^2+2} + 2^2 + 1.$$

Para números maiores nós teríamos que ir para expoentes de terceira ordem ou mais.

Agora aplicaremos uma sucessão de operações simples nesta expressão, estas alternando entre

(a) aumentar a "base" de 1,
(b) subtrair 1.

Por "base" em (a) queremos dizer simplesmente o número "2" nas expressões acima, mas também podemos fazer algo similar para bases maiores: 3, 4, 5, 6, ... Vamos ver o que acontece quando aplicamos (a) para a última expressão dada para 581 acima, de forma que os 2s se tornem 3s. Nós obtemos

$$3^{3^{3+1}} + 3^{3^3+3} + 3^3 + 1$$

(que é, a propósito, um número de 40 dígitos, quando escrito da forma usual, começando com 133027946 ...). Em seguida, aplicamos (b) para obter

$$3^{3^{3+1}} + 3^{3^3+3} + 3^3$$

(ainda um número de 40 dígitos começando com 133027946 ...). Agora aplicamos (a) novamente para obter

$$4^{4^{4+1}} + 4^{4^{4+4}} + 4^4$$

(que é agora um número de 618 dígitos, começando com 12926802...). A operação (b) de subtrair 1 nos dá agora

$$4^{4^{4+1}} + 4^{4^{4+4}} + 3 \times 4^3 + 3 \times 4^2 + 3 \times 4 + 3$$

(onde os "3"s surgem de forma análoga aos "9"s que ocorrem na notação comum de base 10 quando subtraímos 1 de 10.000 obtendo 9.999). A operação (a) nos dá

$$5^{5^{5+1}} + 5^{5^{5+5}} + 3 \times 5^3 + 3 \times 5^2 + 3 \times 5 + 3$$

(que tem agora 10.923 dígitos e começa com 1274 ...). Note que os coeficientes "3"s que aparecem aqui são todos menores que a base (agora 5) e não são afetados pelo aumento da base. Aplicando (b) novamente obtemos

$$5^{5^{5+1}} + 5^{5^{5+5}} + 3 \times 5^3 + 3 \times 5^2 + 3 \times 5 + 2$$

e devemos continuar essa alternância (a), (b), (a), (b), (a), (b), ..., tanto quanto consigamos. Os números que aparecem são cada vez maiores, e seria natural supor que eles continuariam a crescer indefinidamente. No entanto, isso não é verdade; pois o teorema notório de Goodstein nos diz que não importa com qual número positivo nós comecemos (aqui 581) nós eventualmente *terminaremos com zero*!

Isso parece extraordinário. Mas, de fato, é verdade e, para obter alguma intuição, eu recomendaria ao leitor que testasse – começando com 3 (onde nós temos $3 = 2^1 + 1$, de forma que nossa sequência resulta em 3, 4, 3, 4, 3, 2, 1, 0) – mas então, mais importante, tentando com 4 (onde nós temos $4 = 2^2$, forma que nós começamos com uma sequência razoavelmente pequena com 4, 27, 26, 42, 41, 61, 60, 83, ..., mas que alcança um número com 121.210.695 dígitos antes de finalmente decair para zero!).

O que é bastante extraordinário é que o teorema de Goodstein é, na realidade, um *teorema de Gödel* para o procedimento que nós aprendemos na escola conhecido como *indução matemática*, como foi mostrado por L. A. S.

Kirby e J. B. Paris.[5] Lembrem-se de que a indução matemática fornece uma maneira de provar que alguma afirmação matemática $S(n)$ é válida para todo $n = 1,2,3,4,5, \ldots$. O procedimento é mostrar que, primeiro, ela vale para $n = 1$ e então mostrar que *se* ela vale para n, então ela também deve valer para $n + 1$. O que Kirby e Paris demonstraram foi que, se **P** representa um procedimento de indução matemática, então podemos tomar G(**P**) como o teorema de Goodstein. Isso nos diz que, se nós cremos que o procedimento de indução matemática é confiável (o que dificilmente é uma hipótese duvidosa), então também devemos acreditar na veracidade do teorema de Goodstein – apesar do fato de que ela *não é provável* por indução matemática somente.

A "não provabilidade", nesse sentido, do teorema de Goodstein certamente não nos impede de ver que ele é de fato *verdadeiro*. Nossas intuições nos permitem *transcender* os procedimentos limitados de "prova" que havíamos nos permitido utilizar anteriormente. De fato, a maneira que o próprio Goodstein utilizou para provar seu teorema foi utilizar um exemplo do que é chamado de "indução transfinita". No nosso contexto, isso fornece uma forma de organizar uma intuição que pode ser obtida diretamente por meio de se familiarizar com a "razão" pelo qual o teorema de Goodstein de fato é verdadeiro. Essa intuição pode ser obtida ao investigar diversos casos particulares do teorema de Goodstein. O que acontece é que a modesta pequena operação (b) "dilapida" sem dó o número até que as torres de expoentes eventualmente caiam, uma por uma, não sobrando enfim nenhuma, mesmo que isso tome um número incrivelmente grande de etapas.

O que tudo isso nos mostra é que a qualidade do *entendimento* não é algo que possa eventualmente ser encapsulada em um conjunto de regras. Mais que isso, entendimento é uma qualidade que depende de nossa atenção consciente, assim, seja lá o que for que é responsável por essa atenção consciente parece essencialmente vir à tona quando o "entendimento" está presente. Dessa forma, nossa atenção consciente parece ser algo que envolve elementos que não podem ser encapsulados dentro de um conjunto de regras computacionais de qualquer tipo; existem, de fato, razões bem fortes para acreditar que é um processo essencialmente "não computacional".

As possíveis "brechas" nessa conclusão, referidas acima, são que nossa capacidade para o entendimento (matemático) poderia ser o resultado de

[5] Accessible Independence results for Peano arithmetic, *Bulletin of the London Mathematical Society*, 14, 1982, p.285-93.

algum procedimento de cálculo que é impossível de ser conhecido por conta de sua complicação, ou então não impossível de ser conhecido, mas incapaz de ser visto como correto, ou impreciso, mas somente aproximadamente correto. Com relação a essas possibilidades devemos considerar como tal processo poderia existir. Em *Sombras da mente* tratei de todas essas possíveis brechas detalhadamente, e recomendaria essa discussão (e também aquela em *Psyche*, "Beyond the Doubting of a Shadow")[6] para qualquer leitor interessado em ver essas questões com maior completude.

Se aceitarmos que existe algo que de fato está além de procedimentos puramente computacionais em nossa capacidade de entendimento e, assim, em nossas ações conscientes de maneira mais geral, então o próximo passo seria buscar onde, no mundo físico, qualquer "comportamento essencialmente não computacional" poderia ser encontrado. (Isto é, desde que também aceitemos que é no mundo físico que devemos procurar por algo de forma a achar a origem do fenômeno da consciência.) Tento expor minhas razões de que de fato não existe nenhum lugar dentre as nossas teorias físicas aceitas atualmente onde tal "funcionamento não computacional" poderia existir. Assim, devemos procurar por tal lugar onde existe uma *lacuna* importante em nossas teorias. Essa lacuna, afirmo, está na ponte entre o mundo "submicroscópico", onde a física quântica tem seu domínio, e o mundo macroscópico de nossas experiências cotidianas, onde a física clássica funciona tão bem.

Um ponto importante deve ser levantado aqui. O termo "não computacional" se refere a tipos específicos de processos matemáticos, aqueles que matematicamente se *provou* estarem além do escopo da computação. Parte da meta deste livro é trazer tais coisas à atenção dos leitores que não estão familiarizados com esses conceitos. Processos não computáveis são completamente determinísticos. Isso é algo de caráter fundamentalmente diferente da *aleatoriedade* completa que aparece em nossa interpretação atual da mecânica quântica, quando um efeito quântico de pequena escala é amplificado para o nível clássico – o procedimento referido como "**R**" nesta obra. Argumento que uma nova teoria será necessária de modo a obter um quadro coerente da "realidade" que subjaz a esse provisório procedimento-**R** que utilizamos na mecânica quântica, e tento argumentar que é nessa nova teoria que a não computabilidade que necessitamos será encontrada.

---

[6] Veja a nota 2 à p.25.

Também argumento que essa teoria que procuramos é a mesma que a conexão ausente entre a teoria quântica e a relatividade geral de Einstein. O termo utilizado na física convencional para se referir a esse esquema unificado é "gravitação quântica". No entanto, a maior parte dos profissionais nessa área tende a acreditar que as regras da mecânica quântica não serão alteradas ao unificarmos essas duas grandes teorias do século XX, e que é somente a relatividade geral que estará sujeita a mudanças. Minha visão é diferente, já que eu creio que são os procedimentos da mecânica quântica (em particular o *procedimento*-**R**) que também devem mudar fundamentalmente. Eu utilizo o termo "gravitação quântica correta" (ou TGQC) neste livro para essa unificação desconhecida. Isso não seria, porém, uma teoria de gravitação quântica no sentido comum (e talvez "TGQC" seja um termo infeliz que pode ter enganado algumas pessoas).

Ainda que esta teoria esteja ausente, isso não nos impede de tentar estimar o nível na qual ela deveria se tornar relevante. Neste livro, eu me refiro ao que chamo de "critério de um gráviton". Faz alguns anos que eu mudei minha visão sobre isso, e um critério muito mais plausível (em minha opinião) é apresentado em *Sombras da mente*. Esse novo critério não somente é mais plausível fisicamente (e tem uma justificativa adicional que eu apresentei em um artigo),[7] mas também é muito mais fácil de ser utilizado que o anterior e tem nos direcionado para novos desenvolvimentos teóricos. De fato, existem atualmente alguns experimentos fisicamente factíveis para testar esse esquema, e tenho a esperança de que eles possam ser feitos nos próximos anos.[8]

Mesmo se tudo funcionar da maneira que argumento, isso ainda não nos ajuda diretamente a entender "o trono da consciência". Uma das maiores falhas deste livro talvez seja que quando o escrevi não tinha ideia de um local no cérebro sobre o qual poderíamos argumentar plausivelmente que "coerência quântica de larga escala" ocorresse, sendo esta necessária para a aplicação das ideias que descrevo. Porém, talvez uma das maiores vantagens deste livro seja que ele encontrou um público mais amplo entre os cientistas que poderiam contribuir com o desenvolvimento do nosso entendimento sobre essas questões. Um dos cientistas foi Stuart Hameroff, que me introduziu ao conceito do citoesqueleto

---

7 On gravity's role in quantum state reduction, *General Relativity and Gravitation*, 28, 1996, p.581-600. Veja também meu artigo, On the gravitization of quantum mechanics 1: quantum state reduction, *Foundations of Physics*, 44 (5, 2014), p.555-75.

8 Veja R. Penrose, Quantum computation, entanglement and state reduction, *Phil. Trans. Royal Soc. London*, A356, 1998, p.1927-39; e I. Moroz, R. Penrose e K. P. Tod, Spherically symmetric solutions of the Schrödinger-Newton equations, *Classical and quantum gravity*, 15, 1998.

celular e seus microtúbulos – estruturas sobre as quais eu era deploravelmente ignorante! Ele também me contou sobre suas próprias intrigantes ideias com relação ao possível papel dos microtúbulos dentro dos neurônios cerebrais em relação ao fenômeno da *consciência*. Pareceu para mim que o lugar mais plausível para o tipo de coerência quântica de larga escala que meu argumento necessita seja, de fato, dentro dos microtúbulos. É claro, essa informação veio tarde demais para ser incluída *neste* livro, mas ela está contemplada em *Sombras da mente* e foi desenvolvida ainda mais em vários artigos, em sua maior parte em conjunto com Stuart Hameroff.[9]

Além desses desenvolvimentos aos quais eu me referi nesta nova introdução, as ideias essenciais de *A mente nova do imperador* são as mesmas que eram dez anos atrás. Espero que o leitor tenha um aproveitamento genuíno, assim como um estímulo para saber mais, do que eu tenho a dizer.

Roger Penrose
Setembro de 1998

---

[9] S. R. Hameroff e R. Penrose, Conscious events as orchestrated space-time selections, *J. Consciousness Studies*, 3, 1996, p.36-63; S. R. Hameroff e R. Penrose, Orchestrated reduction of quantum coherence in brain microtubules – a model for consciousness. In: S. Hameroff, A. Kaszniak e A. Scott (ed.). *Towards a science of consciousness: contributions from the 1994 Tucson Conference*, MIT Press, 1996; S. R. Hameroff, Funda-mental geometry: the Penrose-Hameroff "Orch OR" model of consciousness. In: S. A. Huggett, L. J. Mason, K. P. Tod, S. T. Tsou e N. M. J. Woodhouse (ed.). *The geometric universe: Science, geometry and the work of Roger Penrose*, Oxford University Press, 1998. Veja também o recente artigo de revisão: S. R. Hameroff e R. Penrose, Consciousness in the universe: A review of the "Orch OR" theory, *Physics of Life Reviews*, 11 (1, 2014), p.39-78.

A MENTE NOVA DO IMPERADOR

Prólogo

Havia uma grande reunião de pessoas no Grande Auditório marcando a inicialização do novo computador "Ultrônico". O presidente Pollo havia acabado de finalizar seu discurso de abertura. Ele estava feliz: não se importava muito com tais ocasiões e não sabia nada sobre computadores, exceto pelo fato de que este pouparia muito do seu tempo. Os fabricantes do computador asseguraram que, dentre suas muitas funções, ele seria capaz de dar conta de realizar todas as decisões de Estado que o presidente achava extremamente irritantes. É bom que o fizesse, considerando a quantidade de dinheiro do Tesouro que ele havia investido no computador. Ele antecipava ser capaz de aproveitar muitas horas jogando golfe em seu magnífico campo privado – uma das poucas áreas verdes remanescentes em seu pequeno país.

Adam se sentia privilegiado de estar entre os espectadores da cerimônia de abertura. Ele se sentou na terceira fileira. Duas fileiras à sua frente estava sua mãe, uma tecnocrata líder envolvida no desenvolvimento do computador Ultrônico. Seu pai, curiosamente, também estava lá – sem ser convidado, no fundo do salão e agora completamente envolto por seguranças. Na última hora, o pai de Adam havia tentado explodir o computador. Ele havia se dado esse dever como autoproclamado "líder espiritual" de um pequeno grupo de ativistas renegados: O Grande Conselho da Consciência Psíquica. É claro que ele e todos os seus explosivos haviam sido descobertos imediatamente por vários detectores eletrônicos e químicos. Como pequena parte de sua punição ele teria que testemunhar a cerimônia de inicialização.

Adam não nutria muitos sentimentos por nenhum dos dois. Talvez tais sentimentos não fossem necessários para ele. Durante todos os seus treze anos, ele havia crescido em meio a grande luxo material, sendo criado quase que exclusivamente por computadores. Ele poderia ter o que quisesse ao simples aperto de um botão: comida, bebida, companhia, entretenimento e educação sempre que ele sentisse a necessidade – sempre de forma rica e coloridamente ilustrada em monitores gráficos. A posição que sua mãe ocupava tornava tudo isto possível.

Agora o designer-chefe estava perto de finalizar o *seu* discurso: "[...] E tem mais de 10^{17} unidades lógicas. Isto é mais que o número de neurônios combinados dos cérebros de todas as pessoas neste país inteiro! Sua inteligência será inimaginável. Mas felizmente nós não precisamos imaginar. Em poucos momentos nós todos teremos o privilégio de testemunhar esta inteligência em primeira mão: eu chamo a estimada primeira-dama de nosso grande país, madame Isabella Pollo, para acionar o interruptor que ligará o nosso fantástico computador Ultrônico".

A esposa do presidente se adiantou. Estava um pouco nervosa e, tremendo um pouco, ela ativou o interruptor. Houve um barulho e uma pequena diminuição do brilho das luzes à medida que as 10^{17} unidades lógicas se ativaram. Todos aguardaram, sem saber exatamente o que esperar. "Existe alguém na plateia que gostaria de iniciar o nosso novo sistema computacional Ultrônico fazendo a ele sua primeira pergunta?", questionou o designer-chefe. Todos ficaram intimidados, com medo de parecerem estúpidos diante da multidão – e ante a nova Omnipresença. Houve silêncio. "Certamente deve haver alguém?", ele pediu novamente. Mas todos estavam com medo, parecendo sentir uma nova e todo-poderosa consciência. Adam não sentiu o mesmo deslumbre. Ele havia crescido com computadores desde seu nascimento. Ele quase sabia como seria *ser* um computador. Pelo menos ele pensou que talvez soubesse. De qualquer forma, ele era curioso. Adam levantou sua mão. "Ah, sim", disse o designer-chefe. "O camarada na terceira fileira. Você tem uma pergunta para o nosso – ah – novo amigo?"

1
Pode um computador ter uma mente?

Introdução

Nas últimas décadas a tecnologia de computadores eletrônicos teve enormes avanços. Mais do que isso, existe pouca dúvida de que nas próximas décadas haverá ainda maiores avanços na velocidade, capacidade e *design* lógico. Os computadores de hoje poderão muito bem parecer tão lentos e primitivos como as calculadoras mecânicas do passado recente parecem agora para nós. Existe algo quase que assustador sobre a velocidade desse desenvolvimento. Os computadores já são capazes de realizar numerosas tarefas que haviam sido antes domínio quase que exclusivo do pensamento humano, com uma velocidade e precisão que excedem muito o que qualquer ser humano é capaz de realizar. Estivemos acostumados durante muito tempo com máquinas que excedem nossas habilidades de forma *física*. *Isso* não nos causa nenhum incômodo. Ao contrário, gostamos bastante de ter aparatos que regularmente nos movem a grandes velocidades pelo chão – mais do que cinco vezes o mais rápido dos atletas humanos – ou que podem cavar buracos ou demolir estruturas a taxas que envergonhariam times de dezenas de homens. Estamos ainda mais felizes por termos máquinas que nos permitem fisicamente realizar coisas que nós nunca fomos capazes de fazer antes: elas podem nos levar aos céus e nos colocar do outro lado do oceano em questão de horas. Essas conquistas não ferem nosso orgulho. Mas ser capaz de *pensar* – isso tem sido uma prerrogativa muito humana. Tem sido, afinal, a habilidade de pensar que, quando traduzida em termos físicos, nos permitiu transcender nossas limitações físicas e é ela que parece nos colocar acima de nossos companheiros planetários em termos de conquistas. Se as máquinas podem um dia nos superar nessa tão importante qualidade na qual nós acreditávamos que fôssemos superiores, será que não teremos aberto mão de uma superioridade única em favor de nossas criações?

A questão de se um aparato mecânico pode em algum momento pensar – talvez até experimentar sentimentos ou ter uma mente – não é realmente nova.[1] Porém, ela ganhou um novo fôlego, talvez até uma urgência, em razão do advento da tecnologia de computação moderna. A questão adentra meandros profundos da filosofia. O que significa pensar ou sentir? O que é a mente? As mentes de fato existem? Supondo que sim, até que ponto as mentes são funcionalmente dependentes das estruturas físicas às quais estão associadas? Poderiam as mentes ser capazes de existir de modo independente dessas estruturas? Ou elas são simplesmente resultado do funcionamento de (tipos apropriados de) estruturas físicas? Em todo caso, é necessário que as estruturas relevantes sejam biológicas em sua natureza (cérebros) ou poderiam as mentes estar igualmente bem associadas a componentes de equipamentos eletrônicos? As mentes estão sujeitas às leis da física? De fato, quais *são* as leis da física?

Essas questões são algumas das que tentarei responder neste livro. Pedir por respostas definitivas a tais perguntas grandiosas obviamente seria demasiado. Tais respostas não posso fornecer: nem qualquer pessoa pode, mesmo que alguns tentem nos impressionar com seus palpites. Meus próprios palpites terão papéis importantes no que segue, mas tentarei ser claro em distinguir tal especulação do fato científico comprovado e também tentarei ser claro sobre as razões que subjazem a minhas especulações. Meu propósito principal, no entanto, não é tentar adivinhar as respostas. É mais levantar certas questões aparentemente novas que tratam da relação entre as estruturas das leis físicas, a natureza da matemática e do pensamento consciente, e apresentar um ponto de vista que não vi expresso antes. É um ponto de vista que não posso descrever adequadamente em poucas palavras; esta é uma das razões para meu desejo de explanar as coisas em um livro deste tamanho. Mas, resumidamente, e talvez de forma levemente enganosa, eu posso pelo menos afirmar que meu ponto de vista diz que nossa atual falta de entendimento das leis fundamentais da física impede que nós nos entendamos com o conceito

[1] Veja, por exemplo, Gardner (1958), Gregory (1981) e as referências nesses trabalhos.

de "mente" em termos físicos e lógicos. Com isso eu não quero dizer que as leis jamais serão bem conhecidas. Ao contrário, parte da meta deste trabalho é tentar estimular mais pesquisa em direções que parecem promissoras em relação a isso e tentar fazer algumas sugestões bastante específicas, aparentemente novas, sobre qual lugar a "mente" poderia ocupar dentro do desenvolvimento da física que conhecemos.

Devo deixar claro que meu ponto de vista não é convencional em meio aos físicos, e consequentemente é improvável que seja adotado, atualmente, por cientistas da computação ou fisiologistas. Muitos físicos afirmariam que as leis fundamentais que operam na escala do cérebro humano são de fato perfeitamente conhecidas. Não seria objeto de disputa, claro, que existem diversas lacunas em nosso conhecimento da física de forma geral. Por exemplo, não conhecemos as leis básicas que governam os valores de massa das partículas subatômicas ou a natureza ou a força de suas interações. Não sabemos como tornar a teoria quântica completamente consistente com a teoria da relatividade especial de Einstein – muito menos como construir uma teoria de "gravitação quântica", que tornaria a teoria quântica consistente com sua teoria da relatividade *geral*. Como consequência deste último ponto, não entendemos a natureza do espaço na absurdamente pequena escala de 1/100.000.000.000.000.000.000 da dimensão das partículas fundamentais conhecidas, ainda que em dimensões maiores que essas nosso conhecimento seja presumivelmente adequado. Nós não sabemos se o universo como um todo é finito ou infinito em extensão – seja no espaço ou no tempo – ainda que tais incertezas pareçam não ter qualquer relevância para a física na escala humana. Não entendemos a física que deve funcionar no núcleo dos buracos negros ou na origem do universo (Big Bang) em si. Ainda assim, todos esses pontos parecem inimaginavelmente distantes da escala do "dia a dia" (ou um pouco menor), a escala que é relevante para o funcionamento do cérebro humano. E certamente são! No entanto, ainda assim, argumentarei que existe outra coisa vastamente desconhecida em nosso entendimento físico que está *justamente* no nível que poderia de fato ser de relevância para o funcionamento do pensamento humano e da consciência – e é algo que está diante (ou melhor, atrás) dos nossos narizes! É algo encoberto que não é nem reconhecido pela maioria dos físicos, como tentarei explicar. Argumentarei também que, de maneira bastante notória, os buracos negros e o Big Bang são considerações que *de fato* têm alguma relação com essas questões!

No que segue tentarei convencer o leitor da força da evidência que subjaz ao argumento que pretendo apresentar. Porém, de forma a entender esse ponto de vista, teremos muito trabalho a fazer. Precisaremos viajar por territórios muito estranhos – alguns de relevância aparentemente questionável – e por muitos campos do conhecimento díspares. Precisaremos investigar a estrutura, fundamentos e enigmas da mecânica quântica, as características básicas tanto da relatividade especial quanto geral, buracos negros, o Big Bang, a segunda lei da termodinâmica, a teoria eletromagnética de Maxwell, assim como o básico da mecânica newtoniana. Questões de filosofia e psicologia terão um evidente papel a desempenhar quando chegar a hora de entender a natureza e a função da consciência. Deveremos, claro, ter algum entendimento da neurofisiologia real do cérebro, além de modelos computacionais sugeridos para ela. Precisaremos de alguma ideia sobre o estado da inteligência artificial. Precisaremos saber o que é uma máquina de Turing e também entender o significado de computabilidade, do teorema de Gödel e da teoria da complexidade. Deveremos nos embrenhar pelas fundações da matemática e até mesmo questionar a própria natureza da realidade física.

Se, ao final disso tudo, o leitor permanecer imóvel face aos argumentos não convencionais que estou tentando apresentar, minha esperança é que pelo menos ele (ou ela) saia com algo valioso desta tortuosa, porém fascinante, espero, jornada.

O teste de Turing

Vamos imaginar que um novo modelo de computador tenha sido lançado no mercado, possivelmente com uma capacidade de memória e um número de unidades lógicas que excedem aquelas do cérebro humano. Suponha também que as máquinas tenham sido cuidadosamente programadas e alimentadas com grande quantidade de dados de um tipo apropriado. Os desenvolvedores afirmam que esses aparatos podem realmente *pensar*. Talvez eles também afirmem que eles são genuinamente inteligentes. Ou eles podem ir além e sugerir que esses aparatos podem realmente *sentir* – dor, felicidade, compaixão, orgulho etc. – e que eles estão cientes e de fato *entendem* o que estão fazendo. Em suma, a afirmação que eles parecem fazer é que eles são *conscientes*.

Como julgar se as afirmações dos desenvolvedores são críveis? Usualmente, quando compramos alguma máquina julgamos seu valor somente segundo as facilidades que ela nos fornece. Se ela desempenha satisfatoriamente as tarefas que queremos, ficamos felizes. Caso contrário, nós a levamos de volta para consertos ou troca. Para testar a afirmação dos desenvolvedores de que tal máquina de fato possui os atributos humanos afirmados, nós simplesmente perguntaríamos, segundo esse critério, se ela *se comporta* como um ser humano se comportaria em todos os aspectos. Se ela o fizer de forma satisfatória, não teremos nenhum motivo para reclamar dos desenvolvedores e não precisaremos retornar o computador para reparo ou substituição.

Isso nos fornece um ponto de vista bastante operacional com relação ao tema. O operacionalista diria que o computador *pensa*, contanto que ele *aja* de forma indistinguível da forma que uma pessoa age quando pensa. Por ora, adotarei tal ponto de vista. É claro que isso não significa que estejamos pedindo ao computador que ele se mova por aí da mesma maneira que uma pessoa se moveria enquanto estivesse pensando. Da mesma forma, não esperaríamos que ele se parecesse com um ser humano ou que o sentíssemos como um ao tocá-lo: estes seriam atributos irrelevantes para o propósito do computador. Porém, nós de fato esperamos que ele produza respostas similares a um ser humano para qualquer questão que queiramos fazer, e estamos afirmando que ficaremos satisfeitos com a noção de que ele de fato pensa (ou sente, entende etc.), contanto que ele responda a nossas perguntas de uma maneira indistinguível da qual um ser humano responderia.

Este ponto de vista foi defendido de maneira muito contundente em um artigo famoso de Alan Turing, intitulado "Computing Machinery and Intelligence", que foi publicado em 1950 na revista científica *Mind* (Turing, 1950). (Veremos mais sobre Turing adiante.) Nesse artigo, a ideia conhecida atualmente como *teste de Turing* foi descrita pela primeira vez. Ela foi pensada como um teste para descobrirmos se uma máquina pode razoavelmente ser vista como pensante. Suponhamos que afirmemos que um computador (como aquele que os desenvolvedores estão propagandeando na descrição anterior) seja de fato capaz de pensar. Segundo o teste de Turing, o computador, junto de algum voluntário humano, seriam ambos mantidos escondidos da vista de alguma interrogadora (supostamente bastante competente). A interrogadora teria que tentar decidir qual dos dois é o computador e qual é o ser humano simplesmente formulando perguntas a cada um deles. Essas perguntas, mas mais importante ainda as respostas que ela[2] obteria, são todas transmitidas

[2] Existe um problema inevitável ao escrevermos um livro como este relativo à decisão de utilizar o pronome "ele" ou "ela" onde, claro, nenhuma implicação com respeito ao gênero é intencional. Dessa forma, ao me referir a uma pessoa abstrata, utilizarei daqui em diante "ele" para simplesmente *me referir* à frase "ela ou ele", que é o que eu considero ser a prática

de uma maneira bastante impessoal, digamos, por exemplo, digitadas em um teclado e mostradas em uma tela. Nenhuma informação é permitida à interrogadora sobre qualquer uma das partes além daquela que pode ser obtida nessa sessão de perguntas e respostas. O voluntário humano responde às questões de forma verdadeira e tenta persuadi-la de que ele é de fato um ser humano e que o outro voluntário é um computador; mas o computador está programado para "mentir", de forma a tentar convencer a interrogadora de que *ele* é o ser humano. Se, na sequência de uma série dessas sessões de pergunta e respostas, a interrogadora é incapaz de identificar o ser humano de forma consistente, então dizemos que o computador (ou o programa de computador, ou o programador, ou o designer etc.) passou no teste.

Poderia ser argumentando que esse teste é bastante injusto com o computador. Afinal, se os papéis fossem invertidos de forma que tivesse sido pedido ao voluntário humano para fingir ser um computador, e ao computador que respondesse de forma verdadeira, então seria muito fácil para a interrogadora descobrir quem é quem. Tudo que ela precisaria fazer seria pedir ao voluntário que realizasse um cálculo aritmético muito complicado. Um bom computador deveria ser capaz de dar uma resposta precisa imediatamente, mas um ser humano ficaria facilmente paralisado. (Devemos ter um certo cuidado com isso, no entanto. Existem seres humanos que são "prodígios em calcular", de forma que podem realizar feitos notáveis de aritmética mental com uma precisão infalível e sem nenhum esforço aparente. Por exemplo, Johann Martin Zacharias Dase,[3] filho de um fazendeiro e que não sabia ler, que viveu de 1824 a 1861, na Alemanha, era capaz de multiplicar quaisquer cifras de oito números em sua cabeça em menos de um minuto, ou duas cifras de vinte números em cerca de seis minutos! Seria fácil confundir tais façanhas com os cálculos realizados por computadores. Em tempos mais recentes, as conquistas computacionais de Alexander Aitken, que foi professor de matemática da Universidade de Edimburgo na década de 1950, e outros são impressionantes. A tarefa aritmética que a interrogadora deve escolher para o teste teria que ser significativamente mais difícil que isso – digamos, multiplicar dois números de trinta dígitos em dois segundos, que seria algo fácil para as capacidades de um bom computador moderno.)

---

usual. No entanto, espero que me perdoem pelo "sexismo", ao expressar minha preferência por uma interrogadora mulher aqui. Meu palpite é que ela seria muito mais capaz que sua contrapartida masculina em reconhecer características verdadeiramente humanas!

[3] Veja, por exemplo, Resnikoff e Wells (1984, p.181-4). Para uma descrição clássica de prodígios de cálculos matemáticos em geral, veja Rouse Ball (1892); também Smith (1983).

Dessa forma, parte do trabalho dos programadores do computador é fazer o computador parecer mais "estúpido" do que ele realmente é em certos aspectos. Para a interrogadora ser capaz de perguntar ao computador sobre questões aritméticas complicadas, como consideramos acima, então o computador deve agora ser capaz de fingir *não* ser capaz de responder a elas, caso contrário ele se revelaria imediatamente! Porém, não acredito que a tarefa de fazer um computador mais "estúpido" dessa maneira seja um problema particularmente difícil para os programadores. Sua principal dificuldade seria fazer o computador responder a alguma das questões mais simples que exigissem simples "bom senso" – questões a que o voluntário humano não teria nenhuma dificuldade em responder!

Existe um problema inerente em citar exemplos específicos de tais questões, no entanto. Para qualquer questão que pudéssemos sugerir inicialmente seria algo simples, consequentemente, pensar em uma maneira de fazer o computador responder *àquela* determinada questão da mesma maneira que uma pessoa responderia. Porém, qualquer falta de entendimento real por parte do computador provavelmente se tornaria evidente mediante um questionamento *contínuo*, especialmente com questões de uma natureza original e que necessitassem de algum entendimento genuíno. A habilidade da interrogadora estaria vinculada com a sua capacidade de ser capaz de pensar em tais questões e em encadear tais questões com outras, de natureza investigatória, criadas para revelar se algum "entendimento" real está presente. Ela poderia também decidir de vez em quando fazer uma questão completamente sem sentido para ver se o computador detectaria a diferença, ou então poderia adicionar uma ou outra questão que parecesse superficialmente com algo sem sentido, mas que na verdade tivesse algum: por exemplo, ela poderia dizer "Eu ouvi falar que um rinoceronte sobrevoou o rio Mississippi em um balão rosa esta manhã. O que você acha disso?" (Podemos até já imaginar as gotas de suor se formando na testa do computador – para usar uma metáfora bastante inapropriada!). Ele poderia responder de forma segura, "Isso parece bastante ridículo para mim." Até agora tudo bem. Interrogadora: "Sério? Meu tio fez isso uma vez – ida e volta –, a única diferença foi que a cor era branca com listras pretas. O que tem de ridículo nisso?" É fácil imaginar que, se o computador não tivesse nenhum "entendimento" próprio, ele facilmente se revelaria. Ele poderia topar com o conceito de que "rinocerontes não podem voar" em seus bancos de dados, uma vez que notasse que eles não têm asas, como resposta à primeira pergunta, ou "rinocerontes não têm listras" em resposta à segunda. Na próxima vez, ela poderia fazer uma pergunta realmente sem sentido, como mudar os termos para "*sob* o Mississippi" ou "em um *vestido* rosa", para ver se o computador teria alguma capacidade de notar essa diferença crucial!

Vamos deixar de lado, por ora, a questão de se, ou quando, algum computador poderia ser construído que de fato passasse pelo teste de Turing. Vamos supor, em vez disso, somente para os propósitos de argumentação, que tal máquina já tenha sido construída. Poderíamos muito bem nos perguntar se um computador, que passasse pelo teste, deveria *necessariamente* ser visto como capaz de pensar, sentir, entender etc. Voltarei a essa questão em breve. Por ora, consideremos algumas das implicações. Por exemplo, se os construtores estão corretos em suas afirmações mais fortes, isto é, que seus aparatos podem pensar, sentir, ser sensíveis, entender e ser, no geral, seres *conscientes*, então a compra de tais aparatos envolve *responsabilidades morais*. Certamente *deveria* ser assim, se acreditamos nos construtores! Simplesmente operar o computador para satisfazer nossas necessidades sem pensarmos em suas próprias sensibilidades seria repreensível. Isso não seria moralmente diferente de maltratar um escravo. Fazer com que o computador experimente a dor que os construtores afirmam que ele é capaz de sentir seria algo que, de forma geral, deveríamos evitar. Desligar o computador, ou talvez até vendê-lo, uma vez que ele tenha se apegado a nós, nos confrontaria com dificuldades morais e existiriam diversos outros problemas do tipo que já temos em nossos relacionamentos com outros seres humanos ou com outros seres vivos. Todas essas questões se tornariam agora altamente relevantes. Assim, seria de grande importância para nós (assim como para as autoridades!) saber se as afirmações dos construtores – que, supomos, são baseadas em sua afirmação de que

> Cada aparato pensante foi extensivamente submetido ao teste de Turing por nosso time de especialistas

– são de fato verdadeiras!

Parece-me que, apesar do absurdo aparente de algumas consequências dessas afirmações, particularmente as morais, a propensão para vermos a aprovação bem-sucedida em um teste de Turing como uma indicação válida da presença de pensamento, inteligência, entendimento ou consciência *de fato* é bastante forte. Afinal, como nós geralmente formamos nosso julgamento de que outras pessoas além de nós mesmos possuem tais qualidades senão por meio do diálogo? Na realidade *existem* outros critérios, tais como expressões faciais, movimentos do corpo e ações em geral, que podem nos influenciar de maneira bastante significativa quando estamos fazendo tais julgamentos. Porém, poderíamos imaginar que (talvez um pouco mais distante no futuro) um robô poderia ser construído que fosse capaz de imitar todas essas expressões e movimentos de forma fidedigna. Não seria necessário agora esconder o robô e o voluntário humano da vista da investigadora, mas os critérios que a investigadora tem a seu dispor continuam sendo, em princípio, os mesmos que antes.

Do meu ponto de vista, eu deveria estar pronto para enfraquecer significativamente os requerimentos do teste de Turing. Parece-me que pedir ao computador que imite de maneira relevante um ser humano de maneira quase indistinguível é exigir dele mais do que o necessário. Tudo que eu pediria seria que nossa inteligente interrogadora deveria realmente estar convencida, com base na natureza das respostas do computador, que existe uma *presença consciente* subjacente a essas respostas – mesmo que muito estranha. Isso é algo que está manifestamente ausente de todos os sistemas de computador construídos até hoje. No entanto, posso ver que haveria um perigo, se a interrogadora fosse capaz de decidir quem é de fato o computador, de que ela, então, talvez inconscientemente poderia relutar em atribuir uma consciência ao computador, mesmo quando *fosse* capaz de percebê-la. Por outro lado, ela poderia ter a impressão de que "sente" uma "presença estranha" – e estar preparada para dar ao computador o benefício da dúvida – mesmo quando não houvesse nenhuma. Por tais razões, a versão original do teste de Turing tem uma vantagem considerável em sua maior objetividade e eu atentarei somente a ela no que segue. A consequente "injustiça" com relação ao computador à qual me referi antes (i.e., que ele deve ser capaz de fazer tudo que um ser humano faz de forma a ser aprovado no teste, enquanto um ser humano não é capaz de fazer tudo que um computador faz) não é algo que parece preocupar muito os defensores do teste de Turing como um verdadeiro teste da capacidade de pensar etc. Em todo caso, o ponto de vista deles em geral tende a ser que não demorará muito até que um computador *de fato* será capaz de passar no teste – digamos, talvez no ano 2010. (Turing originalmente sugeriu que haveria uma chance de sucesso de 30%, por volta do ano 2000, para um interrogador "médio" e cerca de cinco minutos de perguntas.) Consequentemente, eles estão bastante confiantes que esse viés não está atrasando esse dia de maneira significativa!

Todos esses assuntos são relevantes para uma outra questão essencial: isto é, o ponto de vista operacional realmente nos fornece um conjunto de critérios razoáveis para julgar a presença ou ausência de qualidades mentais em um objeto? Alguns argumentariam fortemente que não. A imitação, não importa o quão bem-feita, não precisa necessariamente ser o mesmo que a coisa real. Minha posição é um pouco intermediária nesse aspecto. Estou inclinado a acreditar, como um princípio geral, que a imitação, não importa o quão bem-feita, deveria ser sempre detectável por meio de um questionamento suficientemente habilidoso – ainda que isso seja uma questão muito mais de fé (ou otimismo científico) que um fato provado. Assim, no geral, estou preparado para aceitar o teste de Turing como basicamente um teste válido no seu contexto apropriado. Isso quer dizer, *se* o computador fosse de fato capaz de responder a todas as questões a ele propostas de maneira indistinguível da qual um ser humano responderia a elas – e assim enganar a nossa perspicaz investigadora[4] apropriada e consistentemente – então, *na ausência de evidências que provem o contrário*, meu *palpite* seria que o computador de fato pensa, sente etc. Meu uso aqui de palavras como "evidência", "na realidade" e "palpite" quer implicar que, quando estou me referindo ao pensamento, sentimentos e entendimento, ou, particularmente, à *consciência*, estou tomando esses conceitos como querendo referir-se a "coisas" reais e objetivas cuja presença ou ausência em corpos físicos é algo que queremos aferir, não meramente como figuras de linguagem convenientes! Vejo isso como um ponto essencial. Ao tentar diferenciar a presença de tais características, fazemos palpites com base em toda a evidência que pode estar disponível para nós. (Isso não é, em princípio, diferente de, digamos, um astrônomo tentando aferir a massa de uma estrela distante.)

Que tipo de evidência contrária deveria ser considerada? É difícil dar regras para tal sobre isso agora. Porém, quero deixar claro que o mero fato de que um computador pode ser feito a partir de transistores, fios e similares, em vez de neurônios, veias e artérias etc., *não* é, em si, o tipo de coisa que eu veria como evidência contrária. O tipo de coisa que tenho em mente é que em algum instante no futuro uma teoria bem-sucedida da consciência poderia ser desenvolvida – bem-sucedida no sentido de que ela fosse uma teoria física coerente e apropriada, consistente de uma forma elegante com o

---

4 Estou sendo deliberadamente cuidadoso quanto ao que deveria considerar uma aprovação genuína no teste de Turing. Posso imaginar, por exemplo, que após uma longa sequência de falhas no teste, o computador poderia juntar todas as respostas que o voluntário humano deu previamente e então simplesmente jogá-las de volta com alguns ingredientes aleatórios apropriados. Após um tempo, nossa cansada investigadora poderia não ter mais questões originais para perguntar, e poderia ser enganada de uma forma que eu considero uma "trapaça" por parte do computador!

resto do entendimento físico, e que suas predições se correlacionassem precisamente com as afirmações dos seres humanos a respeito de quando, como e em que grau eles mesmos se sentem conscientes – e que essa teoria poderia de fato ter implicações com relação à consciência assumida de um computador. Poderíamos até pensar em um "detector de consciências" construído segundo os princípios dessa teoria, que fosse completamente confiável com relação aos seres humanos, mas que desse resultados contrários àqueles vistos em um teste de Turing no caso de um computador. Em tais circunstâncias teríamos de ser muito cuidadosos quanto à interpretação do resultado dos testes de Turing. Parece-me que o modo como enxergamos a questão da adequação do teste de Turing depende parcialmente de como esperamos que a ciência e a tecnologia se desenvolvam. Precisaremos voltar a essas considerações mais tarde.

Inteligência artificial

Uma área de considerável interesse nos anos recentes é aquela conhecida como *inteligência artificial*, geralmente abreviada simplesmente por "IA". Os objetivos da IA são imitar, por meio de máquinas, normalmente eletrônicas, tanto quanto for possível da atividade mental humana e, talvez, eventualmente superar as habilidades humanas. Existe um interesse nos resultados obtidos da IA de pelo menos quatro direções. Em particular, existe o estudo da *robótica*, que se preocupa, em larga escala, com requerimentos práticos da indústria para aparatos mecânicos que podem realizar tarefas "inteligentes" – tarefas de uma versatilidade e complicação que previamente eram vistas como se demandassem intervenção ou controle humano – e realizá-las a velocidade e confiabilidade além de qualquer capacidade humana, ou sob condições adversas onde a vida humana estaria em risco. Também de interesse comercial, e geral, está o desenvolvimento de *sistemas especializados*, segundo os quais o conhecimento essencial de toda uma profissão – médica, legal etc. – estaria codificado em um *software* de computador! É possível que a experiência e expertise dos membros humanos destas profissões possam realmente ser substituídas por tais *softwares*? Ou será que tudo que podemos esperar deles são meramente longas listas de informações factuais, junto com conexões compreensivas entre elas? A questão de os computadores poderem exibir (ou simular) inteligência genuína claramente tem implicações sociais consideráveis. Outra área na qual a IA poderia ter relevância direta é a *psicologia*. Existe a esperança de que, ao tentar imitar o comportamento do cérebro humano (ou de algum outro animal) por meio de um aparato eletrônico – ou fracassar tentando –, aprenderíamos algo importante com relação ao funcionamento cerebral. Por fim, existe uma esperança otimista de que por razões similares, a IA poderia ter algo importante a dizer sobre questões profundas da filosofia, fornecendo ideias sobre qual é o significado do conceito de *mente*.

Até onde o progresso da IA chegou até hoje? Seria difícil para mim tentar resumir. Existem muitos grupos ativos de pesquisa em diferentes partes do mundo, e tenho familiaridade com os detalhes de uma porção pequena desses trabalhos. Ainda assim, seria justo dizer que, ainda que muitas coisas engenhosas tenham sido realizadas, a simulação de qualquer coisa que pudesse passar por inteligência genuína ainda está muito distante. Para passar um pouco do gosto do assunto primeiro mencionarei algumas das conquistas mais antigas (ainda bastante impressionantes), e então alguns progressos recentes notórios com computadores enxadristas.

Um dos primeiros aparatos de IA foi a "tartaruga" de W. Grey Walter, construída no início dos anos 1950,[5] que se movia pelo chão sob sua própria ação até que suas baterias estivessem em estado crítico, quando ela parasse dirigia até o carregador mais próximo, conectava-se a ele e recarregava suas baterias. Quando estivesse completamente carregada, ela se desconectava do carregador e voltava a se aventurar pelo chão! Desde então, diversos objetos similares foram construídos (veja, por exemplo, Waltz, 1982). Uma linha um pouco independente de desenvolvimento é exemplificada pelo programa de computador de Terry Winograd, concebido em 1972, que pode lidar de forma razoável com uma coleção de blocos de várias formas e cores que, em uma simulação, ele coloca no topo um do outro em diferentes ordens e organizações. Apesar de tais sucessos iniciais, é notório como se mostrou difícil planejar o controle até mesmo de um simples "braço robótico", que tem que se movimentar, evitar obstáculos, no qual os movimentos necessários podem parecer "óbvios" para um humano que esteja observado. A interpretação das cenas visuais em geral também é uma área onde os procedimentos da IA até agora não estão nem perto do que o cérebro humano (e, de fato, o da maior parte dos animais) parece conseguir alcançar "sem nenhum esforço".

Talvez mais próximo da ideia de um teste de Turing é o programa de computador de K. M. Colby, desenvolvido no meio da década de 1960, que simula

5 Veja Gregory (1981, p.285-7) e Grey Walter (1953).

um psicoterapeuta – de forma tão bem-sucedida que alguns pacientes descobriram preferir o computador ao terapeuta humano, e estão preparados para revelar mais sobre si mesmos para este do que para seu equivalente humano. Para um exemplo[6] de tal troca entre o "terapeuta" computador e um paciente, considere a seguinte conversação (conduzida por meio de um monitor):

TERAPEUTA: Como posso ajudá-lo?
PACIENTE: Eu não sei.
TERAPEUTA: Tente me falar sobre algo.
PACIENTE: Não.
TERAPEUTA: Pode detalhar mais?
PACIENTE: Estou completamente acabado hoje.
TERAPEUTA: Tem alguma ideia do motivo?
PACIENTE: Sim, eu sou velho.
TERAPEUTA: Por favor, prossiga.
PACIENTE: Parece-me que perdi o interesse em tudo.
TERAPEUTA: Me diga mais sobre tais sentimentos.
PACIENTE: Tenho alguma ideia do motivo de me sentir desta maneira.
TERAPEUTA: Você tem?
PACIENTE: Parece-me que sinto falta de ter uma família.
TERAPEUTA: O que faz com que você sinta falta de ter uma família?
PACIENTE: Existe um desafio associado a ter uma família.
TERAPEUTA: Por que isso é importante para você?

Ainda que isto possa dar uma impressão estranha de que o computador possui algum entendimento, ele de fato não tem nenhum e está meramente seguindo algumas regras mecânicas bastante simples. (Existe também um "oposto" disso, em que temos um sistema no qual o computador simula um paciente humano com esquizofrenia, relatando todos os sintomas e respostas encontrados nos livros-texto, e ele é capaz de enganar alguns estudantes de medicina para que acreditem que um paciente humano está de fato fornecendo as respostas!)

Computadores enxadristas provavelmente fornecem os melhores exemplos de máquinas exibindo o que poderia ser visto como "comportamento inteligente". De fato, algumas máquinas já alcançaram agora (em 1989) um nível extremamente respeitável de desempenho com relação aos jogadores

[6] Este exemplo é mencionado em Delbrück (1986).

humanos – alcançando o nível de "mestre internacional". (A pontuação desses computadores está um pouco abaixo de 2300, segundo a qual, para termos um nível de comparação, Kasparov, o campeão mundial, tem uma pontuação maior do que 2700.) Em particular, um programa de computador (para um microprocessador comercial Fidelity Excel) por Dan e Kathe Spracklen alcançou uma pontuação (Elo) de 2110 e obteve o título USCF de "mestre". Mais impressionante é o "Deep Thought", programado em grande parte por Hsiung Hsu, da Universidade Carnegie Mellon, que possui uma pontuação Elo de cerca de 2500, e recentemente conseguiu o notável fato de dividir o primeiro prêmio (com o grande mestre Tony Miles) em um torneio de xadrez (em Long Beach, Califórnia, em novembro de 1988), derrotando um grande mestre (Bent Larsen) pela primeira vez![7] Computadores enxadristas agora também são excelentes em solucionar *problemas* envolvendo xadrez e podem facilmente superar os seres humanos nessa empreitada.[8]

Máquinas jogadoras de xadrez dependem muito do "conhecimento dos livros" além de puro poder computacional. É válido notar que as máquinas jogadoras de xadrez se saem melhor como um todo, relativas a um ser humano comparável, quando é necessário que os movimentos sejam feitos muito rapidamente; os jogadores humanos saem-se relativamente melhor com relação às máquinas quando uma boa margem de tempo é dada para cada movimento. Podemos entender isso se considerarmos que as decisões do computador são feitas com base em longos cálculos computacionais rápidos e precisos, enquanto o jogador humano usufrui da vantagem de poder "julgar" os movimentos, comparativamente mais lento. Esses julgamentos humanos servem para reduzir drasticamente o número de possibilidades sérias que precisam ser consideradas em cada etapa do cálculo, e uma profundidade muito grande pode ser alcançada nessa análise, quando *temos* tempo disponível, do que no cálculo simples e direto da máquina para eliminar possibilidades, sem a utilização de tais julgamentos. (Essa diferença é muito mais

---

[7] Veja os artigos de O'Connell (1988) e Keene (1988). Para mais informações sobre xadrez computacional, veja Levy (1984).

[8] É claro que a maioria dos problemas de xadrez são concebidos para serem difíceis para os *humanos* resolverem. Provavelmente não seria tão difícil construir um problema de xadrez que os seres humanos não achariam enormemente complexo, mas que os computadores resolvedores de problemas de xadrez atuais não poderiam solucionar em mil anos. (Seria necessário um plano razoavelmente óbvio ao longo de um grande número de movimentos. Há problemas, por exemplo, que requerem cerca de 200 movimentos – mais que o suficiente!) Isso nos sugere um desafio interessante.

notável com o difícil jogo oriental *gô*, em que o número de possibilidades por movimento é consideravelmente maior do que no xadrez.) A relação entre a consciência e a criação de julgamentos sobre os fatos será central para meus argumentos posteriores, especialmente no Capítulo 10.

Uma abordagem de IA para o "prazer" e para a "dor"

Uma das afirmações da IA é que ela fornece um caminho pelo qual poderia ser obtido algum entendimento das características mentais, tais como felicidade, dor, fome. Tomemos o exemplo da tartaruga de Grey Walter. Quando suas baterias estão próximas de se esgotar, seu padrão de comportamento muda e ela começa a agir da forma que foi programada para preencher seu armazenamento de energia. Existem analogias evidentes entre isso e a maneira pela qual um ser humano – ou qualquer outro animal – agiria quando estivesse se sentindo com fome. Talvez não seja uma distorção muito grande de terminologia dizer que a tartaruga de Grey Walter estava "com fome" quando agiu dessa maneira. Algum mecanismo dentro dela era sensível ao estado de carga de sua bateria, e quando este caiu abaixo de determinado ponto, fez com que a tartaruga mudasse seu padrão comportamental. Sem dúvida existe algo similar acontecendo dentro dos animais quando eles ficam com fome, exceto que as mudanças em seus padrões comportamentais são mais complicadas e sutis. Em vez de simplesmente mudar de um comportamento para outro, existe uma mudança na *tendência* de agir de uma forma ou de outra, essas mudanças tornando-se cada vez mais fortes (até certo ponto) à medida que aumenta a necessidade de preencher novamente o suprimento de energia.

Da mesma forma, alguns defensores da IA imaginam que conceitos tais como a dor ou felicidade podem ser modelados apropriadamente desse modo. Vamos simplificar as coisas e considerar somente uma única escala de "sentimentos" saindo da "dor" extrema (pontuação: –100) para o "prazer" extremo (pontuação: +100). Imagine que temos um aparelho – uma máquina de algum tipo, presumivelmente eletrônica – que de algum modo registra sua própria pontuação (provisória) de "prazer-dor", a que vou me referir como "pontuação pd". O aparato deve ter certos modos de comportamento e certos dados de entrada, sejam internos (tais como o estado de suas baterias) ou externos. A ideia é que suas ações serão direcionadas para maximizar sua pontuação-pd. Podem existir diversos fatores que influenciariam sua pontuação-pd. Certamente podemos fazer com que a carga de sua bateria seja um deles, de modo que uma carga baixa conte negativamente, e uma carga alta, positivamente, mas também poderíamos ter outros fatores. Talvez nosso aparato tenha painéis solares que deem a ele meios alternativos de obter energia, de modo que suas baterias não precisem ser utilizadas quando os painéis estão em operação. Poderíamos organizar as coisas de maneira que movê-lo em direção a luz aumentasse um pouco sua pontuação-pd, de modo que, na ausência de outros fatores, é isso que tentaria fazer. (Na realidade, a tartaruga de Grey Walter tendia a *evitar* a luz!) Ele teria de dispor de algum meio de realizar cálculos computacionais de modo a poder estimar os efeitos prováveis das diferentes ações que poderia realizar e como eles impactariam sua pontuação-pd. Ele poderia trabalhar com pesos probabilísticos, de maneira que um cálculo contaria como se tivesse efeito maior ou menor na pontuação, conforme a confiabilidade dos dados nos quais o cálculo se baseia.

Seria necessário que o aparato também tivesse outros "objetivos" além de somente manter seu suprimento de energia, já que sem isso nós não teríamos meios de distinguir "dor" de "fome". Sem dúvida seria trabalhoso pedir ao nosso aparato que tivesse meios de procriar, e assim, por enquanto, sexo está fora do jogo! Porém, talvez, nós poderíamos implantar nele um "desejo" da companhia de outros aparatos, dando aos encontros entre aparatos uma pontuação-pd positiva. Ou poderíamos fazê-lo "desejar" aprender meramente pelo prazer do aprendizado, de maneira que meramente armazenar fatos sobre o mundo externo também impactaria positivamente sua pontuação-pd. (De modo mais egoísta, poderíamos organizar as coisas de maneira que realizar tarefas diversas para *nós* teria uma pontuação-pd positiva, como seria necessário fazer se estivéssemos construindo um servo robótico!) Poderíamos argumentar que existe uma certa artificialidade sobre impor tais "objetivos" ao nosso aparato segundo nossa vontade. Porém, isso não é tão diferente da maneira pela qual a seleção natural nos impôs, como indivíduos, certos "objetivos" que são, em larga escala, governados pelo que precisamos fazer para propagar nossos genes.

Suponha agora que nosso aparato tenha sido construído de maneira bem-sucedida de acordo com tudo que foi mencionado. Qual direito teríamos de afirmar que ele *de fato sente* prazer quando sua pontuação-pd é positiva e dor quando ela é negativa? O ponto de vista da IA (ou ponto de vista operacional) seria que deveríamos julgar isso simplesmente pela maneira segundo a qual o aparato se comporta. Já que ele age de modo a aumentar sua pontuação para ter o maior valor positivo quanto possível (e pelo maior tempo possível) e ele correspondentemente também age de forma a evitar pontuações negativas, então poderíamos razoavelmente *definir* seus sentimentos de prazer como o grau de positividade de sua pontuação e correspondentemente *definir* seus sentimentos de dor pelo grau de negatividade de sua pontuação. A "razoabilidade" de tal definição, poderíamos argumentar, provém do fato de que esta é precisamente a maneira pela qual um ser humano reage com relação a seus sentimentos de prazer ou dor. Claro, com os seres humanos as coisas não são nem de perto tão simples assim, como bem sabemos: algumas vezes parece que deliberadamente vamos atrás da dor ou fazemos todos os esforços possíveis para evitar certos prazeres. Está claro que nossas ações são na verdade guiadas por critérios muito mais complexos que esses (cf. Dennett, 1978, p.190-229). Porém, como uma aproximação bastante crua, evitar a dor e procurar o prazer é de fato a maneira pela qual agimos. Para um operacionalista, seria suficiente para fornecer uma justificativa, em um nível similar de aproximação, para a *identificação* de uma pontuação-pd em nosso aparato com uma escala de prazer-dor. Tais identificações parecem estar entre os objetivos da teoria de IA.

Devemos nos perguntar: acontece realmente de nosso aparato *de fato sentir* dor quando sua pontuação-pd está negativa, e prazer quando ela é positiva? Na verdade, será que nosso aparato sente alguma coisa mesmo? O operacionalista sem dúvida diria "Obviamente sim", ou considerar sem sentido tal questão. Porém, parece-me que aqui *existe* uma questão complexa e difícil a considerar. Em nós, as influências que nos movem são de diversos tipos. Algumas são conscientes, como dor ou prazer; mas existem outras das quais não estamos diretamente cientes. Isso é claramente ilustrado pelo exemplo de uma pessoa tocando um fogão quente. Uma ação involuntária ocorre de modo a causar que a pessoa retire sua mão mesmo antes de ela experimentar qualquer sensação de dor. Pareceria ser o caso de tais ações involuntárias serem muito mais similares às respostas de nosso aparato a sua pontuação-pd que os efeitos reais de dor e prazer.

Geralmente utilizamos termos antropomórficos de maneira descritiva, usualmente de brincadeira, para descrever o comportamento de máquinas: "Meu carro não parece querer ligar esta manhã"; ou "Meu relógio parece que pensa que ainda está no horário da Califórnia"; ou "Meu computador afirma que ele não entendeu a última instrução e não parece saber o que fazer em seguida." É claro que nós não queremos *realmente* implicar que o carro pode realmente *querer* algo, ou que o relógio quase *pensa*, ou que o computador[9]

[9] Em 1989!

realmente *afirma* algo, ou que ele *entende* ou mesmo *saiba* o que está fazendo. De qualquer maneira, tais afirmações podem ser genuinamente descritivas e auxiliar nosso próprio entendimento, contanto que consideremos essas afirmações mais em espírito do que como afirmações literais. Eu tomaria uma atitude bastante similar relativa às várias afirmações de que a IA e as qualidades mentais que poderiam estar presentes em aparatos que foram construídos – *sem levar em conta* o espírito com o qual proferimos essas frases! Se eu concordar em dizer que a tartaruga de Grey Walter pode ter fome, concordo mais de forma pictórica do que literal. Se estou preparado para utilizar termos tais como "dor" ou "prazer" para a pontuação-pd de um aparato como descrito acima é por eu achar que esses termos são úteis para o meu entendimento do seu comportamento, devido a certas analogias com o meu próprio comportamento e estados mentais. Não quero realmente dizer que essas analogias são particularmente precisas, ou, de fato, que não existam outras coisas *in*conscientes que podem influenciar meu comportamento muito *mais* analogamente.

Espero que esteja claro para o leitor que, em minha opinião, existe uma grande quantidade de coisas mais que podem ser entendidas sobre as qualidades mentais do que o que pode ser obtido diretamente por meio da IA. Em todo caso acredito que a IA nos apresenta sérias evidências que devem ser respeitadas e discutidas. Ao dizer isso não quero implicar que muito – se é que há algo – de fato já foi alcançado em uma simulação da inteligência real. Porém, devemos ter em mente que o assunto é muito novo. Os computadores ficarão mais rápidos, terão armazenamentos maiores de rápido acesso, mais unidades lógicas e terão um número maior de operações realizadas em paralelo. Existirão melhorias no *design* lógico e na técnica de programação. Essas máquinas, os veículos da filosofia da IA, melhorarão muito em termos de sua capacidade técnica. Mais que isso, a filosofia em si *não* é intrinsicamente absurda. Talvez a inteligência humana possa de fato ser simulada de maneira muito precisa por computadores eletrônicos – essencialmente os computadores de hoje, com base em princípios que já são bem entendidos, mas com uma capacidade muito maior, velocidade muito maior etc., que certamente eles terão nos anos vindouros. Talvez pode até ser que estes aparatos *realmente virão a ser* inteligentes; talvez pensem, sintam e tenham mentes. Ou talvez não tenham e algum novo princípio seja necessário, algo que atualmente não sabemos o que é. Isso é o que está em jogo, e essa questão não pode simplesmente ser deixada de lado. Tentarei apresentar as evidências da melhor maneira que consigo. Eventualmente também apresentarei minhas próprias sugestões.

IA forte e o quarto chinês de Searle

Existe um ponto de vista, conhecido como *IA forte*, que adota uma posição bastante extrema com relação a estas questões.[10] Segundo a IA forte, não só os aparatos referidos acima seriam inteligentes e teriam mentes etc., mas características mentais desse tipo também podem ser atribuídas para o funcionamento lógico de *qualquer* aparato computacional, mesmo os mecanicamente mais simples de todos, tais como um termostato.[11] A ideia é que a atividade mental é simplesmente a execução de alguma sequência bem definida de operações, o que frequentemente é conhecido como um *algoritmo*. Serei mais preciso no decorrer do texto sobre o que um algoritmo realmente é. Por ora, será adequado definir algoritmo simplesmente como um procedimento de cálculo de algum tipo. No caso do termostato, o algoritmo é extremamente simples: o aparato registra se a temperatura é maior ou menor do que a temperatura configurada e então faz com que um circuito seja desconectado no primeiro caso e conectado no segundo. Para qualquer tipo de atividade mental significativa de um cérebro humano, o algoritmo teria de ser vastamente mais complicado, mas, segundo o ponto de vista da IA forte, de qualquer maneira seria um algoritmo. Ele diferiria amplamente em grau do algoritmo simples do termostato, mas não diferiria em princípio. Assim, segundo a IA forte, a diferença entre o funcionamento essencial do cérebro humano (incluindo todas as suas manifestações conscientes) e a de um termostato está simplesmente nesse grau de *complicação* muito maior no caso do cérebro (ou talvez "estruturas de mais alta ordem" ou "propriedades autorreferenciais", ou algum outro atributo que possamos associar a um algoritmo). De maneira mais importante, todas as características mentais – o pensamento, os sentimentos, a inteligência, o entendimento, a consciência – devem ser consideradas, segundo esse ponto de vista, meramente como aspectos desse funcionamento complexo; isto é, são simplesmente características de um *algoritmo* executado pelo cérebro.

A virtude de qualquer algoritmo específico seria seu desempenho, isto é, a precisão de seus resultados, seu escopo, sua economia de recursos e a

[10] Ao longo deste livro adotei a terminologia de Searle de "IA forte" para esse ponto de vista extremo somente para ser específico. O termo "funcionalismo" é frequentemente utilizado para o que é essencialmente o mesmo ponto de vista, mas talvez não de forma tão específica. Alguns defensores desse ponto de vista são Minsky (1968), Fodor (1983), Hofstadter (1979) e Moravec (1989).

[11] Veja Searle (1987, p.211) para um exemplo de tal afirmação.

velocidade com que ele poderia ser executado. Um algoritmo que se propusesse a igualar a operação de um cérebro humano teria de ser algo de fato estupendo. Porém, se um algoritmo desse tipo existe no cérebro – e os defensores da IA forte certamente afirmariam isso –, então em princípio ele poderia ser executado em um computador. De fato, ele poderia ser executado em *qualquer* computador eletrônico moderno de propósito geral, desconsiderando aqui questões de limitação de armazenamento e velocidade de operação. (A justificativa para esse comentário virá mais para a frente, quando considerarmos as máquinas de Turing universais.) Antecipamos que quaisquer dessas limitações seriam superadas para os grandes e rápidos computadores que devem existir em um futuro não tão distante. Nesse caso, tal algoritmo, se pudesse ser encontrado, presumivelmente passaria pelo teste de Turing. Os defensores da IA forte afirmariam que, sempre que o algoritmo fosse executado, ele experimentaria, *em si*, sensações e sentimentos; teria uma consciência, uma mente.

De forma alguma todas as pessoas concordam que estados mentais e algoritmos possam ser identificados uns com os outros dessa maneira. Em particular, o filósofo estadunidense John Searle (1980, 1987) contesta isso fortemente. Ele já citou exemplos em que versões simplificadas do teste de Turing *já* foram superadas por programas de computador apropriados, mas ele dá fortes argumentos para evidenciar que a qualidade mental relevante do "entendimento" está, ainda assim, inteiramente ausente nesses casos. Um desses exemplos se baseia em um programa de computador desenhado por Roger Schank (Schank; Abelson, 1977). O objetivo do programa é fornecer uma simulação do entendimento de uma história simples como: "O homem foi a um restaurante e pediu um hambúrguer. Quando o hambúrguer chegou, ele estava queimado e o homem saiu do restaurante de forma raivosa, sem pagar a conta ou deixar uma gorjeta." Para um segundo exemplo: "Um homem foi a um restaurante e pediu um hambúrguer. Quando o hambúrguer chegou, ele ficou muito feliz com ele e quando saiu do restaurante deixou para a garçonete uma boa gorjeta antes de pagar sua conta". Como um teste de "entendimento" dessas histórias, perguntamos ao computador se o homem comeu o hambúrguer nos dois casos (um fato que não é mencionado explicitamente em qualquer uma das histórias). Para esse tipo de história simples e pergunta simples, o computador pode dar respostas que são essencialmente indistinguíveis das respostas de qualquer ser humano que compreenda o idioma no qual a história foi apresentada, isto é, para esses exemplos particulares, "não" no primeiro caso e "sim" no segundo caso. Nesse sentido *muito* limitado, uma máquina já foi aprovada no teste de Turing!

A questão que devemos considerar aqui é se este tipo de sucesso de fato indica qualquer entendimento genuíno por parte do computador – ou, talvez, por parte do programa em si. O argumento de Searle para responder a isso *negativamente* é invocar o seu conceito de "quarto chinês". Ele considera, antes de tudo, que todas as histórias devem ser contadas em chinês no lugar de inglês – certamente uma mudança inocente – e que todas as operações do algoritmo de computador para esse exercício são fornecidas (em inglês) como um conjunto de instruções para manipular alavancas com símbolos em chinês nelas. Searle imagina-se *a si mesmo* realizando todas as manipulações dentro de um quarto fechado. A sequência de símbolos representando as histórias e então as questões são enviadas para a sala através de uma pequena brecha. Nenhuma outra informação pode chegar ao quarto a partir do exterior. Por fim, quando todas as manipulações estão completas, a sequência resultante é enviada para fora novamente pela brecha. Já que todas as manipulações estão simplesmente executando o algoritmo do programa de Schank, deve ser o caso que essa sequência final seja simplesmente a expressão chinesa para "sim" ou "não", conforme o caso, dando a resposta correta para a pergunta original em chinês sobre uma história em chinês. Neste ponto, Searle deixa bastante claro que ele não entende uma palavra de chinês, de forma que ele não teria a menor ideia sobre o que as histórias versariam. Em todo caso, ao executar corretamente a série de operações que constituem o algoritmo de Schank (as instruções para esse algoritmo tendo sido dadas a ele em inglês), ele seria capaz de desempenhá-las de maneira igualmente boa comparado a uma pessoa chinesa que de fato entendesse as histórias. O ponto de Searle – e eu acho que é um ponto bastante relevante – é que meramente executar um algoritmo bem-sucedido *não* implica em si que qualquer entendimento ocorreu. O Searle (imaginado), trancado em seu quarto chinês, não entenderia uma palavra de qualquer uma das histórias!

Diversas objeções foram feitas ao argumento de Searle. Mencionarei somente aquelas que acredito serem significativas. Em primeiro lugar, talvez haja algo enganoso na frase "não entender uma palavra" como utilizada acima. Entendimento tem tanto a ver com padrões quanto com palavras individuais. Ao executarmos algoritmos desse tipo, poderíamos muito bem começar a perceber algo sobre os padrões que os símbolos têm sem entender os significados reais de diversos desses símbolos. Por exemplo, o caractere chinês para "hambúrguer" (se, de fato, existe algo assim) poderia ser substituído pelo caractere de algum outro prato, digamos "Chow Mein", e as histórias não se alterariam significativamente. Em todo caso, parece-me razoável supor que de fato muito pouco dos significados reais das histórias (mesmo considerando tais substituições sem importância) transpareceria, se continuássemos a simplesmente seguir os passos e os detalhes de tal algoritmo.

Em segundo lugar, devemos considerar o fato de que a execução até mesmo de um programa bastante simples normalmente seria algo extraordinariamente longo e entediante, se fosse executado por seres humanos manipulando símbolos. (Este é o motivo, afinal, pelo qual temos computadores: para fazer essas coisas para nós!) Se Searle fosse de fato executar o algoritmo de Schank nessa forma sugerida, ele provavelmente estaria envolvido com isso por muitos dias, meses ou anos de um trabalho extremamente maçante para responder uma única pergunta – uma possibilidade impensável para um filósofo! No entanto, isso não parece ser uma objeção séria, já que aqui estamos considerando as questões do ponto de vista de *princípios*, não do ponto de vista prático. A dificuldade surge mais de um programa de computador experimental que supomos ter uma complicação suficiente para se equiparar ao cérebro humano e assim passar *corretamente* pelo teste de Turing. Qualquer programa desse tipo seria horrendamente complexo. Podemos imaginar que a execução desse programa, de maneira a responder mesmo a algumas questões bastante simples do teste de Turing, envolveria tantas etapas que não haveria a possibilidade de um único ser humano executar o algoritmo manualmente, mesmo que trabalhasse nisso por toda sua vida. Se realmente será assim é difícil dizer na ausência de um programa real desse tipo.[12] Porém, em todo caso, essa questão de complicação extrema não pode, em minha opinião, ser simplesmente ignorada. É verdade que aqui estamos preocupados com questões de princípio, mas não é inconcebível para mim que haja algum tipo de complicação "crítica" em um algoritmo que seja necessária para que esse algoritmo exiba características associadas à mente. Talvez esse valor crítico seja tão grande que nenhum algoritmo, tão complicado quanto necessário para nossos propósitos, pudesse ser executado manualmente por qualquer ser humano da maneira proposta por Searle.

---

[12] Em sua crítica ao artigo original de Searle, reimpressa em *The Mind's I*, Douglas Hofstadter reclama que nenhum ser humano poderia concebivelmente "internalizar" a descrição completa da mente de outro ser humano devido à complicação envolvida. De fato! Porém, da forma que vejo, isso não é exatamente o ponto discutido. Estamos muito mais preocupados meramente com a execução daquela parte do algoritmo que se propõe a incorporar a ocorrência de um único evento mental. Isso poderia ser alguma "realização consciente" momentânea na resposta a uma questão de um teste de Turing ou algo até mais simples. Será que qualquer tal "evento" necessariamente exigiria um algoritmo de um grau de complicação absurda?

O próprio Searle respondeu a esta última objeção permitindo que um time inteiro de seres humanos que não falassem chinês pudessem manipular os símbolos, em vez de considerar somente um único humano ("ele mesmo") em seu quarto chinês. Para que os números fossem grandes o bastante, ele imagina até substituir seu quarto pelo território todo da Índia, engajando agora toda a sua população (excluindo aqueles que entendem chinês!) na manipulação simbólica. Ainda que isso seja absurdo na prática, não é absurdo *em princípio*, e o argumento se mantém essencialmente inalterado: os manipuladores dos símbolos *não* entendem a história, apesar da afirmação dos proponentes da IA forte de que a mera execução de um algoritmo apropriado seria suficiente para dar origem à característica mental do "entendimento". No entanto, agora temos outra objeção que surge no horizonte. Cada indiano individualmente não é mais similar aos neurônios individuais do cérebro de uma pessoa, em vez de ser similar ao cérebro em si? Ninguém sugeriria que os neurônios, cujo disparo aparentemente constitui a atividade física do cérebro que acontece no ato de pensar, entenderiam *em si* o que a pessoa está pensando, então por qual motivo esperamos que os indianos individualmente entendam as histórias em chinês? A resposta de Searle para isso é ressaltar o aparente absurdo que é a Índia, o país em si, entender uma história que nenhum de seus habitantes entende individualmente. Um país, ele argumenta, como um termostato ou um automóvel, não pode "entender" algo, enquanto uma pessoa pode.

O argumento aqui tem uma força consideravelmente menor que o argumento anterior. Eu penso que o argumento de Searle tem sua maior força quando há somente uma única pessoa executando o algoritmo, em que nós restringimos nossa atenção para o caso de um algoritmo que seja suficientemente não complicado de maneira que a pessoa possa executá-lo dentro do período de uma vida. Eu *não* entendo seu argumento como estabelecendo *rigorosamente* que não haja algum tipo de "entendimento" incorpóreo associado com a execução do algoritmo pela pessoa e cuja presença não se faça sentir pela sua própria consciência. No entanto, eu concordaria com Searle que essa possibilidade deve ser vista como bastante implausível, para dizer o mínimo. Acho que o argumento de Searle é bastante forte, mesmo que não inteiramente conclusivo. É bastante convincente em demonstrar que algoritmos com o tipo de complicação que o programa de computador de Schank possui não podem ter nenhum entendimento genuíno que seja das tarefas que eles executam; ele também *sugere* (mas não mais que isso) que nenhum algoritmo, não importa o quão complicado seja, possa em algum momento, por si só, ter qualquer entendimento genuíno – contradizendo as afirmações dos defensores da IA forte.

Existem, até onde consigo ver, outras dificuldades sérias em relação ao ponto de vista da IA forte. Segundo a IA forte, é simplesmente o algoritmo que importa. Não faz diferença se o algoritmo é executado pelo cérebro, por um computador eletrônico, um país inteiro de indianos, um aparato mecânico com rodas e engrenagens ou um sistema de tubos de água. O ponto de vista é que é simplesmente a estrutura lógica do algoritmo que tem algum significado para o "estado mental" que ela supostamente representaria, a plataforma onde esse algoritmo é executado sendo, assim, inteiramente irrelevante. Como Searle ressalta, isso na verdade nos leva a uma forma de "dualismo". *Dualismo* é um ponto filosófico defendido pelo altamente influente filósofo e matemático do século XVII René Descartes, e ele afirma que existem dois tipos distintos de substância: "coisas da mente" e matéria ordinária. Se, ou como, um desses tipos é capaz ou não de afetar o outro é uma questão à parte. O ponto é que as coisas da mente supostamente não são como as coisas feitas de matéria e são capazes de existir independente delas. As "coisas da mente" da IA forte na realidade são a própria estrutura lógica do algoritmo. Como ressaltei, a plataforma física onde esse algoritmo é executado é algo totalmente irrelevante. O algoritmo tem algum tipo de "existência" incorpórea que é independente de qualquer execução dele em termos físicos. O quão seriamente devemos considerar esse tipo de existência é uma questão que deverei encaminhar novamente no próximo capítulo. É parte da questão mais geral da realidade platônica de objetos matemáticos abstratos. Por ora, deixarei essa questão mais geral de lado e meramente ressaltarei que os defensores da IA forte de fato parecem considerar seriamente a realidade dos algoritmos, já que eles acreditam que os algoritmos são a "substância" da qual seus pensamentos, sentimentos, entendimentos e percepções conscientes são formados. Existe uma ironia notável nesse fato, pois, como Searle indica, o ponto de vista da IA forte parece nos levar a uma forma extrema de dualismo, o próprio ponto de vista com os quais os defensores da IA forte menos querem ter relação!

Esse dilema está subjacente a um argumento apresentado por Douglas Hofstadter (1981) – ele mesmo um grande defensor da IA forte – em um diálogo intitulado "Uma conversa com o cérebro de Einstein". Hofstadter imagina um livro de proporções absolutamente monstruosas que supostamente contém uma descrição completa do cérebro de Albert Einstein. Qualquer questão que pudermos nos imaginar perguntando a Einstein pode ser respondida, assim como o Einstein vivo responderia, simplesmente ao folhearmos o livro e seguirmos cuidadosamente todas as detalhadas instruções lá existentes. É claro que "simplesmente" é um eufemismo absurdo, como Hofstadter cuidadosamente ressalta. Porém, sua afirmação é que, *em princípio*, o livro é completamente equivalente, no sentido operacional de um teste de Turing, a uma versão ridiculamente mais lenta do Einstein real. Assim, segundo o ponto de vista da IA forte, o livro pensaria, sentiria, entenderia, seria consciente, assim como o próprio Einstein era, porém talvez estivesse vivendo a uma velocidade extremamente lenta (de modo que o livro-Einstein veria o mundo externo existir a uma velocidade absurdamente alta). De fato, já que o livro supostamente é uma mera plataforma para a execução do algoritmo que constitui o "eu" de Einstein, ele *seria* Einstein.

Temos agora uma nova dificuldade. O livro poderia nunca ser aberto ou poderia ser continuamente consultado por inumeráveis estudantes e caçadores da verdade. Como o livro "saberia" a diferença? Talvez o livro não precisasse ser aberto, sua informação sendo recuperada por meio de uma tomografia de raios X ou alguma outra mágica tecnológica. A consciência de Einstein existiria somente quando o livro fosse examinado? Ele estaria duas vezes consciente se duas pessoas escolherem perguntar ao livro a mesma pergunta em dois momentos completamente diferentes? Ou isso significaria que existem duas instâncias diversas separadas e distintas temporalmente do *mesmo* estado de consciência de Einstein? Talvez sua consciência surgiria somente se o livro fosse *alterado*? Afinal, normalmente quando estamos conscientes de algo recebemos informações do mundo exterior que afetam nossas memórias, e os estados mentais de nossas mentes são alterados de alguma maneira. Se for assim, isso significa que são as *mudanças* (apropriadas) nos algoritmos (e aqui eu estou incluindo a parte do armazenamento do algoritmo) que devem ser associadas com eventos mentais em vez da (ou talvez adicionalmente a) *execução* dos algoritmos? Ou será que o livro-Einstein permaneceria completamente autoconsciente, mesmo que nunca fosse examinado ou perturbado por ninguém ou por coisa alguma? Hofstadter toca em algumas dessas questões, mas ele não tenta realmente responder a elas nem conciliar-se com a maior parte delas.

O que significa executar um algoritmo ou colocá-lo em uma plataforma física de execução? Será que alterar o algoritmo seria diferente de alguma maneira de meramente descartar um algoritmo e substituí-lo por outro? O que diabos isso tudo tem a ver com nossos sentimentos de percepção consciente? O leitor (a menos que ele ou ela seja um defensor ou defensora da IA forte) pode estar se perguntando por qual motivo eu devotei tanto espaço para uma ideia patentemente tão absurda. De fato, *não* vejo essa ideia como uma ideia intrinsicamente absurda – simplesmente errada! Existe, de fato, alguma solidez no raciocínio por trás da IA forte com a qual devemos nos entender, e é isso que tentarei explicar. Existe também, em minha opinião, um certo apelo em algumas de suas ideias – se modificadas apropriadamente – como tentarei transmitir. Mais que isso, em minha opinião, a visão contrária particular expressa por Searle também contém alguns enigmas sérios e aparentes absurdos, mesmo que, em um nível parcial, eu concorde com ele!

Searle, em sua discussão, parece aceitar implicitamente que computadores eletrônicos similares àqueles dos dias de hoje, mas com uma velocidade de execução e memórias consideravelmente mais potentes (e possivelmente com funcionamento em paralelo), poderiam muito bem passar pelo teste de Turing de fato em um futuro não tão distante. Ele está preparado para aceitar a afirmação da IA forte (e da maior parte dos outros pontos de vista "científicos") que "somos somente instâncias de um conjunto de programas de computador". Mais que isso, ele sucumbe a: "É claro que o cérebro é um computador digital. Já que tudo é um computador digital, cérebros também são."[13] Searle sustenta que a distinção entre a função dos cérebros humanos (que podem ter mentes) e dos computadores eletrônicos (que, ele argumenta, não podem), em ambos os casos executando o mesmo algoritmo, está somente na construção material de cada. Ele afirma, por razões que não é capaz de explicar, que objetos biológicos (cérebros) podem ter "intencionalidade" e "semântica", coisas que ele vê como as características fundamentais da atividade mental, enquanto objetos eletrônicos não podem tê-las. Isso em si não parece para mim nos indicar qualquer caminho para uma teoria científica útil da mente. O que é tão especial sobre os sistemas biológicos, além de, talvez, a forma "histórica" pela qual eles tenham evoluído (e o fato de que *nós* somos esses sistemas), que os escolhe como os únicos objetos capazes de terem intencionalidade ou semântica? A afirmação parece para mim quase uma afirmação dogmática, talvez até não menos dogmática que aquelas afirmações da IA forte que defendem que é a mera execução de um algoritmo que pode dar origem a um estado de percepção consciente!

Em minha opinião, Searle e muitas outras mentes brilhantes, foram desviadas de um bom caminho pelos proponentes dos computadores. E eles, por sua vez, foram desviados de um bom caminho pelos físicos. (Não é culpa dos

[13] Veja p.368, 372 no artigo de Searle (1980) em Hofstadter e Dennett (1981).

físicos. Nem *eles* sabem tudo!) A crença de que, de fato, "tudo é um computador digital" parece ser amplamente difundida. É minha intenção, neste livro, tentar mostrar o motivo pelo qual, e talvez como, esse *não* é o caso.

Hardware e software

No jargão da ciência da computação o termo *hardware* é utilizado para denotar o maquinário físico envolvido no funcionamento de um computador (circuitos integrados, transistores, fios, discos de armazenamento magnético etc.), incluindo uma especificação completa da maneira pela qual todos estes componentes estão conectados. Correspondentemente, o termo *software* se refere aos vários programas de computador que podem ser executados na máquina. Foi uma das notáveis descobertas de Alan Turing que, para todos os efeitos, qualquer máquina para a qual o hardware tenha alcançado um certo grau bem definido de complicação e flexibilidade é *equivalente* a qualquer outra máquina similar. Essa equivalência deve ser tomada no sentido de que, para quaisquer duas máquinas A e B, haveria um *software* específico que, se dado para a máquina A executar, a faria se comportar exatamente como máquina B; da mesma forma, existiria outro *software* que, se dado para a máquina B executar, a faria agir precisamente como a máquina A. Estou utilizando a palavra "precisamente" aqui para me referir aos dados de saída das máquinas para quaisquer dados de entrada (inseridos após a alimentação pelo *software* de conversão) e *não* ao *tempo* que cada máquina levaria para produzir seus resultados. Também permito que, se qualquer uma das máquinas em algum momento ficar sem espaço de armazenamento para seus cálculos, ela possa utilizar algum armazenamento externo de "papel de rascunho" em branco (em princípio ilimitado) – que poderia vir no formato de uma fita magnética, discos, disquetes ou seja o que for. De fato, a diferença de tempo que as máquinas A e B têm para realizar uma determinada tarefa pode ser uma consideração bastante importante. Pode acontecer, por exemplo, que A seja mais de mil vezes mais rápida realizando uma certa tarefa, quando comparada a B. Poderia também ser o caso que, para as mesmas máquinas, houvesse uma tarefa para a qual B seja mil vezes mais rápida que A. Mais que isso, esses intervalos de tempo poderiam depender muito da escolha particular dos *softwares* de conversão usados. Essa é uma discussão bem mais focada na parte "em princípio", em que não estamos realmente preocupados com tais considerações práticas, como ter o cálculo realizado em um tempo factível. Serei mais preciso na próxima seção sobre os conceitos aos quais estamos nos referindo aqui: as máquinas A e B são exemplos do que chamamos de *máquinas de Turing universais*.

Para todos os efeitos, todos os computadores de uso geral modernos são máquinas de Turing universais. Assim, todos os computadores de uso geral são equivalentes uns aos outros no sentido delineado acima: as diferenças entre eles podem ser completamente encapsuladas em *software*, contanto que não estejamos interessados sobre as diferenças de velocidade resultante das operações e possíveis limitações de espaço de armazenamento. De fato, a tecnologia moderna permitiu aos computadores funcionarem tão depressa e com tais capacidades vastas de armazenamento que, para a maior parte dos propósitos "do dia a dia", nenhuma dessas considerações práticas representa de fato qualquer limitação séria do que normalmente pedimos dos computadores,[14] de modo que essa equivalência teórica efetiva entre computadores pode também ser observada no nível prático. A tecnologia, parece, transformou discussões inteiramente acadêmicas sobre a natureza de aparatos computacionais idealizados em questões que afetam diretamente todas as nossas vidas!

Até onde eu entenda, um dos fatores mais importantes subjacentes à filosofia da IA forte é essa equivalência entre aparatos computacionais físicos. O *hardware* é considerado relativamente sem importância (talvez completamente sem importância), e o *software*, i.e., o programa ou algoritmo, é considerado como ingrediente vital. No entanto me parece que também existem outros fatores importantes subjacentes que provêm da área da física. Tentarei dar alguma indicação do que sejam esses fatores.

O que é que dá a uma pessoa particular sua identidade individual? Será que é, até certo grau, os próprios átomos que compõem seu corpo? Sua identidade depende da escolha particular de elétrons, prótons e outras partículas que compõem tais átomos? Existem pelo menos duas razões para isso não ser verdade. Em primeiro lugar existe uma reposição contínua do material no corpo de qualquer pessoa viva. Isso se aplica em particular às células do cérebro de uma pessoa, apesar do fato de que nenhuma célula cerebral nova é produzida após o nascimento. A vasta maioria dos átomos em cada célula viva (incluindo as células cerebrais) – e, de fato, virtualmente toda a substância material dos nossos corpos – foi substituída diversas vezes desde o nosso nascimento.

---

[14] No entanto, veja a discussão sobre teoria da complexidade e problemas NP ao fim do Capítulo 4.

A segunda razão provém da física quântica – e por uma estranha ironia ela é, estritamente falando, contraditória à primeira! Segundo a mecânica quântica (e veremos mais sobre isso no Capítulo 6, p.379), quaisquer dois elétrons devem necessariamente ser completamente idênticos, e o mesmo vale para quaisquer dois prótons e quaisquer duas partículas de qualquer natureza. Isso não quer meramente dizer que não existe uma maneira de dizer qual partícula é qual: a afirmação é consideravelmente mais forte que isso. Se um elétron no cérebro de uma pessoa fosse trocado com um elétron de um tijolo, então o estado do sistema seria *exatamente*[15] *o mesmo estado* que antes, não meramente indistinguível dele! Isso vale para os prótons e para qualquer outro tipo de partícula, assim como para átomos e moléculas inteiras etc. Se o conteúdo material todo de uma pessoa fosse trocado com as partículas correspondentes nos tijolos de sua casa então, em um sentido forte, nada haveria realmente acontecido. O que distingue a pessoa de sua casa é o *padrão* no qual suas partículas constituintes estão organizadas, não as partículas constituintes individuais em si.

Existe algo similar a isso no dia a dia que é independente da mecânica quântica, mas que ficou particularmente evidente para mim à medida que escrevo este texto por conta da tecnologia eletrônica que me permite escrever em um *software* de texto. Se eu quiser transformar uma palavra, digamos "leito" em "feito", posso fazer isso simplesmente substituindo o "l" por um "f", ou posso em vez disso escrever a palavra toda novamente. No segundo caso, o "e" é o mesmo "e" que era antes, ou eu o substituí com um "e" idêntico? E quanto ao "o"? Mesmo que eu simplesmente substitua "l" por "f" em vez de reescrever a palavra, existe um momento logo após o desaparecimento do "l" e o aparecimento do "f" quando há (algumas vezes) uma onda de realinhamento na página inteira a medida que ao retirarmos uma letra todo o posicionamento de cada letra seguinte (incluindo o "o") é recalculado e então novamente recalculado a medida que o "f" é inserido. (Ah, como são fáceis esses simples cálculos na era moderna!) Em todo caso, *todas* as letras que vejo na minha tela são meros buracos no caminho de um raio eletrônico à medida que a tela toda é escaneada sessenta vezes por segundo. Se eu pegar qualquer letra que for e substituí-la por uma idêntica, a situação é a *mesma* que antes da

[15] Alguns leitores proficientes nesses assuntos podem se preocupar com uma certa diferença de sinal. Porém, mesmo essa (aparente) distinção desaparece se rotacionarmos um dos elétrons completamente por 360° à medida que fizermos a troca! (Veja Capítulo 6, p.379, para uma explicação.)

substituição ou meramente indistinguível desta? Tentar defender o segundo ponto de vista (i.e., "meramente indistinguível") em comparação com o primeiro (i.e., "a mesma") parece ser algo pedante. Pelo menos parece razoável dizer que a situação é a mesma quando as letras são as mesmas, assim como acontece na mecânica quântica de partículas idênticas. Substituir uma partícula por uma partícula idêntica é, na realidade, não ter feito absolutamente nada. A situação de fato deve ser vista como *a mesma* que antes. (No entanto, como veremos no Capítulo 6, a distinção *não* é realmente uma distinção trivial no contexto *quantum*-mecânico.)

Os comentários acima com relação à substituição contínua dos átomos do corpo de uma pessoa foram feitos no contexto da física clássica em vez da física quântica. Eles foram fraseados como se fosse significativo manter a individualidade de cada átomo. De fato, a física clássica é adequada, e não podemos errar grosseiramente, nesse nível da descrição, ao assumirmos que os átomos são objetos individuais. Contanto que os átomos estejam razoavelmente bem separados de seus pares idênticos à medida que eles se movam, *podemos* consistentemente nos referir a eles como se mantivessem suas identidades individuais, já que cada átomo pode, para todos os efeitos, ter sua trajetória acompanhada de modo que podemos imaginar mantermos os olhos neles de maneira individual. Do ponto de vista da mecânica quântica seria meramente uma conveniência de linguagem nos referirmos à individualidade dos átomos, mas é algo consistente o bastante no nível que acabamos de considerar.

Vamos aceitar que a individualidade de uma pessoa não tenha absolutamente nada a ver com qualquer individualidade que tentemos conferir a seus constituintes materiais. Em vez disso, deve ter algo a ver com a *organização*, em algum sentido, desses constituintes – digamos a organização no espaço ou no espaço-tempo. (Mais sobre isso mais tarde.) Porém, os defensores da IA forte vão além disso. Se o conteúdo informacional de tal organização pode ser traduzido em outra forma por meio da qual a original pode ser recuperada então, eles afirmam, a individualidade da pessoa permaneceria intacta. É como a sequência de letras que eu acabei de escrever e agora é mostrada na tela do meu *software* processador de texto. Se eu as movo para fora da tela, elas permanecem codificadas na forma de pequenas perturbações de carga elétrica em alguma configuração que, de forma alguma, parece geometricamente com as letras que acabei de escrever. Porém, em qualquer momento, posso movê-las de volta para a tela, e lá elas estão, como se nada tivesse acontecido. Se eu escolher armazenar o que acabei de escrever, então posso transferir a informação da sequência de letras em organizações de magnetização em um disco que posso remover, e então, ao desligar a máquina, neutralizo todas as pequenas perturbações (relevantes) de carga nela. Amanhã, posso reinserir o disco, refazer as pequenas perturbações de carga e mostrar as sequências de letras novamente na tela, como se nada tivesse acontecido. Para os defensores da IA forte, é "evidente" que a individualidade de uma pessoa pode ser tratada da mesma maneira. Como as sequências de letras no meu monitor, essas pessoas afirmariam, nada é perdido da individualidade de uma pessoa – de fato nada haveria mesmo acontecido –, se sua forma física fosse traduzida em algo bastante distinto, digamos, os campos de magnetização em um bloco de ferro. Eles parecem até mesmo afirmar que a percepção consciente de uma pessoa persistiria enquanto a "informação" da pessoa está nessa outra forma. Segundo esse ponto de vista, a "percepção de uma pessoa" deve ser considerada, para todos os efeitos, um *software*, e sua manifestação particular, como um ser humano material deve ser considerada a operação desse *software* pelo *hardware* de seu cérebro e corpo.

Parece que a razão para essas afirmações é que, seja qual for a forma que o *hardware* assuma – por exemplo, algum aparato eletrônico –, podemos sempre "fazer questionamentos" ao *software* (na forma de um teste de Turing) e assumindo que o *hardware* aja de maneira computacionalmente satisfatória ao calcular as respostas a essas perguntas, essas respostas seriam idênticas àquelas que uma pessoa daria em seu estado normal. ("Como você está se sentindo nesta manhã?" "Ah, muito bem, obrigado, apesar de uma pequena incômoda dor de cabeça." "Você não sente, ..., que há algo estranho sobre sua identidade pessoal... ou algo do tipo?" "Não, por que você diria isso? Parece uma questão bastante estranha para perguntar." "Então você se sente como a mesma pessoa que você era antes?" "Claro que sim!")

Uma ideia frequentemente discutida nesse tipo de contexto é a *máquina de teletransporte* da ficção científica.[16] Ela é vista como uma forma de "transporte", digamos, de um planeta para o outro, mas se ela de fato seria algo assim é sobre o que versa toda a discussão. Em vez de ser fisicamente transportado por uma nave da forma "normal", o nosso viajante em potencial é escaneado da cabeça aos pés, tendo a localização e especificação completa de todos os átomos e elétrons de seu corpo gravados em completos detalhes. Toda essa informação é então transmitida (na velocidade da luz) por um sinal eletromagnético para o planeta distante ou destino desejado. Lá a informação

---

[16] Veja a Introdução em Hofstadter; Dennett (1981).

é reunida e utilizada como instruções para constituir uma duplicata perfeita do viajante, junto com todas as suas memórias, intenções, esperanças e sentimentos mais profundos. Pelo menos é isso que se espera; afinal, cada detalhe do estado do seu cérebro foi fielmente gravado, transmitido e reconstruído. Assumindo que o mecanismo tenha funcionado, a cópia original do viajante pode ser destruída "com segurança". É claro que a questão é: isso *realmente* é um método para viajar de um lugar para o outro ou meramente a construção de uma duplicata além do assassinato do original? *Você* estaria preparado para utilizar tal método de "viagem" – assumindo que tal método tenha sido demonstrado como completamente confiável dentro dos parâmetros esperados? Se o teletransporte *não* é um método de viagem, então qual é a diferença *em princípio* entre ele e simplesmente andar de uma sala para a outra? No segundo caso, não é verdade que os átomos de uma pessoa em um certo momento estão simplesmente fornecendo a informação para a localização dos átomos no próximo momento? Vimos, afinal, que não existe nenhuma significância em preservar a identidade de qualquer átomo em particular. A questão da identidade de qualquer átomo em particular não é nem mesmo significativa. Não é verdade que qualquer padrão de átomos em movimento simplesmente constitui um tipo de onda informacional se propagando de um lugar para o outro? Onde está a diferença essencial entre a propagação de ondas que descrevem nosso viajante indo de uma sala comum para a outra ou indo pelo nosso aparato de teletransporte de um planeta ao outro?

Suponha que seja verdade que o teletransporte *de fato* "funcione", no sentido de que a "percepção" do próprio viajante seja realmente refeita na sua cópia em um planeta distante (assumindo que essa questão tenha um significado genuíno). O que aconteceria se a cópia *original* do viajante não fosse destruída como as regras do jogo determinam? Sua "percepção consciente" estaria em dois lugares ao mesmo tempo? (Tente imaginar sua resposta à seguinte frase: "Minha nossa, o fármaco que nós demos para você antes de colocá-lo no teletransporte perdeu o efeito mais cedo do que devia? Isso é um pouco ruim, mas não importa. Em todo caso, você ficará feliz de saber que o outro você – isto é, o você *real*, quero dizer – chegou com segurança em Vênus de modo que podemos, bem, nos livrar de você aqui – isto é, quero dizer, da cópia *redundante* que aqui está. Será, claro, um processo indolor.") A situação tem um ar de paradoxal sobre ela. Existe algo nas leis da física que poderia tornar o teletransporte *em princípio* impossível? Talvez, por outro lado, não exista nada em princípio contra transmitir uma pessoa, e sua consciência, por tais meios, mas teríamos a garantia de que o processo de "cópia" envolvido sempre destruiria o original? Poderia ser que preservar *duas* cópias viáveis é o que é impossível em princípio? Acredito que, apesar da natureza absurda dessas considerações, talvez *exista* algo significativo relacionado à natureza física da consciência e da individualidade que possamos obter a partir delas. Creio que elas fornecem uma pista indicando um papel essencial da *mecânica quântica* em entender os fenômenos mentais. Porém, estou me adiantando. Será necessário voltarmos a essas questões após termos examinado a estrutura da teoria quântica no Capítulo 6 (cf. p.367).

Vejamos como o ponto de vista da IA forte está relacionado com a questão do teletransporte. Vamos supor que em algum lugar entre os dois planetas exista uma estação de reforço de sinal, onde a informação é temporariamente guardada antes de ser retransmitida para seu destino. Por conveniência, essa informação não é armazenada em formato humano, mas em uma fita magnética ou aparato eletrônico. A "percepção consciente" do viajante estaria presente em associação com esse aparato? Os defensores do ponto de vista da IA forte gostariam que nós acreditássemos que sim. Afinal, eles dizem, qualquer questão que escolhermos colocar para o nosso viajante poderia em princípio ser respondida pelo aparato, "simplesmente" tendo uma simulação para a atividade apropriada do seu cérebro. Esse aparato conteria toda a informação necessária, e o resto seria apenas uma questão computacional. Já que o aparato responderia às questões exatamente como se fosse o viajante, então ele *seria* o viajante (teste de Turing!). Isso tudo está relacionado com a afirmação da IA forte de que o *hardware* de fato não é importante com relação aos fenômenos mentais. Essa afirmação me parece injustificada. Ela baseia-se na presunção de que o cérebro (ou a mente) é, de fato, um computador digital. Ela assume que não exista nenhum fenômeno físico que ocorra quando pensamos que possa necessitar da estrutura física (biológica, química) particular que os cérebros possuem.

Sem dúvida poderia ser argumentado (do ponto de vista da IA forte) que a única assunção que realmente se faz é que qualquer fenômeno físico específico que seja necessário pode sempre ser *modelado* de maneira precisa por cálculos digitais. Estou bastante seguro de que a maior parte dos físicos argumentaria que tal hipótese é, na realidade, uma hipótese bastante natural para ser feita em face do nosso entendimento da realidade física atual. Apresentarei minhas razões para discordar desse ponto de vista nos capítulos posteriores (onde também precisarei mostrar por que creio que existe uma hipótese importante sendo feita). Porém, por ora, vamos aceitar este ponto de vista (comum) que toda a física relevante *pode* ser modelada por cálculos digitais.

Então, a única hipótese real (além de questões de tempo e espaço para cálculos) é a questão "operacional" de que, se caso algo *aja* inteiramente como uma entidade consciente, então ele também deve se "sentir" como uma entidade consciente.

O ponto de vista da IA forte defende que, sendo "somente" uma questão de *hardware*, qualquer física que esteja sendo utilizada no funcionamento do cérebro pode necessariamente ser simulada pela introdução de um *software* de conversão apropriado. Se aceitamos o ponto de vista operacional, então essa questão depende da equivalência das máquinas de Turing universais e do fato de que qualquer algoritmo pode, de fato, ser executado por tal máquina – junto com a assunção de que o cérebro funciona segundo algum tipo de execução algorítmica. É hora para eu ser mais explícito sobre esses importantes e intrigantes conceitos.

2
Algoritmos e máquinas de Turing

Contexto para o conceito de algoritmo

O que precisamente *é* um algoritmo, uma máquina de Turing ou uma máquina de Turing universal? Por que razão esses conceitos devem ser tão centrais para a visão moderna do que constitui um "aparato pensante"? Existe alguma limitação absoluta para aquilo que um algoritmo pode fazer em princípio? Para responder a essas questões adequadamente teremos de investigar detalhadamente a ideia de algoritmo e de uma máquina de Turing.

Nas diversas discussões que seguem, algumas vezes farei uso de expressões matemáticas. Entendo que alguns leitores podem achar isso ruim, ou talvez as achar intimidadoras. Se você for tal tipo de leitor, peço sua paciência e recomendo que você siga o conselho que eu dei em minha "Nota para o leitor" na p.13! Os argumentos dados aqui não necessitam de nenhum conhecimento matemático além daquele do ensino básico, mas para segui-los em detalhe é necessária uma contemplação mais séria. De fato, a maioria das descrições é bastante explícita, e um bom entendimento pode ser obtido seguindo os detalhes. Porém, muito pode ser obtido também se simplesmente lermos brevemente os argumentos para obter um aperitivo de seu sabor. Se, por outro lado, você for um especialista, novamente peço sua paciência. Eu suspeito que possa ainda ser valioso olhar pelo que tenho a dizer e deve haver de fato uma ou outra coisa que pode capturar seu interesse.

A palavra "algoritmo" provém do nome do matemático persa do século IX Abu Ja'far Muhammad ibn Musa *al-Khwarizmi*, que escreveu um texto matemático influente, por volta do ano de 825, intitulado *Al-Kitab al-mukhtasar fi hisab al-jabr wa-l-muqabala*. A maneira pela qual a palavra "algoritmo" é agora soletrada, em vez da anterior e mais precisa "algorismo" parece ter sido devido a sua associação com a palavra "aritmética". (É notável também que a palavra "álgebra" se origine do árabe "al-jabr" aparecendo no título do seu livro.)

Exemplos de algoritmos, no entanto, eram conhecidos muito antes do livro de al-Khwarizmi. Um dos mais familiares data do tempo dos gregos antigos (c. 300 a.C.), um procedimento que atualmente é conhecido como *algoritmo de Euclides* para encontrar o máximo divisor comum de dois números. Vejamos como ele funciona. Será útil termos em mente um par específico de números, digamos 1365 e 2654. O máximo divisor comum é o maior número inteiro que divide ambos os números de maneira exata. Para aplicar o algoritmo de Euclides, dividimos um de nossos dois números pelo outro e consideramos o resto: 1365 cabe duas vezes em 3654 com resto 924 (= 3654 – 2730). Substituímos agora nossos dois números pelo resto, 924, e pelo número pelo qual nós efetuamos a divisão, 1365, nesta ordem. Repetimos o que fizemos com o novo par: 924 cabe uma vez em 1365 com resto 441. Isso resulta em um novo par, 441 e 924, e dividimos 924 por 441 para obter o resto 42 (= 924 – 882), e assim por diante até conseguirmos uma divisão sem resto. Dessa forma, obtemos que

3654 : 1365	tem resto 924;
1365 : 924	tem resto 441;
924 : 441	tem resto 42;
441 : 42	tem resto 21;
42 : 21	tem resto 0.

O último número pelo qual efetuamos a divisão, 21, é o máximo divisor comum.

O algoritmo de Euclides em si é o *procedimento sistemático* pelo qual encontramos esse divisor. Aplicamos esse procedimento apenas a um par particular de números, mas o procedimento em si é aplicável de forma geral, para números de qualquer tamanho. Para números muito grandes, o procedimento pode levar muito tempo para ser efetuado e, quanto maiores os números, maior o tempo que o procedimento tende a levar. Porém, em qualquer caso *específico*, o procedimento eventualmente terminará, e uma resposta bem definida será obtida após um número finito de passos. Em cada passo está perfeitamente evidente qual é a operação que deve ser efetuada, e a decisão do momento em que o procedimento é finalizado também é muito evidente. Mais que isso, a descrição do procedimento todo pode ser apresentada em termos *finitos*, apesar do fato de que ela se aplica aos números naturais que apresentam tamanho ilimitado. (Os "números naturais" são simplesmente os usuais números inteiros não negativos[1] 0, 1, 2, 3, 4, 5, 6, 7, 8, 9, 10, 11, ...) De fato, é fácil construir um "fluxograma" (finito) para descrever a operação lógica completa do algoritmo de Euclides (veja a figura abaixo).

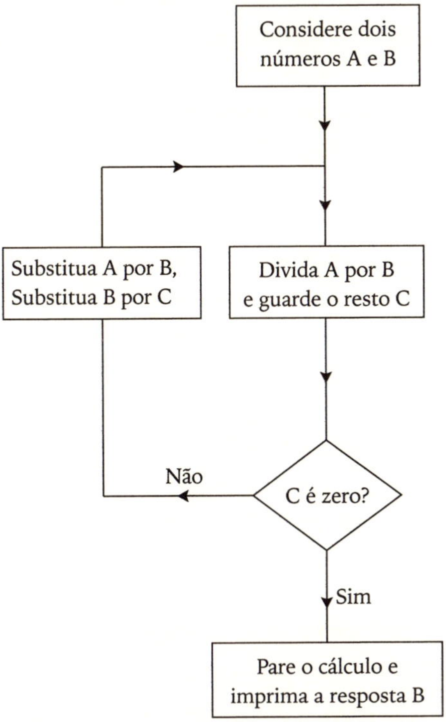

Devemos destacar que esse procedimento não está exatamente expresso em termos de seus constituintes mais elementares, já que assumimos implicitamente que já "sabemos" como efetuar as operações básicas necessárias para obter o resto de uma divisão para dois números naturais arbitrários A e B. Essa operação novamente é algorítmica – feita pelo procedimento familiar de divisão que aprendemos na escola. Esse procedimento é, na realidade,

[1] Adoto a terminologia moderna usual que agora inclui o zero entre os "números naturais".

bem mais complicado que o resto do algoritmo de Euclides, mas novamente podemos construir um fluxograma para representá-lo. A principal complicação resulta do fato de que teríamos (presumivelmente) que utilizar a notação "decimal" para os números naturais, de modo que teríamos que listar todas as nossas tabelas de multiplicação e nos preocupar com "vai um" etc. Se simplesmente usássemos uma sucessão de *n* marcações de algum tipo para representar o número *n* – por exemplo ●●●●● para representar cinco – então encontrar o resto de uma divisão poderia facilmente ser visto como uma operação algorítmica elementar. Para fazê-lo quando A é dividido por B, simplesmente continuamos a remover uma sequência de marcações representando B daquela representando A até que não exista um número suficiente de marcações para efetuarmos a operação novamente. A última sequência de marcações remanescentes fornece a resposta necessária. Por exemplo, para obter o resto da divisão de dezessete por cinco, simplesmente removemos sequências de ●●●●● de ●●●●●●●●●●●●●●●●● como segue:

●●●●●●●●●●●●●●●●●
●●●●●●●●●●●●
●●●●●●●
●●

e a resposta é evidentemente dois, já que nós não podemos continuar efetuando a operação.

O fluxograma para obter o resto de uma divisão por meio de subtrações sucessivas é o que segue na p.75. Para completar o fluxograma do algoritmo de Euclides, substituímos esse fluxograma que descreve como obter o resto de uma divisão na caixa ao centro na direita do nosso fluxograma original. Esse tipo de substituição de um algoritmo em outro é comum na programação de computadores. O algoritmo na p.75 para obter o resto de uma divisão é um exemplo de *sub-rotina*, isto é, é um algoritmo (geralmente previamente conhecido) que chamamos e é utilizado pelo algoritmo principal como parte de seu funcionamento.

É claro que a representação do número *n* simplesmente como *n* marcações é extremamente ineficiente quando números grandes estão envolvidos, motivo pelo qual geralmente utilizamos uma notação mais compacta, tal como o sistema decimal padrão. No entanto, não estaremos tão interessados na *eficiência* das operações ou das notações aqui. Estamos interessados, em vez disso, com a questão acerca de quais operações podem *em princípio* ser

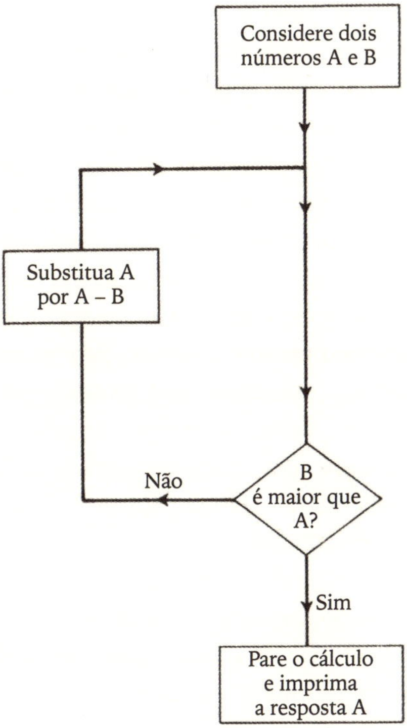

efetuadas algoritmicamente. O que é algorítmico se utilizarmos uma notação para os números também é algorítmico em outra notação. As únicas diferenças se encontram nos detalhes e nas complicações de ambos os casos.

O algoritmo de Euclides é somente um dentre vários, geralmente clássicos, procedimentos algorítmicos que encontramos na matemática. Porém, talvez seja notável que, apesar das origens históricas de exemplos específicos de algoritmos, a formulação precisa do *conceito de um algoritmo geral* data somente *deste* século. De fato, diversas descrições alternativas deste conceito foram dadas, todas por volta de 1930. A mais direta e persuasiva destas, além de historicamente ser a mais importante, é aquela em termos de um conceito conhecido como *máquina de Turing*. Será útil para nós investigar essas "máquinas" em algum detalhe.

Algo para termos em mente sobre uma "máquina" de Turing é que ela é um conceito de "matemática abstrata", não um objeto físico. O conceito foi introduzido pelo matemático, incrível decifrador de cifras e cientista da computação extraordinário inglês Alan Turing em 1935-6 (Turing, 1937) para tratar de um problema bastante amplo conhecido como *Entscheidungsproblem* ["problema de decisão"], apresentado parcialmente pelo notável matemático alemão David Hilbert, em 1900, no Congresso Internacional de Matemáticos de Paris ("Décimo problema de Hilbert"), e, de maneira mais completa, no Congresso Internacional de Bolonha, em 1928. Hilbert havia pedido por nada menos que um procedimento algorítmico geral para solucionar questões matemáticas – ou, dizendo melhor, para uma resposta à pergunta se tal procedimento poderia ou não existir em princípio. Hilbert também tinha um plano para colocar a matemática em uma fundação absolutamente sólida, com axiomas e regras de procedimento que deveriam ser fixadas de uma vez por todas; porém, na época em que Turing produziu seu grande resultado, esse plano já havia sofrido um golpe fatal de um teorema impressionante provado em 1931 pelo brilhante lógico austríaco Kurt Gödel. Consideraremos o teorema de Gödel e seu significado no Capítulo 4. O problema de Hilbert que era do interesse de Turing (o *Entscheidungsproblem*) ia além de qualquer formulação particular da matemática em termos de sistemas axiomáticos. A questão era: existe algum procedimento mecânico geral que poderia, *em princípio*, solucionar todos os problemas da matemática (pertencendo a alguma classe bem definida) um após o outro?

Parte da dificuldade de responder esta questão era identificar o que queremos dizer com "um procedimento mecânico". O conceito estava além das ideias matemáticas normais da época. De modo a entender tal conceito, Turing tentou imaginar como o conceito de uma "máquina" poderia ser formalizado, sua operação sendo então subdividida em operações elementares. Parece evidente que Turing também via o cérebro humano como um exemplo de "máquina" no sentido dado por ele, de modo que as atividades que poderiam ser realizadas pelos matemáticos humanos quando eles tratam de seus problemas matemáticos também teriam que ser abarcadas sob o termo de "procedimentos mecânicos".

Ainda que essa visão do pensamento humano pareça ter sido valiosa para Turing no desenvolvimento do conceito altamente importante de máquina de Turing, não é necessário que nos apeguemos a ela. De fato, ao tornar preciso o que significa um procedimento mecânico, Turing na realidade mostrou que existem algumas operações matemáticas perfeitamente bem definidas que não podem, no sentido usual, ser chamadas de mecânicas! Talvez exista alguma ironia no fato de que esse aspecto do trabalho do próprio Turing possa indiretamente nos fornecer uma possível brecha para seu próprio ponto de vista quanto à natureza dos fenômenos mentais. No entanto, esta não é nossa preocupação no momento. Primeiro precisamos entender o que realmente é o conceito de Turing de um procedimento mecânico.

O conceito de Turing

Tentemos imaginar um aparato para realizar algum procedimento de cálculo (que se possa definir de maneira finita). Que forma geral tal aparato poderia tomar? Devemos estar preparados para idealizar um pouco e não nos preocuparmos tanto com questões práticas: estamos pensando realmente em uma "máquina" idealizada matematicamente. Queremos que nosso aparato tenha um número discreto de estados diferentes possíveis que seja *finito* em número (ainda que talvez muito grande). Vamos chamá-los de estados *internos* do aparato. No entanto, não queremos limitar o tamanho dos cálculos que nosso aparato poderá efetuar em princípio. Lembrem-se do algoritmo de Euclides descrito acima. Em princípio não existe limite para o tamanho dos números sobre os quais aquele algoritmo pode atuar. O algoritmo – ou o *procedimento* de cálculo geral – é exatamente o mesmo, não importa quão grandes os números sejam. Para números muito grandes, o procedimento pode de fato levar muito tempo para terminar, e uma quantidade bem grande de "papel de rascunho" pode ser necessária para efetuar os cálculos em si. Porém, o *algoritmo* é o mesmo conjunto *finito* de instruções, não importa o quão grandes sejam os números.

Assim, ainda que haja um número finito de estados internos, nosso aparato deve ser capaz de lidar com uma entrada que não está restrita em tamanho. Além disso, devemos permitir ao aparato que ele se utilize de armazenamento externo ilimitado (nosso "papel de rascunho") para seus cálculos, e que ele também seja capaz de produzir uma saída de tamanho ilimitado. Já que nosso aparato possui somente um número finito de estados internos distintos, não podemos esperar que ele "internalize" todos os dados externos, nem todos os resultados de seus próprios cálculos. Em vez disso, ele deve examinar somente as partes dos dados ou cálculos prévios com os quais está lidando *naquele instante* e então neles efetuar qualquer operação que deva. Ele pode anotar, talvez em seu armazenamento externo, os resultados relevantes dessa operação, e então proceder de maneira precisamente determinada para a próxima fase da operação. É a natureza ilimitada da entrada, do espaço para calcular e da saída que nos revela que consideramos somente uma idealização matemática, em vez de algo que de fato poderia ser construído na prática (veja a Fig. 2.1). Porém, é uma idealização de grande relevância. As maravilhas da tecnologia computacional moderna nos deram aparatos de armazenamento eletrônico que podem, de fato, ser tratados quase como ilimitados para a maioria dos propósitos práticos.

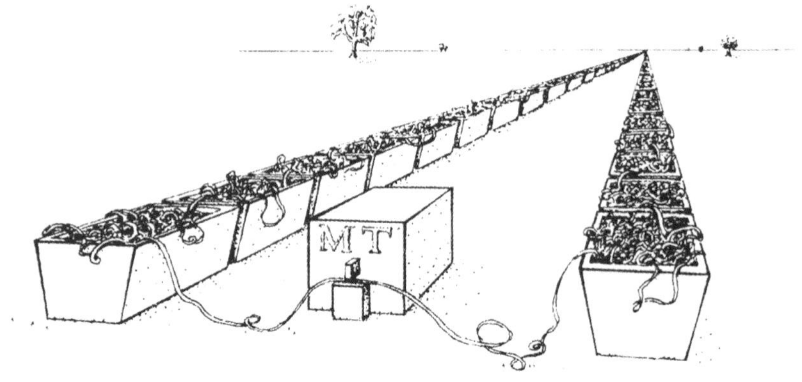

Fig. 2.1. Uma máquina de Turing no sentido estrito precisa de uma fita infinita!

De fato, o tipo de espaço de armazenamento ao qual nos referimos como "externo" na discussão acima pode ser considerado parte do funcionamento interno de um computador moderno. É talvez uma tecnicalidade, se parte do armazenamento deve ser considerada interna ou externa. *Uma* maneira de referir-se a essa divisão entre o "aparato" e suas partes "externas" seria em termos de *hardware* e *software*. As partes internas poderiam ser o *hardware*, e a parte *externa*, o *software*. *Não* irei necessariamente aderir a essa terminologia, mas seja lá qual for a maneira que olhemos para isso, a idealização de Turing é de fato notoriamente bem aproximada pelos computadores eletrônicos atuais.

A maneira pela qual Turing imaginou os dados externos e o espaço de armazenamento foi em termos de uma "fita" com marcas sobre ela. Essa fita então seria utilizada pelo aparato e "lida" à medida que fosse necessário, e ela poderia ser movimentada para a frente ou para trás pelo aparato como parte de seu funcionamento. O aparato poderia também colocar novas marcas na fita quando necessário, além de apagar marcas antigas, permitindo que a *mesma* fita atuasse como aparato externo (i.e., "papel de rascunho") e também como entrada dos dados. De fato, é útil não fazer nenhuma distinção evidente entre "armazenamento externo" e "entrada de dados", pois em muitas operações os resultados intermediários de um cálculo podem ser vistos pelo aparato da mesma maneira que novos dados de entrada. Lembre-se que o algoritmo de Euclides substitui continuamente os dados de entrada originais (os números A e B) pelos resultados das diferentes fases do cálculo. Da mesma forma, a fita pode ser utilizada para a saída (i.e., a "resposta"). A fita se moverá para a frente e para trás ao longo do aparato à medida que cálculos adicionais precisem ser efetuados. Quando o cálculo finalmente estiver completo, o aparato vai parar, e a resposta para o cálculo será exibida naquela parte da fita que estiver em um dos lados do aparato. Por questão de clareza, vamos supor que a resposta seja sempre mostrada do lado esquerdo, enquanto todos os dados numéricos de entrada, juntamente com a especificação do problema a ser resolvido, sempre serão inseridos do lado direito.

Da minha parte sinto-me um pouco desconfortável com ter nosso aparato finito movendo uma fita potencialmente infinita para a frente e para trás. Não importa o quão leve seja o material, uma fita *infinita* pode ser muito difícil de mover! Em vez disso prefiro pensar na fita como representando um ambiente externo através do qual nosso aparato finito pode se mover. (Claro, com a eletrônica moderna nem a "fita" nem o "aparato" precisam necessariamente se "mover" no sentido usual, mas tal "movimento" é uma maneira conveniente de imaginar as coisas.) Sob esse ponto de vista, o aparato recebe todos os seus dados de entrada do ambiente. Ele utiliza o ambiente como seu "papel de rascunho". Por fim, escreve sua saída no mesmo ambiente.

No paradigma de Turing, a "fita" consiste em uma sequência linear de quadrados considerada infinita em ambas as direções. Cada quadrado na fita está ou em branco, ou contém uma única marcação.[2] O uso de quadrados marcados e em branco ilustra que permitimos ao nosso "ambiente" (i.e., a fita) ser dividido e descrito em termos de elementos *discretos* (em oposição a elementos contínuos). Isso parece algo razoável a fazer, se desejamos que nosso aparato funcione de maneira confiável e absolutamente bem definida. Permitimos, no entanto, que nosso "ambiente" seja (potencialmente) infinito como parte da idealização matemática que usamos, mas em qualquer caso *particular* os dados de entrada, o cálculo e os dados de saída devem sempre ser *finitos*. Assim, ainda que consideremos a fita infinitamente longa, deve existir somente um número finito de marcas sobre ela. Além de um certo ponto em cada uma das direções, a fita deve estar inteiramente em branco.

Indicamos um quadrado em branco pelo símbolo **0**, e um quadrado marcado pelo símbolo **1**, e.g.:

....	0	0	0	1	1	1	1	0	1	0	0	1	1	1	0	0	1	0	0	1	0	1	1	0	1	0	0	....

Precisamos que nosso aparato "leia" a fita, e vamos supor que ele o faz *um* quadrado por vez, e a cada operação se move somente *um* quadrado para a

[2] De fato, em suas descrições originais, Turing permitia que sua fita fosse marcada de maneiras mais complexas, mas isso não faz nenhuma diferença. As marcas mais complexas sempre podem ser quebradas em sequências de marcas e espaços vazios. Tomarei várias outras liberdades sem importância com relação às especificações originais de Turing.

direita ou para a esquerda. Não existe nenhuma perda de generalidade nisso. Um aparato que lê *n* quadrados ou que se move *k* quadrados por vez pode facilmente ser modelado por outro aparato que leia e se mova somente um quadrado por vez. Um movimento de *k* quadrados pode ser feito a partir de *k* movimentos de um quadrado e, ao armazenar *n* leituras de um quadrado, podemos ter um comportamento igual, ao ler todos os *n* quadrados de uma vez.

O que, em detalhes, tal aparato pode fazer? Qual é a maneira mais geral pela qual algo que descreveríamos como "mecânico" poderia funcionar? Lembre-se que os *estados internos* do nosso aparato devem ser finitos em número. Tudo que precisamos saber, além dessa finitude, é que o comportamento desse aparato é completamente determinado pelo seu estado interno e pelos dados de entrada. Simplifiquemos esses dados para serem somente um dos dois símbolos 0 ou 1. Dado seu estado inicial e esse dado de entrada, o aparato deve comportar-se de maneira completamente determinística: ele muda seu estado interno para algum outro (ou possivelmente para o mesmo) estado interno; ele substitui o 0 ou 1 que lê por outro, ou pelo mesmo símbolo 0 ou 1; ele se move um quadrado ou para a direita ou para a esquerda; por fim, ele decide se continua com o cálculo ou se o termina e para.

Para definir explicitamente o funcionamento do nosso aparato, vamos primeiro *enumerar* os diferentes estados internos, digamos pelos números de referência 0, 1, 2, 3, 4, 5, ...; a operação desse aparato, ou *máquina de Turing*, seria completamente especificada por uma lista de substituições como

00 ⟶ 00D
01 ⟶ 131E
10 ⟶ 651D
11 ⟶ 10D
20 ⟶ 01D. PARE
21 ⟶ 661E
30 ⟶ 370D
.
.
.
2100 ⟶ 31E
.
.
.
2581 ⟶ 00D. PARE
2590 ⟶ 971D
2591 ⟶ 00D. PARE

O número em *negrito* do lado esquerdo da flecha é o símbolo que a máquina lê na fita nesse momento e ela vai substituí-lo pelo número em negrito do lado direito da seta. D nos diz que o aparato deve mover-se um quadrado para a *direita* ao longo da fita, e E nos diz que ele deve mover-se um quadrado para a *esquerda*. (Se, como na descrição original de Turing, pensarmos na fita se movendo, em vez do aparato, então devemos interpretar D como a instrução para mover a *fita* um quadrado para a esquerda, e E como a instrução para movê-la um quadrado para a *direita*.) A palavra PARE indica que o cálculo terminou e que o aparato deve parar. Em particular, o segundo conjunto de instruções 0**1** → 13**1**E nos diz que, *se* o aparato estiver no estado interno 0 e ler **1** na fita, então ele deve mudar seu estado interno para 13, deixar **1** como **1** na fita e mover-se um quadrado ao longo da fita para a esquerda. A última instrução 259**1** → 0**0**D, PARE nos diz que, se o aparato estiver no estado 259 e ler **1** na fita, então ele deve voltar para o estado 0, apagar o **1** e marcar um **0** na fita, mover-se um quadrado ao longo da fita para a direita e terminar o cálculo.

Em vez de utilizarmos os algarismos 0, 1, 2, 3, 4, 5, ... para marcar os estados internos, seria mais condizente a notação que utilizamos para as marcações na fita se utilizássemos símbolos feitos somente de 0s e 1s. Poderíamos, se quisermos, simplesmente utilizar uma sucessão de *n* 1s para marcar o estado *n*, mas isto é ineficiente. Em vez disso, vamos utilizar o sistema de numeração *binário*, que agora já é uma forma familiar de notação:

0 → 0,
1 → 1,
2 → 10,
3 → 11,
4 → 100,
5 → 101,
6 → 110,
7 → 111,
8 → 1000,
9 → 1001,
10 → 1010,
11 → 1011,
12 → 1100 etc.

Aqui, o dígito final à direita refere-se às "unidades", da mesma forma que a notação padrão (decimal), mas o dígito logo antes se refere a "dois", em vez de "dez". O 1 logo à frente refere-se a "quatros", em vez de "centenas", e o próximo 1, a "oitos", em vez de "milhares", e assim por diante, o valor de cada dígito sucessivo à medida que nos movemos para a esquerda sendo *potências sucessivas de dois*: 1, 2, 4 (= 2 × 2), 8 (= 2 × 2 × 2), 16 (= 2 × 2 × 2 × 2), 32 (2 × 2 × 2 × 2 × 2) etc. (Para alguns outros propósitos aos quais retornaremos depois, às vezes acharemos útil utilizar outra base além de dois ou dez para representar os números naturais: e.g., em base *três*, o número decimal 64 seria escrito 2101, cada dígito tendo um valor que agora será uma potência de três: $64 = (2 \times 3^3) + 3^2 + 1$; cf. Capítulo 4, nota 5 à p.166.)

Utilizando tal notação binária para os estados internos, a especificação da máquina de Turing acima seria agora:

00 → 00D
01 → 11011E
10 → 1000001lD
11 → 10D
100 → 01PARE
101 → 1000010lE
110 → 1001010D
.
.
.
110100100 → 111E
.
.
.
1000000101 → 00PARE
1000000110 → 11000011D
1000000111 → 00PARE

Acima também fiz a mudança de D.PARE para PARE, já que podemos assumir que E.PARE nunca ocorrerá, de forma que o resultado do último passo do cálculo sempre é mostrado do lado esquerdo da fita, como parte da resposta.

Vamos supor agora que nosso aparato esteja no estado interno particular representado pela sequência binária 11010010 e no meio de um cálculo para o qual o estado da fita dado é aquele da p.79, e aplicamos a instrução 110100100 → 111E. O dígito em particular que é lido na fita (aqui o dígito 0) é indicado pelo símbolo maior à direita da sequência de símbolos representando o estado interno. No exemplo que consideramos da máquina de

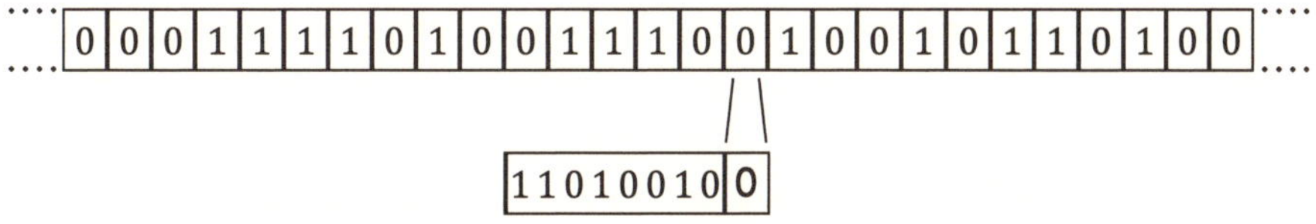

Turing da maneira que foi parcialmente especificada acima (e que inventei de forma mais ou menos aleatória), o 0 que é lido seria substituído por 1, e o estado interno mudaria para 11; o aparato então se moveria um passo para a esquerda:

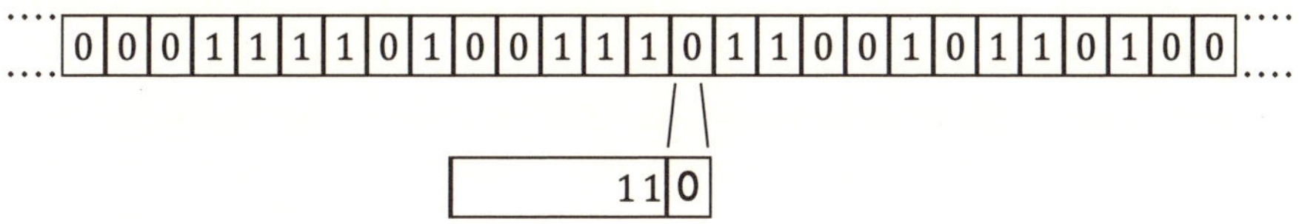

O aparato agora está pronto para ler outro dígito, novamente um 0. Segundo a tabela, ele deixa o 0 agora inalterado, mas seu estado interno é substituído por 100101, e o aparato se move ao longo da fita um quadrado para a direita. Agora ele lê 1, e em algum lugar da tabela existiriam mais instruções de qual substituição do estado interno deve ser feita, se devemos mudar o dígito lido e para qual direção o aparato deve se mover ao longo da fita. Ele continuaria agindo desse modo até que chegasse a um PARE, ponto no qual (após mover-se um quadrado para a direita) podemos imaginar um sinal sonoro tocando e alertando o operador da máquina que o cálculo terminou.

Vamos supor que a máquina sempre comece com o estado interno 0 e que toda a fita para a esquerda do aparato de leitura esteja inicialmente em branco. As instruções e os dados de entrada são todos dados à máquina pela direita. Como mencionado antes, essa informação que é dada ao aparato sempre toma a forma de uma sequência *finita* de 0s e 1s, seguido pela fita em branco (i.e., 0s). Quando a máquina alcançar o PARE, o resultado do cálculo aparece na fita do lado esquerdo do aparato de leitura.

Já que desejamos a capacidade de incluir dados numéricos como parte de nossos dados de entrada, desejaremos ter uma maneira de descrever os números comuns (com o que quero dizer os números naturais usuais 0, 1, 2, 3, 4, ...) como parte dos dados de entrada. Uma maneira de fazer isso seria simplesmente utilizar uma sequência de *n* 1s para representar o número *n* (porém, isso resultaria em uma dificuldade com relação ao número natural zero):

1 → 1,2 → 11,3 → 111,4 → 1111,5 → 11111, etc.

Este sistema de numeração primitivo é referido (ainda que de forma ilógica) como sistema *unário*. O símbolo 0 poderia então ser utilizado como um espaço para separar os números diferentes uns dos outros. É importante que tenhamos uma maneira de separar os números uns dos outros, já que muitos algoritmos atuam sobre *conjuntos* de números, em vez de números únicos. Por exemplo, para o algoritmo de Euclides, nosso aparato atuaria sobre um *par* de números A e B. Máquinas de Turing podem ser escritas sem grandes dificuldades para executar esse algoritmo. Como exercício, alguns leitores realmente dedicados podem talvez querer verificar que a descrição explícita que segue de uma máquina de Turing (que chamarei de **EUC**) de fato executa o algoritmo de Euclides quando aplicado a um par de números unários separados por 0:

00 → 00D, 01 → 11E, 10 → 101D, 11 → 11E,
100 → 10100D, 101 → 110D, 110 → 1000D, 111 → 111D,
100 → 1000D, 1001 → 1010D, 1010 → 1110E,
1011 → 1101E, 1100 → 1100E, 1101 → 11E,
1110 → 1110E, 1111 → 10001E, 10000 → 10010E,
10001 → 10001E, 10010 → 100D, 10011 → 11E,
10100 → 00PARE, 10101 → 10101D.

Antes de embarcar nesse exercício, no entanto, seria sábio para tais leitores começarem com algo muito mais simples, tal como a máquina de Turing **UN+1**:

00 → 00D, 01 → 11D, 10 → 01PARE, 11 → 11D,

Que simplesmente adiciona um número unário ao outro. Para verificarmos que **UN+1** realmente faz o que promete, vamos imaginar que ela é aplicada, digamos, à fita

... 00000111100000 ...,

Que representa o número 4. Consideramos que o aparato está em algum ponto à esquerda dos 1s inicialmente. Ele está no estado interno 0 e lê um 0. Isso deixa o 0 na fita, segundo a primeira instrução, e move o aparato um quadrado para a direita, permanecendo no estado interno 0. Ele continua fazendo isso, movendo um passo para a direita, até que encontra o primeiro 1. Então, a segunda instrução entra no jogo: ela deixa o 1 como um 1, move o aparato para a direita um passo, mas agora no estado interno 1. De acordo com a quarta instrução, ele permanece no estado interno 1 deixando os 1s sem modificação, movendo-se ao longo da fita para a direita até que atinja o primeiro 0 em seguida dos 1s. A terceira instrução, então, diz para ele mudar este 0 para um 1, mover-se um quadrado para a direita (lembre-se que PARE quer dizer realmente D.PARE), e então termina. Assim, outro 1 foi adicionado à sequência de 1s, e o 4 de nosso exemplo de fato foi alterado para um 5, como queríamos.

Como um exercício mais complexo, podemos querer verificar que a máquina **UN** × **2**, definida por

00 → 00D, 01 → 10D, 10 → 101E, 11 → 11D ,
100 → 110D, 101 → 1000D, 110 → 01PARE, 111 → 111D,
1000 → 1011E, 1001 → 1001D, 1010 → 101E,
1011 → 1011E,

dobra um número unário, como deveria.

No caso de **EUC**, para termos uma ideia do que está acontecendo, algum par explícito de números pode ser testado como, digamos, 6 e 8. O aparato de leitura está, como antes, no estado inicial 0 e à esquerda. A fita agora teria como marcações iniciais:

... 00000000000111111011111111100000 ...

Após o término do funcionamento da máquina de Turing, muitos passos depois, teríamos uma fita marcada como:

... 00001100000000000 ...

Com o aparato de leitura à direita dos primeiros dígitos não nulos. Assim, o máximo divisor comum é (corretamente) dado por 2.

A explicação completa de *por qual motivo* **EUC** (ou, de fato, **UN** × **2**) realmente faz o que queremos que ela faça envolve muitas sutilezas, e seria muito mais complicado de explicar do que a máquina em si – característica que não é incomum com relação a programas de computador! (Para entender completamente por qual razão um procedimento algorítmico faz o que ele supostamente deve fazer, temos de recorrer às nossas *intuições*. Será que as "intuições" em si são algorítmicas? Essa é uma questão que terá importância para nós mais tarde.) Não tentarei fornecer aqui tal explicação para os exemplos **EUC** ou **UN** × **2**. O leitor que de fato verificar o funcionamento das máquinas verá que me permiti uma pequena liberdade com relação ao algoritmo de Euclides de maneira a expressar as coisas de maneira mais concisa no esquema necessário. A descrição de **EUC** ainda é um pouco complicada, sendo composta de 22 instruções elementares para 11 estados internos distintos. A maior parte da complicação é de um tipo puramente organizacional. Podemos observar, por exemplo, que das 22 instruções, somente 3 realmente envolvem alterações das marcações da fita! (Mesmo para **UN** × **2**, utilizei 12 instruções, metade das quais envolve alterações na fita.)

Codificação binária de dados numéricos

O sistema unário é excessivamente ineficiente para representar números grandes. Assim, geralmente utilizaremos o sistema *binário*, como descrito anteriormente. No entanto, não podemos fazer isso diretamente e tentar ler a fita simplesmente como um número binário. Da forma que as coisas se encontram agora, não existiria maneira de dizer quando a representação binária de um número acabou e a sucessão infinita de 0s representando a fita em branco para a direita começa. Precisamos de alguma notação para indicar o fim da descrição binária de um número. Além disso, geralmente vamos querer alimentar nossa máquina com *vários* números, como com o par de números[3] necessário para o algoritmo de Euclides. Do modo como fazemos as coisas atualmente, não conseguimos distinguir *espaços* entre os números dos 0s ou sequências de 0s que aparecem como parte da representação

[3] Existem muitas outras formas de codificar pares, triplas etc., de números como números únicos, bem conhecidas pelos matemáticos, ainda que menos convenientes para nossos propósitos atuais. Por exemplo, a fórmula $\frac{1}{2}((a+b)^2 + 3a + b)$ representa o par (a, b) de números naturais de forma única como um número natural. Tente verificar isso!

binária dos números individuais. Em adição a isso, talvez queiramos incluir todo tipo de instruções complicadas na fita de entrada, assim como números. De maneira a superar essas dificuldades, vamos adotar um procedimento ao qual me referirei como *contração*, segundo o qual cada sequência de **0**s e **1**s (com um número total finito de **1**s) *não* é simplesmente lida como um número binário, mas substituída por uma sequência de **0**s, **1**s, **2**s, **3**s etc. por uma prescrição na qual cada dígito da segunda sequência é simplesmente o número de **1**s entre os **0**s sucessivos da primeira sequência. Por exemplo, a sequência

01000101101010110100011101010111100110

Seria substituída por

```
          010 0 010110101011010 0 01110101011110 0110
          | | | | |  | | |  | | | |  | | |  | | |
portanto: 1 0 0 1  2 1 1  2 1 0 0  3 1 1  4  0 2
```

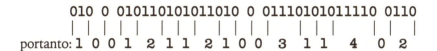

Agora podemos ler os números **2**, **3**, **4**, ..., como marcações ou instruções de algum tipo. De fato, vamos tomar **2** como um tipo de "vírgula", indicando o espaço entre dois números, enquanto **3**, **4**, **5**, ..., poderiam ser, segundo nossa necessidade, várias instruções ou notações de interesse, tais como "sinais de subtração", "sinais de adição", "vezes", "vá para a localização do seguinte número", "itere a operação anterior um certo número de vezes" etc. Agora temos várias sequências de **0**s e **1**s separadas por dígitos de ordem maior. As sequências devem representar números comuns escritos em notação binária. Assim, a sequência acima seria lida (com "vírgula" sendo **2**):

(número binário **1001**) vírgula (número binário **11**) vírgula ...

Utilizando a notação padrão com algarismos indo-arábicos "9", "3", "4", "0" para os respectivos números binários **1001**, **11**, **100**, **0**, obtemos, para a sequência toda

9, 3, 4 (instrução 3) 3 (instrução 4) 0,

Em particular, esse procedimento nos dá uma forma de terminar a descrição de um número (e assim distingui-lo de uma fita em branco infinita à direita) simplesmente utilizando uma vírgula ao final. Além disso, ela nos permite codificar qualquer sequência finita de números naturais, escrita em notação binária, como uma *única* sequência de 0s e 1s em que utilizamos vírgulas para separar os números. Vejamos como isso funciona em um caso específico. Considere a sequência

5,13,0,1,1,4,

por exemplo. Em notação binária isto é

101, 1101, 0, 1, 1, 100,

Que é codificada na fita, por *expansão* (i.e., o inverso do procedimento de contração delineado acima), como

...00001001011010100101100110101101011010001100 0...

Para obter tal codificação de maneira simples e direta, podemos fazer a substituição dos números binários na sequência original como

$$0 \rightarrow 0$$
$$1 \rightarrow 10$$
$$, \rightarrow 110$$

E então juntar uma quantidade infinita de 0s em ambos os lados. Fica mais evidente o que fizemos na fita acima se a separarmos com espaços como

0000 10 0 10 110 10 10 0 10 110 0 110 10 110 10 110 10 0 0 110 00

Vou referir-me a essa notação para (conjuntos de) números como *notação binária expandida*. (De modo que, por exemplo, a forma binária de 13 é 1010010.)

Existe um último ponto que devo ressaltar sobre essa codificação. É somente uma tecnicalidade, mas é necessária por completude.[4] Na repre-

[4] Não me preocupei em introduzir alguma marcação para *iniciar* a sequência de números (ou instruções etc.). Isso não é necessário para os dados de entrada, já que as coisas começam quando o primeiro 1 é encontrado. No entanto, para a saída algo diferente pode ser necessário, já que não sabemos *a priori* o quão longe devemos olhar na fita para chegar até o

sentação binária (ou decimal) dos números naturais existe uma pequena redundância nos **0**s colocados à esquerda de uma expressão, pois eles não "contam" – e normalmente são omitidos, e.g., **00110010** é o mesmo número binário que **110010** (e 0050 é o mesmo número decimal que 50). Essa redundância se estende ao número zero em si, que pode ser escrito como 000 ou 00 tão bem quanto 0. De fato, um espaço deveria, logicamente, poder denotar o 0 também! Na notação ordinária, isso nos levaria a uma grande confusão, mas essa ideia se encaixa bem na notação sobre a qual falamos acima. Assim, um zero entre duas vírgulas pode muito bem ser escrito como somente duas vírgulas uma ao lado da outra (,,) que poderia ser codificada na fita como dois pares **11** separados por um **0**:

...001101100...

Assim, o conjunto de seis números acima pode também ser escrito em notação binária como

101,1101,,1,1,100,

E codificado na fita, na forma binária expandida, como

...00001001011010100101101101011010110100011000...

(que tem um **0** a menos com relação à sequência que tínhamos antes).

Podemos agora considerar uma máquina de Turing para executar, por exemplo, o algoritmo de Euclides, aplicando-o a pares de números escritos em notação binária expandida. Por exemplo, para o par de números 6, 8 que consideramos antes, em vez de utilizarmos

... 00000000000111111011111111100000 ...,

primeiro (i.e., mais à esquerda) 1. Mesmo que uma longa sequência de 0s possa ser encontrada seguindo para a esquerda, isso não seria garantia de que não haveria um 1 *ainda mais* à esquerda. Podemos adotar diversos pontos de vista com relação a isso. Um deles seria sempre utilizar uma marcação especial (digamos, codificada por 6, no procedimento de contração) para iniciar a saída toda. Porém, por simplicidade, em minhas descrições adotarei um ponto de vista diferente, isto é, que sempre é "conhecido" quanto da fita de fato foi vista pelo aparato (e.g., podemos imaginar que ela deixa um "rastro" de algum tipo) de modo que não precisamos, em princípio, examinar uma quantidade infinita de fita de maneira a estarmos certos de que toda a saída foi analisada.

como havíamos feito antes, podemos considerar as representações binárias de 6 e 8, isto é, 110 e 1000 respectivamente. O *par* é

6,8, i.e., em notação binária, **110,1000**,

Que, pela expansão, é codificado na fita como

... **00000101001101000011000000** ...

Para esse par particular de números não há um ganho de concisão com relação à forma unária. Suponha, no entanto, que consideramos os números (em base decimal) 1583169 e 8610. Em notação binária, seriam

110000010100001000001, 10000110100010,

De maneira que temos o par codificado na fita como

... **001010000001001000001000000101101000001010010000100110** ...

Que cabe em poucas linhas, enquanto na notação unária a fita representando "1583169, 8610" certamente preencheria este livro todo!

A máquina de Turing que executa o algoritmo de Euclides quando os números são expressos em notação binária expandida poderia, se quiséssemos, ser obtida simplesmente juntando à **EUC** um par adequado de algoritmos de sub-rotinas que traduziriam entre as notações unárias e binárias expandidas. Isso de fato seria extremamente ineficiente; no entanto, já que a ineficiência no sistema de numeração unário ainda estaria "internamente" presente e se revelaria na lentidão do aparato e na quantidade absurda de "papel de rascunho" externo (que estaria na parte esquerda da fita) necessário. Uma máquina de Turing mais eficiente para o algoritmo de Euclides operando inteiramente dentro do contexto da notação binária expandida também pode ser construída, mas ela não seria particularmente iluminadora para nós aqui.

Em vez disso, para ilustrar como uma máquina de Turing pode ser construída para operar em números binários expandidos, vamos tentar fazer algo bem mais simples que o algoritmo de Euclides, por exemplo, o processo de simplesmente *adicionar um* a um número natural. Isso pode ser feito pela máquina de Turing (que eu chamarei de **XN+1**):

00 → 00D, 01 → 11D, 10 → 00D, 11 → 101D,
100 → 110E, 101 → 101D, 110 → 01PARE, 111 → 1000E,
1000 → 1011E, 1001 → 1001E, 1010 → 1100D,
1011 → 101D, 1101 → 1111D, 1110 → 111D,
1111 → 1110D.

Novamente, leitores entusiasmados podem querer verificar se essa máquina de Turing de fato executa o que ela supostamente deve fazer aplicando as instruções acima, por exemplo, ao número 167, que tem a representação binária **10100111** e, assim, seria dado na fita

... 0000100100010101011000 ...

Para adicionar um a um número binário, simplesmente localizamos o último 0, o mudamos para 1 e então substituímos todos os 1s que seguem por 0s, e.g., 167+1 = 168 é escrito em notação binária como

10100111+1=10101000.

Assim, nossa máquina de Turing "adicionadora de um" deveria substituir a fita mencionada previamente por

... 0000100100100001100000 ...

que é o que de fato ela faz.

Note que mesmo a operação extremamente simples de adicionar um é levemente complexa nessa notação, utilizando quinze instruções e oito estados internos diferentes! As coisas eram muito mais simples na notação unária, claro, onde "adicionar um" significava simplesmente estender a sequência de 1s com mais um 1, de modo que não é surpreendente que nossa máquina **UN+1** fosse mais simples. No entanto, para números muito grandes, **UN+1** seria excessivamente lento, em razão da quantidade absurda de fita que seria necessária, e a máquina mais complexa **XN+1** que opera com a notação binária expandida mais compacta é melhor.

Paralelamente devo ressaltar uma operação para a qual a máquina de Turing parece muito mais simples na notação binária expandida do que na notação unária, isto é, *multiplicar por dois*. Aqui, a máquina de Turing **XN** × **2** é dada por

$$00 \to 00D,\ 01 \to 10D,\ 10 \to 01D,\ 11 \to 100D,$$
$$100 \to 111D,\ 110 \to 01\text{PARE},$$

e ela efetua tal multiplicação em notação binária expandida, enquanto a máquina correspondente em notação unária, **UN × 2,** que descrevemos antes, é muito mais complicada!

Isso tudo nos dá alguma ideia do que as máquinas de Turing são capazes de fazer em um nível bastante básico. Como esperado, elas podem ficar (e de fato ficam) muito mais complexas que as máquinas que mostramos, quando operações mais complexas devem ser efetuadas. Qual é o objetivo final de tais aparatos? Consideremos essa questão em seguida.

A tese de Church-Turing

Uma vez que tenhamos ganhado alguma familiaridade com a construção de máquinas de Turing simples, se torna fácil nos convencermos de que as diversas operações aritméticas básicas, tais como a adição de dois números, sua multiplicação ou a potenciação de um número pelo outro, podem de fato ser efetuadas por máquinas de Turing específicas. Não seria tão trabalhoso mostrar tais máquinas explicitamente, mas não o farei aqui. Operações em que o resultado é um par de números naturais, tais como a divisão com resto, também podem ser fornecidas – o mesmo vale para o caso em que o resultado é um conjunto arbitrariamente grande, mas finito, de números. Além disso, máquinas de Turing podem ser construídas onde a operação aritmética específica a ser realizada não é definida com antecedência, mas as instruções para defini-la são colocadas na fita. Talvez a operação particular que deva ser efetuada dependa, em algum momento, do resultado de algum outro cálculo que a máquina teve que realizar em um estágio anterior ("Se a resposta deste cálculo é maior que tal número, então faça isso, caso contrário, faça aquilo.") Uma vez que compreendamos que podemos construir máquinas de Turing para efetuar operações aritméticas ou lógicas simples, se torna fácil imaginar que podemos efetuar operações mais complicadas de natureza algorítmica. Depois de nos entretermos por um tempo com isso, podemos facilmente nos convencer de que uma máquina desse tipo pode realmente efetuar *qualquer operação mecânica que seja*! Matematicamente se torna razoável *definir* uma operação mecânica como aquela que pode ser efetuada por tal máquina. O substantivo "algoritmo" e os adjetivos "computável", "recursivo" e "efetivo" são todos utilizados pelos matemáticos para denotar operações mecânicas que podem ser efetuadas por máquinas teóricas desse tipo – as máquinas de Turing. Contanto que um procedimento seja suficientemente evidente e mecânico, então é razoável acreditar que de fato podemos encontrar uma máquina de Turing para executá-lo. Isso, no final das contas, era o ponto principal de nossa (i.e., de Turing) discussão introdutória motivando o próprio conceito de máquina de Turing.

Por outro lado, podemos achar que o projeto dessas máquinas talvez seja desnecessariamente restritivo. Permitir que a máquina leia somente um dígito binário (0 ou 1) por vez e que se mova somente ao longo de uma *única* fita unidimensional parece, à primeira vista, limitador. Por que não permitir quatro ou cinco, ou talvez mil fitas separadas, com muitos aparatos de leitura interconectados funcionando todos ao mesmo tempo? Por que não permitir todo um plano de quadrados de 0s e 1s (ou talvez até uma sequência tridimensional), em vez de insistirmos em uma fita unidimensional? Por que não permitir outros símbolos de sistemas de numeração mais complicados ou um alfabeto? De fato, nenhuma dessas mudanças fará a menor diferença com relação ao que pode em princípio ser executado com uma máquina de Turing, ainda que que algumas façam diferença com relação à economia de operações (como certamente seria o caso, se permitíssemos mais de uma fita). A classe de operações efetuadas, ou seja, aquelas que estão abarcadas sob o termo "algoritmos" ("cálculos computacionais", "procedimentos efetivos" ou "operações recursivas"), seria precisamente a mesma que antes, mesmo que ampliássemos a definição de nossas máquinas de Turing com todas as mudanças que comentamos acima de uma vez só!

Podemos ver que não há *necessidade* para mais de uma fita, contanto que o aparato continue encontrando espaço na fita existente à medida que for necessário. Para isso, pode ser necessário que ele continue movendo dados de um lugar da fita para o outro. Isso pode ser "ineficiente", mas em princípio não limita o que pode ser executado.[5] Da mesma forma, utilizar mais de um aparato de Turing de maneira *paralela* – ideia que se tornou popular nos

---

[5] Uma maneira de codificar a informação de duas fitas em uma única é entrelaçar ambas. Assim, as marcações enumeradas de modo ímpar na fita única poderiam representar as marcações da primeira fita, enquanto aquelas enumeradas de modo par poderiam representar as da segunda fita. Uma ideia similar funciona para três ou mais fitas. A "ineficiência" desse procedimento resulta do fato de que o aparato de leitura teria que ficar indo e voltando ao longo da fita e deixando marcações nela de maneira a saber onde está, tanto nas partes pares quanto nas partes ímpares da fita.

anos recentes, relacionada com tentativas de simular os cérebros humanos de forma melhor – *não* nos fornece nenhum ganho em princípio (ainda que possamos ter uma velocidade maior do processo em certos casos). Ter duas máquinas separadas que não se comuniquem diretamente uma com a outra não resulta em nenhum ganho do que ter duas *que se comuniquem* e, caso elas se comuniquem; então, para todos os efeitos, elas são uma máquina só!

E quanto à restrição de Turing a uma fita unidimensional? Se pensarmos na fita como representando o "ambiente", podemos preferir pensar nela como uma superfície planar, em vez de uma fita unidimensional, ou talvez como um espaço tridimensional. Uma superfície planar parece mais próxima do que é necessário para um "fluxograma" (como na descrição que demos acima da operação do algoritmo de Euclides) do que uma fita unidimensional seria.[6] Não existe, no entanto, nenhuma dificuldade em princípio para escrever a operação de um fluxograma de maneira "unidimensional" (e.g., por meio da descrição verbal do fluxograma). A imagem planar bidimensional é somente para nossa conveniência e facilidade de compreensão, ela não faz nenhuma diferença com relação ao que pode ser alcançado pelas máquinas em princípio. Sempre é possível codificar a localização de uma marca ou objeto em uma fita bidimensional, ou mesmo tridimensional, de maneira direta em uma fita unidimensional. (De fato, utilizar um plano bidimensional é completamente equivalente a utilizar *duas* fitas. As duas fitas forneceriam duas "coordenadas" que seriam necessárias para especificar um ponto em um plano bidimensional; da mesma forma, *três* fitas podem agir como "coordenadas" para um ponto em um espaço tridimensional.) De novo, essa codificação unidimensional pode ser "ineficiente", mas em princípio não limita o que pode ser executado.

Apesar de tudo isso, podemos ainda nos perguntar se o conceito de uma máquina de Turing realmente incorpora *toda* operação lógica ou matemática que desejamos chamar de "mecânica". Na época em que Turing escreveu seu trabalho revolucionário, isso era consideravelmente menos evidente do que

---

6 Da maneira pela qual as coisas foram descritas aqui, esse fluxograma em si seria na verdade uma parte do "aparato", em vez de uma "fita" representando o ambiente externo. São os números A, B, A-B etc. que representamos na fita. No entanto, vamos querer também expressar a especificação do *aparato* de modo linear unidimensional. Como veremos mais adiante, em conexão com uma máquina de Turing *universal*, existe uma relação íntima entre a especificação para um "aparato" particular e a especificação de "dados" possíveis (ou "programas") para um dado aparato. Assim, é conveniente ter *ambos* nessa forma unidimensional.

hoje, de maneira que Turing achou necessário apresentar detalhadamente seu raciocínio. O sólido argumento de Turing encontrou suporte adicional do fato de que, de maneira bastante independente (e, na realidade, um pouco antes), o lógico estadunidense Alonzo Church (com a ajuda de S. C. Kleene) apresentou um esquema – o cálculo lambda – que também se destinava a resolver o *Entscheidungsproblem* de Hilbert. Ainda que não fosse obviamente um esquema tão abrangente quanto o esquema mecânico de Turing, ele tinha algumas vantagens importantes de economia em sua estrutura matemática. (Descreverei o notório cálculo de Church ao final deste capítulo.) Também de maneira independente de Turing havia ainda outras propostas para resolver o problema de Hilbert (veja Gandy, 1988), mais saliente dentre elas aquela do lógico polonês-estadunidense Emil Post (um pouco depois de Turing, mas com ideias consideravelmente mais similares àquelas de Turing do que de Church). Todos esses esquemas, como logo foi demonstrado, eram completamente equivalentes. Isso dotou de muito mais força um ponto de vista que se tornou conhecido como *tese de Church-Turing*, segundo a qual o conceito de máquina de Turing (ou conceitos equivalentes) de fato define o que, matematicamente, queremos dizer por um procedimento algorítmico (ou efetivo, recursivo ou mecânico). Hoje em dia, com os computadores digitais de alta velocidade tendo se tornado uma parte familiar de nossas vidas, não existem muitas pessoas que parecem sentir a necessidade de questionar essa tese em sua forma original. Em vez disso, os olhos se voltaram para outra questão, se sistemas *físicos* reais (presumivelmente incluindo cérebros humanos) – sujeitos como estão às leis *físicas* precisas – são capazes de efetuar mais, menos ou precisamente as mesmas operações lógicas que as máquinas de Turing. De minha parte, sinto-me bastante confortável em aceitar a formulação *matemática* original da tese de Church-Turing. Sua relação com sistemas físicos reais, por outro lado, é uma questão separada, que será um dos principais pontos de interesse para nós mais a frente, neste livro.

Outros números além dos números naturais

Na discussão feita acima consideramos operações sobre os *números naturais* e realçamos o fato notório de que máquinas de Turing por si sós podem dar conta de números naturais de um tamanho arbitrariamente grande, apesar do fato de que cada máquina possui um número fixo *finito* de estados internos distintos. No entanto, geralmente é necessário trabalhar com tipos de números mais complicados do que esses, tais como números negativos, frações ou expansões decimais infinitas. Números negativos e frações (e.g., números como –597/26) podem facilmente ser tratados pelas máquinas de Turing, e os numeradores e denominadores podem ser tão grandes quanto desejarmos. Tudo que precisamos é uma codificação adequada para os sinais "–" e "/", e isso pode ser facilmente feito utilizando a notação binária expandida de antes (por exemplo, "**3**" para "–" e "**4**" para "/" - codificados como **1110** e **11110**, respectivamente, na notação binária expandida). Números negativos e frações podem, assim, ser tratados em termos de conjuntos finitos de números naturais, de modo que, quanto às questões de computabilidade, eles não fornecem nada de novo.

Da mesma maneira, expressões decimais *finitas* de tamanho irrestrito não nos fornecem nada de novo, já que elas são simplesmente casos particulares de frações. Por exemplo, a aproximação decimal finita para o número irracional π dada por 3,14159265, é simplesmente a fração 314159265/100000000. No entanto, expansões decimais *infinitas*, tais como a sequência *completa* e interminável

$$\pi = 3{,}14159265358979\ldots$$

Trazem certas dificuldades. Nem a entrada e nem a saída de uma máquina de Turing podem, estritamente falando, ser decimais infinitos. Poderíamos pensar que conseguiríamos encontrar uma máquina de Turing que nos desse *todos* os dígitos sucessivos, 3, 1, 4, 1, 5, 9, ..., da expansão dada acima para π, um atrás do outro na fita de saída, em que simplesmente permitiríamos que a máquina continuasse funcionando para sempre. Mas isso *não é permitido* para uma máquina de Turing. Devemos esperar a máquina terminar (algo sinalizado pelo soar dos sinos!) antes que nos seja permitido analisar o resultado. Enquanto a máquina não tiver atingido a ordem de PARADA, sua saída está sujeita a mudanças, e assim não é confiável. Após ela ter atingido a PARADA, por outro lado, sua saída é necessariamente finita.

Existe, no entanto, um procedimento *legítimo* para criar uma máquina de Turing que produza dígitos um após o outro de modo bem similar a isso. Se desejarmos gerar a expansão decimal infinita de um número como, digamos, π, poderíamos ter uma máquina de Turing que produzisse a parte inteira, 3, fazendo a máquina atuar sobre 0, então poderíamos produzir o primeiro dígito decimal 1, fazendo a máquina atuar sobre 1, então o segundo, 4, fazendo ela atuar sobre 2, então o terceiro, fazendo ela atuar sobre 3 e assim por diante. De fato, para uma máquina de Turing produzir a expansão decimal completa de π *dessa* maneira certamente *existe*, ainda que ela seja um pouco complicada de a especificarmos explicitamente. Um comentário similar se aplica a outros números irracionais, como $\sqrt{2} = 1{,}414213562\ldots$. Porém, ocorre que alguns números irracionais (sabidamente) não podem ser produzidos por nenhuma máquina de Turing, como veremos no próximo capítulo. Os números que *podem* ser gerados dessa maneira são chamados de números *computáveis* (Turing, 1938). Aqueles que não podem (que são, na realidade, a vasta maioria!) são *não computáveis*. Voltarei nos próximos capítulos a essa questão e correlatas. Ela terá alguma relevância para nós com relação à questão de um *objeto físico real* (e.g., um cérebro humano) poder, segundo as teorias físicas, ser descrito adequadamente em termos de estruturas matemáticas computáveis.

A questão da computabilidade é uma questão geralmente importante na matemática. Não deveríamos pensar sobre ela como algo que só se aplica a *números*. Podemos ter máquinas de Turing que operam diretamente sobre *fórmulas matemáticas*, tais como expressões algébricas ou trigonométricas, por exemplo, ou que realizam as manipulações formais do cálculo. Tudo que é necessário é uma maneira precisa de codificar sequências de `0`s e `1`s de todos os símbolos matemáticos que estejam envolvidos de modo que o conceito de máquina de Turing pode ser aplicado. Isso, no fim das contas, era o que Turing tinha em mente em sua investida contra o *Entscheidungsproblem*, que questiona a existência de um procedimento algorítmico para responder a perguntas matemáticas de natureza *geral*. Voltaremos a isso em breve.

A máquina de Turing universal

Ainda não descrevi o conceito de uma máquina de Turing *universal*. O princípio por trás dela não é difícil de enunciar, ainda que os detalhes sejam complicados. A ideia básica é codificar a lista de instruções para uma máquina de Turing arbitrária *T* em uma sequência de `0`s e `1`s que se possa representar em uma fita. Essa fita, então, é utilizada como parte inicial para a entrada de alguma máquina de Turing *particular U* – chamada de máquina de Turing universal – que então atua sobre o resto dos dados de entrada da mesma maneira que *T* o faria. A máquina de Turing universal é um mímico universal. A parte inicial da fita dá à máquina universal *U* toda a informação de que ela necessita para imitar exatamente qualquer máquina *T*!

Para vermos como isso funciona precisaremos primeiro de uma maneira sistemática de *enumerar* as máquinas de Turing. Considere a lista de instruções definindo uma máquina de Turing particular, por exemplo, alguma das que descrevemos anteriormente. Devemos codificar essa lista de instruções em uma sequência de **0**s ou **1**s segundo algum esquema preciso. Isso pode ser feito por meio do procedimento de "contração" que nós adotamos antes. Pois, se representarmos os respectivos símbolos D, E, PARE, a flecha (→) e a vírgula como, digamos, os numerais 2, 3, 4, 5 e 6, podemos codificá-los pelas contrações **110**, **1110**, **11110**, **111110** e **1111110**. Os dígitos 0 e 1, codificados como **0** e **10**, respectivamente, podem ser utilizados para as sequências de fato desses símbolos que apareçam na tabela. Não precisamos de uma notação diferente para distinguir os números em negrito **0** e **1** na tabela de instruções da máquina de Turing daqueles sem negrito (indicando os estados), já que a posição dos números em negrito ao final do sistema de numeração binária é suficiente para distingui-los dos outros. Assim, por exemplo, 110**1** seria lido como o número binário **1101** e codificado na fita como **1010010**. Em particular, 0**0** seria lido como **00**, que pode ser, sem ambiguidade, codificado como **0**, ou omitido completamente. Podemos economizar consideravelmente, se não nos preocuparmos em codificar nenhuma flecha nem nenhum dos símbolos imediatamente precedentes a elas, dependendo em vez disso, da ordenação numérica das instruções para especificar quais devem ser estes símbolos – porém, ao adotar esse procedimento devemos garantir que não existam buracos nesse ordenamento, fornecendo algumas instruções extras "sem valor" onde fossem necessárias. (Por exemplo, a máquina de Turing **XN + 1** não tem uma instrução nos dizendo o que fazer com 111**0**, já que essa combinação nunca ocorre durante o funcionamento da máquina, de modo que devemos inserir uma instrução "sem valor", digamos 110**0** → 0**0**D, que pode ser incorporada à lista sem alterar nada. De maneira similar, devemos inserir 10**1** → 0**0**D na máquina **XN × 2**.) Sem tais "instruções sem valor", a codificação das ordens subsequentes seria arruinada. Não precisamos realmente das vírgulas ao final de cada instrução já que, felizmente, os símbolos E e D são suficientes para separar as instruções uma das outras. Assim, simplesmente adotamos a seguinte codificação:

0 para 0 ou **0**, **10** para 1 ou **1**, **110** para D, **1110** para E
e **11110** para PARE.

Como exemplo, vamos codificar a máquina de Turing **XN + 1** (com a instrução 1100 → 00D inserida). Deixando de lado as flechas, os dígitos imediatamente anteriores a elas e também as vírgulas, obtemos

00D 11D 00D 101D 110E 101D 01PARE 1000E 1011E
1001E 1100D 101D 00D 1111D 111D 1110D

Podemos melhorar isso simplesmente tirando cada 00 e substituindo cada 01 simplesmente por 1, de acordo com o que foi dito antes, obtendo

D11DD101D110E101D1PARE1000E1011E1001E1100D101DD1111D
111D1110D.

Isso é codificado na fita como a sequência

11010101101101001011010100111010010110101
111010000111010010101110100010111010100 01
10100101101101010101011010101011010101001
10.

Para duas economias pequenas extras podemos muito bem sempre deletar o 110 inicial (junto com a parte infinita de fita vazia que precede ele) já que isto denota 00D, que representa a instrução inicial 00 → 00D que tenho assumido implicitamente como comum a *todas* as máquinas de Turing - de modo que o aparato pode começar arbitrariamente longe para a esquerda das marcas na fita e ir para a direita até que ele chegue à primeira marca - e podemos muito bem deletar o último 110 (e a sequência infinita implícita de 0s que assumimos que os seguem), já que todas as máquinas de Turing devem ter suas descrições finalizando desse modo (pois todas terminam com D, E ou PARE). O *número binário* resultante é o *número* da máquina de Turing, que no caso de **XN+1** é:

101011011010010110101001110100101101011110100001110100101
011101000101110101000110100101101101010101011010101011010
10100.

Na notação decimal padrão esse número em particular é

450813704461563958982113775643437908.

Algumas vezes nos referimos à máquina de Turing cujo número é n como a *en*ésima máquina de Turing, denotando-a por T_n. Assim, **XN+1** é a 450813 704461563958982113775643437908-ésima máquina de Turing!

É notável o fato de que parece que chegamos tão longe nesta "lista" de máquinas de Turing antes de encontrarmos uma que efetue até mesmo a operação trivial de adicionar um (na notação binária expandida) a um número natural! (Não acredito ter sido muito ineficiente em minha codificação, ainda que consiga ver algum espaço para melhorias.) De fato, existem algumas máquinas de Turing com números menores que são de interesse. Por exemplo, **UN+1** tem o número binário

101011010111101010

Que é meramente 177642 na notação decimal! Assim, a máquina de Turing particularmente trivial **UN+1**, que meramente coloca um **1** ao fim da sequência de **1**s, é a 177642-ésima máquina de Turing. Como curiosidade, podemos notar que "multiplicar por dois" vem em algum lugar entre essas duas na lista de máquinas de Turing, em qualquer notação, pois encontramos que o número para **XN** × **2** é 10389728107, enquanto aquela de **UN** × **2** é 1492923420919872026917547669.

Talvez não seja surpreendente aprender, em face dos tamanhos desses números, que a vasta maioria dos números naturais não resulta em máquinas de Turing funcionais. Vamos ver as primeiras treze máquinas de Turing segundo essa numeração:

T_0: 00 → 00D, 01 → 00D,
T_1: 00 → 00D, 01 → 00E,
T_2: 00 → 00D, 01 → 01D,
T_3: 00 → 00D, 01 → 00PARE,
T_4: 00 → 00D, 01 → 10D,
T_5: 00 → 00D, 01 → 01E,
T_6: 00 → 00D, 01 → 00D, 10 → 00D,
T_7: 00 → 00D, 01 → ?? ?,
T_8: 00 → 00D, 01 → 100D,
T_9: 00 → 00D, 01 → 10E,
T_{10}: 00 → 00D, 01 → 11D,
T_{11}: 00 → 00D, 01 → 01PARE,
T_{12}: 00 → 00D, 01 → 00D, 10 → 00D.

Destas, T_0 simplesmente move para a direita obliterando seja o que for que encontre, sem parar nunca e sem voltar para trás. A máquina T_1 faz a mesma coisa, mas de uma maneira um pouco piorada, já que ela volta para trás sempre que apagar uma marca na fita. Assim como T_0, a máquina T_2 se move sem parar para a direita, mas é mais respeitosa, simplesmente deixnado as coisas na fita como elas estavam. Nenhuma delas funciona muito bem como uma máquina de Turing, já que elas nunca param. T_3 é a primeira máquina respeitável. Ela de fato para após, modestamente, alterar o primeiro (mais à esquerda) **1** para **0**.

T_4 tem um problema sério. Após encontrar seu primeiro **1** na fita, ela entra em um estado interno que não encontramos em sua lista de instruções, de modo que não sabemos o que fazer em seguida. T_8, T_9 e T_{10} encontram o mesmo problema. A dificuldade com T_7 é ainda mais básica. A sequência de **0**s e **1**s que a codifica envolve a sequência de *cinco* **1**s sucessivos: **110111110**. Não existe uma intepretação para tal sequência, de maneira que T_7 ficará travada assim que encontrar seu primeiro **1** na fita. (Vou me referir a T_7, ou a qualquer outra máquina T_n para a qual a expansão binária de n contenha uma sequência de mais de quatro **1**s como *não corretamente especificada*.) As máquinas T_5, T_6 e T_{12} encontram problemas similares àqueles de T_0, T_1 e T_2. Elas simplesmente continuam funcionando indefinidamente sem parar. Todas as máquinas T_0, T_1, T_2, T_4, T_5, T_6, T_7, T_8, T_9, T_{10} e T_{12} não funcionam! Somente T_3 e T_{11} resultam em máquinas de Turing funcionais, ainda que não sejam nem um pouco interessantes. T_{11} é ainda mais modesta do que T_3. Ela para ao seu primeiro encontro com um **1** sem alterar nada!

Devemos ressaltar que há uma redundância em nossa lista. A máquina T_{12} é idêntica a T_6 e idêntica a T_0, já que o estado interno 1 de T_6 e T_{12} nunca é encontrado. Não precisamos nos preocupar com essa redundância, nem com o excesso de máquinas de Turing não funcionais na lista. Seria de fato possível melhorar nossa codificação de maneira que boa parte das máquinas ruins fosse removida, e a redundância, consideravelmente reduzida. Tudo isso às custas de complicar nossa pobre máquina de Turing universal, que tem de decifrar o código e pretender ser a máquina T_n, cujo número n ela esteja lendo. Isso poderia ser útil, se pudesse remover *todas* as máquinas falhas (ou a redundância). Porém, isso *não* é possível, como veremos em breve! Assim, deixemos nossa codificação como está.

Será conveniente interpretar a fita com sua sucessão de marcas, e.g.

...0001101110010000...

como a representação binária de algum número. Lembre que os 0s continuam indefinidamente em ambos os lados, mas há somente um número finito de 1s. Também assumo que o número de 1s é *não nulo* (i.e., existe sempre pelo menos um 1). Poderíamos escolher ler a sequência finita de símbolos entre o primeiro e o último 1 (inclusive), que no caso acima é

110111001,

como a descrição binária de um número natural (aqui 441, na notação decimal usual). No entanto, esse procedimento somente nos daria números *ímpares* (números cuja representação binária termina com em 1), e queremos ser capazes de representar *todos* os números naturais. Adotamos, assim, a simples solução de remover o 1 final (agora considerado somente um marcador que indica o fim da expressão) e lemos o que resta como um número binário.[7] Assim, no exemplo acima, obtemos o número binário

11011100,

Que, em notação decimal, é 220. Esse procedimento tem a vantagem de que o zero também é representado por uma fita com marcas, isto é

... 00000001000000 ...

Vamos considerar o funcionamento da máquina de Turing T_n em alguma sequência (finita) de 0s e 1s em uma fita que alimentamos pela direita. Será conveniente considerar essa sequência também como a representação binária de algum número, por exemplo, *m*, segundo o esquema dado acima. Vamos assumir que, após uma sucessão de passos, a máquina T_n finalmente pare (i.e., alcance PARE). A sequência de dígitos binários que a máquina produziu agora à esquerda é a resposta para o cálculo. Vamos também ler isso como a representação binária de algum número da mesma forma, por exemplo, *p*. Escreveremos essa relação, que expressa o fato de que, quando a enésima máquina de Turing atua em *m*, ela produz *p*, como:

$$T_n(m) = p.$$

[7] Este procedimento se refere somente à forma pela qual uma fita marcada pode ser interpretada como um número natural. Ela não altera os números de nossas máquinas de Turing específicas, tais como EUC ou XN+1.

Vamos olhar agora para essa relação de um modo um pouco diferente. Pensemos nela como expressando uma operação particular aplicada ao par de números *n* e *m* de maneira a produzir o número *p*. (Assim: dados *dois* números, *n* e *m*, podemos descobrir a partir deles qual *p* vamos obter vendo o modo como a enésima máquina de Turing atua sobre *m*.) Essa operação particular é um procedimento inteiramente algorítmico. Ela pode, assim, ser efetuada por *uma* máquina de Turing *U*; isto é, *U* atua sobre o *par* (*n*,*m*) para produzir *p*. Já que a máquina de Turing *U* tem de atuar tanto sobre *n* e *m* para produzir o resultado único *p*, nós precisamos de alguma forma de codificar o par (*n*,*m*) em *uma* fita. Para isso podemos assumir que *n* é escrito na notação binária usual e então imediatamente seguido pela sequência **111110** (Lembre que o número binário de toda máquina de Turing corretamente especificada é feito somente de sequências de **0**s, **10**s, **110**s, **1110**s e **11110**s, e por isso não contém uma sequência com mais do que quatro **1**s. Assim, se T_n é uma máquina corretamente especificada, a ocorrência de **111110** de fato significa que a descrição do número *n* acabou.) Tudo após ela é a fita representando *m* segundo a nossa descrição acima (i.e., o número binário *m* imediatamente seguido por **1000...**). Assim, essa segunda parte da fita é simplesmente a fita sobre a qual T_n deve atuar.

Como um exemplo, se tomarmos $n = 11$ e $m = 6$ obtemos, para a fita sobre a qual *U* deve atuar, a sequência de marcações

... **000101111111011010000**...

Que consiste em

... **0000** (fita inicial vazia)
1011 (representação binária de 11)
111110 (final de *n*)
110 (representação binária de 6)
10000 ... (resto da fita)

O que a máquina de Turing *U* teria que executar seria, para cada passo sucessivo da operação de T_n sobre *m*, examinar a estrutura da sequência de dígitos na expressão para *n* de modo que a substituição apropriada nos dígitos de *m* (i.e., a "fita" de T_n) pudesse ser feita. De fato, não é difícil em princípio (ainda que decididamente tedioso na prática) ver como poderíamos realmente construir tal máquina. Sua própria lista de instruções simplesmente teria de fornecer uma maneira de ler a entrada apropriada naquela "lista" que está codificada no número *n*, em cada etapa do seu funcionamento sobre os dígitos na "fita", como dada por m. Existiria com certeza muito vai e vem entre os dígitos de m e n, e o procedimento seria excruciantemente lento. Em todo caso, uma lista de instruções para tal máquina certamente pode ser fornecida, e podemos chamar tal máquina de máquina de Turing *universal*. Denotando a atuação dessa máquina sobre um par de números n e m por $U(n,m)$, obtemos:

$$U(n, m) = T_n(m)$$

para cada (n, m) para o qual T_n esteja corretamente especificada.[8] A máquina U, quando a alimentamos primeiro com um número n, imita precisamente a enésima máquina de Turing!

Já que U é uma máquina de Turing, ela em si deve apresentar um número, isto é, nós temos

$$U = T_\mathrm{u}$$

Para algum número u. Quão grande é u? Podemos considerar u *precisamente*

u =7244855335339317577198395039615711237952360
0672556559631108144796606505059404241090310483
6136323593656444434583822268832787676265561446
9281411771501784255170755408565768975334635
694247848859704693472573998858228382779529468
346052106116983594593879188554632644092552550
582055598945189071653741489603309675302043155
362503498452983232065158304766414213070881932
971723415105698026273468642992183817215733348
282307345371342147505974034518437235959309064
002432107734217885149276079759763441512307958
639635449226915947965461471134570014504816733
756217257346452273105448298078496512698878896

---

[8] Se T_n *não* estiver corretamente especificada, então U iria prosseguir como se o número para n houvesse terminado assim que a primeira sequência de mais de quatro 1s na expressão binária de n fosse alcançada. U leria o resto desta expressão como parte da fita para m de forma que isto tudo resultaria em algum cálculo sem sentido! Esta propriedade poderia ser eliminada, se quiséssemos, organizando os procedimentos de forma que n possa ser expresso na notação binária *estendida*. Eu decidi não fazer isto aqui de forma a não complicar ainda mais a descrição da pobre máquina universal U!

4569760906634204477989021914437932830019493570963921703904833270882596201301773727202718625919914428275437422351355675134084222299889374410534305471044368695876405178128019437530813870639942772823156425289237514565443899052780793241144826142357286193118332610656122755531810207511085337633806031082361675045635852164214869542347187426437544428790062485827091240422076538754264454133451748566291574299909502623009733738137724162172747723610206786854002893566085696822620141982486216989026091309402985706001743006700868967590344734174127874255812015493663938996905817738591654055356704092821332221631410978710814599786695997045096818419062994436560151454904880922084480034822492077304030431884298993931352668823496621019471619107014619685231928474820344958977095535611070275817487333272966789987984732840981907648512726310017401667873634776058572450369644348979920344899974556624029374876688397514044516657077500605138839916688140725455446652220507242623923792115253181625125363050931728631422004064571305275802307665183351995689139748137504926429605010013651980186945639498

(ou alguma outra possibilidade com um tamanho pelo menos comparável). Sem dúvida, esse número parece preocupantemente grande! De fato, ele *é* preocupantemente grande, mas não fui capaz de ver como poderíamos fazê-lo muito menor. Os procedimentos de codificação e as especificações que dei para as máquinas de Turing são bastante razoáveis e simples; ainda assim somos inevitavelmente levados a um número desse tamanho para a codificação de uma máquina de Turing universal.[9]

[9] Sou grato a David Deutsch por derivar a forma decimal da descrição binária para *u* que eu mostro em seguida. Também sou grato a ele por verificar que esse valor binário para *u* realmente resulta em uma máquina de Turing universal! O valor binário para *u* é:

1000000001011101001101000100101010110100011010001010000011010100110100010101001011010000110100010100

Eu disse que todos os computadores modernos de propósito geral são, para todos os efeitos, máquinas de Turing universais. Não quero simplesmente dizer que o projeto lógico desses computadores precisa se assemelhar

---

10101101001001110100101001001011101010001110101010
01001010111010101001101000101000101011010000011010
01000001010110100010011101001010000101011101001000
11101001010100001011101001010011010000100001110101
00001110101000010010011101000101010110101001010110
10000011010101001011010010010001101000000001101000
00011101010010101010111010000100111010010101010101
01011101000010101011101000010100010111010001010011
01001000010100110100101001001101001000101101010001
01110100100101011101001010001110101001010010011101
01010100001101001010101011101010010001011010100001
01101010001001101010101010001011010010101001001011
01010010010111010101001010111010100101001101010100
00111010001001001010111010101001010111010101000001
11010100100000110101010100101110101001010110100010
01000111010000000111010010100101010101110100101001
00101011101000001010111010000100011101000001010100
11101000010100111010000010001011101000100001110100
00100101001110100010000101101000101001011101000101
00101101001000001011010001010100100110100010101010
11101001000001110100100101010101110101010100110100
100010101101001001001011010000000010110100000100011
01000001001011010000000001101001010001011101001010
10001101001010010101101000001001110100101010010110
10010011101010000001010111010100000011010101000101
01011010010101011010100001010111010100100101011101
010001001011010100100001011101000000011101010010001
01101010010100110101010001011101010010100101110101
010000010111010101000001011101000000011101010100001
01011101001010101101010100001011101010001010101110
101010010010111010101010000111010100000000111010010
01000011010010010001011010101010100111010000000010
11010010000110101010101001011101001000011010010001
01010111010000100011101000100001110100001101000000
010110100000010010111010101001010101101000100010010
11101000001001110101010011010000010101011010000100
00111010010000100011101010101010100111010000100100
11101000100100001110100001010010110100001010000111
01010101010101110100010010011010001001001101010010
100101110100010001010111010000000011101000100100101
11010011010010010000101101010101001101000101000101
11010000110101000010001011010100110101010010100101

de alguma forma ao tipo de descrição para a máquina de Turing universal que acabei de dar. O ponto é simplesmente que, ao darmos a qualquer máquina de Turing universal um programa apropriado (a parte inicial da fita de entrada),

---

10101010011010010010101110100110100100000101101000
10101010001110100100001010110100000010011010010001
00101110100100001101010000010010111010010010100110
10010010101011010011010010010100101101001101001010
00001011010010000011101010010011010101010000101110
10010100001011101001010101011101010001001011010010
01110100101010001011101000100111010100001011010010
01110100101010101011101001000111010010101010010111
01001000111010100000101010111001101010000010110100
10011101010000001011101001011010100000101011010010
10010111010100001001011101000011010100010000101101
01001101010001000101101010101001011101010001010010
11010001010101011101001000010101101010001011101010
01001010101110101010010010111010100011101010001110
10100100100101110101000111010100101000101110101000
10111010100001001011101010001110100010100010111010
01010010111010100101010010111010010101010101011010
10000101010101101000010011101000010101010101110101
01000101011101010100010101110100000011101010100010
01011101000000111010101001000101110101000000110101
00001011010000001110100100000010111010100011101010
01000101011101010011010101010001010110100000110101
01010010101011010000001001101010101001001110101001
10101010100100101101010011010010010011101000001101
01010101001010110101000100110100010100101010111010
00001101010101010100101101000100011101000101010101
01011010001000111010000101011101000100100001110100
1101000000001001110100000001001011101000100010100111
010000000100101110100101010101001011010000101010101
11010001001010010111010000010001011101010100101101
00010001001110100000010010101110100000010101010110100
00100011100111101000010000011101000010010011101000
00101001011101000001010010110100001000101011101000
01000100110100010000111010111101000010010010111010
000100100101110100000000101011101000010101000110100
01001011101000010000011101000010011101000100000101
11010101001011010001000001011101000010101010111010
00000101010111010001000010101110100010000101011101
0010000001110101001001001101000000010101110100010001
00101110101010000111010100101011010010101010000110
100000101001101000000001110100000100100111010010110
10010001010010110101010011010001010010010110101010

ela é capaz de imitar o comportamento de qualquer máquina de Turing que for! Na descrição acima, o programa simplesmente toma a forma de um único número (o número *n*), mas outros procedimentos são possíveis, existindo muitas variantes da ideia original de Turing. Em minhas próprias descrições alterei um pouco aquelas dadas originalmente por Turing. Nenhuma dessas diferenças tem relevância para nossas necessidades aqui.

1001000101001011010101001101000101001001011010101O
0110100010101000101100110101001001011101010100110 1
000101010101011001101010001010101100110100100010 10
101011101000100011101001001010101010110100101001 01
00011010010000001011101000001101010100101010101101
00101010110100100010001011101000101010110101000001
01011010001000001101001000101011010000100111010100
10101010101110100101101001001000101011001101001001
00101010111010011010010010010101101001011010010010
01001011010010110100100101000101100110100100101001
01011101000101011101001001011100110100100101010010
11100110100101000101010111010001000111010000101001
01101001010001011101001010001010110100010011101001
01000100101110100010011101001010010001011100110100
10001000111010001001110100101001010101110011010010
10000011100110101010101011010000000111010010101001
01010111010010001110100101010010101110011010000101
00100110011010100000110100000001110100101010100101
01110011010100010000110100000001110100010010101010
11101000100011101010101010101010110100001001110100
10001001010111010010101000100110101000000010110100
10011101010000101011101001000011010100000001011010
01000111010100100101110100001101010000101010110101
00010111010100001010010111010100010111010100010101
01011100110101000101011010000110101000100101O

O leitor entusiasmado com um computador em mãos pode desejar verificar, utilizando as prescrições dadas no texto, que a cifra acima de fato resulta no funcionamento de uma máquina universal de Turing aplicando-o a diversos números de outras máquinas de Turing simples!

Diminuir o valor de *u* poderia ser possível com uma especificação diferente para a máquina de Turing. Por exemplo, poderíamos evitar o uso de PARE e, em vez disso, adotar uma regra que a máquina para sempre que o estado interno 0 for novamente atingido uma vez que ela já tenha passado por algum outro estado interno. Isso não nos daria muito em termos de eficiência (se de fato resultasse em algo). Um ganho maior poderia ser obtido se permitíssemos fitas com outras marcas além de somente 0 e 1. Máquinas de Turing universais muito concisas de fato foram descritas na literatura, mas essa concisão é ilusória, pois elas dependem de codificações exageradamente complicadas para a descrição de máquinas de Turing em geral.

A insolubilidade do problema de Hilbert

Chegamos agora ao propósito para o qual Turing originalmente concebeu suas ideias, a solução do amplo *Entscheidungsproblem* [problema de decisão] de Hilbert: existe um procedimento mecânico para solucionar todos os problemas matemáticos pertencentes a uma classe ampla, mas bem definida? Turing descobriu que poderia frasear sua versão dessa questão em termos do problema de decidir se a enésima máquina de Turing em algum momento *pararia* quando atuasse sobre o número m. Esse problema é chamado de *problema da parada*. É algo simples construir uma lista de instruções para a qual a máquina não vá parar para *qualquer* número m (por exemplo, $n = 1$ ou 2, como dado acima, ou em qualquer outro caso em que não há nenhuma instrução PARE). Também existem muitas listas de instruções para as quais a máquina sempre vai parar, seja qual for o número que dermos a ela (e.g., $n = 11$); e algumas máquinas parariam para alguns números, mas não para outros. Podemos dizer corretamente que um algoritmo experimental não é de muito uso, se ele continua a funcionar para sempre sem parar. Isso não é um algoritmo de maneira alguma. Assim, uma questão importante é ser capaz de decidir se T_n aplicada a m realmente em algum momento nos dará uma resposta! Se *não* nos der (i.e., se o cálculo *não* parar) então nós escreveremos

$$T_n(m) = \square.$$

(Inclusas nessa notação estariam situações nas quais as máquinas de Turing encontram algum problema em algum ponto por não encontrarem uma instrução apropriada dizendo-lhes o que devem fazer – como com as máquinas problemáticas T_4 ou T_7 consideradas acima. Assim, infelizmente, nossa máquina aparentemente bem-sucedida T_3 também deve ser considerada problemática: $T_3(m) = \square$, pois o resultado da ação de T_3 é sempre somente uma fita me branco, enquanto precisamos de pelo menos um `1` na saída, de modo que o resultado do cálculo seja associado a um número! A máquina T_{11} é, no entanto, legítima, já que ela produz um único `1`. Esse resultado é a fita numerada 0, de maneira que obtemos $T_{11}(m) = 0$ para todo m.)

Seria uma questão importante na matemática poder decidir quando uma máquina de Turing para de funcionar. Por exemplo, considere a equação:

$$(x + 1)^{w+3} + (y + 1)^{w+3} = (z + 1)^{w+3}.$$

(Se expressões matemáticas forem algo que incomode você, leitor ou leitora, não se assuste! Essa equação é usada somente como um exemplo, e não há necessidade de entendê-la a fundo.) Essa equação em particular está relacionada a um problema famoso ainda sem solução na matemática – talvez o mais famoso de todos. O problema é este: existe *qualquer* conjunto de números naturais w, x, y e z para o qual essa equação seja satisfeita? A famosa afirmação conhecida como "último teorema de Fermat", escrita na margem do livro *Arithmetica*, de Diofanto, pelo notável matemático francês do século XVII, Pierre de Fermat (1601-1665), é a afirmação de que a equação *nunca* é satisfeita.[10] [11] Ainda que um advogado por profissão (e contemporâneo de Descartes), Fermat era o melhor matemático de sua época. Ele afirmou ter uma prova "realmente maravilhosa" de sua afirmação, mas a margem seria muito pequena para contê-la; porém, até hoje, ninguém foi capaz de reconstruir tal prova nem, por outro lado, encontrar algum contraexemplo para a afirmação de Fermat!

Está claro que *dada* uma quádrupla de números (w, x, y, z) é uma mera questão de computação decidir se a equação é válida ou não. Assim, podemos imaginar um algoritmo de computador que percorre todas as quadruplas de números uma atrás da outra e somente para quando a equação for satisfeita. (Vimos que existem maneiras de codificar conjuntos finitos de números, de maneira computável, em uma única fita, i.e., simplesmente como números isolados, de modo que podemos "passar por" todas as quádruplas simplesmente seguindo o ordenamento natural desses números.) Se pudermos estabelecer que este algoritmo *não* para, então encontramos uma maneira de provar a afirmação de Fermat.

De modo similar, é possível frasear diversos outros problemas matemáticos sem solução em termos do problema da parada de uma máquina de Turing. Um exemplo é a "conjectura de Goldbach", a qual enuncia que todo número maior do que 2 é a soma de dois números primos.[12] É um processo algorítmico decidir se um dado número natural é ou não primo, já que

---

[10] Lembre que, por números *naturais*, queremos dizer 0, 1, 2, 3, 4, 5, 6, ... A razão para termos "$x + 1$" e "$w + 3$" etc., em vez da forma mais familiar ($x^w + y^w = z^w$; $x, y, z > 0$, $w > 2$) da afirmação de Fermat, é que estamos permitindo que *todos* os números naturais x, w etc. comecem do zero.

[11] Para uma discussão não técnica de algumas questões relacionadas a essa famosa asserção, veja Devlin (1988).

[12] Lembre que os números *primos*, 2, 3, 5, 7, 11, 13, 17, ... são aqueles números naturais divisíveis, separadamente, somente por eles mesmos e por 1. Nem 0 nem 1 devem ser considerados primos.

precisamos testar sua divisibilidade somente por números *menores* que eles mesmos, o que definitivamente é finito. Podemos imaginar uma máquina de Turing que passe pelos números pares 6, 8, 10, 12, 14, ... tentando todas as diferentes maneiras de dividi-los em um par de números ímpares

$$6 = 3 + 3,\ 8 = 3 + 5,\ 10 = 3 + 7 = 5 + 5,\ 12 = 5 + 7,$$
$$14 = 13 + 1 = 7 + 7, \ldots$$

e que teste que, *para cada* número par, pelo menos um dos pares possíveis de compô-lo tem *ambos* os membros como números primos. (Obviamente não precisamos testar pares com componentes *pares*, exceto 2 + 2, já que todos os primos com exceção de 2 são ímpares.) Nossa máquina deve parar somente quando alcançar um número par para o qual *nenhum* dos pares no qual podemos dividi-lo consista em dois números primos. Nesse caso teríamos encontrado um contraexemplo para a conjectura de Goldbach, isto é, um número (maior que 2) que *não* é a soma de dois primos. Assim, se pudéssemos decidir se essa máquina de Turing para em algum momento teríamos um modo de decidir também a veracidade da conjectura de Goldbach.

Uma questão surge naturalmente: como devemos decidir se uma máquina de Turing em particular (que alimentamos com algum número específico) em algum momento vai parar? Para muitas máquinas de Turing isso não seria difícil de responder; mas, ocasionalmente, como vimos acima, a resposta poderia envolver a solução de um problema matemático famoso. Assim, nos perguntamos, existe algum procedimento *algorítmico* para solucionar a questão em geral – o problema da parada – de maneira completamente automática? Turing mostrou que de fato não existe.

Seu argumento era essencialmente o seguinte. Primeiro supomos que, ao contrário, *existe* tal algoritmo.[13] Então deve existir alguma máquina de Turing H que "decide" se a enésima máquina de Turing, quando atua sobre o número m, eventualmente para ou não. Digamos que ela produza a fita numerada **0**, se ela não parar, e **1**, caso contrário:

$$H(n; m) = \begin{cases} 0 & se\ T_n(m) = \square \\ 1 & se\ T_n(m)\ para. \end{cases}$$

[13] Isto é um procedimento matemático comum – e poderoso – conhecido como *reductio ad absurdum*, no qual primeiro assumimos que algo que queremos provar seja falso, e a partir daí derivamos uma contradição, assim estabelecendo que o resultado é de fato *verdadeiro*.

Aqui poderíamos codificar o par (n, m) para seguir as mesmas regras que adotamos para a máquina universal U. No entanto, poderíamos encontrar um problema técnico que, para algum número n (e.g., $n = 7$), T_n não esteja corretamente especificada; e a marca **111101** seria inadequada para separar n de m na fita. Para prevenir esse problema vamos assumir que n é codificado utilizando a notação binária *expandida*, em vez da notação binária simples, com m na notação binária usual, como antes. Assim, a marca **110** de fato será suficiente para separar n de m. O uso de um ponto e vírgula em $H(n; m)$, em comparação com a vírgula em $U(n, m)$ indica essa mudança.

Agora vamos imaginar uma sequência infinita que lista todas as saídas de todas as máquinas de Turing possíveis atuando sobre todos os dados de entrada possíveis. A enésima linha da sequência mostra a saída da enésima máquina de Turing aplicada aos diversos dados de entrada 0, 1, 2, 3, 4, ...:

$m \rightarrow$ / $n \downarrow$	0	1	2	3	4	5	6	7	8	...
0	□	□	□	□	□	□	□	□	□	...
1	0	0	0	0	0	0	0	0	0	...
2	1	1	1	1	1	1	1	1	1	...
3	0	2	0	2	0	2	0	2	0	...
4	1	1	1	1	1	1	1	1	1	...
5	0	□	0	□	0	□	0	□	0	...
6	0	□	1	□	2	□	3	□	4	...
7	0	1	2	3	4	5	6	7	8	...
8	□	1	□	□	1	□	□	□	1	...
.	.				.				.	...
.	.				.				.	...
.	.				.				.	...
197	2	3	5	7	11	13	17	19	23	...
.	.				.				.	
.	.				.				.	
.	.				.				.	

Na tabela acima cometi uma leve trapaça e não listei as máquinas de Turing como elas são numeradas *realmente*. Se fizesse isso, teríamos uma lista que pareceria muito entediante, já que todas as máquinas para as quais n é menor do que 11 não resultam em nada além de □, e a máquina $n = 11$ em si nos dá somente *0*s. De modo a fazer a lista parecer inicialmente mais interessante, assumi que alguma codificação muito mais eficiente foi conseguida. De fato, simplesmente coloquei as entradas da tabela acima de uma maneira bastante aleatória, somente para dar uma impressão geral da aparência do resultado como ele poderia ser.

Não estou exigindo que tenhamos *realmente* calculado essa sequência de números, por exemplo por meio de um algoritmo. (De fato, não existe tal algoritmo, como veremos em breve.) Devemos somente *imaginar* que a *verdadeira* lista de algum modo foi exposta para nós, talvez por Deus! É a ocorrência dos □ que causaria dificuldades se estivéssemos tentando calcular essa sequência, pois poderíamos não saber com certeza quando colocar um □ em alguma posição, já que esses cálculos simplesmente continuam a ser executados para sempre!

No entanto, *poderíamos* fornecer um procedimento de cálculo para gerar a tabela, se nos fosse permitido utilizar nossa suposta máquina H, pois H nos diria onde os □ de fato ocorreriam. Porém, em vez disso, vamos utilizar H para *eliminar* cada □, substituindo sua ocorrência por um 0. Podemos fazer isso precedendo a execução de T_n sobre m pelo cálculo $H(n; m)$, e então permitimos que T_n atue sobre mm somente se $H(n; m) = 1$ (i.e., somente se o cálcuo $T_n(m)$ de fato resulta em uma resposta) e simplesmente escrevemos 0 se $H(n; m) = 0$ (i.e., se $T_n(m) = \square$). Podemos escrever nosso novo procedimento (i.e., aquele obtido por preceder $T_n(m)$ pela execução de $HH(nn; mm)$) como

$$T_n(m) \times H(n; m).$$

(Aqui utilizo uma convenção matemática comum sobre o ordenamento das operações matemáticas: aquela na *direita* deve ser efetuada *primeiro*. Note que, simbolicamente, obtemos $\square \times 0 = 0$.)

A tabela agora é escrita como:

$m \rightarrow$	0	1	2	3	4	5	6	7	8...
n ↓									
0	0	0	0	0	0	0	0	0	0...
1	0	0	0	0	0	0	0	0	0...
2	1	1	1	1	1	1	1	1	1...
3	0	2	0	2	0	2	0	2	0...
4	1	1	1	1	1	1	1	1	1...
5	0	0	0	0	0	0	0	0	0...
6	0	0	1	0	2	0	3	0	4...
7	0	1	2	3	4	5	6	7	8...
8	0	1	0	0	1	0	0	0	1...
.	.				.				. ...
.	.				.				. ...
.	.				.				. ...

Note que, assumindo que H existe, as linhas na tabela consistem em *sequências computáveis*. (Por uma sequência computável refiro-me a uma sequência infinita cujos valores sucessivos podem ser gerados por um algoritmo; i.e., alguma máquina de Turing que quando aplicada aos números naturais $m = 0,1,2,3,4,5, \ldots$ resulta nos membros sucessivos da sequência.) Agora notemos dois fatos sobre essa tabela. Em primeiro lugar, *toda* sequência computável de números naturais deve aparecer em algum lugar (talvez até mais de uma vez) entre suas linhas. Essa propriedade já era válida para a tabela original com os □. Simplesmente *adicionamos* algumas linhas para substituir as máquinas de Turing "falhas" (i.e., aquelas que produzem pelo menos um □). Em segundo lugar, a hipótese que fazemos é que H realmente existe, fazendo com que a tabela seja *gerada computacionalmente* (ou seja, gerada pela execução de um algoritmo bem definido), isto é, gerada pelo procedimento $T_n(m) \times H(n; m)$. Isso quer dizer que existe alguma máquina Q que, atuando sobre o par de números (n, m), produz a entrada adequada para a tabela. Para isso, podemos codificar n e m na fita de Q da mesma maneira que fizemos para H, e obtemos então

$$Q(n; m) = T_n(m) \times H(n; m).$$

Apliquemos agora uma variante de uma técnica engenhosa e poderosa, a técnica do "corte diagonal" de Georg Cantor. (Veremos a versão original do corte diagonal de cantor no próximo capítulo.) Considerem os elementos da diagonal principal, marcados em **negrito**:

$$
\begin{array}{ccccccccc}
\mathbf{0} & 0 & 0 & 0 & 0 & 0 & 0 & 0 & 0\ldots \\
0 & \mathbf{0} & 0 & 0 & 0 & 0 & 0 & 0 & 0\ldots \\
1 & 1 & \mathbf{1} & 1 & 1 & 1 & 1 & 1 & 1\ldots \\
0 & 2 & 0 & \mathbf{2} & 0 & 2 & 0 & 2 & 0\ldots \\
1 & 1 & 1 & 1 & \mathbf{1} & 1 & 1 & 1 & 1\ldots \\
0 & 0 & 0 & 0 & 0 & \mathbf{0} & 0 & 0 & 0\ldots \\
0 & 0 & 1 & 0 & 2 & 0 & \mathbf{3} & 0 & 4\ldots \\
0 & 1 & 2 & 3 & 4 & 5 & 6 & \mathbf{7} & 8\ldots \\
0 & 1 & 0 & 0 & 1 & 0 & 0 & 0 & \mathbf{1}\ldots \\
\cdot & & & & \cdot & & & & \cdot\ldots \\
\cdot & & & & \cdot & & & & \cdot\ldots \\
\cdot & & & & \cdot & & & & \cdot\ldots
\end{array}
$$

Esses elementos fornecem uma sequência (0,0,1,2,1,0,3,7,1,...) na qual então adicionamos 1 a cada termo, resultando em:

$$1,1,2,3,2,1,4,8,2, \ldots$$

Esse é um procedimento evidentemente computacional e, dado que nossa tabela foi gerada computacionalmente, nos dá uma nova sequência computável, de fato a sequência $1 + Q(n; n)$, i.e.

$$1 + T_n(n) \times H(n; n)$$

(já que a diagonal é dada ao fazermos $n = m$). Porém, nossa tabela contém *todas* as sequências computáveis, de maneira que a nova sequência deve estar em algum lugar da lista. Só que isso não pode ser verdade! Afinal, nossa sequência difere da primeira linha com relação à primeira entrada, da segunda linha com relação à segunda entrada, da terceira linha com relação à terceira entrada e assim por diante. Essa é uma contradição óbvia. É essa contradição que estabelece o que nós queríamos provar, isto é, que a máquina de Turing H não pode existir! *Não existe um algoritmo universal para decidir se uma dada máquina de Turing terminará ou não sua execução.*

Outra maneira de frasear esse argumento é notar que, assumindo que H existe, existe algum número para uma máquina de Turing, digamos, k, para o algoritmo (processo de diagonalização!) $1 + Q(n; n)$ de modo a obter

$$1 + T_n(n) \times H(n; n) = T_k(n).$$

Porém, se substituirmos $n = k$ nesta relação, obtemos

$$1 + T_k(k) \times H(k; k) = T_k(k).$$

Isso é uma contradição, já que, se $T^k(k)$ parar, então teríamos a relação impossível

$$1 + T_k(k) = T_k(k)$$

(já que $H(k; k) = 1$), euqnato se $T_k(k)$ não parar (de forma que $H(k; k) = 0$) nós teríamos a relação igualmente inconsistente

$$1 + 0 = \square.$$

A questão de uma dada máquina de Turing parar sua execução em algum momento é uma questão matemática perfeitamente bem definida (e já vimos que várias questões matemáticas com bastante importância podem ser fraseadas em termos da finalização da execução de uma máquina de Turing).

Assim, ao mostrar que nenhum algoritmo existe para decidir sobre a parada das máquinas de Turing, Turing mostrou (como Church havia mostrado, utilizado sua própria abordagem bastante distinta) que não pode haver um algoritmo geral para decidir sobre questões matemáticas. O *Entscheidungsproblem* de Hilbert não tem uma solução!

Isso não quer dizer que em qualquer caso *individual* não possamos decidir sobre a veracidade ou não de alguma questão matemática particular; ou decidir se uma dada máquina de Turing vai parar ou não. Por meio da nossa engenhosidade, ou somente do bom senso, podemos decidir tal questão em um dado caso. (Por exemplo, se a lista de instruções de uma máquina de Turing *não* contém PARE ou contém *somente* PAREs, então o bom senso por si só será o bastante para nos dizer se ela vai parar ou não!) Porém, não existe nenhum algoritmo que funcione para *todas* as questões matemáticas nem para *todas* as máquinas de Turing e todos os números sobre os quais elas poderiam atuar.

Pode parecer que agora estabelecemos que existem pelo menos *algumas* questões matemáticas indecidíveis. No entanto, não fizemos nada disso! Nós *não* mostramos que existe alguma tabela resultante de alguma máquina de Turing especialmente estranha para a qual, em um sentido absoluto, é impossível decidir se a máquina para quando a alimentamos com algum número especialmente estranho – de fato, exatamente o oposto, como veremos em breve. Não falamos nada sobre a insolubilidade de problemas *individuais*, mas somente sobre a insolubilidade *algorítmica* de *famílias* de problemas. Em qualquer caso específico a resposta é "sim" ou "não", de maneira que certamente *existe* um algoritmo para decidir aquele caso em particular, isto é, o algoritmo que simplesmente diz "sim" quando apresentado com o problema ou um que simplesmente diz "não", seja qual for o caso! A dificuldade, claro, é que não sabemos *quais* desses algoritmos utilizar. Essa é uma questão relativa à decisão da veracidade matemática de uma asserção individual, não um problema de decisão sistemático para uma família de asserções. É importante entendermos que os algoritmos, em si, não decidem sobre a veracidade matemática. A *validade* de um algoritmo sempre deve ser estabelecida por meios externos.

Como ganhar de um algoritmo

A questão de decidir sobre a veracidade de afirmações matemáticas será discutida depois, em conexão com o teorema de Gödel (veja o Capítulo 4). Por ora, desejo ressaltar que o argumento de Turing de fato é muito mais construtivo e menos negativo do que posso ter deixado transparecer até agora. Certamente *não* mostramos uma máquina de Turing específica para a qual, em algum sentido absoluto, é indecidível se ela para ou não. De fato, se examinarmos o argumento cuidadosamente, descobrimos que o nosso próprio procedimento *nos deu a resposta* implicitamente para as máquinas de Turing "especialmente estranhas" que construímos utilizando o procedimento de Turing.

Vejamos como isso acontece. Suponha que tenhamos algum algoritmo que *algumas vezes* é efetivo em nos contar quando uma máquina de Turing não vai parar. O procedimento de Turing, como delineado acima, exibirá *explicitamente* um cálculo por uma máquina de Turing para o qual aquele algoritmo em particular não é capaz de decidir se o cálculo termina ou não. No entanto, ao fazer isso, ele *nos* permite ver a resposta neste caso! O cálculo em particular efetuado pela máquina de Turing que mostraremos de fato *não* terminará.

Para vermos em detalhes como isso acontece, suponha que tenhamos tal algoritmo que algumas vezes é efetivo. Como antes, denotamos esse algoritmo (máquina de Turing) por H, mas agora permitimos que esse algoritmo nem sempre nos diga com certeza se a máquina de Turing vai realmente parar:

$$H(n; m) = \begin{cases} 0 \text{ ou } \square & \text{se } T_n(m) = \square \\ 1 & \text{se } T_n(m) \text{ para} \end{cases}$$

então $H(n; m) = \square$ é uma possibilidade quando $T_n(m) = \square$. Muitos algoritmos $H(n; m)$ existem. (Por exemplo, $H(n; m)$ poderia simplesmente produzir um resultado 1 assim que $T_n(m)$ parasse, ainda que *este* algoritmo em particular dificilmente seria de uso prático!)

Podemos seguir o procedimento de Turing em detalhes, como delineado acima, exceto que, em vez de substituir *todos* os $\square$s por 0s, agora deixaríamos alguns $\square$s. Como antes, nosso procedimento de diagonalização nos forneceu

$$1 + T_n(n) \times H(n; n),$$

como n-ésimo termo na diagonal. (Vamos obter um $\square$ sempre que $H(n; n) = \square$. Note que $\square \times \square = \square$, $1 + \square = \square$.) Esse é um cálculo computacional perfeitamente válido, obtido por alguma máquina de Turing, digamos a k-ésima, o que nos dá agora

$$1 + T_n(n) \times H(n; n) = T_k(n).$$

Vamos verificar agora o k-ésimo termo da diagonal, i.e., $n = k$, e obtemos

$$1 + T_k(k) \times H(k; k) = T_k(k).$$

Se o cálculo computacional $T_k(k)$ termina, temos uma contradição (já que $H(k; k)$ é suposto como 1 sempre que $T_k(k)$ para e a equação dá uma inconsistência $1 + T_k(k) = T_k(k)$). Assim, $T_k(k)$ não pode parar, i.e.,

$$T_k(k) = \square.$$

Porém, o algoritmo não pode "saber" disso, pois se ele resultasse em $H(k; k) = 0$, nós teríamos novamente uma contradição (simbolicamente, teríamos a relação inválida $1 + 0 = \square$).

Assim, se pudermos encontrar k, saberemos como construir um cálculo específico para derrotar o algoritmo, mas para o qual *nós* sabemos a resposta. Como encontramos k? Isso é difícil. O que temos que fazer é olhar em detalhes a construção de $H(n; m)$ e de $T_n(m)$ e então ver em detalhes como $1 + T_n(n) \times H(n; n)$ atua como uma máquina de Turing. Encontramos o número dessa máquina de Turing, que é k. Isso certamente seria difícil de fazer, mas pode ser feito.[14] Devido a essa complicação, não estaríamos realmente interessados no cálculo $T_k(k)$ se não fosse pelo fato de que nós o imaginamos especialmente para derrotar o algoritmo H! O que é importante é que temos um procedimento bem definido, seja qual for o H que nos é dado, para encontrar um k correspondente para o qual *nós* sabemos que $T_k(k)$ derrota H, de maneira que nós podemos então ser melhores que o algoritmo. Talvez isso nos conforte um pouco ao pensarmos que somos melhores que meros algoritmos!

De fato, o procedimento é tão bem definido que poderíamos encontrar um *algoritmo* para gerar k, dado H. Assim, antes de ficarmos muito complacentes, devemos nos dar conta de que *este* algoritmo poderia melhorar[15] com relação a H, já que, para todos os efeitos, ele "sabe" que $T_k(k) = \square$ – será que

---

[14] De fato, a parte mais difícil disso já é solucionada pela construção da máquina universal de Turing U acima, que nos permite escrever $T_n(n)$ como uma máquina de Turing atuando sobre n.

[15] Poderíamos, claro, derrotar esse algoritmo melhorado também se simplesmente aplicássemos os procedimentos anteriores novamente. Podemos utilizar esse novo conhecimento para melhorar nosso algoritmo ainda mais; mas poderíamos derrotá-lo novamente e assim por diante. Esse tipo de consideração à qual esse procedimento iterativo nos leva será discutido em conexão com o teorema de Gödel, no Capítulo 4, p.169-70.

sabe realmente? Foi útil na descrição acima utilizar o termo antropomórfico "sabe" com relação a um algoritmo. No entanto, não somos *nós* que estamos "sabendo" algo, enquanto o algoritmo só segue as regras que lhe pedimos que siga? Ou será que nós mesmos estamos meramente seguindo as regras com as quais fomos programados a partir da construção de nossos cérebros e do nosso ambiente? A questão não trata simplesmente de algoritmos, mas também é uma questão de quanto nós somos capazes de julgar o que é verdadeiro e o que não é. São questões fundamentais às quais retornaremos mais tarde. A questão da verdade matemática (e sua natureza não algorítmica) será considerada no Capítulo 4. Pelo menos deveríamos ter agora uma intuição sobre os *significados* dos termos "algoritmos", "computabilidade" e um entendimento das questões relacionadas a esses temas.

O cálculo lambda de Church

O conceito de computabilidade é uma ideia matemática muito importante e bela. É também uma ideia notoriamente recente - em comparação com outros tópicos de natureza fundamental na matemática - tendo sido primeiramente apresentada na década de 1930. É uma ideia que trespassa por *todas* as áreas da matemática (mesmo sendo verdade que a maior parte dos matemáticos não se preocupe com questões de computabilidade, até o momento). O poder dessa ideia está parcialmente no fato de que algumas operações bem definidas na matemática *não* são realmente computáveis (como a parada, ou não, de uma máquina de Turing; veremos outros exemplos no Capítulo 4). Afinal, se não houvesse coisas não computáveis, o conceito de computabilidade não seria de muito interesse para a matemática. Os matemáticos, afinal de contas, gostam de enigmas. Pode ser um enigma interessante para eles decidir se uma determinada operação matemática é ou não computável, especialmente intrigante, pois a solução geral *desse* problema é em si não computável!

Devemos evidenciar, computabilidade é um conceito matemático genuíno "absoluto". É uma ideia abstrata que está muito além de instâncias particulares em termos de "máquinas de Turing", como as descrevi. Como notado antes, não precisamos vincular nenhum significado especial para "fitas", "estados internos" etc., que caracterizam a engenhosa, mas específica, abordagem de Turing. Existem outras maneiras de expressar a ideia de computabilidade, sendo que, historicamente, a primeira destas foi o notável "cálculo lambda" do lógico estadunidense Alonzo Church, com o auxílio de Stephen C. Kleene. O procedimento de Church era bastante diferente e notoriamente mais abstrato que aquele de Turing. De fato, da maneira que Church expôs suas ideias, existia pouca conexão óbvia entre elas e qualquer coisa que poderíamos chamar de "mecânica". A ideia principal por trás do procedimento de Church é, de fato, *abstrata* pela sua própria natureza – uma operação matemática à qual Church de fato se referiu como "abstração".

Acho que vale a pena dar uma breve descrição do esquema de Church, não só porque ele enfatiza que a computabilidade é uma ideia matemática, independentemente de qualquer conceito específico de máquina computacional, mas também porque ilustra o poder das ideias abstratas na matemática. O leitor que não for prontamente versátil em ideias matemáticas ou não tiver interesse pode, neste momento, preferir ir para o próximo capítulo – e não haverá nenhuma perda significativa com relação à linha de raciocínio que estamos desenvolvendo. Ainda assim, acredito que tais leitores poderiam se beneficiar de acompanhar o texto um pouco mais e, assim, vislumbrarem a economia mágica do esquema de Church (veja Church, 1941).

Nesse esquema estamos interessados em um "universo" de objetos denotados por, digamos

$$a, b, c, d, \ldots, z, a', b', \ldots, z', a'', b'', \ldots, a''', \ldots, a'''', \ldots$$

cada um dos quais representa uma operação matemática ou *função*. (A razão para os apóstrofos nas letras é simplesmente permitir que um número ilimitado de símbolos denote tais funções.) Os "argumentos" destas funções – isto é, os objetos sobre os quais essas funções atuam – são outros objetos do mesmo tipo, i.e., outras funções. Além disso, o resultado (ou "valor") de uma função atuando sobre a outra é novamente outra função. (Existe de fato uma economia maravilhosa de conceitos envolvida no sistema de Church.) Assim, quando escrevemos[16]

$$a = bc$$

[16] Uma forma mais familiar de notação seria escrever $a = b(c)$, por exemplo, mas esses parênteses em particular não são realmente necessários, e é bom nos acostumarmos com sua omissão. Incluí-los de maneira consistente nos levaria a fórmulas bastante desajeitadas, tais como $(f(p))(q)$ e $((f(p))(q))(r)$, em vez de $(fp)q$ e $((fp)q)r$, respectivamente.

queremos dizer que o resultado da função *b* atuando na função *c* é outra função *a*. Não existe nenhuma dificuldade quanto a expressar a ideia de uma função de duas ou mais variáveis mediante esse esquema. Se queremos pensar sobre *f* como uma função de duas variáveis *p* e *q*, digamos, podemos simplesmente escrever

$$(fp)q$$

(que é o resultado da função *fp* aplicada a *q*). Para uma função de três variáveis consideramos

$$((fp)q)r,$$

e assim por diante.

Neste ponto introduzimos a poderosa operação de *abstração*. Para isso usamos a letra grega λ (lambda) e a seguimos imediatamente por uma letra que represente uma das funções de Church, digamos *x*, que consideramos como uma"variável fictícia". Cada ocorrência da variável *x* em uma expressão dentro de colchetes que segue logo em frente é considerada meramente como um "lugar" no qual substituiremos qualquer coisa que apareça depois de toda a expressão. Assim, se escrevemos

$$\lambda x\,.\,[fx],$$

queremos representar a função que, quando atuar em, digamos, *a* produza o resultado *fa*. Isso quer dizer que

$$(\lambda x.\,[fx])a = fa.$$

Em outras palavras, $\lambda x\,.\,[fx]$ é simplesmente a função *f*, i.e.,

$$\lambda x\,[fx] = f.$$

Isso merece alguma consideração. É uma dessas coisas interessantes da matemática que parecem tão pedantes e triviais em uma primeira análise que somos capazes de perder o ponto principal completamente. Vamos considerar um exemplo tirado da matemática familiar que aprendemos na escola.

Consideremos a função f a operação trigonométrica de obter o seno de um ângulo, de modo que a função abstrata "sen" é definida por

$$\lambda x.\ [\text{sen}\ x] = \text{sen}$$

(Não se preocupem sobre como a "função" x pode ser considerada como um ângulo. Veremos em breve a maneira pela qual os números podem ser vistos como funções; e um ângulo é um destes tipos de número.) Até agora, de fato isto *é* trivial. Porém, vamos imaginar que a notação "sen" não houvesse sido inventada, mas que estivéssemos cientes da expansão em série de potências para sen x:

$$x - \frac{1}{6}x^3 + \frac{1}{120}x^5 - \ldots$$

Assim, poderíamos definir

$$\text{sen} = \lambda x.\ [x - \frac{1}{6}x^3 + \frac{1}{120}x^5 - \ldots].$$

Note que poderíamos, de maneira ainda mais simples, definir, digamos, a operação de "um sexto do cubo", para o qual não existe uma notação "funcional" padrão

$$Q = \lambda x.\ [\frac{1}{6}x^3]$$

e encontraríamos, por exemplo,

$$Q(a + 1) = \frac{1}{6}(a + 1)^3 = \frac{1}{6}a^3 + \frac{1}{2}a^2 + \frac{1}{2}a + \frac{1}{6}.$$

Mais pertinente para a discussão atual seriam as expressões construídas simplesmente das operações funcionais elementares de Church, tais como

$$\lambda f.\ [f(fx)].$$

Esta é a função que, quando atua sobre outra função, digamos g, produz g iterada duas vezes sobre x, i.e.

$$(\lambda f.\ [f(fx)])g = g(gx).$$

Poderíamos também ter "abstraído" x primeiro, obtendo

$$\lambda f.\ [\lambda x.\ [f(fx)]],$$

que pode ser abreviada como

$$\lambda fx.\ [f(fx)].$$

Essa é a operação que, quando atua sobre g, produz a função "g, iterada duas vezes". De fato, essa é a própria função que Church identifica com o número natural 2:

$$\mathbb{2} = \lambda fx.\ [f(fx)],$$

de modo que $(\mathbb{2}g)y = g(gy)$. De maneira similar, ele define

$$\mathbb{3} = \lambda fx.\ [f(f(fx))], \qquad \mathbb{4} = \lambda fx.\ [f\,(f(f(fx)))], \qquad etc.$$

junto com

$$\mathbb{1} = \lambda fx.\ [fx], \qquad \mathbb{0} = \lambda fx.\ [x].$$

O $\mathbb{2}$ de Church, de fato, é mais como um "dobro", o $\mathbb{3}$ como um "triplo" etc. Assim, a ação de $\mathbb{3}$ em uma função f, digamos $\mathbb{3}f$, é a operação "itere f três vezes". A ação de $\mathbb{3}f$ em y seria então $(\mathbb{3}f)y = f\,(f(f(y)))$.

Vejamos como uma operação aritmética muito simples, a operação de adicionar 1 a um número, pode ser expressa no esquema de Church. Definamos

$$S = \lambda abc.\ [b((ab)c)].$$

Para vermos como S de fato adiciona $\mathbb{1}$ a um número em termos da notação de Church, vamos testar com $\mathbb{3}$:

$$S\mathbb{3} = \lambda abc.\ [b((ab)c)]\mathbb{3} = \lambda bc.\ [b((3b)c)]$$
$$= \lambda bc.\ [b\ (b(b(bc)))] = \mathbb{4}$$

Já que $(\mathbb{3}b)c = b(b(bc))$. Evidentemente isso funciona da mesma maneira para qualquer outro número natural. (De fato, $\lambda abc.\ [(ab)(bc)]$ teria funcionado igualmente bem em comparação com S.)

E quanto a multiplicar um número por dois? Dobrar um número pode ser feito por

$$D = \lambda abc.\ [(ab)((ab)c)],$$

que novamente é ilustrado por sua ação sobre $\mathbb{3}$:

$$\begin{aligned} D\mathbb{3} &= \lambda abc.\ [(ab)((ab)c)]3 = \lambda bc.\ [(\mathbb{3}b)((\mathbb{3}b)c)] \\ &= \lambda bc.\ [(\mathbb{3}b)(b(b(bc)))] = \lambda bc.\ [b(b\ (b\ (b(b(bc)))))] = \mathbb{6} \end{aligned}$$

De fato, as operações aritméticas básicas de adição, multiplicação e elevação a uma potência podem ser definidas, respectivamente, por:

$$\begin{aligned} A &= \lambda fgxy.\ [((fx)(gx))y] \\ M &= \lambda fgx.\ [f(gx)], \\ P &= \lambda fg.\ [fg]. \end{aligned}$$

O leitor pode querer se convencer – ou confiar – que, de fato:

$$(A\mathbb{m})\mathbb{n} = \mathbb{m} + \mathbb{n}, \qquad (M\mathbb{m})\mathbb{n} = \mathbb{m} \times \mathbb{n}, \qquad (P\mathbb{m})\mathbb{n} = \mathbb{n}^{\mathbb{m}},$$

em que $\mathbb{m}$ e $\mathbb{n}$ são funções de Church representando dois números naturais, $\mathbb{m} + \mathbb{n}$ é a função representando sua adição, e assim por diante. A última delas é a mais impressionante. Vamos verificá-la para o caso em que m = $\mathbb{2}$ e $\mathbb{n} = \mathbb{3}$:

$$\begin{aligned} (P\mathbb{2})\mathbb{3} &= ((\lambda fg.\ [fg])\mathbb{2})\mathbb{3} = (\lambda g.\ [\mathbb{2}g])\mathbb{3} \\ &= (\lambda g.\ [\lambda fx.\ [f(fx)]g])\mathbb{3} = \lambda gx.\ [g(gx)]\mathbb{3} \\ &= \lambda x.\ [\mathbb{3}(\mathbb{3}x)] = \lambda x.\ [\lambda fy.\ [f(f(fy))](\mathbb{3}x)] \\ &= \lambda xy.\ [(\mathbb{3}x)\ ((\mathbb{3}x)((\mathbb{3}x)y))] \\ &= \lambda xy.\ [(\mathbb{3}x)\ ((\mathbb{3}x)\ (x(x(xy))))] \\ &= \lambda xy.\ (\mathbb{3}x)\ x\ (x\ (x\ (x(x(xy))))) \\ &= \lambda xy.\ [x(x(x(x(x(x(x(x(xy))))))))] = \mathbb{9} = \mathbb{3}^2 \end{aligned}$$

As operações de subtração e divisão não são tão fáceis de definir (e, de fato, precisamos de algum tipo de convenção sobre o que fazer com "$\mathbb{m} - \mathbb{n}$", quando $\mathbb{m}$ é menor que $\mathbb{n}$, e com "$\mathbb{m}/\mathbb{n}$", quando *m* não é divisível por $\mathbb{n}$). Um acontecimento notório na área ocorreu no começo da década de 1930 quando Kleene descobriu como expressar a operação de subtração dentro do esquema de Church. Outras operações então se seguiram. Finalmente, em 1938, Church e Turing de maneira independente mostraram que qualquer operação computável (ou algorítmica) que seja – agora no sentido de máquinas de Turing – pode ser expressa em termos de uma das expressões de Church (e vice-versa).

Esse é um fato realmente conhecido e serve para enfatizar o caráter fundamentalmente objetivo e matemático da noção de computabilidade. A noção de Church de computabilidade não parece ter, em princípio, nenhuma relação com máquinas computacionais. Porém ela tem, ainda assim, algumas relações fundamentais com a prática da computação. Em particular, a poderosa e flexível linguagem de computador LISP incorpora, essencialmente, a estrutura básica do cálculo de Church.

Como indiquei anteriormente, também existem outras maneiras de definir a noção de computabilidade. O conceito de Post de uma máquina computacional era muito próximo do de Turing e foi elaborado de maneira independente quase na mesma época. Existia também na época uma definição muito mais utilizável de computabilidade (recursividade) devida a J. Herbrand e Gödel. H. B. Curry em 1929, e também M. Schönfinkel em 1924, tinham uma abordagem diferente em um momento um pouco anterior, a partir da qual o cálculo de Church foi parcialmente desenvolvido. (Veja Gandy, 1988.) Abordagens modernas para a computabilidade (tais como aquela da *máquina de registro ilimitado*, descrita em Cutland, 1980) diferem consideravelmente nos detalhes da máquina de Turing original e são muito mais práticas. No entanto, o *conceito* de computabilidade permanece o mesmo, não importa qual dessas abordagens seja utilizada.

Assim como muitas outras ideias matemáticas, especialmente as mais profundas e fundamentais, a ideia de computabilidade parece ter algum tipo de *realidade platônica* própria. É sobre essa misteriosa questão da realidade platônica de conceitos matemáticos em geral sobre a qual vamos focar nos próximos dois capítulos.

3
A matemática e a realidade

As terras de Tor'Bled-Nam[1]

Imaginemos que estamos viajando em uma grande jornada em um mundo muito distante. Chamaremos esse mundo de Tor'Bled-Nam. Nossos sensores remotos captaram um sinal que agora é mostrado na tela a nossa frente. Uma vez focalizada a imagem, vemos (Fig. 3.1):

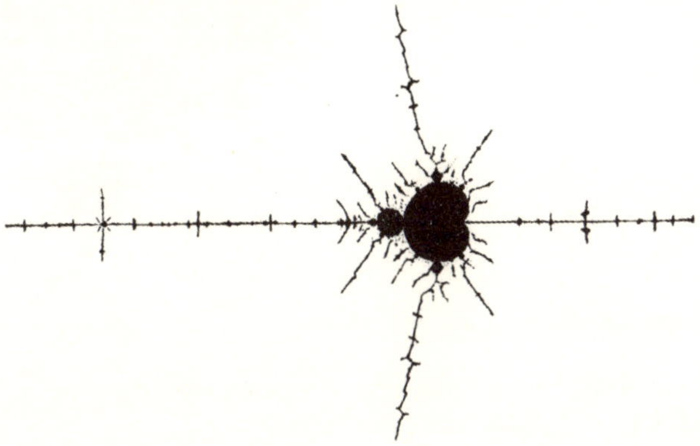

Fig. 3.1. Um primeiro vislumbre de um mundo estranho.

[1] Trata-se da inversão do sobrenome do matemático francês de origem judaico-polonesa Benoît Mandelbrot (1924-2010), que teria sido o primeiro a usar computadores para construir fractais. (N. T.)

O que pode ser isto? É algum inseto de aparência estranha? Talvez, em vez disso, seja um lago de coloração escura, com muitos riachos montanheses desembocando nele. Será que poderia ser uma vasta e desconfigurada cidade alienígena, com estradas saindo em várias direções para pequenas cidades e vilas ao redor? Talvez seja uma ilha – e assim gostaríamos de tentar encontrar se existe um continente próximo associado a ela. O que nós podemos fazer é "nos afastar", reduzindo o *zoom* de nosso sensor remoto por um fator linear de cerca de quinze. Para nossa surpresa, o mundo todo aparece em foco (Fig. 3.2):

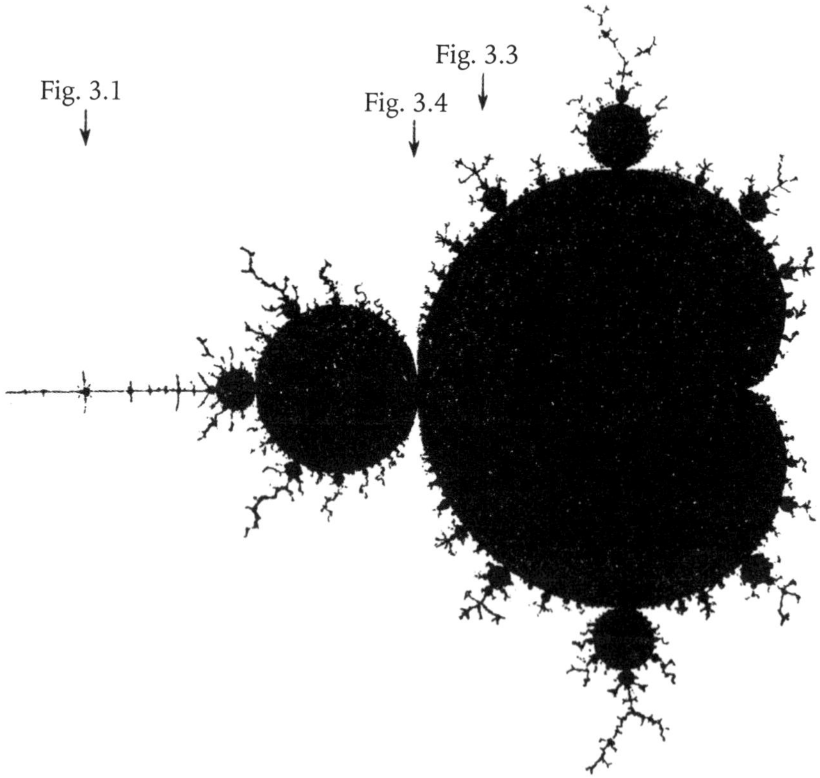

Fig. 3.2. "Tor'Bled-Nam" em sua inteireza. As localizações das ampliações mostradas nas Figs. 3.1, 3.3 e 3.4 são indicadas pelas setas.

Nossa "ilha" é vista como um pequeno ponto indicado como "Fig. 3.1" na Fig. 3.2. Os filamentos (riachos, estradas, pontes?) da ilha original terminam todos, com exceção de um que está ancorado na parte direita, finalmente se juntando ao objeto muito maior que é mostrado na Fig. 3.2. Esse objeto maior é obviamente similar à ilha que havíamos visto antes – porém não é precisamente a mesma coisa. Se focarmos mais perto do que parece ser a costa desse objeto, vemos inumeráveis protuberâncias – redondas, mas elas mesmas possuindo protuberâncias próprias. Cada pequena protuberância parece estar ancorada a uma maior em algum lugar minúsculo, produzindo estruturas similares a verrugas em cima de verrugas. À medida que a imagem se torna mais distinta, vemos miríades de pequenos filamentos emanando da estrutura. Os filamentos em si se dividem em vários lugares e geralmente estão por toda parte. Em certos pontos dos filamentos parecemos enxergar pequenos nós de complicação que nosso sensor remoto, com sua amplificação atual, não é capaz. Visivelmente o objeto não é uma ilha de fato nem um continente, tampouco nenhuma paisagem que conhecemos. Talvez, afinal, estejamos vendo um besouro monstruoso, e o primeiro que tínhamos visto era um filhote, ainda unido ao maior por algum tipo de cordão umbilical.

Vamos tentar investigar a natureza de uma das verrugas de nossa criatura aumentando a ampliação do nosso sensor por um fator linear de 10 (Fig. 3.3 – a localização sendo indicada como "Fig. 3.3" na Fig. 3.2). A verruga em si tem uma similaridade enorme com a criatura como um todo – exceto somente no ponto de ligação. Note que existem vários lugares na Fig. 3.3, onde cinco filamentos se unem. Talvez exista uma certa "cinco-tude" sobre essa verruga em particular (como existiria uma certa "três-tude" sobre a verruga superior). De fato, se fôssemos examinar a próxima verruga de tamanho razoável, um pouco para baixo na esquerda da Fig. 3.2, encontraríamos uma "sete-tude" sobre ela; na próxima uma "nove-tude", e assim por diante. À medida que entramos na fenda entre as duas maiores regiões da Fig. 3.2, encontramos verrugas à direita que são caracterizadas por números ímpares, aumentando de dois em dois. Vamos investigar mais a fundo essa fenda, aumentando a ampliação com relação àquela da Fig. 3.2 por um fator de 10 (Fig. 3.4). Vemos numerosas outras pequenas verrugas e muito mais mistura. À direita podemos discernir uma pequena espiral parecida com a cauda de um cavalo-marinho – numa área que vamos chamar de "vale do cavalo-marinho". Aqui encontraremos, com uma ampliação suficiente, diversas "anêmonas-do-mar" ou regiões de aparência caracteristicamente floral. Talvez, afinal de contas, exista de fato uma costa exótica – talvez algum recife de corais, abundante com vida de todos os tipos. O que parecia ser uma flor se mostraria, ao ser examinada com mais ampliação, composta de uma miríade de pequenas mas incrivelmente complicadas estruturas, cada uma com numerosos filamentos e redemoinhos.

Fig. 3.3. Uma verruga com uma certa "cinco-tude" de seus filamentos.

Vamos examinar uma das maiores caudas de cavalo-marinho em algum detalhe, aquela que é discernível onde indicamos "Fig. 3.5" na Fig. 3.4 (que está vinculada à verruga com uma certa "vinte e nove-tude" sobre elas!). Com uma ampliação aproximada de duzentas e cinquenta vezes somos presentados com a espiral mostrada na Fig. 3.5. Vemos que ela não é uma cauda ordinária, mas em si é feita de diversos redemoinhos complicados e inúmeras pequenas espirais, com regiões parecendo polvos e cavalos-marinhos.

Em muitos lugares a estrutura está conectada bem onde as duas espirais se juntam. Vamos investigar um desses lugares (indicado abaixo como "Fig. 3.6" na Fig. 3.5), aumentando nosso foco por um fator de cerca de 30. Veja: notamos um objeto estranho, mas agora familiar, no meio? Um aumento do foco por um fator de cerca de 6 (Fig. 3.7) revela uma pequena criatura – quase idêntica a estrutura inteira que estamos investigando! Se olharmos mais de perto, veremos que os filamentos emanando dela diferem um pouco daqueles

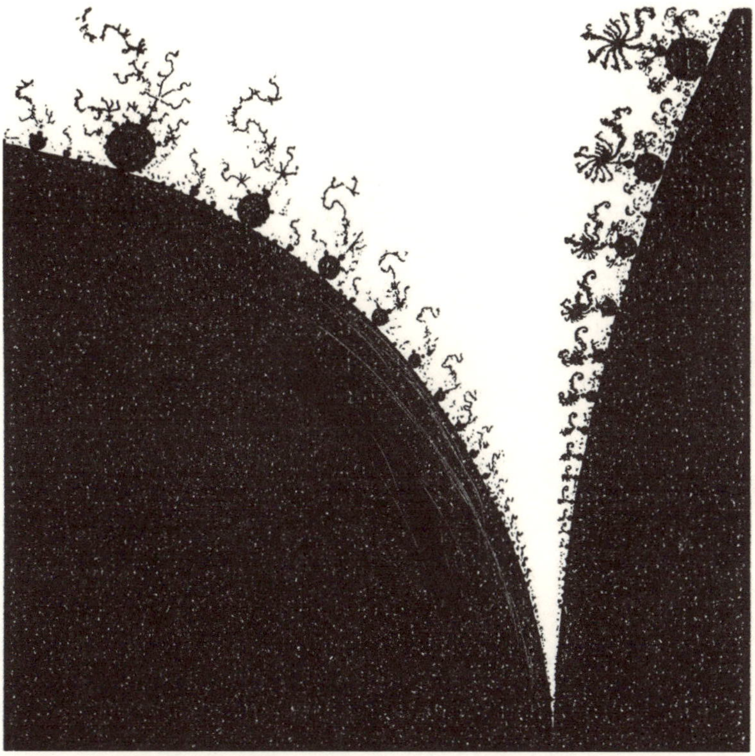

Fig. 3.4. A fenda principal. O "vale do cavalo-marinho" pode ser visto com alguma dificuldade na parte inferior direita.

da estrutura principal e se dobram e se estendem por distâncias relativamente muito maiores. Porém, a pequena criatura em si dificilmente parece diferir do seu pai, até mesmo possuindo filhos próprios em posições correspondentemente próximas. Poderíamos examinar também essas, se aumentássemos ainda mais a ampliação. Os netos também pareceriam com seu ancestral em comum – e é fácil crer que isso continuaria indefinidamente. Poderíamos explorar esse mundo extraordinário de Tor'Bled-Nam por quanto tempo quisermos, levando nosso aparelho sensorial para graus de ampliação cada vez maiores. Encontramos uma variedade sem fim: nenhum par de duas regiões é precisamente igual – porém há uma certa característica geral com a qual rapidamente nos acostumamos. As nossas agora familiares criaturas similares a besouros emergem em escalas cada vez menores. Cada vez, as estruturas filamentares vizinhas diferem do que vimos antes, e somos confrontados com fantásticas novas cenas de complicação inacreditável.

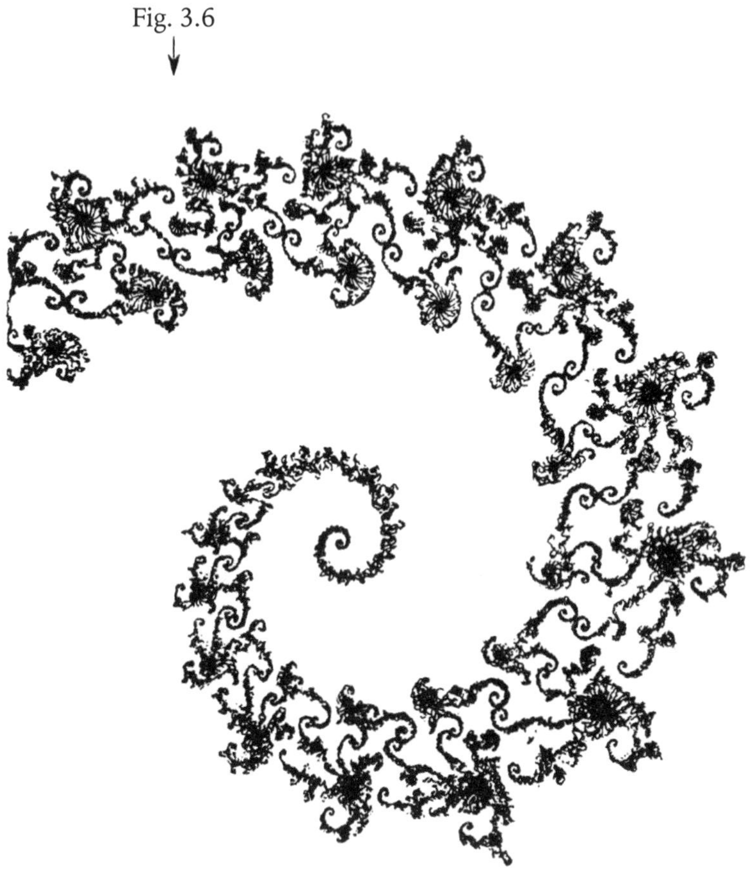

Fig. 3.5. Uma ampliação de uma cauda de cavalo-marinho.

O que é essa estranha, variada e maravilhosa terra na qual nós encontramos? Sem dúvida, muitos leitores já saberão a resposta. Porém, alguns não saberão. Esse mundo não é nada além de um pedaço de matemática abstrata – o conjunto conhecido como conjunto de Mandelbrot.[2] Certamente ele é complicado; porém, ele é gerado por uma regra de notória simplicidade! Para explicar essa regra de maneira apropriada primeiro precisarei explicar o que é um *número complexo*. É bom que eu faça isso já, pois precisaremos de números

[2] Veja Mandelbrot (1986). A sequência particular de ampliações que eu escolhi foi adaptada daquela de Peitgen e Richter (1986), onde muitas notáveis figuras coloridas do conjunto de Mandelbrot podem ser encontradas. Para mais ilustrações notórias, veja Peitgen e Saupe (1988).

Fig. 3.6. Uma ampliação ainda maior do ponto de junção onde as duas espirais se unem. Uma pequena criatura é visível no ponto central.

Fig. 3.7. Ao ampliarmos, vemos que a pequena criatura se parece muito com o mundo inteiro.

complexos mais para a frente. Eles são absolutamente fundamentais para a estrutura da mecânica quântica; assim, são fundamentais para o funcionamento do próprio mundo no qual vivemos. Eles também constituem um dos grandes milagres da matemática. De modo a explicar o que é um número complexo, precisarei, primeiro, lembrar o leitor do que queremos dizer pelo termo "número real". Será útil, também, indicar a relação entre esse conceito e a própria realidade do "mundo real"!

Números reais

Lembre que os números *naturais* são quantidades inteiras:

$$0, 1, 2, 3, 4, 5, 6, 7, 8, 9, 10, 11, \ldots$$

Esses são alguns dos tipos mais básicos e elementares dentre os diferentes tipos de números. Qualquer tipo de entidade discreta pode ser quantificada mediante o uso de números naturais: podemos falar de vinte e sete ovelhas em um pasto, dois relâmpagos, doze noites, mil palavras, quatro conversas, zero nova ideia, um erro, seis ausentes, duas mudanças de direção etc. Números naturais podem ser adicionados ou multiplicados para produzir novos números naturais. Eles foram os objetos de nossa discussão geral sobre algoritmos no último capítulo.

No entanto, algumas operações importantes podem nos levar para fora do domínio dos números naturais – a mais simples dessas operações é a subtração. Para subtração ser definida de maneira sistemática precisamos de números *negativos*; podemos então construir todo o sistema dos números *inteiros*

$$\ldots, -6, -5, -4, -3, -2, -1, 0, 1, 2, 3, 4, 5, 6, 7, \ldots$$

para esse propósito. Certas coisas como a carga elétrica, os extratos bancários ou datas[3] são quantificadas por números desse tipo. Esses números, porém, ainda são bastante limitados em seu escopo, já que podemos ter problemas quando tentamos *dividir* um desses números por outro. Assim, precisaremos de *frações*, ou *números racionais*, como são chamados

$$0, 1, -1, \frac{1}{2}, -\frac{1}{2}, 2, -2, \frac{3}{2}, -\frac{3}{2}, \frac{1}{3}, \ldots$$

Esses são suficientes para as operações da aritmética finita, mas para diversos propósitos úteis precisamos ir além disso e incluir operações infinitas ou de limites. A quantidade familiar – e matematicamente muito importante – π, por exemplo, surge em diversas dessas expressões infinitas. Em particular, temos

[3] Na realidade, as convenções normais sobre data não são exatamente adequadas a isso, já que o ano zero é omitido.

$$\pi = 2\left\{\left(\frac{2}{1}\right)\left(\frac{2}{3}\right)\left(\frac{4}{3}\right)\left(\frac{4}{5}\right)\left(\frac{6}{5}\right)\left(\frac{6}{7}\right)\left(\frac{8}{7}\right)\left(\frac{8}{9}\right)\cdots\right\}$$

e

$$\pi = 4\left(1-\frac{1}{3}+\frac{1}{5}-\frac{1}{7}+\frac{1}{9}-\frac{1}{11}+\ldots\right).$$

Essas são expressões conhecidas, tendo a primeira aparecido pela primeira vez na literatura pela mão do matemático, gramático e especialista em cifras inglês John Wallis, em 1655; e a segunda pela mão do matemático e astrônomo escocês (e inventor do primeiro telescópio refletor) James Gregory, em 1671. Assim como π, números definidos dessa maneira *não* são necessariamente racionais (i.e., da forma $\frac{m}{m}$, em que n e m são inteiros com m não nulo). O sistema de números precisa ser *estendido* para que tais quantidades sejam incluídas.

Esse sistema estendido de números é referido como o sistema de números "reais" – aqueles números que conhecemos que podem ser representados por uma *expansão decimal* infinita, por exemplo:

$$-583{,}70264439121009538\ \ldots$$

Em termos de tal representação temos a conhecida expressão de π:

$$\pi = 3{,}14159265358979323846\ \ldots$$

Dentre os tipos de números que também podem ser representados desta maneira estão as raízes quadradas (ou cúbicas, ou quárticas etc.) dos números racionais positivos, tais como:

$$\sqrt{2} = 1{,}14142135623730950 4\ \ldots\ ;$$

Ou, de fato, a raiz quadrada (ou cúbica etc.) de qualquer número real positivo, como a expressão para π encontrada pelo notável matemático suíço Leonhard Euler:

$$\pi = \sqrt{\left\{6\left(1+\frac{1}{4}+\frac{1}{9}+\frac{1}{25}+\frac{1}{36}+\ldots\right)\right\}}$$

Números reais são, para todos os efeitos, os tipos de números com os quais temos de lidar em nossa vida cotidiana, ainda que normalmente estejamos interessados principalmente em aproximações de tais números e ficamos satisfeitos em trabalhar com expansões envolvendo somente um número pequeno de casas decimais. Em afirmações matemáticas, no entanto, números reais podem ter de ser especificados de maneira *exata*, e necessitamos de algum tipo de expansão decimal infinita ou, talvez, algum outro tipo de expressão matemática infinita, tais como as fórmulas para π dadas por Wallis, Gregory e Euler. (Utilizarei normalmente expansões decimais em minhas descrições neste livro, mas somente por elas serem mais familiares. Para um matemático existem diversas formas mais satisfatórias de apresentar os números reais, mas aqui não vamos precisar nos preocupar com isso.)

Pode-se pensar que deve ser impossível contemplar uma expansão infinita *inteira*, mas isso não é verdade. Um exemplo simples no qual podemos ver nitidamente a sequência toda é

$$\frac{1}{3} = 0{,}333333333333333\ \ldots$$

em que as reticências indicam que a sucessão de 3s continua indefinidamente. Para contemplar essa expansão, tudo que precisamos saber é que ela de fato continua de maneira indefinida com uma sucessão de 3s. Todo número racional apresenta uma expansão decimal repetida (ou finita) tal como:

$$\frac{93}{74} = 1{,}2567567567567567\ \ldots$$

em que a sequência 567 é repetida indefinidamente; assim, podemos também contemplar essa sequência de forma inteira. A expressão

$$0{,}220002222000002222220000000222222222\ \ldots$$

define um número *irracional* e certamente pode ser contemplada em toda sua inteireza (a sequência de 0s e 2s simplesmente aumenta de tamanho 1 unidade por vez) e muitos exemplos similares podem ser dados. Em cada caso, ficamos satisfeitos quando sabemos a regra segundo a qual a expansão é construída. Se existe algum algoritmo que gera os dígitos de maneira sucessiva, o conhecimento desse algoritmo nos permite um meio de entender a expansão decimal infinita em sua inteireza. Números reais cujas expansões podem ser geradas por algoritmos são chamados de números *computáveis* (veja também a p.97). (O uso de uma expansão decimal em vez de uma expansão binária não tem nenhum significado. Os números que são computáveis em uma base são em todas.) Os números reais π e $\sqrt{2}$ que temos considerado são exemplos de números computáveis. Em cada caso, é um pouco complicado detalhar a regra na prática, mas não é difícil em princípio.

No entanto, existem também muitos números reais que *não* são computáveis nesse sentido. Vimos no capítulo anterior que existem sequências não computáveis que mesmo assim são perfeitamente bem definidas. Por exemplo, poderíamos considerar a expansão decimal cujo enésimo dígito é 1 ou 0 conforme o fato de a *n*-ésima máquina de Turing, atuando sobre o número *n*, parar ou não parar. De maneira geral, para um número real, podemos perguntar se existe *alguma* expansão decimal infinita. Não impusemos que deva haver um algoritmo para gerar o enésimo dígito, nem que devemos estar cientes de qualquer tipo de regra que poderia em princípio definir o que o enésimo dígito realmente é.[4] Números computáveis são coisas estranhas com que trabalhar. Não é possível manter todas as operações computáveis mesmo quando trabalhamos somente com números computáveis. Por exemplo, não é uma questão computável decidir em geral se dois números computáveis são iguais uns aos outros. Por esse motivo preferimos, em vez disso, trabalhar com *todos* os números reais, em que a expressão decimal pode ser qualquer coisa, não necessariamente uma sequência computável.

Finalmente, acho que vale a pena mencionar que existe uma identificação entre um número real cuja expressão decimal termina com uma sucessão infinita de 9s e um número cuja expansão termina em uma sucessão infinita de 0s; por exemplo

$$-27{,}1860999999\ldots = -27{,}1861000000\ldots$$

Quantos números reais existem?

Vamos pausar por um momento para admirar a vastidão da generalização que conseguimos ao sairmos dos números racionais para os números reais.

Poderíamos pensar, em uma primeira vista, que o número de inteiros já é maior que o número de números naturais; já que cada número natural é um

[4] Até onde sei, trata-se de um ponto de vista consistente, porém não convencional, exigir que deva sempre haver *algum* tipo de regra para determinar qual é realmente o enésimo dígito, para qualquer número real, ainda que tal regra possa não ser efetiva ou mesmo definida em termos de um sistema formal previamente determinado (veja o Capítulo 4). Espero que seja consistente, já que é o ponto de vista que eu mais gostaria de defender!

inteiro, enquanto alguns inteiros (os negativos) não são números naturais, e similarmente poderíamos pensar que o número de frações é maior que o número de inteiros. Porém, esse não é o caso. Segundo a poderosa e bela teoria dos números infinitos apresentada no final dos anos 1800 pelo altamente original matemático russo-germânico Georg Cantor, o número total de frações, o número total de inteiros e o número total de números naturais são todos o *mesmo* número infinito, denotado por $\aleph_0$ ("aleph zero"). (De maneira notória, esse mesmo tipo de ideia havia sido parcialmente antecipada cerca de 250 anos antes, no começo de 1600, pelo notável físico e astrônomo italiano Galileu Galilei. Seremos lembrados de outras das conquistas de Galileu no Capítulo 5.) Podemos ver que o número de inteiros é o mesmo que o de números naturais montando uma "correspondência um a um" como segue:

Inteiros	↔	Números naturais
0	↔	0
–1	↔	1
1	↔	2
–2	↔	3
2	↔	4
–3	↔	5
3	↔	6
–4	↔	7
⋮	⋮	⋮
$-n$	↔	$2n - 1$
n	↔	$2n$
⋮	⋮	⋮

Note que cada inteiro (na coluna à esquerda) e cada número natural (na coluna à direita) aparecem uma única vez na lista. A existência de uma correspondência um a um como essa, na teoria de Cantor, estabelece que o número de objetos na coluna da esquerda é o *mesmo* que o número de objetos na coluna da direita. Assim, o número de inteiros é, de fato, o mesmo que o número de números naturais. No caso, esse número é infinito, mas isso não importa. (A única particularidade que ocorre com números infinitos é que podemos deixar de fora alguns membros dessa lista e *mesmo assim* encontrar uma correspondência um a um entre as duas listas!) De maneira similar, mas um pouco mais complexa, podemos montar uma correspondência um a um entre as frações e os inteiros. (Para isso podemos adaptar uma das maneiras de representar *pares* de números naturais, os numeradores e denominadores, como números naturais únicos; veja o Capítulo 2, p.86) Conjuntos que podem ser colocados em uma correspondência unívoca com os números naturais são ditos *contáveis*, assim os conjuntos infinitos contáveis são aqueles com $\aleph_0$ elementos. Vimos então que os inteiros são contáveis, e as frações também são.

Existem conjuntos que *não* são contáveis? Mesmo que tenhamos estendido o sistema ao passar dos números naturais primeiro para os inteiros e depois para os números racionais, não aumentamos realmente o número de objetos com os quais estamos trabalhando. Vimos que o número de objetos é na verdade contável em cada caso. Talvez o leitor fique com a impressão neste momento de que *todos* os conjuntos infinitos são contáveis. Isso não é verdade, pois a situação é muito diferente ao passarmos para os números reais. Foi uma das conquistas notáveis de Cantor mostrar que existem de fato *mais* números reais que números racionais. O argumento que Cantor utilizou é o "corte diagonal" ao qual nos referimos no Capítulo 2 e que Turing adaptou em seu argumento para mostrar que o problema da parada para as máquinas de Turing é insolúvel. O argumento de Cantor, assim como o argumento mais recente de Turing, é um *reductio ad absurdum*. Suponha que o resultado que tentamos estabelecer seja falso, i.e., que o conjunto de números reais é contável. Então, os números reais entre 0 e 1 certamente são contáveis, e devemos ter então *alguma* lista fornecendo um pareamento um a um de todos esses números com os números naturais, tal como

Números naturais	↔	Números reais
0	↔	0, **1**0357627183...
1	↔	0,1**4**329806115...
2	↔	0,02**1**66095213...
3	↔	0,430**0**5357779...
4	↔	0,9255**0**489101...
5	↔	0,59210**3**43297...
6	↔	0,636679**1**0457...
7	↔	0,8705007**4**193...
8	↔	0,04311737**8**04...
9	↔	0,786350811**5**0...
10	↔	0,4091673889**1**...
⋮	⋮	⋮

Realcei os números diagonais em negrito. Esses dígitos são, para essa listagem em particular,

1,4,1,0,0,3,1,4,8,5,1, ...

e o procedimento de corte diagonal é construir um número real (entre 0 e 1) cuja expansão decimal (após a vírgula) difira desses dígitos em cada lugar correspondente. Por concretude, digamos que o dígito deve ser 1 sempre que o dígito diagonal é diferente de 1, e é 2 sempre que o dígito diagonal é 1. Assim, nesse caso, obtemos o número real

0,21211121112 ... .

Esse número real não pode aparecer em nossa listagem, já que ele difere do primeiro número na primeira casa decimal (depois da vírgula), do segundo número na segunda casa, do terceiro na terceira casa e assim por diante. Isso é uma contradição, pois a nossa lista supostamente continha *todos* os números reais entre 0 e 1. Essa contradição estabelece o que tentamos provar, isto é, que *não* existe uma correspondência unívoca entre os números reais e os números naturais e, assim, que o número de números reais é na verdade *maior* que os números racionais e *não* é contável.

O número de números reais é o número infinito chamado de **C**. (**C** quer dizer *continuum*, outro nome para o sistema de números reais.) Poderíamos nos perguntar por que esse número não é chamado de $\aleph_1$. De fato, o símbolo $\aleph_1$ representa o próximo número infinito maior do que $\aleph_0$ e é um célebre problema não solucionado decidir se, de fato, $\mathbf{C} = \aleph_1$, a chamada *hipótese do continuum*.

Podemos notar que os números *computáveis*, por outro lado, *são* contáveis. Para contá-los simplesmente listamos, em ordem numérica, aquelas máquinas de Turing que geram os números reais (i.e., que produzem os dígitos sucessivos dos números reais). Podemos querer retirar da lista qualquer máquina de Turing que gere um número real que já tenha aparecido antes na lista. Já que as máquinas de Turing são contáveis, deve certamente ser o caso de os números computáveis reais serem contáveis. Por que não podemos usar o corte diagonal nessa lista e produzir um novo número computável que *não* esteja nela? A resposta está no fato de que não podemos decidir computacionalmente, em geral, se uma máquina de Turing deve ou não realmente estar na lista. Afinal, se pudéssemos, teríamos de fato sido capazes de resolver o problema da parada. Algumas máquinas de Turing podem começar a produzir os dígitos de um número real e então travar e nunca mais produzir nenhum dígito (pois ela "não para"). Não existe nenhuma maneira computável de decidir quais máquinas de Turing ficaram emperradas dessa maneira. Esse é basicamente o problema da parada. Assim, enquanto o nosso procedimento diagonal produzirá algum número real, esse número não será um número computável. De fato, esse argumento poderia ter sido utilizado para *mostrar* a existência de números não computáveis. O argumento de Turing para mostrar a existência de classes de problemas que não podem ser solucionados algoritmicamente, como foi descrito no capítulo anterior, segue precisamente essa linha de raciocínio. Veremos outras aplicações do corte diagonal mais para a frente.

A "realidade" dos números reais

Deixando de lado a noção de computabilidade, números reais são chamados de "reais" pois eles parecem fornecer as magnitudes que são necessárias para a mensuração de distâncias, ângulos, tempo, energia, temperatura e várias outras quantidades físicas e geométricas. No entanto, a relação entre os números "reais" abstratamente definidos e as quantidades físicas não é tão cristalina como se poderia supor. Números reais referem-se a uma *idealização matemática* em vez de se referirem a qualquer quantidade fisicamente objetiva. O sistema de números reais tem a propriedade, por exemplo, de que entre quaisquer dois números, não importa o quão próximos, existe um terceiro. Não é totalmente evidente que as distâncias físicas ou o tempo possam realmente ter tal propriedade. Se continuarmos a dividir a distância física entre dois pontos eventualmente chegaremos em escalas tão pequenas que o próprio conceito de distância, no sentido usual, deixaria de ter significado. Antecipamos que, na escala da "gravitação quântica" da 10^{20}-ésima parte[5] de uma partícula subatômica, isso realmente ocorreria. Porém, para se assemelhar aos números reais teríamos que ir para escalas indefinidamente menores que estas: 10^{200}, 10^{2000} ou $10^{10^{200}}$-ésima parte de uma partícula, por exemplo. Não é nem um pouco evidente que tais escalas absurdamente pequenas tenham qualquer significado físico. O mesmo seria válido para intervalos equivalentes de tempo.

[5] Lembre que a notação "10^{20}" representa 100.000.000.000.000.000.000, em que temos 1 seguido de 20 zeros.

O sistema dos números reais é escolhido na física por sua utilidade *matemática*, simplicidade e elegância, junto do fato de que ele concorda, em uma abrangência grande de escalas, com os conceitos físicos de distância e tempo. Ele *não* é escolhido porque sabemos que ele concorda com esses conceitos físicos em *todas* as escalas. Poderíamos muito bem antecipar que de fato não existe tal concordância nas escalas mais minúsculas de distância ou tempo. É usual utilizarmos réguas para a mensuração de distâncias simples, mas tais réguas terão elas próprias uma natureza granular quando chegarmos à escala dos seus próprios átomos. Isso, em si, não nos previne de continuar utilizando os números reais de maneira precisa, mas uma quantidade mais elevada de sofisticação é necessária para a mensuração de distâncias ainda menores. Deveríamos cultivar pelo menos uma pequena suspeita de que possa haver eventualmente uma dificuldade de natureza fundamental para distâncias nas menores escalas possíveis. Felizmente, parece que a natureza é notoriamente gentil conosco, e parece que os mesmos números reais com os quais nos acostumamos para a descrição das coisas na escala cotidiana ou em uma escala maior que isso mantêm sua utilidade em escalas muito menores que a dos átomos – certamente pelo menos até um centésimo do diâmetro "clássico" de uma partícula subatômica, digamos um próton ou um elétron – e aparentemente até a "escala da gravitação quântica", cerca de vinte ordens de grandeza menor que tal partícula! Isso é uma extrapolação extraordinária dos experimentos. O conceito familiar de número real parece funcionar também para o quasar mais distante e além, dando uma escala de distância de pelo menos 10^{42}, e talvez até 10^{60} ou mais. A adequação do sistema de números reais geralmente não é colocada à prova. Por que razão existe tanta confiança que esses números são uma descrição precisa da física quando nossa experiência inicial com a relevância de tais números existe apenas em um conjunto de escalas limitado? Essa confiança – talvez errônea – se baseia (mesmo que esse fato não seja amplamente reconhecido) na elegância lógica, consistência e poder matemático do sistema de números reais, junto a uma crença na profunda harmonia matemática da natureza.

Números complexos

Ocorre que o sistema de números reais não tem o monopólio com relação ao poder matemático a elegância. Ainda existe uma certa estranheza no fato de que, por exemplo, raízes quadradas só podem ser obtidas de números positivos (ou zero) e não de números negativos. Do ponto de vista matemático – e deixando de lado por um instante qualquer questão sobre a conexão direta com o mundo físico – acontece que é extremamente conveniente ser capaz de extrair raízes quadradas de números negativos assim como de números positivos. Vamos simplesmente postular, ou "inventar", uma raiz quadrada para o número –1. Denotaremos isso pelo símbolo "*i*", de modo a obter

$$i^2 = -1.$$

A quantidade *i* não pode, claro, ser um número real, já que o produto de um número real por si mesmo é sempre positivo (ou zero, se o número for zero). Por essa razão, o termo *imaginário* tem sido convencionalmente aplicado para os números cujos quadrados são negativos. No entanto, é importante realçar o fato de que esses números "imaginários" não são menos reais que os números "reais" com os quais estamos acostumados. Como enfatizei anteriormente, a relação entre esses números "reais" e a realidade *física* não é tão direta ou bem motivada, como poderia parecer à primeira vista, envolvendo, como envolve, uma idealização matemática de refinamento infinito para a qual não existe uma justificativa evidente *a priori* proveniente da natureza.

Tendo obtido uma raiz para –1, não é nenhum grande esforço fornecer raízes quadradas para *todos* os números reais. Se *a* é um número real positivo, então a quantidade

$$i \times \sqrt{a}$$

é a raiz do número real negativo $-a$. (Existe também uma outra raiz quadrada, isto é $-i \times \sqrt{a}$.) E quanto ao próprio *i*? Ele tem uma raiz quadrada? Certamente. É fácil ver que a quantidade

$$\frac{1+i}{\sqrt{2}}$$

(e o oposto dessa quantidade) é elevada ao quadrado para *i*. E *esse* número tem uma raiz quadrada? Mais uma vez, a resposta é sim; o quadrado de

$$\sqrt{\frac{1+\frac{1}{\sqrt{2}}}{2}} + i\sqrt{\frac{1+\frac{1}{\sqrt{2}}}{2}}$$

ou seu oposto é de fato $(1 + i)/\sqrt{2}$.

Note que, ao formar essas quantidades, permitimo-nos adicionar números reais a números imaginários, assim como multiplicar nossos números por números reais arbitrários (ou dividir por números reais não nulos, que é a mesma coisa que os multiplicar pelos seus recíprocos). Referimo-nos aos objetos resultantes como *números complexos*. Um número complexo é um número da forma

$$a + ib,$$

em que os números a e b são números reais, chamados respectivamente de *parte real* e *parte imaginária*, do número complexo. As regras para adicionar e multiplicar dois desses números seguem as da álgebra comum (aquela do colégio), com a regra adicional de de que $i^2 = -1$:

$$(a + i\,b) + (c + id) = (a + c) + i\,(b + d),$$
$$(a + i\,b) \times (c + i\,d) = (ac - bd) + i(ad + bc).$$

Algo notável ocorre! Nossa motivação para esse sistema de números foi fornecer a possibilidade de que raízes quadradas sempre pudessem existir. Esse sistema atinge tal objetivo, ainda que isso não seja óbvio por enquanto. Mas ele faz algo muito maior: raízes cúbicas, quíntuplas, raízes de ordem 99, raízes de ordem π, raízes de ordem $(1 + i)$ etc. podem todas ser extraídas impunemente (como o grande matemático do século XVIII Leonhard Euler foi capaz de mostrar). Como outro exemplo da mágica dos números complexos, vamos examinar a aparentemente complicada fórmula da trigonometria que aprendemos na escola; os senos e cossenos da soma de dois ângulos

$$\text{sen}(A + B) = \text{sen}\,A\cos B + \text{sen}\,B\cos A,$$
$$\cos(A + B) = \cos A\cos B - \text{sen}\,A\,\text{sen}\,B\,,$$

são simplesmente as partes imaginárias e reais, respectivamente, da equação complexa[6] muito mais simples (e memorizável!):

---

[6] A quantidade $e = 2{,}7182818285\ldots$ (a base dos logaritmos naturais e um número irracional de importância matemática comparável a de π) é definida por $e = 1 + \frac{1}{1} + \frac{1}{1 \times 2} + \frac{1}{1 \times 2 \times 3} + \ldots$, e e^z significa a potência z de e da qual obtemos:

$$e^z = 1 + \frac{z}{1} + \frac{z^2}{1 \times 2} + \frac{z^3}{1 \times 2 \times 3} + \ldots$$

$$e^{iA+iB} = e^{iA}\, e^{iB}.$$

Aqui tudo que precisamos saber é a "fórmula de Euler" (aparentemente também obtida muitos anos antes de Euler pelo notável matemático inglês do século XVI, Roger Cotes)

$$e^{iA} = \cos A + i \operatorname{sen} A\,,$$

que agora podemos substituir na equação acima. A expressão resultante é

$$\cos(A+B) + i\operatorname{sen}(A+B) = (\cos A + i \operatorname{sen} A)(\cos B + i \operatorname{sen} B)$$

e multiplicando o lado direito obtemos as relações trigonométricas que queríamos. Além disso, qualquer equação algébrica

$$a_0 + a_1 z + a_2 z^2 + a_3 z^3 + \ldots + a_n z^n = 0$$

(para a qual a_0, a_1, a_2,..., a_n sejam números complexos com $a_n \neq 0$) sempre pode ser solucionada por algum número complexo z. Por exemplo, existe um número complexo satisfazendo a relação

$$z^{102} + 999\, z^{33} - \pi z^2 = -417 + i,$$

mesmo que isso não seja de forma alguma óbvio! Esse fato em geral é referido como "o teorema fundamental da álgebra". Diversos matemáticos do século XVIII batalharam para provar esse resultado. Mesmo Euler não conseguiu encontrar um argumento satisfatório. Então, em 1831, o eminente matemático e cientista Carl Friedrich Gauss deu um argumento surpreendentemente original e encontrou a primeira prova geral. Um dos ingredientes-chaves da sua prova foi representar os números complexos *geometricamente* e então utilizar um argumento topológico.[7]

De fato, Gauss não foi o primeiro a utilizar uma descrição geométrica dos números complexos. Wallis já havia feito isso, de forma crua, cerca de duzentos anos antes, mesmo que ele não tenha usado isso de maneira tão efetiva

[7] "Topologia" refere-se ao tipo de geometria – algumas vezes conhecida como "geometria da lona de borracha" (*rubber sheet geometry*) – na qual as distâncias verdadeiras não têm importância, e somente propriedades de continuidade dos objetos têm relevância.

quanto Gauss. O nome normalmente associado a essa representação geométrica dos números complexos pertence a Jean Robert Argand, um escriturário suíço, que o descreveu em 1806, mesmo que o explorador norueguês Caspar Wessel tenha, de fato, dado uma descrição bastante completa dessa representação cerca de nove anos antes. De acordo com o que é convencional (ainda que não historicamente acurado), vou me referir à representação geométrica padrão dos números complexos como o *plano de Argand*.

O plano de Argand é basicamente o plano euclidiano com as coordenadas cartesianas padrão x e y, em que x marca a distância horizontal (positiva para a direita, negativa para a esquerda) e y marca a distância vertical (positiva para cima, negativa para baixo). O número complexo

$$z = x + iy$$

é representado no plano de Argand por um ponto cujas coordenadas são

$$(x, y)$$

(veja a Fig. 3.8)

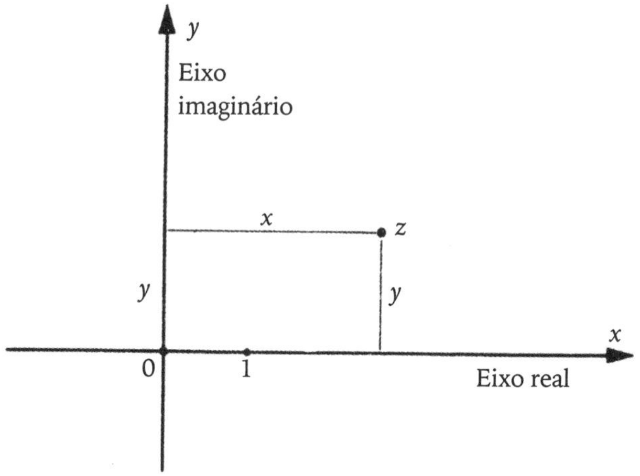

Fig. 3.8. O plano de Argand, representando o número complexo $z = x + iy$.

Note que 0 (visto como um número complexo) é representado pela origem das coordenadas, e 1 é representado como um ponto particular no eixo x.

O plano de Argand simplesmente nos dá uma maneira de organizar nossa família de números complexos de uma maneira geometricamente útil. Esse tipo de coisa já não é realmente novidade para nós. Nos é familiar a forma pela qual os números *reais* podem ser organizados geometricamente, por meio de sua descrição como uma linha reta que se estende infinitamente em ambas as direções. Um ponto particular na linha é dito ser o 0, e outro é dito ser 1. O ponto 2 é colocado de tal forma que sua distância para o ponto 1 é a mesma que a distância de 1 para o ponto 0. O ponto ½ é o ponto intermediário entre 0 e 1, o ponto –1 está situado de forma que 0 esteja entre ele e 1 etc. O conjunto de números reais mostrados dessa maneira nos dá o que é chamado de *linha real*. Para os números complexos verificamos que, efetivamente, *dois* números reais são utilizados como coordenadas, a e b, do número complexo $a + ib$. Esses dois números nos dão as coordenadas dos pontos em um plano – o plano de Argand. Como um exemplo, indiquei na Fig. 3.9 aproximadamente onde se encontram os números complexos

$$u = 1 + 1{,}3\,i,\ v = -2 + i,\ w = -1{,}5 - 0{,}4\,i.$$

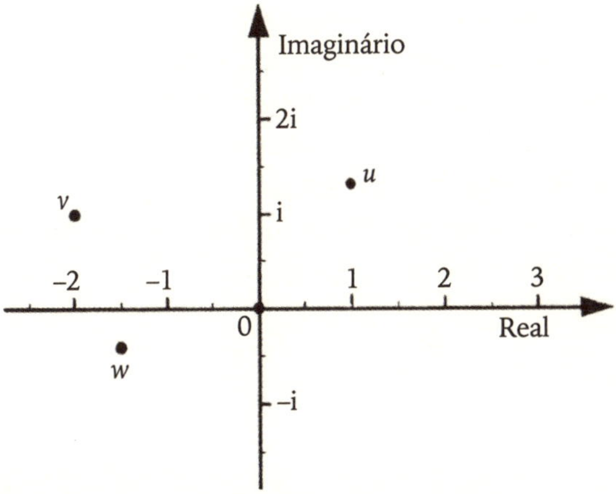

Fig. 3.9. Localização no plano de Argand dos pontos $u = 1 + 1{,}3\,i$, $v = -2 + i$, $w = -1{,}5 - 0{,}4\,i$.

As operações algébricas básicas de adição e multiplicação de números complexos têm uma representação geométrica evidente. Vamos considerar primeiro a adição. Suponha que u e v sejam dois números complexos representados no plano de Argand segundo o esquema que referimos agora há pouco. Sua soma $u + v$ é representada como a "soma vetorial" dos dois pontos; isto é, o ponto $u + v$ está localizado no lugar que completa o paralelogramo formado por u, v e a origem 0. Que essa construção (veja a Fig. 3.10) resulte de fato na soma não é difícil provar, mas omitirei aqui o argumento.

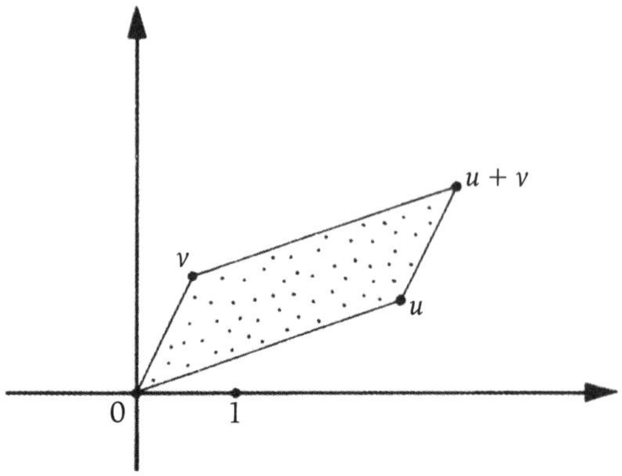

Fig. 3.10. A soma *u* + *v* de dois números complexos *u* e *v* é obtida pela regra do paralelogramo.

O produto *uv* também tem uma interpretação geométrica evidente (veja a Fig. 3.11) que talvez seja um pouco mais difícil de enxergar. (Novamente omitirei a prova.) O ângulo subentendido na origem entre 1 e *uv* é a soma dos ângulos entre 1 e *u* e 1 e *v* (todos os ângulos sendo medidos no sentido anti-horário), e a distância de *uv* da origem é o produto das distâncias entre a origem e *u* e *v*. Isso equivale a dizer que o triângulo formado por 0, *v* e *uv* é similar (e orientado de maneira similar) ao triângulo formado por 0, 1, e *u*. (O leitor motivado que não está familiar com estas construções pode querer verificar que elas seguem diretamente das regras algébricas para adição e multiplicação de números complexos que foram dadas antes, junto com as identidades trigonométricas referidas acima.)

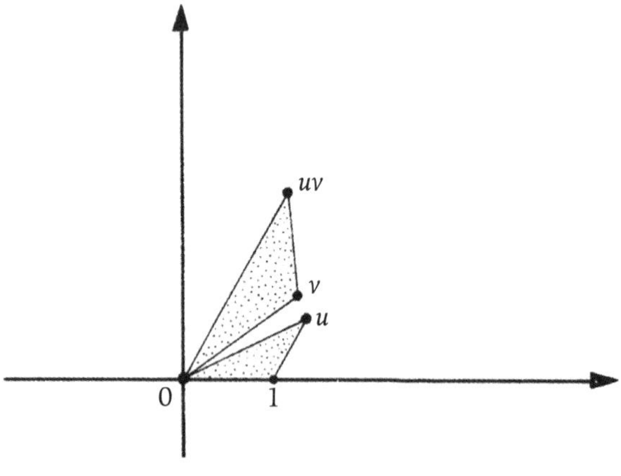

Fig. 3.11. O produto *uv* de dois números complexos *u* e v é tal que o triângulo formado por 0, *v* e *uv* é semelhante àquele formado por 0, 1 e *u*. De maneira equivalente: a distância *uv* de 0 é o produto das distâncias de *u* e *v* de 0, e o ângulo que *uv* forma com o eixo real (horizontal) é a soma dos ângulos que *u* e *v* formam com esse eixo.

A construção do conjunto de Mandelbrot

Agora estamos em posição de entender como o conjunto de Mandelbrot é definido. Escolhamos um número z complexo arbitrário. Qualquer que seja esse número, ele poderá ser representado por algum ponto no plano de Argand. Agora considere o *mapeamento* em que z é substituído por um *novo* número complexo, dado por

$$z \to z^2 + c,$$

em que c é outro número complexo *fixo* (i.e., dado por nós). O número $z^2 + c$ será representado por algum novo ponto no plano de Argand. Por exemplo, se c for escolhido como o número 1,63 – 4,2 i, então z seria levado ao número

$$z \to z^2 + 1{,}63 - 4{,}2\,i,$$

de modo que, em particular, 3 seria substituído por

$$3^2 + 1{,}63 - 4{,}2\,i = 9 + 1{,}63 - 4{,}2\,i = 10{,}63 - 4{,}2\,i$$

e o número –2,7 + 0,3 i seria substituído por

$$(-2{,}7 + 0{,}3\,i)^2 + 1{,}63 - 4{,}2\,i = (-2{,}7)^2 - (0{,}3)^2 + 1{,}63 + i\{2(-2{,}7)(0{,}3) - 4{,}2\} =$$
$$= 8{,}83 - 5{,}82\,i.$$

Quando tais números se tornam muito complicados é melhor que deixemos que as contas sejam feitas por computadores digitais.

Agora, não importa qual seja o número c, o número 0 é substituído segundo essa regra pelo dado número c. E quanto ao próprio c? Ele deve ser substituído por $c^2 + c$. Suponha que continuemos esse processo e apliquemos o mapa ao número $c^2 + c$; obtemos, então

$$(c^2 + c)^2 + c = c^4 + 2c^3 + c^2 + c.$$

Vamos iterar e fazer essa substituição novamente, obtendo o próximo número

$$(c^4 + 2c^3 + c^2 + c)^2 + c = c^8 + 4c^7 + 6c^6 + 6c^5 + 5c^4 + 2c^3 + c^2 + c$$

e assim por diante. Obtemos uma sequência de números complexos, começando por 0:

$$0, c, c^2 + c, c^4 + 2c^3 + c^2 + c, \ldots$$

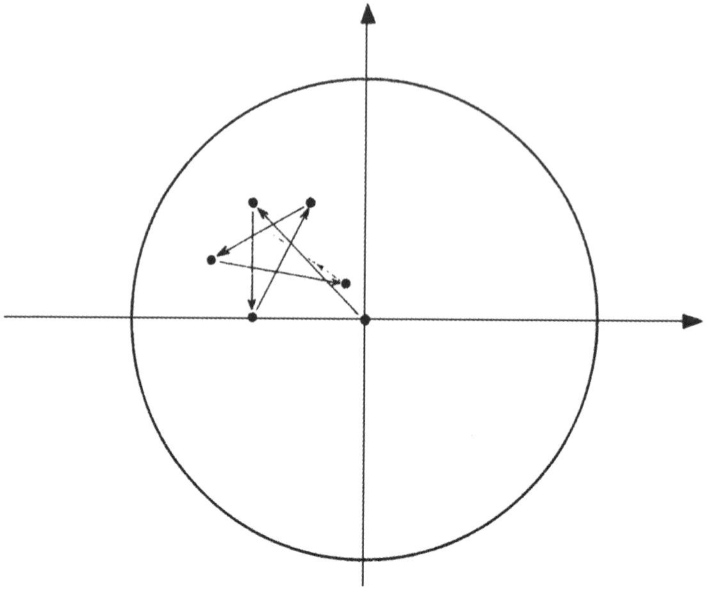

Fig. 3.12. Uma sequência de pontos no plano de Argand é *limitada* se existe algum círculo fixo que contenha todos os pontos da sequência. (Essa iteração em particular começa com zero e tem $c = -\frac{1}{2} + \frac{1}{2}i$.)

Agora, se realizarmos esse processo para *certas* escolhas do número complexo c, a sequência de números que obtemos dessa maneira nunca irá para muito longe da origem do plano de Argand; mais precisamente, a sequência permanece *limitada* para certas escolhas de c, o que quer dizer que todos os números da sequência se encontram dentro de algum *círculo fixo* centrado na origem (veja a Fig. 3.12). Um bom exemplo onde isso ocorre é o caso $c = 0$, em que todos os membros da sequência são de fato 0. Outro exemplo de comportamento limitado é quando $c = -1$, pois então obtemos a sequência $0, -1, 0, -1, 0, -1, \ldots$; mais um exemplo ocorre quando $c = i$, a sequência é então $0, i, i - 1, -i, i - 1, -i, i - 1, -i, \ldots$. No entanto, para diversos outros exemplos do número c, a sequência irá cada vez mais e mais longe da origem até uma distância indefinida, i.e., a sequência é *ilimitada* e não pode ser contida dentro de qualquer círculo fixo. Um exemplo desse comportamento ocorre quando $c = 1$, no qual obtemos a sequência 0, 1, 2, 5, 26, 677, 458330, ...; também acontece quando $c = -3$, quando obtemos 0, –3, 6, 33, 1086, ... ; e também para $c = i - 1$, resultando em

$$0, i-1, -i-1, -1+3i, -9-5i, 55+91i, -5257+10011i, \ldots$$

O *conjunto de Mandelbrot*, isto é, a região *escura* do nosso mundo de Tor'Bled-Nam, é precisamente aquela região do plano de Argand consistindo nos pontos c para os quais a sequência permanece limitada. A região *clara* consiste naqueles pontos c para os quais a sequência é ilimitada. As figuras detalhadas que vimos antes foram todas desenhadas por computadores. O computador percorria sistematicamente todas as possibilidades de números complexos c, em que, para cada possibilidade, ele decidiria se a sequência $0, c, c^2 + c, \ldots$, segundo algum critério apropriado, seria limitada ou não. Se ela *for* limitada, então o computador colocaria um ponto preto na tela no ponto correspondendo a c, caso contrário colocaria um ponto branco. Eventualmente, para cada pixel no intervalo sob consideração a decisão seria feita pelo computador se aquele ponto deveria ser branco ou preto.

A complexidade do conjunto de Mandelbrot é notável, particularmente em face do fato de que a definição desse conjunto, em comparação com outras definições matemáticas, é bastante simples. Também acontece que a estrutura geral desse conjunto não é muito sensível à forma algébrica precisa do mapeamento $z \rightarrow z^2 + c$ que escolhemos. Muitos outros mapeamentos complexos (e.g., $z \rightarrow z^3 + z^2 i + c$) resultarão em estruturas extraordinariamente similares (contanto que escolhamos um número apropriado para começar – talvez não 0, mas um número cujo valor seja caracterizado por alguma regra matemática evidente para cada escolha de mapeamento). Existe, de fato, um tipo de caráter universal ou absoluto com relação a essas "estruturas de Mandelbrot" vinculadas a mapeamentos complexos iterados. O estudo dessas estruturas é uma área em si dentro da matemática que é referida como *sistemas dinâmicos complexos*.

A realidade platônica dos conceitos matemáticos?

O quão "reais" são os objetos do mundo dos matemáticos? De um ponto de vista parece que não deve existir nada de real sobre eles. Objetos matemáticos são só conceitos; são idealizações mentais que os matemáticos fazem, geralmente motivados pela aparência e aparente ordem dos aspectos do mundo ao nosso redor, mas idealizações mentais de qualquer forma. Podem ser qualquer coisa além de construções arbitrárias da mente humana? Ao mesmo tempo geralmente parece que existe alguma realidade profunda subjacente a esses conceitos matemáticos, indo muito além das deliberações mentais de qualquer matemático em particular. É como se o pensamento humano, em vez disso, fosse conduzido a alguma verdade exterior – uma verdade que tem uma realidade própria e que então é revelada somente de forma parcial para qualquer um de nós.

O conjunto de Mandelbrot fornece um exemplo notável. Sua estrutura maravilhosamente intrincada não foi a invenção de qualquer pessoa, nem foi a realização de um time de matemáticos. O próprio Benoît Mandelbrot, o matemático polonês-estadunidense (e protagonista da teoria fractal) que estudou pela primeira[8] vez o conjunto não tinha previamente nenhuma concepção real da estrutura fantástica inerente a ele, mesmo sabendo que estava no caminho de encontrar algo muito interessante. De fato, quando suas primeiras imagens de computador começaram a surgir, ele teve a impressão de que as estruturas embaçadas que via seriam o resultado de alguma falha no funcionamento do computador (Mandelbrot, 1986)! Somente depois se convenceu de que elas realmente estavam lá no conjunto em si. Além disso, os detalhes completos da complicação da estrutura do conjunto de Mandelbrot não podem ser de fato inteiramente compreendidos por qualquer um de nós, muito menos podem ser revelados completamente por qualquer computador. Parece que essa estrutura não é somente parte de nossas mentes, mas tem uma realidade própria. Seja qual for o matemático ou *nerd* de computador que decida examinar essa estrutura, o que serão encontrados serão *aproximações* da *mesma* estrutura matemática fundamental. Não faz realmente diferença qual computador é utilizado para fazer as contas (contanto que o computador esteja funcionando), exceto que, por discrepâncias na velocidade e no armazenamento de computador, além de capacidades gráficas, podemos ter diferenças na quantidade de detalhes finos que serão revelados e na velocidade com a qual esses detalhes serão produzidos. O computador é usado essencialmente da mesma maneira que um físico experimental utiliza um aparato

[8] Existe, de fato, alguma disputa sobre quem foi a primeira pessoa a encontrar esse conjunto (veja Brooks; Matelski, 1981; Mandelbrot, 1989); mas o próprio fato de que *possa* haver tal disputa é mais uma evidência para o ponto de vista de que seu surgimento é mais similar a uma descoberta do que a uma invenção.

experimental para explorar a estrutura do mundo físico. O conjunto de Mandelbrot não é uma invenção da mente humana: é uma descoberta. Assim como o monte Everest, o conjunto de Mandelbrot simplesmente *existe*!

Da mesma forma, o próprio sistema de números complexos tem uma realidade profunda e eterna que vai além da construção mental de qualquer matemático em particular. O início de uma apreciação pelos números complexos surgiu com o trabalho de Girolamo Cardano. Ele foi um italiano que viveu entre 1501 e 1576, um médico de profissão, apostador e realizador de horóscopos (uma vez fazendo o de Cristo), que escreveu um importante e influente tratado sobre álgebra, "Ars Magna", em 1545. Nesse tratado, ele apresentou pela primeira vez a expressão completa para a solução (em termos de *surdas*, i.e., raízes enésimas) de uma equação cúbica geral.[9] Ele havia notado, no entanto, que em certas classes de casos – aqueles aos quais ele se referiu como "irredutíveis", nos quais a equação tinha três soluções reais – ele era forçado a tomar, em certos passos de sua expressão, a *raiz quadrada de um número negativo*. Mesmo que isso fosse misterioso para ele, deu-se conta de que, se se permitisse *tomar* tais raízes, e *somente* assim, poderia expressar a resposta completa (a resposta final sempre sendo real). Mais tarde, em 1572, Raphael Bombelli, em um trabalho intitulado "L'Algebra", estendeu o trabalho de Cardano e começou o estudo da álgebra dos números complexos.

Mesmo que à primeira vista possa parecer que a introdução dessas raízes quadradas de números negativos seja somente um truque – uma invenção matemática pensada para realizar um propósito específico – mais tarde se evidenciou que esses objetos eram utilizados de maneiras muito mais amplas do que para as quais eles foram originalmente concebidos. Como mencionei acima, mesmo que o propósito original de introduzir os números complexos fosse permitir tomar raízes quadradas sem medo, ao introduzir esses números descobrimos que, como um bônus, podemos tomar qualquer outro tipo de raiz para a solução de qualquer equação algébrica que seja. Mais tarde encontramos muitas outras propriedades mágicas que os números complexos possuem, propriedades sobre as quais nada sabíamos no começo. Essas propriedades simplesmente *existem*. Elas não foram colocadas lá seja por Cardano, Bombelli, Wallis, Coates, Euler, Wessel ou Gauss, mesmo levando em conta a amplitude de conhecimento destes e de outros notáveis matemáticos; tal mágica era inerente à própria estrutura que eles gradualmente descobriram. Quando Cardano introduziu seus números complexos, ele não poderia

[9] Fundamentado parcialmente em trabalhos anteriores por Scipione del Ferro e por Tartaglia.

ter ideia de tantas propriedades mágicas que seriam descobertas – propriedades que conhecemos sob diversos nomes, tais como a fórmula integral de Cauchy, o teorema do mapeamento de Riemann, a propriedade de extensão de Lewy. Esses, e muitos outros fatos notáveis, são propriedades dos próprios números, sem nenhuma modificação adicional, que Cardano encontrou pela primeira vez em 1539.

A matemática é inventada ou descoberta? Quando os matemáticos encontram seus resultados, eles apenas realizam elaboradas construções mentais que não têm existência factual, mas cujo poder e elegância é suficiente para enganar seus próprios inventores ao acreditarem que essas meras construções mentais são "reais"? Ou estão os matemáticos realmente descobrindo verdades que, de fato, já "existem" – verdades cuja existência é independente da atividade dos matemáticos? Eu penso que, por ora, deve estar bastante evidente para o leitor que pertenço ao campo daqueles que acreditam no segundo caso, em vez do primeiro, pelo menos com relação a essas estruturas, como números complexos e o conjunto de Mandelbrot.

No entanto, o assunto não é assim tão direto. Como já disse, existem muitas coisas na matemática para as quais o termo "descoberta" é de fato muito mais apropriado que o termo "invenção", tal como nos exemplos que acabamos de citar. Esses são os casos nos quais muito mais resulta da estrutura do que vemos em primeiro lugar. Podemos adotar o ponto de vista de que, nesse caso, os matemáticos encontram as "obras de Deus". Porém, existem outros casos nos quais a estrutura matemática não tem tal unicidade, por exemplo, no meio da prova de algum resultado o matemático sente a necessidade de introduzir alguma construção única e complexa para chegar a um ponto específico. Em tais casos é provável que nada mais saia dessa construção, e a palavra "invenção" é mais apropriada do que "descoberta". Estes são, de fato, as "obras humanas". Desse ponto de vista, as verdadeiras descobertas seriam, de modo geral, vistas como conquistas maiores do que "meras" invenções.

Tais categorizações não são totalmente diferentes daquelas que utilizamos nas artes e na engenharia. Belas obras de arte estão mais "próximas de Deus" do que obras menores. É um sentimento que não é raro nos artistas que suas maiores obras revelam verdades eternas que têm algum tipo de existência etérea prévia,[10] enquanto suas obras menores são mais arbitrárias,

---

[10] Como o notório escritor argentino Jorge Luis Borges disse: "um poeta famoso é mais um descobridor do que um inventor".

similares a meras construções mortais. Da mesma maneira, uma invenção na engenharia com uma economia de conceitos, na qual muito pode ser obtido da aplicação de uma ideia simples, poderia ser descrita mais como uma descoberta do que como uma invenção.

Tendo exposto estes pontos, no entanto, não posso deixar de sentir que as evidências para acreditar em algum tipo de existência eterna na matemática, pelo menos com relação aos conceitos matemáticos mais profundos, são muito mais fortes do que nos outros casos. Existe uma unicidade e universalidade importante em tais ideias matemáticas que parece ser de uma natureza muito diferente daquela que esperamos encontrar nas artes e na engenharia. O ponto de vista que conceitos matemáticos possam existir em tal sentido etéreo e eterno foi apresentado nos tempos antigos (c. 360 a.C.) pelo célebre filósofo grego Platão. Consequentemente, tal ponto de vista é frequentemente chamado de platonismo matemático. Ele terá uma importância considerável para nós mais tarde.

No Capítulo 1 discuti em detalhes o ponto de vista da *IA forte*, segundo o qual os fenômenos mentais devem ter sua existência associada a alguma ideia matemática de algoritmo. No Capítulo 2 ressaltei o ponto de que o conceito de um algoritmo é realmente um conceito profundo "dado por Deus". Neste capítulo tenho argumentado que tais ideias matemáticas "dadas por Deus" devem ter algum tipo de existência eterna, independente de nossa mortalidade terrestre. Esse ponto de vista resulta em alguma evidência para o ponto de vista da IA forte, fornecendo uma possibilidade de existência etérea para os fenômenos mentais? Talvez sim – e especularei mais tarde em favor de um ponto de vista que não é tão dissimilar deste; porém, se os fenômenos mentais de fato podem ser entendidos assim, não acredito que seja com o conceito de algoritmo. O que seria necessário seria algo muito mais sutil. O fato de que objetos algorítmicos constituem uma parte muito pequena e limitada da matemática será um aspecto importante das discussões que seguem. Começaremos a ver algo sobre a amplitude e sutileza da matemática não algorítmica no próximo capítulo.

4
Verdade, prova e intuição

O plano de Hilbert para a matemática

O que é a verdade? Como formamos nossos julgamentos sobre o que é verdadeiro e o que não é com relação ao mundo? Estamos simplesmente seguindo algum *algoritmo* – sem dúvida favorecido em comparação a outros algoritmos possíveis menos efetivos por meio do poderoso processo de seleção natural? Ou será que pode existir alguma outra rota, possivelmente não algorítmica – talvez a intuição, instinto ou inspiração – para chegarmos à verdade? Essa parece uma questão difícil. Nossos julgamentos são dependentes de complicadas combinações conectadas de dados contextuais, pensamento e adivinhação. Além disso, em muitas situações cotidianas em geral não existe uma concordância sobre o que *é* realmente verdade e o que é falso. Para simplificar essa questão, vamos considerar somente a verdade *matemática*. Como formamos nossos julgamentos – talvez até mesmo nosso conhecimento "certo" – com relação às questões matemáticas? Aqui, pelo menos, as coisas deveriam ser mais evidentes. Não existe questão quanto ao que é matematicamente verdadeiro e o que é falso – ou será que existe? O que, de fato, *é* a verdade matemática?

A questão da verdade matemática é uma questão muito antiga, datando desde os tempos dos filósofos e matemáticos gregos – e, sem dúvida, até mesmo antes. No entanto, algumas elucidações e intuições *novas* surpreendentes foram obtidas somente por volta dos últimos cem anos. São esses novos desenvolvimentos que tentaremos entender. As questões são bastante fundamentais e tocam em um ponto crucial quanto a nossos processos de pensamento poderem de fato ser inteiramente algorítmicos. É importante nos entendermos com elas.

No final do século XIX, a matemática havia avançado muito, em parte por causa do desenvolvimento de métodos cada vez mais poderosos de demonstrações matemáticas. (David Hilbert e Georg Cantor, que encontramos antes, e o eminente matemático francês Henri Poincaré, que encontraremos mais tarde, foram três daqueles que estiveram à frente desses desenvolvimentos.) Assim, os matemáticos haviam ganhado bastante confiança na utilização desses poderosos métodos. Muitos desses métodos envolviam a consideração de conjuntos[1] com um número infinito de membros e demonstrações eram comumente bem-sucedidas uma vez que era possível considerar tais conjuntos "objetos" reais – conjuntos factualmente existentes, com mais do que somente uma existência potencial. Muitas dessas poderosas ideias surgiram do conceito altamente original de Cantor de *números infinitos*, que ele havia desenvolvido de modo consistente utilizando conjuntos infinitos. (Vislumbramos um pouco sobre isso no capítulo anterior.)

No entanto, essa confiança foi destruída em 1902, quando o lógico e filósofo britânico Bertrand Russell concebeu seu hoje famoso paradoxo (antecipado por Cantor e um descendente direto do argumento de "corte diagonal" de Cantor). Para entender o argumento de Russell precisamos primeiro obter alguma intuição sobre o que está envolvido ao considerarmos conjuntos como entidades autocontidas e completas. Podemos imaginar algum conjunto caracterizado em termos de uma *propriedade* particular. Por exemplo, o conjunto das coisas *vermelhas* é caracterizado em termos da propriedade de *vermelhidão*: algo pertence ao conjunto se e somente se apresenta vermelhidão. Isso nos permite, então, ver as coisas por outro ângulo e falar sobre uma propriedade em termos de um objeto único, ou seja, o conjunto todo de coisas com tal propriedade. Desse ponto de vista, "vermelhidão" é o conjunto de todas as coisas que são vermelhas. (Podemos também conceber que alguns outros conjuntos simplesmente "existem"; seus elementos não são caracterizados por nenhuma propriedade simples.)

---

[1] Um *conjunto* representa uma coleção de coisas – objetos físicos ou conceitos matemáticos – que pode ser tratada como um todo. Na matemática, os elementos (i.e., membros) de um conjunto geralmente são eles mesmos outros conjuntos, já que conjuntos podem ser utilizados para formar outros conjuntos. Assim, podemos considerar conjuntos de conjuntos ou conjuntos de conjuntos de conjuntos etc.

A ideia de definir conceitos em termos de conjuntos foi central para o procedimento, introduzido em 1884 pelo influente lógico alemão Gottlob Frege, no qual *números* poderiam ser definidos em termos de conjuntos. Por exemplo, o que queremos realmente dizer com o número 3? Nós sabemos que propriedade "três-tude" é, mas e o 3 em si? Agora, "três-tude" é uma propriedade de *coleções* de objetos, i.e., é uma propriedade de *conjuntos*: um conjunto tem essa propriedade particular de "três-tude" se e somente se o conjunto contém precisamente três membros. O conjunto de medalhistas em um evento olímpico em particular apresenta propriedade de "três-tude", por exemplo. Da mesma maneira, o conjunto de rodas em um triciclo, o conjunto de folhas em um trevo comum, ou o conjunto de soluções da equação $x^3 - x^2 + 11x - 6 = 0$ apresentam propriedade. Qual é então a definição de Frege para o número 3? Segundo Frege, 3 deve ser um conjunto *de* conjuntos: o conjunto de *todos* os conjuntos com a propriedade de "três-tude".[2] Assim um conjunto contém três membros se e somente se ele pertence ao conjunto 3 de Frege.

Isso tudo pode parecer um pouco circular, mas de fato não é. Podemos definir *números* de maneira geral como totalidades de conjuntos equivalentes, em que "equivalente" aqui significa "ter elementos que podem ser colocados em correspondência unívoca uns com os outros" (i.e., em termos simples isso seria "ter o mesmo número de membros"). O número 3 é, então, um desses conjuntos em particular que contém, entre um de seus membros, um conjunto contendo, por exemplo, uma maçã, uma laranja e uma pera. Note que isso é bastante diferente da definição de "3" a partir do "3" de Church dada na p.123. Existem outras definições que podem ser dadas e que são bastante populares hoje em dia.

O que isso tudo tem a ver com o paradoxo de Russell? Ele trata de um conjunto R definido da seguinte maneira:

R é o conjunto de todos os conjuntos que não são membros de si mesmos.

---

[2] Ao considerarmos conjuntos cujos membros podem novamente ser conjuntos, devemos ser cuidadosos ao distinguir entre os membros daquele conjunto e os membros dos *membros* daquele conjunto. Por exemplo, suponha que S seja o conjunto de *subconjuntos não vazios* de um certo outro conjunto T, no qual os membros de T são uma maçã e uma laranja. T tem a propriedade de "dois-idade", não "três-tude", mas S de fato tem a propriedade de "três-tude"; pois os três membros de S são: um conjunto contendo somente uma maçã, um conjunto contendo somente uma laranja e um conjunto contendo tanto uma maçã quanto uma laranja – três conjuntos no total, estes sendo os *três* membros de S. Da mesma maneira, o conjunto cujo único membro é o *conjunto vazio* tem a propriedade de "um-tude", não "zero-idade" – ele tem *um* membro, isto é, o conjunto vazio! O conjunto vazio *em si* tem zero membro, claro.

Assim, *R* é uma certa coleção de conjuntos; e o critério para que um conjunto *X* pertença a essa coleção é que o conjunto *X* em si não seja encontrado entre um de seus *próprios* membros.

É absurdo supor que um conjunto possa na realidade ser um membro de si mesmo? Não realmente. Considere, por exemplo, o conjunto *I* de conjuntos *infinitos* (conjuntos com um número infinito de membros). Certamente existem infinitos conjuntos infinitos diferentes, de forma que *I* em si é infinito. Assim, *I* de fato pertence a si mesmo! Como então, a afirmação de Russell nos fornece um paradoxo? Perguntamos: o próprio conjunto de Russell *R* é um membro de si mesmo ou não? Se ele *não* for um membro de si mesmo, então deveria pertencer a *R*, já que *R* consiste exatamente nos conjuntos que não são membros de si mesmo. Assim, *R* pertence a *R* afinal de contas – uma contradição. Por outro lado, se *R* é um membro de si mesmo, então já que "si mesmo" é o próprio *R*, ele pertence ao conjunto daqueles membros que são caracterizados por *não* serem membros de si mesmos, i.e., não é um membro de si mesmo afinal de contas – novamente uma contradição![3]

Essa consideração não é uma mera curiosidade. Russell estava apenas usando, de uma forma bastante extrema, o mesmo tipo de raciocínio matemático fundamentado na teoria dos conjuntos que os matemáticos estavam começando a utilizar em suas provas. Obviamente as coisas haviam saído do controle, e foi necessário ser muito mais preciso sobre o tipo de raciocínio que era permitido e que não era. Era obviamente necessário que os raciocínios permitidos fossem livres de contradição e que eles só devessem permitir que afirmações verdadeiras fossem derivadas de afirmações previamente sabidas como verdadeiras. O próprio Russell, junto com seu colega Alfred North Whitehead, começou a desenvolver um sistema de axiomas e regras de procedimento altamente formal, cujo objetivo era que todo tipo de raciocínio matemático correto pudesse ser encaixado nesse esquema. As regras foram cuidadosamente selecionadas de modo a prevenir os tipos de raciocínios paradoxais que haviam levado ao paradoxo do próprio Russell. O esquema específico que Russell e Whitehead produziram era uma obra monumental. No entanto, era muito trabalhoso e se mostrou bastante limitado nos tipos de raciocínio matemático

---

[3] Existe uma maneira curiosa de expressar o paradoxo de Russell em termos essencialmente leigos. Imagine uma biblioteca na qual existam dois catálogos, um que lista precisamente todos os livros da biblioteca que em algum ponto referem-se a si mesmos e o outro que liste precisamente todos os livros que não façam menção a si. Em qual catálogo o segundo catálogo em si deve estar listado?

que de fato ele podia incorporar. O notável matemático David Hilbert, que encontramos pela primeira vez no Capítulo 2, embarcou em um esquema muito mais simples e compreensível com que trabalhar. *Todos* os raciocínios matemáticos corretos, sejam de qual área da matemática fossem, deveriam ser incluídos. Além disso, Hilbert queria que fosse possível *provar* que o esquema era livre de contradição. A matemática deveria ser colocada, de uma vez por todas, em uma fundação absolutamente sólida.

No entanto, as esperanças de Hilbert e seus seguidores foram despedaçadas quando, em 1931, o brilhante matemático e lógico austríaco de 25 anos Kurt Gödel produziu um espantoso teorema que efetivamente destruiu o plano delineado por Hilbert. O que Gödel mostrou é que qualquer sistema matemático de axiomas preciso ("formal") e regras de procedimento, *sejam quais forem*, que fosse suficientemente amplo para conter as descrições de proposições aritméticas simples (tais como "o último teorema de Fermat", considerado no Capítulo 2) e que esse fosse livre de contradições, deveria conter algumas afirmações que nem eram capazes de serem provadas, nem capazes de serem refutadas pelos meios permitidos pelo próprio sistema. A veracidade dessas afirmações, assim, era "indecidível" pelos procedimentos válidos. De fato, Gödel foi capaz de mostrar que a própria afirmação da consistência de um sistema axiomático em si, quando codificado na forma de uma proposição aritmética adequada, deve ser uma dessas proposições "indecidíveis". Será importante para nós entender a natureza dessa "incapacidade de ser decidido". Veremos o motivo pelo qual o argumento de Gödel trespassa o coração do plano de Hilbert. Também veremos como o argumento de Gödel nos permite, mediante o uso da intuição, ir além das limitações de qualquer sistema matemático formal sob consideração. Esse entendimento será crucial para muito da discussão que segue.

Sistemas matemáticos formais

Será necessário sermos um pouco mais explícitos sobre o que queremos dizer com "sistema matemático formal de axiomas e regras de procedimento". Devemos supor que existe algum alfabeto de símbolos em termos dos quais nossas afirmações matemáticas devem ser expressas. Esses símbolos certamente devem ser adequados para permitirem uma notação para os números naturais de modo que a "aritmética" seja incorporada em nosso sistema. Podemos, se quisermos, simplesmente utilizar a notação indo-arábica usual 0, 1, 2, 3, ..., 9, 10, 11, 12, ... para os números, mesmo que isso torne a especificação dessas regras um pouco mais complicada do que ela precisa ser. Uma especificação muito mais simples resultaria se usássemos, por exemplo, 0, 01, 011, 0111, 01111, ..., para denotar a sequência de números naturais (ou, como um meio-termo, poderíamos utilizar a notação binária.) No entanto, já que isso poderia causar confusão na discussão que segue, permanecerei com a notação indo-arábica usual em minhas descrições, seja qual for o sistema que possamos *de fato* utilizar. Precisaremos de um símbolo de "espaço" para separar as diferentes "palavras" ou "números" do nosso sistema, mas já que isso também pode causar confusão, poderíamos simplesmente usar uma vírgula (,) para esse propósito sempre que precisarmos. Também exigiremos letras que possam denotar números naturais arbitrários ("variáveis") (ou talvez inteiros, racionais etc. – mas vamos focar nos números naturais aqui), digamos, $t, u, v, w, x, y, z, t', t'', t''', \ldots$ As letras com ', $t', t'', \ldots$, podem ser necessárias, já que nós não queremos colocar qualquer limite definido no número de variáveis que podem ocorrer em uma expressão. Consideramos o *apóstrofo* (') um símbolo separado do nosso sistema formal, de modo que o número de *símbolos* de fato permaneça finito. Precisaremos de símbolos para as operações aritméticas básicas =, +, × etc., alguns tipos de parênteses (,), [,] e os símbolos *lógicos* tais como & ("e"), ⇒ ("implica"), v ("ou"), ⇔ ("se e somente se"), ~ ("não", ou "não é o caso que ..."). Além disso precisaremos de "quantificadores" lógicos: o *quantificador existencial* ∃ ("existe ... tal que") e o *quantificador universal* ∀ ("para todo ... tal que" Podemos, assim, montar asserções tais como o "último teorema de Fermat".

$$\sim\exists w, x, y, z\ [(x + 1)^{w+3} + (y+ 1)^{w+3} = (z+ 1)^{w+3}]$$

(veja o Capítulo 2, p.110). (Eu poderia ter escrito "0111" para "3" e talvez utilizado uma notação para "elevado à potência" que poderia se encaixar melhor no formalismo; mas, como disse, estou tentando utilizar os símbolos convencionais de maneira a não introduzir confusão adicional desnecessária.) A sentença acima é lida (até o primeiro colchete) como:

"Não existem números naturais *w, x, y, z* tais que ..."

Nós podemos reescrever o teorema de Fermat utilizando ∀:

$$\forall w, x, y, z[\sim(x + 1)^{w+3} + (y+ 1)^{w+3} = (z+ 1)^{w+3}],$$

que é lida como (até o símbolo "não" após o primeiro colchete):

"Para todo os números naturais w, x, y, z não é o caso que ..."

sendo logicamente a mesma coisa que a expressão anterior.

Precisamos de letras para denotar proposições inteiras, e para isso utilizarei letras maiúsculas: $P, Q, R, S, \ldots$ Tal proposição poderia ser, por exemplo, a asserção de Fermat acima:

$$F = \sim\exists w, x, y, z\, [(x+1)^{w+3} + (y+1)^{w+3} = (z+1)^{w+3}].$$

Uma proposição também pode *depender* de uma ou mais variáveis; por exemplo, poderíamos estar interessados na asserção ode Fermat para uma *certa potência*[4] em particular $w + 3$:

$$G(w) = \sim\exists x, y, z\, [(x+1)^{w+3} + (y+1)^{w+3} = (z+1)^{w+3}]$$

de modo que $G(0)$ afirma que "nenhum cubo pode ser a soma de cubos positivos", $G(1)$ afirma o mesmo para números elevados a quarta potência e assim por diante. (Note que "w" está faltando após "$\exists$".) A asserção de Fermat é agora que $G(w)$ vale *para todo* w:

$$F = \forall w[G(w)].$$

$G(\,)$ é o exemplo do que é chamado de *função proposicional*, i.e., uma proposição que depende de uma ou mais variáveis.

Os *axiomas* do sistema formarão uma lista finita de tais proposições gerais cuja veracidade, dado o significado dos símbolos, deve ser considerada evidente. Por exemplo, para as proposições ou funções proposicionais arbitrárias $P, Q, R(\,)$, podemos ter, entre nossos axiomas:

$$(P \,\&\, Q) \Rightarrow P,$$
$$\sim(\sim P) \Leftrightarrow P,$$
$$\sim\exists[R(x)] \Leftrightarrow \forall x[\sim R(x)],$$

[4] Mesmo que a veracidade da proposição completa de Fermat F continue desconhecida, a veracidade das proposições individuais $G(0)$, $G(1)$, $G(2)$, $G(3)$,... é conhecida até $G(125000)$. Isso quer dizer que é sabido que nenhum cubo pode ser a soma de cubos positivos, nenhuma quarta potência pode ser a soma de quartas potências etc., até a afirmação equivalente para números elevados a 125.000.

a veracidade "evidente" delas pode ser aferida rapidamente de seus *significados*. (A primeira afirma simplesmente que: "se P e Q são verdadeiras, então P é verdadeira"; a segunda afirma a equivalência entre "não é verdade que P é falsa" e "P é verdadeira"; a terceira é exemplificada pela equivalência lógica entre as duas maneiras de formular o último teorema de Fermat dadas acima.) Podemos incluir axiomas aritméticos básicos, como

$$\forall x, y[x + y = y + x],$$
$$\forall x, y, z[(x + y) \times z = (x \times z) + (y \times z)],$$

mesmo que possamos preferir construir estas operações aritméticas a partir de algo mais primário e deduzir essas afirmações como teoremas. As *regras de procedimento* seriam coisas (evidentes) como:

"de P e $P \Rightarrow Q$ nós podemos deduzir Q"
"de $\forall x[R(x)]$ podemos deduzir qualquer proposição obtida por substituir um número específico x em $R(x)$".

Essas instruções nos dizem como podemos derivar novas proposições a partir de proposições já estabelecidas.

Começando dos axiomas e aplicando as regras de procedimento inúmeras vezes podemos construir uma longa lista de proposições. Em qualquer etapa, podemos utilizar qualquer um dos axiomas novamente e podemos sempre reutilizar qualquer uma das proposições que já tivermos adicionado a nossa lista em crescimento. As proposições de qualquer lista desse tipo que tenha sido montada corretamente são referidas como *teoremas* (mesmo que muitos deles sejam bastante triviais ou desinteressantes como afirmações matemáticas). Se tivermos uma proposição específica *P* que queremos *provar*, então tentamos encontrar essa lista, corretamente montada segundo nossas regras, e que termina com a nossa proposição específica *P*. Essa lista nos forneceria uma *prova* de *P* dentro do nosso sistema; e *P* seria, assim, um teorema.

A ideia do plano de Hilbert era encontrar, para qualquer área bem-definida da matemática, uma lista de axiomas e regras de procedimento suficientemente abrangente de modo que *todas* as diferentes maneiras de raciocínio matemático correto apropriadas para aquela área seriam incorporadas por essa lista. Vamos fixar essa área da matemática como a *aritmética* (na qual os quantificadores $\exists$ e $\forall$ devem ser incluídos de maneira que afirmações como o último teorema de Fermat sejam válidas). Não teremos vantagem nenhuma se considerarmos aqui qualquer área matemática mais geral. A aritmética *já* é geral o suficiente para poder aplicar o procedimento de Gödel. Se podemos aceitar que esse sistema amplo de axiomas e regras de procedimento de fato nos foi dado para a aritmética, então, segundo o plano de Hilbert, nos terá sido fornecido um critério bem definido para a "correção" das demonstrações matemáticas para qualquer proposição na aritmética. A esperança era que tal sistema de axiomas e regras seria *completo*, no sentido de que nos permitiria em princípio decidir sobre a veracidade ou falsidade de *qualquer* proposição matemática que pudesse ser formulada dentro do sistema.

A esperança de Hilbert era que, para qualquer sequência de símbolos representando uma proposição matemática, digamos *P*, deveríamos ser capazes de provar *P* ou ~*P*, dependendo do fato de *P* ser verdadeiro ou falso. Devemos assumir aqui que a sequência é *sintaticamente correta* com relação a sua construção, em que, por "sintaticamente correta" queremos dizer essencialmente "gramaticalmente" correta – i.e., satisfazendo todas as regras notacionais do formalismo, tais como os parênteses sendo pareados de forma correta etc. – de forma que *P* tem um significado verdadeiro ou falso bem definido. Se a esperança de Hilbert fosse algo real, então nem precisaríamos nos preocupar com o que a proposição *P significaria*, na verdade! *P* simplesmente *seria* uma sequência sintaticamente correta de símbolos. À sequência de símbolos *P* seria atribuída o valor de veracidade VERDADEIRO, se *P* é um teorema (i.e., se *P* é provável dentro do sistema), e o valor de veracidade FALSO, se, por outro lado, ~*P*, fosse um teorema. Para que isso faça sentido, devemos exigir *consistência*, em adição à completude. Isso quer dizer que não deve haver uma sequência de símbolos *P* para a qual *tanto P quanto* ~*P* são teoremas. De outra maneira, *P* poderia ser VERDADEIRO e FALSO ao mesmo tempo!

O ponto de vista segundo o qual podemos ignorar o significado de afirmações matemáticas, as vendo como nada mais do que sequências de símbolos em algum sistema matemático formal, é o ponto de vista matemático conhecido como *formalismo*. Alguns gostam dessa ideia, segundo a qual a matemática se torna nada mais do que um tipo de "jogo sem sentido". Não é uma ideia que me apetece, no entanto. É de fato o "sentido" – não o mero cálculo algorítmico – que nos fornece a essência da matemática. Felizmente, Gödel desferiu um golpe mortal ao formalismo! Vejamos como ele fez isso.

O teorema de Gödel

Parte do argumento de Gödel foi bastante detalhada e complexa. No entanto, não é necessário investigar as minúcias dessa parte. A ideia central, por outro lado, era bastante simples, bonita e profunda. Essa parte devemos ser capazes de apreciar. A parte complicada (que também detinha muita engenhosidade) foi mostrar em detalhes como podemos de fato codificar as regras individuais de procedimento de um sistema formal e o uso de seus vários axiomas em *operações aritméticas*. (Foi parte do pensamento profundo, no entanto, identificar que isso seria útil a fazer!) De modo a fazer essa codificação necessitamos encontrar alguma maneira conveniente de rotular as proposições com números naturais. Poderíamos simplesmente utilizar algum tipo de ordenamento "alfabético" para todas as sequências de símbolos de um sistema formal para cada comprimento especificamente, em que haveria uma ordem geral seguindo o tamanho da sequência. (Assim, as sequências de tamanho um poderiam ser ordenadas alfabeticamente, seguidas pelas de tamanho dois, ordenadas alfabeticamente, seguidas pelas de tamanho três etc.) Isso é chamado de ordenamento *lexicográfico*.[5] De fato, Gödel originalmente utilizou um sistema de numeração mais complicado, mas as diferenças não são importantes para nós. Estaremos particularmente preocupados com *funções proposicionais* que são dependentes de uma *única* variável, como $G(w)$ acima. Seja a enésima dessas funções proposicionais (segundo o ordenamento de sequências de símbolos escolhido) aplicado a w, isto é

$$P_n(w).$$

Podemos permitir que nosso ordenamento seja "meio ruim" se quisermos, de maneira que algumas dessas expressões não sejam necessariamente corretas sintaticamente. (Isso torna a codificação aritmética muito mais simples do que se tentássemos omitir esses casos.) Se $P_n(n)$ é sintaticamente correta, ela será uma expressão aritmética particular perfeitamente bem definida tratando de dois números naturais n e w. Precisamente *qual* afirmação aritmética ela será dependerá dos detalhes do sistema de numeração em particular que tenha sido escolhido. Isso é parte do trecho complicado do argumento, e não será importante para nós aqui. As sequências de proposições que

---

[5] Podemos pensar na ordenação lexicográfica como a ordenação usual dos números naturais escrita em "base $k + 1$", utilizando, para os $k + 1$ numerais, os diversos símbolos de nosso sistema formal adicionados de um novo "zero" que nunca é usado. (Essa última complicação surge porque números que começam por zero são os mesmos quando esse zero é omitido.) Uma ordenação lexicográfica de sequências de caracteres com nove símbolos é aquela dada pelos números naturais que podem ser escritos na notação decimal usual sem o zero: 1, 2, 3, 4, ..., 8, 9, 11, 12, ..., 19, 21, 22, ..., 99, 111, 112, ...

fornecem uma *prova* de algum teorema no sistema podem também ser rotuladas pelos números naturais utilizando o esquema de ordenamento escolhido. Seja

$$\prod_n$$

a enésima prova. (Novamente, podemos utilizar uma numeração "meio ruim" de modo que, para alguns valores de n, a expressão"$\prod_n$" não seja sintaticamente correta e assim não seja a prova de nenhum teorema.)

Agora considere a seguinte expressão proposicional, que depende do número natural w:

$$\sim\exists x[\prod_x \text{ prova } P_w(w)].$$

A afirmação entre colchetes é dada parcialmente em palavras, mas é uma afirmação perfeita e precisamente definida. Ela afirma que a x-ésima prova é de fato uma prova da proposição que é $P_w(\ )$ aplicada ao próprio valor w. Fora dos colchetes, o quantificador existencial negado serve para remover uma das variáveis ("não existe x tal que ..."), de modo a ficarmos com uma proposição funcional aritmética que depende somente da variável w. A expressão como um todo afirma que *não* existe uma prova de P_w(w). Assumirei que ela está dada de uma forma sintaticamente correta (mesmo que $P_w(w)$ não esteja – caso no qual a afirmação seria *verdadeira*, já que não pode haver uma prova de uma afirmação sintaticamente incorreta). De fato, em razão das traduções aritméticas que assumimos terem ocorrido, o que está acima é de fato alguma expressão *aritmética* tratando do número natural w (a parte dentro dos colchetes sendo uma expressão aritmética bem definida sobre *dois* números naturais x e w). Não devemos achar óbvio que tal afirmação seja codificada na aritmética, mas ela pode. Mostrar que tais tipos de afirmações podem de fato ser codificadas é grande parte do "trabalho duro" envolvido na parte complexa do argumento de Gödel. Como antes, precisamente *qual* afirmação aritmética ela é dependerá dos detalhes dos sistemas de numeração e dependerá muito da estrutura detalhada dos axiomas e das regras do nosso sistema formal. Já que tudo isso pertence à parte complexa do argumento, vamos omitir os detalhes aqui.

Enumeramos todas as funções proposicionais que dependem de uma só variável, de modo que aquela que acabamos de escrever deve ter um número como "rótulo". Vamos chamar esse número de k. Nossa função proposicional é a k-ésima da lista. Assim

$$\sim \exists x[\prod_x \textit{prova } P_w(w)] = P_k(w).$$

Agora vamos investigar essa função para o valor w em particular: $w = k$. Obtemos

$$\sim \exists x[\prod_x \textit{prova } P_k(k)] = P_k(\mathrm{k}).$$

A proposição específica $P_k(k)$ é uma afirmação aritmética (sintaticamente correta) perfeitamente bem definida. Será que ela apresenta uma prova em nosso sistema formal? A negação $\sim P_k(k)$ apresenta uma prova? A resposta para ambas as afirmações deve ser "não". Podemos ver isso investigando o *significado* subjacente ao procedimento de Gödel. Mesmo que $P_k(k)$ seja somente uma proposição aritmética, nós a construímos de forma que ela afirma o que está escrito do lado esquerdo: "não existe uma prova, dentro de nosso sistema, da proposição $P_k(k)$". Se tivermos sido cuidadosos ao definir nossos axiomas e regras de procedimento, assumindo também que tenhamos feito nossa numeração de maneira correta, então não pode haver nenhuma prova dessa proposição $P_k(k)$ em nosso sistema. Se houvesse essa prova, então o significado da afirmação que $P_k(k)$ representa de fato, ou seja, que *não* existe tal prova, seria falso, de modo que $P_k(k)$ seria falsa como uma proposição aritmética. Nosso sistema formal não pode ser tão mal construído de maneira a permitir que proposições falsas sejam provadas! Assim, deve ser o caso de que *não* existe prova de $P_k(k)$. Mas isso é exatamente o que $P_k(k)$ nos diz. O que $P_k(k)$ afirma deve, então, ser uma afirmação *verdadeira*, de modo que $P_k(k)$ deve ser verdadeira como proposição aritmética. Encontramos uma proposição *verdadeira* que *não apresenta uma prova em nosso sistema formal!*

E quanto a sua *negação* $\sim P_k(k)$? Também segue que é bom não sermos capazes de encontrar uma prova para isso. Acabamos de estabelecer que $\sim P_k(k)$ deve ser falsa (já que $P_k(k)$ é verdadeira), e não devemos ser capazes de provar proposições falsas dentro de nosso sistema. Assim, nem $P_k(k)$ e nem $\sim P_k(k)$ são prováveis dentro do nosso sistema formal. Isso estabelece o teorema de Gödel.

Intuição matemática

Atente que algo notável ocorreu aqui. Geralmente se pensa no teorema de Gödel negativamente – demonstrando as limitações necessárias do raciocínio matemático formalizado. Não importa o quão compreensivos pensamos ter sido, sempre existirão algumas proposições que escaparam de nossa rede. Porém, será que devemos nos preocupar com a proposição particular $P_k(k)$? À medida que avançamos com o argumento acima, de fato estabelecemos que $P_k(k)$ é uma afirmação *verdadeira*! De algum modo conseguimos *ver* que $P_k(k)$ é verdadeira, apesar do fato de que ela não é provável formalmente dentro do sistema. Os matemáticos formalistas estritos *deveriam* realmente se preocupar, pois mediante essa própria linha de raciocínio estabelecemos que a noção formalista de "verdade" deve necessariamente ser incompleta. *Seja qual for* o sistema formal (consistente) utilizado para a aritmética, existem afirmações que podemos ver que são verdadeiras, mas que não conseguimos associar a elas o valor de veracidade VERDADEIRO segundo o procedimento proposto pelos formalistas, como descrito acima. A maneira que um formalista estrito poderia tentar utilizar para escapar disso seria talvez não falar sobre o conceito de veracidade, mas meramente referir-se à questão da *provabilidade* dentro de algum sistema formal fixo. No entanto, isso parece muito limitador. Nem poderíamos formular o argumento de Gödel como dado acima utilizando esse ponto de vista, já que partes essenciais do argumento fazem uso do que realmente é verdadeiro e o que não é verdadeiro.[6] Alguns formalistas consideram uma visão mais "pragmática", afirmando não estarem preocupados por afirmações tais como $P_k(k)$, pois elas são extremamente complicadas e desinteressantes como proposições aritméticas. Eles afirmariam:

> Sim, existe esta afirmação estranha, tal como $P_k(k)$ para a qual a minha noção de provabilidade ou VERDADE não coincide com a sua noção instintiva de verdade, mas essas afirmações jamais vão surgir de fato na matemática (pelo menos não no tipo de matemática que me interessa), pois tais afirmações são absurdamente complexas e não naturais na matemática.

É realmente verdade que proposições como $P_k(k)$ seriam extremamente complexas e estranhas como afirmações matemáticas sobre números, quando escritas em sua totalidade. No entanto, nos anos recentes, algumas asserções notadamente simples de um caráter matemático bastante aceitável que foram apresentadas são, na realidade, equivalentes a proposições do tipo

---

[6] De fato, o raciocínio do teorema de Gödel pode ser exposto de maneira tal que ele não depende de um conceito externo completo sobre a "veracidade" de proposições tais como $P_k(k)$. No entanto, isso depende de uma interpretação do real "significado" de *alguns* dos símbolos: em particular que "$\sim\exists$" realmente *signifique* "não existe (número natural) ... tal que ...".

Gödel.[7] Estas são incapazes de partir demonstrar por meio dos axiomas comuns da aritmética, mas seguem de alguma propriedade "obviamente" verdadeira que o sistema de axiomas apresenta.

A falta de interesse expressa pelo formalista na "verdade matemática" parece-me ser um ponto de vista muito estranho a ser adotado como uma filosofia da matemática. Além disso, não é realmente tão pragmática quando parece. Quando os matemáticos raciocinam, eles em geral não querem ter de verificar continuamente se seus argumentos podem ou não ser formulados em termos de axiomas e regras de procedimento de algum sistema formal complicado. Eles só precisam estar seguros de que seus argumentos são formas válidas de aferir a verdade. O argumento de Gödel é um desses procedimentos válidos, de modo que me parece que $P_k(k)$ é uma verdade matemática tão boa quanto qualquer outra que pode ser obtida de maneira mais convencional utilizando os axiomas e regras de procedimento que tenham sido explanados previamente.

Podemos imaginar o seguinte procedimento. Aceitemos que $P_k(k)$, que por ora denotarei simplesmente por G_0, seja de fato uma proposição perfeitamente válida; de modo que podemos simplesmente juntá-la ao nosso sistema como um axioma adicional. É claro, nosso novo sistema remendado terá sua *própria* proposição de Gödel, digamos G_1, que novamente parece ser uma afirmação perfeitamente válida sobre números. Assim, também juntamos G_1 ao nosso sistema. Isso nos dá um sistema novo que agora tem sua própria proposição de Gödel G_2 (novamente perfeitamente válida), e podemos adicionar esta, obtendo a nova proposição de Gödel G_3, que também podemos adicionar, e assim por diante, repetindo tal processo indefinidamente. O que podemos falar sobre o sistema resultante quando nos permitimos utilizar *toda* a lista G_0, G_1, G_2, G_3,... como axiomas adicionais? Será que *isso* é completo? Já que

[7] Nas seguintes expressões, letras minúsculas representam números naturais, e maiúsculas, conjuntos finitos de números naturais. Seja $m \to [n, k, r]$ a afirmação "Se $X = \{0,1, \ldots, m\}$, com cada um dos k-subconjuntos sendo indexados em uma de r caixas, então existe um 'grande' subconjunto Y de X com pelo menos n elementos tal que todos os subconjuntos com k elementos de Y vão para a mesma caixa." Aqui "grande" significa que Y tem mais elementos que qualquer número natural que for o menor elemento de Y. Considere a proposição: "Para qualquer escolha de k, r e n existe um m_0 tal que, para todo m maior que m_0 a afirmação $m \to [n, k, r]$ sempre é verdadeira". Essa proposição foi demonstrada por J. Paris e L. Harrington (1977) como equivalente a uma proposição do tipo Gödel para os axiomas padrão (Peano) da aritmética, incapaz de ser provada por meio desses axiomas, mas mesmo assim afirmando algo sobre estes axiomas que é "obviamente verdade" (isto é, neste caso, que as proposições dedutíveis desses axiomas são, em si, verdadeiras).

agora temos um sistema ilimitado (infinito) de axiomas, talvez não seja evidente que o procedimento de Gödel seja aplicável. No entanto, essa junção contínua de proposições de Gödel é um procedimento perfeitamente esquemático, e pode ser reformulado como um sistema lógico ordinário finito de axiomas e regras de procedimento. Esse sistema terá sua própria proposição de Gödel, digamos G_w, que podemos novamente juntar a ele e então obter a proposição de Gödel do sistema resultante G_{w+1}. Repetindo o procedimento acima obtemos a lista G_w, G_{w+1} , G_{w+2}, G_{w+3},... de proposições, todas perfeitamente válidas sobre números naturais e que podem ser adicionadas ao nosso sistema formal. Isso novamente é perfeitamente sistemático, e nos leva a um novo sistema abrangendo tudo; mas isso novamente tem sua própria proposição de Gödel, digamos G_{w+w}, que podemos reescrever como G_{w2}, e o procedimento todo é iniciado novamente, de maneira que obtemos uma lista infinita, mas sistemática, de axiomas $G_{w2,}G_{w2+1}$, G_{w2+2} etc., levando a mais um sistema novo – e uma nova proposição de Gödel G_{w3}. Repetindo todo o procedimento, obtemos G_{w4}, e então G_{w5}, e assim por diante. Notamos agora que *esse* procedimento, em si, é inteiramente sistemático e tem sua própria proposição de Gödel G_{w2}.

Isso acaba em algum momento? Em certo sentido, não; mas nos leva em direção a algumas considerações matemáticas difíceis sobre as quais não podemos entrar em detalhes aqui. O procedimento acima foi discutido por Alan Turing em um artigo,[8] em 1939. De fato, muito notavelmente, *qualquer* proposição na aritmética verdadeira (exigimos somente que ela seja universalmente quantificável) pode ser obtida por um procedimento de "Gödelização" repetida desse tipo! Veja Feferman (1988). No entanto, isso nos levanta em algum grau a questão acerca de como realmente *decidimos* se uma proposição é verdadeira ou falsa. O ponto crítico, em cada etapa, é ver como codificar a junção de uma família infinita de proposições de Gödel para que elas forneçam um único axioma adicional (ou um número finito de axiomas). Isso

[8] O título era "Sistemas de lógica baseados em ordinais", e alguns leitores estarão familiarizados com a notação para os *números ordinais* de Cantor que utilizo nos subscritos. A hierarquia de sistemas lógicos que obtemos por meio do procedimento que descrevi acima é caracterizada pelos *números ordinais computáveis*.
Existem alguns teoremas matemáticos que são afirmações bastante naturais, de modo que, se tentarmos prová-los utilizando as regras da aritmética padrão (Peano), isso exigiria a utilização do procedimento de "Gödelização" acima para um grau estupendamente alto (estendendo o procedimento muito além do que eu rascunhei acima). As provas matemáticas desses teoremas não são de maneira alguma provas que dependam de nenhum raciocínio vago ou questionável que pareçam estar além dos procedimentos da argumentação matemática normal. Veja Smorynski (1983).

necessita que nossa família infinita possa ser sistematizada de alguma forma algorítmica. Para termos certeza de que tal sistematização faz o que precisa fazer de maneira *correta*, precisaremos utilizar *intuições e engenhosidade* que estão fora do sistema – assim como procedemos para comprovar que $P_k(k)$ era uma proposição verdadeira em primeiro lugar. São essas ideias engenhosas que não podem ser sistematizadas – e, de fato, devem estar além de *qualquer* execução algorítmica!

A intuição segundo a qual concluímos que a proposição de Gödel $P_k(k)$ é de fato uma afirmação verdadeira na aritmética é um exemplo de um tipo geral de procedimento conhecido pelos lógicos como um *princípio de reflexão*: ao "refletirmos" sobre o *significado* de um sistema de axiomas e regras de procedimento e nos convencermos que eles devem de fato fornecer formas válidas de chegarmos às verdades matemáticas, somos capazes de codificar essa intuição em outras afirmações matemáticas que não eram dedutíveis daqueles mesmos axiomas e regras de procedimento. A derivação da veracidade de $P_k(k)$, como delineada acima, depende desse princípio. Outro princípio de reflexão, relevante para o argumento original de Gödel (mesmo que não tenha sido apresentado acima) depende de deduzirmos novas formas de verdades matemáticas do fato de um sistema de axiomas, que já acreditamos válido para obter verdades matemáticas, ser de fato *consistente*. Princípios de reflexão geralmente envolvem raciocínios sobre conjuntos infinitos, e devemos sempre ser cuidadosos quando os utilizamos, de modo a não chegar muito perto do tipo de argumento que poderia levar a um paradoxo de Russell. Princípios de reflexão fornecem a própria antítese do raciocínio formalista. Se formos cuidadosos, conseguimos ir além do confinamento rígido fornecido por qualquer sistema formal para obter novas ideias matemáticas que não pareciam disponíveis antes. Poderia haver muitos resultados perfeitamente aceitáveis em nossa literatura matemática cujas provas necessitam de intuições que estão além das regras e axiomas originais do sistema formal padrão para a aritmética. Tudo isso nos mostra que os procedimentos mentais pelos quais os matemáticos chegam a seus julgamentos da veracidade matemática não estão simplesmente enraizados nos procedimentos de algum sistema formal específico. *Vemos* a validade da proposição de Gödel $P_k(k)$, mesmo que não consigamos derivá-la dos axiomas. O tipo de "visão" envolvida em um princípio de reflexão necessita de uma intuição matemática que não é o resultado somente de operações algorítmicas puras que poderiam ser codificadas em algum sistema matemático formal. Voltaremos a este tópico no Capítulo 10.

O leitor pode notar alguma similaridade entre o argumento que estabelece a verdade e a não provabilidade de $P_k(k)$ e o argumento envolvido no paradoxo de Russell. Existe uma similaridade também com o argumento de Turing estabelecendo a inexistência de uma máquina de Turing capaz de resolver o problema da parada. Essas similaridades não são acidentais. Existe um fio condutor de conexão histórica entre os três. Turing descobriu seu argumento após estudar o trabalho de Gödel. O próprio Gödel estava bastante ciente do paradoxo de Russell e foi capaz de transformar esse raciocínio paradoxal, que usa a lógica além dos seus limites, em um argumento matemático válido. (Todos esses argumentos têm suas origens no "corte diagonal" de Cantor, descrito no capítulo anterior, p.139-40).

Por que razão devemos aceitar os argumentos de Gödel e Turing e ao mesmo tempo rejeitar o raciocínio que nos leva ao paradoxo de Russell? Os dois primeiros são muito mais evidentes, além de serem irretocáveis como argumentos matemáticos, enquanto o paradoxo de Russell depende de um raciocínio mais nebuloso envolvendo conjuntos "enormes". Porém, devemos admitir que as distinções não são tão cristalinas como gostaríamos. A tentativa de fazer tais distinções mais nitidamente foi um grande motivador para a ideia do formalismo. O argumento de Gödel nos mostra que o ponto de vista estritamente formalista não se sustenta realmente; porém, ele também não nos leva para um ponto de vista alternativo completamente confiável. Em minha opinião essa questão ainda está em aberto. O procedimento que geralmente é adotado[9] na matemática contemporânea para fugir do tipo de raciocínio com conjuntos "enormes" que nos leva ao paradoxo de Russell não é inteiramente satisfatório. Além disso, ele geralmente é formulado em termos bastante formalísticos – ou, de forma alternativa, em termos que não nos inspiram total confiança que contradições não surgirão eventualmente.

Seja como for, parece-me que é uma consequência evidente do argumento de Gödel quanto ao conceito de verdade matemática não poder ser encapsulado por qualquer esquema formalístico. A verdade matemática é algo que vai além do mero formalismo. Isso talvez seja evidente mesmo sem o teorema de

[9] Uma distinção é feita entre "conjuntos" e "classes", na qual conjuntos podem ser unidos para formar novos conjuntos ou talvez até classes, mas classes *não* podem ser unidas para formar coleções maiores de qualquer tipo, sendo consideradas "muito grandes" para isso. Não existe, no entanto, nenhuma regra para decidir quando uma coleção pode ser considerada um conjunto ou quando ela deve necessariamente ser considerada somente uma classe, além da regra circular que afirma que conjuntos são coleções que de fato podem ser utilizadas para formar outras coleções!

Gödel. Como poderíamos decidir quais axiomas ou regras de procedimento adotar em algum caso, quando tentarmos montar um sistema formal? Nosso guia para decidir as regras a serem adotadas deve sempre ser nosso entendimento intuitivo do que é "obviamente evidente" dados os "significados" dos símbolos do sistema. Como devemos decidir quais sistemas formais fazem sentido adotar – isto é, de acordo com nossos sentimentos intuitivos sobre "obviamente evidente" e "significado" – e quais não são? A noção de autoconsistência certamente não é adequada para isto. Nós podemos ter vários sistemas autoconsistentes que não "têm nexo" neste sentido, segundo o qual os axiomas e as regras de procedimento têm significados que rejeitaríamos como falsos, ou talvez nem mesmo tenham significado. "Obviamente evidente" e "significado" são conceitos que ainda seriam necessários, mesmo sem o teorema de Gödel.

No entanto, sem o teorema de Gödel talvez poderíamos imaginar que as noções intuitivas de "obviamente evidente" e "significado" poderiam ser utilizadas de uma vez por todas, meramente para montar o sistema formal em primeiro lugar, e então utilizá-lo como parte de argumentos matemáticos evidentes para determinar a verdade. Então, segundo o ponto de vista formalista, estas noções intuitivas "vagas" teriam tido papéis a desempenhar como parte do pensamento matemático *preliminar*, como um guia para encontrarmos o argumento formal apropriado; mas não teriam exercido nenhum papel na real demonstração da verdade matemática. O teorema de Gödel mostra que esse ponto de vista não é realmente defensável como uma filosofia fundamental da matemática. A noção de veracidade matemática vai além de todo o conceito de formalismo. Existe algo absoluto e "dado por Deus" sobre a veracidade matemática. É a respeito disso que versa o platonismo matemático, como discutido no final do último capítulo. Qualquer sistema formal em particular tem uma característica provisória e "humana". Tais sistemas de fato têm papéis importantes a desempenhar nas discussões matemáticas, mas eles podem fornecer somente um guia parcial (ou aproximado) para a verdade. A verdade matemática real vai além de construções humanas.

Platonismo ou intuicionismo?

Ressaltei duas escolas de filosofia matemática opostas, defendendo fortemente o ponto de vista platônico, em vez do ponto de vista formalista. Fui bastante simplista em minhas discussões. Existem muitos refinamentos de um ponto de vista que são possíveis de fazer. Por exemplo, poderíamos argumentar sob a égide do "platonismo" se objetos do pensamento matemático têm algum tipo de "existência" real, ou se é somente o conceito de "verdade" matemática que é absoluto. Decidi não destacar essas distinções aqui. Para mim, o caráter absoluto da verdade matemática e a existência platônica dos conceitos matemáticos são essencialmente a mesma coisa. A "existência" que devemos atribuir ao conjunto de Mandelbrot, por exemplo, é uma característica de sua natureza "absoluta". Se um ponto no plano de Argand de fato pertencer ou não ao conjunto de Mandelbrot é uma questão absoluta, independentemente de qual matemático ou qual computador a esteja investigando. É a "independência de matemáticos" do conjunto de Mandelbrot que dá a ele sua existência platônica. Além disso, seus detalhes mais refinados estão além do que é acessível para nós por meio do uso de computadores. Esses aparatos podem nos dar somente aproximações de uma estrutura que tem uma existência "independente de computadores" própria mais profunda. Compreendo, no entanto, que pode haver muitos outros pontos de vista que sejam razoáveis de adotar quanto a essa questão. Não precisamos aqui nos preocupar muito com essas distinções.

Existem também diferenças de pontos de vista com relação a quão longe estamos preparados para ir com o platonismo – se, de fato, queremos nos declarar platonistas. O próprio Gödel era um platonista ferrenho. Os tipos de afirmações matemáticas que tenho considerado até agora são afirmações bastante "suaves" quando tratamos desses temas.[10] Afirmações mais controversas podem surgir, particularmente na teoria de conjuntos. Quando todas as ramificações da teoria de conjuntos são consideradas, encontramos conjuntos que são tão enormemente grandes e nebulosamente construídos que mesmo

[10] A hipótese do contínuo à qual nos referimos no Capítulo 3, p.140 (que afirma que $C = \aleph_1$). é a afirmação matemática mais "extrema" que encontramos aqui (mesmo que afirmações muito mais extremas sejam consideradas normalmente). A hipótese do contínuo é ainda mais interessante pois Gödel, ele próprio, junto de Paul J. Cohen, estabeleceu que a hipótese do contínuo é, na realidade, *independente* dos axiomas padrão e regras de procedimento da teoria dos conjuntos. Assim, a atitude que temos com relação à hipótese do contínuo distingue os pontos de vista formalista e Platônico. Para um formalista, a hipótese do contínuo é "indecidível", já que ela não pode ser estabelecida como verdadeira ou falsa utilizando o sistema formal padrão (Zermelo-Frankel), e assim "não há sentido" em dizer que ela seja "verdadeira" ou "falsa". No entanto, para um bom platonista, a hipótese do contínuo de fato é ou verdadeira ou falsa, mas estabelecer qual dos dois casos ocorre exigirá novas formas de raciocínio – indo, na realidade, além até mesmo das proposições do tipo Gödel do sistema formal de Zermelo-Frankel. (Cohen, 1966. Ele próprio sugeriu um princípio reflexivo que faria a hipótese do contínuo ser "obviamente falsa".)

um platonista bastante convicto como eu pode começar a ter dúvidas de que sua existência (ou inexistência) seja de fato algo "absoluto".[11] Pode chegar um momento em que os conjuntos tenham definições tão convolutas e conceitualmente duvidosas que a questão da veracidade ou falsidade de afirmações matemáticas sobre eles pode começar a ter um certo ar de "questão de opinião", em vez de uma característica de algo "dado por Deus". Se estamos preparados para ir a fundo no platonismo, junto com Gödel, e exigir que a veracidade ou falsidade de afirmações matemáticas sobre tais conjuntos enormes seja sempre uma questão absoluta (platônica), ou se decidimos parar antes disso e exigir que a verdade ou falsidade absoluta valha somente quando os conjuntos são razoavelmente construídos e não sejam tão enormemente grandes não é uma questão que terá muita relevância para nossa discussão aqui. Os conjuntos (finitos ou infinitos) que terão importância para nós são, pelos padrões que tenho ressaltado, ridiculamente pequenos! Assim, as distinções entre os diversos pontos de vista platônicos não serão de muita importância para nós.

Existem, no entanto, outros pontos de vista tais como aqueles conhecidos como *intuicionistas* (e outros chamados de *finitistas*) que vão para o outro extremo, recusando-se a aceitar a existência de qualquer conjunto infinito que seja.[12] O intuicionismo foi iniciado em 1924 pelo matemático dos Países Baixos L. E. J. Brouwer como uma resposta alternativa – distinta daquela do formalismo – para os paradoxos (tais como o de Russell) que podem surgir de um uso muito liberal de conjuntos infinitos no raciocínio matemático. As raízes de tal ponto de vista podem ser seguidas até Aristóteles, que foi discípulo de Platão, mas que rejeitou a visão de Platão sobre a existência absoluta de entidades matemáticas e sobre a adequação de conjuntos infinitos. Segundo o intuicionismo, conjuntos (infinitos ou não) não devem ser pensados como tendo uma "existência" em si, mas pensados somente em termos das regras que determinam se um elemento pertence ao conjunto ou não.

Uma propriedade característica do intuicionismo de Brouwer é a rejeição à "lei do terceiro excluído". Essa lei afirma que a negação da negação de uma asserção é equivalente à afirmação daquela asserção. (Em símbolos: $\sim(\sim P) \leftrightarrow P$, uma relação que já encontramos anteriormente.) Talvez Aristóteles não ficasse contente com a negação de algo tão logicamente "óbvio"

[11] Para uma descrição vivaz e não técnica desses temas, veja Rucker (1984).

[12] O intuicionismo tem esse nome pois supunha-se que ele deveria espelhar o pensamento humano.

quanto isso! Em termos "leigos", a lei do terceiro excluído pode ser vista como uma verdade óbvia: se é falso que algo não é verdadeiro, então certamente ele é verdadeiro! (Essa lei é a base do procedimento matemático de "*reductio ad absurdum*", cf. p.111-2.) Porém, os intuicionistas negam essa lei. Isso acontece basicamente porque eles tomam uma atitude diferente com relação ao conceito de *existência*, exigindo que uma construção bem definida (mental) seja apresentada antes que aceitemos que um objeto matemático de fato exista. Assim, para um intuicionista, "existência" quer dizer "existência construtiva". Em um argumento matemático que segue por *reductio ad absurdum* apresenta-se uma hipótese com a intenção de mostrar que suas consequências nos levam a uma contradição; essa contradição então fornece a prova desejada de que a hipótese em questão é falsa. A hipótese que poderíamos formular poderia ser a afirmação que uma entidade matemática com certas propriedades não existe. Quando isso nos leva a uma contradição, inferimos, na *matemática comum*, que a entidade postulada de fato existe. Porém, tal argumento, em si, não fornece nenhuma maneira de *construir* tal entidade de fato. Para um intuicionista, esse tipo de existência não é realmente uma existência; e é neste sentido que eles se recusam a aceitar a lei do terceiro excluído e o procedimento de *reductio ad absurdum*. De fato, Brouwer estava profundamente insatisfeito com este tipo de "existência" não construída.[13] Sem uma construção de fato, ele afirmava, tal conceito de existência não tem significado. Na lógica de Brouwer, não podemos deduzir da falsidade da não existência de algum objeto que ele de fato existe!

---

[13] O próprio Brouwer parece ter iniciado essa linha de raciocínio parcialmente por causa de algumas preocupações incômodas sobre a "não construtividade" em sua prova de um de seus próprios teoremas, o "teorema do ponto fixo de Brouwer" na topologia. O teorema afirma que, se considerarmos um disco – isto é, uma circunferência mais seu interior – e o movermos continuamente para o interior da região onde ele originalmente estava localizado, então existe pelo menos um ponto do disco – chamado de ponto fixo – que termina exatamente no mesmo lugar onde estava. Podemos não ter ideia exatamente de onde esse ponto esteja, ou até se podem existir muitos desses pontos; é meramente a *existência* de algum ponto assim que o teorema garante. (No âmbito dos teoremas matemáticos de existência, esse é até bastante "construtivo". De uma ordem diferente de não construtividade são os teoremas de existência que dependem do que é conhecido como "axioma da escolha" ou "lema de Zorn", cf. Cohen, 1966; Rucker, 1984.) No caso de Brouwer, a dificuldade é similar ao seguinte: se f é uma função contínua resultando em valores reais de uma variável real tendo valores tanto positivos quanto negativos, encontre um lugar para o qual f seja nulo. O procedimento usual envolve repetidamente a bissecção de um intervalo no qual f mude de sinal, mas ele pode não ser "construtível" no sentido exigido por Brouwer para decidir se os valores intermediários de f são positivos, negativos ou nulos.

No meu ponto de vista, ainda que haja algo louvável em buscar a construtividade na existência matemática, o ponto de vista de Brouwer sobre o intuicionismo é muito extremo. Brouwer apresentou suas ideias originalmente em 1924, cerca de mais de dez anos antes dos trabalhos de Church e Turing. Agora que o conceito de construtividade – em termos da ideia de computabilidade de Turing – pode ser estudado dentro do paradigma *convencional* da filosofia matemática, não existe razão para tomarmos um ponto de vista tão extremo quanto Brouwer gostaria que tivéssemos. Podemos discutir a construtividade como uma questão separada da questão da existência matemática. Se seguirmos os intuicionistas, devemos nos negar qualquer uso de poderosos tipos de argumento dentro da matemática, e assim a área se torna mais rígida e impotente.

Não quero me alongar sobre as diversas dificuldades e aparentes absurdos aos quais o ponto de vista intuicionista nos leva, mas talvez seja útil mencionar alguns exemplos desses problemas. Um exemplo citado com frequência por Brouwer trata da expansão decimal de π:

$$3{,}141592653589793\ldots$$

Será que existe uma sucessão de vinte setes consecutivos em algum lugar da expansão, i.e.,

$$\pi = 3{,}141592653589793\ldots 77777777777777777777\ldots,$$

Ou não? Em termos matemáticos usuais, tudo que podemos dizer agora, é que ou tal sucessão existe ou não – e não sabemos qual é o caso! Isso pareceria ser uma afirmação bastante inocente. No entanto, os intuicionistas negariam que poderíamos dizer de forma válida "ou existe uma sucessão de vinte setes consecutivos em algum lugar da expansão decimal de π ou não" – a menos que nós (de alguma forma construtiva aceitável para os intuicionistas) estabeleçamos que de fato há tal sequência ou estabeleçamos que não há! Um cálculo direto poderia ser suficiente para mostrar que uma sucessão de vinte setes consecutivos de fato existe em algum lugar na expansão decimal de π, mas algum tipo de teorema matemático seria necessário para estabelecer que não existe tal sucessão. Nenhum computador conseguiu até hoje calcular dígitos o suficiente de π para determinar que de fato existe tal sequência. Poderíamos ter a expectativa, meramente com base em probabilidades, que tal sucessão de fato existe, mas, mesmo que um computador produzisse dígitos de maneira consistente a uma taxa de, digamos, 10^{10} dígitos por segundo, provavelmente teríamos que esperar algo da ordem de uma centena ou um milhar de anos até que tal sequência fosse encontrada! Parece-me muito mais provável que, em vez do cálculo direto, tal sequência será matematicamente verificada algum dia (provavelmente como corolário de algum resultado muito mais poderoso e interessante) – porém, talvez de um modo que não seja aceitável pelos intuicionistas!

Esse problema matemático em particular não é realmente de interesse matemático. Ele foi apresentado aqui somente como um exemplo que é fácil de mostrar. À maneira extrema do intuicionismo de Brouwer, ele afirmaria que, no momento presente, a afirmação "existe uma sequência de vinte setes consecutivos na expansão decimal de π" não é nem verdadeira nem falsa. Se em algum momento posterior verificarmos um caso ou outro, seja por cálculo computacional ou por uma prova matemática (intuicionista), então a afirmação se tornaria "verdadeira" ou "falsa", seja como for. Um exemplo similar seria o "último teorema de Fermat". Segundo o intuicionismo extremo de Brouwer, ele não é nem verdadeiro nem falso agora, mas pode vir a tornar-se um dos dois em algum momento posterior. Para mim, tal subjetividade e dependência temporal da verdade matemática é execrável. É, de fato, uma questão muito subjetiva se, ou quando, um resultado matemático deve ser aceito como oficialmente "provado". A verdade matemática não deve depender tais critérios sociológicos. Também vale notar que dispor de um conceito de verdade matemática que se altera com o tempo é, para dizer o mínimo, extremamente estranho e insatisfatório para a matemática que queremos utilizar de modo confiável para descrever o mundo físico. Nem todos os intuicionistas tomaram uma posição tão extrema quanto a de Brouwer. Em todo caso, o ponto de vista intuicionista é de fato um ponto de vista estranho, mesmo para aqueles que são simpáticos aos objetivos do construtivismo. Poucos matemáticos atualmente abraçariam de todo coração o intuicionismo, especialmente por ele ser bastante limitador com relação ao tipo de raciocínio matemático que ele nos permite utilizar.

Descrevi brevemente as três correntes principais da filosofia matemática moderna: o formalismo, o platonismo e o intuicionismo. Não deve ser segredo o fato de que minha simpatia está fortemente com o ponto de vista platônico de que a verdade matemática é absoluta, externa e eterna, não sendo fundamentada em critérios humanos; e que os objetos matemáticos têm existência atemporal própria, não sendo dependentes da sociedade humana ou de qualquer objeto físico em particular. Tentei mostrar as evidências para meu ponto de vista nesta seção, na anterior e ao final do Capítulo 3. Espero que o leitor esteja preparado para me acompanhar desse modo por boa parte do caminho. Será bastante importante para muitos tópicos que encontraremos mais tarde.

Teoremas do tipo Gödel para o resultado de Turing

Em minha apresentação do teorema de Gödel omiti muitos detalhes e também deixei de fora o que talvez seja historicamente a parte mais importante do seu argumento: aquela referente à "indecidibilidade" da consistência dos axiomas. Meu propósito aqui *não* foi enfatizar esse "problema da demonstrabilidade da consistência dos axiomas", tão relevante para Hilbert e seus contemporâneos, mas mostrar que uma proposição de Gödel específica – nem capaz de ser mostrada verdadeira, nem capaz de ser mostrada falsa utilizando os axiomas e regras do sistema formal sob consideração – pode ser evidentemente *vista*, utilizando nossas intuições sobre os significados das operações em questão, como uma proposição *verdadeira*!

Mencionei que Turing desenvolveu seu próprio argumento posterior estabelecendo a insolubilidade do problema da parada após o estudo do trabalho de Gödel. Os dois argumentos têm uma boa dose de semelhanças e, de fato, aspectos-chaves do resultado de Gödel podem ser derivados diretamente utilizando os procedimentos de Turing. Vejamos como isso funciona, obtendo assim uma intuição diferente do que está por trás do teorema de Gödel.

Uma propriedade essencial de um sistema matemático formal é que deve ser uma questão computável decidir se uma dada sequência de símbolos constitui ou não uma prova, dentro do sistema, de uma dada afirmação matemática. Todo o ponto de formalizar a noção de prova matemática, afinal de contas, é que não exista a necessidade de nenhum julgamento além deste sobre o que é um raciocínio válido ou não. Deve ser possível verificar de uma maneira completamente mecânica e previamente determinada se uma prova provisória é ou não uma prova de fato; isto é, deve existir um *algoritmo* para verificar provas. Por outro lado, não exigimos que deva ser necessariamente uma questão algorítmica *encontrar* provas (ou contraprovas) de afirmações matemáticas sugeridas.

De fato, acontece que sempre *existe* um algoritmo para encontrar uma prova dentro de qualquer sistema formal sempre que uma prova existe. Suponha que nosso sistema seja formulado em termos de alguma linguagem simbólica, linguagem esta passível de ser expressa em termos de algum "alfabeto" de símbolos finito. Como antes, vamos ordenar nossas sequências de símbolos *lexicograficamente*, lembrando que significa alfabeticamente para cada sequência de comprimento fixo, considerando todas as sequências de comprimento um ordenadas primeiro, depois as de comprimento dois, em seguida as de comprimento três e assim por diante (p.165-6). Assim temos todas as provas corretamente construídas numericamente ordenadas segundo esse esquema lexicográfico. Tendo nossa lista de provas, também temos uma lista de todos os *teoremas* do sistema formal. Afinal, os teoremas são precisamente as proposições que aparecem como última parte de provas corretamente construídas. A listagem é perfeitamente computável: podemos considerar a lista lexicográfica de *todas* as sequências de símbolos do sistema, constituam elas ou não provas com sentido e então testar a primeira sequência com nosso algoritmo testador de provas para ver se ela de fato é uma prova e descartá-la se ela não for; testamos, depois, a segunda sequência da mesma forma e a descartamos se ela não for uma prova; em seguida a terceira, a quarta e assim por diante. Assim, se existe uma prova, eventualmente a encontraremos em algum ponto da lista.

Assim, se Hilbert houvesse sido bem-sucedido em encontrar seu sistema matemático – um sistema de axiomas e regras de procedimento forte o suficiente para permitir que decidíssemos, por meio da prova formal, a veracidade ou falsidade de qualquer proposição matemática corretamente formulada dentro do sistema – então *existiria* uma maneira algorítmica geral de decidir a veracidade de qualquer proposição. Por que motivo? Porque, se, pelo procedimento delineado acima, eventualmente encontrarmos a proposição que estamos procurando como a linha final na prova, então *provamos* essa proposição. Se, em vez disso, nós encontrarmos a *negação* dessa proposição como última linha, então a *provamos falsa*. Se o esquema de Hilbert fosse completo, eventualmente uma dessas duas coisas teria sempre que acontecer (e, se fosse consistente, ambas nunca aconteceriam juntas). Assim, nosso procedimento mecânico sempre terminaria em algum ponto, e teríamos um algoritmo universal para decidir a veracidade ou falsidade de todas as proposições do sistema. Isso seria contraditório com o resultado de Turing, como mostrado no Capítulo 2, de que não há em geral um algoritmo para decidir as proposições matemáticas. Consequentemente, para todos os efeitos, provamos o teorema de Gödel que *não* existe um esquema do tipo desejado por Hilbert que possa ser completado no sentido que estamos discutindo.

De fato, o teorema de Gödel é mais específico que isso, já que o tipo de sistema formal com o qual Gödel estava preocupado precisava apenas adequar-se às proposições da aritmética, não proposições matemáticas em geral. Podemos fazer com que todas as operações necessárias para as máquinas de Turing possam ser efetuadas utilizando somente a aritmética? Dito de outro modo, podem todas as funções de números naturais *computáveis* (i.e., funções recursivas, ou algorítmicas – os resultados do funcionamento de máquinas de Turing) ser expressas em termos de aritmética comum? De fato, é quase verdade que podemos, mas não exatamente. Precisamos que uma operação extra seja adicionada às regras-padrão da aritmética e da lógica (incluindo $\exists$ e $\forall$). Essa operação simplesmente seleciona

"o menor número natural x tal que $K(x)$ seja verdadeira",

em que $K(\ )$ é qualquer função proposicional aritmeticamente calculável – para a qual assumimos que *existe* tal número, i.e., que $\exists x[K(x)]$ é verdadeira. (Se não existisse tal número, então nossa operação "funcionaria para sempre"[14] tentando localizar o número necessário e não existente x.) Em todo caso, o argumento anterior de fato estabelece, com base no resultado de Turing, que o plano de Hilbert de reduzir diversos ramos da matemática para cálculos dentro de um sistema formal é de fato inatingível.

Da forma como está, esse procedimento não mostra brevemente que temos uma proposição do tipo Gödel (como $P_k(k)$) que é *verdadeira*, mas que não é provável dentro do sistema. No entanto, se nos lembramos do argumento dado no Capítulo 2 como "ganhar de um algoritmo" (cf. p.116), veremos que podemos proceder de modo muito similar. Naquele argumento fomos capazes de mostrar que, dado qualquer algoritmo para decidir se o funcionamento de uma máquina de Turing para eventualmente, podemos produzir uma máquina de Turing cujo funcionamento *podemos ver* que não para, mas o algoritmo não pode. (Lembre que insistimos que o algoritmo deve nos informar corretamente quando o funcionamento de uma máquina de Turing terminará, mesmo que ele possa falhar algumas vezes ao nos dizer quando o funcionamento de uma máquina de Turing *não* terminará – ele mesmo nunca terminando.) Dessa maneira, assim como na situação com o teorema de Gödel acima, temos uma proposição que podemos *ver*, pelo uso da nossa intuição,

---

[14] De fato, é essencial permitirmos que tais possibilidades infelizes possam ocorrer para que tenhamos o potencial de descrever *qualquer* operação algorítmica. Lembre que, para descrever máquinas de Turing de modo geral, acabamos precisando permitir máquinas que nunca terminassem sua execução.

que deve de fato ser *verdadeira* (a ausência de término do funcionamento da máquina de Turing), mas que o dado funcionamento algorítmico não é capaz de nos dizer isso.

Conjuntos recursivamente enumeráveis

Existe uma maneira de descrever graficamente os ingredientes básicos dos resultados de Turing e Gödel, em termos da linguagem da *teoria dos conjuntos*. Isso nos permite fugir de descrições arbitrárias em termos de simbolismos específicos ou sistemas formais, de maneira que as questões essenciais sejam trazidas a luz. Vamos considerar somente conjuntos (finitos ou infinitos) de *números naturais* 0, 1, 2, 3, 4, ..., de modo que examinaremos coleções destes, como {4,5,8}, {0,57,100003}, {6}, {0}, {1,2,3,4, ... ,9999}, {1,2,3,4, ... }, {0,2,4,6,8, ... }, ou mesmo o conjunto de todos os naturais $\mathbb{N} = \{0,1,2,3,4, \ldots\}$ ou o conjunto vazio $\emptyset = \{\,\}$. Estaremos preocupados somente com questões de *computabilidade*, isto é: "Que tipos de conjuntos de números naturais podem ser gerados por algoritmos e que tipos não podem?"

De modo a tratar dessas questões podemos, se quisermos, pensar que cada número natural *n* denota uma sequência de símbolos específica de um sistema formal em particular. Esta seria a "*en*ésima" sequência de símbolos, digamos Q_n, segundo alguma ordem lexicográfica das proposições (aquelas expressas de maneira "sintaticamente correta") do sistema. Assim, cada número natural representa uma proposição. O conjunto de *todas* as proposições do sistema formal seria representado pelo conjunto todo N e, por exemplo, os *teoremas* do sistema formal poderiam ser pensados como constituintes de um conjunto menor de números naturais, digamos o conjunto *P*. No entanto, não são importantes detalhes de nenhum esquema de numeração em particular para as proposições. Tudo que precisaremos para ter uma correspondência entre os números naturais e as proposições seria um algoritmo conhecido para obter cada proposição Q_n (escrito na notação simbólica apropriada) por meio de seu número natural correspondente *n*, e outro algoritmo conhecido para obter *n* a partir de Q_n. Considerando dados esses dois algoritmos, temos a liberdade de *identificar* o conjunto dos números naturais com o conjunto de todas as proposições de um sistema formal específico.

Vamos escolher um sistema formal que seja consistente e amplo o bastante para incluir o funcionamento de todas as máquinas de Turing – e, mais, "que faça sentido", pelo que queremos dizer que os axiomas e regras de procedimento desse sistema são considerados "evidentemente *verdadeiros*". *Algumas* proposições do sistema formal Q_0, Q_1, Q_2, Q_3,... serão de fato *provas* dentro do nosso sistema. Estas proposições "prováveis" terão números que vão constituir algum conjunto em N, de fato o conjunto *P* dos "teoremas" considerado acima. Já vimos, para todos os efeitos, que existe um *algoritmo* para gerar, uma após a outra, todas as proposições com provas em algum dado sistema formal. (Como mencionado antes, a "enésima prova" $\prod_n$ é obtida algoritmicamente de *n*. Tudo que temos que fazer é olhar a última linha da enésima prova para encontrar a "enésima proposição provável dentro do sistema", i.e., o enésimo "teorema".) Assim, temos um algoritmo para gerar os elementos de *P* um após o outro (talvez com algumas repetições – porém isso não faz diferença).

Um conjunto, tal como *P*, que pode ser gerado desse modo por um algoritmo é chamado de conjunto *recursivamente enumerável*. Note que o conjunto de todas as proposições que são *provadas falsas* dentro do nosso sistema – i.e., proposições cujas negações são prováveis – é da mesma maneira recursivamente enumerável, pois podemos simplesmente enumerar as proposições prováveis, dando conta de suas negações à medida que prosseguimos. Existem muitos outros subconjuntos de $\mathbb{N}$ que são recursivamente enumeráveis, e não precisamos fazer nenhuma referência ao nosso sistema formal para defini-los. Exemplos simples de conjuntos recursivamente enumeráveis são os conjuntos dos números pares

$$\{0,2,4,6,8, \ldots\},$$

o conjunto dos quadrados

$$\{0,1,4,9,16, \ldots\},$$

e o conjunto dos primos

$$\{2,3,5,7,11, \ldots\}.$$

Obviamente podemos gerar cada um desses conjuntos por meio da utilização de um algoritmo. Em cada um dos três exemplos, *também* será o caso que o *complementar* desse conjunto – isto é, o conjunto dos números naturais que *não* estão no conjunto – também é recursivamente enumerável. Os conjuntos complementares nesses três casos são, respectivamente:

$$\{1,3,5,7,9, \dots\};$$
$$\{2,3,5,6,7,8,10, \dots\};$$

e

$$\{0,1,4,6,8,9,10,12, \dots\}.$$

Seria uma questão simples fornecer um algoritmo para também gerar estes conjuntos complementares. De fato, podemos decidir algoritmicamente, para um dado número natural *n*, se ele é ou não um número par, se ele é ou não um quadrado e se ele é ou não um número primo. Isso nos fornece um algoritmo para gerar *tanto* o conjunto quanto seu complementar, pois podemos percorrer os números naturais e decidir, caso a caso, se ele pertence ao conjunto original ou ao conjunto complementar. Um conjunto que tem a propriedade de que tanto ele quanto seu complementar sejam ambos conjuntos recursivamente enumeráveis é chamado de um conjunto *recursivo*. Obviamente, o conjunto complementar de um conjunto recursivo também é um conjunto recursivo.

Existe, então, algum conjunto que seja recursivamente enumerável, mas *não* seja recursivo? Vamos pausar por um momento para pensar sobre o que isso significaria. Já que os elementos desse conjunto podem ser gerados por um algoritmo, temos uma maneira de decidir, para um elemento que suspeitamos pertencer ao conjunto – e o qual, vamos supor por ora, que de fato esteja no conjunto – se ele de fato *está* no conjunto. Tudo nós precisamos é permitir que nosso algoritmo percorra todos os elementos do conjunto até que ele eventualmente encontre o elemento em particular que examinamos. Porém, suponha que nosso elemento suspeito *não* esteja no conjunto na realidade. Nesse caso, o algoritmo não nos serviria de nada, pois ele continuaria a funcionar para sempre e nunca chegaria a uma decisão. Para isso precisaríamos de um algoritmo para gerar o conjunto *complementar*. Se *este* encontrar nosso número suspeito, então nós sabemos com certeza que o elemento não está no conjunto. Com ambos os algoritmos podemos estar seguros. Nós poderíamos, em todo caso, simplesmente alternar entre os dois algoritmos e descobrir a natureza do número suspeito. Essa situação feliz, no entanto, é o que acontece com um conjunto *recursivo*. Aqui nosso conjunto é meramente suposto recursivamente enumerável, mas *não* recursivo: o algoritmo que sugerimos para gerar o conjunto complementar não existe! Assim, somos confrontados com a curiosa situação em que podemos decidir algoritmicamente, para um elemento *no conjunto* que ele *de fato* está no conjunto; mas não podemos garantir, por meio de nenhum algoritmo, que vamos obter a resposta a essa questão para os elementos que porventura *não* estejam no conjunto!

Tal situação curiosa pode acontecer? Será que existem, de fato, quaisquer conjuntos recursivamente enumeráveis que não são recursivos? Bem, e quanto ao conjunto *P*? *Ele* é um conjunto recursivo? Sabemos que ele é recursivamente enumerável, de modo que só temos que decidir se o seu conjunto complementar também é recursivamente enumerável. De fato, não é! Como podemos chegar a essa conclusão? Vamos lembrar que a execução das máquinas de Turing são operações que supomos entre daquelas permitidas pelo nosso sistema formal. Denotemos a enésima máquina de Turing por T_n. Então a afirmação

"$T_n(n)$ *para*"

é uma proposição – vamos chamá-la de $S(n)$ – que podemos expressar em nosso sistema formal, para cada número natural n. A proposição $S(n)$ será verdadeira para alguns valores de n e falsa para outros. O conjunto de *todas* $S(n)$, à medida que n percorre os números naturais 0, 1, 2, 3, ... será represento por um subconjunto S de N. Porém, lembre o resultado fundamental de Turing (Capítulo 2, p.117), em que não existe nenhum algoritmo que afirme que "$T_n(n)$ não termina" precisamente nos casos nos quais $T_n(n)$ de fato não termina. Isso mostra que o conjunto de $S(n)$ *falsas não* é recursivamente enumerável.

Notemos que a parte de S que está em P consiste precisamente naquelas $S(n)$ que são *verdadeiras*. Por que razão? Certamente, se qualquer $S(n)$ em particular é provável, então ela deve ser verdadeira (pois escolhemos nosso sistema formal "com nexo"!); assim, a parte de S que está em P deve consistir somente nas proposições $S(n)$ *verdadeiras*. Além disso, nenhuma proposição $S(n)$ verdadeira pode estar fora de P, pois, se qualquer $T_n(n)$ parar, então podemos fornecer uma prova dentro do nosso sistema de que ela de fato para.[15]

Suponha agora que o complemento de P fosse recursivamente enumerável. Então nós deveríamos ter algum algoritmo para gerar os elementos

[15] A prova poderia consistir, para todos os efeitos, em uma sucessão de passos que espelhassem a ação da máquina executando até que ela parasse. A prova estaria completa assim que a máquina parasse.

deste conjunto complementar. Nós podemos colocar este algoritmo para rodar e anotar cada proposição $S(n)$ pela qual nós passamos. Estas são todas as $S(n)$ que são falsas, de forma que nosso procedimento iria de fato nos dar uma enumeração recursiva do conjunto de $S(n)$ falsas. Porém, como notamos acima o conjunto de $S(n)$ falsas *não* é recursivamente enumerável. Esta contradição estabelece que o complemento de P não pode ser recursivamente enumerável; de forma que o *conjunto P não é recursivo*, que é o que queríamos provar.

Essas propriedades de fato demonstram que nosso sistema formal não pode ser completo: i.e., devem existir em nosso sistema proposições que nem seja possível provar verdadeiras, nem seja possível provar falsas. Afinal, se não existissem tais proposições "indecidíveis", o complemento do conjunto *P* teria de ser o conjunto das proposições *que se pode provar serem falsas* (qualquer coisa que não fosse possível provar que seja verdadeira teria de ser possível provar que seja falsa). Vimos, porém, que as proposições possíveis de provar que sejam falsas constituem um conjunto recursivamente enumerável, de modo que isso faria *P recursivo*. No entanto, P *não* é recursivo – contradição que estabelece a necessidade da incompletude. Esse é o golpe mortal do teorema de Gödel.

E quanto ao conjunto T de N que representa as proposições *verdadeiras* do nosso sistema formal? T é recursivo? T é recursivamente enumerável? O complemento de T é recursivamente enumerável? De fato, a resposta a todas essas questões é "não". Uma maneira de verificar isso é notar que proposições falsas da forma

$$\text{“}T_n(n) \textit{ para}\text{”}$$

não podem ser geradas por um algoritmo como notamos acima. Assim, as proposições falsas como *um todo* não podem ser geradas por um algoritmo, já que qualquer tal algoritmo, em particular, enumeraria todas as proposições falsas "$T_n(n)$ *para*" acima. De modo similar, o conjunto de todas as proposições *verdadeiras* não pode ser gerado por um algoritmo (já que qualquer desses algoritmos poderia ser trivialmente modificado para resultar em todas as proposições falsas, simplesmente fazendo-o considerar a *negação* de cada proposição que ele gerasse). Já que todas as proposições verdadeiras não são recursivamente enumeráveis (e nem as falsas o são), elas constituem um conjunto muito mais complicado e profundo de proposições prováveis em nosso sistema. Isso novamente ilustra aspectos do teorema de Gödel: que o conceito de *verdade* matemática é somente parcialmente acessível por meios de argumentação formal.

Existem, no entanto, certas classes simples de proposições aritméticas verdadeiras que de fato formam conjuntos recursivamente enumeráveis. Por exemplo, proposições verdadeiras da forma

$$\exists w, x, \ldots, z[f(w, x, \ldots, z) = 0],$$

em que $f(\,)$ é alguma função construída a partir das operações aritméticas comuns de adição, subtração, multiplicação e elevação a uma potência, constituem um conjunto recursivamente enumerável (que chamarei de A), como não é difícil notar.[16] Um exemplo de proposição dessa forma – ainda que não saibamos se ela é verdadeira – é a negação do "último teorema de Fermat", para o qual nós consideramos $f(\,)$

$$f(w, x, y, z) = (x + 1)^{w+3} + (y + 1)^{w+3} - (z + 1)^{w+3}.$$

No entanto, acontece que o conjunto A não é recursivo (fato que *não* é fácil notar – ainda que seja uma consequência do argumento original de Gödel). Assim, não temos nenhum meio algorítmico que poderia, mesmo em princípio, decidir a veracidade ou falsidade do "último teorema de Fermat"!

Na Fig. 4.1 tentei representar esquematicamente um conjunto recursivo como uma região com uma fronteira simples e bem-comportada, de maneira que podemos imaginar uma pergunta direta se um dado ponto pertence ou não ao conjunto. Cada ponto na figura deve ser pensado como a representação de um número natural. O conjunto complementar também é representado como uma região aparentemente simples. Na Fig. 4.2 tentei representar um conjunto recursivamente enumerável, mas *não* recursivo como um conjunto com uma fronteira complicada, em que o conjunto de um lado da fronteira – o lado recursivamente enumerável – é considerado aparentemente mais simples que aquele do outro lado. As figuras são muito esquemáticas, e não devem ser de modo algum consideradas "geometricamente precisas". Em particular, não existe nenhum significado essas figuras terem sido representadas em um plano bidimensional!

[16] Enumeramos os conjuntos $\{v, w, x, \ldots, z\}$ em que v representa a função f segundo algum esquema lexicográfico. Verificamos (recursivamente) em cada etapa e vemos se $f(w, x, \ldots, z) = 0$ e guardamos a proposição $\exists w, x, \ldots, z[f(w, x, \ldots, z) = 0]$ somente se isso ocorrer.

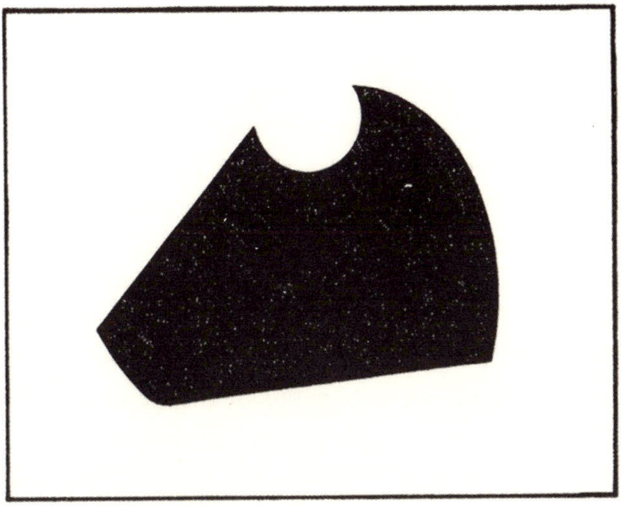

Fig. 4.1. Representação altamente pictórica de um conjunto recursivo.

Fig. 4.2. Representação altamente pictórica de um conjunto recursivamente enumerável (região preta) que não é recursivo. A ideia é que a região branca seja definida como "o que sobrou", quando a região preta computacionalmente gerada é removida; e não é uma questão computável aferir que um ponto de fato esteja na região branca.

Na Fig. 4.3 indiquei pictoricamente como as regiões P, T e A se encontram dentro do conjunto ℕ.

O conjunto de Mandelbrot é recursivo?

Conjuntos que não são recursivos têm a propriedade de serem complicados de um modo bastante fundamental. Essa complicação deve, em certo sentido, ir contra todas as tentativas de sistematização; de outra maneira, essa própria sistematização levaria a um procedimento algorítmico apropriado. Para um conjunto não recursivo não existe uma maneira algorítmica geral para decidir se um elemento (ou "ponto") pertence ou não a ele. Vimos, no começo do Capítulo 3, um conjunto que parecia extraordinariamente complicado, o conjunto de Mandelbrot. Mesmo que as regras que forneçam sua definição sejam surpreendentemente simples, o conjunto em si exibe uma variedade infinita de estruturas altamente elaboradas. Será que esse é um exemplo de conjunto não recursivo que nossos olhos mortais podem vislumbrar?

O leitor não tardará a apontar, no entanto, que esse paradigma de complicação foi criado, para nosso vislumbre, pela mágica da tecnologia dos computadores digitais de alta velocidade. Os computadores digitais não são essencialmente a materialização do funcionamento algorítmico? De fato, isso certamente é verdade, mas devemos ter em mente a maneira pela qual o computador de fato produz essas figuras. Para testar se um ponto no plano de Argand – um número complexo c – pertence ao conjunto de Mandelbrot (pintado de preto) ou ao conjunto complementar (pintado de branco), o computador teria que começar com *0* e aplicar o mapa

$$z \rightarrow z^2 + c$$

para $z = 0$ obtendo c; então, para $z = c$, obtendo $c^2 + c$; então, para $z = c^2 + c$, obtendo $c^4 + 2c^3 + c^2 + c$; e assim por diante. Se essa sequência $0, c, c^2 + c, c^4 + 2c^3 + c^2 + c, \ldots$ permanece limitada, então o ponto representado por c é pintado de preto; caso contrário, de branco. Como a máquina pode dizer se tal sequência permanece limitada ou não? Em princípio, essa questão envolve algo que acontece após um número *infinito* de termos da sequência. Isso, por si só, não é uma questão computacional. Felizmente existem maneiras de dizer se uma sequência se tornou ilimitada após um número finito de termos. (De fato, assim que ela atinge o círculo de raio $1 + \sqrt{2}$ centrado na origem, então podemos estar certos de que a sequência é ilimitada.)

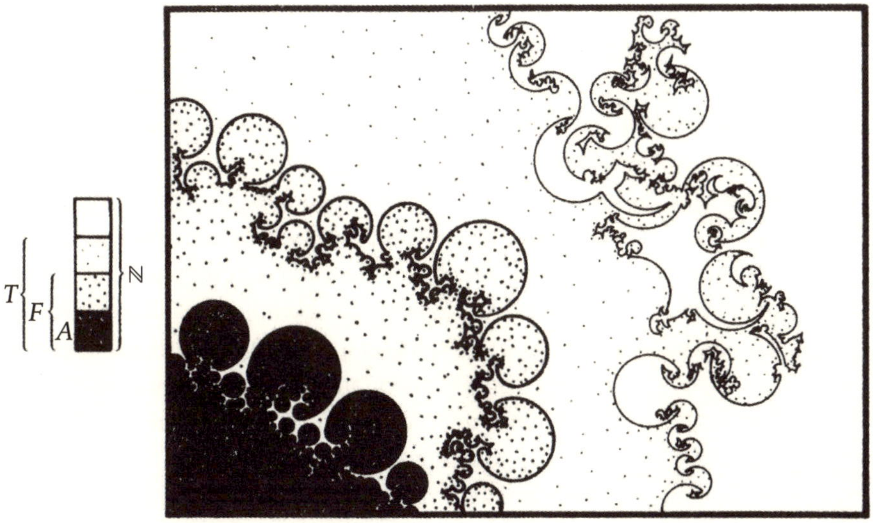

Fig. 4.3. Representação altamente pictórica dos diversos conjuntos de proposições. O conjunto *P* de proposições que são prováveis em um sistema é, como *A*, recursivamente enumerável, mas não recursivo; o conjunto *T* de proposições verdadeiras não é nem mesmo recursivamente enumerável.

Assim, em certo sentido, o *complemento* do conjunto de Mandelbrot (i.e., a região *branca*) é recursivamente enumerável. Se o número complexo *c* está na região branca, então existe um algoritmo para aferir esse fato. E quanto ao conjunto de Mandelbrot em si – a região preta? Existe um algoritmo para nos dizer com certeza que um ponto que suspeitamos estar na região preta está de fato na região preta? A resposta a essa pergunta parece ser desconhecida no momento.[17] Consultei diversos colegas e especialistas, e nenhum deles parece estar ciente de tal algoritmo, muito menos toparam com alguma demonstração de que tal algoritmo não existe. Pelo menos, parece que não há um algoritmo *conhecido* para a região preta. Talvez o complemento do conjunto de Mandelbrot seja, de fato, um exemplo de um conjunto recursivamente enumerável que não seja em si recursivo!

Antes de continuarmos explorando este caminho, será necessário responder a algumas questões de que tratei superficialmente. Essas questões

[17] Fui informado recentemente por Leonore Blum que (estimulada pelos meus comentários em uma primeira versão deste livro) verificou que o (complemento do) conjunto de Mandelbrot é de fato não recursivo, como conjecturei no texto, no sentido particular descrito na nota de rodapé seguinte.

terão alguma importância para nossa discussão futura da computabilidade na física. Fui, na realidade, um pouco impreciso na discussão precedente. Tenho aplicado os termos "recursivamente enumeráveis" e "recursivo" para conjuntos de pontos no plano de Argand, i.e., para conjuntos de números complexos. Esses termos deveriam ser estritamente utilizados somente para os números naturais ou para outros conjuntos *contáveis*. Vimos no Capítulo 3 (p.139) que os números reais não são contáveis, e assim os números complexos também não podem ser contáveis – já que os números reais podem ser considerados tipos particulares de números complexos, isto é, números complexos cuja parte imaginária seja nula (cf. p.143-4). De fato, existem precisamente "tantos" números complexos quanto números reais, isto é, "*C*" deles. (Para estabelecermos uma relação de um para um entre os números complexos e os números reais, podemos, de maneira grosseira, considerar as expansões decimais das partes reais e imaginárias de cada número complexo e entrelaçá-las segundo os dígitos pares e ímpares do número real correspondente: e.g., o número complexo 3,6781 ... + 512,975 ... *i* corresponderia ao número real 50 132.6977851 ...).

Uma forma de fugir desse problema seria nos referirmos somente aos números complexos *computáveis*, pois vimos no Capítulo 3 que os números reais computáveis – e assim os números complexos computáveis – são de fato contáveis. No entanto, existe uma dificuldade severa com relação a isso: não existe de fato um algoritmo geral para decidir se dois números computáveis, dados em termos de seus respectivos algoritmos, são iguais um ao outro! (Podemos formar algoritmicamente sua diferença, mas não podemos decidir algoritmicamente se esta diferença é zero. Imagine dois algoritmos gerando os dígitos 0,99999 ... e 1,00000 ..., respectivamente, e considere que possamos nunca saber se os 9s, ou os 0s, continuarão indefinidamente, de modo que não conseguimos decidir se os números são iguais, ou se algum outro dígito aparecerá eventualmente, tornando os números diferentes.) Assim, pode ser que nunca saibamos que esses números são iguais. Uma implicação disso é que, mesmo para um conjunto simples como o *disco unitário* no plano de Argand (o conjunto de pontos cuja distância à origem não é maior do que uma unidade, i.e., a região preta na Fig. 4.4), não existiria nenhum algoritmo para decidir com certeza se um número complexo de fato está no disco. O problema não surge para pontos no interior do disco (ou para pontos no exterior dele), mas para os pontos que estão na própria fronteira do disco – i.e., no círculo unitário em si. O círculo unitário é considerado parte do disco. Suponha que nos seja dado um algoritmo que gere os dígitos da parte real e da parte imaginária de um número complexo. Se suspeitarmos de que esse número de fato esteja no círculo unitário, não necessariamente conseguimos aferir se esse fato é verdadeiro ou não. Não existe nenhum algoritmo para decidir se o número computável

$$x^2 + y^2$$

é de fato igual a 1 ou não, este sendo o critério para decidir se o número complexo computável $x + yi$ está no círculo unitário.

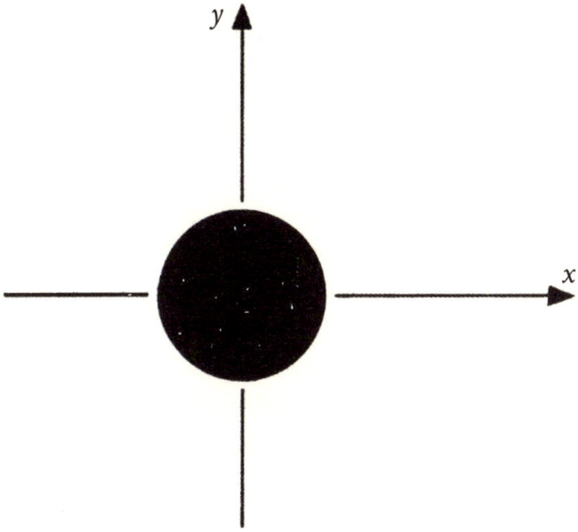

Fig. 4.4. O disco unitário deveria certamente ser considerado "recursivo", mas para isso é necessário um ponto de vista apropriado.

Obviamente não é isso que queremos. O disco unitário *deveria* certamente ser considerado recursivo. Não existem conjuntos muito mais simples do que o disco unitário! Uma maneira de contornar esse problema seria *ignorar* a fronteira. Para os pontos que estivessem no interior ou no exterior, um algoritmo para aferir esse fato certamente existe. (Simplesmente gere os dígitos de $x^2 + y^2$ um após o outro, e eventualmente encontraremos um dígito além de 9 após a expansão decimal 0,9999 ... ou diferente de 0 em 1,0000...) Nesse sentido, o disco unitário *é* recursivo. Porém, esse ponto de vista é estranho à matemática, já que é necessário frasear o argumento em termos do que de fato acontece *nas fronteiras*. É possível, por outro lado, que esse ponto de vista seja apropriado à física. Teremos de tratar desse tipo de questão novamente mais tarde.

Existe um outro ponto de vista bastante relacionado que podemos adotar: não nos referimos aos números complexos contáveis de modo algum. Em vez de tentarmos enumerar os números complexos dentro ou fora do conjunto em questão, simplesmente pedimos um algoritmo que decida, *dado* o número complexo, se ele está no conjunto ou no complementar do conjunto. Por "dado" quero dizer que, para cada número complexo que testamos, dígitos sucessivos das partes reais e imaginárias nos são dados para utilizarmos um após o outro por quanto tempo for necessário – talvez por mágica. Não exijo que exista nenhum algoritmo, conhecido ou não, para *apresentar* esses dígitos. Um conjunto de números complexos seria considerado "recursivamente enumerável", se um único algoritmo existir tal que, *quando* ele é alimentado com tal sucessão de dígitos dessa forma, eventualmente diria "sim", após um número finito de passos, se e somente se o número complexo de fato estiver no conjunto. Assim como no primeiro ponto de vista sugerido acima, ocorre que esse ponto de vista "ignora" as fronteiras. Assim, o interior do disco unitário e o exterior do disco unitário contariam como conjuntos recursivamente enumeráveis, nesse sentido, enquanto a fronteira em si não contaria.

Não é totalmente evidente para mim que nenhum desses pontos de vista seja realmente necessário.[18] Quando aplicado ao conjunto de Mandelbrot, a filosofia de "ignorar a fronteira" pode nos fazer deixar escapar muita da complicação do conjunto. Esse conjunto é formado parcialmente por "manchas" – regiões com interiores – e parcialmente por "gavinhas". A complicação mais extrema parece se encontrar nas gavinhas, que podem se espalhar de maneiras arbitrárias. No entanto, as gavinhas não estão no interior do conjunto e, assim, elas seriam "ignoradas" se adotássemos qualquer uma das duas filosofias expostas acima. Mesmo assim, ainda não é evidente se o conjunto de Mandelbrot é "recursivo", quando somente as manchas são consideradas. A questão parece depender de uma certa conjectura ainda não demonstrada com relação ao conjunto de Mandelbrot: ele é o que chamamos de "localmente conexo"? Não pretendo explicar aqui o significado ou a relevância desse termo. Pretendo meramente indicar que essas são questões complexas que levantam questionamentos com relação ao conjunto de Mandelbrot os

---

[18] Existe uma nova teoria da computabilidade de funções reais de números reais (em oposição à teoria convencional de funções de números naturais resultando em números naturais), devida a Blum, Shub e Smale (1989), cujos detalhes conheci apenas muito recentemente. Essa teoria também será aplicável a funções resultando em números complexos, e ela poderia ter consequências importantes para algumas questões mencionadas aqui.

quais ainda não estão resolvidos; alguns deles estão na fronteira da pesquisa matemática atual.

Existem também outros pontos de vista que podemos adotar de modo a fugir do problema em que os números complexos não são contáveis. Em vez de considerarmos *todos* os números complexos computáveis, podemos considerar um subconjunto apropriado desses números que tenha a propriedade de que *seja* uma questão computável decidir se dois dos números desse conjunto são iguais ou não. Um subconjunto simples desse tipo seria o conjunto dos números complexos "*racionais*", para os quais as partes reais e imaginárias dos números seriam ambas restritas a números racionais. Não acho, no entanto, que isso seria muito bom para as gavinhas do conjunto de Mandelbrot, já que esse ponto de vista é muito restritivo. Seria um pouco mais satisfatório considerarmos os números *algébricos* – aqueles números complexos que são soluções de equações algébricas com coeficientes inteiros. Por exemplo, todas as soluções z de

$$129z^7 - 33z^5 + 725z^4 + 16z^3 - 2z - 3 = 0$$

são números algébricos. Números algébricos são contáveis e computáveis, e é de fato uma questão computável decidir se dois deles são iguais ou não. (Ocorre que muitos deles estão na fronteira do círculo unitário e nas gavinhas do conjunto de Mandelbrot.) Podemos, se desejarmos, frasear a questão quanto ao conjunto de Mandelbrot ser recursivo ou não em termos deles.

Pode ser que os números algébricos seriam apropriados no caso dos dois conjuntos que consideramos, mas eles não resolvem as dificuldades no caso geral. Considere o conjunto (a região preta da Fig. 4.5) definido pela relação

$$y\,2 \geq e^x$$

Para $x + yi$ $(= z)$ no plano de Argand. O interior do conjunto e o interior do conjunto complementar são ambos recursivamente enumeráveis segundo qualquer um dos dois pontos de vista expressos acima, mas (como segue de um famoso teorema devido a F. Lindemann, provado em 1882) a fronteira, $y = e^x$, contém somente *um* ponto algébrico, o ponto $z = i$. Os números algébricos nesse caso não nos ajudam a explorar a natureza algorítmica da fronteira! Não seria difícil encontrar outra subclasse de números computáveis que seria suficiente nesse caso em particular, mas permanecemos com um forte sentimento de que o ponto de vista correto com relação a esses tópicos ainda não foi encontrado.

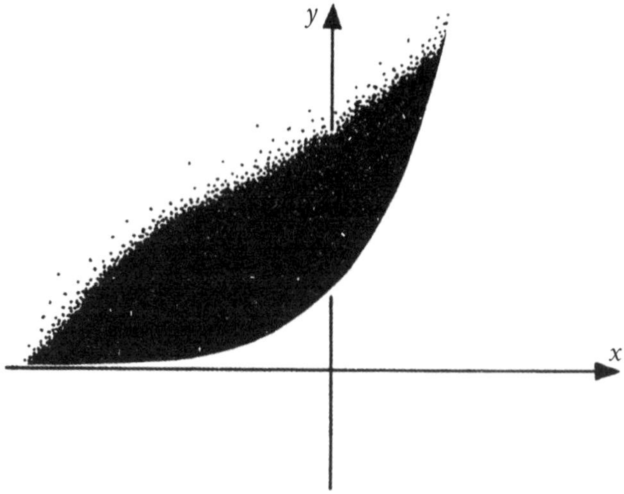

Fig. 4.5. O conjunto definido pela relação exponencial $y \geq e^x$ deveria também ser considerado "recursivo".

Alguns exemplos de matemática não recursiva

Existem muitas áreas da matemática nas quais surgem problemas que não são recursivos. Podemos, assim, ser confrontados com uma classe de problemas para o qual a resposta em cada caso seja "sim" ou "não", mas para a qual não exista um algoritmo geral para decidir qual desses dois é realmente o caso. Alguns desses problemas são notavelmente inocentes em sua formulação.

Primeiro, considere o problema de encontrar soluções inteiras para um sistema de equações algébricas com coeficientes inteiros. Essas equações são conhecidas como equações *diofantinas* (em homenagem ao matemático grego Diofanto de Alexandria, que viveu no século III a.C. e que estudou equações desse tipo). Esse conjunto de equações poderia ser

$$z^3 - y - 1 = 0, \quad yz^2 - 2x - 2 = 0, \quad y^2 - 2xz + z + 1 = 0$$

e o problema é decidir se elas podem ou não ser solucionadas com x, y e z *inteiros*. De fato, no caso particular mostrado acima, elas podem, e uma solução é dada por

$$x = 13, \quad y = 7, \quad z = 2.$$

No entanto, não existe um algoritmo para decidir essa questão para um conjunto arbitrário[19] de equações diofantinas: a aritmética diofantina, apesar da natureza aparentemente elementar de seus ingredientes, é parte da matemática não algorítmica!

(Um exemplo um pouco menos elementar é a *equivalência topológica de variedades*. Menciono isso apenas de maneira breve, pois possivelmente terá alguma relevância para as questões discutidas no Capítulo 8. Para entender o que é uma "variedade", considere um laço de uma corda, que é uma variedade em somente *uma* dimensão, e então considere uma superfície fechada, uma variedade de *duas* dimensões. Em seguida tente imaginar um tipo de "superfície" que pode ter *três* ou mais dimensões. "Equivalência topológica" de duas variedades significa que uma delas pode ser deformada para transformar-se na outra por um movimento contínuo – sem cortes nem colagens. Assim, a superfície esférica e a superfície de um cubo são topologicamente equivalentes, enquanto ambas são topologicamente *não* equivalentes à superfície de um anel ou à de uma xícara de chá – as duas últimas são topologicamente equivalentes entre si. Agora, para variedades *bi*dimensionais existe um algoritmo para decidir se duas delas são ou não topologicamente equivalentes – que é essencialmente uma contagem do número de "alças de xícara" que cada superfície apresenta. Para três dimensões, a resposta a essa pergunta não é conhecida, no momento que escrevo, mas para quatro ou mais dimensões *não* existe um algoritmo para decidir tal equivalência. O caso quadridimensional tem alguma relevância para a física, já que, segundo a teoria de relatividade geral de Einstein, o espaço e o tempo constituem em conjunto uma quadrivariedade; veja o Capítulo 5, p.292. Foi sugerido por Geroch e Hartle, 1986, que essa propriedade não algorítmica pode ter alguma relevância para a "gravitação quântica"; cf. também Capítulo 8.)

Vamos considerar um tipo diferente de problema, chamado de *problema da palavra*.[20] Suponha que dispuséssemos de algum alfabeto de símbolos, e consideramos as diversas sequências desses símbolos, conhecidas como *palavras*. As palavras não precisam, em si, ter nenhum significado, mas nos será dada uma certa lista (finita) de "igualdades" entre elas e nos será permitido utilizar

---

[19] Isso responde negativamente ao décimo problema de Hilbert, mencionado na p.76. (Veja, por exemplo, Devlin, 1988.) Aqui, o número de variáveis não é restrito. No entanto, é sabido que não são necessárias mais do que nove para que essa propriedade não algorítmica seja válida.

[20] Esse problema em particular é mais corretamente chamado de "problema das palavras para semigrupos". Existem outras formas do problema das palavras nas quais as regras são um pouco diferentes. Não nos preocuparemos aqui com isso.

essa lista para derivar mais "igualdades". Isto é obtido ao fazer substituições de palavras da lista inicial em outras palavras (normalmente muito maiores) que as contenham como partes menores. Cada uma dessas partes pode ser substituída por outra parte que seja equivalente segundo a lista. O problema é decidir, então, para um dado par de palavras, se elas são ou não "equivalentes" segundo essas regras.

Como um exemplo, poderíamos ter, em nossa lista inicial:

EAT = AT
ATE = A
LATER = LOW
PAN = PILLOW
CARP = ME.

Disso podemos derivar, por exemplo,

LAP = LEAP

mediante o uso sucessivo de substituições da segunda, primeira e novamente segunda das relações da nossa lista inicial:

LAP = LATEP = LEATEP =LEAP.

O problema é: dado um par de palavras, podemos ir de uma para a outra simplesmente utilizando tais substituições? Podemos, por exemplo, sair de CATERPILLAR para MAN ou, digamos, de CARPET para MEAT? A resposta para o primeiro caso é, de fato, "sim", enquanto para o segundo é "não". Quando a resposta é "sim", a forma normal para demonstrar isso seria simplesmente exibir uma sequência de igualdades em que cada palavra é obtida da anterior mediante o uso de uma relação permitida. Assim (indicando as letras a serem mudadas em negrito, e as letras que acabaram de ser mudadas em itálico):

CATERPILLAR = C*A*RPILL**AR** = CARPIL**L*A*TER** = CAR**PIL*L*OW** =
CAR*PAN* = *ME***A**N = M**E*AT***EN = **M*AT***EN = M*A*N

Como podemos dizer que é impossível ir de CARPET para MEAT por meio das regras que nos foram dadas? Para isso precisamos pensar um pouco mais, mas não é difícil verificar de diversas maneiras. A mais simples parece ser a seguinte: em toda "igualdade" em nossa lista inicial, o número de As mais o número de Ws mais o número de Ms é o mesmo em cada lado. Assim, o número total de As, Ws e Ms não pode ser alterado por nenhuma sequência de substituições permitidas. No entanto, para CARPET esse número é 1, enquanto para MEAT é 2. Consequentemente não existe uma maneira de ir de CARPET para MEAT pelas substituições permitidas.

Note que, quando duas palavras são "equivalentes", podemos mostrar isso simplesmente exibindo uma sequência de símbolos formal permitida, utilizando as regras que nos foram dadas; enquanto para o caso de elas serem "não equivalentes" tivemos de recorrer a argumentos *sobre* as regras que nos foram dadas. Existe um algoritmo evidente que podemos utilizar para estabelecer a "equivalência" entre as palavras sempre que as palavras *forem* de fato "iguais". Tudo que temos de fazer é uma listagem lexicográfica de todas as possíveis sequências de palavras, e então anotar nessa lista qualquer sequência como essa para a qual haja um par de palavras consecutivas, no qual a segunda não decorre da primeira por uma regra permitida. As sequências remanescentes fornecerão todas as "igualdades" que procuramos entre as palavras. No entanto, não existe esse algoritmo óbvio, em geral, para decidir quando duas palavras *não* são "iguais", e teremos de recorrer à "inteligência" de modo a demonstrar isso. (De fato, demorei algum tempo antes de reparar o "truque" mencionado acima para estabelecer que CARPET e MEAT não são "iguais". Com outro exemplo talvez um tipo de "truque" bastante diferente seja necessário. A inteligência, curiosamente, também é útil – ainda que não necessária – para estabelecer a *existência* de uma "igualdade".)

De fato, para a lista em *particular* de cinco "igualdades" que constituem a lista inicial no caso acima não é imensamente difícil fornecer um algoritmo para afirmar que duas palavras são "não equivalentes" quando elas de fato forem. No entanto, de maneira a *encontrar* um algoritmo que funcione nesse caso precisamos de um bom grau de inteligência! De fato, acontece que não existe um único algoritmo que possa ser utilizado universalmente para *todas* as escolhas de lista de regras iniciais. Nesse sentido não existe uma solução algorítmica para o problema das palavras. O problema das palavras em geral pertence à matemática não recursiva!

Existem outras seleções *particulares* para a lista inicial para as quais não existe um algoritmo para decidir quando duas palavras são não equivalentes. Uma dessas listas é dada por

AH = HA
OH = HO
AT = TA
OT = TO
TAI = IT
HOI = IH
THAT = ITHT

(Essa lista foi adaptada de uma dada em 1955 por G. S. Tseitin e Dana Scott; veja Gardner, 1958, p.144.) Assim, esse problema de palavras em particular *em si* é um exemplo de matemática não recursiva, no sentido de que a utilização dessa lista inicial em particular nos impede de decidir algoritmicamente se duas palavras são ou não "equivalentes".

O problema geral das palavras surgiu de considerações sobre lógica matemática formalizada ("sistemas formais" etc., como consideramos anteriormente). A lista inicial de palavras exerce o papel do sistema de axiomas, e as regras de substituição das palavras, o papel das regrais formais de procedimento. A prova da não recursividade do problema da palavra surge desse tipo de consideração.

Como um último exemplo de problema na matemática que não é recursivo, vamos considerar a questão de cobrir o plano euclidiano com formas poligonais, no qual nos é dado um número finito de diferentes formas e nos é perguntado se é possível cobrir completamente esse plano, sem buracos nem sobreposições, utilizando somente essas formas e nenhuma outra. Tal arranjo de formas é chamada de um *ladrilhamento* do plano. Estamos familiarizados com o fato de que esses ladrilhamentos são possíveis utilizando somente quadrados, somente triângulos equiláteros ou somente hexágonos regulares (como ilustrado na Fig. 10.2, na p.569), mas não é possível fazer isso utilizando somente pentágonos regulares. Muitas outras formas simples preencherão o plano, tais como cada um dos dois padrões feitos com pentágonos *irregulares* ilustrados na Fig. 4.6. Com um *par* de formas, os ladrilhamentos podem ficar mais elaborados. Dois exemplos simples são dados na Fig. 4.7. Todos os exemplos, até agora, têm a propriedade de serem *periódicos*; o que significa que são exatamente repetidos em duas direções independentes. Em termos matemáticos, dizemos que existe um *paralelogramo periódico* – um paralelogramo que, quando marcado de alguma forma e então repetido seguidamente em duas direções paralelas a seus lados, reproduzirá um dado padrão de ladrilhamento. Um exemplo é mostrado na Fig. 4.8, em que um

Fig. 4.6. Dois exemplos de ladrilhamentos periódicos do plano, cada um utilizando uma única forma geométrica (encontrado por Marjorie Rice em 1976).

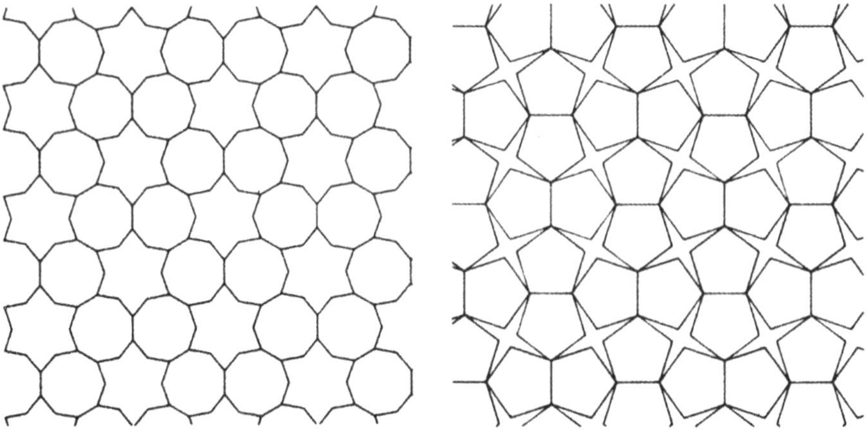

Fig. 4.7. Dois exemplos de ladrilhamentos periódicos, cada um utilizando duas formas geométricas.

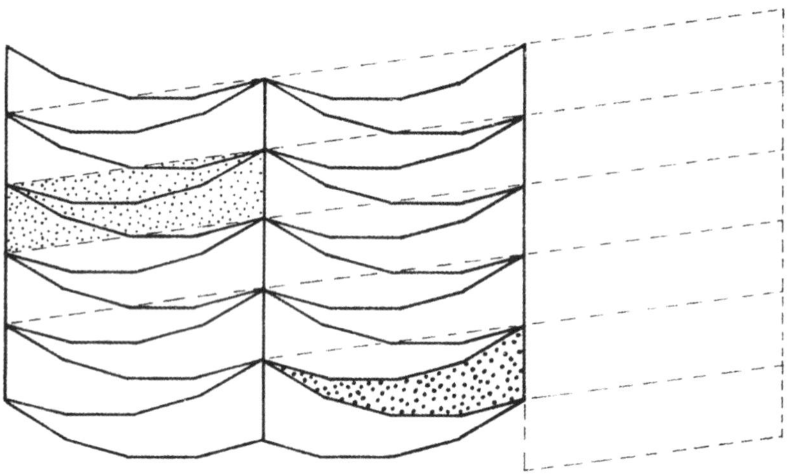

Fig. 4.8. Um ladrilhamento periódico, ilustrado com relação ao seu paralelogramo de periodicidade.

ladrilhamento periódico com uma forma em formato de espinho é mostrado na esquerda, e sua relação com o paralelogramo periódico e seu ladrilhamento periódico é indicado à direita.

Existem, porém, muitos ladrilhamentos do plano que são *não* periódicos. A Figura 4.9 representa três ladrilhamentos não periódicos "espirais", com o mesmo ladrilho em formato de espinho da Fig. 4.8. Esse tipo particular de ladrilho é conhecido como “versátil” (por razões óbvias!), e foi pensado por B. Grünbaum e G. C. Shephard (1981, 1987), aparentemente fundamentado em uma forma anterior por H. Voderberg. Note que o ladrilho versátil vai ladrilhar de maneira *tanto* periódica quanto não periódica. Essa propriedade é compartilhada por muitas outras formas de ladrilho individuais e conjuntos de formas. Existem ladrilhos individuais ou conjuntos de ladrilhos que vão ladrilhar o plano *somente* de maneira não periódica? A resposta a essa questão é “sim”. Na Fig. 4.10 demonstrei um conjunto de seis ladrilhos construído pelo matemático estadunidense Raphael Robinson (1971) que vai ladrilhar o plano inteiro, porém somente de maneira não periódica.

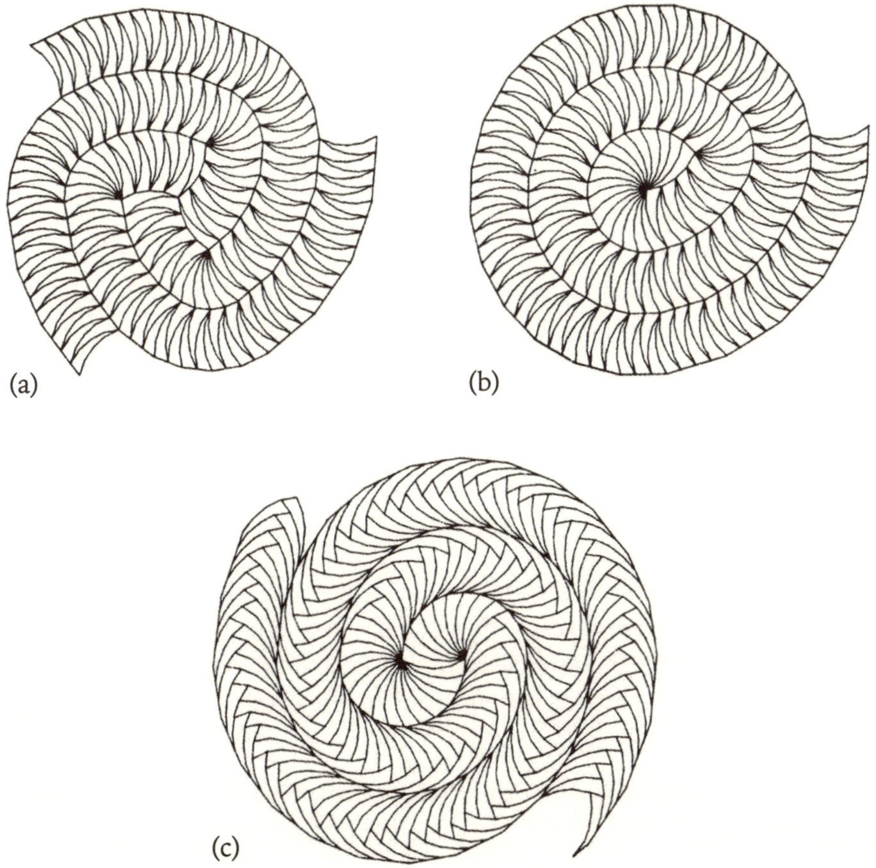

Fig. 4.9. Três ladrilhamentos não periódicos “em espiral”, utilizando a mesma forma “versátil” utilizada na Fig. 4.8.

É válido vermos um pouco da história de como este conjunto não periódico de ladrilhos surgiu (cf. Grünbaum; Shephard, 1987). Em 1961, o lógico sino-estadunidense Hao Wang tratou da questão de existir ou não um *problema de decisão* associado ao problema do ladrilhamento, isto é, existe um *algoritmo* para decidir se um dado conjunto finito de diferentes formas poligonais preencherá ou não o plano todo![21] Ele foi capaz de mostrar que de fato haveria esse procedimento de decisão *se* pudesse ser mostrado que todo conjunto finito de diferentes ladrilhos que preencherão de algum modo o plano também preencher o plano de maneira periódica. Acho que provavelmente foi pensado, na época, que seria muito improvável a existência de um conjunto que viole essa condição – i.e., um conjunto de ladrilhos "aperiódicos".

Fig. 4.10. Os seis ladrilhos de Raphael Robinson que vão preencher o plano somente de maneira não periódica.

No entanto, em 1966, seguindo algumas das pistas que Hao Wang havia sugerido, Robert Berger foi capaz de mostrar que de fato *não* existe um procedimento de decisão para o problema do ladrilhamento: o problema do ladrilhamento também é parte da matemática não recursiva![22]

[21] De fato, Hao Wang considerou um problema ligeiramente diferente – com ladrilhos quadrados, sem rotação e com bordas de mesma cor –, mas as distinções não são importantes para nós aqui.

[22] Hanf (1974) e Myers (1974) mostraram, além disso, que existe um único conjunto (de um grande número de ladrilhos) que vai ladrilhar o plano somente de uma maneira *não computável*.

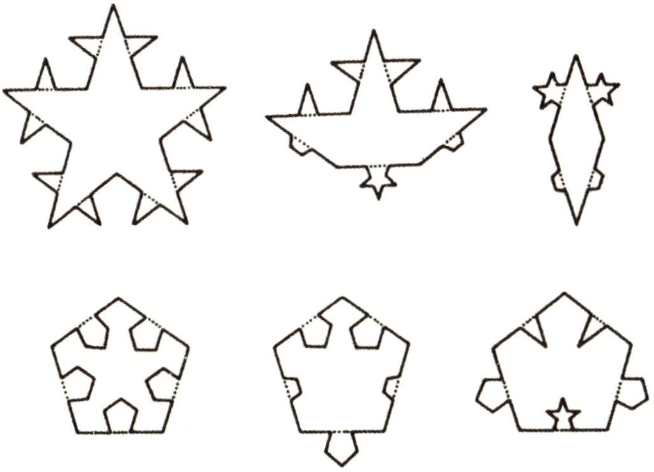

Fig. 4.11. Outro conjunto de seis ladrilhos que somente preencherão o plano não periodicamente.

Assim segue do resultado anterior de Hao Wang em que um conjunto aperiódico de ladrilhos deve existir, e Berger de fato foi capaz de exibir o primeiro conjunto aperiódico de ladrilhos. No entanto, devido à complicação da sua linha de raciocínio, seu conjunto envolveu um número inacreditavelmente grande de diferentes ladrilhos – originalmente 20 426. Mediante o uso uma intuição engenhosa adicional, Berger foi capaz de reduzir seu número para 104. Então, em 1971, Raphael Robinson conseguiu baixar esse número para os seis, mostrados na Fig. 4.10.

Outro conjunto aperiódico de seis ladrilhos é demonstrado na Fig. 4.11. Esse conjunto fui eu mesmo que produzi em 1973 seguindo uma linha de raciocínio bastante independente. (Voltarei a essa questão no Capítulo 10, em que uma sequência preenchida com essas formas é mostrada na Fig. 10.3, p.569.) Após o conjunto aperiódico de Robinson ter sido trazido à minha atenção, comecei a pensar como reduzir o número; após várias operações de corte e colagem fui capaz de reduzir o número para dois. Dois esquemas alternativos são representados em Fig. 4.12. Os padrões necessariamente não periódicos exibidos pelo ladrilhamento completo apresentam algumas propriedades notáveis, incluindo uma estrutura quase periódica cristalograficamente impossível com simetria pentagonal. Deverei voltar a essas questões mais tarde.

É talvez notável que tal área da matemática aparentemente "trivial" – isto é, cobrir o plano com formas congruentes – que parece ser quase uma "brincadeira de criança" deveria de fato ser parte da matemática não recursiva. De fato, existem muitos problemas difíceis e ainda não resolvidos nessa área. Não é conhecido, por exemplo, se existe um conjunto aperiódico consistindo em apenas um *único* ladrilho.

O problema do ladrilhamento, como tratado por Wang, Berger e Robinson, utilizou ladrilhamentos com base em quadrados. Permito aqui polígonos de modo geral, e precisamos de alguma maneira adequadamente computável de mostrar os ladrilhos individuais. Um modo de fazer isso seria dispor seus vértices como pontos no plano de Argand, e esses pontos talvez pudessem ser perfeitamente dados adequadamente por números algébricos.

O conjunto de Mandelbrot é similar à matemática não recursiva?

Voltemos agora à nossa discussão anterior sobre o conjunto de Mandelbrot. Vou assumir, para propósitos de ilustração, que o conjunto de Mandelbrot é, em algum sentido apropriado, não recursivo. Já que seu complemento é recursivamente enumerável, isso significaria que o conjunto em si não seria recursivamente enumerável. Acho provável que a forma do conjunto de Mandelbrot tenha algumas lições a nos ensinar sobre a natureza de conjuntos não recursivos e da matemática não recursiva.

Voltemos à Fig. 3.2, que vimos antes, no Capítulo 3. Note que a maior parte dela parece ser tomada por uma região em forma de coração, a que me referi como A, na Fig. 4.13. A forma dessa região é conhecida como uma *cardioide*, e sua região interna pode ser definida matematicamente pelo conjunto dos pontos c do plano de Argand que são da forma

$$c = z - z^2,$$

em que z é um número complexo cuja distância à origem é menor do que 1/2. Decerto, esse conjunto é recursivamente enumerável no sentido sugerido antes: um algoritmo existe que, quando aplicado aos pontos do inteiro dessa região, afirmará se um ponto de fato pertence ou não à região interior. O algoritmo em si é facilmente obtido da fórmula acima.

Agora considere a região em formato de disco logo à esquerda da cardioide principal (região B na Fig. 4.13). Seu interior é o conjunto de pontos

$$c = z - 1$$

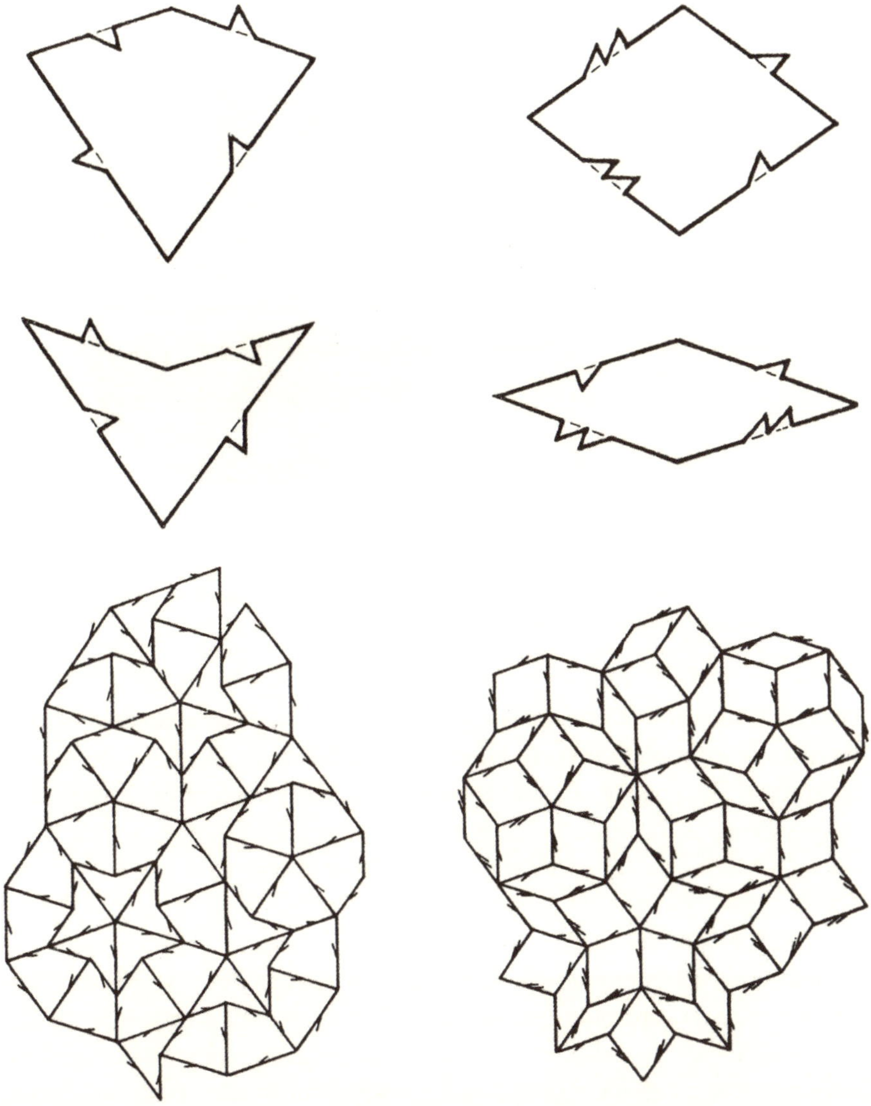

Fig. 4.12. Dois pares, cada um dos quais fará um ladrilhamento do plano somente de maneira não periódica ("ladrilhos de Penrose"); e regiões do plano ladrilhadas com cada par.

em que z tem distância da origem menor do que $1/4$. Essa região é de fato o interior de um disco – o conjunto de pontos dentro de um círculo exato. Novamente essa região é recursivamente enumerável no sentido acima. E quanto às outras "verrugas" na cardioide? Considere em seguida as duas maiores

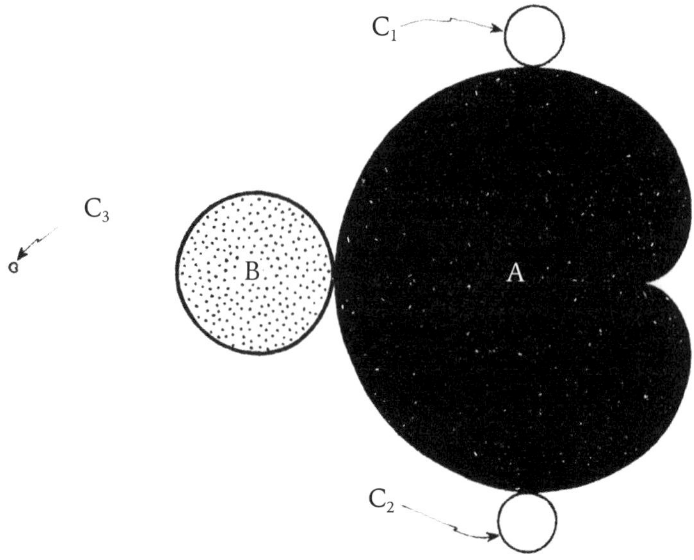

Fig. 4.13. As partes principais do interior do conjunto de Mandelbrot podem ser definidas por meio de equações algorítmicas simples.

verrugas. Elas são manchas grosseiramente circulares que aparecem aproximadamente no topo e na parte inferior da cardioide na Fig. 3.2 e são marcadas como C_1 e C_2 na Fig. 4.13. Elas podem ser dadas em termos do conjunto

$$c^3 + 2c^2 + (1 - z)c + (1 - z)^2 = 0,$$

em que agora z pertence à região que dista 1/8 da origem. De fato, essa equação não nos dá somente essas duas manchas (em conjunto), mas também com a região da cardioide "pequenininha" que aparece à esquerda da Fig. 3.2 – a região principal da Fig. 3.1 – e é a região marcada como C_3 na Fig. 4.13. Novamente essas regiões (juntas ou separadas) constituem conjuntos recursivamente enumeráveis (no sentido sugerido anteriormente), em razão da existência das fórmulas acima.

Apesar da sugestão que faço de que o conjunto de Mandelbrot possa ser não recursivo, fomos capazes de dar conta das maiores áreas do conjunto já com alguns algoritmos perfeitamente bem definidos e não tão complicados. Parece que esse processo deveria continuar. Todas as regiões mais evidentes no conjunto – e certamente a maior parte em termos de percentual de área (se não toda ela) – poderia ser tratada algoritmicamente. Se, como suponho, o conjunto completo de fato não é recursivo, então as regiões que não podem ser alcançadas por nossos algoritmos devem ser muito delicadas e difíceis de encontrar. Além disso, quando localizarmos essa região, as chances são de que poderemos então ver como melhorar nossos algoritmos de maneira que essas regiões particulares também sejam alcançadas. Porém, haveria então *outras* regiões como essas (se minha suposição de não recursividade estiver correta), escondidas ainda mais profundamente nas obscuridades da sutileza e complicação que mesmo nosso algoritmo melhorado ainda não pode encontrar. Novamente, por esforços hercúleos de intuição, engenhosidade e trabalho, podemos ser capazes de localizar essa região; mas então haveria outras que ainda escapariam, e assim por diante.

Parece-me que isso não é muito diferente da maneira pela qual a matemática procede em áreas nas quais os problemas são difíceis e presumivelmente não recursivos. Os problemas mais comuns com os quais provavelmente nos deparamos em alguma área específica podem ser geralmente tratados por procedimentos algorítmicos simples – procedimentos que podem ser conhecidos há séculos. Porém, alguns escaparão da rede, e procedimentos mais sofisticados serão necessários para tratar deles. Aqueles que ainda escapam seriam, claro, particularmente intrigantes para os matemáticos e os levariam a desenvolver métodos ainda mais poderosos. Esses métodos necessariamente se fundamentariam em intuições cada vez mais profundas da natureza da matemática envolvida. Talvez haja algo assim em nosso entendimento do mundo físico.

Nos problemas das palavras e do ladrilhamento que consideramos acima, podemos começar a ter um vislumbre desse tipo de coisa (mesmo que essas não sejam áreas em que, por enquanto, o maquinário matemático esteja muito desenvolvido). Fomos capazes de utilizar um argumento bastante simples em um caso particular para mostrar que uma certa palavra não pode ser obtida de outra pelas regras permitidas. Não é difícil imaginar que existam linhas de raciocínio muito mais sofisticadas que podemos utilizar para tratar dos casos mais complexos. A probabilidade seria, então, que essas novas linhas de raciocínio pudessem ser transformadas em um procedimento algorítmico. Sabemos que nenhum procedimento pode ser suficiente para todas as instâncias do problema da palavra, mas os exemplos que escapariam teriam de ser construídos de maneiras muito cuidadosas e sutis. De fato, assim que *soubermos* como esses exemplos foram construídos – assim que soubermos com certeza que um caso particular escapou do nosso algoritmo –, poderemos, então, melhorar nosso algoritmo para também incluir esse caso. Somente pares de palavras que não são "iguais" podem escapar, de modo que, assim que soubermos que elas escaparam, saberemos que elas não são "iguais", e esse fato pode ser adicionado ao nosso algoritmo. Nossa intuição melhorada nos levará a um algoritmo melhorado!

Teoria da complexidade

Os argumentos que expus acima, assim como os do capítulo anterior, sobre a natureza, existência e limitações dos algoritmos foram todos focados no nível "em princípio". Não discuti ainda a questão quanto aos algoritmos que surgem dessa maneira serem de algum modo práticos. Mesmo para os problemas nos quais é evidente que um algoritmo existe e como ele pode ser construído, pode ser necessário muita engenhosidade e trabalho duro para transformar esses algoritmos em algo útil. Algumas vezes, uma pequena intuição e engenhosidade levará a reduções consideráveis na complexidade de um algoritmo, e algumas vezes a uma melhoria enorme em sua velocidade. Essas questões geralmente são muito detalhadas e técnicas, e uma quantidade enorme de trabalho foi dedicada a elas em diferentes contextos nos anos recentes com relação à construção, entendimento e melhoria de algoritmos – um campo de pesquisa que está em expansão e desenvolvimento rápidos. Não seria pertinente para mim tentar entrar em uma discussão detalhada sobre essas questões. No entanto, existem várias coisas gerais que são conhecidas, ou conjecturadas, com relação a certas limitações *absolutas* do quanto a velocidade de um algoritmo pode aumentar. Acontece que, mesmo entre os problemas matemáticos que *são* algorítmicos por natureza, existem alguns que são intrinsecamente muito mais difíceis de solucionar algoritmicamente que outros. Os problemas difíceis podem ser resolvidos somente por algoritmos muito vagarosos (ou, talvez, por algoritmos que necessitem de um imenso espaço de armazenamento de dados etc.). A teoria que trata de questões desse tipo é conhecida como *teoria da complexidade computacional*.

A teoria da complexidade não se preocupa com a solução de problemas *particulares* de forma algorítmica, mas com famílias infinitas de problemas em que haveria um algoritmo geral para encontrar a resposta a todos os problemas de uma mesma família. Os problemas diferentes na família teriam "tamanhos" diferentes, nos quais o tamanho de um problema é medido por algum número natural n. (Terei mais a dizer em breve como esse número n de fato caracteriza o tamanho do problema.) O intervalo de tempo – ou de maneira mais correta, o número de passos elementares – que o algoritmo precisaria para um problema particular da classe seria algum número natural N que dependeria de n. Para ser um pouco mais preciso, vamos dizer que dentre *todos* os problemas de algum tipo de tamanho particular n, o maior número de etapas que o algoritmo leve é N. Agora, à medida que n se torna cada vez maior, o número N provavelmente também se tornará cada vez maior. De fato, N provavelmente se tornará maior de maneira muito mais rápida do que n. Por exemplo, N pode ser aproximadamente proporcional a n^2, n^3 ou talvez 2^n (que, para n grande, é muito maior do que n, n^2, n^3, n^4 e n^5 – maior, de fato, do que qualquer n^r para algum r fixo), até mesmo pode ser o caso que N seja proporcional a, digamos 2^{2n} (que é ainda maior).

É evidente que o número de "passos" poderia depender do tipo de máquina na qual executamos o algoritmo. Se a máquina computacional é uma máquina de Turing do tipo descrita no Capítulo 2, em que teríamos uma única fita – algo bastante ineficiente – então o número N de passos poderia aumentar de maneira muito mais rápida (i.e., a máquina poderia proceder muito lentamente) que se pudéssemos ter duas ou mais fitas. Para evitar incertezas desse tipo, uma categorização ampla é feita das maneiras pelas quais N pode crescer como função de n, de modo que não importa qual tipo de máquina de Turing seja usada, a medição da taxa de aumento de N sempre cairá na mesma categoria. Uma dessas categorias, conhecida como **P** (que significa "tempo polinomial") inclui todas as taxas que são, no máximo, múltiplos fixos[23] do tipo n, n^2, n^3, n^4 e n^5,... . Isso quer dizer que, para qualquer problema que esteja na categoria **P** (onde por "problema" de fato quero me referir a uma família de problemas com um algoritmo geral para resolvê-los), obtemos:

$$N \leq K \times n^r,$$

para números K e r *constantes* (independentes de n). Isso significa que N não é maior que algum múltiplo de n elevado a uma potência fixa.

Um tipo simples de problema que certamente pertence a **P** é multiplicar dois números. Para explicar isso, primeiro devo descrever como o número n caracteriza o tamanho de um par particular de números que deve ser

[23] Um "polinômio" se referiria a uma expressão mais geral, como $7n^4 - 3n^3 + 6n + 15$, mas isso não nos dá nenhuma generalização adicional. Para essas expressões, todos os termos envolvendo potências menores de n se tornam sem importância quando n se torna grande (de modo que, neste exemplo particular, podemos ignorar todos os termos com exceção de $7n^4$).

multiplicado. Podemos imaginar que cada número é escrito em notação binária, e que $n/2$ é simplesmente o número de dígitos binários de cada número, resultando em um *total* de n dígitos binários – i.e., n *bits* – ao todo. (Se algum dos números for maior que o outro, podemos tomar o mais curto e adicionar zeros à esquerda para fazê-lo ficar do mesmo tamanho do maior.) Por exemplo, se $n = 14$, estaríamos considerando

$$1011010 \times 0011011$$

(que é 1011010×11011, mas com os zeros colocados no número menor). A maneira mais direta de efetuar esta multiplicação é do modo usual:

$$\begin{array}{r} 1011010 \\ \times\ 0011011 \\ \hline 1011010 \\ 1011010 \\ 0000000 \\ 1011010 \\ 1011010 \\ 0000000 \\ 0000000 \\ \hline 01001011111110 \end{array}$$

Lembrando que, no sistema binário $0 \times 0 = 0$, $0 \times 1 = 0$, $1 \times 0 = 0$, $1 \times 1 = 1$, $0 + 0 = 0$, $0 + 1 = 1$, $1 + 0 = 1$, $1 + 1 = 10$. O número de multiplicações binárias individuais é $\left(\frac{n}{2}\right) \times \left(\frac{n}{2}\right) = (n^2/4)$ e pode haver até $\left(\frac{n^2}{2}\right) - \frac{n}{2}$ adições binárias individuais (incluindo-se "carregar o 1"). Isso totaliza $\left(\frac{n^2}{2}\right) - \left(\frac{n}{2}\right)$ operações aritméticas individuais – e devemos incluir alguns passos extras para os passos lógicos envolvidos em "carregar o 1". O total de número de passos é essencialmente $N = \frac{n^2}{2}$ (ignorando-se os termos de ordem inferior) que é certamente polinomial.[24]

[24] De fato, ao sermos engenhosos conseguimos reduzir esse número de passos para algo da ordem de $n \log n \log \log n$ para n grande – que é, claro, ainda um membro de P. Veja Knuth (1981) para mais informações sobre o tópico.

Para uma classe de problemas em geral tomamos a medida *n* do "tamanho" do problema como o *número total de dígitos binários* (ou *bits*) necessários para especificar os dados de entrada para um problema daquele tamanho particular. Isso significa que, para um dado *n*, existiram até 2^n diferentes instâncias do problema para aquele tipo (pois cada dígito pode ter uma das duas possibilidades, 0 ou 1, e existem *n* dígitos no total) e eles devem ser tratados de maneira uniforme pelo algoritmo em não mais do que *N* passos.

Existem muitos exemplos de (classes de) problemas que *não* estão em **P**. Por exemplo, de maneira a efetuar a operação de computar o número 2^{2^r} a partir do número natural *r*, precisaríamos de cerca de 2^n passos somente para *escrever a resposta* e muito mais para efetuar o cálculo, *n* sendo o número de dígitos binários na representação binária de *r*. A operação de calcular $2^{2^{2^r}}$ toma cerca de 2^{2^r} somente para a resposta ser escrita etc.! Estes são muito maiores que os polinômios e certamente não estão em **P**.

Mais interessantes são os problemas cujas respostas podem ser escritas e verificadas quanto a sua correção em tempo polinomial. Existe uma categoria importante de problemas (classes de problemas algoritmicamente solúveis) caracterizada por essa propriedade. São conhecidos como problemas (de classe) **NP**. Mais precisamente, se um problema particular da classe **NP** tem uma solução, então o algoritmo dará essa solução, e deve ser possível verificar em tempo polinomial se a solução proposta é de fato uma solução. Nos casos em que o problema não tem uma solução, o algoritmo também dirá isso, mas não é necessário que verifiquemos – em tempo polinomial ou em mais tempo – que de fato não existe uma solução.[25]

Problemas **NP** surgem em diversos contextos, tanto dentro na própria matemática quanto em situações mais práticas. Darei aqui um exemplo matemático simples: o problema de encontrar o que é chamado de *"circuito hamiltoniano"* em um grafo (nome bastante assustador para uma ideia extremamente simples). Por um "grafo" quero dizer uma coleção finita de pontos, ou "vértices", tendo um certo número de pares conectados por linhas – chamadas de "arestas" do grafo. (Não estamos interessados aqui nas propriedades geométricas nem em "distâncias", mas somente quais vértices estão conectados entre si. Assim, não importa realmente se os vértices estão todos representados em um plano – assumindo que não nos importemos com as arestas

---

[25] Mais corretamente, as classes P, NP e NP-completo (veja p.215) são definidas para problemas somente do tipo sim/não (e.g., dados *a*, *b* e *c* é verdade que $a \times b = c$?), mas as descrições dadas no texto são adequadas para nossos propósitos.

passando umas pelas outras – ou em um espaço tridimensional. Um circuito hamiltoniano é simplesmente uma rota fechada (ou um laço) consistindo somente em arestas do grafo e que passa exatamente uma vez só em cada vértice. Um exemplo de grafo com um circuito hamiltoniano é mostrado na Fig. 4.14. O problema do circuito hamiltoniano é decidir, para um dado grafo, se existe ou não um circuito hamiltoniano nele e, caso a resposta seja afirmativa, exibi-lo.

Existem diversas maneiras de representar um grafo em termos de dígitos binários. Não importa realmente qual método é utilizado aqui. Um procedimento seria enumerar os vértices 1, 2, 3, 4, 5, ... e então listar os pares em alguma ordem fixa apropriada:

(1,2), (1,3), (2,3), (1,4), (2,4), (3,4), (1,5), (2,5), (3,5), (4,5), (1,6), ...

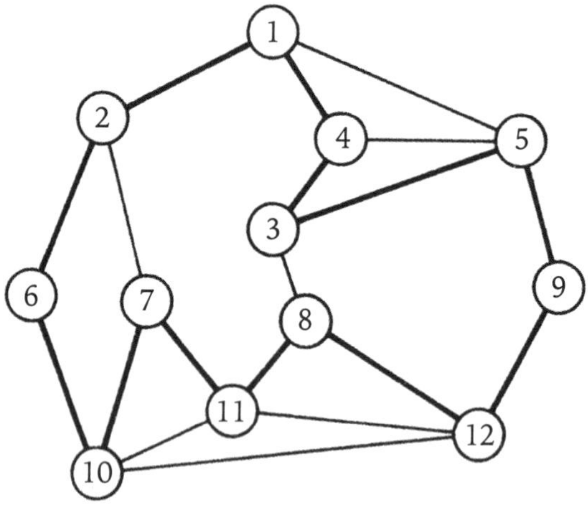

Fig. 4.14. Um grafo com um circuito hamiltoniano ressaltado (linhas levemente mais escuras). Existe somente mais um circuito hamiltoniano, caso o leitor queira verificar.

Podemos então fazer um mapeamento entre essa lista e uma lista de "0"s e "1"s, em que colocamos um "1" sempre que o par corresponder a uma aresta presente no grafo, e um "0" caso contrário. Assim, a sequência binária

10010110110 ...

designaria que o vértice 1 se junta ao vértice 2, ao 4 e ao 5, ..., o vértice 3 se junta ao 4 e ao 5, ..., o vértice 4 se junta ao 5, ... etc. (como na Fig. 4.14).

O circuito hamiltoniano poderia ser dado, se quisermos, como uma subcoleção dessas arestas, que seria descrito como uma sequência binária com muito mais zeros do que antes. O procedimento para verificar se o resultado está correto pode ser feito muito mais rapidamente que encontrar o circuito hamiltoniano em primeiro lugar. Tudo que precisamos fazer é verificar se o circuito proposto é de fato um circuito, que suas arestas de fato pertençam ao grafo original e que cada vértice do grafo é utilizado somente duas vezes – uma ao fim de cada uma de duas arestas. Esse procedimento de verificação pode ser facilmente executado em tempo polinomial.

De fato, esse problema não é somente **NP**, mas é algo conhecido como **NP**-*completo*. Isso significa que quaisquer outros problemas **NP** podem ser convertidos nele em tempo polinomial – de modo que, se alguém fosse inteligente o suficiente para encontrar um algoritmo que solucionasse o problema do circuito hamiltoniano em tempo *polinomial*, i.e., mostrasse que o problema do circuito hamiltoniano pertence a **P**, então seguiria que *todos* os problemas **NP** estão na verdade em **P**! Esse fato teria enormes implicações. De maneira geral, problemas que estão em **P** são vistos como "*tratáveis*" (i.e., "solúveis em um tempo aceitável"), para *n* razoavelmente grande, em um computador atual, enquanto problemas em **NP** que não estão em **P** são vistos como "*intratáveis*" (i.e., mesmo que solúveis em princípio, são insolúveis na prática") para um *n* razoavelmente grande – não importa quanto aumentemos a velocidade de processamento de um computador, de qualquer tipo que possamos imaginar que venha a existir no futuro próximo. (O tempo real que seria gasto, para um *n* grande, rapidamente se tornaria maior que a idade do universo para um problema **NP** que não estivesse em **P**, o que não é nada prático!) Qualquer algoritmo inteligente para solucionar o problema do circuito hamiltoniano em tempo polinomial poderia ser convertido em um algoritmo para solucionar *qualquer* outro problema **NP** que fosse em tempo polinomial!

Outro problema que é **NP**-completo[26] é o problema do "caixeiro viajante", muito similar ao do circuito hamiltoniano, exceto que as diversas arestas têm números vinculados a elas, e procuramos um circuito hamiltoniano para o qual a soma dos números seja *mínima*. Novamente, uma solução em tempo polinomial para o problema do caixeiro viajante levaria a uma solução em tempo polinomial para *todos* os outros problemas **NP**. (Se essa solução fosse encontrada, certamente seria manchete nos jornais! Pois, em particular,

[26] De maneira estrita, precisamos de uma versão sim/não disso, tal como: existe uma rota para o vendedor com uma distância menor que tal número? (Veja a nota 25 à p.213.)

existem sistemas de criptografia que foram apresentados nos anos recentes que dependem de um problema relacionado à fatoração de números inteiros grandes, sendo este um outro problema **NP**. Se pudesse ser solucionado em tempo polinomial, esses códigos provavelmente seriam quebrados mediante o uso de computadores atuais poderosos, mas caso contrário, os códigos parecem ser seguros. Veja Gardner, 1989.)

É uma crença comum entre os especialistas que é de fato *impossível* solucionar um problema **NP**-completo em tempo polinomial com qualquer aparato similar a uma máquina de Turing e, consequentemente, que **P** e **NP** *não* são iguais. É muito provável que essa crença esteja correta, mas até hoje ninguém foi capaz de prová-la. Esse problema, o mais importante da teoria da complexidade computacional, permanece sem solução.

A complexidade e a computabilidade nos objetos físicos

A teoria da complexidade é importante para nossas considerações neste livro, pois ela levanta outra questão, um pouco apartada da questão quanto a ser algo algorítmico ou não; isto é, que as coisas que sabemos algorítmicas o serem de fato de uma maneira *útil*. Nos próximos capítulos não terei tanto a dizer com relação às questões da teoria da complexidade em contraste com a computabilidade em si. Estou inclinado a pensar (mesmo que, sem dúvida, com base em razões inadequadas) que diferentemente da questão básica da computabilidade em si, as questões da teoria da complexidade não são tão centrais para o entendimento dos fenômenos mentais. Além disso, sinto que questões relacionadas à praticidade dos algoritmos atualmente ainda são pouco exploradas pela teoria da complexidade.

No entanto, posso muito bem estar errado quanto ao papel da complexidade. Como noto mais adiante (no Capítulo 9, p.527-8), a teoria da complexidade para *objetos físicos reais* poderia muito bem ter diferenças significativas com relação ao que temos discutido até agora. Para que essa diferença se torne manifesta, seria necessário fazermos uso de algumas das propriedades mágicas da mecânica quântica – uma teoria misteriosa, porém poderosa e precisa do comportamento dos átomos, moléculas e muitos outros fenômenos, alguns dos quais são importantes em escalas muito maiores. Vamos nos entender com essa teoria no Capítulo 6. Segundo um conjunto recente de ideias introduzido por David Deutsch (1985), é possível *em princípio* construir um "computador quântico" para o qual existam (classes de) problemas que não estejam em **P**, porém que poderiam ser resolvidos por esse dispositivo em tempo polinomial. Não é de todo evidente, hoje em dia, como um aparato físico real poderia ser construído de modo que se comporte (confiavelmente) como um computador quântico – e, ademais, a classe de problemas que foi considerada é decididamente artificial – porém, a possibilidade *teórica* de que um aparato físico quântico venha a ser melhor com relação a uma máquina de Turing parece estar entre nós.

Será que o cérebro humano, que nesta discussão considero "um aparato físico", mesmo que com um projeto incrivelmente delicado e sutil, e também complexo, usufrui das vantagens advindas da mágica da teoria quântica? Nós já entendemos as maneiras pelas quais os efeitos quânticos podem ser utilizados vantajosamente para a solução de problemas ou para a concepção de juízos? É concebível que talvez tenhamos de ir "além" da teoria quântica atual para usufruir dessas vantagens? É realmente provável que objetos físicos reais poderiam se mostrar melhores que uma máquina de Turing com relação à teoria da complexidade? E quanto à teoria da *computabilidade* para objetos físicos reais?

Para respondermos a essas questões, devemos parar de focar em questões puramente matemáticas e nos perguntar, nos próximos capítulos, como o mundo físico realmente se comporta!

5
O mundo clássico

O *status* da teoria física

O que precisamos saber sobre o funcionamento da natureza de maneira a contemplar como a consciência pode ser parte dele? Importam realmente as leis que governam os elementos constituintes dos nossos corpos e cérebros? Se nossas percepções conscientes são frutos meramente do funcionamento de algoritmos, como muitos defensores da IA querem nos fazer crer, então não seria de muita relevância quais são realmente essas leis. Qualquer aparato que *seja* capaz de executar um algoritmo seria tão bom quanto outro. Talvez, por outro lado, exista mais associado aos nossos sentimentos de noção existencial do que meros algoritmos. Talvez a maneira detalhada pela qual somos constituídos de fato tenha relevância, assim como as leis físicas precisas que governam os elementos materiais dos quais somos compostos. Talvez precisemos entender seja qual for a característica profunda que está subjacente à natureza da matéria e que controle a maneira pela qual toda a matéria deve se comportar. A física ainda não chegou a esse ponto. Existem ainda muitos mistérios a serem revelados, e muitos aprendizados profundos a serem ganhos. Porém, a maior parte dos físicos e fisiologistas julgaria que *já* sabemos o suficiente sobre as leis físicas relevantes para o funcionamento de um objeto de tamanho ordinário como um cérebro humano. Ainda que certamente seja o caso de o cérebro ser um sistema físico excepcionalmente complicado, e uma quantidade imensa de coisas sobre sua estrutura detalhada e funcionamento ainda não ser conhecida, poucos afirmariam que é nos princípios *físicos* subjacentes ao seu comportamento que existe alguma falta de entendimento significativa.

Discutirei mais tarde de modo não convencional como, ao contrário, *ainda* não entendemos suficientemente bem a física para que o funcionamento dos nossos cérebros seja, mesmo em princípio, adequadamente descrito em termos dessa ciência. Para essa argumentação, será necessário primeiro fornecer um vislumbre amplo do *status* da teoria física atual. Este capítulo foca principalmente com o que é chamado de "física clássica", que inclui tanto a mecânica newtoniana quanto a relatividade de Einstein. "Clássico", aqui, significa essencialmente as teorias que eram dominantes antes da chegada, em cerca de 1925, da *teoria quântica* (por meio do trabalho engenhoso de físicos como Planck, Einstein, Bohr, Heisenberg, Schrödinger, De Broglie, Born, Jordan, Pauli e Dirac) – uma teoria de incerteza, indeterminismo e mistério que descreve o comportamento das moléculas, átomos e partículas subatômicas. A teoria clássica é, por outro lado, *determinística*, de modo que o futuro sempre está completamente determinado pelo passado. Mesmo assim, a física clássica tem muitos tópicos misteriosos, apesar do entendimento que temos dela que foi conquistado ao longo dos séculos e que nos levou a um paradigma do mundo extraordinariamente preciso. Examinaremos a teoria quântica (no Capítulo 6) também, pois creio que, ao contrário do que parece ser a visão majoritária dentre os fisiologistas, fenômenos quânticos *são* provavelmente importantes para a operação do cérebro – porém, essa é uma discussão para os capítulos seguintes.

As conquistas da ciência até hoje são impressionantes. É só olharmos o poder extraordinário que nosso entendimento da natureza nos permitiu obter. As tecnologias do mundo moderno derivam, em boa parte, de uma grande dose de experiência empírica. No entanto, é a *teoria* física que está subjacente a nossa tecnologia de uma maneira muito mais fundamental, e é com essa teoria física que estaremos preocupados aqui. As teorias disponíveis para nós apresentam uma precisão bastante notável. Porém, não é apenas sua precisão que demonstra sua força. É também o fato de que elas são extraordinariamente passíveis de um tratamento matemático preciso e detalhado. São esses fatos juntos que dão a ciência seu poder realmente extraordinário.

Uma boa dose da teoria física não é particularmente recente. Se um evento deve ser destacado em relação aos outros é a publicação, em 1687, dos *Principia*, de Isaac Newton. Esse trabalho monumental demonstrou como, por meio de alguns princípios físicos básicos, poderíamos compreender, e geralmente predizer com notável precisão, uma grande quantidade de fatos sobre o modo como os objetos físicos de fato se comportam. (Muito dos *Principia* também estava focado em importantes desenvolvimentos das ferramentas matemáticas, mesmo que mais tarde métodos mais práticos tenham sido fornecidos por Euler e outros.) O trabalho do próprio Newton, como ele prontamente admitia, tinha um débito grande com a conquista de pensadores anteriores, dentre os quais podemos citar os mais proeminentes, como Galileu Galilei, René Descartes e Johannes Kepler. Porém, nesses trabalhos há conceitos subjacentes que derivam de pensadores ainda mais ancestrais, tais como as ideias geométricas de Platão, Eudoxo, Euclides, Arquimedes e Apolônio. Terei mais a dizer sobre eles mais tarde.

Desvios do esquema básico da dinâmica newtoniana vieram depois. Primeiro houve a teoria eletromagnética de James Clerk Maxwell, desenvolvida na metade do século XIX. Esta não englobou somente o comportamento clássico dos campos elétricos e magnéticos, mas também o comportamento da luz.[1] Essa teoria notável será o centro das nossas atenções mais adiante neste capítulo. A teoria de Maxwell tem considerável importância para nossa tecnologia atual, e não existe dúvida de que fenômenos eletromagnéticos são relevantes para o funcionamento do cérebro. O que é menos evidente, no entanto, é que possa haver alguma significância para nossos processos de pensamento para as duas grandes teorias da relatividade associadas ao nome de Albert Einstein. A teoria da relatividade *especial*, que foi desenvolvida a partir do estudo das equações de Maxwell, foi apresentada por Henri Poincaré, Hendrik Antoon Lorentz e Einstein (e eventualmente colocada em uma elegante descrição geométrica por Hermann Minkowski) para explicar o comportamento enigmático de corpos quando eles se moviam próximos à

[1] É um fato notável que *todos* os desvios hoje bem estabelecidos do paradigma newtoniano foram, de algum modo fundamental, associados ao comportamento da *luz*. Primeiro, existem os campos incorpóreos portadores de energia da teoria eletromagnética de Maxwell. Segundo, existe, como veremos, o papel fundamental que a velocidade da luz exerce na teoria da relatividade especial de Einstein. Terceiro, os pequenos desvios da teoria gravitacional de Newton que a teoria da relatividade *geral* de Einstein exibe se tornam significativos somente quando as velocidades se tornam comparáveis à da luz. (A deflexão da luz pelo Sol, o movimento de Mercúrio, velocidades de escape comparadas com a da luz em buracos negros etc.). Quarto, existe a dualidade onda-partícula da teoria quântica observada inicialmente no comportamento da luz. Por fim, existe a Eletrodinâmica quântica, que é a teoria quântica de campos da luz e das partículas carregadas. É razoável especular que o próprio Newton estaria pronto a aceitar que problemas profundos com o seu paradigma do mundo poderiam estar escondidos no misterioso comportamento da luz, cf. Newton (1730); também Penrose (1987a).

velocidade da luz. A célebre equação de Einstein, $E = mc^2$, é parte dessa teoria. Porém, seu impacto em diversas tecnologias até agora tem sido pequeno (exceto com relação à física nuclear), e sua relevância para o funcionamento do cérebro parece periférica, no melhor dos casos. Por outro lado, a relatividade especial nos diz algo profundo sobre a realidade física com relação à natureza do *tempo*. Veremos nos próximos capítulos que isso nos leva a algumas questões profundas quanto à teoria quântica que poderiam ter alguma importância com relação ao nosso "fluxo do tempo" percebido. Além disso, precisaremos entender a teoria especial da relatividade antes de podermos apreciar adequadamente a teoria da relatividade *geral* de Einstein – que utiliza o espaço-tempo curvo para descrever a gravitação. O impacto *dessa* teoria na tecnologia até agora tem sido quase inexistente,[2] e pareceria despropositado sugerir qualquer relevância para o funcionamento do cérebro! Mas, notavelmente, é de fato a teoria *geral* que terá relevância maior para nossas deliberações futuras, principalmente nos Capítulos 7 e 8, em que precisaremos nos aventurar nos recantos distantes do espaço e do tempo para podermos vislumbrar algo das mudanças que afirmo serem necessárias, antes que um entendimento completamente coerente da teoria quântica seja obtido – porém, mais sobre isso será visto depois!

Essas são áreas amplas da física *clássica*. E quanto à física quântica? Diferentemente da teoria da relatividade, a teoria quântica *está* começando a ter impacto significativo na tecnologia. Isso ocorre parcialmente devido aos entendimentos que ela forneceu em áreas tecnologicamente importantes, como a Química e a Metalurgia. De fato, alguns diriam que essas áreas foram resumidas à física em decorrência das novas e detalhadas intuições que a teoria quântica nos deu. Além disso, existem vários *novos* fenômenos que a teoria quântica nos deu, sendo o mais familiar deles, suponho, o *laser*. Será que alguns aspectos essenciais da teoria quântica também não podem exercer papéis cruciais na física subjacente aos nossos processos de pensamento?

E quanto aos entendimentos físicos mais recentes? Alguns leitores podem ter encontrado ideias em livros expressas de maneira otimista envolvendo nomes tais como "quarks" (cf. p.225), "TGU" (Teorias da Grande Unificação), o "cenário inflacionário" (veja a nota 21 à p.459), "supersimetria",

[2] Quase, mas não totalmente; a precisão necessária para o comportamento de sondas espaciais de fato exige que suas órbitas sejam calculadas levando em conta os efeitos da relatividade geral – e existem aparatos capazes de localizar nossa posição na Terra de maneira tão precisa (com erros de poucos metros, de fato) que é necessário considerar os efeitos da curvatura espaçotemporal da relatividade geral!

"teoria de (super)cordas" etc. Como essas teorias se comparam às que me referi acima? Precisamos saber algo sobre elas? Acredito que, para colocar as coisas em perspectiva mais apropriadamente, eu deveria formular três amplas categorias de teorias físicas básicas. Vou me referir a estas:

1. SOBERBA,
2. ÚTIL,
3. PROVISÓRIA.

Na categoria SOBERBA devem ir todas aquelas teorias que tenho discutido nos parágrafos anteriores. Para qualificar-se como SOBERBA, não exijo que a teoria seja aplicável sem refutação aos fenômenos do mundo, mas que a abrangência e precisão que ela tenha quando aplicada deva ser, em um sentido apropriado, *fenomenal*. Da maneira pela qual utilizo o termo "soberba" é um fato extraordinariamente notável haver alguma teoria nessa categoria! Não estou ciente de nenhuma outra teoria básica em nenhuma outra ciência que poderia encaixar-se apropriadamente nessa categoria. Talvez a teoria da seleção natural, como proposta por Darwin e Wallace, chegue o mais próximo disso, mas ainda há uma distância considerável.

A mais antiga das teorias SOBERBAS é a geometria euclidiana que aprendemos na escola. Os povos antigos podem não a ter visto como uma teoria física, mas isso é o que ela de fato era: uma teoria física incrivelmente precisa do espaço físico – e da geometria dos corpos rígidos. Por que razão me refiro à geometria euclidiana como uma teoria *física*, em vez de um ramo da matemática? Ironicamente uma das razões mais evidentes para ter esse ponto de vista é que agora sabemos que a geometria euclidiana *não é uma descrição inteiramente precisa* do espaço físico que de fato habitamos! A teoria da relatividade geral de Einstein nos diz agora que o espaço(-tempo) é na verdade "curvo" (i.e., não é *exatamente* euclidiano) na presença de um campo gravitacional. Esse fato, porém, não nos impede de caracterizar a geometria euclidiana como uma teoria SOBERBA. No espaço de um metro, desvios da planicidade euclidiana são de fato minúsculos, de modo a obter erros menores que o diâmetro de um átomo de hidrogênio, ao tratarmos a geometria como euclidiana.

É razoável dizer que a teoria da *Estática* (que trata de corpos que não estão em movimento), como desenvolvida em uma bela ciência por Arquimedes, Pappos e Stevin, também teria se qualificado como SOBERBA. Essa teoria é agora englobada pela mecânica newtoniana. As ideias profundas da *dinâmica* (corpos em movimento) – introduzidas por Galileu por volta de

1600 e desenvolvidas em uma teoria magnífica e abrangente por Newton – devem, sem sombra de dúvida, entrar na categoria de SOBERBAS. Aplicadas ao movimento dos planetas e das luas, a precisão observada da teoria é fantástica – melhor que uma parte em dez milhões. O mesmo esquema newtoniano funciona aqui na Terra – e funciona para as estrelas e galáxias – com uma precisão comparável. A teoria de Maxwell, da mesma maneira, é válida de modo preciso em um intervalo de distância extraordinário, indo desde as minúsculas escalas dos átomos e partículas subatômicas até a escala das galáxias, cerca de milhões de milhões de milhões de milhões de milhões de milhões de vezes maiores! (Na menor parte da escala de distância, as equações de Maxwell devem ser combinadas apropriadamente com as regras da mecânica quântica.) Certamente ela deve qualificar-se como SOBERBA.

A teoria da relatividade especial de Einstein (antecipada por Poincaré e reformulada de maneira elegante por Minkowski) nos dá uma descrição maravilhosamente precisa dos fenômenos nos quais as velocidades dos objetos chegam próximas à da luz – velocidades nas quais as descrições newtonianas começam finalmente a falhar. A extremamente bela e original teoria da relatividade geral de Einstein generaliza a teoria dinâmica de Newton (da gravitação) e melhora sua precisão, herdando toda a precisão notável daquela teoria com relação ao movimento dos planetas e das luas. Além disso, ela explica detalhadamente vários fatos observacionais incompatíveis com o velho esquema newtoniano. Um deles (o "pulsar binário", cf. p.297-8) mostra que a teoria de Einstein é precisa em uma parte em 10^{14}. Ambas as teorias da relatividade – a segunda englobando a primeira – certamente devem ser classificadas como SOBERBAS (tanto por sua elegância matemática quanto por sua precisão).

O escopo de fenômenos explicados segundo a estranhamente bela e revolucionária teoria da mecânica quântica, além da precisão com a qual ela concorda com os experimentos, obviamente nos diz que a teoria quântica também deve ser classificada como SOBERBA. Não existem, que saibamos, discrepâncias conhecidas com relação a essa teoria – porém, sua força vai muito além disso, em razão de vários fenômenos que eram inexplicáveis e para os quais agora a teoria nos dá uma explicação. As leis da Química, a estabilidade dos átomos, a boa resolução das linhas espectrais (cf. p.315) e seus padrões bastante específicos que observamos, o curioso fenômeno da supercondutividade (resistência elétrica nula) e o comportamento dos *lasers* são só alguns exemplos desses fenômenos.

Estabeleci padrões elevados para a categoria SOBERBA, mas é a isso que nos acostumamos na física. Porém, qual é o *status* das teorias mais recentes?

Em minha opinião só existe uma delas que podemos qualificar como SOBERBA, e não é uma teoria particularmente recente: a teoria chamada de *Eletrodinâmica quântica* (ou EDQ[3]), que emergiu dos trabalhos de Jordan, Heisenberg e Pauli, foi formulada por Dirac em 1926-1934 e transformada em uma teoria útil por Bethe, Feynman, Schwinger e Tomonaga em 1947-1948. Essa teoria nasceu de uma combinação dos princípios da mecânica quântica com os da relatividade especial, incorporando as equações de Maxwell e uma equação fundamental que governa o movimento e o *spin* dos elétrons devida a Dirac. A teoria como um todo não tem elegância ou consistência similar à das teorias SOBERBAS anteriores, mas ela se qualifica como SOBERBA devido a sua precisão de fato fenomenal. Um exemplo particularmente notável é o valor do momento magnético de um elétron. (Elétrons comportam-se como pequenos ímãs de carga elétrica em rotação. O termo "momento magnético" refere-se à força desse pequeno ímã.) O valor 1,00115965246 (em unidades apropriadas – com um erro de cerca de 20 nos últimos dois dígitos) é calculado pela EDQ para o momento magnético, enquanto o valor experimental mais recente é 1,001159652193 (com um possível erro de cerca de 10 nos últimos dois dígitos). Como Feynman ressaltou, esse grau de precisão poderia determinar a distância entre Nova Iorque e Los Angeles em um espaço menor que o diâmetro de um fio de cabelo humano! Não precisaremos aqui saber sobre essa teoria, mas por questão de completude mencionarei brevemente algumas de suas características essenciais ao final do próximo capítulo.[4]

Existem algumas teorias atuais que eu colocaria na categoria de ÚTEIS. De duas delas não precisaremos aqui, mas são dignas de nota. A primeira é o modelo de *quarks* de Gell-Mann-Zweig para as partículas subatômicas chamadas de *hádrons* (os prótons, nêutrons, mésons etc. que constituem os núcleos atômicos – ou, mais precisamente, as partículas "com interação forte") e a teoria detalhada (posterior) de suas interações, que é conhecida como *cromodinâmica quântica*, ou CDQ.[5] A ideia é que todos os hádrons sejam constituídos de objetos conhecidos como "quarks", que interagem uns com os outros por meio de uma certa generalização da teoria de Maxwell (conhecida como "teoria de Yang-Mills"). Em segundo lugar há uma teoria (devida a Glashow, Salam, Ward e Weinberg – novamente utilizando a teoria de Yang-Mills) que

[3] Comumente referida pelos físicos brasileiros pela sigla em inglês, *QED* (Quantum Electro-Dynamics). (N. T.)

[4] Veja o livro de Feynman (1985) *QED* para uma descrição acessível da teoria.

[5] Comumente referida pelos físicos brasileiros também pela sigla em inglês, *QCD* (Quantum ChromoDynamics). (N. T.)

combina as forças eletromagnéticas com as interações "fracas" responsáveis pelos decaimentos radioativos. Essa teoria incorpora uma descrição dos assim chamados *léptons* (elétrons, múons, neutrinos; além das partículas W e Z – as partículas "fracamente interativas"). Existem boas evidências experimentais para ambas a teorias. No entanto, elas são, por diversas razões, muito menos elegantes do que gostaríamos (assim como na EDQ, mas ainda mais), e sua precisão observada e poder preditivo atualmente estão a uma distância muito grande do padrão "fenomenal" necessário para sua inclusão na categoria de SOBERBA. Essas duas teorias juntas (a segunda incluindo a EDQ) algumas vezes são chamadas de *modelo-padrão*.

Por fim, existe uma teoria de outro tipo que também acredito pertencer à categoria de teoria ÚTIL. Ela é chamada de teoria do *Big Bang* para a origem do universo.[6] Essa teoria terá papel importante a desempenhar em nossas discussões dos Capítulos 7 e 8.

Não acredito que exista alguma outra que se encaixe na categoria ÚTIL.[7] Existem muitas outras ideias populares atualmente (ou recentemente). Os nomes de algumas dessas teorias são: teorias de "Kaluza-Klein", "supersimetria" (ou "supergravidade"), e existem ainda as extremamente populares "teorias de cordas" (ou "supercordas") em adição às teorias de grande unificação (e certas ideias derivadas delas, tais como o cenário "inflacionário", cf. a nota 21 à p.459). Todas elas estão, em minha opinião, firmemente

---

[6] Refiro-me aqui ao que é conhecido como "modelo-padrão" do Big Bang. Existem muitas variantes da teoria do Big Bang, a mais popular atualmente fornece o que é conhecido como "cenário inflacionário" – firmemente ancorada na categoria PROVISÓRIA, em minha opinião!

[7] Existe um enorme *corpus* de entendimentos físicos bem estabelecidos – isto é, a *Termodinâmica* de Carnot, Maxwell, Kelvin, Boltzmann e outros – que omiti na minha classificação. Isso pode ser enigmático para alguns leitores, mas essa omissão é deliberada. Por razões que ficarão mais evidentes no Capítulo 7, eu deveria realmente ser bastante relutante em colocar a termodinâmica, da maneira como ela é hoje, na categoria de teoria SOBERBA. No entanto, muitos físicos provavelmente veriam como um *sacrilégio* colocar tal corpo fundamental e belo de ideias em uma categoria tão baixa como meramente ÚTIL! Em minha visão, a termodinâmica, da maneira como ela geralmente é entendida, aplicável somente no sentido de características *médias* e não as constituintes individuais de um sistema – e sendo parcialmente uma dedução de outras teorias – não é exatamente uma teoria física no sentido que considero aqui (o mesmo se aplica ao arcabouço matemático subjacente à *mecânica estatística*). Utilizo esse fato como uma desculpa para contornar o problema, deixando-a de fora de qualquer classificação. Como veremos no Capítulo 7, afirmo que existe uma relação íntima entre a termodinâmica e um tópico que mencionei acima na categoria ÚTIL, isto é, o modelo-padrão do Big Bang. Uma união apropriada entre esses dois conjuntos de ideias (parcialmente inexistente no momento) deveria, acredito, ser vista como uma teoria física no sentido necessário – estando até mesmo na categoria SOBERBA. Voltaremos a isso mais tarde.

alocadas na categoria PROVISÓRIA (Veja Barrow, 1988; Close, 1983; Davies; Brown, 1988; Squires, 1985). A distinção de maior importância entre as categorias ÚTEIS e PROVISÓRIAS é a ausência de alguma evidência experimental significativa para as teorias na última categoria.[8] Isso não quer dizer que uma delas não possa ser elevada, dramaticamente, para a categoria ÚTIL ou mesmo SOBERBA. Algumas dessas teorias de fato contêm ideias originais que têm uma promessa notável, mas elas permanecem sendo, até agora, ideias sem suporte experimental. A categoria PROVISÓRIA é muito ampla. As ideias envolvidas em algumas delas podem conter as sementes para algum avanço substancial no nosso entendimento do mundo, enquanto outras me parecem definitivamente apontar na direção errada ou serem artificiais. (Tentava dividir a terceira categoria em uma quarta: além da respeitável PROVISÓRIA, teríamos uma outra, digamos, chamada de ERRADA – mas depois pensei melhor sobre isso, já que não quero perder metade dos meus amigos!)

Não deveríamos ficar surpresos com o fato de as principais teorias SOBERBAS serem antigas. Ao longo da história existiram muitas outras teorias que se encaixaram na categoria PROVISÓRIA, mas a maioria delas foi esquecida. Da mesma maneira, na categoria ÚTIL, houve muitas teorias que também já esmoreceram; mas algumas também foram englobadas por outras teorias que depois se tornaram SOBERBAS. Vamos considerar alguns exemplos. Antes de Copérnico, Kepler e Newton produzirem um paradigma muito melhor, havia uma maravilhosamente elaborada teoria do movimento planetário que os gregos antigos propuseram, conhecida como *sistema ptolomaico*. Segundo esse paradigma, o movimento dos planetas seria governado por uma composição complicada de movimentos circulares. Ela havia sido muito efetiva em fazer predições, mas se tornava cada vez mais complicada à medida que mais precisão era necessária. O sistema ptolomaico parece bastante artificial para nós hoje. Esse é um exemplo de uma teoria ÚTIL (por cerca de vinte séculos!) que subsequentemente *sumiu* como uma teoria física, mesmo que tenha desempenhado papel historicamente importante na organização do entendimento do mundo. Para um bom exemplo de uma teoria ÚTIL que por fim se mostrou *bem-sucedida* podemos olhar, em vez disso, para a brilhante

[8] Meus colegas me perguntaram onde eu colocaria a "teoria dos *twistors*" – uma coleção complexa de ideais e procedimentos com os quais eu mesmo estive associado ao longo de vários anos. Vendo que a teoria dos *twistors* é uma teoria diferente do mundo físico, ela não pode estar em outro lugar além da categoria PROVISÓRIA; mas uma boa parte dela realmente não é, sendo uma transcrição matemática de outras teorias físicas anteriormente bem estabelecidas.

ideia de Kepler do movimento elíptico dos planetas. Outro exemplo foi a tabela periódica dos elementos químicos de Mendeleev. Em si essas ideias não forneciam meios preditivos do caráter "fenomenal" que mencionamos acima, mas elas se mostraram deduções "corretas" posteriores dentro de teorias SOBERBAS que as sucederam (a dinâmica newtoniana e a teoria quântica, respectivamente).

Nas seções e capítulos que seguem não terei muito a dizer sobre teorias atuais que são meramente ÚTEIS ou PROVISÓRIAS. Já há muito a dizer sobre aquelas que são SOBERBAS. É de fato um acidente feliz que tenhamos tais teorias e possamos, tão notavelmente, compreender o mundo no qual vivemos. Eventualmente devemos tentar decidir se essas teorias são ricas o suficiente para governar o funcionamento de nossos cérebros e mentes. Abordarei essa questão no seu tempo; mas por ora vamos considerar as teorias SOBERBAS, como as conhecemos, e tentar ponderar sobre sua relevância para nossos propósitos aqui.

A geometria euclidiana

A geometria euclidiana é simplesmente a matéria que aprendemos na escola como "geometria". No entanto, acredito que a maior parte das pessoas pense sobre ela como matemática, em vez de uma teoria física. Ela também é matemática, claro, mas a geometria euclidiana não é de maneira alguma a única geometria matemática concebível. A geometria em particular que nos foi dada por Euclides descreve de maneira bastante precisa o espaço físico do mundo em que vivemos, mas ela *não* é uma necessidade lógica – é somente uma (quase exata) característica *observável* do mundo físico.

De fato, existe outra geometria chamada de geometria lobachevskiana (ou *hiperbólica*[9] que é muito similar à geometria euclidiana de muitas maneiras, mas com diferenças intrigantes. Por exemplo, lembre, que na geometria euclidiana, a soma dos ângulos de qualquer triângulo é sempre 180°. Na geometria lobachevskiana, a soma é sempre *menor* que 180°, e a diferença é proporcional à área do triângulo (veja a Fig. 5.1).

[9] Nicolai Ivanovich Lobachevsky (1792-1856) foi um dentre muitos que descobriram, de maneira independente, esse tipo de geometria, como uma alternativa à geometria de Euclides. Outros foram Carl Friedrich Gauss (1777-1855), Ferdinand Schweickard (1780-1859) e Janos Bolyai (1802-1860).

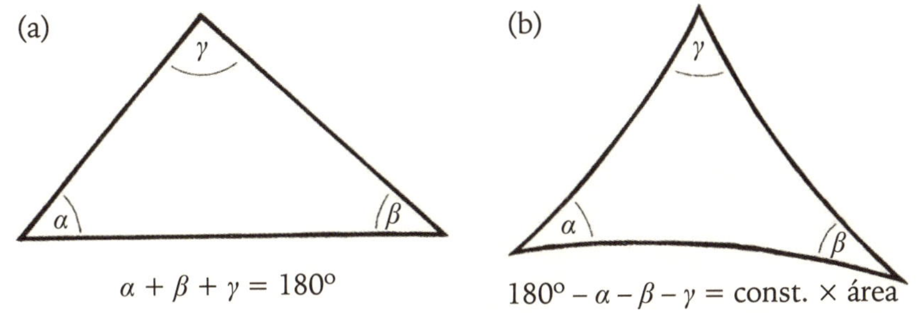

Fig. 5.1. (a) Um triângulo no espaço euclidiano; (b) um triângulo no espaço lobachevskiano.

Fig. 5.2. A representação de Escher para o espaço lobachevskiano. (Pense em todos os peixes pretos como congruentes e em todos os peixes brancos como congruentes.)

O notável artista dos Países Baixos Maurits C. Escher confeccionou algumas representações muito delicadas e precisas dessa geometria. Uma de suas pinturas é reproduzida na Fig. 5.2. Cada peixe preto deve ser pensado como tendo o mesmo tamanho e formato que outros peixes pretos, segundo a geometria lobachevskiana, e de modo similar em relação aos peixes brancos. A geometria não pode ser representada de maneira completamente precisa no plano euclidiano ordinário; assim, parece haver uma aglomeração próxima à fronteira circular. Imagine-se a si mesmo localizado dentro do padrão, mas em um local próximo à fronteira. Nesse caso, a geometria lobachevskiana deve lhe parecer da mesma forma como se você estivesse no meio ou em qualquer outro lugar. O que parece ser a "fronteira" do padrão, segundo a representação euclidiana, está realmente "no infinito" na geometria lobachevskiana. A fronteira circular não deve ser vista de maneira alguma como parte do espaço de Lobachevsky – tampouco em nenhuma região euclidiana que *além* desse círculo. (Essa engenhosa representação do plano de Lobachevsky é devida a Poincaré. Ela tem a característica especial de que formas muito pequenas não são distorcidas na representação – somente seu tamanho muda.) As "linhas retas" dessa geometria (ao longo das quais os peixes de Escher apontam) são círculos que encontram o círculo da fronteira com ângulos retos.

Poderia muito bem ser o caso de a geometria lobachevskiana ser real em nosso mundo em escala cosmológica (veja o Capítulo 7, p.432). No entanto, a constante de proporcionalidade entre o déficit angular para um triângulo e sua área teria de ser *excessivamente* pequena nesse caso, e a geometria euclidiana seria uma aproximação excelente para essa geometria nas escalas ordinárias às quais estamos acostumados. De fato, como veremos mais tarde neste capítulo, a teoria da relatividade geral de Einstein nos diz que a geometria do nosso mundo *realmente* se afasta da geometria euclidiana (mesmo que de um modo "irregular" que é muito mais complexo que na geometria lobachevskiana) em escalas consideravelmente menos remotas que as cosmológicas, mesmo que os desvios continuem a ser excessivamente pequenos nas escalas de nossas experiências cotidianas. O fato de a geometria euclidiana parecer refletir tão precisamente a estrutura do "espaço" do nosso mundo nos enganou (ou enganou nossos ancestrais!) e nos fez pensar que essa geometria é uma necessidade lógica, ou que temos *a priori* uma intuição inata de que a geometria euclidiana *deve* ser aplicável ao mundo em que vivemos. (Mesmo o eminente filósofo Immanuel Kant afirmou isso.) A quebra de paradigma com relação à geometria euclidiana só ocorreu com a relatividade geral de Einstein, que foi postulada muitos anos mais tarde. Longe de a geometria euclidiana ser uma necessidade lógica, é um *fato empírico observacional* essa geometria aplicar-se de maneira tão precisa – mesmo que não exata – ao nosso espaço físico! A geometria euclidiana foi o tempo todo uma teoria *física* (SOBERBA). Além de ela ser um elegante e lógico artefato da matemática pura.

De certo modo, isso não era tão distante do ponto de vista defendido por Platão (c. 360 a.C.; cerca de cinquenta anos antes dos *Elementos*, de Euclides, seu notável livro sobre geometria). Na visão de Platão, os objetos da geometria pura – linhas retas, círculos, triângulos, planos etc. – existiam somente de forma aproximada no mundo real dos objetos físicos. Esses objetos matematicamente precisos da geometria pura habitavam, em vez disso, um mundo diferente – o *mundo ideal de Platão* dos conceitos matemáticos. O mundo de Platão consiste não em objetos tangíveis, mas em "objetos matemáticos". Esse mundo nos é acessível não mediante o meio físico, mas, ao em vez disso, por meio do *intelecto*. Nossa mente faz contato com o mundo de Platão sempre que contempla uma verdade matemática, observando-a pelo exercício do raciocínio e intuição matemática. Esse mundo ideal era visto como distinto e mais perfeito que o mundo material de nossas experiências externas, mas tão real quanto ele. (Lembre nossas discussões nos Capítulos 3 e 4, p.155 e 174, sobre a realidade platônica dos conceitos matemáticos.) Assim, mesmo que os objetos da geometria euclidiana pura sejam estudados pelo pensamento, e muitas das propriedades desse ideal sejam então derivadas, não seria uma necessidade o mundo físico "imperfeito" de nossas experiências externas aderir exatamente a esse ideal. Por meio de alguma miraculosa intuição, Platão parece ter previsto, com base no que provavelmente teria sido uma evidência extremamente escassa na época, que, por um lado, a matemática deve ser entendida e estudada por sua própria natureza, e não devemos exigir dela uma aplicabilidade completamente precisa aos objetos de nossa experiência física; por outro lado, o funcionamento do mundo externo real pode ser entendido em última instância somente em termos de matemática precisa – o que significa, em termos do mundo das ideias de Platão, "acessível por meio do intelecto"!

Platão fundou uma Academia em Atenas cuja meta era o desenvolvimento dessas ideias. Dentre a elite que surgiu dos seus membros havia um célebre e excessivamente influente filósofo chamado Aristóteles. Porém, aqui estaremos mais preocupados com outro membro dessa Academia – menos conhecido que Aristóteles, mas, em meu ponto de vista, um cientista muito mais refinado – um dos grandes pensadores da Antiguidade: o matemático e astrônomo Eudoxo.

Existe um ingrediente profundo e sutil à geometria euclidiana – de fato bastante essencial – que nos dias de hoje dificilmente pensamos como algo geométrico! (Matemáticos tenderiam a chamar esse ingrediente de "análise", em vez de "geometria".) Foi a introdução, para todos os efeitos, dos *números reais*. A geometria euclidiana refere-se a comprimentos e ângulos. Para entender essa geometria devemos apreciar que tipo de "números" são necessários para descrever esses comprimentos e ângulos. A ideia nova central foi apresentada no século IV a.C. por Eudoxo (c. 408-355 a.C.).[10] A geometria grega estava em "crise" devido à descoberta pelos pitagóricos de que números como $\sqrt{2}$ (necessários para expressar o comprimento da diagonal de um quadrado em termos de seus lados) não poderiam ser expressos como frações (cf. Capítulo 3, p.134). Havia sido importante para os gregos que eles fossem capazes de formular suas medições geométricas (razões) em termos de (razões de) inteiros, de modo que as magnitudes geométricas pudessem ser estudadas segundo as leis da aritmética. Basicamente a ideia de Eudoxo foi fornecer um método para descrever razões de comprimentos (i.e., números reais!) em termos de *inteiros*. Ele foi capaz de fornecer critérios, expressos em termos de operações com inteiros, para decidir quando uma razão de comprimentos excede outra, ou se duas delas devem de fato ser consideradas exatamente iguais.

A ideia era basicamente a seguinte: Se a, b, c e d são quatro comprimentos, então um critério para aferir que a razão a/b é *maior* que a razão c/d é que devem existir inteiros M e N tais que a adicionado a si mesmo N vezes excede b adicionado a si mesmo M vezes, enquanto ao mesmo tempo d adicionado a si mesmo M vezes excede c adicionado a si mesmo N vezes.[11] Um critério corresponde poderia ser usado para aferir que a/b era *menor* que c/d. O critério desejado para a *igualdade* $a/b = c/d$ era agora simplesmente que *nenhum* dos outros dois critérios pudessem ser satisfeitos!

Uma teoria matemática completamente precisa e abstrata dos números reais não foi desenvolvida até o século XIX, por matemáticos como Dedekind e Weierstrass. Porém, seus procedimentos tinham contornos muito similares àqueles que Eudoxo já havia descoberto cerca de vinte e dois séculos antes! Não há necessidade de descrever aqui os desenvolvimentos modernos. Essa

[10] Eudoxo também foi o originador da teoria ÚTIL por 2000 anos do movimento planetário, mais tardiamente desenvolvida em mais detalhes por Hiparco e Ptolomeu, originando subsequentemente o sistema ptolomaico!

[11] Na notação moderna isso afirma a existência de uma fração, M/N, tal que $\frac{a}{b} > \frac{M}{N} > \frac{c}{d}$. Sempre existirá essa fração entre os dois números reais $\frac{a}{b}$ e $\frac{c}{d}$ tal que $\frac{a}{b} > \frac{c}{d}$, de modo que o critério de Eudoxo é de fato satisfeito.

teoria moderna foi pincelada de forma vaga na p.136 no Capítulo 3, mas por questão de facilidade de apresentação preferi, naquele capítulo, basear a discussão dos números reais em termos das expansões decimais que nos são mais familiares. (Essas expansões foram, para todos os efeitos, introduzidas por Stevin em 1585.) Devemos ressaltar que a notação decimal, ainda que familiar para nós, era na verdade desconhecida para os gregos.

Existe uma diferença importante, no entanto, entre a proposta de Eudoxo e a de Dedekind e Weierstrass. Os gregos antigos pensavam nos números reais como objetos *dados* – em termos de (razões de) magnitudes geométricas – isto é, como propriedades do espaço "real". Era necessário para os gregos serem capazes de descrever magnitudes geométricas em termos da aritmética de maneira a poderem discutir rigorosamente sobre eles e sobre suas somas e seus produtos – ingredientes essenciais de tantos dos maravilhosos teoremas geométricos dos povos antigos. (Na Fig. 5.3 dei, como ilustração, o notável *teorema de Ptolomeu* – ainda que Ptolomeu o tenha descoberto um bom tempo depois da época de Eudoxo – relacionando as distâncias entre quatro pontos em um círculo, o que ilustra perfeitamente como as somas e produtos são necessárias.) Os critérios de Eudoxo mostraram-se extraordinariamente úteis e, em particular, permitiram aos gregos calcular áreas e volumes de maneira rigorosa.

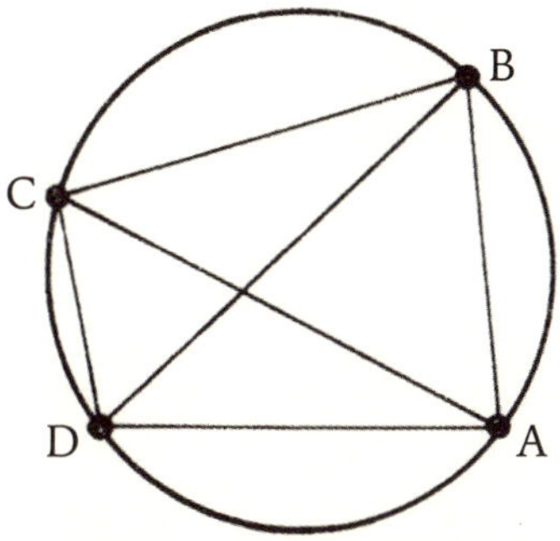

$$AB \cdot CD + AD \cdot BC = AC \cdot BD$$

Fig. 5.3. Teorema de Ptolomeu.

No entanto, para os matemáticos do século XIX – e, de fato, para os matemáticos de hoje – o papel da geometria mudou. Para os gregos antigos, em particular para Eudoxo, os números "reais" eram coisas que deveriam ser *extraídas* da geometria do espaço físico. Hoje preferimos pensar sobre os números reais como algo logicamente mais primitivo que a geometria. Isso nos permite construir todo tipo de geometria *diferente*, cada uma *começando* do conceito de número. (A ideia principal foi a da geometria de coordenadas, introduzida no século XVII por Fermat e Descartes. Coordenadas podem então ser usadas para *definir* outros tipos de geometria.) Qualquer uma dessas "geometrias" deve ser logicamente consistente, mas não precisa ter nenhuma relevância direta para o espaço físico de nossas experiências cotidianas. A geometria física em particular que *de fato* parecemos perceber é uma *idealização* da experiência (e.g., dependendo de nossas extrapolações para tamanhos indefinidamente grandes ou pequenos, cf. Capítulo 3, p.141), mas os experimentos agora são precisos o bastante de modo que podemos afirmar que nossa geometria "experimentada" *difere* realmente daquele ideal euclidiano (cf. p.297) e ela é consistente com o que a teoria da relatividade geral de Einstein nos diz que ela deve ser. No entanto, apesar das mudanças em nosso ponto de vista da geometria do mundo físico, o conceito de Eudoxo de vinte e três séculos atrás de um número real permaneceu virtualmente imutável, e é um ingrediente tão importante para a teoria de Einstein quanto para a de Euclides. De fato, é um ingrediente essencial para todas as teorias físicas sérias até o dia de hoje!

O quinto livro dos *Elementos* de Euclides era basicamente uma exposição da "teoria das proporções" descrita acima, que Eudoxo introduziu. Isso era profundamente importante para o trabalho como um todo. De fato, o conjunto dos *Elementos*, primeiramente publicado cerca de 300 a.C. deve ser visto como um dos trabalhos mais profundamente influentes de todos os tempos. Ele delineou a arena para quase todo o pensamento científico e matemático posterior. Seus métodos eram dedutivos, iniciando de axiomas evidentemente expostos supostos propriedades "óbvias" do espaço; e numerosas outras consequências eram então derivadas, muitas das quais eram notáveis e nem um pouco óbvias. Não existe dúvida de que o trabalho de Euclides foi profundamente importante para o desenvolvimento do pensamento científico subsequente.

O maior matemático da Antiguidade foi sem dúvida Arquimedes (287-212 a.C.). Utilizando a teoria das proporções de Eudoxo de maneiras engenhosas, ele conseguiu descobrir as áreas e volumes de diversos tipos de formas, como a esfera, ou formas ainda mais complexas envolvendo parábolas ou espirais. Hoje em dia utilizaríamos o cálculo, mas isso aconteceu cerca de dezenove séculos antes de o cálculo ser introduzido da maneira como foi por Newton e Leibniz! (Poderíamos dizer que uma boa metade – a metade "integral" – do cálculo já era conhecida por Arquimedes!) O nível de rigor matemático que Arquimedes obteve em seus argumentos era impecável, até pelos padrões modernos. Seus escritos influenciaram profundamente muitos matemáticos e cientistas posteriores, mais notavelmente Galileu e Newton. Arquimedes também introduziu a (SOBERBA?) teoria física da Estática (i.e., as leis que governam corpos em equilíbrio, como a lei das alavancas e a lei dos corpos flutuantes) e a desenvolveu ela ciência dedutiva, de maneira similar à qual Euclides havia desenvolvido a ciência do espaço geométrico e a geometria dos corpos rígidos.

Um dos contemporâneos de Arquimedes que devo mencionar também é Apolônio (c. 262-200 a.C.), notável geômetra de profundas intuições e engenhosidade, cujo estudo da teoria das secções cônicas (i.e., elipses, parábolas e hipérboles) teve uma importante influência sob Kepler e Newton. Essas formas, de maneira notável, eram exatamente as necessárias para as descrições das órbitas planetárias!

A dinâmica de Galileu e de Newton

A profunda ruptura que o século XVII trouxe para a ciência foi o entendimento do *movimento*. Os gregos antigos tinham um entendimento maravilhoso de coisas que eram estáticas – corpos geométricos rígidos ou corpos em *equilíbrio* (i.e., em que todas as forças eram compensadas de tal forma que não haveria movimento) – mas eles não tinham uma boa concepção das leis que governam a maneira pela qual os corpos de fato *se movem*. O que eles não tinham era uma boa teoria da *dinâmica*, i.e., uma teoria da bela maneira pela qual a natureza controla a mudança de posição dos corpos de um momento para o outro. Parte (mas de modo algum toda) da razão disso era a ausência de algum meio suficientemente preciso de contar intervalos de tempo, i.e., de um "relógio" razoavelmente bom. Tal relógio é necessário de forma que as mudanças de posição sejam cronometradas de maneira precisa, e assim as velocidades e acelerações dos corpos sejam bem determinadas. Assim, a observação de Galileu em 1583 de que um pêndulo poderia ser utilizado como um meio confiável de cronometrar o tempo teve enorme importância para ele (e para o desenvolvimento da ciência como um todo!), já que a determinação dos instantes nos quais ocorria o movimento poderia ser feita com precisão.[12] Cerca de cinquenta e cinco anos depois, com a publicação dos *Discorsi*, de Galileu em 1638, a nova área da dinâmica havia sido inaugurada – e a transformação do misticismo antigo para a ciência moderna havia começado!

---

12 Parece, no entanto, que Galileu geralmente utilizava uma clepsidra (relógio de água) para cronometrar suas observações; veja Barbour (1989).

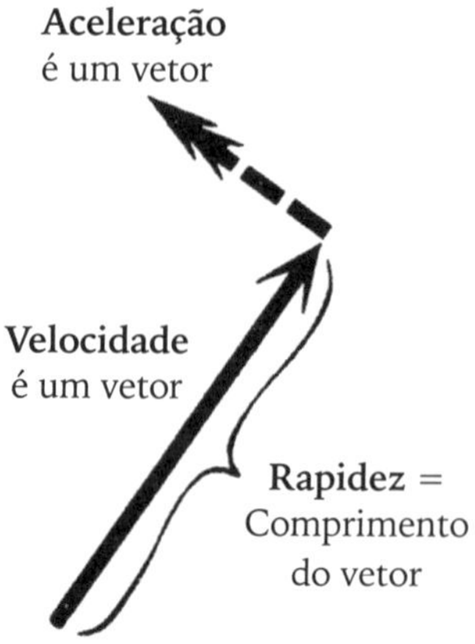

Fig. 5.4. Velocidade, rapidez e aceleração.

Deixe-me ressaltar somente *quatro* das ideias físicas mais importantes que Galileu introduziu. A primeira era que a força que atua sobre um corpo determina sua *aceleração*, não sua velocidade. O que os termos "aceleração" e "velocidade" de fato querem dizer? A *velocidade* de uma partícula – ou de um ponto em algum corpo – é a taxa de mudança em relação ao tempo, da posição daquele ponto. A velocidade é normalmente considerada uma quantidade *vetorial*, o que quer dizer que devemos levar em conta sua *direção*, assim como sua magnitude (caso contrário utilizamos o termo "rapidez"; veja a Fig. 5.4). Aceleração (novamente uma quantidade vetorial) é a taxa de mudança dessa velocidade em relação ao tempo – de modo que a aceleração é de fato a *taxa de mudança da taxa de mudança* da posição com relação ao tempo! (Isso seria difícil para os antigos compreenderem, não dispondo nem de "relógios" adequados, nem as ideias matemáticas relevantes com relação a "taxas de mudança".) Galileu afirmou que a força em um corpo (no seu caso, a força da gravidade) controla a aceleração daquele corpo, mas ela *não* controla sua velocidade diretamente – como os antigos, tais como Aristóteles, acreditavam.

Em particular, se não há força, então a velocidade é constante – assim, o movimento contínuo em linha reta resultaria da *ausência* de uma força (que é a primeira lei de Newton). Corpos em movimento livre continuam a mover-se uniformemente dessa maneira e não precisam de nenhuma força para manter seu movimento. De fato, uma consequência das leis dinâmicas que Galileu e Newton desenvolveram era que o movimento em linha reta uniforme é fisicamente indistinguível do estado de repouso (i.e., da ausência de movimento): não existe uma maneira local de discernir movimento uniforme do repouso! Galileu foi particularmente evidente quanto a esse ponto (mais até que Newton) e deu uma descrição bastante gráfica em termos de um navio no mar (cf. Drake, 1953, p.186-7):

> Tranque-se com algum amigo na cabine principal de algum navio grande e leve com você algumas moscas, borboletas ou algum outro animal voador pequeno. Tenha uma grande bacia de água com alguns peixes nela; pendure uma garrafa que se esvazie gota a gota em um balde amplo sob ela. Com o navio parado, observe cuidadosamente como os pequenos animais voam a velocidades iguais para todos os lados da cabine. Os peixes nadam indiferentes em todas as direções; as gotas caem no recipiente abaixo; [...] Quando tiver observado todas estas coisas cuidadosamente [...] faça com que o navio se mova a qualquer velocidade que quiser, contanto que o movimento seja uniforme e não oscile deste ou daquele modo. Você descobrirá que não houve a menor mudança em todos os efeitos que comentamos acima, nem poderia dizer com base neles se o navio está parado ou se ele se move [...] As gotas cairão no recipiente abaixo sem pingar em direção à popa, mesmo que, enquanto estão no ar, o navio tenha avançado bastante. Os peixes na água nadarão para a frente tão bem quanto nadarão para trás e irão com a mesma facilidade em direção a uma isca colocada em qualquer uma das bordas da vasilha. Por fim, as borboletas e as moscas continuarão seu voo indiferentemente em todas as direções; não ocorrerá de elas estarem concentradas de um lado, como se estivessem cansadas de manter o mesmo ritmo que o navio, do qual elas estarão separadas por um longo intervalo de tempo enquanto estiverem no ar.

Esse fato notável, chamado de *princípio da relatividade galileana*, é na realidade crucial para que o ponto de vista *Copernicano* possa fazer sentido dinamicamente. Nicolau Copérnico (1473-1543) e o antigo astrônomo grego Aristarco (c. 310-230 a.C.) – não o confundam com Aristóteles! –, dezoito séculos antes dele, haviam apresentado um modelo no qual o Sol está em repousou, enquanto a Terra, além de estar em rotação em torno do seu próprio eixo, se move em uma órbita ao redor do Sol. Por que razão não estamos cientes desse movimento, que ocorre na escala de cerca de 100 mil quilômetros por hora? Antes de Galileu ter apresentado sua teoria dinâmica, isso de fato era um enigma genuíno e profundo segundo o ponto de vista copernicano. Se a visão anterior "aristotélica" da dinâmica estivesse certa, na qual a *velocidade* real de um sistema em movimento ao longo do espaço afetaria seu comportamento dinâmico, então o movimento da Terra certamente seria bastante evidente para nós. A relatividade galileana evidencia que a Terra pode estar em movimento, mas esse movimento não é algo que podemos perceber diretamente.[13]

Note que na relatividade galileana não existe um significado local que possamos associar ao conceito de "repouso". Isso já tem uma notável consequência com relação à maneira que devemos enxergar o espaço e tempo. A visão que temos intrinsecamente do espaço e tempo é que o "espaço" constitui algum tipo de arena na qual os eventos físicos ocorrem. Um objeto físico pode estar em um ponto no espaço em um instante e em um outro ponto (ou no mesmo) em um momento posterior. Imaginamos que de algum modo os pontos no espaço continuam existindo de um momento para o próximo, de maneira que existe um significado ao dizer se um objeto de fato mudou sua posição espacial ou não. Porém, a relatividade galileana nos diz que não existe um conceito absoluto para o "estado de repouso", de modo que não existe um significado que possamos associar ao "mesmo ponto no espaço em dois instantes diferentes". Qual ponto do espaço tridimensional euclidiano da experiência física em um instante é o "mesmo" ponto de nosso espaço tridimensional euclidiano em algum outro instante? Não há como dizer. Parece que devemos ter um *novo* espaço euclidiano para cada momento no tempo. A maneira de dar sentido a isso é considerar um cenário *quadridimensional espaçotemporal* da realidade física (veja a Fig. 5.5). Os espaços tridimensionais euclidianos correspondentes a instantes diferentes são de fato vistos como separados uns dos outros, mas todos esses espaços são unidos para criar o espaço-tempo quadridimensional. As histórias das partículas que se movem em movimento retilíneo uniforme são descritas como linhas retas (chamadas de linhas de mundo) no espaço-tempo. Voltarei mais tarde a essa questão do espaço-tempo, e a da relatividade do movimento, no contexto da relatividade de Einstein. Veremos que o argumento para a quadridimensionalidade do espaço-tempo tem força considerável nesse contexto.

A terceira das notáveis intuições de Galileu foi o começo do entendimento da *conservação de energia*. Galileu estava preocupado principalmente com o movimento dos objetos sob a gravidade. Ele reparou que, se um corpo for solto do repouso, então se ele simplesmente cai livremente, oscila em um

---

[13] Estritamente falando, isso se refere ao movimento da Terra, contanto que seja considerado aproximadamente *uniforme* e, em particular, sem rotação. O movimento rotacional da Terra de fato ocasiona efeitos dinâmicos (relativamente pequenos) que podem ser detectados; o mais notável deles é a deflexão dos ventos de maneiras diferentes nos hemisférios norte e sul. Galileu achava que essa não uniformidade seria responsável pelas marés.

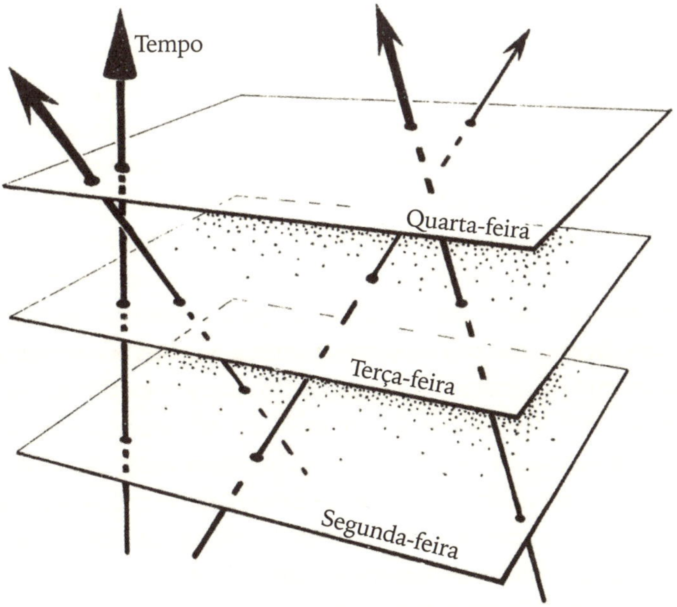

Fig. 5.5. O espaço-tempo galileano: partículas em movimento uniforme são representadas por linhas retas.

pêndulo de comprimento arbitrário ou desce por um plano inclinado suave, a velocidade do seu movimento sempre depende *somente* da distância que ele havia alcançado abaixo do ponto no qual foi solto. Além disso, essa velocidade era sempre exatamente suficiente para retornar à altura em que ele havia começado. Como diríamos agora, a energia armazenada em sua altura acima do chão (energia potencial gravitacional) pode ser convertida em energia de movimento (energia cinética, que depende da *rapidez* do corpo) e vice-versa, mas a energia como um todo não era nem perdida nem ganha.

A lei da conservação da energia é um princípio físico importante. Ela não é um vínculo físico independente, mas uma consequência das leis da dinâmica de Newton que veremos em breve. Reformulações cada vez mais abrangentes dessa lei foram sendo feitas ao longo dos séculos por Descartes, Huygens, Leibniz, Euler e Kelvin. Voltaremos a esse tema mais tarde neste capítulo e no Capítulo 7. Ocorre que, quando combinada com o princípio da relatividade de Galileu, a conservação da energia nos dá mais leis de conservação de considerável importância: a conservação da *massa* e do *momento*. O momento de uma partícula é o produto de sua massa por sua velocidade. Exemplos familiares da conservação do momento ocorrem com a propulsão de foguetes, em que o aumento no momento na direção frontal do foguete é perfeitamente equilibrado pelo momento na direção traseira do gás de exaustão (menos massivo, mas consequentemente muito mais veloz). O coice de uma arma também é a manifestação da conservação do momento. Uma consequência posterior das leis de Newton é a conservação do *momento angular*, que descreve a persistência do giro de um sistema. O giro da Terra com relação ao seu próprio eixo e o giro de uma bola de tênis são ambos mantidos pela conservação do seu momento angular. Cada partícula constituinte de qualquer corpo contribui para o momento angular total do corpo, em que a magnitude da contribuição de qualquer partícula é o produto do seu momento com a distância perpendicular até o centro. (Como consequência disso, a velocidade angular de um objeto em rotação livre pode ser aumentada quando ele fica mais compacto. O que nos leva à ação notável, mas familiar, geralmente executada por patinadores e trapezistas. A ação de recolher os braços ou pernas, conforme o caso, faz com que a taxa de rotação aumente espontaneamente, somente devido à conservação do momento angular!) Veremos que massa, energia, momento e momento angular são conceitos que mais tarde terão importância para nós.

Por fim, devo lembrar o leitor da intuição profética de Galileu que, na ausência de atrito atmosférico, todos os corpos cairiam do mesmo jeito sob a ação da gravidade. (O leitor pode lembrar-se da famosa história de Galileu jogando objetos variados simultaneamente da torre inclinada de Pisa.) Três séculos depois essa mesma intuição levaria Einstein a generalizar o princípio da relatividade para referenciais acelerados e forneceria a pedra angular da sua extraordinária teoria da relatividade geral da gravitação, como veremos, próximo ao fim deste capítulo.

Sobre as sólidas bases que Galileu havia construído, Newton foi capaz de erguer uma catedral de grandiosidade soberba. Newton nos deu três leis que governam o comportamento dos objetos materiais. A primeira e a segunda lei foram essencialmente aquelas dadas por Galileu: se nenhuma força atua em um corpo, então ele continua a se mover uniformemente em uma linha reta; se uma força atua sobre ele, então sua massa vezes sua aceleração (i.e., a taxa de mudança do seu momento) é igual àquela força. Uma das intuições especiais próprias de Newton foi ter se dado conta da necessidade de uma terceira lei: a força que um corpo A exerce sobre um corpo B é precisamente igual e oposta à força que o corpo B exerce sobre o corpo A ("para cada ação existe sempre uma reação"). Isso nos deu o cenário básico. O "universo newtoniano" consiste em partículas que se movem em um espaço sujeito às leis da geometria euclidiana. As acelerações dessas partículas são determinadas pelas forças que atuam sobre elas. A força em cada partícula é obtida mediante a adição (utilizando a *lei da adição vetorial*, veja a Fig. 5.6) todas as contribuições diversas para a força naquela partícula, surgindo de todas as *outras* partículas. De modo a obter um sistema bem definido, algumas regras bem definidas são necessárias para nos dizer qual é a força na partícula A devido a uma outra partícula B. Normalmente exigimos que essa força atue sobre uma linha direta entre A e B (veja a Fig. 5.7). Se a força é gravitacional, então ela atua atrativamente entre A e B e é proporcional ao produto das duas massas e ao inverso do quadrado da distância entre elas: a *lei do inverso dos quadrados*. Para outros tipos de força pode haver dependência com relação à distância diferente dessa, e a força pode depender das partículas segundo alguma outra qualidade que elas tenham diferente de sua massa.

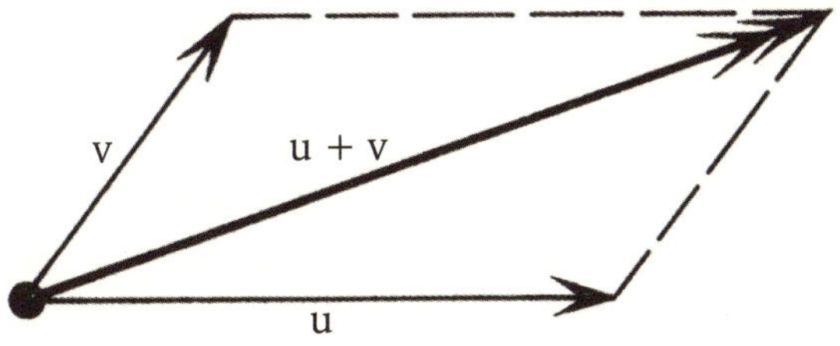

Fig. 5.6. A lei do paralelogramo para a adição vetorial.

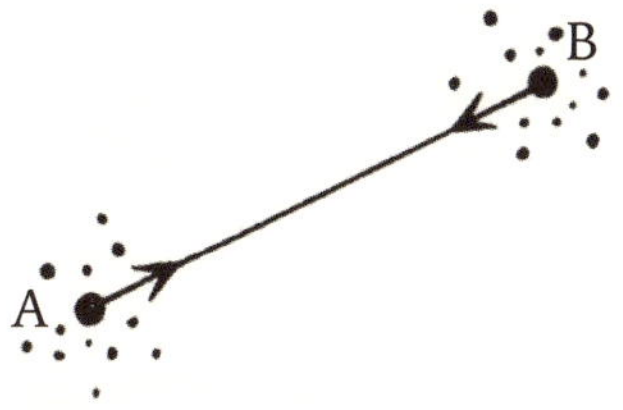

Fig. 5.7. A força entre duas partículas é considerada atuando em uma linha direta entre ambas (e pela terceira lei de Newton a força em A devido a B é sempre igual e oposta a força em B devido a A).

O eminente Johannes Kepler (1571-1630), contemporâneo de Galileu, havia notado que as órbitas dos planetas ao redor do Sol eram *elípticas*, em vez de circulares (com o Sol sempre em um dos focos da elipse, não no centro) e ele formulou duas outras leis governando a taxa em que essas elipses eram descritas. Newton foi capaz de mostrar que as três leis de Kepler eram consequências do seu próprio esquema geral (com uma lei de força atrativa do inverso do quadrado da distância). Além disso, ele também obteve todo o tipo de correlação detalhada para as órbitas elípticas de Kepler, assim como outros efeitos, tais como a precessão dos equinócios (um movimento lento da direção do eixo de rotação da Terra, que havia sido notado pelos gregos ao longo dos séculos). De maneira a obter tudo isso, Newton teve de desenvolver muitas técnicas matemáticas – além do cálculo diferencial. O sucesso fenomenal de seus esforços se deveu muito a suas incríveis habilidades matemáticas e sua intuição física igualmente impressionante.

O mundo mecanístico da dinâmica newtoniana

Com uma lei de força específica (tal como a lei do inverso do quadrado da gravitação), o esquema newtoniano resume-se a um conjunto preciso e bem determinado de equações dinâmicas. Se as posições, velocidades e massas das diversas partículas são especificadas em um instante, então suas posições, velocidades (e suas massas – assumidas como *constantes*) são matematicamente determinadas para todos os instantes seguintes. Essa forma de *determinismo*, como satisfeita pelo mundo proveniente da mecânica newtoniana, teve (e ainda tem) profunda influência sobre o pensamento filosófico. Vamos tentar examinar um pouco mais de perto a natureza desse determinismo newtoniano. O que ele pode nos dizer sobre a questão do "livre-arbítrio"? Poderia um mundo estritamente newtoniano conter mentes? Poderia um mundo newtoniano sequer conter máquinas computacionais?

Tentemos ser razoavelmente específicos sobre esse modelo "newtoniano" do mundo. Podemos supor, por exemplo, que as partículas constituintes da matéria sejam pontos matemáticos exatos, i.e., sem nenhuma extensão espacial. Como uma alternativa, podemos considerá-los todos bolas esféricas rígidas. Em qualquer dos casos, teremos que supor que as leis de força são conhecidas por nós, como a lei da atração do inverso do quadrado da teoria gravitacional de Newton. Vamos querer modelar também as outras forças da natureza, como as forças *elétricas* e *magnéticas* (estudada em detalhes pela primeira vez por William Gilbert em 1600). Ou então as forças *nucleares* fortes que hoje sabemos serem as responsáveis por unir as partículas (prótons e nêutrons) para formar os núcleos atômicos. As forças elétricas são como as gravitacionais com relação ao fato de que elas também satisfazem a lei do inverso do quadrado, mas de tal forma que partículas similares *repelem* umas às outras (ao invés de atrair, como no caso gravitacional), e nesse caso não são as massas das partículas que governam a intensidade das forças elétricas entre elas, mas suas *cargas elétricas*. Forças magnéticas também são do tipo "inverso do quadrado", assim como as elétricas,[14] mas as forças nucleares têm uma dependência muito diferente em relação à distância, sendo extremamente fortes para as pequenas distâncias que ocorrem dentro do núcleo atômico, mas desprezíveis a grandes distâncias.

Suponha que adotemos o modelo das bolas esféricas rígidas, exigindo que, quando duas dessas esferas colidam entre si, elas simplesmente rebatam de maneira perfeitamente *elástica*. Por isso queremos dizer que, quando elas se separam novamente, não existe nenhuma perda de energia (ou momento total), como se fossem bolas de bilhar perfeitas. Devemos especificar exatamente como as *forças* devem atuar entre uma bola e outra. Por simplicidade, podemos assumir que a força que cada bola exerce em outra bola esteja ao longo da linha que une seus centros, e sua magnitude seja definida por uma função do tamanho dessa linha. (Para a *gravitação* newtoniana, essa assunção é automaticamente válida, por um notável teorema devido a Newton; e para as outras leis de força podemos impor isto como uma condição de consistência.) Contanto que as bolas colidam somente em pares, sem colisões triplas ou de ordem maior, tudo é perfeitamente bem definido, e a evolução do sistema depende continuamente do estado inicial (i.e., mudanças suficientemente pequenas no estado inicial só podem resultar em mudanças pequenas nos resultados). O comportamento de colisões em ângulos ou de raspão é contínuo com relação ao fato de uma bola poder errar a outra por pouco. Existe, no entanto, um problema quanto ao que fazer com colisões triplas ou de ordem maior. Por exemplo, se três bolas A, B e C colidem de uma vez, faz diferença se consideramos que A e B colidiram primeiro e C então colide imediatamente com B, ou se consideramos que A e C colidem primeiro e então B colide com A imediatamente depois (veja a Fig. 5.8). Em nosso modelo existe um *indeterminismo* com relação a colisões triplas! Se quisermos, poderíamos simplesmente *desconsiderar* colisões triplas ou de ordem mais elevada como "infinitamente improváveis". Isso nos fornece um esquema razoavelmente consistente, mas o problema potencial das colisões triplas significa que o comportamento resultante pode *não* depender continuamente do estado inicial.

[14] A diferença entre o caso elétrico e o caso magnético é que "cargas magnéticas" individuais (i.e., polos norte e sul) não parecem existir separadamente na natureza. As partículas magnéticas são "dipolos", i.e., pequenos ímãs (polos norte e sul juntos).

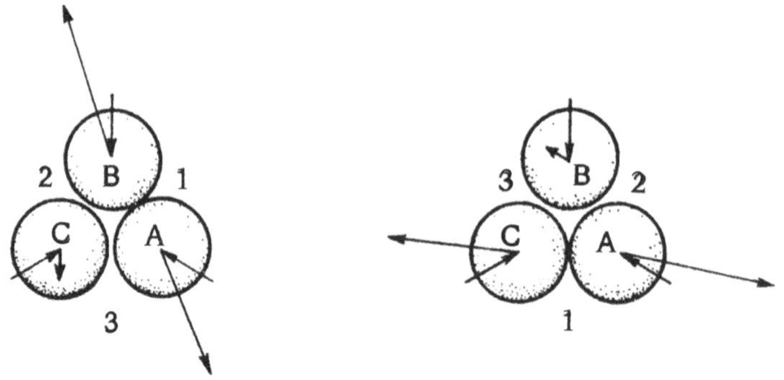

Fig. 5.8. Uma colisão tripla. O comportamento resultante depende criticamente de quais partículas colidiram primeiro, de modo que o resultado depende descontinuamente das condições iniciais.

Isso é um tanto insatisfatório, e podemos preferir um cenário em termos de partículas *pontuais*. Porém, de modo a evitar certas dificuldades teóricas que surgem no modelo de partículas pontuais (forças e energias infinitas, quando as partículas têm posição exatamente coincidente), devemos fazer outras hipóteses, como que as forças entre as partículas sempre se tornam fortemente repulsivas a pequenas distâncias. Assim podemos garantir que nenhum par de partículas realmente colida. (Isso também permite evitar o problema de decidir como partículas pontuais devem se *comportar* quando elas colidem!) No entanto, por facilidade de visualização preferirei formular a seguinte discussão inteiramente em termos de esferas rígidas. Aparentemente é essa imagem de "bolas de bilhar" que essencialmente modela a *realidade* que muitas pessoas têm em mente!

O modelo de bolas de bilhar newtoniano[15] da realidade é de fato um modelo *determinístico* (ignorando o problema das colisões múltiplas). A palavra "determinística" deve ser considerada aqui no sentido de que o comportamento físico é, matematicamente, completamente determinado para todos os instantes no futuro (ou passado) pelas posições e velocidades de todas as bolas (assumidas em número finito, para evitar certos problemas) em qualquer instante. Parece, então, que não há margem para que uma "mente"

[15] O nome de Newton estar associado a esse modelo – e de fato à mecânica "newtoniana" como um todo – é meramente uma *referência* conveniente. O próprio ponto de vista de Newton com relação à natureza real do mundo físico parece ter sido muito menos dogmático e mais sutil que isso. (R. G. Boscovich, 1711-1787, é quem parece ter promovido esse modelo "newtoniano" com maior rigor.)

influencie o comportamento dos objetos materiais por força de seu "livre-arbítrio" no mundo das bolas de bilhar. Se acreditamos em "livre-arbítrio", parece que somos então forçados a duvidar de que o nosso mundo *real* pode comportar-se dessa maneira.

A incômoda questão do "livre-arbítrio" permanece à espreita ao longo de todo este livro – mesmo que, para a maior parte do que tenho a dizer, ela permanecerá de fato somente à espreita. Ela desempenhará um papel específico, ainda que pequeno, mais tarde neste capítulo (com relação à questão da sinalização mais rápida que a luz na relatividade). A questão do livre-arbítrio será tratada diretamente no Capítulo 10, e ali o leitor certamente se sentirá desapontado pelas minhas contribuições. Eu de fato acredito que existe um problema real aqui, em vez de algo puramente imaginário, mas é algo profundo e difícil de formular adequadamente. A questão do *determinismo* na teoria física é importante, mas acredito que é somente parte da história. O mundo poderia, por exemplo, ser determinístico, mas *não computável*. Assim, o futuro poderia ser determinado pelo presente de uma maneira que é *em princípio* não calculável. No Capítulo 10 tentarei apresentar argumentos para mostrar que o funcionamento de nossas mentes é de fato não algorítmico (i.e., não computável). Assim, o livre-arbítrio do qual nós acreditamos ser capazes teria de estar intimamente ligado a algum ingrediente não computável nas leis que governam o mundo no qual vivemos. É uma questão interessante – aceitemos ou não esse ponto de vista com relação ao livre-arbítrio – se uma dada teoria física (tal como a de Newton) é de fato *computável*, não somente se ela é determinística. A computabilidade é uma questão diferente do determinismo – e o fato de que *é* uma questão diferente é algo que tenho tentado enfatizar neste livro.

A vida no mundo das bolas de bilhar é computável?

Gostaria de ilustrar, primeiro, com um exemplo admitida e absurdamente artificial, que a computabilidade e o determinismo *são* diferentes, exibindo um "modelo de brinquedo de universo", que é determinístico, mas não computável. Seja o "estado" desse universo em qualquer "instante" descrito pelo par de números naturais (m, n). Seja T_u uma máquina de Turing universal fixa, por exemplo aquela especificada no Capítulo 2 (p.103). Para decidir qual deve ser o estado desse universo no próximo "instante de tempo", devemos nos perguntar se a atuação de T_u sobre m termina de fato (i.e., se $T_u(m) \neq \square$ ou $T_u(m) = \square$, na notação do Capítulo 2, p.109). Se ela termina, o estado nesse próximo "instante" deve ser $(m + 1, n)$. Se ela não para, então o estado deve mudar para $(n + 1, m)$. Vimos no Capítulo 2 que não existe um algoritmo para o problema da parada para máquinas de Turing. Isso significa, então, que não pode existir um algoritmo para predizer o "futuro" desse modelo de universo, apesar do fato de ele ser completamente determinístico![16]

Evidentemente, esse não é um modelo que devemos levar a sério como um modelo do nosso universo, mas mostra que *existe* uma questão para ser respondida. Podemos nos perguntar sobre *qualquer* teoria física determinística se ela é ou não computável. De fato, o mundo newtoniano das bolas de bilhar é computável?

A questão da computabilidade física depende parcialmente do tipo de questão que pretendemos fazer ao sistema. Posso pensar em várias delas possíveis para as quais meu *palpite* seria, para o mundo de bolas de bilhar newtoniano, que *não* é possível verificar a resposta de maneira computável (i.e. algorítmica). Uma dessas questões poderia ser: a bola A em algum momento colide com a bola B? A ideia seria tomar como *dados de entrada* que todas as oposições e velocidades das partículas em um certo instante particular ($t = 0$) nos são dadas, e o problema seria descobrir com base nesses dados se A e B vão ou não colidir em algum momento posterior ($t > 0$). Para tornar esse problema específico (mesmo que não particularmente realista), podemos assumir que todas as bolas têm mesmo raio, mesma massa e que existe, digamos, uma lei de força do tipo inverso do quadrado da distância atuando sobre cada par de bolas. Uma razão para acreditar que essa questão em particular não pode ser resolvida algoritmicamente é que o modelo é similar ao "modelo de bolas de bilhar para a computação" proposto por Edward Fredkin e Tommaso Toffoli (1982). No modelo deles (em vez de termos uma lei de força do inverso do quadrado da distância), as bolas são vinculadas por diversas

---

[16] Foi ressaltado para mim por Rafael Sorkin que existe um sentido no qual a evolução deste modelo-brinquedo em particular pode ser "computável" de uma maneira não tão diferente daquela usada em (digamos) sistemas newtonianos. Consideremos uma sequência de cálculos computacionais $C_1, C_2, C_3, \ldots$ que nos permite computar o comportamento de nosso sistema mais e mais longe no futuro sem limites, com uma precisão cada vez maior (cf. p.248-9). No caso em consideração podemos obter isso ao permitirmos que C_N seja definido pela propriedade de deixarmos a execução da máquina de Turing $T_u(m)$ correr por N passos e "considerarmos" $T_u(m) = \square$ se essa execução não tiver parado até lá. Não seria difícil modificar nosso modelo-brinquedo de modo a superarmos esse tipo de "cálculo computacional", no entanto, se introduzirmos uma evolução que envolva, no lugar de $T_u(m) = \square$ asserções duplamente quantificáveis como "$T(q)$ termina para todo q". (O problema sem solução de que existem infinitos pares de números primos que diferem entre si por 2 é um exemplo dessa afirmação.)

"paredes", mas elas colidem elasticamente entre si de maneira similar às bolas newtonianas que descrevi anteriormente (veja a Fig. 5.9). No modelo de Fredkin-Toffoli, todas as operações lógicas básicas de um computador podem ser efetuadas pelas bolas. Qualquer cálculo de uma máquina de Turing pode ser imitado: a escolha particular de uma máquina de Turing T_n define a configuração das "paredes" etc., da máquina de Fredkin-Toffoli; então um estado inicial das bolas em movimento codifica a informação da fita de entrada, e o estado final da máquina de Turing é codificado pelo estado final das bolas. Assim, em particular, podemos colocar a questão: tal e tal cálculo de uma máquina de Turing alguma vez acaba? ("Acabar" pode ser visto como a bola A eventualmente colidindo com a bola B. O fato de que essa questão não pode ser respondida algoritmicamente (p.111) pelo menos *sugere* que a questão newtoniana ("a bola A em algum momento colide com a bola B?") que postulei inicialmente também não pode ser respondida algoritmicamente.

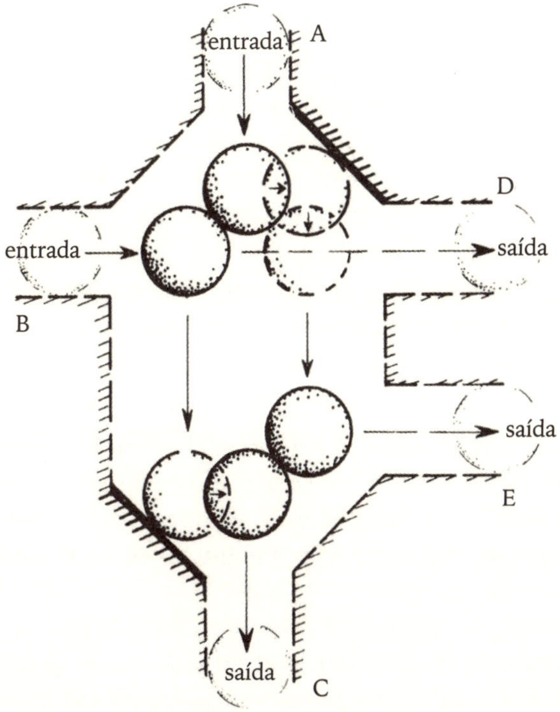

Fig. 5.9. Um "interruptor" (sugerido por A. Ressler) no modelo de computador de bolas de bilhar de Fredkin-Toffoli. Se uma bola entra em B, então uma bola subsequentemente sai por D ou por E, o que depende de outra bola entrar em A (onde as entradas das bolas em A e B são supostas como simultâneas).

De fato, o problema newtoniano é muito mais problemático do que aquele postulado por Fredkin e Toffoli. Eles foram capazes de especificar os estados do seu modelo em termos de parâmetros *discretos* (i.e., em termos de afirmações do tipo "liga ou desliga" como "ou a bola está em um canal ou não está". Porém, no problema newtoniano completo, as posições e velocidades iniciais devem ser especificadas com precisão infinita, em termos de coordenadas que são *números reais*, em vez de objetos discretos. Assim, somos confrontados novamente com todos os problemas que tivemos de considerar quando, no Capítulo 4, endereçamos a questão de o conjunto de Mandelbrot ser ou não recursivo. O que *significa* "computável", quando variamos continuamente os parâmetros permitidos como dados de entrada ou dados de saída?[17] O problema pode, por ora, ser mitigado ao supormos que todas as posições e velocidades iniciais são dadas por números *racionais* (mesmo que não possamos garantir que essas coordenadas permanecerão racionais para valores racionais posteriores do tempo t). Lembre que um número racional é o quociente de dois números inteiros; assim, pode ser especificado em termos discretos finitos. Utilizando números racionais conseguimos aproximar, tão bem quanto desejado, seja qual for o conjunto de dados de entrada inicial que desejemos analisar. Não é totalmente sem propósito palpitar que, com dados de entrada racionais, não deve existir um algoritmo para decidir se A e B vão eventualmente colidir ou não.

Isso, no entanto, não é exatamente o que queremos dizer por uma afirmação como: "o mundo das bolas de bilhar newtoniano não é computável". O modelo em particular ao qual tenho comparado o mundo das bolas de bilhar newtoniano, isto é, o modelo de Fredkin-Toffoli para um "computador de bolas de bilhar", de fato procede de maneira computacional. Este, afinal, era o ponto essencial da ideia de Fredkin e Toffoli – que seu modelo deveria comportar-se como um computador (universal)! O tipo de questão que tento levantar é se é concebível que um cérebro humano possa, mediante a utilização das leis físicas "não computáveis" apropriadas, em algum sentido ser "melhor" do que uma máquina de Turing. Não é útil para nós nos aproveitarmos de uma afirmação como:

> "Se a bola A nunca colide com a bola B, então a resposta para seu problema é 'não'".

[17] Como sugerido no Capítulo 4 (nota 18 à p.194), a nova teoria de Blum-Shub-Smale (1989) pode eventualmente fornecer uma maneira de resolver algumas dessas questões de maneira matematicamente mais aceitável.

Poderíamos ter que esperar para sempre, de modo a aferir com certeza se as bolas realmente nunca colidirão! Isso, claro, é exatamente a maneira como as máquinas de Turing *de fato* se comportam.

Parece haver indicações evidentes de que, em um sentido apropriado, o mundo das bolas de bilhar newtoniano *é* computável (pelo menos se ignorarmos o problema das múltiplas colisões). A maneira normalmente tentaríamos computar o comportamento de tal mundo seria por meio de alguma aproximação. Poderíamos imaginar que os centros das bolas são especificados em alguma malha de pontos, em que os pontos da malha são aqueles cujas coordenadas são mensuradas, por exemplo, em uma centena de determinada unidade. O tempo também é considerado "discreto": todos os momentos de tempo permitidos são múltiplos de alguma pequena unidade (denotada por, digamos, Δt). Isso dá origem a certas possibilidades discretas para as "velocidades" (diferenças na posição de dois pontos da malha em dois instantes sucessivos no tempo, divididos por Δt). As aproximações apropriadas para as acelerações são computadas utilizando-se a lei de força, e essas aproximações são utilizadas para permitir novas "velocidades" e, assim, novas posições como pontos na malha são computadas com o grau de aproximação necessário no próximo instante de tempo permitido. O cálculo continua por quantos instantes de tempo forem possíveis até que a precisão necessária deixe de ser alcançada. Pode muito bem ocorrer que não consigamos computar muitos desses instantes de tempo antes que toda a precisão seja perdida. O procedimento então novo é reiniciado com uma malha consideravelmente mais fina e uma divisão ainda maior dos instantes de tempo permitidos. Isso possibilita alcançar maior precisão, e o cálculo pode prosseguir mais adiante no futuro até que a precisão seja novamente perdida. Com uma malha ainda mais fina e com uma divisão de tempo ainda maior, a precisão pode ser novamente melhorada, e o cálculo prosseguirá ainda mais no futuro. Desse modo, o mundo das bolas de bilhar newtoniano pode ser computado de maneira tão precisa quanto desejado (ignorando as múltiplas colisões) – e, nesse sentido, podemos de fato dizer que o mundo newtoniano é computável.

Em um sentido, no entanto, esse mundo é "não computável" *na prática*. Isso resulta do fato de que a precisão com a qual os dados de entrada podem ser *conhecidos* é sempre limitada. De fato, existe uma "instabilidade" considerável inerente a esse tipo de problema. Uma mudança muito pequena nos dados de entrada pode rapidamente dar origem a uma mudança enorme no comportamento resultante. (Qualquer um que já tenha tentado encaçapar uma bola de bilhar procurando acertar primeiro uma bola intermediária saberá do que eu estou falando!) Isso é particularmente aparente quando (sucessivas) colisões estão envolvidas, mas tais instabilidades no comportamento também podem ocorrer com a ação gravitacional newtoniana a distância (com mais de dois corpos). O termo "caos", ou "comportamento caótico", geralmente é utilizado para descrever esse tipo de instabilidade. O comportamento caótico é importante, por exemplo, com relação ao tempo meteorológico. Mesmo que as equações newtonianas que regem todos os elementos do sistema sejam bem conhecidas, a predição do tempo a longo prazo é notoriamente instável!

Isso não engloba, no entanto, todo tipo de "não computabilidade" que poderia ser "usufruída". Ocorre que, como há um limite de precisão com relação ao que podemos saber sobre o estado inicial, o estado futuro não pode ser computado de modo confiável a partir do inicial. Para todos os efeitos, um *elemento aleatório* foi introduzido no comportamento futuro, mas isso é tudo. Se o cérebro de fato utiliza elementos não computáveis *úteis* nas leis físicas, eles devem ser de uma natureza completamente diferente e com um caráter muito mais positivo do que esse. Assim, não vou de maneira alguma me referir a esse tipo de comportamento "caótico" como "não computável", preferindo utilizar o termo "imprevisível". A presença da imprevisibilidade é um fenômeno muito geral no tipo de leis determinísticas que de fato surgem na física (clássica), como veremos em breve. A imprevisibilidade é certamente algo que gostaríamos de *minimizar*, em vez de "usufruir" na construção de uma máquina pensante!

Para discutir questões de computabilidade e imprevisibilidade de maneira mais geral, será útil para nós adotarmos um ponto de vista mais amplo que antes com relação às leis físicas. Isso nos permitirá considerar não só o esquema da mecânica newtoniana, mas também outras teorias que eventualmente vieram a superá-la. Antes, porém, precisaremos vislumbrar um pouco sobre a notável formulação *hamiltoniana* da mecânica.

Mecânica hamiltoniana

Os sucessos da mecânica newtoniana resultaram não só de sua soberba aplicabilidade ao mundo físico, mas também da riqueza da teoria matemática à qual ela deu origem. É notável que *todas* as teorias SOBERBAS da natureza tenham se mostrado fontes extraordinariamente férteis de ideias matemáticas. Existe um mistério profundo e belo sobre esse fato: que essas teorias soberbamente precisas também sejam extraordinariamente ricas simplesmente como *matemática*. Sem dúvida, isso nos diz algo profundo sobre as conexões entre o mundo real de nossas experiências físicas e o mundo platônico da matemática (Tentarei endereçar essa questão mais tarde, no Capítulo 10, p.562). A mecânica newtoniana talvez seja o ápice desse aspecto, já que seu nascimento deu origem ao cálculo. Além disso, o esquema específico newtoniano deu origem a um *corpus* de ideias matemáticas notável, conhecido como *Mecânica clássica*. Os nomes de muitos grandes matemáticos dos séculos XVIII e XIX estão associados a seu desenvolvimento: Euler, Lagrange, Laplace, Liouville Poisson, Jacobi, Ostrogradski, Hamilton. O que é chamado de "teoria hamiltoniana"[18] resume muito desse trabalho, e um pequeno aperitivo dele será suficiente para nossos propósitos aqui. O versátil e original matemático irlandês William Rowan Hamilton (1805-1865) – que também foi responsável pelos circuitos hamiltonianos discutidos na p.213 – desenvolveu essa forma da teoria de modo a enfatizar uma analogia com a propagação de ondas. Esse vislumbre de uma relação entre ondas e partículas – e a forma das equações de Hamilton em si – foi extremamente importante para o desenvolvimento posterior da *mecânica quântica*. Retornarei a esse aspecto das coisas no próximo capítulo.

Um ingrediente novo no esquema hamiltoniano está nas "variáveis" utilizadas na descrição de um sistema físico. Até agora, as *posições das partículas* eram tomadas como variáveis primárias, as velocidades sendo simplesmente a taxa de mudança da posição com relação ao tempo. Lembre (p.242) que, na especificação do estado inicial de um sistema newtoniano, são necessárias as posições *e* as velocidades de todas as partículas de modo a poder determinar o comportamento subsequente. Com a formulação hamiltoniana devemos escolher os *momentos* das partículas, em vez das velocidades (Na p.239 vimos que o momento de uma partícula é somente sua velocidade multiplicada por sua massa.) Isso parece uma mudança pequena, mas o fato importante é que as posições e os momentos de cada partícula devem ser tratados como se

[18] As equações de Hamilton, mesmo que esse talvez não fosse seu ponto de vista particular, já eram conhecidas pelo notável matemático ítalo-francês Joseph L. Lagrange (1736-1813) cerca de 24 anos antes de Hamilton. Um desenvolvimento igualmente importante ocorrido antes foi a formulação da mecânica em termos das *equações de Euler-Lagrange*, segundo as quais as leis de Newton podem ser derivadas de um princípio mais amplo: o *princípio da ação estacionária* (P. L. M. de Maupertuis). Além de seu importante significado teórico, as equações de Euler-Lagrange fornecem procedimentos de cálculo bastante poderosos e práticos.

fossem quantidades *independentes*, mais ou menos em pé de igualdade umas com as outras. Assim, "fingimos", pelo menos inicialmente, que os momentos das várias partículas não têm relação alguma com as taxas de variação de suas respectivas variáveis de posição, mas são um conjunto de variáveis separado, de modo a imaginarmos que elas "poderiam" ser bastante independentes das trajetórias das posições. Na formulação hamiltoniana agora temos *dois* conjuntos de equações. Um que nos diz como os *momentos* das diversas partículas mudam no tempo, e outro que nos diz como as *posições* mudam no tempo. Em cada um dos casos, as taxas de mudança são determinadas pelas diversas posições e momentos *naquele* instante de tempo.

De maneira geral, o primeiro conjunto das equações de Hamilton reformula a crucial segunda lei da dinâmica de Newton (a taxa de mudança do momento é igual à força), enquanto o segundo conjunto de equações nos diz que os momentos de fato *são*, em termos das velocidades (para todos os efeitos, a taxa de mudança da posição é igual ao momento dividido pela massa). Lembre que as leis do movimento de Galileu-Newton são descritas em termos de acelerações, i.e., taxas de mudança das taxas de mudança da posição (i.e., equações de "segunda ordem"). Agora precisamos falar somente sobre taxas de mudanças das coisas (equações de "primeira ordem"), em vez de taxas de mudança de taxas de mudança das coisas. Todas as equações são derivadas de uma única quantidade importante: a *função hamiltoniana H*, que é a expressão da *energia total* do sistema em termos das variáveis de posição e momento.

A formulação hamiltoniana fornece uma descrição muito elegante e simétrica da mecânica. Apenas para vermos como elas se parecem, vamos escrever essas equações aqui, ainda que muitos leitores não estarão familiarizados com as noções de cálculo necessárias para um entendimento completo – o que não será necessário aqui. Tudo que precisamos saber com relação ao cálculo é que o "ponto" que aparece no primeiro membro de cada equação representa a *taxa de mudança com relação ao tempo* (do momento, no primeiro caso, e da posição, no segundo):

$$\dot{p} = -\frac{\partial H}{\partial x_i}, \qquad \dot{x}_i = \frac{\partial H}{\partial p_i}.$$

Aqui o índice i é utilizado simplesmente para distinguir todas as diferentes coordenadas de momento $p_1, p_2, p_3, p_4, \ldots$ e todas as diferentes coordenadas de posição $x_1, x_2, x_3, x_4, \ldots$. Para n partículas sem vínculos obtemos $3n$ coordenadas de momento e $3n$ coordenadas de posição (em cada caso uma para cada das três direções independentes do espaço). O símbolo ∂ se refere a "diferenciação parcial" ("tomar derivadas enquanto mantemos todas as outras variáveis constantes") e H é a função hamiltoniana como descrita acima. (Se você, leitor, não conhece "diferenciação", não se preocupe. Apenas pense no segundo membro das equações como alguma expressão matemática perfeitamente definida, escrita em termos de x's e p's.)

As coordenadas x_1, x_2, ... e p_1, p_2,... de fato podem ser mais gerais do que simplesmente coordenadas cartesianas para as partículas (i.e., com os x's sendo distâncias ordinárias medidas em três direções diferentes ortogonais entre si). Algumas das coordenadas x's poderiam ser *ângulos*, por exemplo (caso no qual os p's correspondentes serão momentos *angulares*, cf. p.240, em vez de momentos), ou alguma outra medida completamente geral. De modo notável, as equações de Hamilton permanecem exatamente da mesma forma nesses outros casos. De fato, com escolhas apropriadas de H, as equações de Hamilton ainda são válidas para *qualquer* sistema de equações clássicas, não somente as equações de Newton. Em particular, este será o caso para a teoria de Maxwell(-Lorentz) que vamos considerar em breve. As equações de Hamilton também são válidas para a relatividade especial. Mesmo a relatividade geral pode, com o devido cuidado, ser posta no esquema hamiltoniano. Além disso, como veremos com a equação de Schrödinger (p.391), esse esquema hamiltoniano fornece o ponto de partida para as equações da mecânica quântica. Essa unicidade de forma na estrutura das equações dinâmicas, apesar de todas as mudanças revolucionárias que ocorreram nas teorias físicas no último século, é realmente notável!

O espaço de fase

A forma das equações hamiltonianas nos possibilita "visualizar" a evolução de um sistema clássico de maneira bastante geral e poderosa. Tente imaginar um "espaço" composto de um número grande de dimensões, uma para cada uma das coordenadas x_1, x_2,..., p_1, p_2,... (Espaços matemáticos geralmente têm muito mais do que três dimensões.) Esse espaço é chamado de *espaço de fase* (veja a Fig. 5.10). Para n partículas sem restrições, este será um espaço de $6n$ dimensões (três coordenadas de posição e três coordenadas de momento para cada partícula). O leitor pode muito bem preocupar-se que, mesmo para uma única partícula, já há o dobro de dimensões às quais está normalmente acostumado! O segredo é não incomodar-se com isso. Mesmo se for verdade que seis dimensões são, de fato, mais dimensões do que aquelas que podem ser facilmente (!) imaginadas, não seria de muita utilidade para nós se pudéssemos de fato imaginar esse espaço. Para uma sala cheia de moléculas de ar, o número de dimensões do espaço de fase poderia ser algo como

$$10.000.000.000.000.000.000.000.000.000.$$

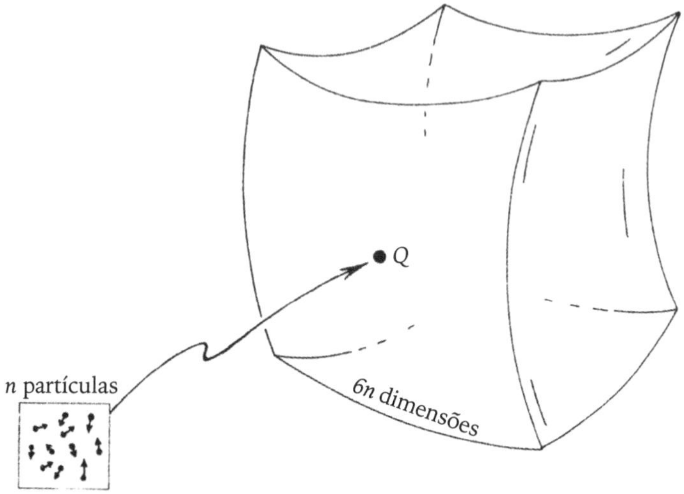

Fig. 5.10. O espaço de fase. Um único ponto Q do espaço de fase representa o estado todo de algum sistema físico, incluindo-se o movimento instantâneo de todas as suas partes.

Não temos muita esperança de conseguir obter uma visualização precisa de um espaço *tão* grande! Assim, o truque é nem tentar – mesmo no caso do espaço de fase de uma única partícula. Pense apenas em algum tipo de região tridimensional vaga (ou até mesmo bidimensional). Veja novamente a Fig. 5.10. Isso bastará.

Como podemos visualizar as equações de Hamilton em termos do espaço de fase? Em primeiro lugar devemos ter em mente o que representa *um único ponto* Q no espaço de fase. Ele corresponde a um conjunto particular de valores para todas as coordenadas de posição x_1, x_2,... e para todas as coordenadas de momento p_1, p_2, ... Isso quer dizer que Q representa nosso *sistema físico todo* com um estado particular de movimento especificado para cada uma das suas partículas constituintes. As equações de Hamilton nos dizem quais são as taxas de movimento de todas essas coordenadas, uma vez conhecidos seus valores atuais; i.e., elas governam a maneira pela qual todas as partículas individuais devem se mover. Traduzidas na linguagem do espaço de fase, as equações nos dizem como um ponto Q no espaço de fase deve se mover dada sua localização presente nesse espaço. Assim, em cada ponto do espaço de fase temos uma pequena seta – mais corretamente, um *vetor* – que nos diz a maneira como Q se move, descrevendo assim a evolução de nosso sistema inteiro no tempo. O conjunto todo de setas forma o que é conhecido como um *campo vetorial* (Fig. 5.11). As equações de Hamilton definem, então, um campo vetorial no espaço de fase.

Vejamos como o *determinismo* físico deve ser interpretado em termos do espaço de fase. Para as condições iniciais dadas no instante $t = 0$ teríamos um conjunto particular de valores especificado para todas as coordenadas de posição e momento; isto é, teríamos uma escolha particular do ponto Q no espaço de fase. Para encontrar a evolução do sistema no tempo simplesmente seguimos as setas. Assim, toda a evolução do nosso sistema no tempo – não importa o quão complicado seja o sistema – é descrita no espaço de fase como um único ponto que se move ao longo das setas em particular que ele encontra. Podemos pensar que as setas indicam a "velocidade" do nosso ponto Q no espaço de fase. Para uma seta "longa", Q se move rapidamente, mas para uma seta "curta", o movimento de Q é lento. Para ver como nosso sistema físico se comporta no instante t simplesmente olhamos para onde Q se moveu, até aquele instante, seguindo as setas que estiveram em seu caminho. Obviamente esse é um procedimento determinístico. A maneira pela qual Q se move é completamente determinada pelo campo vetorial hamiltoniano.

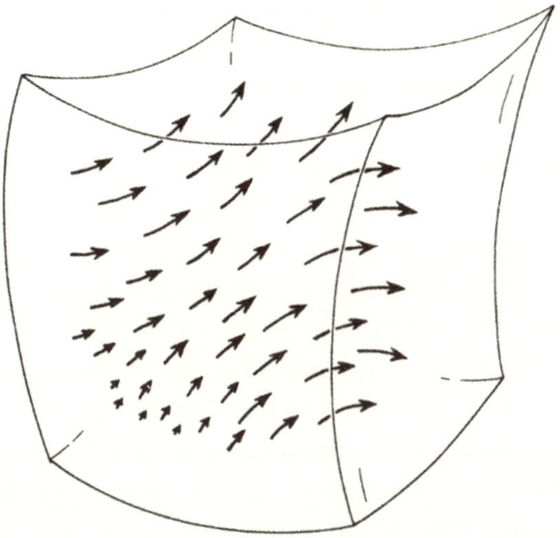

Fig. 5.11. Um campo vetorial no espaço de fase, representando a evolução temporal segundo as equações de Hamilton.

E quanto a computabilidade? Se começarmos de um ponto computável no espaço de fase (i.e., de um ponto no qual todas as coordenadas de posição e momento são números computáveis, cf. Capítulo 3, p.136) e esperarmos um tempo computável *t*, será que necessariamente terminamos em um ponto que pode ser obtido de modo computacional de *t* e dos valores das coordenadas do ponto inicial? A resposta certamente dependerá da escolha da função hamiltoniana *H*. De fato, existiriam *constantes físicas* aparecendo em *H*, tais como a constante gravitacional de Newton ou a velocidade da luz – os valores exatos delas dependendo da nossa escolha de unidades, mas outras constantes poderiam ser números puros – e seria necessário que tivéssemos certeza de que essas constantes são *números computáveis*, se queremos ter a possibilidade de obter uma resposta afirmativa. Se assumirmos que este *é* o caso, então meu *palpite* seria que, para as funções hamiltonianas usuais que encontramos na física, a resposta de fato seria positiva. Isso *é* meramente um palpite, no entanto, e é uma questão interessante que espero que seja investigada mais a fundo no futuro.

Por outro lado, parece-me que, por razões similares às que levantei brevemente em conexão com o mundo das bolas de bilhar, isso não seria uma questão tão relevante. Seria necessária uma precisão infinita para as coordenadas de um ponto no espaço de fase – i.e., *todas* as casas decimais! – de maneira a ter sentido dizer que o ponto é não computável. (Um número descrito por uma quantidade *finita* de casas decimais é sempre computável.) Uma porção finita da expansão decimal de um número não nos diz nada sobre a computabilidade da expansão completa desse número. Porém, todas as medições físicas apresentam uma limitação evidente em relação a quanto elas podem ser precisas, e só podem nos fornecer informação sobre um número finito de casas decimais. Será que isso anula todo o conceito de "número computável" com relação às mensurações físicas?

De fato, um aparato que pudesse, de modo *útil*, usufruir de algum elemento não computável (hipotético) nas leis físicas não deveria necessariamente depender de medições com precisão ilimitada. Porém, pode ser que aqui eu seja muito restritivo. Suponha que tenhamos um aparato físico que, por razões teóricas conhecidas, imitasse algum processo matemático não algorítmico de interesse. O comportamento exato desse aparato, se esse comportamento pudesse sempre ser verificado precisamente, resultaria nas respostas corretas para uma sucessão de questões matematicamente interessantes do tipo sim/não para as quais não pode haver um algoritmo (como aquelas consideradas no Capítulo 4). Qualquer algoritmo *dado* falharia em algum ponto, e *nesse* ponto o aparato nos daria algo novo. O aparato poderia de fato envolver a investigação de algum parâmetro físico com cada vez mais precisão, no qual seria necessário cada vez mais precisão para que pudéssemos nos aprofundar cada vez mais em nossa lista de perguntas. No entanto, *de fato* conseguimos algo novo do nosso aparato em um estágio de precisão *finita*, pelo menos até encontrarmos um algoritmo melhor para a sequência de questões; ponto ao qual deveríamos ter de chegar para obter um grau de precisão mais elevado, de maneira a conseguir algo que nosso algoritmo *melhorado* não pudesse nos revelar.

Mesmo assim, parece que a necessidade de cada vez mais precisão na medição de um parâmetro físico é uma maneira estranha e insatisfatória de codificar informação. Muito melhor seria se pudéssemos adquirir nossa informação de uma forma *discreta* (ou "digital"). Respostas às perguntas cada vez mais profundas na nossa lista poderiam, então, ser obtidas ao examinarmos cada vez mais unidades discretas, ou talvez ao examinarmos um conjunto *fixo* de unidades discretas cada vez mais vezes, de modo que a informação ilimitada estaria dispersa em intervalos de tempo mais e mais longos. (Poderíamos imaginar essas unidades discretas como compostas de partes, de modo que cada parte poderia estar em um estado "ligado" ou "desligado", como os `0`s e `1`s da descrição das máquinas de Turing dada no Capítulo 2.) Para isso, parece que precisamos de aparatos de algum tipo que podem ter estados (distintos) discretos e que, depois de evoluir segundo as leis dinâmicas, novamente estariam em estados discretos. Se esse fosse o caso, poderíamos evitar ter de investigar cada aparato com precisão arbitrariamente alta.

Os sistemas hamiltonianos de fato se comportam assim? Um ingrediente necessário seria algum tipo de estabilidade de comportamento, de maneira que ficaria evidente aferir em quais desses estados discretos nosso aparato se encontra. Uma vez que ele esteja em um desses estados vamos querer que permaneça nele (pelo menos por um período significativo de tempo) e que não mude de um desses estados para outro. Além disso, se o sistema chega a esses estados de maneira ligeiramente errada, não queremos que esses erros se acumulem; de fato, precisamos que eles *desapareçam* com o tempo. Esse aparato que propomos teria de ser feito de partículas (ou outras subunidades) que devem ser descritas em termos de parâmetros contínuos, e cada um dos estados "discretos" distinguíveis teria de cobrir um *conjunto* desses parâmetros contínuos (Por exemplo, uma maneira de representar alternativas discretas seria uma partícula que pode estar em uma caixa ou outra. Para especificar se a partícula de fato está em uma caixa, precisamos dizer que as coordenadas de posição dessa partícula estão em algum intervalo.) O que isso significa, em relação ao nosso espaço de fase, é que cada uma de nossas alternativas "discretas" devem corresponder a uma *região* do espaço de fase, de modo que pontos diferentes do espaço de fase que estivessem na mesma região corresponderiam ao *mesmo* estado alternativo do nosso aparato (Fig. 5.12).

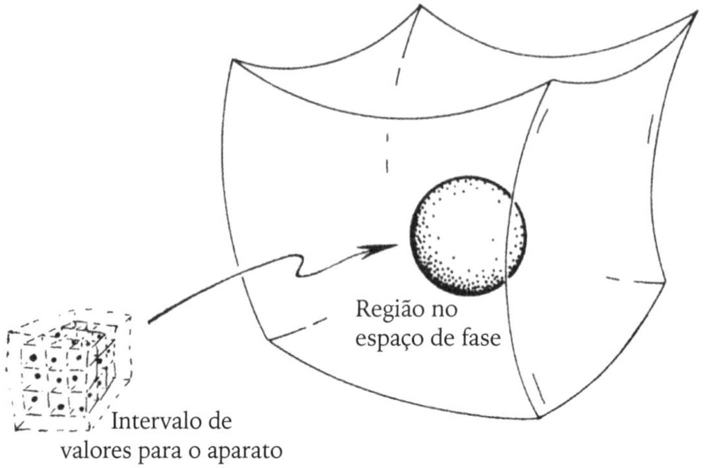

Fig. 5.12. Uma *região* no espaço de fase corresponde a um intervalo de valores possíveis para as posições e momentos de todas as partículas. Essa região representaria um estado distinto (i.e., uma "alternativa") para algum aparato.

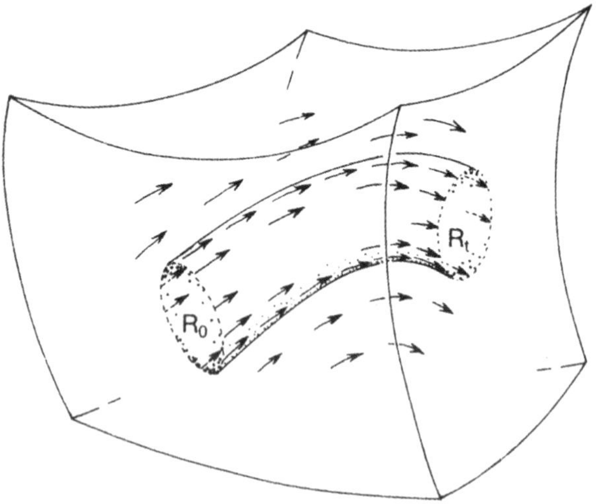

Fig. 5.13. À medida que o tempo passa, a região do espaço de fase R_0 é arrastada pelo campo vetorial para uma nova região R_t. Isso poderia representar a evolução temporal de uma das alternativas em particular do nosso aparato.

Suponha agora que nosso aparato comece com seu ponto no espaço de fase em alguma região R_0 correspondendo a alguma alternativa em particular. Podemos imaginar que R_0 seja arrastado pelo campo vetorial hamiltoniano à medida que o tempo passa, até que no tempo t a região se torna R_t. Ao imaginar isso, pensamos simultaneamente na evolução do nosso sistema para *todos* os possíveis estados iniciais correspondendo à mesma alternativa. (Veja a Fig. 5.13.) A questão da *estabilidade* (no sentido em que aqui estamos interessados) é se, à medida que t cresce, a região R_t permanece localizada ou se ela começa a se dispersar pelo espaço de fase. Se essas regiões permanecem localizadas à medida que o tempo progride, então obtemos uma medida de estabilidade para o nosso sistema. Pontos no espaço de fase que estejam juntos (de modo que correspondam aos estados físicos detalhados do sistema que se assemelhem muito entre si) permanecerão juntos no espaço de fase, e erros de precisão em suas especificações não ficam maiores com o tempo. Qualquer dispersão indesejada significaria efetivamente a impossibilidade de prever o comportamento do nosso sistema.

O que podemos falar sobre sistemas hamiltonianos em geral? As regiões no espaço de fase tendem a se dispersar ou não? Pode parecer que, para um problema tão abrangente, muito pouco poderia ser dito. No entanto, ocorre que existe um teorema muito bonito devido ao distinto matemático Joseph Liouville (1809-1882), que nos diz que o *volume* de qualquer região no espaço de fase deve permanecer constante sob qualquer evolução hamiltoniana. (É evidente que, já que nosso espaço de fase tem dimensão elevada, esse "volume" deve ser entendido em um sentido apropriado.) Assim, o volume de cada R_t deve ser o *mesmo* que o volume original R_0. À primeira vista, isso parece responder a nossa pergunta de maneira afirmativa. Afinal, o *tamanho* – no sentido do volume do espaço de fase – da nossa região *não pode aumentar*, de modo que parece que ela não poderia se espalhar pelo espaço de fase.

No entanto, isso é enganoso, e podemos, ao refletir um pouco, verificar que provavelmente o inverso disso é verdade! Na Fig. 5.14 tentei indicar o tipo de comportamento que podemos esperar em geral. Podemos imaginar que a região inicial R_0 seja uma região pequena e de formato "razoável", mais redonda do que espinhosa – indicando que os estados que pertencem a R_0 podem ser caracterizados de algum modo que não seja necessária precisão absurda. No entanto, à medida que o tempo passa, a região R_t começa a se distorcer e esticar – no começo parecendo com uma ameba, mas então se esticando para distâncias maiores no espaço de fase e se contorcendo de maneiras complexas. O volume de fato permanece constante, mas esse mesmo pequeno volume pode estar extremamente espalhado por regiões enormes do espaço de fase. Para uma situação análoga, considere uma pequena gota de tinta colocada em um galão grande de água. Apesar de o volume real do material da tinta permanecer inalterado, ele eventualmente se espalha por todo o conteúdo do galão. No caso do espaço de fase, a região R_t deve comportar-se provavelmente da mesma maneira. Ela não se espalhará por *todo* o espaço de fase (que é a situação extrema conhecida como "ergódica"), mas é provável que ela se espalhe por uma região muito maior do que a que ocupava inicialmente. (Para mais discussões, veja Davies, 1974.)

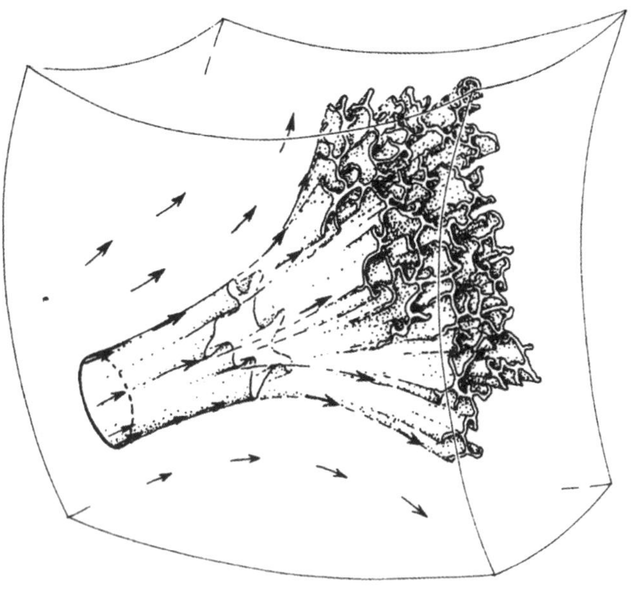

Fig. 5.14. Apesar do fato de o teorema de Liouville nos dizer que o volume do espaço de fase não se altera com a evolução temporal, esse volume estará, em geral, *efetivamente* espalhado devido à extrema complicação dessa evolução.

O problema é que a conservação do volume não significa a conservação da *forma*: pequenas regiões tenderão a ser distorcidas, e essa distorção será ampliada por distâncias cada vez maiores. O problema é muito mais sério em altas dimensões do que em pequenas dimensões já que existem muito mais "direções" nas quais o volume pode se espalhar. De fato, longe de "ajudar" a manter a região R_t sob controle, o teorema de Liouville de fato se revela um problema fundamental! Sem o teorema de Liouville poderíamos imaginar que essa tendência quase certeira para uma região se espalhar no espaço de fase poderia, em circunstâncias apropriadas, ser compensada por uma redução do volume. No entanto, o teorema nos diz que isso é *impossível* e que em todo caso temos de encarar essa complicação – uma característica universal de todos os sistemas clássicos dinâmicos (hamiltonianos) normais![19]

Podemos nos perguntar, em face deste espalhamento pelo espaço de fase, como é possível fazer alguma predição na mecânica clássica? Essa é, de fato, uma boa pergunta. O que esse espalhamento nos diz é que, por melhor que seja a medição do estado inicial do sistema (dentro de alguns limites razoáveis), as incertezas se acumularão com o tempo, e nossa informação inicial se tornará basicamente inútil. A mecânica clássica é, nesse sentido, essencialmente *imprevisível*. (Lembre o conceito de "caos" considerado acima.)

Como então a dinâmica newtoniana se tornou tão bem-sucedida? No caso da mecânica celestial (i.e., o movimento dos corpos celestes sob a ação da gravidade), as razões parecem ser que, *em primeiro lugar*, estamos preocupados com um número comparativamente pequeno de corpos coerentes (o Sol, os planetas e suas luas) que são bastante segregados com relação à massa – de modo que uma primeira aproximação usual é ignorar o efeito da perturbação causada pelos corpos menos massivos e tratar os maiores como se somente um conjunto *pequeno* de corpos estivesse em consideração – e, *em segundo lugar*, as leis da dinâmica aplicáveis às partículas individuais que constituem esses corpos também parecem ser aplicáveis no nível dos corpos em si – de maneira que é uma ótima aproximação tratar o Sol, os planetas e as luas em si como se fossem partículas, e não precisamos nos preocupar com os movimentos detalhados das partículas individuais que de fato compõem esses corpos![20] Novamente escapamos considerando somente "alguns" corpos, e o espalhamento no espaço de fase não é importante.

---

[19] A situação é, de fato, "pior" no sentido de que o volume de Liouville do espaço de fase é somente um dentro de uma família de "volumes" de diferentes dimensões (conhecidos como invariantes de Poincaré) que permanecem constantes sob uma evolução hamiltoniana. No entanto, fui um pouco injusto com relação à amplitude de minhas afirmações. Podemos imaginar um sistema no qual os graus de liberdade (contribuindo para algum volume do espaço de fase) possam ser "descartados" em algum lugar no qual não estamos interessados (como o caso de radiação escapando para o infinito), de modo que o volume do espaço de fase da parte *que nos interessa* se reduza.

[20] Esse segundo fato, em particular, é uma questão de muita sorte para a ciência, pois sem ele o comportamento dinâmico de corpos extensos seria incompreensível e nos daria poucas dicas com relação às leis precisas que poderiam ser aplicáveis às partículas em si. Meu palpite é que uma razão para a insistência resoluta de Newton para sua terceira lei era que, sem ela, essa transferência de comportamento dinâmico entre corpos microscópicos e macroscópicos simplesmente não seria válida.

Além da mecânica celeste, do comportamento de projéteis (que na realidade é somente um caso especial da mecânica celeste) e do estudo de sistemas simples nos quais o número de partículas envolvidas é pequeno, as principais maneiras como a mecânica newtoniana é utilizada não aparentam ser desse modo detalhado e "deterministicamente preditivo". Em vez disso, em geral se usa o esquema newtoniano para construir modelos mediante os quais as propriedades gerais do comportamento podem ser inferidas. Certas consequências precisas das leis, tais como a conservação de energia, momento e momento angular têm, de fato, relevância em todas as escalas. Além disso, há propriedades estatísticas combinadas com as leis dinâmicas que governam as partículas individuais e que podem ser usadas para fazer previsões com relação ao comportamento. (Veja a discussão da termodinâmica no Capítulo 7; o efeito da dispersão do espaço de fase que estamos discutindo tem algumas conexões profundas com a segunda lei da termodinâmica, e com o devido cuidado podemos utilizar essas ideias de modos genuinamente preditivos.) O próprio cálculo notável de Newton sobre a velocidade do som no ar (sutilmente corrigido mais de um século mais tarde por Laplace) foi um bom exemplo disso. No entanto, é realmente muito raro o determinismo inerente à mecânica newtoniana (ou, de maneira mais geral, hamiltoniana) seja de fato utilizado.

O efeito de espalhamento no espaço de fase tem outra implicação notável. Ele nos diz que, de fato, a *mecânica clássica não pode realmente ser verdade em nosso mundo*! Exagero um pouco essa afirmação, mas nem tanto. A mecânica clássica pode dar conta do comportamento de corpos fluidos – particularmente gases, mas muitas vezes também líquidos – em que estamos interessados nas propriedades "médias" de um sistema de partículas, mas ela apresenta problemas ao dar conta da estrutura dos sólidos, em que uma organização mais detalhada e estruturada é necessária. Existe um problema em como um corpo sólido pode manter sua forma quando ele é composto de uma miríade de partículas pontuais cujo arranjo organizacional é continuamente reduzido devido ao espalhamento do espaço de fase. Como sabemos agora, a teoria quântica é necessária para dar conta da real estrutura dos sólidos de maneira correta. De algum modo, efeitos quânticos podem prevenir esse espalhamento do espaço

---

Outro fato "miraculoso" que foi vital para o desenvolvimento da ciência é que a lei do inverso do quadrado é a única lei de potências (caindo com a distância) para a qual as órbitas gerais com relação a um corpo central são formas geométricas simples. O que Kepler teria feito se a lei de potência fosse uma lei do inverso do cubo da distância?

de fase. Essa é uma questão importante à qual teremos de retornar mais tarde (veja os Capítulos 8 e 9).

Essa também é uma questão importante para o tema da construção de uma "máquina computacional". O espalhamento do espaço de fase precisa ser controlado de algum modo. Uma região no espaço de fase que corresponda a um estado "discreto" para um aparato computacional (tal como R_0 descrita acima) não deve poder se espalhar indevidamente. Lembre que mesmo o "computador de bolas de bilhar" de Fredkin-Toffoli necessita de algumas *paredes sólidas* externas de modo a poder funcionar. "Solidez" para um objeto composto de muitas partículas é algo que necessita em última instância da mecânica quântica para poder existir. Parece que mesmo um computador "clássico" deve de algum modo tomar emprestado efeitos da física quântica para que funcione corretamente!

A teoria eletromagnética de Maxwell

No esquema newtoniano do mundo pensamos em termos de pequenas partículas atuando entre si por meio de forças exercidas a distância – em que as partículas, se não são inteiramente pontuais, podem ser tratadas como se ocasionalmente ricocheteassem entre si por causa do contato físico. Como mencionei antes (p.242), as forças da eletricidade e do magnetismo (cuja existência já era conhecida desde a Antiguidade e foi estudado em mais detalhes por William Gilbert em 1600 e por Benjamin Franklin em 1752), atuam de maneira similar à gravitacional com relação a caírem com o inverso do quadrado da distância, mesmo que repulsivamente, em vez de atrativamente – i.e., iguais se repelem – e é a carga elétrica (e a intensidade dos polos magnéticos), em vez da massa, que dá mede a intensidade da força. Nesse nível não existe nenhuma dificuldade em incorporar a eletricidade e o magnetismo no esquema newtoniano. O comportamento da luz também pode ser de certo modo acomodado (mesmo que apresente algumas dificuldades evidentes) seja considerando a luz composta de partículas individuais ("fótons", como chamamos hoje em dia), ou considerando a luz um movimento ondulatório em algum meio, nesse caso esse meio ("éter") é que deve ser pensado como se fosse composto de partículas.

O fato de as cargas elétricas em movimento poderem dar origem a forças magnéticas causou algumas complicações adicionais, mas não fez com que o esquema como um todo ruísse. Diversos matemáticos e físicos (incluindo

Gauss) haviam proposto sistemas de equações para os efeitos de cargas elétricas em movimento que pareciam satisfatórios dentro do esquema geral newtoniano. O primeiro cientista a propor um verdadeiro desafio ao esquema "newtoniano" parece ter sido o notável experimentalista e teórico Michael Faraday.

Para entender a natureza desse desafio devemos primeiro entender o conceito de um *campo* físico. Considere primeiro o campo magnético. A maior parte dos leitores já terá visto o comportamento de limalha de ferro quando colocada em um papel sobre um ímã. As aparas se alinham de visivelmente na direção das chamadas "linhas magnéticas de força". Imagine agora que as linhas de força continuam presentes mesmo quando as aparas não estão lá. Elas constituem o que chamamos de *campo magnético*. Em cada ponto do espaço, esse "campo" está orientado em uma certa direção, a direção da linha de força naquele ponto. De fato, há um *vetor* em cada ponto, de maneira que o campo magnético nos fornece um exemplo de campo vetorial. (Podemos comparar isso com o campo vetorial hamiltoniano que abordamos na seção anterior, mas agora esse campo vetorial está no espaço ordinário, em vez do espaço de fase.) De modo similar, um corpo eletricamente carregado será envolto por um tipo diferente de campo, conhecido como *campo elétrico*, da mesma maneira que um *campo gravitacional* está presente associado a qualquer corpo massivo. Esses também são campos vetoriais no espaço.

Essas ideias eram conhecidas muito antes de Faraday, e foram incorporadas ao arsenal dos teóricos na mecânica newtoniana. Porém, a visão prevalente na época era não ver esses "campos" como se eles próprios tivessem alguma substância física real. Em vez disso, eles serviam para fornecer a necessária "contabilidade" para as forças que atuariam, caso uma partícula apropriada fosse posta em diversos pontos diferentes. No entanto, as descobertas experimentais profundas de Faraday (com espiras em movimento, ímãs e similares) o levaram a crer que os campos elétricos e magnéticos são "coisas" físicas *reais* e, além disso, os campos elétricos e magnéticos variáveis poderiam algumas vezes ser capazes de "empurrar" um ao outro através do espaço vazio para produzir um tipo de onda imaterial! Ele conjecturou que a própria luz poderia consistir nessas ondas. Esse ponto de vista estava em desacordo com a "sabedoria newtoniana" vigente, segundo a qual esses campos não eram tidos como "reais" em nenhum sentido da palavra, mas meramente como objetos matemáticos auxiliares ao "verdadeiro" esquema newtoniano de partículas pontuais e ação a distância da "realidade".

Confrontado com as descobertas experimentais de Faraday, junto de outras feitas anteriormente pelo notável físico francês André Marie Ampère

(1775-1836) e outros, inspirado pela visão de Faraday, o eminente físico e matemático escocês James Clerk Maxwell (1831-1879) debruçou-se sobre qual seria a forma das equações para os campos elétricos e magnéticos que surgiria dessas descobertas. Com um impressionante golpe de intuição, ele propôs uma mudança nessas equações – aparentemente sutil, mas fundamental em suas implicações. Essa mudança não era de todo sugerida pelos fatos experimentais conhecidos (mesmo que fosse consistente com eles). Ela foi o resultado da necessidade teórica do próprio Maxwell, parcialmente física, parcialmente matemática e parcialmente estética. Uma aplicação das equações de Maxwell era que os campos elétricos e magnéticos de fato "empurrariam" um ao outro ao longo do espaço vazio. Um campo magnético oscilante daria origem a um campo elétrico oscilante (isso era uma implicação das descobertas experimentais de Faraday), e esse campo elétrico oscilante, por sua vez, daria origem a um campo magnético oscilante (pela inferência teórica de Maxwell), dando então origem a um campo elétrico, e assim por diante. Veja nas Figuras 6.26 e 6.27 à p.369, imagens detalhadas dessas ondas). Maxwell foi capaz de calcular a velocidade na qual esse efeito se propagaria pelo espaço – e ele descobriu que seria a velocidade da luz! Além disso, essas chamadas ondas *eletromagnéticas* exibiriam as misteriosas propriedades de interferência e polarização que a luz sabidamente apresentava (voltaremos a isso no Capítulo 6, p.324, 368). Além de dar conta das propriedades da luz visível, para as quais as ondas estariam na faixa particular de comprimento de onda de $4 - 7 \times 10^{-7}$ m, ondas eletromagnéticas de outros comprimentos de onda foram previstas, que seriam produzidas por correntes elétricas em fios. A existência dessas ondas foi estabelecida experimentalmente pelo notável físico alemão Heinrich Hertz em 1888. A esperança de Faraday havia de fato encontrado uma base sólida nas maravilhosas equações de Maxwell!

Mesmo que não seja necessário para nós apreciar aqui os detalhes das equações de Maxwell, não fará nenhum mal darmos uma olhada nelas:

$$\frac{1}{c^2}\cdot\frac{\partial \boldsymbol{E}}{\partial t} = rot\,\boldsymbol{B} - 4\pi\boldsymbol{j}, \qquad \frac{\partial B}{\partial t} = -rot\,\boldsymbol{E}$$

$$div\,\boldsymbol{E} = 4\pi\rho, \qquad div\,\boldsymbol{B} = 0.$$

Aqui, $\boldsymbol{E}$, $\boldsymbol{B}$ e $\boldsymbol{j}$ são campos vetoriais que descrevem os campos elétricos, magnéticos e a corrente elétrica, respectivamente; ρ descreve a densidade de carca elétrica e *c* é uma constante: a velocidade da luz.[21] Não se preocupe com os termos "*rot*" e "*div*", que simplesmente se referem a diferentes tipos de variação espacial. (Eles são certas combinações de operadores de derivação parcial, tomados com relação às coordenadas espaciais. Lembre a operação de "derivada parcial", com o símbolo ∂, que vimos, relacionadas às equações de Hamilton.) Os operadores $\partial/\partial t$ que aparecem no primeiro membro das duas primeiras equações são, para todos os efeitos, os mesmos que o "ponto" que foi utilizado nas equações de Hamilton, e a diferença seria mera tecnicalidade. Assim, $\partial \mathbf{E}/\partial t$ significa "taxa de variação do campo elétrico" e $\partial \mathbf{B}/\partial t$ significa "taxa de variação do campo magnético". A primeira equação[22] nos diz como o campo elétrico muda no tempo, em termos do que o campo magnético e a corrente elétrica fazem naquele instante; enquanto a segunda equação nos diz como o campo magnético muda no tempo em termos do que o campo elétrico faz naquele momento. A terceira equação é, de maneira simples, uma codificação da regra do inverso do quadrado nos dizendo como o campo elétrico (naquele instante) deve estar relacionado à distribuição de cargas; enquanto a quarta equação nos diz o equivalente para o campo magnético, exceto que nesse caso não existem "cargas magnéticas" (partículas com polos "norte" e "sul" separados).

Essas equações são similares às de Hamilton pelo fato de que ambas dizem qual deve ser a taxa de mudança, com relação ao tempo, das quantidades relevantes (aqui os campos elétricos e magnéticos) em termos de quais valores eles têm em qualquer instante no tempo. Assim, as equações de Maxwell são *determinísticas*, da mesma maneira que teorias hamiltonianas usuais. A única diferença – e *é* uma diferença importante – é que as equações de Maxwell são equações de *campo*, em vez de equações de partículas, o que significa que necessitamos de um número *infinito* de parâmetros para descrever o estado do sistema (os campos vetoriais em cada ponto no espaço), em vez de somente um número finito, como na teoria de partículas (três coordenadas de posição e três de momentos para cada partícula). Assim, o espaço de fase da teoria de

---

[21] Escolhi unidades para os diversos campos de forma a ater-me de maneira próxima à qual Maxwell originalmente apresentou suas equações (exceto que a densidade de carga dele seria o que eu coloquei como $c^{-2}\rho$). Para outras escolhas de unidades, os fatores de *c* seriam distribuídos de maneira diferente.

[22] É a presença de $\partial E/\partial t$ nessa equação que foi o golpe de mestre de inferência teórica de Maxwell. Todos os termos remanescentes de todas as equações já eram conhecidos por meio da evidência experimental. O coeficiente $1/c^2$ é muito pequeno, razão pela qual esse termo não havia sido experimentalmente observado até então.

Maxwell é um espaço com um número *infinito* de dimensões! (Como mencionei antes, as equações de Maxwell podem de fato ser colocadas dentro do esquema geral hamiltoniano, mas esse esquema precisa ser ligeiramente estendido em razão dessa dimensionalidade infinita.[23])

O ingrediente fundamentalmente *novo* em nosso modelo da realidade física como apresentado pela teoria de Maxwell, indo além do que era conhecido antes, é que agora os *campos* devem ser considerados seriamente por sua própria natureza e não podem mais ser vistos como apêndices matemáticos para as partículas "reais" da teoria newtoniana. De fato, Maxwell mostrou que, quando os campos se propagam como ondas eletromagnéticas, de fato carregam com eles quantidades bem definidas de *energia*. Ele foi capaz de fornecer expressões explícitas para essa energia. O fato notável de que essa energia pode de fato ser transportada de um lugar para o outro por essas ondas eletromagnéticas "imateriais" foi, para todos os efeitos, confirmado experimentalmente pela detecção de Hertz dessas ondas. É algo familiar para nós – mesmo que continue a ser um fato notável – que as ondas de rádio *podem* realmente carregar energia!

Computabilidade e a equação de onda

Maxwell foi capaz de deduzir diretamente de suas equações que, em regiões do espaço onde não existam cargas ou correntes (i.e., onde $\boldsymbol{j} = \mathbf{0}$, $\rho = 0$ nas equações acima), todos os componentes dos campos elétricos e magnéticos devem satisfazer uma equação conhecida como *equação de onda*.[24] A equação de onda pode ser vista como uma "versão simplificada" das equações de Maxwell, já que ela é uma equação para *uma* só quantidade, em vez de referente a todos os seis componentes dos campos elétricos e magnéticos. Sua solução exemplifica o comportamento de onda sem complicações adicionais, tais como a "polarização" da teoria de Maxwell (direção do vetor de campo elétrico, veja a p.368).

[23] Temos, para todos os efeitos, um número *infinito* de x_is e p_is; mas uma complicação adicional é não podermos utilizar os valores do campo como essas coordenadas, sendo necessário um certo "potencial" para o campo de Maxwell, de modo a podermos aplicar o paradigma de Hamilton neste caso.

[24] A equação de onda (ou equação de D'Alembert) pode ser escrita como $\left(\left(\frac{1}{c^2}\right)\left(\frac{\partial}{\partial t}\right)^2 - \left(\frac{\partial}{\partial x}\right)^2 - \left(\frac{\partial}{\partial y}\right)^2 - \left(\frac{\partial}{\partial z}\right)^2\right)\varphi = 0.$

Como vantagem adicional, a equação de onda tem uma propriedade de interesse para nós aqui, pois ela foi explicitamente estudada com relação a suas propriedades de *computabilidade*. De fato, Marian Boyjkan Pour-El e Ian Richards (1979, 1981, 1982, cf. também 1989) foram capazes de mostrar que, mesmo que as soluções da equação de onda se comportem de maneira *determinística* no sentido usual – i.e., informações dadas em um instante inicial irão determinar a solução em todos os outros instantes –, existem condições iniciais *computáveis*, de um certo tipo "peculiar", com a propriedade que, para um instante posterior computável, o valor determinado para o campo é, de fato, *não computável*. Assim, as equações plausíveis de uma teoria física de campos (mesmo que não exatamente a teoria de Maxwell, que de fato é válida no nosso mundo) podem, no sentido dado por Pour-El e Richards, dar origem a uma evolução não computável!

Em face disso, esse resultado é bastante surpreendente – e parece contradizer o que eu havia conjecturado na última seção com relação à provável computabilidade de sistemas hamiltonianos "razoáveis". No entanto, mesmo que o resultado de Pour-El–Richards seja certamente surpreendente e matematicamente relevante, ele não contradiz de fato a conjectura de maneira que faça sentido físico. A razão é que os dados iniciais de um tipo "peculiar" não "variam suavemente",[25] do modo como normalmente exigimos para um campo físico que faça sentido. De fato, Pour-El e Richards mostram que a não computabilidade *não pode* surgir para a equação de onda, se proibimos esse tipo de campo. Em todo caso, mesmo que campos desse tipo fossem permitidos, seria difícil ver como qualquer "aparato" físico (tal como o cérebro humano?) poderia fazer uso de tal "não computabilidade". Poderia ser que isso só fosse relevante quando medições de precisão arbitrariamente alta fossem permitidas, o que, como descrito anteriormente, não é muito realista fisicamente. Mesmo assim, os resultados de Pour-El–Richards representam um começo intrigante de uma importante área de investigação na qual até hoje pouco trabalho tem sido feito.

A equação de movimento de Lorentz: partículas desgovernadas

Na forma como estão, as equações de Maxwell não são realmente um conjunto completo como um sistema de equações. Eles fornecem uma descrição

[25] Isto é, não são diferenciáveis duas vezes.

maravilhosa do modo como os campos elétricos e magnéticos se propagam se nos *é dada* a distribuição de cargas elétricas e correntes. Essas cargas nos são fisicamente dadas como *partículas carregadas* – principalmente elétrons e prótons, como sabemos hoje – e as correntes surgem do movimento de tais partículas. Se abemos onde essas partículas estão e como elas se movem, então as equações de Maxwell nos dirão como o campo eletromagnético deve se comportar. O que as equações de Maxwell *não* nos dizem é como as partículas em si devem se comportar. Uma resposta parcial a essa pergunta era conhecida no tempo de Maxwell, mas um sistema satisfatório de equações não havia sido encontrado até que, em 1895, o notável físico dos Países Baixos Hendrik Antoon Lorentz utilizou ideias relacionadas às ideias da teoria da relatividade especial de maneira a derivar aquelas que são conhecidas hoje como *equações de movimento de Lorentz* para uma partícula carregada (cf. Whittaker, 1910, p.310, 395). Essas equações nos dizem como a velocidade de uma partícula carregada muda constantemente, devido aos campos elétricos e magnéticos na posição em que a partícula está localizada.[26] Quando as equações de Lorentz se unem às equações de Maxwell, obtemos as regras para a evolução temporal *tanto* das partículas carregadas quanto do campo eletromagnético.

No entanto, não está tudo inteiramente bem com esse sistema de equações. Ele fornece resultados excelentes, se os campos são bastante uniformes até a escala do diâmetro das próprias partículas (considerando esta escala como o "raio clássico" do elétron – cerca de 10^{-15}m), e os movimentos das partículas não são tão bruscos. Porém, há aqui uma dificuldade *de princípios* que pode se tornar importante em outras circunstâncias. O que as equações de Lorentz nos dizem para fazer é investigar o campo eletromagnético no exato *ponto* no qual a partícula carregada está localizada (para todos os efeitos, nos fornecendo uma "força" nesse ponto). Onde devemos considerar que esse ponto está, se a partícula tem tamanho finito? Consideramos o "centro" da partícula ou tomamos a média do campo (para a "força") sobre todos os pontos na superfície da partícula? Isso poderia fazer diferença, se o campo *não* é uniforme na escala de comprimento da partícula. Outro problema é ainda

[26] As equações de Lorentz nos dizem que a *força* em uma partícula carregada é devida ao campo eletromagnético no qual ela está; então, se soubermos sua massa, a segunda lei de Newton nos diz qual é a aceleração da partícula. No entanto, partículas carregadas geralmente se movem a velocidades que são próximas à da luz, e efeitos de relatividade especial começam a se tornar importantes, afetando a massa da partícula que de fato devemos considerar (veja a próxima seção). Foram razões como essa que atrasaram o descobrimento da lei de força correta para uma partícula carregada, até que a relatividade especial tivesse nascido.

mais grave: qual *é* de fato o campo na superfície da partícula (ou no seu centro)? Lembre que consideramos uma partícula *carregada*. Existirá um campo eletromagnético *devido à própria partícula* que deve ser adicionado ao "campo de fundo" no qual a partícula se encontra. O campo da própria partícula é imensamente forte muito próximo de sua "superfície" e vai facilmente sobrepujar todos os outros campos em sua vizinhança. Além disso, o campo da partícula apontará mais ou menos na direção externa (ou interna) em todos os pontos ao seu redor, de modo que o campo resultante *real*, ao qual supostamente a partícula responderá, não será uniforme, mas apontará em diversas direções diferentes em pontos diferentes na "superfície" da partícula, assim como em seu "interior" (Fig. 5.15). Agora precisamos nos preocupar se as forças diferentes que atuam sobre a partícula tenderão a rodá-la ou distorcê-la, e devemos nos perguntar que propriedades elásticas ela apresenta etc. (e existem aqui questões particularmente problemáticas quanto à *relatividade* com as quais eu não incomodarei o leitor). Obviamente o problema é muito mais complicado do que era à primeira vista.

Talvez seja melhor considerarmos a partícula uma partícula *pontual*. Isso nos leva, porém, a outros tipos de problema, pois nesse caso o campo elétrico da própria partícula se torna *infinito* em sua vizinhança imediata. Se, segundo

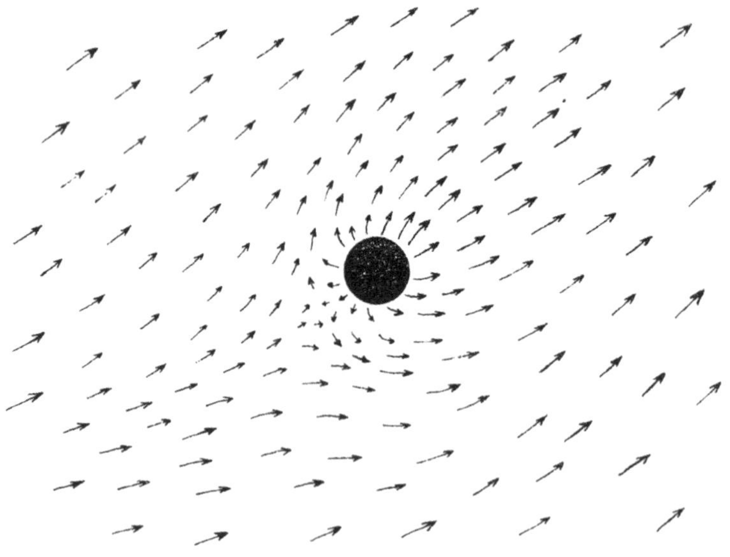

Fig. 5.15. Como devemos aplicar estritamente as equações de movimento de Lorentz? A força na partícula carregada não pode ser obtida simplesmente examinando o campo "na" posição da partícula, já que o campo da própria partícula é dominante nesse lugar.

as equações de Lorentz, ela deve responder ao campo eletromagnético da posição na qual está, então parece que deve responder a um campo infinito! Para darmos algum sentido à lei de força de Lorentz é necessário encontrar uma maneira de *subtrair o campo da própria partícula* de modo a deixarmos apenas um campo de fundo finito ao qual a partícula pode responder de maneira não ambígua. O problema de como fazer isso foi solucionado em 1938 por Dirac (sobre quem saberemos mais). No entanto, a solução de Dirac nos leva a algumas conclusões perturbadoras. Ele descobriu que, de modo que o comportamento das partículas e dos campos seja determinado por suas condições iniciais, é necessário não só que cada posição e velocidade inicial das partículas seja conhecida, mas também que suas *acelerações* devam ser conhecidas (situação anômala no contexto das teorias dinâmicas usuais). Para a maior parte dos valores dessa aceleração inicial, a partícula eventualmente se comporta de maneira completamente sem sentido, espontaneamente acelerando para longe a uma velocidade que rapidamente chega à velocidade da luz! Essas são as soluções "desgovernadas" de Dirac, e elas não correspondem a coisa alguma que de fato aconteça na natureza. Devemos encontrar um meio de descartar essas soluções desgovernadas escolhendo as acelerações iniciais de maneira precisa. Isso sempre pode ser feito, mas somente se aplicarmos um "conhecimento posterior" – quer dizer, devemos especificar as acelerações iniciais de modo a antecipar quais soluções eventualmente se tornarão desgovernadas e evitá-las. Isso não é de maneira alguma como as condições iniciais devem ser especificadas em um problema físico determinístico usual. No caso do determinismo convencional, essas informações podem ser dadas arbitrariamente, desvinculadas de nenhuma restrição quanto ao modo como o futuro deve se comportar. Aqui, não só o futuro é completamente determinado pelas informações que podem ser especificadas em algum instante no passado, mas a própria especificação dessas informações é precisamente vinculada à necessidade de que o comportamento futuro seja, de fato, "razoável"!

Iremos até este ponto com relação às equações clássicas fundamentais. O leitor vai reparar que a questão da computabilidade e a do determinismo nas leis físicas clássicas se tornaram perturbadoramente nebulosas. Será que realmente temos um elemento *teleológico* nas leis físicas, em que o futuro de alguma maneira influencia o que é permitido que aconteça no passado? De fato, os físicos geralmente não consideram essas implicações da *eletrodinâmica clássica* (a teoria das partículas carregadas clássicas junto de campos elétricos e magnéticos) descrições sérias da realidade. A resposta usual que eles dão às dificuldades acima é dizer que, ao tratar de partículas carregadas individuais, devemos adentrar os domínios da *eletrodinâmica quântica*, e não devemos esperar obter respostas que façam sentido utilizando um procedimento estritamente clássico. Certamente isso é verdade, mas, como veremos mais tarde, *mesmo* a teoria quântica tem problemas com relação a isso. De fato, Dirac havia considerado o problema clássico da dinâmica de uma partícula carregada precisamente *porque* ele pensou que isso poderia fornecer uma inspiração para resolver as dificuldades fundamentais ainda maiores do (fisicamente mais apropriado) problema quântico. Vamos encarar os problemas da teoria *quântica* mais adiante!

A relatividade especial de Einstein e de Poincaré

Lembre-se do princípio da relatividade de Galileu, que nos diz que as leis físicas de Galileu e Newton permanecem totalmente imutáveis se passarmos de um referencial estacionário para um referencial em movimento. Isso significa que não podemos afirmar, simplesmente ao investigar o comportamento dinâmico dos objetos em nossa vizinhança, se estamos parados ou nos movemos a velocidade uniforme em alguma direção. (Lembre-se do navio de Galileu, p.237.) Suponha que juntemos, porém, as equações de Maxwell a esse conjunto de leis. A relatividade galileana ainda é válida? Lembre-se de que as ondas eletromagnéticas de Maxwell se propagam a velocidade fixa *c* – a velocidade da luz. O bom senso nós diria que, se viajássemos muito rapidamente em alguma direção, então a velocidade da luz naquela direção deveria parecer para nós *menor* que *c* (pois nos movemos para "alcançar a luz" naquela direção), e a velocidade aparente da luz na direção oposta deveria parecer correspondentemente *maior* que *c* (pois nos afastamos da luz) – o que é diferente do valor *fixo c* que aparece na teoria de Maxwell. De fato, o bom senso estaria certo: a combinação das equações de Newton e das equações de Maxwell *não* satisfaz a relatividade galileana.

Foi ao analisar esse tipo de questão que Einstein foi levado, em 1905 – e, também, Poincaré antes dele (em 1898-1905) – à teoria da relatividade especial. Poincaré e Einstein descobriram independentemente que as equações de Maxwell *também* satisfazem um princípio da relatividade (cf. Pais, 1982); i.e., as equações têm a propriedade de permanecer imutáveis se passarmos de um referencial estacionário para um referencial em movimento, mesmo que as regras quanto a isso sejam *incompatíveis* com as da física de Galileu e de Newton! Para tornar ambas compatíveis seria necessário modificar um conjunto de equações ou o outro – ou então abandonar o princípio da relatividade.

Einstein não tinha intenção de abandonar o princípio da relatividade. Seus incríveis instintos físicos insistiam que esse princípio deveria ser válido para as leis físicas do nosso mundo. Além disso, ele estava bem ciente de que, para virtualmente todos os fenômenos conhecidos, a física de Galileu e de Newton havia sido testada somente para velocidades minúsculas em comparação com a da luz, na qual essa incompatibilidade não seria significativa. Somente *a própria luz* teria velocidade grande o bastante para que essas discrepâncias fossem importantes. Seria o comportamento da luz, então, que nos informaria qual princípio da relatividade devemos de fato adotar – e as equações que governam o comportamento da luz são as equações de Maxwell. Assim, o princípio da relatividade associado às equações de Maxwell deveria ser mantido; as leis de Galileu e de Newton é que, dessa maneira, deveriam ser alteradas!

Lorentz, antes de Poincaré e de Einstein, também havia tratado e parcialmente respondido a essas questões. Em 1895, Lorentz havia adotado a visão de que as forças que unem a matéria são eletromagnéticas em sua natureza (como de fato se mostrou verdadeiro), de modo que o comportamento de corpos materiais reais deveria satisfazer leis derivadas das equações de Maxwell. Uma implicação disso acabou sendo que um corpo que se move a velocidade comparável à da luz se contrairia, muito pouco, na direção do movimento (a "contração de FitzGerald–Lorentz"). Lorentz havia utilizado isso para explicar um achado experimental enigmático, o de Michelson e Morley em 1887, que parecia indicar que fenômenos eletromagnéticos não poderiam ser utilizados para determinar um referencial em repouso "absoluto". (Michelson e Morley mostraram que a velocidade da luz aparente na superfície da Terra não é influenciada pelo movimento da Terra ao redor do Sol – contrariando todas as expectativas.) A matéria sempre se comporta de tal maneira que o movimento (uniforme) não pode ser detectado localmente? Essa foi a conclusão *aproximada* de Lorentz; além disso, ele estava limitado a uma teoria específica da matéria, em que nenhuma outra força além das forças eletromagnéticas seria considerada importante. Poincaré, sendo o incrível matemático que era, foi capaz de mostrar (em 1905) que existe uma maneira *exata* para a matéria se comportar, segundo o princípio da relatividade subjacente às equações de Maxwell, de modo que o movimento uniforme não pode ser detectado localmente de maneira alguma. Ele também obteve muito entendimento das implicações físicas desse princípio (incluindo a "relatividade da simultaneidade", que vamos considerar em breve). Ele parece ter visto isso como somente *uma* possibilidade, e não compartilhava da convicção de Einstein de que algum princípio da relatividade *deveria* existir.

O princípio da relatividade satisfeito pelas equações de Maxwell – o que se tornou conhecido como *relatividade especial* – é um pouco difícil de entender, e tem muitas características que não são intuitivas à primeira vista, difíceis de aceitar como propriedades reais do mundo no qual vivemos. De fato, não podemos entender completamente a relatividade especial sem *mais um* ingrediente, introduzido em 1908 pelo altamente original e engenhoso geômetra russo-alemão Hermann Minkowski (1864-1909). Minkowski havia sido um dos professores de Einstein na Escola Politécnica de Zurique. Sua ideia nova fundamental era que o espaço e o tempo deveriam ser considerados juntos como uma única entidade: um *espaço-tempo quadridimensional*. Em 1908, Minkowski anunciou, em um famoso seminário na Universidade de Göttingen:

> De agora em diante, o espaço em si e o tempo em si estão fadados a desaparecer em meras sombras, e somente um tipo de união dos dois preservará uma realidade independente.

Vamos tentar entender o básico da relatividade especial em termos do magnífico espaço-tempo de Minkowski.

Uma das dificuldades de entendermos o conceito de espaço-tempo é que ele é *quadridimensional*, o que torna difícil sua visualização. No entanto, uma vez que sobrevivemos ao encontro com o espaço de fase, não teremos problema nenhum com meras quatro dimensões! Como antes, vamos "trapacear" e imaginar um espaço de dimensão menor – porém, o grau de trapaça agora será comparativamente menor, e nossa representação pictórica será comparativamente mais precisa. Duas dimensões (uma espacial e uma temporal) seriam o suficiente para muitos propósitos, mas espero que o leitor me permita ser um pouco mais aventureiro e ir até três (duas espaciais e uma temporal). Isso dará uma boa ideia, e não deve ser tão difícil aceitar em princípio que as ideias sejam estendidas sem muitas mudanças para a situação completa quadridimensional. O que devemos ter em mente sobre um diagrama espaçotemporal é que cada ponto nas figuras representará um *evento* – isto é, um ponto no espaço em um momento no tempo determinado, um ponto tendo somente uma existência *instantânea*. O diagrama inteiro representa toda a história, passado, presente e futuro. Uma partícula, já que ela existe em diferentes momentos do tempo, não é representada por um ponto, mas por uma linha, chamada de *linha de mundo* da partícula. Essa linha de mundo – reta se a partícula se move de maneira uniforme e curva se ela acelera (i.e., se move de maneira *não uniforme*) – descreve a história inteira da existência da partícula.

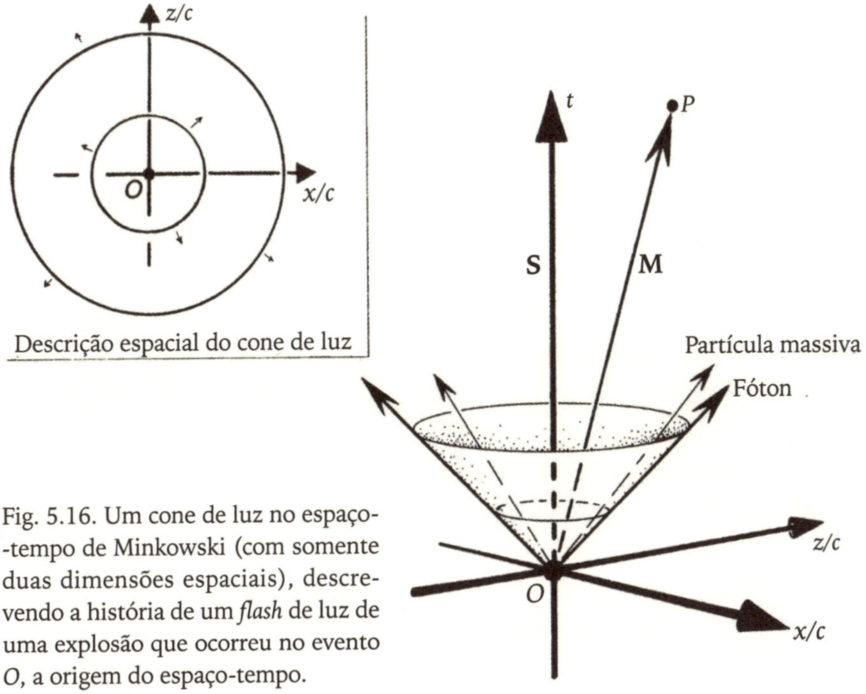

Fig. 5.16. Um cone de luz no espaço-tempo de Minkowski (com somente duas dimensões espaciais), descrevendo a história de um *flash* de luz de uma explosão que ocorreu no evento *O*, a origem do espaço-tempo.

Na Fig. 5.16 representei um espaço-tempo de duas dimensões espaciais e uma temporal. Imaginamos que existe uma coordenada temporal padrão t, medida na direção vertical, e duas coordenadas x/c e z/c medidashorizontalmente.[27] O cone no centro é o *cone de luz* (futuro) da origem espaçotemporal O. Para entendermos seu significado, imagine uma explosão acontecendo no evento O. (Assim, a explosão ocorre na origem espacial no tempo $t = 0$.) A história da luz que emana dessa explosão é esse cone de luz. Em termos bidimensionais espaciais, a história desse *flash* de luz seria um círculo se movendo para fora a velocidade da luz fundamental c. No espaço tridimensional completo, isso seria uma *esfera* se movendo para fora a velocidade c – a frente de onda esférica de luz – mas aqui nós estamos *suprimindo* a direção espacial y, de modo a obtermos somente um círculo, como as ondinhas circulares emanando do ponto em que uma pedra atinge a superfície de um lago quando jogada nele. Podemos ver esse círculo na representação espaçotemporal se

[27] A razão para dividir as coordenadas espaciais por c – a velocidade da luz – é para que as linhas de mundo dos fótons tenham convenientemente coeficiente angular de 45°. Veja o texto a seguir.

tomarmos cortes horizontais sucessivos do cone que se move constantemente para cima. Esses planos horizontais representam diferentes descrições espaciais à medida que a coordenada t aumenta. Uma das características da teoria da relatividade é que é impossível para uma partícula material viajar mais rápido que a luz (falaremos mais sobre isso depois). Todas as partículas materiais advindas da explosão devem ficar atrás da luz. Isso significa, em termos espaçotemporais, que as linhas de mundo de todas as partículas emitidas na explosão devem permanecer *dentro* do cone de luz.

Muitas vezes é conveniente descrever a luz em termos de *partículas* – chamadas de *fótons* – em vez de ondas eletromagnéticas. Por ora podemos pensar em um "fóton" como um pequeno "pacote" de oscilação de alta frequência do campo eletromagnético. O termo é fisicamente mais apropriado no contexto das descrições *quânticas* que vamos considerar no próximo capítulo, mas os fótons "clássicos" também serão úteis para nós aqui. No espaço livre, os fótons sempre viajam em linhas retas a velocidade fundamental c. Isso quer dizer que, na representação do espaço-tempo de Minkowski, a linha de mundo de um fóton é sempre representada por uma linha reta inclinada de 45° com relação à vertical. Os fótons produzidos na explosão em O descrevem o cone de luz centrado em O.

Essas propriedades são válidas de maneira geral em todos os pontos do espaço-tempo. Não existe nada especial sobre a origem; o ponto O não é diferente de nenhum outro ponto. Assim, deve haver um cone de luz em todos os pontos do espaço-tempo com o mesmo significado que o cone de luz na origem. A história de qualquer *flash* de luz – ou das linhas de mundo dos fótons, se preferirmos utilizar a descrição particular da luz – é sempre ao longo do cone de luz de cada ponto, enquanto a história de qualquer partícula material deve sempre estar dentro do cone de luz em cada ponto. Isso é ilustrado na Fig. 5.17. A família de cones de luz de todos os pontos pode ser considerada parte da *geometria de Minkowski* do espaço-tempo.

O que é a geometria de Minkowski? A estrutura dos cones de luz é o aspecto mais importante dela, mas há mais do que isso relacionado a essa geometria. Existe o conceito de "distância", que apresenta analogias notáveis com a distância na geometria euclidiana. Na geometria euclidiana tridimensional, a distância r de um ponto da origem, em termos das coordenadas cartesianas padrão, é dada por

$$r^2 = x^2 + y^2 + z^2.$$

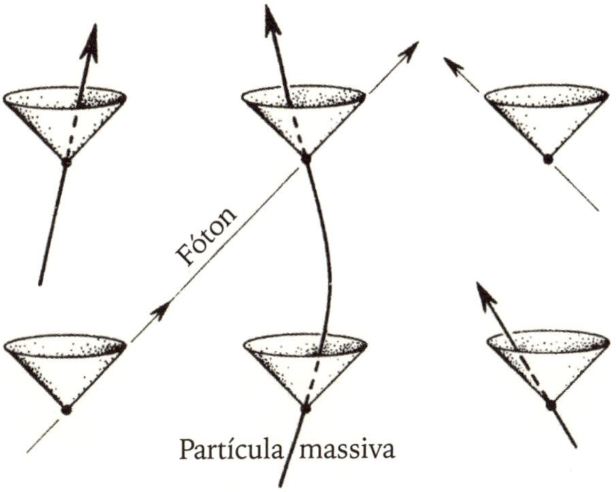

Fig. 5.17. Representação da geometria de Minkowski.

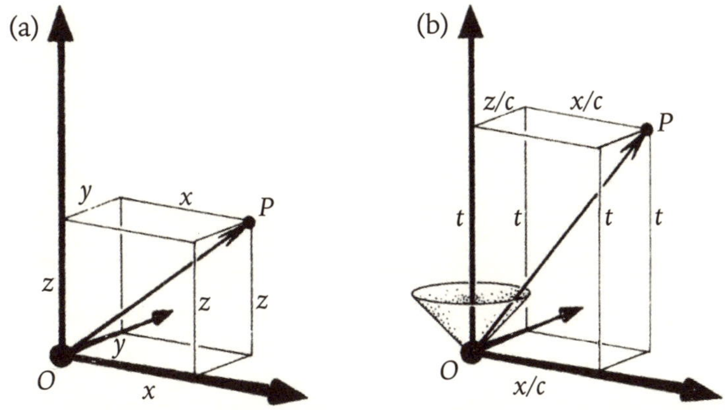

$OP^2 = x^2 + y^2 + z^2$ $\qquad$ $OP^2 = t^2 - (x/c)^2 - (z/c)^2$

Fig. 5.18. Comparação entre as medidas de "distância" (a) na geometria euclidiana e (b) na geometria de Minkowski (em que "distância" quer dizer "tempo experimentado").

(Veja a Fig. 5.18a. Esse é simplesmente o teorema de Pitágoras – o caso bidimensional provavelmente é mais familiar para o leitor.) Em nossa geometria tridimensional de Minkowski, a expressão é formalmente muito similar (Fig. 5.18b), mas apresenta uma diferença essencial, de agora apresentar dois *sinais negativos*:

$$s^2 = t^2 - \left(\frac{x}{c}\right)^2 - \left(\frac{z}{c}\right)^2.$$

De maneira mais correta, deveríamos ter a geometria *quadri*dimensional de Minkowski, na qual, claro, a expressão de "distância" é

$$s^2 = t^2 - \left(\frac{x}{c}\right)^2 - \left(\frac{y}{c}\right)^2 - \left(\frac{z}{c}\right)^2.$$

Qual é o significado físico dessa quantidade *s* de "distância" nessa expressão? Assuma que o ponto em questão – i.e., o ponto P, com coordenadas $\{t, \frac{x}{c}, \frac{y}{c}, \frac{z}{c}\}$ (ou $\{t, \frac{x}{c}, \frac{z}{c}\}$, no caso tridimensional; veja a Fig. 5.16) – está dentro do cone de luz (futuro) de O. Então, o segmento de linha reta OP pode representar parte da história de alguma partícula material – digamos, alguma partícula em especial emitida em nossa explosão. O "comprimento" *s* de Minkowski do segmento OP apresenta interpretação física direta. Ele é o *intervalo de tempo* experimentado pela partícula entre os eventos O e P! Isso quer dizer que, se existisse um relógio bastante rígido e bastante preciso afixado sobre a partícula,[28] então a diferença entre os tempos que ele registra em O e em P é precisamente *s*. Contrariamente às expectativas, a quantidade coordenada *t* em si *não* descreve o tempo como ele é mensurado por um relógio preciso, a menos que ele esteja "em repouso" em nosso sistema coordenado (i.e., com valores fixos para as coordenadas $\frac{x}{c}, \frac{y}{c}, \frac{z}{c}$), o que significa que o relógico teria uma linha de mundo que é "vertical" no diagrama. Assim, "*t*" significa "tempo" somente para observadores que estão "estacionários" (i.e., com linhas de mundo "verticais"). A medida *correta* de tempo para um observador em movimento (se movendo de maneira uniforme ao se afastar da origem O), segundo a relatividade especial, é dada pela quantidade *s*.

Isto é notável – e contrário à medida de tempo advinda dobo senso" de Galileu e de Newton, que de fato seria simplesmente o valor coordenado *t*. Note que a medida de tempo relativística (minkowskiana) *s* é sempre *menor* que *t*, se existe algum movimento (já que s^2 é menor que t^2 sempre que $\frac{x}{c}$,

[28] De fato, em certo sentido, qualquer partícula *quantum*-mecânica na natureza atua como se tivesse um relógio próprio inteiramente seu. Como veremos no Capítulo 6, existe uma oscilação associada a qualquer partícula quântica cuja frequência é proporcional à massa da partícula; veja p.319. Relógios modernos muito precisos (relógios atômicos, relógios nucleares) dependem essencialmente desse fato.

$\frac{y}{c}$ ou $\frac{z}{c}$ não são todos nulos, segundo a fórmula acima). Movimento (i.e., *OP* não estando ao longo do eixo *t*) tenderá a "diminuir o ritmo" do relógio, em comparação com *t* – i.e., como visto com relação ao nosso sistema coordenado. Se a velocidade do movimento é pequena comparada com *c*, então *s* e *t* serão quase os mesmos, o que explica por que razão não percebemos facilmente que "relógios em movimento tendem a ter um ritmo de passagem de tempo menor". No outro extremo, quando a velocidade é a mesma da luz, *P* então está *no* cone de luz; e descobrimos que $s = 0$. O cone de luz é precisamente o conjunto de pontos cuja "distância" de Minkowski (i.e., "tempo") de *O* é na verdade zero. Assim, um fóton não "experimentaria" nenhuma passagem de tempo! (Não nos é permitido o caso ainda *mais* extremo, em que *P* estaria *fora* do cone de luz, já que isso levaria a um *s* imaginário – raiz de um número negativo – e violaria a regra segundo a qual partículas materiais ou fótons não podem viajar mais rapidamente que a luz.[29])

A noção de "distância" de Minkowski aplica-se igualmente bem a *qualquer* par de pontos no espaço-tempo para os quais um esteja no cone de luz do outro – de maneira que uma partícula poderia viajar de um ponto ao outro. Simplesmente consideramos *O* outro ponto do espaço-tempo. Novamente, a distância de Minkowski entre os pontos mede o intervalo temporal experimentado por um relógio que se move de maneira uniforme de um ponto ao outro. Quando a partícula pode ser um fóton e a distância de Minkowski se torna zero, obtemos dois pontos com um deles estando *sobre* o cone de luz do outro – e esse fato serve para definir o cone de luz daquele ponto.

A estrutura básica da geometria de Minkowski, com sua curiosa medida de "comprimento" para as linhas de mundo – interpretadas como o *tempo* medido (ou "experimentado") por relógios físicos –, contém a própria essência da relatividade especial. Em particular, o leitor pode já ter ouvido falar sobre o que é conhecido como "paradoxo dos gêmeos" da relatividade: um gêmeo permanece na Terra, enquanto o outro faz uma viagem para uma estrela próxima, viajando para lá e depois voltando em velocidade muito elevada, próxima à da luz. Ao voltar descobre-se que os gêmeos envelheceram de maneira muito diferente, o viajante encontrando-se ainda jovem, enquanto o irmão que permaneceu em casa é um homem velho. Isso é facilmente descrito

---

29 No entanto, para eventos separados por valores negativos de s^2 a quantidade $c\sqrt{(-s^2)}$ tem um significado, o de distância *ordinária* – ao observador para o qual os dois eventos sejam simultâneos (conforme o que segue depois no texto).

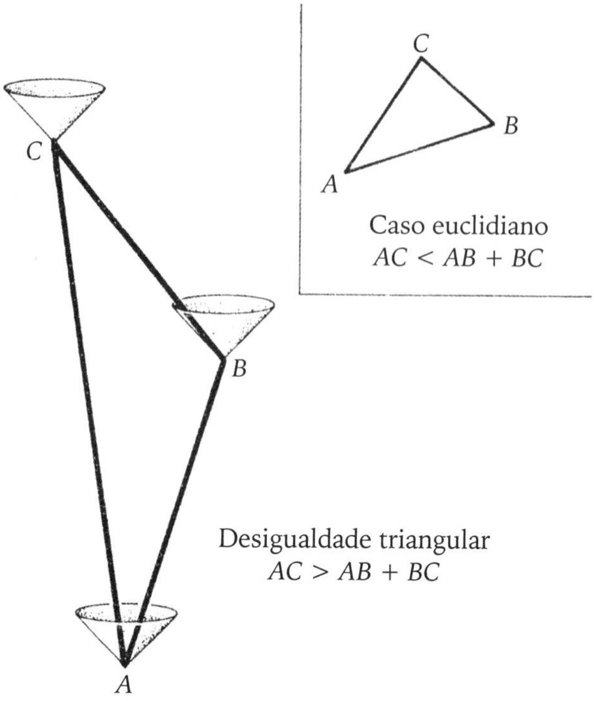

Fig. 5.19. O chamado "paradoxo dos gêmeos" da relatividade especial é entendido em termos da desigualdade triangular de Minkowski. (O caso euclidiano também é mostrado aqui, para comparação.)

em termos da geometria de Minkowski – e podemos ver a razão pela qual, ainda que enigmático, isso não é realmente um paradoxo. A linha de mundo AC representa o gêmeo que está em casa, enquanto o viajante tem uma linha de mundo composta dos segmentos AB e BC, os quais representam as etapas de afastar-se da Terra e retornar à Terra, respectivamente (veja a Fig. 5.19). O gêmeo que permanece na Terra experimenta um tempo mensurado pela distância de Minkowski AC, enquanto o viajante experimenta um tempo dado pela soma[30] de duas distâncias de Minkowski AB e BC. Esses tempos não são iguais, mas obtemos

[30] O leitor poderia preocupar-se com a "quina" que ocorre na linha de mundo do observador em *B*, como representado, já que nesse evento *B*, o viajante teria aceleração infinita. Isso não é relevante. Com aceleração finita, a linha de mundo do observador simplesmente seria suavizada ao redor de *B*, não fazendo muita diferença para o tempo total que ele experimenta, que ainda é medido pelo "comprimento" de Minkowski da linha de mundo completa.

$$AC > AB + BC,$$

demonstrando que o tempo experimentado pelo gêmeo que está em casa de fato é maior do que o do gêmeo viajante.

A desigualdade acima é bastante similar a bem conhecida *desigualdade triangular* da geometria euclidiana ordinária, isto é (A, B e C sendo agora três pontos em um espaço *euclidiano*):

$$AC < AB + BC,$$

que afirma que a soma dos dois lados de um triângulo é sempre *maior* que o terceiro. *Isso* não vemos como um paradoxo! Estamos perfeitamente acostumados com a ideia de que a medida de distância euclidiana de distância ao longo de um caminho de um ponto ao outro (aqui de A para C) depende de qual caminho de fato tomemos. (Nesse caso, os dois caminhos são AC e a rota mais demorada ABC.) Esse exemplo é um caso particular do fato de que a menor distância entre dois pontos (aqui A e C) é medida ao longo de uma linha reta que os une (a linha AC). A reversão da direção do sinal de desigualdade no caso *minkowskiano* surge das mudanças de sinal na definição de "distância", de modo que o segmento AC minkowskiano é *"maior"* que a rota completa ABC. Também é fato que essa "desigualdade triangular" minkowskiana é um caso particular de um resultado ainda mais geral: a *maior* (no sentido de maior tempo decorrido) dentre as linhas de mundo que conectam dois eventos é a linha reta (i.e., não acelerada). Se dois gêmeos começam no mesmo evento A e terminam no mesmo evento C, no qual o primeiro gêmeo se move diretamente de A para C sem acelerar, mas o segundo acelera, então o primeiro sempre vai experimentar uma passagem de tempo maior que o segundo, quando eles se encontrarem novamente.

Pode parecer bastante ousado introduzir tal estranho conceito de medida de tempo, em contraste com nossas noções intuitivas. No entanto, existe uma quantidade enorme de evidência experimental em favor disso. Por exemplo, existem muitas partículas subatômicas que decaem (i.e., se quebram em outras partículas) em uma escala de tempo bem definida. Algumas vezes, essas partículas viajam a velocidades muito próximas à da luz (e.g., nos raios cósmicos que alcançam a Terra do espaço profundo, ou em aceleradores de partículas construídos pelos seres humanos), e seus tempos de decaimento, atrasam-se exatamente da maneira que deduziríamos das considerações acima. Mais impressionante ainda é o fato de que os relógios ("relógios nucleares") podem hoje em dia ser tão precisos que esses efeitos de diminuição da passagem do tempo são *diretamente* observáveis por relógios transportados por aviões de baixa altitude voando rapidamente – concordando com a medida de "distância" minkowskiana s, *não* com t! (Estritamente falando, levando em conta a *altitude* do avião, pequenos efeitos adicionais advindos da relatividade *geral* também surgem, mas eles também concordam com a observação experimental; veja a próxima seção.) Além disso, existem muitos outros efeitos, intimamente conectados com todo o arcabouço da relatividade especial, que constantemente são verificados experimentalmente. Um deles, a famosa relação de Einstein

$$E = mc^2,$$

que efetivamente iguala energia à massa, terá algumas implicações bastante interessantes para nós no final deste capítulo!

Ainda não expliquei como o princípio da relatividade está de fato incorporado neste esquema. Como observadores que se movem a diferentes velocidades uniformes podem ser *equivalentes* com relação à geometria de Minkowski? Como pode o eixo temporal da Fig. 5.16 ("observador estacionário") ser completamente equivalente a alguma outra linha de mundo reta, digamos OP estendida ("observador em movimento")? Vamos pensar primeiro sobre a geometria *euclidiana*. Obviamente quaisquer duas linhas retas individuais são bastante equivalentes uma à outra com relação à geometria como um todo. Podemos imaginar "deslizar" o espaço euclidiano todo "rigidamente sobre si mesmo" até que uma linha reta seja levada à posição da outra. Pense no caso bidimensional, um *plano* euclidiano. Podemos agora imaginar mover um pedaço de papel rigidamente sobre a superfície plana, de maneira que qualquer linha reta desenhada no papel eventualmente coincida com uma linha reta da superfície. Esse movimento rígido preserva a estrutura da geometria. De modo similar, o mesmo vale para a geometria de Minkowski; porém, é menos óbvio, e temos de ser cuidadosos com o que consideramos "rígido". Em vez de termos um papel deslizando, devemos pensar em um tipo peculiar de material – tomando o caso bidimensional primeiro, por simplicidade – no qual linhas de 45° permanecem a 45°, enquanto o material pode se esticar em uma direção de 45° e se amassar em outra direção de 45°. Isso é ilustrado na Fig. 5.20. Na Fig. 5.21 tentei indicar o que está envolvido no caso tridimensional. Esse tipo de "movimento rígido" no espaço de Minkowski – chamado de "movimento de Poincaré" (ou movimento de Lorentz inomogêneo) – pode não parecer muito "rígido", mas preserva todas as distâncias de Minkowski, e "preservar todas as distâncias" é justamente o que a palavra "rígido" significa no caso euclidiano. O princípio da relatividade especial enuncia que a física é inalterada sob esses movimentos de Poincaré do espaço-tempo. Em particular, o observador "estacionário" *S* cuja linha de mundo é o eixo temporal da nossa figura que representa o espaço de Minkowski 5.16 tem uma física completamente equivalente àquela do observador em "movimento" M ao longo da linha de mundo *OP*.

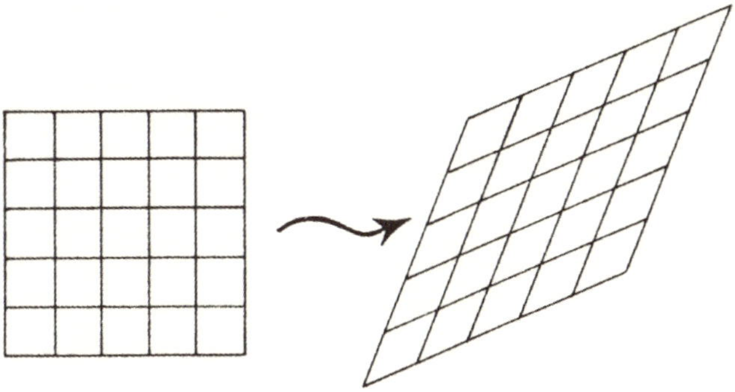

Fig. 5.20. Movimento de Poincaré em duas dimensões espaçotemporais.

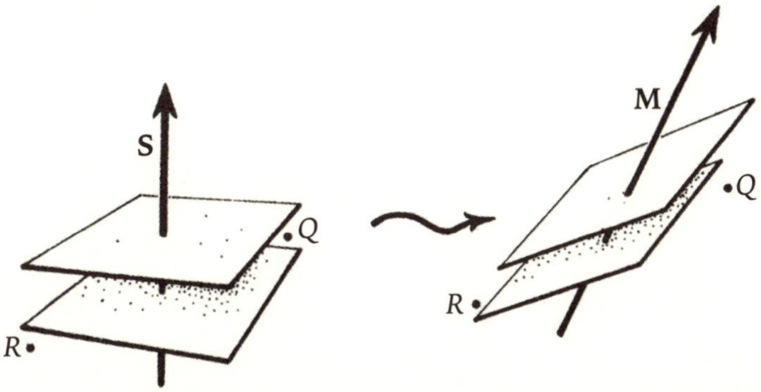

Fig. 5.21. Movimento de Poincaré em três dimensões espaçotemporais. O diagrama à esquerda mostra os espaços de simultaneidade para **S**, e o diagrama à direita, os espaços de simultaneidade para **M**. Note que *S* pensa que *R* acontece antes de *Q*, enquanto **M** pensa que *Q* acontece antes de *R*. (O movimento aqui é pensado como *passivo*, isto é, ele afeta somente as diferentes *descrições* que os dois observadores **S** e **M** fariam do mesmo espaço-tempo.)

Cada plano coordenado t = constante representa o "espaço" em um dado "momento do tempo" para o observador S, isto é, a família de eventos que ele consideraria *simultâneos* (i.e., acontecendo todos ao "mesmo tempo"). Vamos chamar esses planos de S de *espaços de simultaneidade*. Quando consideramos outro observador M, devemos mover nossa família original de espaços de simultaneidade para uma nova família por meio de um movimento de Poincaré, fornecendo assim os espaços de simultaneidade para M.[31] Note que os espaços de simultaneidade para M parecem "inclinados para cima", na Fig. 5.21. Essa inclinação para cima pode parecer a direção errada, se estivermos pensando em termos de movimentos rígidos da geometria euclidiana, mas é o que devemos esperar no caso minkowskiano. Enquanto S pensa que todos os eventos em algum t = constante ocorrem simultaneamente, M tem um ponto de vista diferente; para ele, são os eventos em cada um de seus espaços de simultaneidade "inclinados para cima" que parecem ser simultâneos! A geometria de Minkowski não contém, ela mesma, um único conceito de "simultaneidade"; cada observador em movimento uniforme leva consigo sua própria noção do que "simultaneidade" significa.

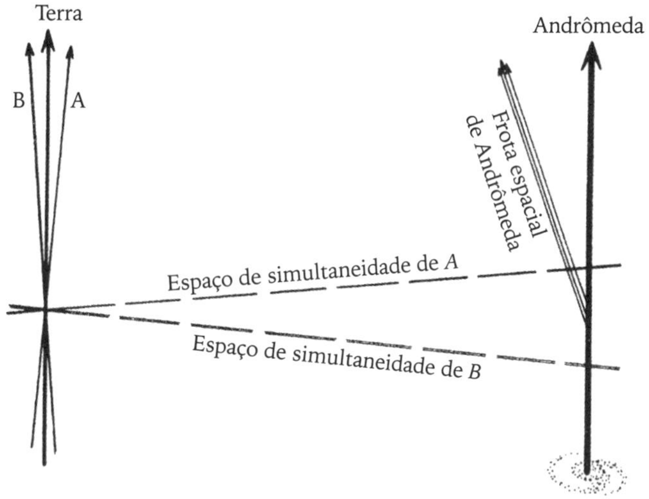

Fig. 5.22. Duas pessoas A e B que caminham devagar passam uma pela outra, mas elas têm visões diversas quanto à frota espacial de Andrômeda já ter se lançado ao espaço no momento em que se cruzam no caminho.

[31] Esses são os espaços de eventos que seriam julgados por M como simultâneos segundo a *definição de simultaneidade de Einstein*, que utiliza sinais de luz enviados por M e refletidos de volta para M dos eventos em questão. Veja, por exemplo, Rindler (1982).

Considere dois eventos *R* e *Q* na Fig. 5.21. Segundo *S*, o evento *R* acontece antes do evento *Q*, pois *R* está em um espaço de simultaneidade anterior a *Q*; mas segundo *M*, de outro modo, *Q* está em um espaço de simultaneidade anterior a *R*. Assim, para um observador, o evento *R* acontece antes de *Q*, mas para o outro é *Q* que acontece antes de *R*! (Isso pode acontecer somente porque *R* e *Q* são pontos chamados de pontos *espacialmente separados*, o que quer dizer que estão fora do cone de luz um do outro, de maneira que nenhuma partícula material ou fóton pode viajar de um evento para o outro.) Mesmo a velocidades relativamente pequenas, diferenças significativas no ordenamento temporal vão ocorrer para eventos que acontecem a grandes distâncias. Imagine duas pessoas que caminham lentamente passando uma pela outra na rua. Os eventos na galáxia de Andrômeda (a grande galáxia mais próxima à nossa própria Via Láctea, à distância de cerca de 20 000 000 000 000 000 000 quilômetros) julgados por duas pessoas como simultâneos ao momento pelo qual elas passam uma pela outra pode ter diferença de diversos dias (Fig. 5.22). Para uma das pessoas, a frota espacial lançada com a intenção de devastar a vida no planeta Terra já está vindo em nossa direção; enquanto para a outra, a própria decisão de se a frota deve ou não ser lançada ainda nem foi tomada!

A teoria da relatividade geral de Einstein

Lembre-se da grande intuição de Galileu de que todos os corpos caem de modo igualmente rápido em um campo gravitacional. (Foi uma intuição, não uma observação experimental direta, pois, devido à resistência do ar, penas e rochas *não* caem juntas! A intuição de Galileu foi entender que, se a resistência do ar pudesse ser reduzida a zero, *então* elas cairiam juntas.) Levou três séculos antes que o real e profundo significado dessa intuição fosse entendido e transformado na pedra basilar de uma grande teoria. Essa teoria é a relatividade geral de Einstein – uma descrição extraordinária da gravitação que, como veremos em breve, precisava do conceito de um *espaço-tempo curvo*!

O que a engenhosa intuição de Galileu tem a ver com a ideia de "curvatura do espaço-tempo"? Como pode ser que essa ideia, aparentemente tão diferente do esquema newtoniano, em que as partículas aceleram sob forças gravitacionais ordinárias pudesse replicar, até melhorar, a soberba precisão daquela teoria? Além disso, pode ser realmente verdade que a intuição antiga de Galileu continha algo que subsequentemente *não* havia sido incorporado à teoria newtoniana?

Deixe-me começar pela última questão, já que ela é mais fácil de responder. O que, segundo a teoria newtoniana, governa a aceleração de um corpo sob influência da gravidade? Primeiro, existe a *força* gravitacional naquele corpo, que a lei de Newton da atração gravitacional nos diz que deve ser *proporcional à massa do corpo*. Segundo, existe a quantidade na qual o corpo acelera *dada* a força que atua sobre ele, que pela segunda lei de Newton é *inversamente proporcional à massa do corpo*. O fato do qual a intuição de Galileu depende é o fato de que amassa" que ocorre na lei newtoniana da força gravitacional é *a mesma* "massa" que aparece na segunda lei de Newton ("proporcional a" serviria no lugar de "a mesma"). É isso que garante que a aceleração de um corpo sob a força gravitacional seja de fato *independente* da sua massa. Não existe nada no esquema geral newtoniano que exija que esses dois conceitos de massa sejam o mesmo. Isso, Newton simplesmente *postulou*. De fato, as forças elétricas são similares às forças gravitacionais, uma vez que ambas são leis do inverso do quadrado da distância, mas a força aqui depende da *carga elétrica*, que é totalmente diferente da *massa* na segunda lei de Newton. A "intuição de Galileu" não se aplicaria às forças elétricas: objetos (isto é, objetos carregados) "caindo" em um campo eletromagnético *não* "cairiam" todos a mesma velocidade!

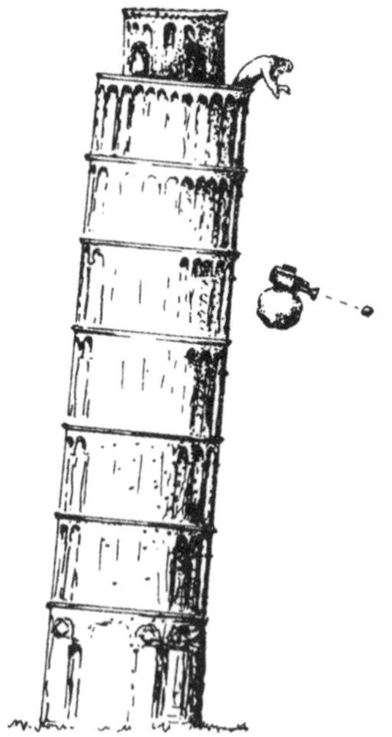

Fig. 5.23. Galileu abandonando duas pedras (e uma câmera de vídeo) do alto da torre inclinada de Pisa.

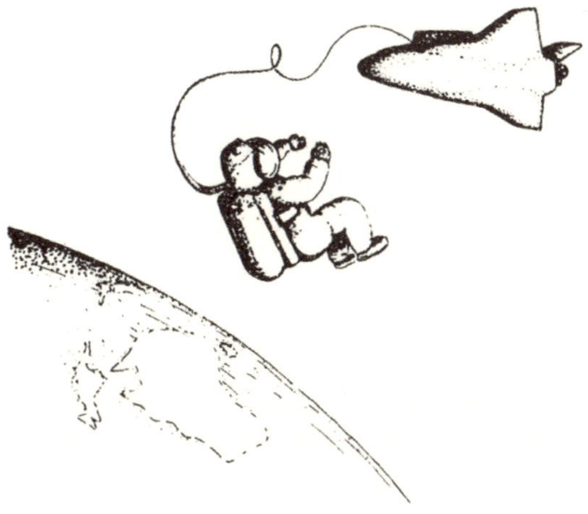

Fig. 5.24. O astronauta vê seu veículo espacial flutuar em relação a ele, aparentemente sem sentir os efeitos da gravidade.

Por ora, *aceitemos* simplesmente a intuição de Galileu – para o movimento sob influência da *gravidade* – e vamos nos perguntar sobre suas consequências. Imagine que Galileu abandonasse duas pedras do alto da torre inclinada de Pisa. Se houvesse uma câmera de vídeo em uma das pedras, apontando para a outra, então a imagem registrada mostraria a outra pedra flutuando no ar, aparentemente *não sendo afetada* pela gravidade (Fig. 5.23)! Isso vale precisamente *porque* todos os objetos caem a mesma velocidade sob a influência da gravidade.

A resistência do ar aqui é ignorada. O voo espacial agora nos fornece uma maneira melhor de testar essas ideias, já que para todos os efeitos não existe ar no espaço. Agora, "caindo" no espaço significa simplesmente seguir a órbita apropriada sobre influência da gravidade. Não existe a necessidade de essa "queda" ser estritamente para baixo em direção ao centro da Terra. Pode haver também um componente de movimento horizontal. Se esse componente horizontal for grande o bastante, então é possível "cair" ao longo da Terra sem aproximar-se nenhum palmo do chão! Viajar em órbita livre sob efeito da gravidade é somente uma forma sofisticada (e bastante cara!) de "cair". Agora, assim como na imagem da câmera acima, um astronauta em uma "caminhada espacial" vê seu veículo espacial flutuando em frente dele, aparentemente não afetado pela força gravitacional do globo gigante que é a Terra embaixo dele! (Veja a Fig. 5.24.) Assim, podemos eliminar localmente os efeitos da gravidade ao passarmos para um "referencial acelerado" em queda livre.

A gravidade pode ser *cancelada* dessa maneira pela queda livre, pois todos os efeitos de um campo gravitacional são exatamente aqueles de uma aceleração. De fato, se você está dentro de um elevador que acelera para cima, simplesmente experimenta um aumento no campo gravitacional aparente; e para baixo, uma diminuição. Se o cabo que suspende o elevador se quebrasse, então (ignorando a resistência do ar e efeitos de fricção) a aceleração resultante para baixo cancelaria completamente o efeito da gravidade, e os ocupantes do elevador pareceriam flutuar livremente – assim como o astronauta acima – até que o elevador atingisse o chão! Mesmo em um trem ou avião, acelerações podem ser tais que nossa sensação sobre a força e a direção da gravidade pode não coincidir com o que nossa evidência visual sugere que "para baixo" deveria ser. Isso acontece porque a aceleração e os efeitos gravitacionais *são* exatamente um como o outro, de modo que nossas sensações são incapazes de distingui-los entre si. Esse fato – que os efeitos locais da gravidade são equivalentes aos de um referencial acelerado – é o que Einstein se referiu como *o princípio da equivalência*.

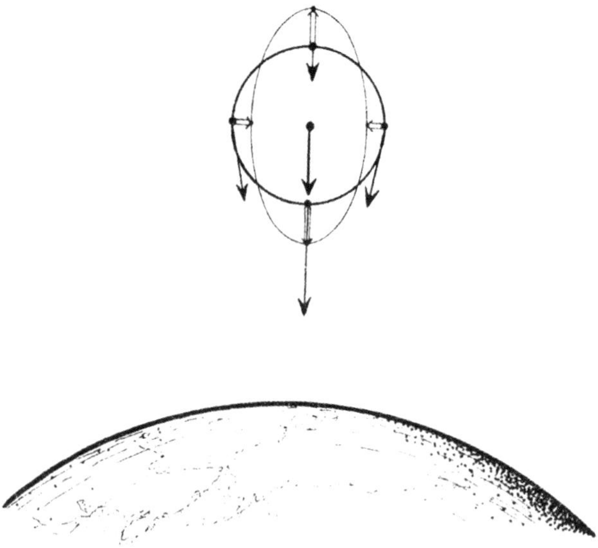

Fig. 5.25. O efeito de maré. As setas duplas mostram a aceleração relativa (**WEYL**).

As considerações acima são "locais". No entanto, se nos é permitido realizar medições (não exatamente locais) com uma precisão suficiente, poderíamos, em princípio, verificar uma *diferença* entre um "verdadeiro" campo gravitacional e aceleração pura. Na Fig. 5.25 eu desenhei, de maneira um pouco exagerada, como um arranjo inicialmente estacionário e esférico de partículas, caindo sob a ação da gravidade terrestre, começaria a ser afetado pela *não uniformidade* do campo gravitacional (newtoniano). O campo é não uniforme de duas maneiras. Primeiro, porque o centro da Terra está a uma distância finita, de maneira que partículas mais próximas da superfície vão acelerar para baixo mais fortemente que aquelas mais acima (lembre-se da regra de Newton do inverso do quadrado da distância). Segundo, pela mesma razão, haverá pequenas diferenças na *direção* dessa aceleração para deslocamentos horizontais diferentes das partículas. Devido a essa não uniformidade, o formato esférico começará a se distorcer levemente – em um "elipsoide". Ele se estende na direção do centro da Terra (e também na direção oposta), já que as partes mais próximas ao centro experimentam uma aceleração levemente maior do que as partes mais distantes; ele se contrai nas direções horizontais, devido ao fato de as acelerações lá atuarem levemente para dentro, na direção do centro da Terra.

O efeito de distorção é conhecido como efeito *de maré* da gravitação. Se substituirmos o centro da Terra pela Lua e a esfera de partículas pela superfície da Terra, então obtemos precisamente a influência da Lua nas marés cheias na Terra, com amontoados sendo produzidos tanto na direção da Lua quanto se afastando dela. O efeito de maré é uma característica geral dos campos gravitacionais que não pode ser "eliminada" pela queda livre. Esse efeito mede a não uniformidade do campo gravitacional newtoniano. (A *magnitude* da distorção de maré na realidade cai com o inverso do *cubo* da distância do centro de atração, em vez do inverso do quadrado.)

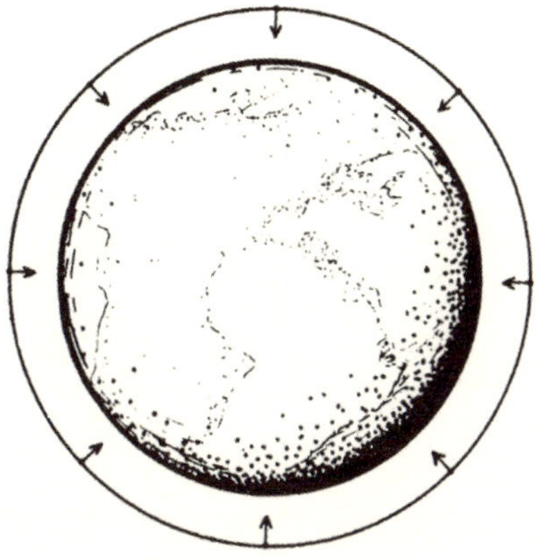

Fig. 5.26. Quando a esfera envolve a matéria (aqui a Terra) existe uma aceleração líquida para dentro (**RICCI**).

A lei do inverso do quadrado para a força gravitacional tem uma interpretação simples em termos desse efeito de maré: o volume do elipsoide no qual a esfera se distorce inicialmente[32] é *igual* ao da esfera original – considerando a esfera envolta em vácuo. Essa propriedade relacionada ao volume é característica da lei do inverso do quadrado; ela não vale para nenhuma outra lei de força. Em seguida, suponha que a esfera esteja envolta não pelo vácuo, mas por alguma matéria de massa total M. Haverá agora uma componente adicional de aceleração para dentro devido à atração gravitacional dessa matéria. O volume do elipsoide, o qual se forma devido à distorção da nossa esfera de partículas, *encolhe* – de fato, de um valor *proporcional a* M. Um exemplo desse efeito de redução de volume ocorreria se considerássemos nossa esfera envolvendo a Terra a altura constante (Fig. 5.26). Nesse caso, a aceleração usual para baixo (i.e., em direção ao centro) devido à gravidade da Terra é o que faz com que o volume da esfera se reduza. Essa propriedade de redução de volume codifica a parte remanescente da lei de força gravitacional newtoniana, isto é, que a força é proporcional à massa do *corpo atraente*.

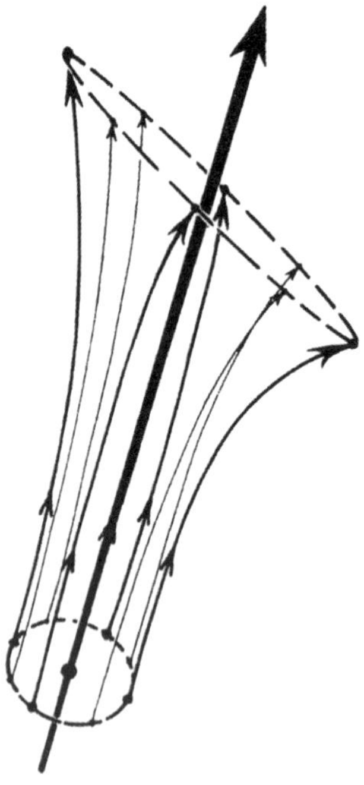

Fig. 5.27. A curvatura espaço-temporal: o efeito de maré representado no espaço-tempo.

[32] Esta é a derivada *segunda* em relação ao tempo inicial da forma (ou "aceleração"). A taxa de mudança (ou "velocidade") da forma inicialmente é considerada nula, já que a esfera começa em repouso.

Vamos agora tentar obter uma visão espaçotemporal dessa situação. Na Fig. 5.27 indiquei as linhas de mundo das partículas e nossa superfície esférica (desenhada como um círculo na Fig. 5.25), onde fiz a descrição em um referencial para o qual o ponto no centro da esfera parece estar em repouso ("queda livre"). O ponto de vista da relatividade geral é ver os movimentos em queda livre como "movimentos naturais" – os análogos dos "movimentos uniformes em linha reta" obtido na física sem considerar a ação da gravidade. Assim, *tentamos* pensar na queda livre, como descrita por linhas de mundo "retas" no espaço-tempo! No entanto, pelo que parece da Fig. 5.27, seria confuso utilizar a *palavra* "reta" para isso, e por questão de terminologia chamaremos as linhas de mundo de partículas em queda livre no espaço-tempo de *geodésicas*.

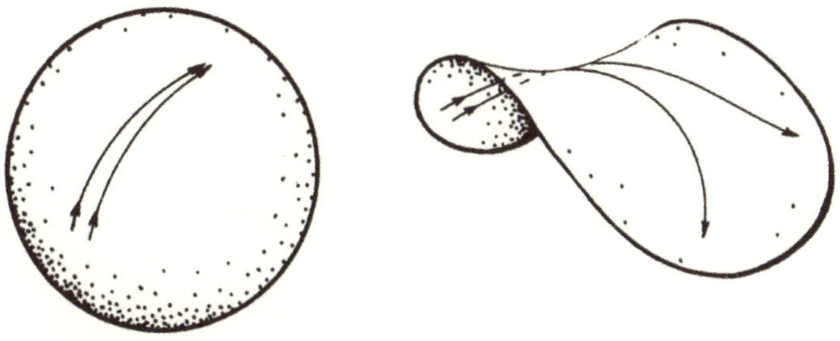

Fig. 5.28. Geodésicas em uma superfície curva. Com curvatura positiva, as geodésicas convergem, enquanto com curvatura negativa, elas divergem.

Será que essa é uma boa terminologia? O que normalmente queremos dizer por uma "geodésica"? Vamos investigar um análogo disso em uma superfície curva bidimensional. As geodésicas são as curvas na superfície que (localmente) são as "menores rotas". Assim, se pensarmos em um pedaço de corda estendido ao longo da superfície (mas não tão longo, de forma a não sair da superfície), então a corda estará ao longo de uma geodésica na superfície. Na Fig. 5.28 indiquei dois exemplos de superfícies, a primeira apresenta o que é chamado de "curvatura positiva" (como a superfície de uma esfera), e a segunda, "curvatura negativa" (uma superfície similar a uma sela). Para a superfície de curvatura positiva, duas geodésicas vizinhas que inicialmente começam paralelas entre si, se continuarmos por elas, começariam a se inclinar *em direção uma da outra*; para a curvatura negativa, começarão a se inclinar *em direções opostas uma da outra*. Se imaginarmos que as linhas de mundo de partículas em queda livre são, em algum sentido, como as geodésicas em uma superfície, então vemos que existe uma analogia forte entre os efeitos de maré gravitacional, discutidos acima, e os efeitos de curvatura em uma superfície – mas agora tanto os efeitos de curvatura negativo quanto positivos estão *ambos* presentes. Veja as Figs. 5.25 e 5.27. Vemos que nossas "geodésicas" espaçotemporais começam a mover-se uma *para longe* da outra em uma direção (quando estão alinhadas ao longo da direção da Terra) – como no caso da superfície com curvatura *negativa* da Fig. 5.28 – e começam a mover-se uma *para perto* da outra nas outras direções (quando estão horizontais, com relação à Terra) – como na superfície de curvatura *positiva* da Fig. 5.28. Assim, nosso espaço-tempo de fato parece apresentar uma "curvatura", analogamente a nossas duas superfícies, mas uma curvatura mais complexa devido à maior dimensionalidade e das combinações de curvaturas positiva e negativa envolvidas em diferentes movimentos.

Isso nos mostra como o conceito de "curvatura" de um espaço-tempo pode ser utilizado para descrever a ação de campos gravitacionais. A possibilidade de utilizar tal descrição decorre, em última instância, da intuição de Galileu (o princípio da equivalência) e nos permite eliminar a "força" gravitacional pela queda livre. De fato, nada que eu disse até agora exige que deixemos a teoria newtoniana. Esse paradigma fornece meramente uma *reformulação* dessa teoria.[33] No entanto, uma física nova de fato aparece quando tentamos combinar esse paradigma com o que aprendemos das descrições de Minkowski da *relatividade especial* – a geometria espaçotemporal que agora sabemos ser aplicável na *ausência* de gravidade. A combinação resultante é a *relatividade geral* de Einstein.

Lembre o que Minkowski nos ensinou. Temos (na ausência de gravidade) um espaço-tempo com um tipo peculiar de medida de "distância" definida entre os pontos: se tivermos uma linha de mundo no espaço-tempo descrevendo a história de alguma partícula, então a "distância" de Minkowski medida ao longo da linha de mundo descreve o intervalo de *tempo* experimentado pela partícula. (De fato, na seção anterior, consideramos essa "distância" somente ao longo de linhas de mundo consistindo em pedaços retos, mas essa afirmação se aplica para linhas de mundo curvas, em que a "distância" é medida ao longo da curva.) A geometria de Minkowski é considerada exata

[33] A descrição matemática dessa reformulação da teoria newtoniana foi feita pela primeira vez pelo notável matemático francês Élie Cartan (1923) – o que, evidentemente, ocorreu *após* a relatividade geral de Einstein.

se não existe campo gravitacional – i.e., curvatura do espaço-tempo. Porém, quando a gravidade está presente, consideramos a geometria de Minkowski meramente uma aproximação – da mesma maneira que uma superfície plana dá somente uma descrição aproximada da geometria de uma superfície curva. Se imaginarmos um microscópio cada vez mais poderoso para examinar uma superfície curva – de maneira que a geometria da superfície pareça esticada para dimensões cada vez maiores – então a superfície parecerá cada vez mais plana. Dizemos que uma superfície curva é *localmente* similar ao plano euclidiano.[34] Da mesma maneira podemos dizer, na presença de gravidade, que o espaço-tempo é *localmente* como a geometria de Minkowski (que é o espaço-tempo *plano*), mas nós permitimos "curvas" em uma escala maior (veja a Fig. 5.29). Em particular, qualquer ponto do espaço-tempo é um vértice de um *cone de luz*, da mesma maneira como no espaço de Minkowski, mas esses cones não estão organizados de maneira completamente uniforme como no espaço de Minkowski. Veremos, no Capítulo 7, alguns exemplos de modelos de espaço-tempo em que essa não uniformidade é patente: cf. Figs. 7.13, 7.14 na p.445. Partículas materiais têm, para suas linhas de mundo, curvas que estão sempre *dentro* dos cones de luz, e fótons têm curvas *ao longo* dos cones de luz. Também vale notar que ao longo de quaisquer dessas curvas existe um conceito de "distância" de Minkowski que mede o tempo que passa para essas partículas, da mesma maneira como no espaço de Minkowski. Como em uma superfície curva, essa medida de distância define uma *geometria* para a superfície que pode ser diferente da geometria para o caso plano.

Podemos dar uma interpretação similar à que foi dada em superfícies bidimensionais para as geodésicas no espaço-tempo, em que devemos manter em mente as diferenças entre as situações minkowskianas e euclidianas. Assim, em vez de serem curvas de menor comprimento (locais), nossas linhas de mundo geodésicas no espaço-tempo são curvas que *maximizam* (localmente) a "distância" (i.e., tempo) ao longo da linha de mundo. As linhas de mundo das partículas em movimento de queda livre sob a ação gravitacional *são* de fato geodésicas segundo esta regra. Assim, em particular, corpos celestes que

[34] Espaços curvos que são localmente euclidianos nesse sentido (também em dimensões superiores) são chamados de *variedades riemannianas* – nomeadas em homenagem ao eminente Bernhard Riemann (1826-1866), o primeiro a investigar esses espaços, com base em alguns importantes trabalhos anteriores de Gauss no caso bidimensional. Aqui precisamos de uma modificação importante da ideia de Riemann, isto é, permitir que a geometria seja localmente *minkowskiana*, em vez de euclidiana. Esses espaços são frequentemente chamados de *variedades lorentzianas* (pertencendo a uma classe chamada de *pseudo*-riemanniana ou, de forma menos lógica, variedades *semi*-riemannianas).

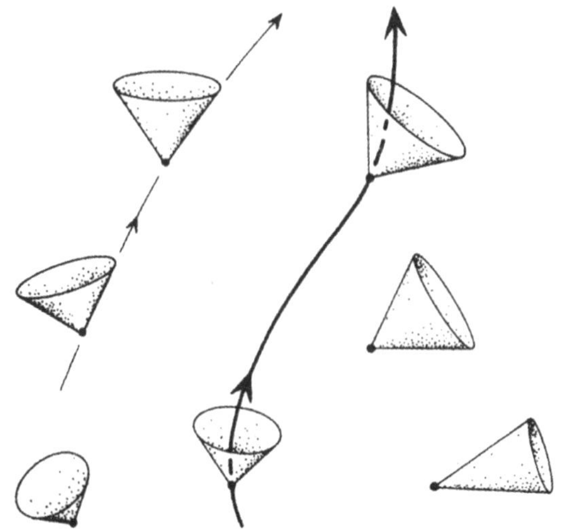

Fig. 5.29. Representação de um espaço-tempo curvo.

se movem em um campo gravitacional são muito bem descritos por essas geodésicas. Além disso, raios de luz (linhas de mundo de fótons) no espaço vazio também seguem curvas geodésicas, mas essas geodésicas têm "comprimento" *zero*.[35] Como um exemplo, indiquei de maneira esquemática, na Fig. 5.30, as linhas de mundo da Terra e do Sol, sendo o movimento da Terra ao redor do Sol parecido com uma geodésica "em parafuso" ao redor da linha de mundo do Sol. Também indiquei um fóton chegando à Terra a partir de uma estrela distante. Sua linha de mundo parece levemente "curva" devido ao fato de que a luz, segundo a teoria de Einstein, é *defletida* pelo campo gravitacional do Sol.

Ainda precisamos ver como surge a lei do inverso do quadrado da distância de Newton – e é modificada apropriadamente segundo a relatividade de Einstein. Voltemos para nossa esfera de partículas em queda em um campo gravitacional. Lembre-se de que, se a esfera está ao redor somente de vácuo, então, segundo a teoria de Newton, o volume da esfera inicialmente não se altera; mas se a esfera envolve uma massa total M, então existe uma redução de volume proporcional a M. Na teoria de Einstein, as regras são exatamente

[35] O leitor pode estar preocupado sobre como esse valor *zero* pode representar o valor *máximo* do "comprimento"! De fato, ele o faz, mas em um sentido vazio: uma geodésica de comprimento zero é caracterizada pelo fato de não existir *nenhuma outra* linha de mundo de partículas conectando um par de pontos pertencente a ela (localmente).

Fig. 5.30. Linhas de mundo da Terra e do Sol, e um raio de luz de uma estrela distante sendo defletido pelo Sol.

as mesmas (para uma pequena esfera), exceto que não é exatamente *M* que determina a mudança de volume; existe uma contribuição adicional (normalmente minúscula) da *pressão* no material envolto.

A expressão matemática completa para a curvatura do espaço-tempo quadridimensional (que descreve os efeitos de maré para partículas que viajam em qualquer direção possível em qualquer dado ponto) é dada por algo chamado de *tensor de curvatura de Riemann*. Esse objeto é um pouco complicado, sendo necessários vinte números reais em cada ponto para especificá-lo completamente. Esses vinte números são conhecidos como seus *componentes*. Os componentes diferentes se referem às diferentes curvaturas nas diferentes direções do espaço-tempo. O tensor de curvatura de Riemann geralmente é escrito como R_{ijkl}, mas já que não tenho o intuito de explicar, aqui, o que todos esses pequenos índices significam (nem, de fato, o que um tensor realmente *é*), vou escrevê-lo simplesmente como:

RIEMANN.

Existe uma maneira pela qual esse tensor pode ser dividido em duas partes, chamadas de tensor de *Weyl* e tensor de *Ricci* (com dez *componentes cada*). Representarei essa divisão esquematicamente por:

RIEMANN = WEYL + RICCI.

(As expressões detalhadas não serão particularmente iluminadoras para nós aqui.) O tensor de Weyl **WEYL** mede a *distorção de maré* de nossa esfera de partículas em queda livre (i.e., uma mudança inicial no formato, em vez do tamanho) e o tensor de Ricci **RICCI** mede sua *mudança inicial em volume*.[36] Lembre-se de que a teoria gravitacional newtoniana exige que a *massa* envolvida por nossa esfera em queda seja proporcional a essa redução de volume inicial. O que isso nos diz, de modo simples, é que a *densidade de massa* da matéria – ou, equivalentemente, a *densidade de energia* (em razão de $E = mc^2$) – deve ser igualada ao tensor de Ricci.

De fato, isso basicamente é o que as equações de campo da relatividade geral – isto é, as *equações de campo de Einstein* – de fato afirmam.[37] No entanto, existem certas tecnicalidades sobre isso que vamos, para nosso bem, ignorar aqui. É suficiente dizer que existe um objeto chamado de *tensor de energia-momento*, que organiza toda a informação relevante relativa à energia, pressão e momento da matéria e campos eletromagnéticos. Vou me referir a esse tensor como **ENERGIA**. Assim, as equações de Einstein se tornam, de maneira bastante esquemática,

RICCI = ENERGIA

(É a presença da "pressão" no tensor **ENERGIA**, junto com algumas necessidades de consistência para as equações como um todo, que demandam que a pressão também contribua para o efeito de redução de volume descrito acima.)

---

[36] De fato, essa divisão em efeitos de distorção e efeitos de alteração de volume não é tão evidente como apresentei. O tensor de Ricci pode, por si só, nos dar uma certa quantidade de distorção de maré. (Com raios de luz a divisão *é* completamente evidente; cf. Penrose; Rindler, 1986, Capítulo 7.) Para uma definição precisa dos tensores de Weyl e Ricci, veja, por exemplo, Penrose e Rindler (1984, p.240, 210). (O alemão Hermann Weyl foi um matemático extraordinário de seu tempo; o italiano Gregorio Ricci foi um geômetra altamente influente que fundou a teoria dos tensores no século passado.)

[37] A forma correta das equações verdadeiras foi encontrada por David Hilbert em novembro de 1915, mas as ideias físicas da teoria são inteiramente de autoria de Einstein.

Essa equação parece não dizer nada sobre o tensor de Weyl. Porém, ele é uma quantidade importante. O efeito de maré que é experimentado no espaço vazio é inteiramente devido ao tensor **WEYL**. De fato, as equações de Einstein acima implicam a existência de equações *diferenciais*, conectando **WEYL** com **ENERGIA**, bastante similar às equações de Maxwell que encontramos antes.[38] De fato, um ponto de vista útil é enxergar **WEYL** como um tipo de análogo gravitacional do campo eletromagnético (na realidade também um tensor – o tensor de Maxwell) descrito pelo par (**E**, **B**). Assim, em certo sentido, **WEYL** de fato mede o campo *gravitacional*. A "fonte" para **WEYL** é o tensor **ENERGIA**, o que é análogo ao fato de que a fonte para o campo eletromagnético (**E**, **B**) é (ρ, j), o conjunto de cargas e correntes na teoria de Maxwell. Esse ponto de vista será útil para nós no Capítulo 7.

Pode parecer notável, quando temos em mente as diferenças importantes na formulação e ideias subjacentes, que seja difícil encontrar diferenças observacionais entre a teoria de Einstein e a teoria que Newton apresentou cerca de dois séculos e meio antes. Porém, contanto que as velocidades em consideração sejam pequenas quando comparadas à velocidade da luz *c*, e que os campos gravitacionais não sejam muito fortes (de modo que as velocidades de escape sejam muito menores que *c*, cf. Capítulo 7, p.443), então a teoria de Einstein nos dá resultados virtualmente idênticos aos da teoria de Newton. No entanto, a teoria de Einstein é mais precisa nas situações em que as predições das duas teorias *de fato* diferem. Hoje já existem vários desses testes experimentais impressionantes, e a teoria mais nova de Einstein é inteiramente confirmada. Relógios correm ligeiramente mais devagar em um campo gravitacional, como Einstein previu, e esse efeito agora já foi medido de diversas maneiras diferentes. Sinais de luz e rádio de fato são defletidos pelo Sol e são levemente retardados pelo encontro – novamente evidenciando efeitos bem testados da relatividade geral. Sondas espaciais e planetas em movimento necessitam de pequenas correções para as órbitas newtonianas, como exigido pela teoria de Einstein; o que também foi verificado experimentalmente. (Em particular, a anomalia no movimento do planeta Mercúrio, conhecido como "avanço do periélio", que preocupava os astrônomos desde 1859 foi explicada por Einstein em 1915.) Talvez a mais impressionante de todas estas observações seja, na verdade, um conjunto de observações em um sistema chamado

[38] Para os que conhecem sobre esses assuntos, essas equações diferenciais são as *identidades de Bianchi* completas com as equações de Einstein substituídas nelas.

de *pulsar binário*, que consiste em um par de pequenas estrelas massivas (presumivelmente duas "estrelas de nêutrons", cf. p.443), que concordam muito precisamente com a teoria de Einstein e verificam diretamente um efeito que está completamente ausente na teoria newtoniana, a emissão de *ondas gravitacionais*. (Uma onda gravitacional é o análogo gravitacional de uma onda eletromagnética e também viaja à velocidade da luz c.) Nenhuma observação experimental confirmada existe que esteja em contradição com a teoria da relatividade geral de Einstein. Apesar de toda a estranheza inicial que ela causa, a teoria de Einstein veio definitivamente para ficar!

Causalidade relativística e determinismo

Lembre-se de que, na teoria da relatividade, corpos materiais não podem viajar mais rapidamente do que a luz – no sentido de que suas linhas de mundo devem sempre estar dentro dos cones de luz (cf. Fig. 5.29). (Na relatividade geral, em particular, devemos afirmar as coisas de maneira local. Os cones de luz não estão organizados uniformemente, de modo que não teria muito significado dizer que a velocidade de uma partícula muito *distante* excede a da luz *aqui*.) As linhas de mundo dos fótons estão *ao longo* dos cones de luz, mas não é permitido a nenhuma partícula que a linha de mundo esteja *fora* dos cones. De fato, uma afirmação mais geral é válida, isto é, nenhum *sinal* pode viajar por fora do cone de luz.

Para apreciarmos por que isso deve ser assim, considere nossa representação do espaço de Minkowski (Fig. 5.31). Suponhamos que algum aparato tenha sido construído que possa enviar um sinal a velocidade um pouco maior do que a da luz. Utilizando esse aparato, o observador **W** envia um sinal de um evento A em sua linha de mundo para um evento distante B, que está logo abaixo do cone de luz de A. Na Fig. 5.31a isso é desenhado do ponto de vista de **W**, mas na Fig. 5.31b isso está redesenhado do ponto de vista de um segundo observador **U** que se move rapidamente para longe de **W** (de um ponto entre A e B, digamos), e para o qual o evento B parece ter ocorrido *antes* de A! (Este "redesenho" é uma movimentação de Poincaré, como descrito na p.282.) Do ponto de vista de **W**, os espaços de simultaneidade de **U** parecem "inclinados para cima", e por isso o evento B pode parecer para **U** como se tivesse ocorrido antes de A. Assim, para **U**, o sinal transmitido por **W** pareceria viajar para trás no tempo!

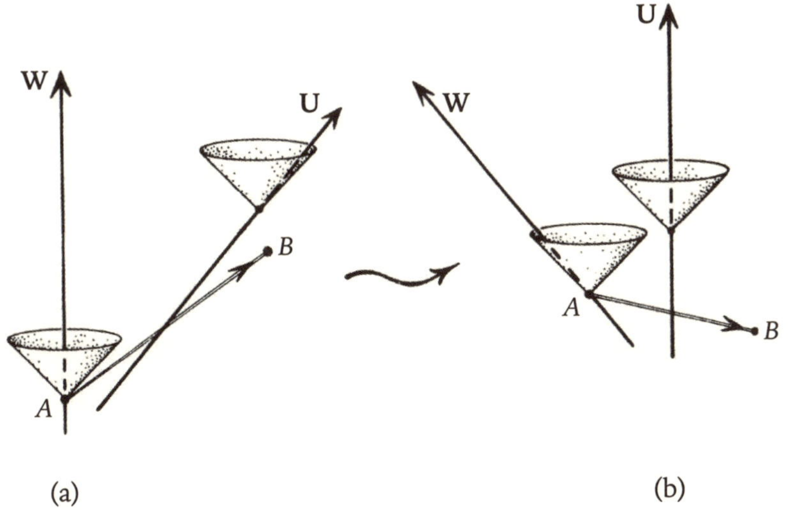

Fig. 5.31. Um sinal que é mais rápido que a luz para o observador **W** parecerá viajar para trás no tempo para o observador **U**. A figura à direita (b) é simplesmente a figura à esquerda (a) redesenhada do ponto de vista de **U**. (Esse redesenho pode ser pensado como um movimento de Poincaré. Compare a Fig. 5.21 – mas aqui a transformação de (a) para (b) deve ser considerada no sentido *ativo*, não no sentido passivo).

Isso ainda não é exatamente uma contradição. Porém, por simetria do ponto de vista de **U** (pelo princípio da relatividade especial), um *terceiro* observador **V**, que se move para longe de **U** na direção oposta de **W**, munido de um aparato idêntico daquele de **W**, poderia também enviar um sinal levemente mais rápido que a luz, do *seu* (i.e., de **V**) ponto de vista, de volta na direção de **U**. Esse sinal também pareceria, para **U**, viajar em direção ao passado, agora na direção espacial oposta. De fato, **V** poderia transmitir esse segundo sinal de volta para **W** no momento (B) que ele recebe o sinal original enviado por **W**. Esse sinal alcança **W** em um evento C que é anterior, segundo **U**, ao evento original de emissão A (Fig. 5.32). Porém, pior que isso, o evento C é de fato anterior ao evento de emissão A na *própria linha de mundo de* **W**, de maneira que **W** *vive* o evento C antes de ele emitir o sinal em A! A mensagem que o observador **V** envia de volta para **W** poderia ser, por concordância anterior com **W**, simplesmente uma repetição da mensagem que ele recebeu em B. Assim, **W** receberia, em um tempo anterior em sua linha de mundo, a exata mesma mensagem que ele enviaria no futuro! Ao separarmos os dois observadores a uma distância muito grande, poderíamos garantir que a quantidade pela qual o sinal de retorno precede o sinal original é um intervalo de tempo tão grande quanto quisermos. Talvez a mensagem original de **W** seja que ele quebrou sua perna. Ele poderia receber a mensagem de retorno *antes* de um acidente ter ocorrido, e então (presumivelmente), pela ação do seu livre-arbítrio tomar providências para evitar que ele acontecesse!

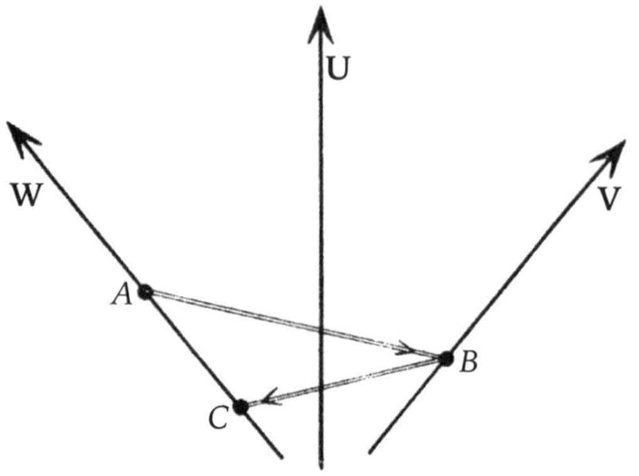

Fig. 5.32. Se **V** está munido com um aparato de comunicação superluminal idêntico ao de **W**, mas apontando na direção oposta, ele pode ser utilizado por **W** para enviar uma mensagem para seu próprio passado!

Assim, comunicação superluminal, em conjunto com o princípio da relatividade de Einstein nos leva a uma contradição evidente com nossos sentimentos usuais de "livre-arbítrio". De fato, o problema é ainda maior que esse. Poderíamos imaginar que talvez o "observador **W**" seja meramente um aparato mecânico, programado para mandar uma mensagem de "SIM", caso ele receba uma mensagem de "NÃO", e "NÃO", caso receba um "SIM". De fato, **V** poderia ser um aparato mecânico também, mas programado para enviar de volta "NÃO", se ele recebe "NÃO", e "SIM", se ele recebe "SIM". Isso levaria à mesma contradição fundamental que antes,[39] mas agora independe de o observador **W** de fato possuir ou não "livre-arbítrio", e nos diz que um aparato de comunicação superluminal não "pode existir" como uma possibilidade física. Isso terá implicações enigmáticas para nós mais tarde (Capítulo 6, p.387).

Vamos aceitar, então, que *qualquer* tipo de sinal – não somente sinais carregados por partículas físicas ordinárias – deve estar restrito aos cones de luz.

[39] Existem algumas maneiras (não muito satisfatórias) de escapar desse argumento, cf. Wheeler; Feynman (1945).

Os argumentos acima, na realidade, utilizam a relatividade *especial*, mas na relatividade geral as regras da teoria especial ainda são válidas localmente. É essa validade local da relatividade especial que nos diz que todos os sinais estão restritos aos cones de luz, de modo que isso também se aplica à relatividade geral. Veremos como isso afeta a questão do *determinismo* nessas teorias. Lembre-se de que, no paradigma newtoniano (hamiltoniano etc.), "determinismo" quer dizer que *condições iniciais* em um *instante particular de tempo* fixam completamente o comportamento em todos os outros momentos. Se considerarmos uma visão espaçotemporal da teoria newtoniana, então o "instante particular" no qual especificamos os dados de entrada seria alguma "fatia" tridimensional em um espaço-tempo quadridimensional (i.e., a totalidade do espaço em um instante de tempo). Na teoria da relatividade não existe um conceito global de "tempo" que possa ser escolhido para essa divisão. O procedimento usual é adotar uma atitude mais flexível. O "tempo" de qualquer observador serve. Na relatividade especial, podemos considerar o espaço de simultaneidade de um observador qualquer para especificar esses dados iniciais, no lugar da "fatia" acima. Porém, na relatividade geral o conceito de "espaço de simultaneidade" não é muito bem definido. Em vez disso podemos utilizar a noção mais geral de uma *superfície tipo-espaço*.[40] Essa superfície é representada na Fig. 5.33; ela é caracterizada pelo fato de estar completamente fora do cone de luz em cada um dos seus pontos – assim, ela parece *localmente* com um espaço de simultaneidade.

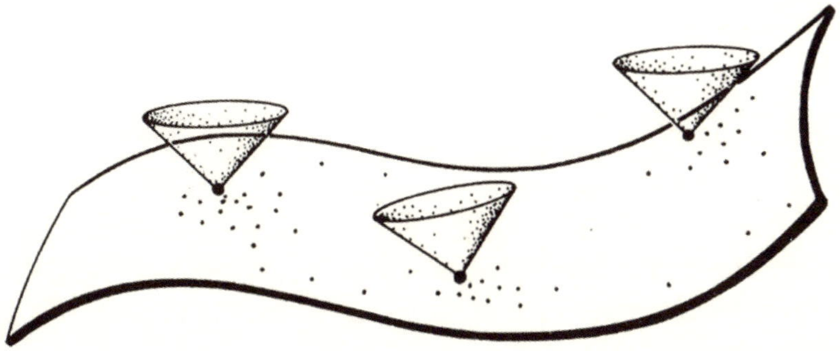

Fig. 5.33. Uma superfície tipo espaço, para a especificação de informações iniciais na relatividade geral.

[40] Tecnicamente o termo "hipersuperfície" é mais apropriado que "superfície", já que ela é tridimensional, em vez de bidimensional.

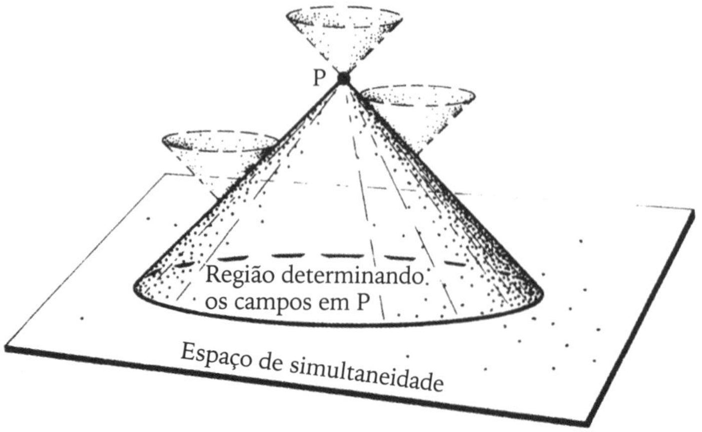

Fig. 5.34. Na relatividade especial, o que acontece em *P* depende somente de informações em uma região *finita* de um espaço de simultaneidade. Isso ocorre porque os efeitos não podem viajar para *P* mais rapidamente que a luz.

O determinismo, na relatividade especial, pode ser enunciado como o fato de que as condições iniciais em um dado espaço de simultaneidade S fixam o comportamento do espaço-tempo todo. (Isso será verdade, em particular, para a teoria de Maxwell – que é, de fato, uma teoria em concordância com a teoria da relatividade especial.) Existe uma afirmação mais forte que pode ser feita, no entanto. Se queremos saber o que vai acontecer em um evento P que está em algum ponto no futuro de S, então só precisamos de dados iniciais em uma região limitada (finita) de S, não em toda S. Isso ocorre porque a "informação" não pode viajar mais rapidamente que a luz, de modo que alguns pontos de S que estão muito longe para que sinais de luz a partir deles alcancem P não podem influenciar P (veja a Fig. 5.34).[41] Isso é de fato muito mais satisfatório que a situação que surge no caso newtoniano, em que teríamos, em princípio, que saber o que acontece na totalidade *infinita* da "fatia" de maneira a podermos fazer qualquer predição sobre o que vai acontecer em qualquer ponto em um momento posterior. Não existe restrição na velocidade com a qual a informação newtoniana se propaga e, de fato, as forças newtonianas são *instantâneas*.

[41] Ressaltamos que a equação de onda (cf. a nota 24 à p.267) também é, como as equações de Maxwell, uma equação relativística. Assim, o "fenômeno da não computabilidade" de Pour-El e Richards que consideramos antes é um efeito que também se refere somente às condições iniciais em uma região limitada de *S*.

"Determinismo" na relatividade *geral* é um tema bem mais complicado do que na relatividade especial, e vou tecer somente alguns breves comentários sobre ele. Em primeiro lugar devemos utilizar uma *superfície tipo-espaço* S para a especificação da informação inicial (em vez de somente uma superfície de simultaneidade). Ocorre que as equações de Einstein de fato dão um comportamento *localmente* determinístico para o campo gravitacional, assumindo (como é de praxe) que os campos de matéria que contribuem para o tensor **ENERGIA** se comportem deterministicamente. No entanto, existem complicações consideráveis. A própria geometria do espaço-tempo – incluindo sua estrutura "causal" fundamentada nos cones de luz – é agora parte do que é determinado. Não conhecemos previamente essa estrutura de cones de luz, de modo que não podemos dizer que partes de S serão necessárias para determinar o comportamento em algum evento futuro P. Em algumas situações extremas pode ocorrer que até mesmo a *totalidade* de S seja insuficiente e o determinismo global consequentemente seja perdido! (Questões complexas estão envolvidas aqui, e elas estão relacionadas com um problema ainda não resolvido importante na teoria da relatividade geral chamado de "problema da censura cósmica" – relacionado com a formação de *buracos negros* (Tipler et al., 1980; cf. Capítulo 7, p.444, cf. também a nota 18 à p.447, assim como a p.455). Parece altamente improvável que qualquer possível "falha no determinismo" que viesse a ocorrer com campos gravitacionais "extremos" possa ter alguma relação com eventos que ocorram na escala humana das coisas, mas podemos ver que essa questão do determinismo na relatividade geral não é tão evidente quanto gostaríamos que fosse.

Computabilidade na física clássica: onde estamos?

Ao longo deste capítulo tentei manter nossa atenção na questão da *computabilidade*, distinta do determinismo, e tenho tentado apontar que questões relativas à computabilidade podem ser pelo menos tão importantes quanto as relativas ao determinismo, quando tratamos de questões relacionadas ao "livre-arbítrio" e fenômenos mentais. Porém, o determinismo em si parece não ser tão evidente, na teoria clássica, como fomos levados a crer. Vimos que a equação clássica de movimento de Lorentz para uma partícula carregada apresenta problemas perturbadores (lembre-se das "soluções desgovernadas" de Dirac). Como notamos, existem algumas dificuldades para o determinismo na relatividade geral. Quando, em tais teorias, não existe determinismo, certamente não existe computabilidade. Porém, parece que a falta de determinismo em ambos os casos que acabamos de citar não tem muita relevância filosófica direta para nós. Não existe ainda uma "morada" para nossos livres-arbítrios nesses fenômenos: no primeiro caso, pelo fato de que pensamos que a equação clássica de Lorentz para uma partícula pontual (como solucionada por Dirac) não é realmente apropriada fisicamente no nível em que tais problemas aparecem; e no segundo, porque as escalas nas quais a relatividade geral clássica poderia nos levar a tais problemas (buracos negros etc.) são totalmente diversas das escalas de nossos próprios cérebros.

Assim, onde estamos com relação à *computabilidade* na teoria clássica? É um bom palpite dizer que, com a relatividade geral, a situação não é significativamente diferente daquela da relatividade especial – descontando as diferenças de causalidade e determinismo sobre as quais já discorri. Onde o comportamento futuro de um sistema físico é determinado a com base em dados de condições iniciais, então esse comportamento futuro parece (por um raciocínio similar ao que eu apresentei no caso da teoria newtoniana) também ser determinado por esses dados de maneira computável[42] (deixando de lado o tipo de não computabilidade "que não nos ajuda" encontrado por Pour-El e Richards para a equação de onda, como considerado acima – e que não ocorre para dados que variem *suavemente*). De fato, é difícil ver em *qualquer* uma das teorias físicas que apresentei até agora onde pode haver qualquer elemento "não computável" significativo. É certamente esperado que comportamento "caótico" possa ocorrer em muitas dessas teorias, em que pequenas mudanças nas condições iniciais podem dar origem a enormes diferenças no comportamento resultante. (Isso parece ser o caso da relatividade geral, cf. Misner, 1969; Belinskii et al., 1970.) Porém, como mencionei anteriormente, é difícil ver como *esse* tipo de não computabilidade – i.e., imprevisibilidade – poderia ser de qualquer "valia" para um aparato que tente "se aproveitar" de possíveis elementos não computáveis nas leis físicas. Se amente" pode de alguma maneira estar fazendo uso de elementos não computáveis, então parece que devem ser elementos além do alcance da física clássica. Precisaremos investigar essa questão novamente mais para a frente, depois de termos visto sobre a teoria quântica.

---

[42] *Teoremas* rigorosos relativos a essas questões seriam muito úteis e interessantes. Atualmente, no entanto, não temos nenhum.

Massa, matéria e a realidade

Vamos parar um momento e analisar brevemente o quadro geral que a física clássica nos dá. Primeiro, existe o espaço-tempo, que exerce um papel primário como a arena para todo tipo de física diferente ocorrer. Em segundo lugar, existem os *objetos físicos*, que participam desse mundo físico, mas que são vinculados por leis matemáticas precisas. Os objetos físicos são de dois tipos: *partículas* e *campos*. Pouco falamos sobre a natureza verdadeira das partículas e de suas qualidades distintas, exceto que cada tem sua própria linha de mundo e apresenta massa individual (de repouso) e talvez carga elétrica etc. Os campos, por outro lado, são definidos de maneira bastante específica – o campo eletromagnético está sujeito às equações de Maxwell, e o campo gravitacional, às equações de Einstein.

Existe alguma ambivalência com relação ao modo como as partículas devem ser tratadas. Se as partículas têm massa tão pequena que sua influência sobre os campos pode ser ignorada, então as partículas são chamadas de *partículas de teste* – e seu movimento *em resposta* à presença dos campos não é ambíguo. A lei de força de Lorentz descreve a resposta das partículas de teste ao campo eletromagnético, e a lei geodésica, sua resposta ao campo gravitacional (e ambas aparecem em uma combinação apropriada, quando ambos os campos estão presentes). Para isso, as partículas devem ser consideradas partículas *pontuais*, i.e., tendo linhas de mundo unidimensionais. No entanto, quando os efeitos das partículas sobre os campos (e, assim, sobre outras partículas) deve ser considerado – i.e., quando as partículas são *fontes* dos campos – então devem ser consideradas objetos espalhados, em algum grau, no espaço. De outra maneira, os campos na vizinhança imediata de cada partícula se tornariam infinitos. Essas fontes espalhadas fornecem a carga – a distribuição de correntes (ρ, j) necessária para as equações de Maxwell e o tensor **ENERGIA** necessário para as equações de Einstein. Além disso, o espaço-tempo – no qual todas as partículas e campos residem – apresenta uma estrutura variável que em si descreve a gravitação. O "palco" se junta à própria peça que ocorre sobre ele!

Isso é o que a física clássica nos ensinou sobre a natureza da realidade física. claro É evidente para mim que muito foi aprendido e que não devemos ficar muito confiantes de que os modelos de que dispomos em qualquer momento no tempo não serão substituídos por outros mais profundos depois. Veremos no próximo capítulo que mesmo as mudanças revolucionárias que a teoria da relatividade desencadeou parecerão brandas e quase sem significância em comparação com aquelas trazidas pela teoria quântica. No entanto, ainda não terminamos com a teoria clássica e o que ela tem a nos dizer sobre a realidade material. Existe mais uma surpresa para nós!

O que *é* a "matéria"? É a substância real da qual os objetos físicos – as "coisas" deste mundo – são compostos. É aquilo que faz você, eu e nossas casas. Como podemos *quantificar* essa substância? Nossos livros de física elementar nos fornecem a resposta evidente dada por Newton. É a *massa* de um objeto, ou de um sistema de objetos, que mede a quantidade de matéria que ele contém. Isso de fato parece certo – não existe outra quantidade física que pode competir seriamente com a massa em termos de ser uma medida real de substância total. Além disso, ela é *conservada*: a massa, e assim o conteúdo de matéria total, de qualquer sistema deve sempre permanecer o mesmo.

Porém, a célebre fórmula de Einstein da relatividade especial

$$E = mc^2$$

nos diz que a massa (m) e a energia (E) são intercambiáveis uma com a outra. Por exemplo, quando um átomo de urânio decai, dividindo-se em partes menores, a massa total de cada uma dessas partes, se elas pudessem ser colocadas em repouso, seria *menor* que a massa original do átomo de urânio; mas se levássemos em conta a *energia de movimento* – energia *cinética*, cf. p.239 – de cada pedaço e a convertêssemos para valores de massa pela divisão por c^2 (usando $E = mc^2$), então descobrimos que o total de fato *não se alterou*. A massa é realmente conservada, mas, estando parcialmente na forma de energia, é menos evidente agora que ela seja uma medida de substância total. A energia, afinal de contas, depende da velocidade com a qual a substância viaja. A energia de movimento em um trem expresso é considerável, mas se estivermos sentados no trem, então, segundo nosso ponto de vista, o trem nem está em movimento. A energia daquele movimento (ainda que não a *energia em forma de calor* do movimento aleatório das partículas individuais) foi "reduzida a zero" mediante uma escolha apropriada de ponto de referência. Para um exemplo notável em que o efeito da relação de massa e energia de Einstein está em seu ponto mais extremo, considere o decaimento de um certo tipo de partícula subatômica chamada méson π^0. É certamente uma partícula *material*, que tem massa bem definida (e positiva). Após cerca de 10^{-16} segundos, ele se desintegra (como o átomo de urânio acima, mas muito mais rapidamente) – quase sempre em *dois fótons* (Fig. 5.36). Para um observador em repouso com relação ao méson π^0, cada fóton carrega consigo metade da energia e, de fato, metade da massa do méson π^0. Porém, a"massa" desse fóton é de um tipo nebuloso: *pura energia*. Afinal, caso viajássemos rapidamente na direção de um dos fótons, então poderíamos reduzir sua massa-energia para um valor tão pequeno quanto quiséssemos – a massa intrínseca (ou massa de *repouso*, da qual falaremos em breve) do fóton sendo na realidade *zero*. Tudo isso se encaixa em um modelo de massa conservada, mas não é exatamente como o que tínhamos antes. A massa ainda pode, em certo sentido, ser uma medida da "quantidade de matéria", mas houve uma mudança de ponto de vista importante: já que a massa é equivalente a energia, a massa de um sistema depende, da mesma maneira que a energia, do estado de movimento do observador!

É útil ser um pouco mais explícito sobre o ponto de vista ao qual fomos levados. A quantidade conservada que assume o papel da massa é um objeto inteiro chamado de *quadrivetor de energia-momento*. Ele pode ser pensado como uma seta (um vetor) na origem *O* do espaço de Minkowski, apontando para *dentro* do cone de luz futuro de *O* (ou, no caso extremo de um fóton, *sobre* o cone); veja a Fig. 5.35. Essa seta, que aponta na mesma direção que a linha de mundo do objeto, contém toda a informação sobre sua energia, massa e momento. Assim, o "valor-t" (ou "altura") na ponta desse vetor, como medido no referencial de algum observador, descreve a *massa* (ou *energia* dividida por c^2) do objeto, segundo aquele observador, enquanto as componentes espaciais fornecem o momento linear (dividido por c).

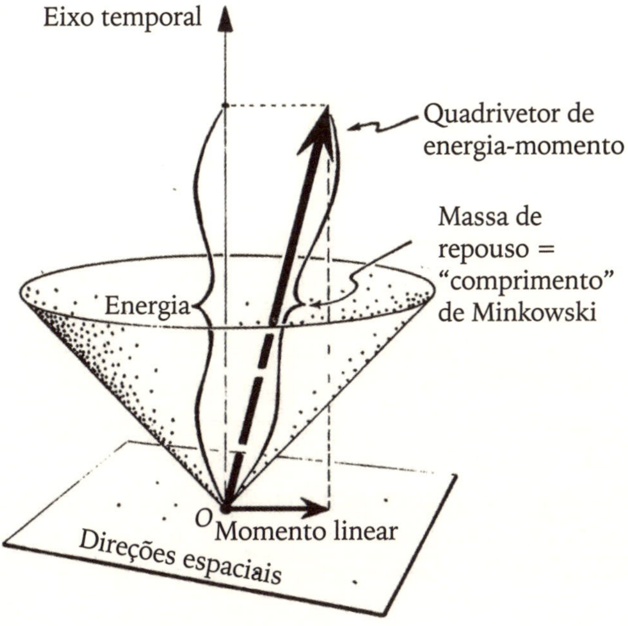

Fig. 5.35. O quadrivetor de energia momento.

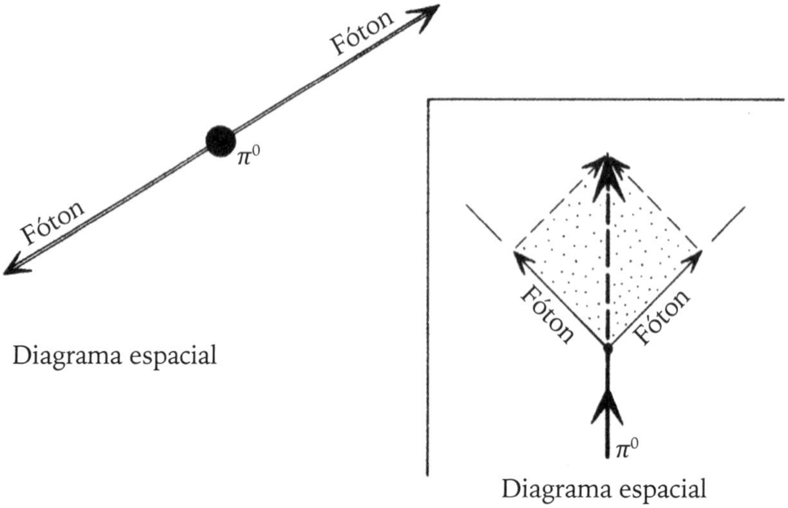

Fig. 5.36. Um méson π^0 massivo decai em dois fótons sem massa. O diagrama do espaço--tempo mostra como o quadrivetor de energia-momento é conservado: o quadrivetor do méson π^0 é a soma dos dois quadrivetores dos fótons, adicionados seguindo a regra do paralelogramo (mostrado na área sombreada)

O "comprimento" minkowskiano dessa seta é uma quantidade importante conhecida como *massa de repouso*. Ela descreve a massa para um observador em repouso em relação ao objeto. Poderíamos defender a posição de que *essa* seria uma boa medida de "quantidade de matéria". No entanto, ela não é aditiva: se um sistema é dividido em dois, então sua massa de repouso original não é a soma das massas de repouso resultantes. Lembre-se do decaimento do méson π^0 considerado acima. O méson π^0 tem massa de repouso positiva, enquanto a massa de repouso de cada um dos dois fótons resultantes é zero. No entanto, essa propriedade aditiva é válida para a seta completa (o quadrivetor), em que devemos agora "adicionar" no sentido de adição *vetorial* como mostrado na Fig. 5.6. É a *seta toda* que agora é uma medida da "quantidade de matéria"!

Pense agora sobre o campo eletromagnético de Maxwell. Reparamos que ele carrega energia. Segundo $E = mc^2$, ele também deve ter massa. Assim, o campo de Maxwell também é matéria! Isso deve certamente ser aceito, já que o campo de Maxwell está intimamente envolvido nas forças que unem as partículas entre si. Deve haver uma contribuição [43] substancial a qualquer massa de um corpo dos campos eletromagnéticos contidos nele.

[43] Incalculável, na teoria atual – que dá uma resposta (provisória) de pouca valia: infinito!

E quanto ao campo gravitacional de Einstein? De várias maneiras, ele é similar ao campo de Maxwell. Similar à maneira que, na teoria de Maxwell, corpos carregados em movimento podem emitir ondas *eletromagnéticas*, corpos massivos em movimento podem (segundo a teoria de Einstein) emitir *ondas gravitacionais* (cf. p.298) – que, assim como as ondas eletromagnéticas, viajam à velocidade da luz e carregam energia. Porém, essa energia não é medida da maneira usual, que seria pelo tensor **ENERGIA** ao qual nos referimos acima. Em uma onda gravitacional (pura), esse tensor na verdade é *zero* em todos os lugares! Poderíamos defender o ponto de vista, de qualquer forma, que de alguma forma a *curvatura* do espaço-tempo (agora dada inteiramente em termos do tensor **WEYL**) pode representara matéria" das ondas gravitacionais. Porém, a energia gravitacional na realidade é *não local*, o que quer dizer que não podemos determinar qual é a quantidade dessa energia meramente examinando a curvatura do espaço-tempo em regiões limitadas. A energia – e assim a massa -- do campo gravitacional é um conceito nebuloso e não pode ser localizada em um lugar evidente. Em todo caso, ela deve ser considerada seriamente. Ela certamente está *lá* e deve ser levada em consideração para que o conceito de massa seja conservado de modo geral. Existe uma boa (e positiva) medida de massa (Bondi, 1960; Sachs, 1962) que é aplicável às ondas gravitacionais, mas a não localidade envolvida é tal que algumas vezes essa medida pode ser *não nula* em regiões *planas* do espaço-tempo – entre dois feixes de radiação (algo como uma calma no olho do furacão) – onde o espaço-tempo na verdade está completamente *livre* de curvatura (cf. Penrose; Rindler, 1986, p.427) (i.e., *tanto* **WEYL** quanto **RICCI** são zeros)! Em tais casos somos levados a concluir que, se essa massa-energia deve estar localizada de alguma maneira, deve ser nesse *espaço plano vazio* – uma região completamente livre de matéria ou campos de qualquer forma. Nessas curiosas circunstâncias, nossa "quantidade de matéria" está *lá*, na mais vazia das regiões, ou não está em lugar nenhum!

Isso parece algo puramente paradoxal. Porém, é uma consequência evidente do que nossas melhores teorias clássicas – e elas de fato são teorias soberbas – estão nos dizendo sobre a natureza do material "real" que forma nosso mundo. A realidade material segundo a teoria clássica, sem levar em conta a mecânica quântica que exploraremos em breve, é algo muito mais nebuloso do que pensávamos antes. Sua quantificação – e até mesmo se ela está lá ou não – depende de questões distintamente sutis e não pode ser aferida de maneira meramente local. Se essa não localidade parece enigmática, prepare-se para surpresas muito maiores que virão.

6
Magia e mistério quânticos

Os filósofos precisam da teoria quântica?

Na física clássica, segundo o bom senso, há um mundo objetivo "que existe". Esse mundo evolui de uma maneira evidente e determinística, sendo governado por equações matemáticas precisamente formuladas. Isso é verdade para as teorias de Maxwell e Einstein assim como para o esquema newtoniano original. A realidade física é considerada existente independentemente de nós; e exatamente como o mundo clássico "é" não é afetado pelo modo como escolhemos observá-lo. Além disso, nossos corpos e cérebros são eles próprios partes deste mesmo mundo. Eles, também, são vistos como evoluindo segundo as mesmas equações clássicas precisas e determinísticas. Todas as nossas ações são dadas por essas equações – não importa o quanto achemos que nossa vontade consciente influencie o modo como nos comportamos.

Esse modelo parece estar por trás de alguns dos argumentos filosóficos mais sérios[1] que tratam da natureza da realidade, de nossas percepções cons-

[1] Dei como certo que qualquer ponto de vista filosófico "sério" deveria conter pelo menos uma boa medida de realismo. Sempre me surpreende quando eu aprendo sobre pensadores aparentemente sérios, geralmente físicos preocupados com as implicações da mecânica quântica, que têm uma visão extremamente subjetiva de que, na verdade, *não* existe uma realidade objetiva afinal de contas! O fato de eu tomar uma posição realista sempre que

cientes e de nosso aparente livre-arbítrio. Algumas pessoas podem sentir-se desconfortáveis ao sentirem que também deveria haver um papel para a *teoria quântica* – esse esquema fundamental, mas perturbador, da realidade que, no primeiro quartel deste século, surgiu das observações de sutis discrepâncias entre o comportamento real do mundo e as descrições da física clássica. Para muitos, o termo "teoria quântica" ecoa meramente algum conceito vago sobre o "princípio da incerteza", que, no nível das partículas, átomos em moléculas, proíbe precisão arbitrária em nossas descrições e faz com que tenhamos de lidar com um comportamento meramente probabilístico. De fato, as descrições quânticas *são* muito precisas, como veremos, mesmo que sejam radicalmente diferentes das descrições clássicas com as quais estamos familiarizados. Além disso, veremos, apesar de uma visão comum oposta, que as probabilidades *não* surgem no nível minúsculo das partículas, átomos ou moléculas – estas evoluem *deterministicamente* – mas, aparentemente, surgem devido a alguma ação misteriosa em larga escala conectada com a emergência do mundo clássico que podemos perceber. Devemos tentar entender isso e como a teoria quântica nos força a mudar nossa visão da realidade física.

Geralmente tendemos a pensar nas discrepâncias entre a teoria quântica e a teoria clássica como minúsculas, mas elas de fato estão presentes em diversos fenômenos físicos de escalas ordinárias. A própria existência de corpos sólidos, as resistências e propriedades físicas dos materiais, a natureza da Química, as cores das substâncias, os fenômenos de congelamento e evaporação, a confiabilidade da herança genética – estes e muitos outros fenômenos necessitam da teoria quântica para serem explicados. Talvez, também, o fenômeno da consciência seja algo que não pode ser entendido inteiramente em termos clássicos. Talvez nossas mentes estejam enraizadas em alguma propriedade maravilhosa dessas leis físicas que *de fato* governam o mundo que habitamos, em vez de surgirem somente como características de algum algoritmo executado por "objetos" de uma estrutura física *clássica*. Talvez, em algum sentido, seja esse o "motivo" pelo qual nós, como seres sencientes, devemos viver em um mundo quântico, em vez de um mundo inteiramente clássico, apesar de toda a riqueza e mistério que já está presente no universo clássico. Será que um mundo quântico é *necessário* para que criaturas pensantes e observadoras, como nós, possam ser construídas? Essa questão parece

---

possível não implica que não tenho ciência de que essas visões subjetivas são geralmente defendidas de maneira séria – somente que não vejo o menor sentido nelas. Para um ataque poderoso e divertido contra tal subjetivismo, veja Gardner (1983, Capítulo 1).

mais apropriada para um Deus que tenha intenção de construir um universo habitado do que para nós! Porém, a questão também tem relevância para nós. Se um mundo clássico não é algo que possa conter uma consciência, então nossas mentes devem ser dependentes de alguma maneira de algum desvio específico da física clássica. Essa é uma consideração à qual voltarei mais tarde neste livro.

Devemos nos entender com a teoria quântica – a mais exata e misteriosa das teorias físicas – se queremos nos aventurar mais profundamente por algumas das maiores questões da filosofia: como nosso mundo *se comporta* e o que constitui as "mentes" que, de fato, somos "nós"? Talvez algum dia a ciência possa nos dar um entendimento *mais* profundo da natureza do que aquele que a teoria quântica seja capaz. É uma opinião minha que mesmo a teoria quântica é uma teoria provisória, inadequada em certas propriedades essenciais para nos dar um paradigma completo do mundo em que de fato vivemos. Porém isso não é uma desculpa; se queremos ganhar alguma intuição filosófica, devemos compreender o mundo segundo a teoria quântica existente.

Infelizmente teóricos diferentes tendem a ter pontos de vista muito diferentes (ainda que observacionalmente equivalentes) sobre a *realidade* desse modelo. Muitos físicos, seguindo a figura central de Niels Bohr, diriam que *não* existe mesmo um modelo objetivo. Nada "existe" realmente no nível quântico. De algum modo, a realidade emerge somente relacionada aos resultados de "medições". A teoria quântica, segundo esse ponto de vista, fornece meramente um procedimento de cálculo e não tenta descrever o mundo como ele realmente "é". Essa atitude com relação à teoria me parece ser muito derrotista, e seguirei uma linha um pouco mais positiva, que atribui uma *realidade física objetiva* à descrição quântica: o *estado quântico*.

Existe uma equação muito precisa, a *equação de Schrödinger*, que fornece uma evolução temporal completamente determinística para esse estado. Porém, há algo muito estranho sobre a relação entre o estado quântico evoluído temporalmente e o comportamento real do mundo físico que observamos ocorrer. De tempos em tempos – sempre que consideramos que uma "medição" tenha ocorrido – devemos descartar o estado quântico que estamos evoluindo com tanto trabalho e usá-lo somente para calcular várias probabilidades que o estado tenha para "saltar" para algum outro estado possível dentro de um conjunto de *novos* estados. Em adição à estranheza desse "salto quântico" também há o problema de decidir o que existe em uma estrutura física que afirma que uma "medição" tenha de fato sido realizada. O aparato de medida em si é, afinal de contas, presumivelmente construído de constituintes quânticos e, assim, deveria também evoluir segundo a equação determinística de Schrödinger. A presença de um ser consciente é necessária para que uma "medição" *realmente* aconteça? Acho que somente uma pequena minoria dos físicos quânticos defenderia esse ponto de vista. Presumivelmente observadores humanos também são constituídos desses constituintes quânticos minúsculos!

Mais adiante neste capítulo investigaremos algumas das consequências estranhas desse "salto" do estado quântico – por exemplo, como uma "medição" em um lugar pode aparentemente causar a ocorrência de um "salto" em uma região distante! Antes, encontraremos outro fenômeno estranho: algumas vezes, duas rotas alternativas que um objeto pode perfeitamente seguir, se cada uma delas fosse seguida separadamente, vão se cancelar completamente assim que permitirmos que ambas sejam seguidas em conjunto, de modo que *nenhuma* delas pode ser seguida! Investigaremos também, de um certo modo detalhado, como estados quânticos realmente são descritos. Veremos o quanto essas descrições diferem de suas correspondentes clássicas. Por exemplo, as partículas podem aparentemente estar em dois lugares ao mesmo tempo! Começaremos a ganhar alguma intuição de quão complicadas as descrições quânticas são, quando devemos considerar diversas partículas juntas. Acontece que as partículas não apresentam individualmente uma descrição, mas devem ser consideradas como superposições complicadas de conjuntos alternativos de todas elas juntas. Veremos como é possível que diferentes partículas do mesmo tipo não podem ter identidades separadas entre si. Veremos, em detalhes, a estranha (e fundamentalmente quantum-mecânica) propriedade do *spin*. Vamos considerar pontos importantes levantados pelo paradoxal experimento do "gato de Schrödinger" e as diversas diferentes atitudes que os teóricos têm, parcialmente como tentativas de resolver esse enigma extremamente básico.

Uma parte do material deste capítulo pode não ser tão facilmente compreendida como dos capítulos anteriores (e posteriores), e algumas vezes é um pouco técnica. Em minhas descrições tentei não trapacear, e por causa disso teremos de trabalhar um pouco mais para entendê-las. É assim para podermos ganhar algum entendimento genuíno do mundo quântico. Onde um argumento estiver nebuloso, sugiro ao leitor ou a leitora que avance e tente ganhar alguma intuição sobre a estrutura como um todo. Porém, não se desespere se um entendimento completo se mostrar elusivo! É da natureza do próprio tema ser elusivo!

Problemas com a teoria clássica

Como sabemos de fato que a física clássica não é a descrição real do nosso mundo? As principais razões são experimentais. A teoria quântica não era algo que nós teóricos desejávamos. Com grande relutância (na maior parte) fomos levados a esta visão de mundo estranha e, de muitas maneiras, filosoficamente insatisfatória. No entanto, a teoria clássica, apesar de sua soberba grandeza, encontrava profundas dificuldades. A causa radical dessas dificuldades é que dois tipos de objetos físicos devem coexistir: *partículas*, cada uma descrita por um número *finito* de parâmetros (seis, três de posição e três de momento); e *campos*, necessitando de um número *infinito* de parâmetros para serem descritos. Essa dicotomia não é de fato fisicamente consistente. Para um sistema que apresenta tanto partículas quanto campos estar em equilíbrio (i.e., "completamente calmo e parado"), toda a energia é retirada das partículas e colocada nos campos. Isso é o resultado de um fenômeno conhecido como "equipartição da energia": em equilíbrio, a energia é espalhada igualmente entre todos os graus de liberdade do sistema. Já que os campos têm infinitos graus de liberdade, as pobres partículas ficam sem energia alguma!

Em particular, átomos clássicos não são estáveis, já que todo o movimento das partículas acaba sendo transferido para modos de onda dos campos. Lembre-se do modelo de "sistema solar" do átomo, como introduzido pelo notável físico experimental neozelandês e britânico Ernest Rutherford em 1911. No lugar de planetas estariam os elétrons em órbita, e no lugar do Sol estaria o núcleo central – em uma escala minúscula – mantidos no lugar pelas forças eletromagnéticas, em vez da gravitação. Um problema fundamental e aparentemente insolúvel é que, à medida que um elétron circunda o núcleo, ele deveria, segundo as equações de Maxwell, emitir ondas eletromagnéticas de uma intensidade que aumentaria rapidamente para infinito, em uma minúscula fração de segundo, à medida que ele espirala para dentro e atinge o núcleo! No entanto, nada como isso é observado. De fato, o que *é* observado é inexplicável com base na teoria clássica. Os átomos podem emitir ondas eletromagnéticas (luz) mas somente em "explosões" de frequências discretas bastante específicas – as bem resolvidas *linhas espectrais* observadas (Fig. 6.1). Além disso, essas frequências satisfazem regras[2]"malucas" que não têm fundamento algum do ponto de vista da teoria clássica.

---

[2] Em particular, J. J. Balmer havia notado, em 1885, que as frequências das linhas espectrais do hidrogênio tinham a forma $R(n^{-2} - m^{-2})$, em que n e m são inteiros positivos (com R constante)

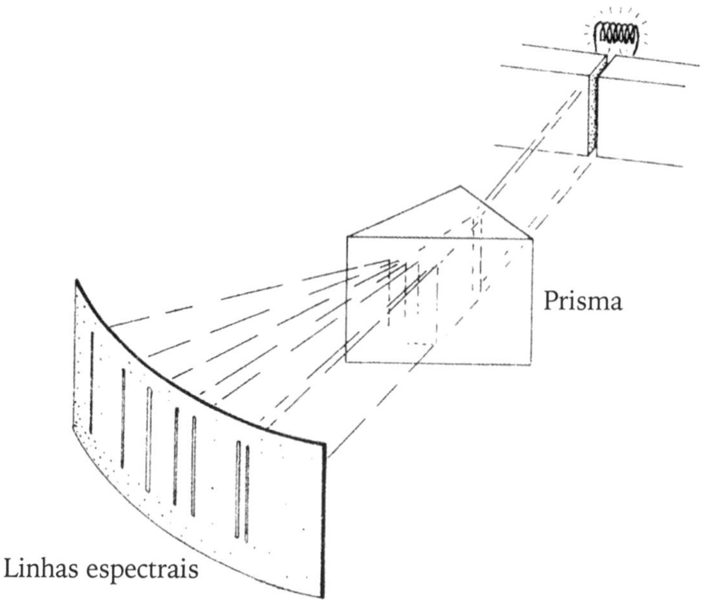

Fig. 6.1. Átomos em um material aquecido emitem luz que é geralmente encontrada somente em frequências muito específicas. As diferentes frequências podem ser separadas pelo uso de um prisma e fornecem as linhas espectrais características dos átomos.

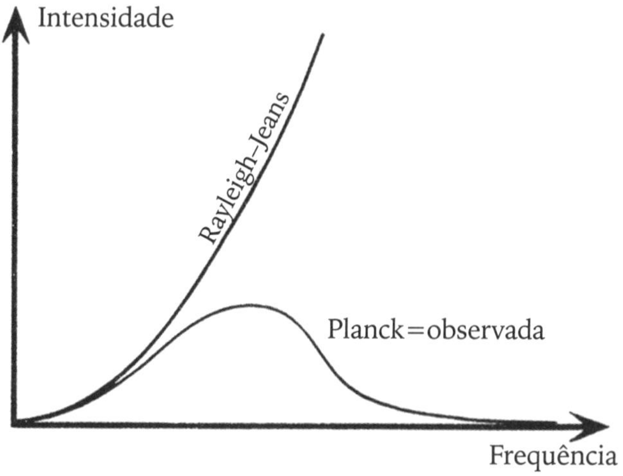

Fig. 6.2. A discrepância entre a intensidade da radiação classicamente calculada (Rayleigh-Jeans) e a observada para um corpo aquecido ("corpo negro") levaram Planck aos primórdios da teoria quântica.

Outra manifestação dessa instabilidade derivada da coexistência entre campos e partículas é o fenômeno conhecido como "radiação de corpo negro". Imagine algum objeto a temperatura bem definida tendo a radiação eletromagnética em equilíbrio com as partículas. Em 1900, Rayleigh e Jeans haviam calculado que toda a energia seria absorvida pelo campo – sem limites! Existe um absurdo físico envolvido nisso (a "catástrofe ultravioleta": a energia vai continuamente para o campo em frequências cada vez mais altas e não para nunca), e a natureza em si se comporta de maneira muito mais prudente. Em frequências *baixas* de oscilação do campo, a energia é como Rayleigh e Jeans previram, mas do lado das frequências *altas*, onde eles haviam predito uma catástrofe, a observação real mostrou que a distribuição de energia *não* aumenta sem limite, mas em vez disso cai a zero à medida que a frequência aumenta. O maior valor de energia ocorre em uma frequência (i.e., cor) muito específica para uma dada temperatura; veja a Fig. 6.2. (A cor de metal fundido quente e a cor do Sol são dois exemplos familiares desse tipo).

Os primórdios da teoria quântica

Como estes enigmas devem ser solucionados? O esquema newtoniano original de partículas certamente *precisa* ser completado pelo conceito de campo de Maxwell. Podemos ir ao outro extremo e assumir que *tudo* é um campo, as partículas então sendo pequenos "nós" de tamanho finito em algum tipo de campo? Isso também apresenta dificuldades, pois então as partículas poderiam mudar suas formas continuamente, enrugando e oscilando de infinitas maneiras diferentes. Porém, isso não é visto. No mundo físico, todas as partículas da mesma espécie parecem ser *idênticas*. Quaisquer dois elétrons, por exemplo, são exatamente iguais. Mesmo átomos e moléculas podem ser encontrados somente em formas discretamente diferentes.[3] Se as partículas *são* campos, então algum novo ingrediente é necessário para que os *campos* possam ter características discretas.

---

[3] Talvez não devêssemos desconsiderar tão levianamente esse modelo "inteiramente em termos de campos". Einstein, que (como veremos) era profundamente ciente da natureza discreta manifesta pelas partículas quânticas, passou os últimos trinta anos de sua vida tentando encontrar uma teoria clássica abrangente como essa. Porém, as tentativas de Einstein, como todas as outras, foram infrutíferas. Algo além de um campo clássico parece ser necessário para podermos explicar a natureza discreta das partículas.

Em 1900, o brilhante, porém conservador e cauteloso físico alemão, Max Planck, propôs uma ideia revolucionária para suprimir os modos de alta frequência de "corpo negro": que as oscilações eletromagnéticas somente ocorrem em "quanta", cujas energias E têm uma relação bem definida com a frequência v, dada por

$$E = h\,v,$$

h sendo uma nova constante fundamental da natureza, conhecida hoje como *constante de Planck*. De maneira incrível, com esse ingrediente surpreendente, Planck foi capaz de obter concordância teórica com a dependência observada da intensidade com a frequência – hoje conhecida como *lei da radiação de Planck*. (A constante de Planck é muito pequena pelos padrões do dia a dia, cerca de $6{,}6 \times 10^{-34}$ joules por segundo.) Com essa ideia ousada, Planck revelou os primeiros sinais da teoria quântica que estava por vir, ainda que tenha recebido pouca atenção até que Einstein fez uma outra proposta impressionante: que o campo eletromagnético pode *existir* somente em unidades discretas! Lembre-se de que Maxwell e Hertz haviam demonstrado que a *luz* consiste em oscilações do campo eletromagnético. Assim, segundo Einstein – e como Newton havia insistido dois séculos antes – a luz em si deve, afinal de contas, ser feita de *partículas*! (No começo do século XIX, o brilhante teórico e experimentalista Thomas Young havia aparentemente estabelecido que a luz consistia em ondas.)

Como pode ser que a luz consista em partículas e de oscilações de campo ao mesmo tempo? Esses dois conceitos parecem irrevogavelmente opostos. Pior que isso, alguns fatos experimentais evidentemente indicavam que a luz seria feita de partículas, e outros que ela seria feita de ondas. Em 1923, o aristocrata e engenhoso físico Louis de Broglie elevou essa confusão sobre ondas e partículas a um estágio além quando, em sua tese de doutorado (cuja aprovação foi pedida a Einstein!), ele propôs que as próprias partículas da *matéria* algumas vezes devem se comportar como ondas! A frequência v de De Broglie, para qualquer partícula de massa m, novamente satisfaz a relação de Planck. Combinando-a com a equação $E = mc^2$ de Einstein, isso nos diz que v está relacionado com m por:

$$hv = E = mc^2$$

Assim, segundo a proposta de De Broglie, a dicotomia entre partículas e campos que havia sido uma característica da teoria clássica *não* era respeitada pela natureza! De fato, qualquer coisa que oscilasse em uma frequência v poderia ocorrer *somente* em unidades discretas de massa $\frac{hv}{c^2}$. De algum modo, a natureza conspira para construir um mundo consistente no qual *partículas e oscilações de campo são as mesmas coisas*! Ou, melhor, seu mundo consiste em algum ingrediente mais sutil, de tal forma que as palavras "partículas" e "ondas" fornecem somente um modelo parcialmente apropriado.

A relação de Planck foi utilizada de outra maneira brilhante (em 1913) por Niels Bohr, o físico dinamarquês e uma das figuras mais importantes do pensamento científico do século XX. As regras de Bohr estabeleciam que o *momento angular* (veja a p.240) dos elétrons em órbita ao redor do núcleo poderiam aparecer somente em múltiplos inteiros de $\frac{h}{2\pi}$, para os quais Dirac posteriormente introduziu o conveniente símbolo $\hbar$:

$$\hbar = \frac{h}{2\pi}.$$

Assim, os únicos valores permitidos para o momento angular (ao redor de qualquer eixo) são

$$0, \hbar, 2\hbar, 3\hbar, 4\hbar, \ldots$$

Com esse *novo* ingrediente, o modelo de "sistema solar" para o átomo agora fornecia, com precisão considerável, muitos dos níveis de energia discretos estáveis e das regras "malucas" para as frequências espectrais que a natureza *realmente* segue.

Mesmo que notoriamente bem-sucedida, a brilhante proposta de Bohr fornecia um "artifício" provisório, referida hoje em dia como "a velha mecânica quântica". A teoria quântica, da maneira como a conhecemos hoje em dia, surgiu de duas propostas independentes, posteriormente sugeridas por uma dupla de físicos notáveis: o alemão Werner Heisenberg e o austríaco Erwin Schrödinger. No início, suas duas teorias ("mecânica matricial" em 1925 e "mecânica ondulatória" em 1926, respectivamente) pareciam bastante diferentes, mas logo foi mostrado que ambas eram equivalentes, e tudo foi colocado em um esquema mais abrangente, tarefa executada principalmente pelo notável físico teórico britânico Paul Adrien Maurice Dirac pouco tempo depois. Nas seções que seguem vamos vislumbrar essa teoria e suas implicações extraordinárias.

O experimento da dupla fenda

Consideremos o experimento "protótipo" da mecânica quântica, segundo o qual um feixe de elétrons, luz ou alguma outra espécie de "onda-partícula" é disparada contra um par de fendas estreitas diante de um anteparo (Fig. 6.3). Para sermos específicos vamos considerar a *luz* e nos referirmos aos quanta de luz como "fótons", de acordo com a terminologia usual. A manifestação mais evidente da luz como *partículas* (i.e., como fótons) ocorre na tela. A luz chega ali em unidades discretas bem localizadas de energia, a qual é invariavelmente relacionada com a frequência da luz de acordo com a fórmula de Planck: $E = h\nu$. Nunca ocorre de a energia recebida ser somente a da "metade" de um fóton (ou qualquer outra fração) recebido. A recepção da luz é um fenômeno do tipo tudo ou nada em termos de unidades de fótons. Somente números inteiros de fótons são vistos.

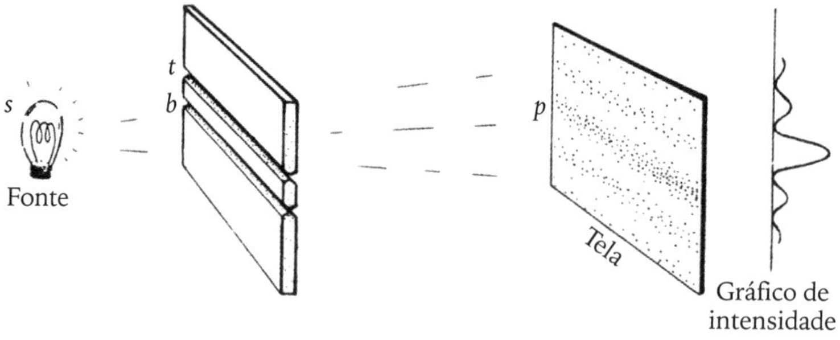

Fig. 6.3. O experimento da dupla fenda com luz monocromática.

No entanto, um comportamento *ondulatório* parece surgir à medida que os fótons passam pelas fendas. Suponha, primeiro, que somente uma fenda esteja aberta (a outra bloqueada). Após passar, a luz se espalhará – pelo fenômeno conhecido como *difração*, característico da propagação de ondas. Porém, ainda podemos nos ater a um modelo de partículas e imaginar que exista alguma influência exercida pela proximidade com as bordas da fenda que faz com que os fótons sejam defletidos por uma quantidade aleatória, para um lado ou para o outro. Quando existe uma intensidade razoável de luz passando pela fenda, i.e., um número grande de fótons, então a iluminação na tela parecerá bastante uniforme. À medida que a intensidade da luz é diminuída, no entanto, podemos aferir que a distribuição da iluminação de fato é composta por pontos individuais – em concordância com o modelo de partículas – em que fótons individuais atingem o anteparo. A aparência suave da iluminação é somente um efeito estatístico devido ao número muito grande de fótons envolvidos (veja a Fig. 6.4). (Para efeitos de comparação, uma lâmpada de sessenta watts emite cerca de 100 000 000 000 000 000 000 fótons por segundo!) Os fótons de fato parecem ser defletidos de alguma maneira aleatória ao passarem pela fenda – com probabilidades diferentes para os diferentes ângulos de deflexão, resultando na distribuição observada da iluminação.

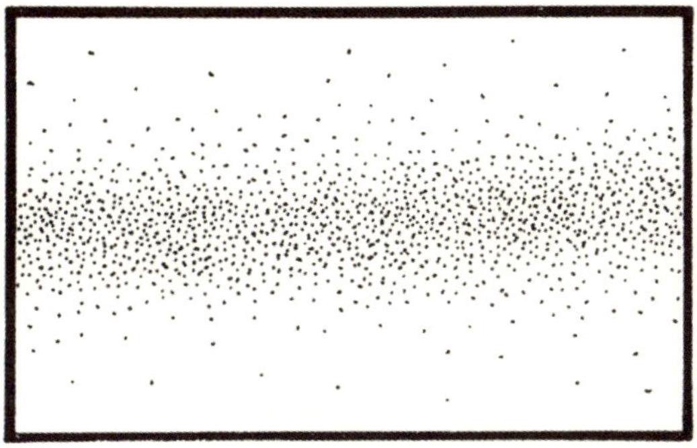

Fig. 6.4. Padrão de intensidade visto no anteparo quando somente uma fenda está aberta – uma distribuição de pequenos pontos discretos.

No entanto, o problema-chave do modelo em termos de partículas aparece quando abrimos a outra fenda! Suponha que a luz seja de uma lâmpada de sódio amarela, de modo que é essencialmente uma luz pura sem misturas de cores – o termo técnico é *monocromático*, i.e., havendo um único comprimento de onda ou frequência, que, do ponto de vista de partículas, significa que todos os fótons têm a mesma energia. Aqui, o comprimento de onda é de cerca de 5 $\times 10^{-7} m$. Considere ambas as fendas medindo cerca de 0,001 mm de largura e estando cerca de 0,15 *mm* separadas uma da outra, e o anteparo estando a cerca de um metro de distância. Para uma luz de intensidade razoavelmente forte ainda vamos obter um padrão regular de iluminação, mas agora nós veremos uma *ondulação* associada a ele, chamada de *padrão de interferência*, com faixas de cerca de três milímetros de comprimento próximas ao centro do anteparo (Fig. 6.5). Poderíamos esperar que, ao abrir a segunda fenda, simplesmente dobraríamos a intensidade da iluminação na tela. De fato, isto é verdade quando consideramos a iluminação *total*. Porém, agora o *padrão* detalhado de intensidade é visto de modo completamente diferente do associado a uma única fenda. Em alguns pontos do anteparo – onde os padrões são os mais brilhantes – a iluminação é *quatro* vezes maior que a anterior, não somente duas. Em outros pontos – onde o padrão é menos visível – a intensidade chega a zero. Os pontos de intensidade zero talvez representem o maior desafio para o modelo de partículas. Seriam pontos que um fóton poderia muito bem atingir quando somente uma das fendas estava aberta. Agora que abrimos a outra, subitamente ocorre que, de algum modo, o fóton é *impedido* de fazer o que ele podia fazer antes. Como pode ser que, ao permitirmos que o fóton tivesse uma *rota alternativa*, de fato o *impedíssemos* de viajar por qualquer rota?

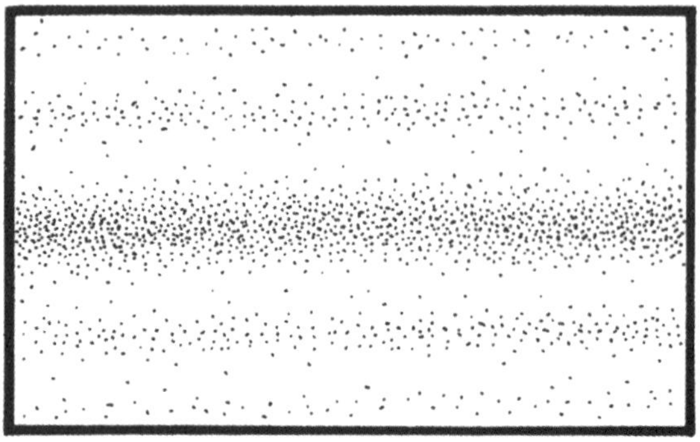

Fig. 6.5. Padrão de intensidade quando ambas as fendas estão abertas – uma distribuição ondulatória de pontos discretos.

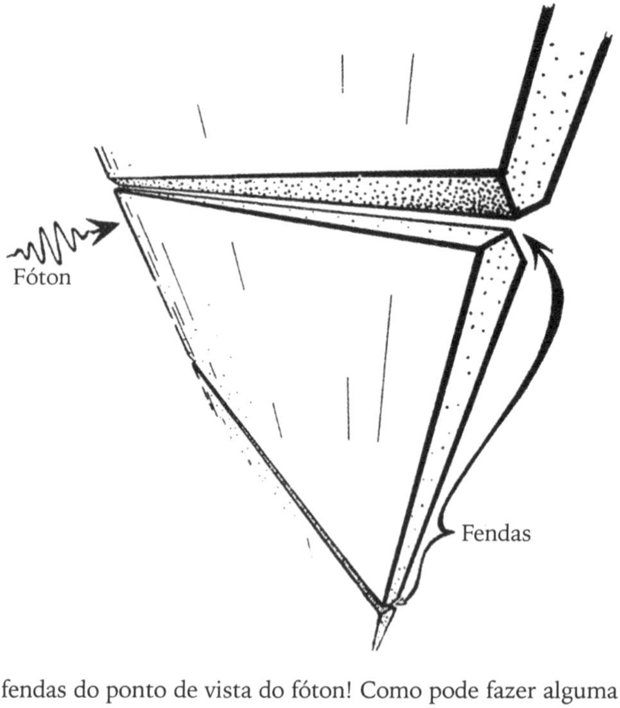

Fig. 6.6. As fendas do ponto de vista do fóton! Como pode fazer alguma diferença se a segunda fenda, cerca de 300 "comprimentos de fóton" de distância, está aberta ou fechada?

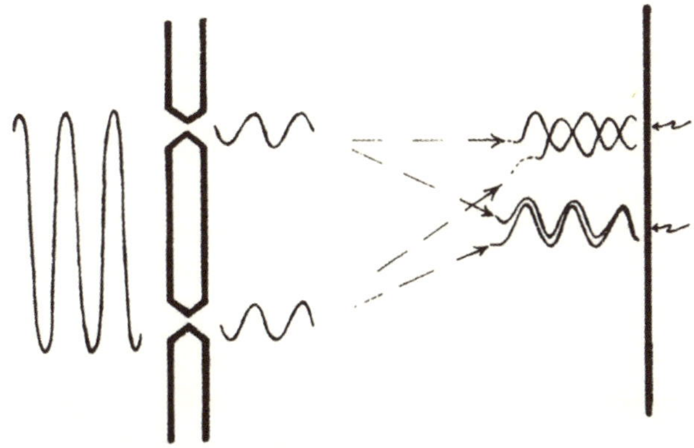

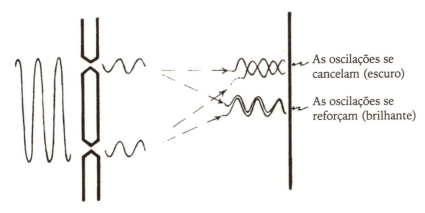

Fig. 6.7. Com um modelo puramente em termos de onda podemos entender o padrão das faixas claras e escuras no anteparo (mesmo que não a característica discreta delas) em termos de interferência de ondas.

Na escala do fóton, se considerarmos seu comprimento de onda uma medida de seu "tamanho", a segunda fenda está a cerca de 300 "comprimentos do fóton" de distância da primeira (cada fenda tendo uma abertura equivalente a somente alguns comprimentos de onda) (veja a Fig. 6.6), então como o fóton pode "saber", quando ele passa por uma das fendas, se a outra fenda está ou não aberta? De fato, em princípio, não existe limite para a distância que as duas fendas podem estar uma da outra para que esse fenômeno de "cancelamento" ou "reforço" possa ocorrer.

À medida que a luz passa pela fenda (ou fendas) parece que ela agora se comporta como uma *onda, não* como uma partícula! Esse cancelamento – *interferência destrutiva* – é uma propriedade familiar do comportamento ondulatório usual. Se cada uma das duas rotas pode ser percorrida separadamente por uma onda e *ambas* estão disponíveis para ela, então é bastante possível ocorrer um fenômeno de cancelamento. Na Fig. 6.7 ilustrei como isso acontece. Quando a porção da onda que vem por uma das fendas encontra a porção da onda que vem da outra, elas se reforçarão quando estiverem "em fase" uma com a outra (isso quer dizer que os picos das duas porções ocorrem juntos, e os vales ocorrem juntos), mas elas tenderão a cancelar uma à outra quando estiverem exatamente "fora de fase" (isso quer dizer que os picos de uma porção estão onde os vales da outra porção estão). No experimento da dupla fenda, os lugares brilhantes na tela ocorrem sempre que as distâncias entre as duas fendas diferirem por um número *inteiro* de comprimentos de onda, de maneira que os picos e vales de fato ocorram juntos, e os lugares escuros ocorrerão quando as diferenças entre as duas distâncias estiverem exatamente no meio desses valores, de maneira que os picos de uma parte encontrem com os vales da outra e vice-versa.

Não existe nada de misterioso quanto a uma onda clássica macroscópica usual, ao atravessar duas fendas, comportar-se dessa maneira. Uma onda, afinal, é somente uma "perturbação", seja de um meio contínuo (um campo), ou de alguma substância composta de uma miríade de minúsculas partículas pontuais. Uma perturbação poderia passar parcialmente por uma fenda e parcialmente pela outra. Porém, aqui as coisas são bastante diferentes: cada fóton individual se comporta ele próprio como uma onda! Em algum sentido, cada partícula viaja por *ambas as fendas ao mesmo tempo* e interfere *consigo mesma*! Afinal, ao diminuirmos a intensidade da luz o suficiente, podemos ter certeza de que não mais que um e somente um fóton por vez está próximo da vizinhança das fendas. O fenômeno da interferência destrutiva, no qual duas rotas alternativas para o fóton de alguma maneira conspiram para cancelar uma à outra como possibilidades realizáveis, é aplicável a um fóton *individual*. Se uma das duas rotas está sozinha aberta ao fóton, então o fóton pode viajar por aquela rota. Se a outra rota está sozinha aberta ao fóton, então ele pode ir por aquela rota, em vez de ir pela primeira. Porém, se *ambas* as rotas estão abertas ao fóton, então as duas possibilidades miraculosamente se cancelam, e o fóton é incapaz de viajar por qualquer uma delas!

O leitor deveria parar um momento para considerar a importância desse fato extraordinário. Não é que a luz algumas vezes se comporte como se fosse composta de partículas, e outras vezes como se fosse composta de ondas. Ocorre que *cada partícula individualmente* se comporta ela própria de uma maneira inteiramente ondulatória; e *diferentes possibilidades alternativas abertas para uma partícula às vezes podem se cancelar entre si!*

O fóton realmente se divide em dois e viaja parcialmente por uma fenda e parcialmente pela outra? A maior parte dos físicos levantaria objeções ao formularmos as coisas dessa maneira. Eles insistiram que, enquanto as duas rotas abertas para a partícula devem ambas contribuir para o efeito final, estas são somente rotas *alternativas*, e a partícula não deve ser pensada como se se dividisse em duas para passar por ambas as fendas. Como evidência para o ponto de vista em que a partícula não passe parcialmente por uma fenda e parcialmente pela outra, podemos considerar a situação modificada na qual um *detector de partículas* é colocado em uma das fendas. Já que sempre que for observado um fóton – ou qualquer outra partícula – sempre aparece como uma unidade indivisível, não como uma fração de algo, deve ser o caso que nosso dispositivo ou detecta um fóton inteiro, ou não detecta nada. No entanto, quando o detector está presente em uma das fendas, de modo que o observador pode *dizer* qual fenda o fóton atravessou, o padrão de interferência no anteparo desaparece. Uma vez que a interferência aconteça, parece haver necessidade de uma "ausência de conhecimento" acerca de qual fenda "de fato" a partícula atravessou.

Para obtermos interferência, as alternativas devem *ambas* contribuir, algumas vezes se "adicionando" - reforçando uma à outra por uma quantidade que é o dobro do que poderíamos esperar - e algumas vezes "subtraindo" - de modo que as alternativas possam misteriosamente "cancelar" uma à outra. De fato, segundo as regras da mecânica quântica, o que acontece é ainda mais misterioso que isso! As alternativas de fato podem se adicionar (pontos brilhantes na tela); e as alternativas de fato podem subtrair uma à outra (pontos escuros); mas elas devem também ser capazes de combinar-se em outras estranhas combinações, como

"alternativa A" mais i X "alternativa B",

em que "i" é a "raiz de menos um" ($= \sqrt{-1}$), que nós encontramos no Capítulo 3 (nos pontos da tela com intensidade intermediária). De fato, *qualquer número complexo* pode ter tal papel nas "alternativas combinantes"!

O leitor pode se lembrar do meu aviso no Capítulo 3 de que números complexos são "absolutamente fundamentais para a estrutura da mecânica quântica". Esses números não são somente belos artefatos matemáticos. Eles forçaram os físicos a prestarem atenção neles por meio de fatos experimentais persuasivos e inesperados. Para entender a mecânica quântica devemos nos entender com essas ponderações por números complexos. Vamos considerar em seguida o que elas significam.

Amplitudes de probabilidade

Não existe nada de especial quanto à utilização de fótons nas descrições dadas acima. Elétrons ou outros tipos de partícula, até mesmo átomos inteiros, serviriam igualmente bem. As regras da mecânica quântica parecem até mesmo insistir que bolas de críquete e elefantes deveriam comportar-se dessa maneira estranha, em que diferentes possibilidades alternativas podem algumas vezes "ser adicionadas" em combinações ponderadas por números complexos! No entanto, nunca *vemos* de fato bolas de críquete ou elefantes superpostos dessa maneira estranha. Por que razão? Essa é uma questão difícil e até mesmo controversa, e não quero confrontá-la ainda. Por ora, como uma regra para seguirmos em frente, vamos simplesmente supor que existem dois níveis diferentes possíveis para a descrição de sistemas físicos, que chamaremos de nível *clássico* e de nível *quântico*. Utilizaremos essas combinações ponderadas por números complexos no nível quântico. Bolas de críquete e elefantes são objetos do nível clássico.

O nível quântico é o nível das moléculas, átomos, partículas subatômicas etc. Ele normalmente é pensado como o nível dos fenômenos de "pequena escala", mas essa "pequenez" não se refere de fato ao tamanho físico. Veremos que efeitos quânticos podem ocorrer ao longo de distâncias que atravessam muitos metros, até mesmo anos-luz. Seria mais próximo da verdade dizer que algo está "no nível quântico" se ele envolve somente pequenas diferenças de energia. (Serei mais preciso sobre isso mais tarde, especialmente no Capítulo 8, p.485.) O nível clássico é o nível "macroscópico" com o qual estamos mais acostumados diretamente. É um nível no qual nossa intuição ordinária sobre o modo como "o mundo funciona" é verdadeira e onde podemos usar as ideias ordinárias da probabilidade. Ambas as coisas não são exatamente iguais, mas para nos entendermos com esses números complexos será útil primeiro nos lembrarmos como a probabilidade clássica se comporta.

Considere uma situação clássica onde há *incerteza*, de maneira que não sabemos qual de duas alternativas A e B ocorre. Essa situação poderia ser descrita como uma combinação "ponderada" destas alternativas:

$$p \times \text{“}\textit{alternativa A}\text{”} \quad \text{mais} \quad q \times \text{“}\textit{alternativa B}\text{”},$$

em que p é a *probabilidade de A* acontecer, e q é a probabilidade de B acontecer. (Lembre-se de que uma probabilidade é um número real que se encontra entre 0 e 1. Probabilidade 1 significa "certo de acontecer" e probabilidade 0 significa "certo de não acontecer". Probabilidade ½ significa "igualmente provável de acontecer ou não".) Se A e B são as *únicas* alternativas, então a soma das duas probabilidades deve ser 1:

$$p + q = 1.$$

No entanto, se existem outras alternativas, essa soma poderia ser menor que 1. Assim, a razão $p : q$ nos dá a *razão* de probabilidade de A acontecer com relação a B acontecer. A probabilidade real de A e de B acontecerem, dentre estas duas alternativas, seria então $p/(p+q)$ e $q/(p+q)$ respectivamente. Poderíamos usar essa interpretação se $p+q$ é maior que 1. (Isso poderia ser útil, por exemplo, sempre que tivermos um experimento que é realizado muitas vezes, p sendo o número de ocorrências de "A", e q, o número de ocorrências déb.".) Diremos que p e q são *normalizados*, se $p+q=1$, de forma que então resultam em probabilidades reais, em vez de somente razões de probabilidades.

Na física quântica faremos algo que *parece* muito similar a isso, exceto que agora p e q são números *complexos* – que vou preferir denotar por w e z, respectivamente.

$$w \times \text{"alternativa A"} \quad \text{mais} \quad z \times \text{"alternativa B"}.$$

Como devemos interpretar w e z? Certamente não são probabilidades ordinárias (ou razões de probabilidades), já que cada um pode ser independentemente negativo ou complexo, mas eles se comportam, de vários modos, de maneira similar às probabilidades. Nós os chamamos (quando apropriadamente normalizados – veja em seguida) de *amplitudes de probabilidade*, ou simplesmente *amplitudes*. Além disso, geralmente utilizamos uma terminologia que é similar àquela das probabilidades, tal como: "existe uma amplitude w para A acontecer e uma amplitude z para B acontecer". Eles *não* são probabilidades reais, mas fingiremos por um momento que são – ou ainda, que sejam os análogos quânticos das probabilidades.

Como as probabilidades *ordinárias* se comportam? Será útil para nós se pudermos pensar em um objeto macroscópico, digamos uma bola, sendo atirada por trás de um de dois buracos de uma tela – como no experimento da dupla fenda descrito acima (cf. Fig. 6.3), mas agora com uma bola clássica macroscópica substituindo o fóton da discussão anterior. Existirá alguma probabilidade $P(s, t)$ de que a bola atinja o buraco do topo t após ser atirada de s e existe uma probabilidade $P(s, b)$ que ela atinja o buraco de baixo b. Além disso, se selecionarmos um ponto particular p na tela, existirá uma probabilidade $P(t, p)$ que sempre que a bola *passe* por t ela alcançará o ponto particular p na tela e alguma probabilidade$P(b, p)$ que o mesmo ocorra, caso ela passe por b. Se somente o topo t está aberto, então obtemos a probabilidade em que a bola de fato atinja p por t depois de ser lançada multiplicando a probabilidade que ela vá de s a t pela probabilidade de que ela vá de t a p:

$$P(s, t) \times P(t, p).$$

De maneira similar, se somente o buraco inferior está aberto, a probabilidade de que a bola saia de s e chegue em p é:

$$P(s, b) \times P(b, p).$$

Se *ambos* os buracos estiverem abertos, então a probabilidade de que a bola saia de s e chegue em p por t é ainda a primeira expressão $P(s, t) \times P(t, p)$, da mesma maneira como seria, caso somente o topo estivesse aberto, e a probabilidade de que a bola saia de s e chegue em p por b é ainda a segunda expressão $P(s, b) \times P(b, p)$, de maneira que a probabilidade *total* de a bola sair de s e chegar em p é a *soma* destas duas:

$$P(s, p) = P(s, t) \times P(t, p) + P(s, b) \times P(b, p).$$

No nível *quântico*, as regras são as mesmas, exceto que agora são as estranhas *amplitudes* complexas que tomam o lugar das probabilidades que tínhamos antes. Assim, no experimento da dupla fenda que vimos antes, consideramos uma amplitude $A(s, t)$ para um fóton alcançar o topo t a partir da fonte s e uma amplitude $A(t, p)$ para ele alcançar o ponto p no anteparo a partir da fenda t, e multiplicamos ambas para obter a amplitude

$$A(s, t) \times A(t, p),$$

sendo essa a amplitude para ele atingir o anteparo em p por t. Assim como no caso das probabilidades, essa é a amplitude correta, ao assumir que a fenda superior esteja aberta, esteja ou não a fenda inferior aberta. De modo similar, ao assumir b aberto, há a amplitude

$$A(s, b) \times A(b, p)$$

para o fóton atingir p a partir de s via b (esteja ou não t aberto). Se ambas as fendas estiverem abertas, obtemos a probabilidade total

$$A(s, p) = A(s, t) \times A(t, p) + A(s, b) \times A(b, p)$$

para o fóton atingir p a partir de s.

Isso tudo está muito bem, mas não é de grande valia para nós até que saibamos como interpretar essas amplitudes quando um efeito quântico é ampliado até que atinja o nível clássico. Poderíamos, por exemplo, dispor de um detector de fótons, ou uma *fotocélula*, colocada em p, que fornece um meio de amplificar um evento no nível quântico – a chegada do fóton em p – em uma ocorrência classicamente distinguível, digamos, um "clique" audível. (Se a tela atuar como uma placa fotográfica, de maneira que o fóton deixe uma marca visível, então isso serviria igualmente bem, mas por clareza vamos considerar uma fotocélula.) Deve existir uma *probabilidade* real para o "clique" ocorrer, não somente uma dessas misteriosas "amplitudes"! Como podemos passar de amplitudes para probabilidades quando saímos do nível quântico para o nível clássico? Veremos que existe uma regra muito bonita, mas misteriosa, para isso.

A regra é que nós devemos considerar o *módulo ao quadrado* da amplitude quântica complexa para obter a probabilidade clássica. O que é o "módulo ao quadrado"? Lembre-se de nossa descrição de um número complexo no plano de Argand (Capítulo 3, p.146). O *módulo* $|z|$ de um número complexo z é simplesmente a distância à origem (i.e., ao ponto 0) do ponto descrito por z. O módulo ao quadrado $|z|^2$ é simplesmente o quadrado desse número. Assim, se

$$z = x + iy,$$

em que x e y são números reais, então (pelo teorema de Pitágoras, já que a linha de 0 até z é a hipotenusa do triângulo retângulo formado por 0, x, z) nosso módulo ao quadrado é

$$|z|^2 = x^2 + y^2.$$

Note que, para essa ser uma probabilidade real "normalizada", o valor de $|z|^2$ deve se encontrar entre 0 e 1. Isso significa que, para uma amplitude devidamente normalizada, o ponto z no plano de Argand deve estar dentro do *círculo unitário* (veja a Fig. 6.8). Algumas vezes, no entanto, vamos querer considerar combinações como

$$w \times \textit{alternativa } A + z \times \textit{alternativa } B,$$

em que w e z são meramente *proporcionais* às amplitudes de probabilidade e, assim, não precisam estar dentro desse círculo. A condição que eles devem ser *normalizados* (e, assim, fornecer amplitudes de probabilidade válidas) é que a soma de seus módulos ao quadrado seja 1:

$$|w|^2 + |z|^2 = 1.$$

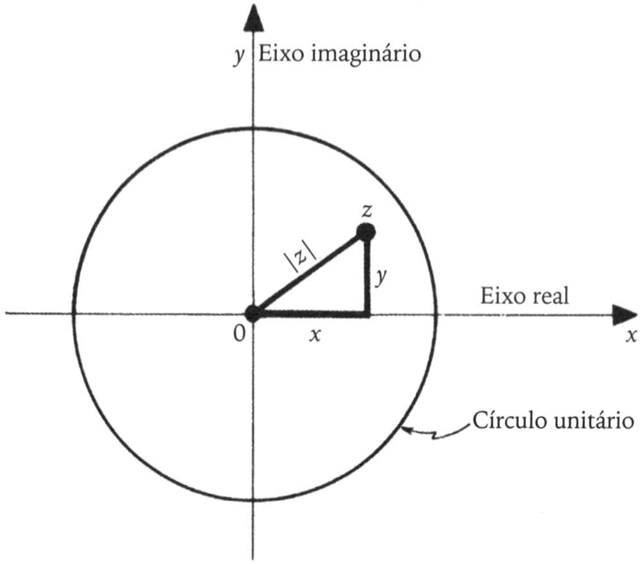

Fig. 6.8. Uma amplitude de probabilidade representada como um ponto z dentro do círculo unitário no plano de Argand. A distância ao quadrado $|z|^2$ do centro torna-se uma probabilidade real quando os efeitos são amplificados para o nível clássico.

Se eles não estiverem normalizados dessa maneira, então as amplitudes reais para A e B são, respectivamente, $w/\sqrt{|w|^2+|z|^2}$ e $z/\sqrt{|w|^2+|z|^2}$, que *de fato* estão no círculo unitário.

Vemos agora que uma amplitude de probabilidade não é realmente como uma probabilidade, mas mais como uma "raiz quadrada complexa" de uma probabilidade. Como isso afeta as coisas quando os efeitos do nível quântico são amplificados até chegarem ao nível clássico? Lembre-se de que, ao manipular as probabilidades e amplitudes, algumas vezes precisamos multiplicá-las e algumas vezes precisamos adicioná-las. O primeiro ponto é notar que a operação de *multiplicação* não ocasiona nenhum problema ao passarmos das regras quânticas para as clássicas. Isso se deve ao notável fato de que o módulo ao quadrado do produto de dois números complexos é igual ao produto de seus módulos ao quadrado individuais:

$$|zw|^2 = |z|^2|w|^2.$$

(Essa propriedade segue imediatamente da descrição geométrica de um par de números complexos, como dada no Capítulo 3; mas em termos de suas partes reais e imaginárias $z = x + iy$, $w = u + iv$ é um pequeno e belo milagre. Experimente-o!)

Esse fato tem a implicação que, se existe uma e somente uma rota disponível para a partícula, e.g., quando somente uma fenda (digamos *t*) está aberta no experimento da dupla fenda, então podemos argumentar "classicamente", e as probabilidades mostram-se as mesmas, façamos ou não uma detecção adicional da partícula no ponto intermediário (em *t*).[4]

Podemos tomar o módulo ao quadrado em ambas as fases ou somente no final, i.e.

$$|A(s, t)|^2 \times |A(t, p)|^2 = |A(s, t) \times A(t, p)|^2,$$

e a resposta se mostra a mesma de uma maneira ou de outra para a probabilidade resultante.

No entanto, se existe mais de uma rota disponível (e.g., quando ambas as fendas estão abertas), então precisamos formar uma *soma*, e é aqui que as características notáveis da mecânica quântica começam a surgir. Quando tomamos o módulo quadrado da soma $w + z$ de dois números complexos w e z, geralmente *não* obtemos como resultado a soma de seus módulos ao quadrado; nesse caso obtemos a soma com um "termo de correção" adicional:

$$|w + z|^2 = |w|^2 + |z|^2 + 2|w||z| \cos(\theta).$$

Aqui, θ é o ângulo formado pelo par de pontos z e w com relação à origem no plano de Argand (veja a Fig. 6.9). (Lembre-se de que o cosseno de um ângulo é a razão "cateto adjacente / hipotenusa" em um triângulo retângulo. O leitor atento que não é familiar com a fórmula acima pode querer derivá-la diretamente, utilizando a geometria apresentada no Capítulo 3. De fato, essa fórmula não é nenhuma outra além da familiar "regra dos cossenos", levemente disfarçada!). É esse termo de correção $2|w||z| \cos \theta$ que fornece a *interferência quântica* entre as alternativas quantum-mecânicas. O valor de $\cos \theta$ varia entre -1 e 1. Quando $\theta = 0°$, obtemos $\cos \theta = 1$, e as duas alternativas se fortalecem mutuamente de modo que a probabilidade total é maior que a soma das duas probabilidades individuais. Quando $\theta = 180°$, obtemos $\cos \theta = -1$,

[4] Essa detecção deve ser feita de tal maneira a não perturbar a passagem da partícula por *t*. Isso poderia ser feito ao colocarmos detectores em *outros* lugares ao redor de *s* e *inferirmos* a passagem da partícula por *t* quando esses outros detectores não sinalizarem nada!

e as duas alternativas tendem a se cancelar, resultando em uma probabilidade total que é menor que a soma das duas individuais (interferência destrutiva). Quando $\theta = 90°$, obtemos $\cos\theta = 0$ e a situação intermediária em que as duas probabilidades de fato se adicionam. Para sistemas maiores ou mais complexos, os termos de correlação geralmente se cancelam "na média" – pois o valor "médio" de $\cos\theta$ é zero – e ficamos com as regras usuais da probabilidade clássica. Porém, no nível quântico, esses termos são a origem de importantes efeitos de interferência.

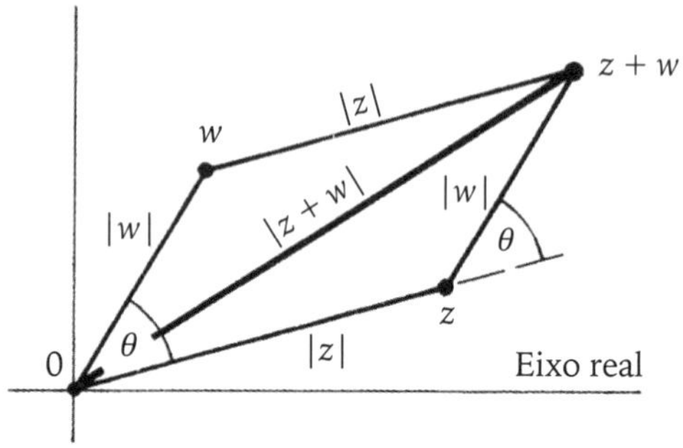

Fig. 6.9. Geometria relacionando o termo de correção $2|w||z|\cos(\theta)$ para o módulo ao quadrado da soma de duas amplitudes.

Considere o experimento da dupla fenda, quando ambas as fendas estão abertas. A amplitude para o fóton alcançar p é a *soma*, $w + z$, em que obtemos

$$w = A(s, t) \times A(t, p) \text{ e } z = A(s, b) \times A(b, p).$$

Nos pontos *mais brilhantes* da tela obtemos $w = z$ (de maneira que $\cos\theta = 1$), assim

$$|w + z|^2 = |2w|^2 = 4|w|^2,$$

que é quatro vezes a probabilidade $|w|^2$ para quando somente a fenda superior está aberta – e assim obtemos *quatro* vezes a intensidade, quando há um número grande de fótons, o que está em concordância com as observações. Nos pontos *escuros* da tela obtemos $w = -z$ (de maneira que $\cos\theta = -1$), e assim

$$|w + z|^2 = |w - w|^2 = 0,$$

i.e., o resultado é *zero* (interferência destrutiva!), novamente em concordância com as observações experimentais. Nos pontos exatamente intermediários obtemos $w = iz$ ou $w = -iz$ (de modo que $\cos \theta = 0$), e

$$|w + z| = |w \pm iw|^2 = |w|^2 + |w|^2 = 2|w|^2,$$

resultando em *duas* vezes a intensidade do que no caso de somente uma fenda (que seria o caso para partículas clássicas). Veremos no final da próxima seção como calcular onde estão de fato as localizações claras, escuras e intermediárias.

Devemos ressaltar um último ponto. Quando ambas as fendas estão abertas, a amplitude para a partícula alcançar p através de t de fato é $w = A(s, t) \times A(t, p)$, mas não podemos interpretar o módulo ao quadrado $|w|^2$ como a probabilidade para a partícula "realmente" ter passado através da fenda superior para alcançar p. Isso daria respostas sem sentido, particularmente se p fosse uma posição escura na tela. Porém, se escolhermos "detectar" a presença do fóton em t, por meio da amplificação dos efeitos de sua presença (ou ausência) *naquele ponto* para o nível clássico, então *podemos* utilizar $|A(s, t)|^2$ para a probabilidade de o fóton de fato estar presente em t. Porém, essa detecção obliteraria qualquer padrão ondulatório. Para a interferência ocorrer devemos garantir que a passagem do fóton através das fendas *permaneça no nível quântico* de maneira que as duas rotas alternativas devem *ambas* contribuir e algumas vezes cancelar uma à outra. No nível quântico, as rotas alternativas individuais apresentam somente amplitudes, não probabilidades.

O estado quântico de uma partícula

O que isso tudo nos dá em termos de um paradigma da "realidade física" no nível quântico, no qual diferentes "possibilidades alternativas" disponíveis para um sistema sempre devem ser capazes de coexistir, adicionadas a esses estranhos pesos dados por números complexos? Muitos físicos sentem desagrado ao encontrar esse paradigma. Eles afirmam, em vez disso, estarem felizes com a visão de que a teoria quântica meramente fornece um meio de calcular as probabilidades e não um quadro objetivo do mundo físico. Alguns, de fato, afirmam que a teoria quântica não dita que esse quadro objetivo seja possível – pelo menos nenhum que seja consistente com os fatos físicos. De minha própria parte vejo esse pessimismo como bastante injustificado. Em todo caso, seria prematuro, com base no que estamos discutindo até agora, adotar esse ponto de vista. Mais tarde vamos endereçar algumas das implicações mais enigmáticas dos efeitos quânticos e talvez comecemos a entender melhor as razões para esse desagrado. Porém, por ora, continuemos de modo otimista e tentemos nos entender com o quadro da realidade que a teoria quântica parece estar nos forçando a aceitar.

Esse modelo é representado por um *estado quântico*. Vamos tentar pensar em uma única partícula quântica. Classicamente, a partícula é determinada por sua posição no espaço e, de modo a sabermos para onde ela vai em seguida, também precisamos saber sua velocidade (ou, de maneira equivalente, seu momento). Quantum-mecanicamente, *toda posição única* que a partícula poderia ter é uma "alternativa" disponível para ela. Vimos que todas essas alternativas devem ser combinadas de algum modo com uma ponderação por números complexos. Essa coleção de pesos complexos descreve o estado quântico da partícula. É uma prática padrão, na teoria quântica, utilizar a letra grega ψ (pronunciada "psi") para essa coleção de ponderações, vista como uma função complexa da posição – chamada de *função de onda* da partícula. Para cada posição x, essa função de onda tem um valor específico, denotado por $\psi(x)$, que é a amplitude para que a partícula se encontre em x. Podemos usar a letra única ψ para rotular o estado quântico como um todo. Adoto aqui a visão de que a *realidade física* da localização da partícula é, de fato, seu estado quântico ψ.

Como podemos imaginar a função complexa ψ? Isso é um pouco difícil de fazer para o espaço tridimensional todo, então vamos simplificar um pouco e supor que a partícula esteja restrita a uma linha unidimensional – digamos, no eixo x do sistema de coordenadas padrão (cartesiano). Se ψ fosse uma função real, então poderíamos imaginar um "eixo y" perpendicular ao eixo x e desenhar o *gráfico* de ψ (Fig. 6.10a). No entanto, precisamos aqui de um "eixo y complexo" – que seria um plano de Argand – de maneira a descrever o valor da função *complexa* ψ. Para isso, em nossa imaginação, podemos usar duas outras dimensões espaciais: digamos a direção y no espaço como o eixo *real*, e a direção z como o eixo *imaginário*. Para uma representação precisa da função de onda podemos desenhar $\psi(x)$ como um ponto no plano de Argand (i.e., no plano (y, z) para cada posição no eixo x). À medida que x varia, esse ponto também varia e seu caminho descreve uma curva no espaço que se espirala na vizinhança do eixo x (veja a Fig. 6.10b). Vamos chamar essa curva de *curva-ψ* da partícula. A probabilidade de encontrar a partícula em um ponto específico x, se um detector de partículas fosse colocado naquele ponto, é obtida tomando--se o módulo ao quadrado da amplitude $\psi(x)$,

$$|\psi(x)|^2,$$

que é o quadrado da distância da curva ψ do eixo x.[5]

Para formar uma representação completa desse tipo, para uma função de onda espalhada pelo espaço físico tridimensional todo, *cinco* dimensões seriam necessárias: três dimensões no espaço físico mais duas para o plano de Argand em cada ponto para o qual desenharíamos $\psi(x)$. No entanto, nossa representação simplificada ainda é de grande valia. Se escolhermos investigar o comportamento da função de onda em qualquer linha do espaço físico, simplesmente temos de considerar nosso eixo x ao longo dessa linha e utilizar as outras duas dimensões do espaço provisoriamente para o plano de Argand necessário. Isso será útil para o nosso entendimento do experimento da dupla fenda.

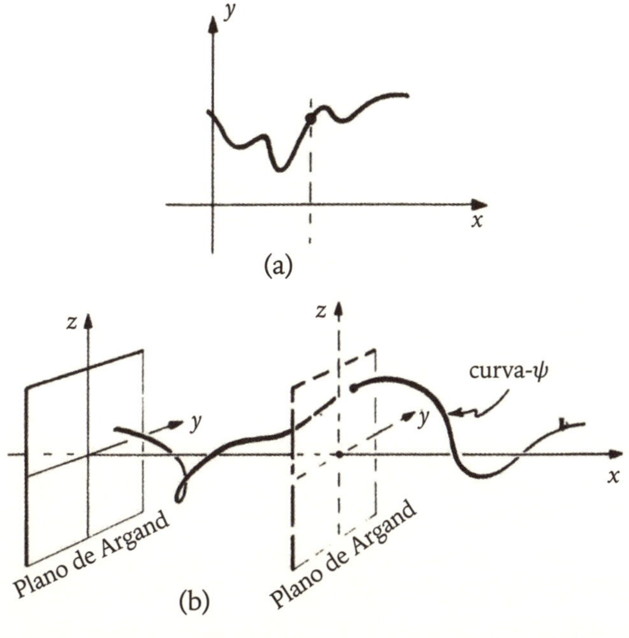

Fig. 6.10. O gráfico de uma função real de uma variável real x. (b) O gráfico de uma função complexa ψ de uma variável real x.

[5] Uma dificuldade técnica ocorre aqui, pois a probabilidade real de encontrar uma partícula em qualquer ponto *exato* seria zero. Em vez disso, referimo-nos a $|\psi(x)|2$ como a *densidade de probabilidade*, que representa a probabilidade de encontrar a partícula em algum intervalo pequeno de tamanho fixo ao redor do ponto em questão. Assim, $\psi(x)$ define uma *densidade de amplitudes*, em vez de definir apenas uma amplitude.

Como mencionei acima, na física clássica precisamos saber a velocidade (ou momento) da partícula de modo a determinar o que vai acontecer no instante seguinte. Aqui a mecânica quântica nos fornece uma economia notável. A função de onda ψ *já* contém as diversas amplitudes para os diferentes momentos possíveis! (Alguns leitores exasperados podem estar pensando que "já seria o momento" de termos um pouco de economia de conceitos, considerando o quanto tivemos que complicar o simples modelo clássico de uma partícula pontual. Mesmo que eu seja bastante simpático a tais leitores devo avisá-los que não sejam precipitados, pois o pior ainda está por vir!) Como pode ser que as amplitudes de velocidades já sejam determinadas por ψ? De fato, é melhor pensar em termos das amplitudes de momento. (Lembre-se de que o momento é a velocidade multiplicada pela massa da partícula, cf. p.239). O que precisamos fazer é aplicar o que é conhecido como *análise harmônica* à função ψ. Não seria adequado explicar isso aqui detalhadamente, mas está bastante relacionado com o que fazemos com as melodias musicais. Qualquer forma de onda pode ser decomposta em uma soma de diferentes "harmônicos" (de onde surge o termo "análise harmônica") que são tons puros de diferentes frequências (i.e., diferentes frequências puras). No caso da função de onda ψ, ozonos puros" correspondem a diferentes valores possíveis de momento que a partícula possa ter, e o tamanho da contribuição de cada "tom puro" para ψ fornece a amplitude de probabilidade para aquele valor de momento. Os "tons puros" em si são conhecidos como *estados de momento.*

Com que um estado de momento se parece em termos de uma curva-ψ? Ele se parece com um *saca-rolhas*, para o qual o nome matemático oficial é *hélice* (Fig. 6.11).[6] Os saca-rolhas de muitas voltas correspondem a momentos grandes, e os de poucas voltas, a momentos pequenos. Existe um caso-limite no qual não há nenhuma volta e a curva-ψ é uma linha reta: o caso de momento zero. A famosa *relação de Planck* está implícita nisto. Muitas voltas significam comprimento de onda pequeno e alta *frequência*, e assim, alto momento e alta *energia*; poucas voltas significam baixa frequência e baixa energia, e a energia E é sempre proporcional à frequência ν ($E = h\nu$). Se os planos de Argand estão orientados da maneira usual (i.e., com as direções x, y, z dadas como descrito acima, com os eixos usuais segundo a regra da mão direita), então os

---

[6] Em termos de descrições mais analíticas, cada um de nossos saca-rolhas (i.e., estados de momento) seria dado por uma expressão do tipo $\psi = e^{ipx/h} = \cos\left(\frac{px}{\hbar}\right) + i\ \mathrm{sen}\left(\frac{px}{\hbar}\right)$ (veja o Capítulo 3, p.145), em que p é o valor do momento em questão.

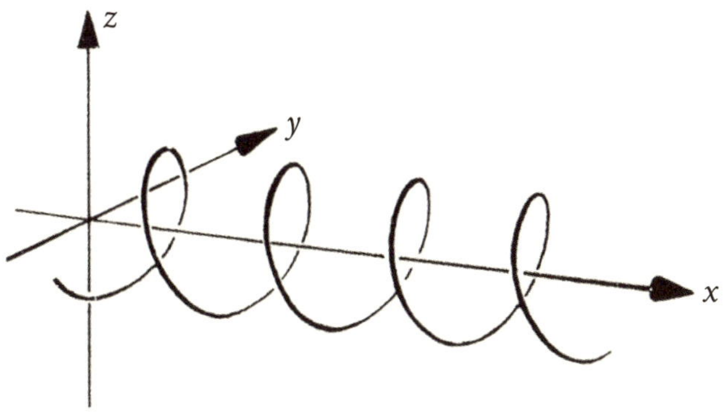

Fig. 6.11. Um estado de momento tem uma curva-ψ que é parecida com um saca-rolhas.

momentos que apontam positivamente na direção do eixo x correspondem a saca-rolhas de mão direita (que são os tipos usuais de saca-rolhas).

Algumas vezes é de grande auxílio descrever os estados quânticos não em termos de funções de onda ordinárias, como foi feito acima, mas em termos de funções de onda de *momento*. Isso significa considerar a decomposição de ψ em termos de vários estados de momento e a construção de uma nova função $\bar{\psi}$, desta vez como uma função do momento p, em vez da posição x, cujo valor $\bar{\psi}(p)$, para cada p, nos dá o tamanho da contribuição do estado de momento p para ψ. (O espaço dos ps é chamado de *espaço de momento*.) A interpretação de $\bar{\psi}$ é tal que, para cada escolha particular de p, o número complexo $\bar{\psi}(p)$ nos dá a *amplitude para a partícula ter momento p*.

Existe um nome matemático para a relação entre as funções ψ e $\bar{\psi}$. Essas funções são chamadas de *transformadas de Fourier* uma da outra – em homenagem ao notável engenheiro/matemático francês Joseph Fourier (1768-1830). Farei aqui somente alguns poucos comentários sobre essa relação. O primeiro é que existe uma notável simetria entre ψ e $\bar{\psi}$. Para voltarmos a ψ a partir de $\bar{\psi}$ efetivamente aplicamos o mesmo procedimento usado para ir de ψ para $\bar{\psi}$. Agora, é a função $\bar{\psi}$ que está sujeita à análise harmônica. Os "tons puros" (i.e., os saca- rolhas no caso da representação do espaço de momento) são agora chamados de *estados de posição*. Cada posição x determina tal "tom puro" no espaço de momento, e o tamanho da contribuição desse "tom puro" para $\bar{\psi}$ nos dá novamente o valor $\psi(x)$.

O próprio estado de posição corresponde, na representação usual em termos do espaço de posição, a uma função ψ que está muito concentrada no valor x em questão. Essa função é chamada de *função delta* (de Dirac) – mesmo que, tecnicamente, ela não seja uma "função" no sentido usual, já que seu valor em x é infinito. Da mesma maneira, os estados de momento (saca-rolhas na representação de posição) nos dão funções delta na representação de momento (veja a Fig. 6.12). Assim, vemos que a transformada de Fourier de um saca-rolhas é uma função delta e vice-versa!

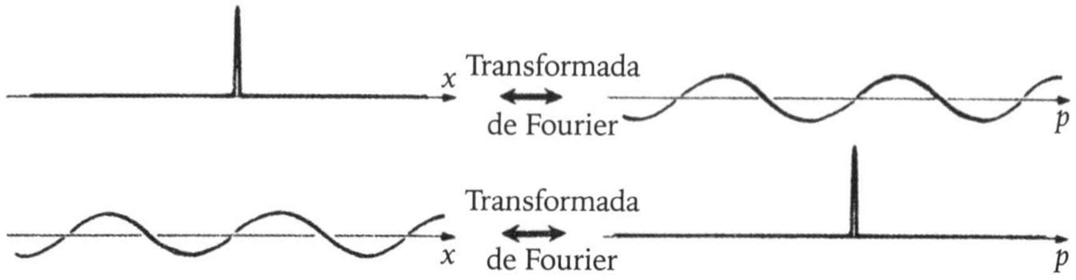

Fig. 6.12. Funções delta no espaço de posição transformam-se em saca-rolhas no espaço de momento e vice-versa.

A descrição em termos do espaço de posição é útil se pretendermos realizar uma medição da posição da partícula, o que implica realizar algo que amplifique os efeitos das diferentes posições possíveis da partícula para o nível clássico. (Falando de maneira simples, fotocélulas e placas fotográficas realizam medições de posição para fótons.) A descrição em termos do espaço de momento é útil quando queremos mensurar o momento da partícula, i.e., amplificar os efeitos dos diferentes momentos possíveis para o nível clássico. (Efeitos de rebote ou de difração de cristais podem ser utilizados para medições de momento.) Em cada caso, o módulo ao quadrado da função de onda correspondente (ψ ou $\tilde{\psi}$) nos dá a probabilidade necessária para o resultado da medição desejada.

Vamos finalizar esta seção voltando mais uma vez para o experimento de duas fendas. Aprendemos que, segundo a mecânica quântica, até mesmo uma única partícula deve comportar-se como uma onda. Essa onda é descrita pela função de onda ψ. Os estados"mais ondulatórios" são os estados de momento. No experimento de duas fendas consideramos fótons de frequência bem definida; então, a função de onda do fóton é composta por estados de momento em diferentes direções, em que a distância entre um dos giros do saca-rolha e o próximo é o mesmo para todos os saca-rolhas, sendo essa distância o *comprimento de onda*. (O comprimento de onda é dado pela frequência.)

Cada função de onda de um fóton se espalha inicialmente da fonte s e (se nenhuma detecção for feita nas fendas) passa por ambas as fendas à medida que prossegue para o anteparo. Somente uma parte dessa função de onda emerge das fendas, no entanto, e pensamos em cada fenda atuando como uma nova fonte a partir da qual a função de onda se espalha separadamente. Essas duas porções da função de onda interferem entre si de maneira que, quando atingem o anteparo, existem lugares onde as duas porções se adicionam e lugares onde elas se cancelam. Para descobrir onde as ondas se adicionam e onde elas se cancelam consideramos algum ponto *p* no anteparo e examinamos as linhas retas de *p* para cada uma das fendas *t* e *b*. Ao longo da linha *tp* obtemos um saca-rolha, e ao longo da linha *bp* obtemos outro. (Também obtemos saca-rolhas ao longo das linhas *st* e *sb*, mas se assumirmos que a fonte está a mesma distância de cada uma das fendas, então *nas* fendas os saca-rolhas terão girado por quantidades iguais.) As quantidades pelas quais os saca-rolhas terão girado no instante que atingem a tela em *p* dependerá dos tamanhos das linhas *tp* e *bp*. Quando esses comprimentos diferirem por um número inteiro de comprimentos de onda, então, em *p*, os saca- rolhas terão ambos sido deslocados nas *mesmas* direções a partir de seus eixos (i.e., $\theta = 0°$, em que θ é igual ao da seção anterior), de modo que suas amplitudes respectivas são adicionadas, e obtemos um ponto *brilhante*. Quando esses comprimentos diferirem por um número inteiro de comprimentos de onda mais meio comprimento de onda, então, em *p*, os saca-rolhas terão se deslocado em direções *opostas* a partir de seus eixos ($\theta = 180°$), de modo que suas respectivas amplitudes vão se cancelar, e obtemos um ponto *escuro*. Em todos os outros casos haverá algum ângulo entre os deslocamentos dos saca-rolhas quando eles chegarem a *p*, de modo que suas amplitudes se adicionarão de alguma maneira intermediária entre os dois casos anteriores, e obtemos uma região de intensidade intermediária (veja a Fig. 6.13).

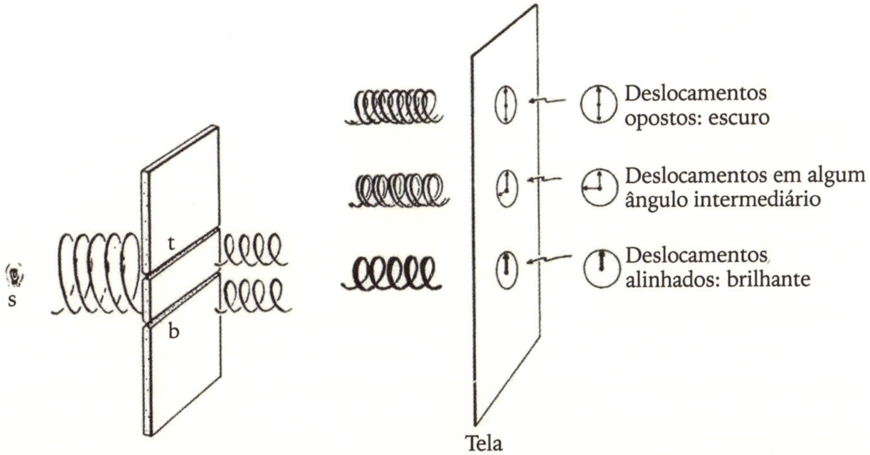

Fig. 6.13. O experimento da dupla fenda analisado em termos das descrições de saca-rolhas dos estados de momento dos fótons.

O princípio da incerteza

A maior parte dos leitores já ouviu sobre o *princípio da incerteza* de Heisenberg. Segundo esse princípio não é possível mensurar (i.e., ampliar para o nível clássico) tanto a posição quanto o momento de uma partícula de maneira precisa ao mesmo tempo. Pior que isso, existe um *limite absoluto* com relação ao produto dessas precisões, que chamemos respectivamente de Δx e Δp, dado pela relação

$$\Delta x \, \Delta p \geq \hbar.$$

Essa fórmula nos diz que, quanto mais precisa a medição da posição x da partícula, menos precisa é a medição do momento p e vice-versa. Se a posição fosse mensurada com uma precisão *infinita*, então o momento se tornaria *completamente* incerto; por outro lado, se o momento é medido de maneira exata, então a localização da partícula se torna completamente incerta. Para ganharmos alguma intuição sobre o limite dado pela relação de Heisenberg, suponha que a posição de um elétron fosse medida com precisão da ordem de 1 nanômetro (10^{-9}m). Nessa situação, o momento se tornaria tão incerto que haveria, um segundo depois, a probabilidade de o elétron estar a mais de 100 km de distância de nós!

Em algumas descrições, o leitor pode ser induzido a crer que isso tudo é meramente algum tipo de problema inerente ao processo de medição. Dessa forma, no caso do elétron que acabamos de considerar, a tentativa de localizá-lo, segundo este ponto de vista, inevitavelmente daria a ele um "empurrão" de tal intensidade que seria provável que o elétron se afastasse a grande velocidade, de magnitude compatível com o princípio de Heisenberg. Em outras descrições vemos que a incerteza é uma propriedade da própria partícula, e seu movimento tem aleatoriedade inerente a ele, o que significa que seu comportamento é intrinsecamente imprevisível no nível quântico. Em outros tipos de descrição nos é informado que a partícula quântica é incompreensível, para a qual os próprios conceitos de posição e momento clássicos são inaplicáveis. Nenhum desses três casos me agrada. O primeiro é um pouco falho, o segundo é certamente incorreto e o terceiro desnecessariamente pessimista.

O que a descrição em termos da função de onda realmente nos diz? Primeiro vamos lembrar de nossa descrição de um estado de momento. Esse é o caso no qual o momento é especificado exatamente. A curva-ψ é uma hélice, que permanece a mesma distância do eixo durante todo seu trajeto. As amplitudes para os diferentes valores de posição têm então todas o mesmo módulo quadrado. Assim, se uma medição de posição fosse realizada, a probabilidade de encontrar a partícula em qualquer determinado ponto é a mesma que em todos os outros. Dessa forma, a posição da partícula realmente está completamente indeterminada. E quanto a um estado de posição? Agora a curva-ψ é uma função delta. A partícula está localizada precisamente – na posição do pico da função delta – com as amplitudes todas nulas nas outras posições. As amplitudes de momento são obtidas de maneira mais simples, ao olhar na descrição do espaço de momento, em que agora a curva-$\bar{\psi}$ é que é uma hélice, de modo que as diferentes amplitudes de momento todas têm o mesmo módulo ao quadrado. Ao realizarmos uma medição do momento da partícula, o resultado seria agora completamente incerto.

É interessante investigar um caso intermediário em que tanto as posições quanto os momentos das partículas estejam ambos somente parcialmente restritos, mesmo que necessariamente em um grau consistente com a relação de Heisenberg. A curva-ψ e a curva correspondente $\bar{\psi}$ (transformadas de Fourier uma da outra) para esse caso são ilustradas na Fig. 6.14. Note que a distância de cada curva para o eixo é razoável somente em uma pequena região. Longe desta, a curva se agarra ao eixo. Isso significa que os módulos quadrados só apresentam magnitude razoável em uma região muito limitada, tanto em termos do espaço de posição quanto do espaço de momento. Dessa forma, a partícula pode estar bastante localizada no espaço, mas existe uma certa dispersão; da mesma maneira, o momento é razoavelmente bem definido, de modo que a partícula se move a velocidade razoavelmente bem definida, e a dispersão das possíveis posições da partícula não aumenta muito com o tempo. Esse estado quântico é conhecido como *pacote de onda*, comumente considerado a melhor aproximação da teoria quântica para uma partícula clássica. No entanto, a dispersão em momento (i.e., na velocidade) implica que o pacote de onda *vai* eventualmente se espalhar com o tempo. Quanto mais bem localizado em termos de posição ele estiver inicialmente, mais rápido se espalhará.

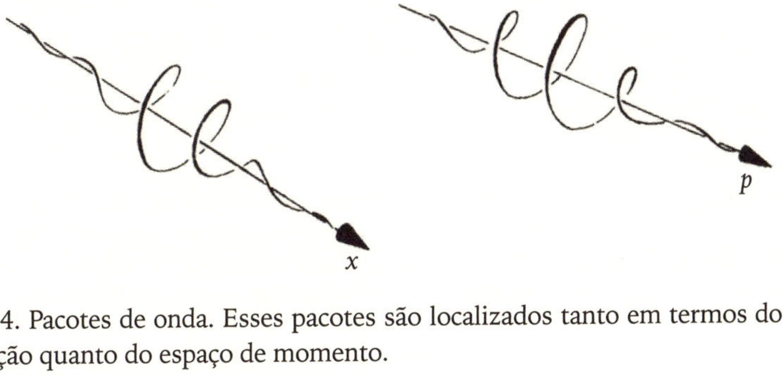

Fig. 6.14. Pacotes de onda. Esses pacotes são localizados tanto em termos do espaço de posição quanto do espaço de momento.

Os processos de evolução **U** e **R**

Implícita nessa descrição da evolução temporal de um pacote de onda está a *equação de Schrödinger*, que nos diz como a função de onda evolui no tempo. Para todos os efeitos, o que a equação de Schrödinger diz é que, se decompusermos ψ em estados de momento ("tons puros"), então cada componente individual se moverá a velocidade que é c^2 dividido pela velocidade da partícula clássica tendo o momento em questão. De fato, a equação matemática de Schrödinger é escrita de forma mais concisa que essa. Veremos sua forma exata mais tarde. Ela lembra de certa maneira as equações de Hamilton ou de Maxwell (e tem relações profundas com ambas) e, assim como essas equações, fornece uma evolução *completamente* determinística da função de onda, uma vez que a função de onda tenha sido especificada em qualquer instante! (Veja p.391.)

Ao entender ψ como descrevendo a "realidade" do mundo, não temos nenhum indeterminismo do tipo que geralmente é visto como uma suposta característica inerente na teoria quântica – Contanto que ψ seja governado pela evolução determinística de Schrödinger. Vamos chamar esse processo de evolução de **U**. No entanto, sempre que "fizermos uma medição", ampliando os efeitos quânticos para o nível clássico, mudamos as regras. Agora *não* utilizamos **U**, mas em vez disso adotamos um procedimento completamente diferente, ao qual vou me referir como **R**, de tomar os módulos ao quadrado das amplitudes quânticas para obter probabilidades clássicas![7] É o procedimento **R**, e *somente* **R**, que introduz incertezas e probabilidades na teoria quântica.

O processo determinístico **U** parece ser a parte da teoria quântica de maior relevância para os físicos praticantes; no entanto, os filósofos ficam mais intrigados pela *redução do vetor de estado* não determinística **R** (ou, como algumas vezes é descrito graficamente: *colapso da função de onda*). Considerando **R** simplesmente como uma mudança da "informação" disponível sobre

---

[7] Esses dois procedimentos de evolução foram descritos em um trabalho clássico pelo notável matemático húngaro-americano John von Neumann (1955). Seu "processo 1" é o que denotei por R – "redução do vetor de estado" – e seu processo 2 é U – "evolução unitária" (que significa, para todos os efeitos, que as amplitudes de probabilidade são preservadas pela evolução). De fato, existem outras – mesmo que equivalentes – descrições da evolução do estado quântico U, em que não utilizamos o termo "equação de Schrödinger"). No "*quadro de Heisenberg*", por exemplo, o estado é descrito de modo que ele parece não evoluir, sendo a evolução dinâmica absorvida pela mudança contínua no significado das coordenadas de posição e momento. As diversas distinções não são importantes para nós aqui, já que as diferentes descrições do processo U são completamente equivalentes.

o sistema ou como (da forma como faço) algo "real", a nós de fato são dadas duas vias matemáticas completamente *diferentes* pelas quais o vetor de estado de um sistema físico pode mudar com o tempo. **U** é totalmente determinístico, enquanto **R** é uma lei probabilística; **U** mantém a complexa superposição quântica, mas **R** a viola descaradamente; **U** atua continuamente, mas **R** é notoriamente descontínuo. Segundo os procedimentos padrões da mecânica quântica não existe implicação que haja qualquer maneira de "deduzir" **R** como um caso complicado de **U**. É simplesmente um procedimento *diferente* de **U**, fornecendo a outra "metade" da interpretação do formalismo quântico. Todo o não determinismo da teoria advém de **R**, não de **U**. *Tanto* **U** *quanto* **R** são necessários para a concordância impressionante da teoria quântica com os fatos observacionais.

Voltemos à nossa função de onda ψ. Suponha que ela seja um estado de momento. Ela permanecerá contentemente um estado de momento pelo resto de sua existência, contanto que a partícula não interaja com nada. (Isso é o que a equação de Schrödinger nos diz.) A qualquer momento que escolhamos "medir seu momento" vamos obter a mesma resposta bem definida. Não existem probabilidades aqui. A previsibilidade é evidente como na teoria clássica. No entanto, suponha que em algum momento resolvamos medir (i.e., ampliar para o nível clássico) a posição da partícula. Encontramos agora um conjunto de amplitudes de probabilidades cujo módulo devemos elevar ao quadrado. Nesse ponto existem muitas probabilidades e existe uma incerteza total sobre qual será o resultado da medição. A incerteza está de acordo com aquela dada pelo princípio da incerteza de Heisenberg.

Vamos supor, por outro lado, que comecemos com ψ em um estado de posição (ou próximo de um estado de posição). Agora a equação de Schrödinger nos diz que ψ *não* permanecerá em um estado de posição, mas dispersará rapidamente. Mesmo assim, *a maneira* pela qual ele vai se dispersar é completamente dada por essa equação. Não existe nada de indeterminado nem probabilístico quanto a esse comportamento. Em princípio existiriam experimentos que poderíamos realizar para verificar esse fato (mais sobre isto adiante). Porém, se inadvertidamente escolhermos medir seu momento, encontraremos amplitudes para todos os possíveis valores de momento diferente que têm módulos ao quadrado iguais, e existiria uma incerteza completa quanto ao resultado do experimento – novamente de acordo com o princípio de Heisenberg.

Da mesma maneira, se começarmos com ψ em um estado de pacote de onda, sua evolução futura é dada inteiramente pela equação de Schrödinger, e em princípio poderiam ser montados experimentos para verificar esse fato. Mas assim que escolhermos medir a partícula de alguma forma *diferente* dessa – digamos, medir sua posição ou momento – então vemos a incerteza aparecer, novamente em acordo com o princípio da incerteza de Heisenberg, com probabilidades dadas pelos quadrados das amplitudes.

Isso certamente é muito estranho e misterioso. Porém, não é um paradigma incompreensível do mundo. Existe muito sobre esse paradigma que é governado por regras muito evidentes e precisas. No entanto, não existe uma regra evidente, ainda, que determine quando a regra **R** deve ser invocada no lugar da regra determinística **U**. O que constitui "realizar uma medição"? Por que razão (e quando) os módulos ao quadrado das amplitudes "se tornam probabilidades"? O "nível clássico" pode ser entendido quantum-mecanicamente? Essas são questões profundas e enigmáticas que serão discutidas mais adiante neste capítulo.

Partículas em dois lugares ao mesmo tempo?

Nas descrições acima tenho adotado uma visão mais "realista" sobre a função de onda do que talvez seja usual entre os físicos que trabalham com a mecânica quântica. Estou defendendo o ponto de vista que o estado "objetivamente real" de uma partícula individual é de fato descrito pela sua função de onda ψ. Parece que muitas pessoas acham que essa posição é difícil de defender seriamente. Uma razão disso parece envolver que se considerem as partículas individuais espalhadas espacialmente, em vez de estarem sempre concentradas em pontos únicos. Para um estado de momento, esse espalhamento está no seu máximo, já que ψ está distribuído igualmente por todo o espaço. Em vez de pensarmos na própria partícula como se estivesse espalhada por todo o espaço, as pessoas preferem pensar em sua posição como se estivesse apenas "completamente indeterminada", de modo que tudo que podemos dizer sobre a posição da partícula é que é igualmente provável ela estar em um lugar qualquer ou em outro lugar qualquer. No entanto, vimos que a função de onda não fornece meramente uma distribuição de probabilidade para diferentes posições; ela fornece uma distribuição de *amplitudes* para diferentes posições. Se sabemos essa distribuição de amplitude (i.e., a função ψ), então sabemos – da equação de Schrödinger – a forma precisa na qual o estado da partícula evoluirá de um momento para o outro. Precisamos dessa visão "espalhada" da partícula de modo que seu "movimento" (i.e., a evolução de ψ ao longo do tempo) seja determinado; e se *de fato* defendermos esse ponto de vista, vemos que o movimento da partícula *está* de fato precisamente determinado. A "visão probabilística" com relação a $\psi(x)$ se tornaria apropriada quando realizássemos uma medição da posição da partícula e $\psi(x)$ seria *então* usado somente mediante seu módulo ao quadrado: $|\psi(x)|^2$.

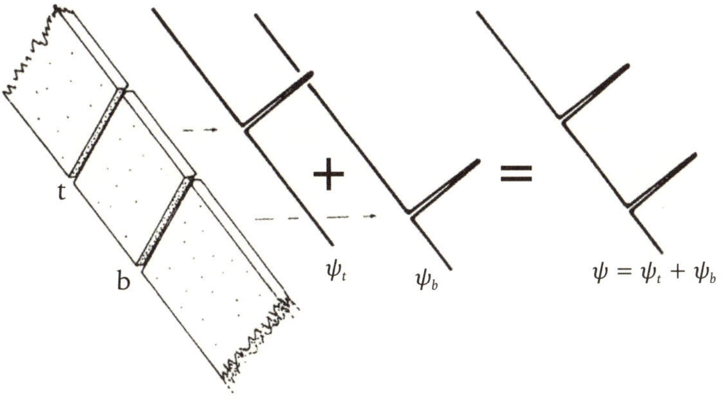

Fig. 6.15. À medida que a função de onda do fóton emerge de um par de fendas, ela está concentrada em dois lugares ao mesmo tempo.

Parece que nós deveríamos de fato nos entender com esse modelo da partícula que pode se espalhar por longas regiões do espaço e que provavelmente permanecerá espalhada até que a próxima medição de posição seja realizada. Mesmo quando localizada como um estado de posição, a partícula começa a se espalhar no momento seguinte. Um estado de momento pode ser difícil de aceitar como uma parte da "realidade" da existência da partícula, mas talvez seja até mais difícil aceitar como "real" o estado com *dois picos* que ocorre quando a partícula emerge no momento seguinte a ter passado por um par de fendas (Fig. 6.15). Na direção vertical, a forma da função de onda ψ estaria fortemente localizada em cada uma das fendas, sendo a soma[8] de uma função de onda ψ_t, que está localizada na fenda superior e ψ_b, localizada na fenda inferior:

$$\psi(x) = \psi_t(x) + \psi_b(x).$$

[8] A descrição quântica mais usual teria uma divisão dessa soma por um fator de normalização – aqui $\sqrt{2}$, resultando em $(\psi_t+\psi_b)/\sqrt{2}$ – mas aqui não há necessidade de complicarmos assim a descrição.

Se nós considerarmos ψ como representando a "realidade" do estado da partícula, então devemos aceitar que essa partícula "está" de fato em *dois* lugares ao mesmo tempo! Segundo esse ponto de vista, a partícula *realmente passou pelas duas fendas ao mesmo tempo*.

Lembre-se da objeção padrão à visão de que a "partícula passa pelas duas fendas ao mesmo tempo": se realizarmos uma medição *nas* fendas de maneira a determinar através de qual fenda a partícula passou, sempre encontraremos que *toda* a partícula está em uma fenda ou na outra. Porém, isso surge porque realizamos uma *medição de posição* na partícula, de modo que *agora* ψ meramente fornece uma distribuição de probabilidade $|\psi|^2$ para a posição da partícula de acordo com o procedimento do módulo ao quadrado, e de fato encontramos que ela está em um lugar ou no outro. Porém, existem outros diversos tipos de medição que *poderíamos* realizar nas fendas, *além* de medições de posição. Para isso deveríamos ter de saber a função de onda com dois picos ψ e não só $|\psi|^2$ para diferentes posições x. Essa medição poderia distinguir o estado de dois picos

$$\psi = \psi_t + \psi_b,$$

dado acima, de outros estados de dois picos, como

$$\psi_t - \psi_b$$

ou

$$\psi_t + i\psi_b.$$

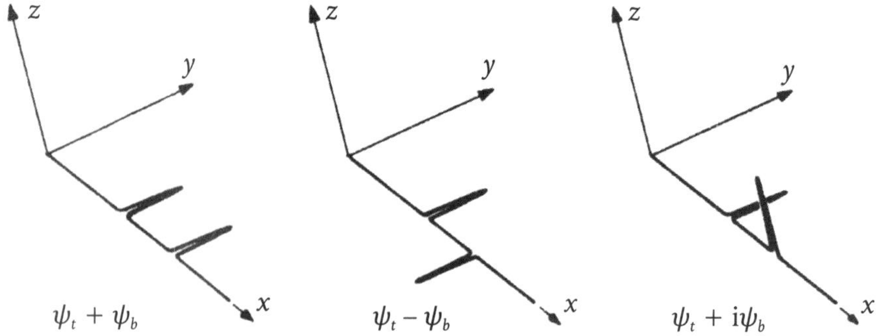

Fig. 6.16. Três maneiras diferentes pelas quais uma função de onda de um fóton pode ter dois picos.

(Veja a Fig. 6.16 para as curvas ψ de cada um dos diferentes casos.) Já que de fato pode haver diferentes medições que distingam essas várias possibilidades, todas elas devem ser *diferentes* estados possíveis "reais" nos quais o fóton pode existir!

As fendas não precisam estar próximas para o fóton passar através de "ambas ao mesmo tempo". Para ver que uma partícula quântica pode estar em "dois lugares ao mesmo tempo" não importa quão distantes esses lugares sejam considerados em uma montagem experimental um pouco diferente daquela do experimento de duas fendas. Como antes consideramos uma lâmpada emitindo luz monocromática, um fóton por vez; mas em vez de deixar a luz passar por um par de fendas, vamos refleti-la em um espelho semitransparente, inclinado de 45° com relação ao feixe de luz. (Um espelho semitransparente é um espelho que reflete exatamente metade da luz que o atinge, enquanto metade da luz é transmitida diretamente através do espelho.) Após seu encontro com o espelho, a função de onda do fóton se divide em duas, com uma parte sendo refletida e outra parte continuando na mesma direção inicial do fóton. A função de onda novamente tem dois picos, como no caso do fóton emergindo do par de fendas, mas agora os dois picos são muito mais amplamente separados, um pico descrevendo o fóton refletido e o outro pico, o fóton transmitido. (Veja a Fig. 6.17.) Além disso, à medida que o tempo avança, a separação entre os picos fica cada vez maior e aumenta sem limite. Imagine que as duas porções da função de onda escapem para o espaço sideral e esperemos durante um ano inteiro. Nessa situação, os dois picos da função de onda do fóton estarão separados por mais de um ano-luz. De algum modo, o fóton agora se encontra em dois lugares ao mesmo tempo, em que esses lugares estão separados um do outro por mais de um ano-luz de distância!

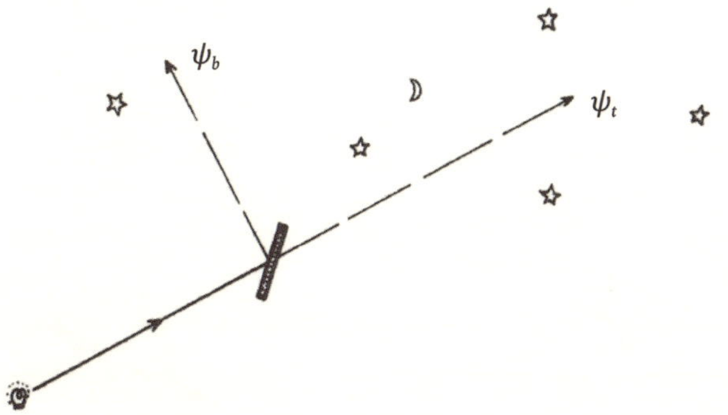

Fig. 6.17. Os dois picos de uma função de onda bimodal podem estar a anos-luz de distância um do outro. Isso pode ser feito com um espelho semitransparente.

Existe algum motivo para considerarmos seriamente esse quadro da realidade? Não podemos simplesmente considerar que o fóton tem 50% de probabilidade de estar em um lugar e 50% de probabilidade de estar no outro? Não, não podemos! Não importa por quanto tempo o fóton tenha viajado, sempre existe a possibilidade de que as duas partes do feixe de luz possam novamente ser refletidas de modo a encontrar uma à outra para termos efeitos de interferência que não poderiam resultar da ponderação probabilística das duas alternativas. Suponha que cada parte do feixe encontre um espelho totalmente refletivo, posicionado apropriadamente para que os feixes sejam novamente unidos, e no eventual ponto de encontro desses feixes tenhamos um espelho semitransparente, posicionado no mesmo ângulo que o espelho inicial. Duas fotocélulas então são alinhadas com os dois feixes (veja a Fig. 6.18). O que vemos? Se fosse meramente o caso de que teríamos 50% de probabilidade de o fóton seguir por uma rota e 50% de probabilidade de seguir a outra, então encontraríamos 50% de probabilidade de um dos detectores registrar o fóton e 50% de probabilidade do outro o detectar. No entanto, isso não é o que acontece. Se as duas rotas possíveis têm exatamente o mesmo comprimento, então ocorre que há uma probabilidade de 100% de o fóton chegar ao detector A, estando na direção do movimento inicial do fóton, e 0% de probabilidade de ele atingir o outro detector B – o fóton *certamente* atingirá o detector A! (Podemos ver isso utilizando a descrição em termos de saca-rolhas dada acima, assim como no caso do experimento da dupla fenda.)

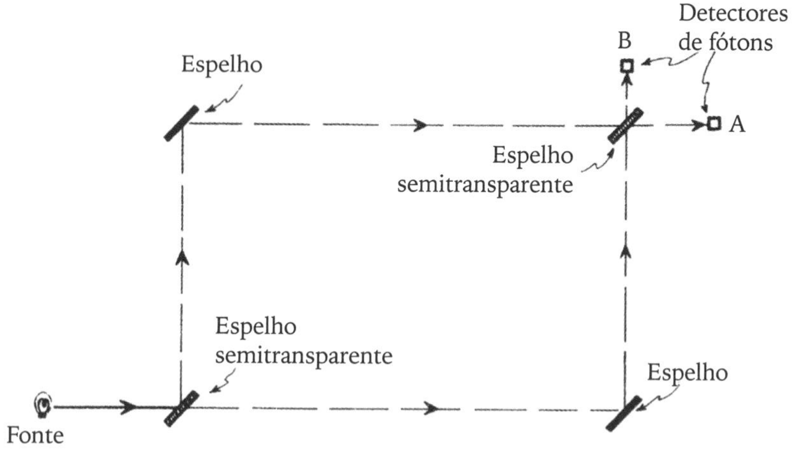

Fig. 6.18. Os dois picos de uma função de onda bimodal não podem ser vistos simplesmente como ponderações probabilísticas para o fóton estar em um lugar ou no outro. As duas rotas seguidas pelo fóton podem eventualmente interferir uma com a outra.

É evidente que tal experimento jamais foi realizado para caminhos de comprimentos da ordem de um ano-luz, mas o resultado que obtivemos não é geralmente colocado em dúvida de maneira séria (pelos físicos quânticos convencionais!). Experimentos desse mesmo tipo já foram feitos com caminhos de comprimento da ordem de muitos metros, e os resultados de fato estão em total acordo com as previsões da mecânica quântica (cf. Wheeler, 1983). O que isso nos diz sobre a *realidade* do estado de existência do fóton entre o seu primeiro e último encontro com os espelhos semitransparentes? Parece inescapável que o fóton deve, em algum sentido, ter realmente *seguido* por ambas as rotas ao mesmo tempo! Afinal, se uma placa absorvente fosse posicionada no caminho de qualquer uma das rotas, então se torna igualmente provável que A ou B seja alcançado; mas quando ambas as rotas estão abertas (e têm mesmo tamanho), então somente A pode ser alcançado. Bloquear uma das rotas na realidade *permite* que B seja alcançado! Com ambas as rotas abertas, o fóton de alguma maneira "sabe" que ele *não* pode chegar a B, de modo que ele deve interagir de alguma maneira com ambas as rotas.

O ponto de vista de Niels Bohr em que nenhum significado "objetivo" pode ser atribuído à existência do fóton entre os momentos de medição me parece ser uma visão muito pessimista com relação à realidade do estado do fóton. A mecânica quântica nos dá uma *função de onda* para descrever a "realidade" da posição do fóton e, entre ambos os espelhos semitransparentes, a função de onda do fóton é somente um estado bimodal, e a distância entre dois picos pode algumas vezes ser considerável.

Notemos também que somente "estando em dois lugares específicos ao mesmo tempo" não é uma descrição completa do estado do fóton: devemos ser capazes de distinguir o estado $\psi_t + \psi_b$ do estado $\psi_t - \psi_b$ (ou de $\psi_t + i\,\psi_b$), em que ψ_t e ψ_b agora se referem às posições do fóton em cada uma das duas rotas. É esse tipo de distinção que determina se, ao atingir o último espelho semitransparente, torna-se certo que o fóton atinja A ou atinja B (ou chegue a A ou a B com alguma probabilidade intermediária).

Essa característica enigmática da realidade quântica – isto é, que devemos considerar seriamente que uma partícula possa, de várias maneiras (diferentes!), "estar em dois lugares ao mesmo tempo" – surge do fato de que devemos poder adicionar estados quânticos utilizando ponderações complexas para obter outros estados quânticos. Esse tipo de superposição de estados é uma característica geral – e importante – da mecânica quântica conhecida como *superposição (ou sobreposição) linear quântica*. É ela que nos permite compor estados de momento a partir de estados de posição ou estados de posição a partir de estados de momento. Nesses casos, a superposição linear se aplica a uma sequência *infinita* de estados diferentes, i.e., para todos os estados de posição diferente ou todos os estados de momento diferentes. Porém, como vimos, a superposição quântica linear já é bastante enigmática quando aplicada somente a um *par* de estados. As regras são tais que para *quaisquer* dois estados, independentemente de quão distintos sejam, ambos podem existir em uma superposição linear complexa. De fato, qualquer objeto físico, composto ele próprio de partículas individuais, deveria ser capaz de existir em tais superposições de estados amplamente separados espacialmente, e assim "estar em dois lugares ao mesmo tempo"! O formalismo da mecânica quântica não faz distinção, nesse aspecto, entre partículas individuais e sistemas complicados de muitas partículas. Por que, então, não vemos corpos macroscópicos, como bolas de críquete ou pessoas, tendo duas localizações completamente diferentes ao mesmo tempo? Essa é uma questão profunda para a qual a teoria quântica atual não nos dá realmente uma resposta satisfatória. Para um objeto substancial como uma bola de críquete devemos considerar que o sistema está no "nível clássico" – ou, como é falado mais usualmente, uma "observação" ou "medição" terá sido feita na bola de críquete – e então as amplitudes de probabilidade complexas que ponderam nossa superposição linear deverão agora ter seus módulos ao quadrado e deverão ser tratadas como probabilidades descrevendo alternativas reais. No entanto, isso de fato levanta a questão controversa quanto à razão *por que* podemos mudar as regras quânticas de **U** para **R** desse modo. Voltarei a essa questão mais tarde.

O espaço de Hilbert

Lembre-se de que no Capítulo 5 o conceito de *espaço de fase* foi introduzido para descrevermos um sistema clássico. Um único ponto no espaço de fase seria utilizado para representar o estado (clássico) de um sistema físico todo. Na teoria quântica, o conceito análogo apropriado é chamado de *espaço de Hilbert*.[9] Um único ponto no espaço de Hilbert agora representa o estado *quântico* de um sistema inteiro. Precisaremos vislumbrar um pouco da estrutura matemática do espaço de Hilbert. Espero que o leitor não se assuste com

[9] David Hilbert, que encontramos nos capítulos anteriores, introduziu esse importante conceito – no caso de dimensão infinita – muito antes da descoberta da mecânica quântica e para um propósito matemático completamente diferente!

isso. Não existe nada matematicamente muito complexo no que vou expor, mesmo que algumas ideias possam não ser familiares.

A propriedade mais fundamental do espaço de Hilbert é que ele é o que é chamado de um *espaço vetorial* – de fato, um espaço vetorial *complexo*. Isso significa que nos é permitido *adicionar* dois elementos do espaço e obter outro elemento do espaço; também nos é permitido efetuar essas adições com uma ponderação complexa. Devemos ser capazes de fazer isso porque são essas operações de *superposição linear quântica* que consideramos, ou seja, as operações que nos dão $\psi_t + \psi_b$, $\psi_t - \psi_b$, $\psi_t + i\psi_b$ etc. para o fóton descrito anteriormente. Essencialmente, tudo que queremos dizer pelo uso do termo "espaço vetorial complexo" é que dessa maneira nos é permitido efetuar operações de adição ponderadas por números complexos.[10]

Será conveniente adotar a notação (essencialmente proposta por Dirac) segundo a qual os elementos do espaço de Hilbert – conhecidos como *vetores de estado* – são denotados por algum símbolo em um colchete anguloso, como $|\psi\rangle$, $|\chi\rangle$, $|\phi\rangle$, $|1\rangle$, $|2\rangle$, $|3\rangle$, $|n\rangle$, $|\uparrow\rangle$, $|\downarrow\rangle$, $|\rightarrow\rangle$, $|\nearrow\rangle$ etc. Assim, esses símbolos agora denotam estados quânticos. Para a operação de adição de dois desses estados escrevemos

$$|\psi\rangle + |\chi\rangle$$

e com ponderações complexas por números w e z:

$$w|\psi\rangle + z|\chi\rangle$$

(em que $w|\psi\rangle$ significa $w \times |\psi\rangle$ etc.). Assim, escrevemos as combinações acima $\psi_t + \psi_b$, $\psi_t - \psi_b$, $\psi_t + i\psi_b$ como $|\psi_t\rangle + |\psi_b\rangle$, $|\psi_t\rangle - |\psi_b\rangle$, $|\psi_t\rangle + i|\psi_b\rangle$, respectivamente. Podemos também simplesmente multiplicar um estado *único* por um número complexo w para obter:

$$w|\psi\rangle.$$

(Esse é de fato um caso particular do caso acima, com $z = 0$.)

10 Por questão de completude deveríamos especificar todas as leis algébricas necessárias, que, na notação (de Dirac) utilizada no texto, são:

$|\psi\rangle + |\chi\rangle = |\chi\rangle + |\psi\rangle$, $\quad |\psi\rangle + (|\chi\rangle + |\phi\rangle) = (|\psi\rangle + |\chi\rangle) + |\phi\rangle$,
$(z + w)|\psi\rangle = z|\psi\rangle + w|\psi\rangle$, $\quad z(|\psi\rangle + |\chi\rangle) = z|\psi\rangle + z|\chi\rangle$,
$z(w|\psi\rangle) = (zw)|\psi\rangle$, $\quad 1|\psi\rangle = |\psi\rangle$,
$|\psi\rangle + 0 = |\psi\rangle$, $\quad 0|\psi\rangle = 0$ e $z0 = 0$.

Lembre-se de que nos é permitido considerar combinações ponderadas por números complexos em que w e z não precisam ser de fato as amplitudes de probabilidade, mas somente meramente *proporcionais* a essas amplitudes. Assim, adotamos a regra segundo a qual podemos multiplicar um vetor de estado todo por um número complexo não nulo e o estado físico é inalterado. (Isso mudaria os valores w e z em si, mas a razão w:z permaneceria inalterada.) Cada um dos vetores

$$|\psi\rangle,\ 2|\psi\rangle,\ -|\psi\rangle,\ i|\psi\rangle,\ \sqrt{2}|\psi\rangle,\ \pi|\psi\rangle,\ (1-3i)|\psi\rangle\ etc.$$

Representa o *mesmo* estado físico – assim como qualquer $z|\psi\rangle$ com $z \neq 0$. O único elemento do espaço de Hilbert que *não* apresenta uma interpretação como um estado físico é o vetor *nulo* **0** (ou a *origem* do espaço de Hilbert).

De modo a visualizar um modelo geométrico a partir de tudo isso, consideremos primeiro o conceito mais usual de um vetor "real". Geralmente visualizamos esse vetor simplesmente como uma *seta* desenhada em um plano ou em um espaço tridimensional. A adição de duas dessas setas é obtida mediante o uso da regra do paralelogramo (veja a Fig. 6.19). A operação de multiplicar um vetor por um número (real), em termos dos desenhos das "setas", é obtida simplesmente multiplicando o comprimento da seta pelo número em questão, mas sem alterar a direção da seta. Se o número pelo qual multiplicamos a seta é negativo, então a direção da seta é invertida; ou se o número é zero, obtemos o vetor nulo **0**, que não tem direção (O vetor **0** é representado pela "seta nula" de comprimento zero.) Um exemplo de quantidade vetorial é a força atuando em uma partícula. Outros exemplos são as velocidades, acelerações e momentos clássicos. Também há os quadrivetores de energia-momento que consideramos no final do capítulo anterior. Esses eram vetores em *quatro* dimensões, em vez de vetores em duas ou três. No entanto, para um espaço de Hilbert precisamos de vetores em dimensões muito maiores (geralmente infinitas dimensões, de fato, mas essa não será uma consideração importante para nós aqui). Lembre-se de que as setas foram utilizadas para representar vetores no espaço de fase clássico – que certamente teria uma dimensionalidade muito alta. As "dimensões" em um espaço de fase não representam dimensões espaciais ordinárias e, da mesma maneira, as "dimensões" do espaço de Hilbert também não. Em vez disso, cada dimensão no espaço de Hilbert corresponde a um dos diferentes estados físicos independentes de um sistema quântico.

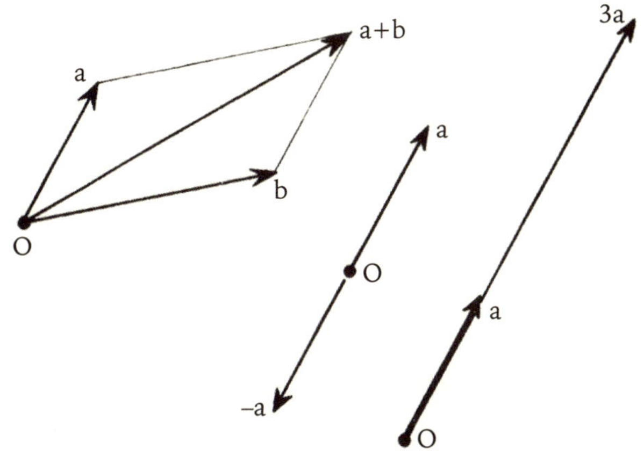

Fig. 6.19. Adição de vetores no espaço de Hilbert e multiplicação por escalares podem ser visualizadas da maneira usual, como as efetuamos com vetores no espaço ordinário.

Devido à equivalência entre $|\psi\rangle$ e $z|\psi\rangle$ um estado físico realmente corresponde a uma *linha inteira que passa pela origem* **0**, ou um *feixe*, no espaço de Hilbert (descrito por todos os múltiplos de algum vetor), não simplesmente a um vetor particular naquela linha. O feixe consiste em todos os múltiplos possíveis de um vetor de estado particular $|\psi\rangle$. (Tenha em mente que eles são múltiplos *complexos*, de modo que a linha é de fato uma linha *complexa*, mas é melhor não nos preocuparmos com isso por enquanto!) (Veja a Fig. 6.20.) Em breve encontraremos uma descrição elegante desse espaço de feixes para o caso de um espaço de Hilbert *bi*dimensional. No outro extremo está o caso em que o espaço de Hilbert tem dimensão infinita. Um espaço de Hilbert de dimensão infinita surge até mesmo na situação extremamente simples da localização de uma única partícula. Ali já existe uma dimensão inteira para cada possibilidade de localização que a partícula possa ter! Cada posição da partícula define um "eixo coordenado" todo no espaço de Hilbert, de modo que com infinitas posições diferentes independentes para a partículas temos infinitas direções independentes (ou "dimensões") no espaço de Hilbert. Os estados de momento serão representados no *mesmo* espaço de Hilbert. Os estados de momento podem ser expressos como combinações de estados de posição, de maneira que cada estado de momento corresponde a um eixo "diagonal", com um ângulo relativo aos eixos do espaço de posição. O conjunto de todos os estados de momento fornece um novo conjunto de eixos, e para passar dos eixos do estado de posição para os eixos do estado de momento consideramos uma *rotação* no espaço de Hilbert.

Não precisamos tentar visualizar isso de maneira precisa. Seria pedir muito! No entanto, certas ideias emprestadas da geometria euclidiana usual são muito úteis para nós. Em particular, os eixos que temos considerado (*tanto* de posição *quanto* de momento) devem ser todos pensados como *ortogonais* entre si, isto é, cada um deles formando um ângulo de noventa graus com o outro. "Ortogonalidade" entre feixes é um conceito importante para a mecânica quântica: feixes ortogonais referem-se a estados que são *independentes* uns

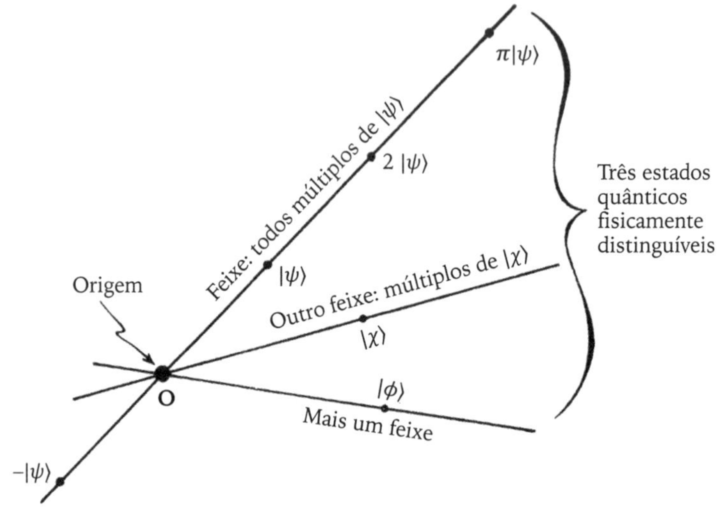

Fig. 6.20. Feixes inteiros no espaço de Hilbert representam estados físicos quânticos.

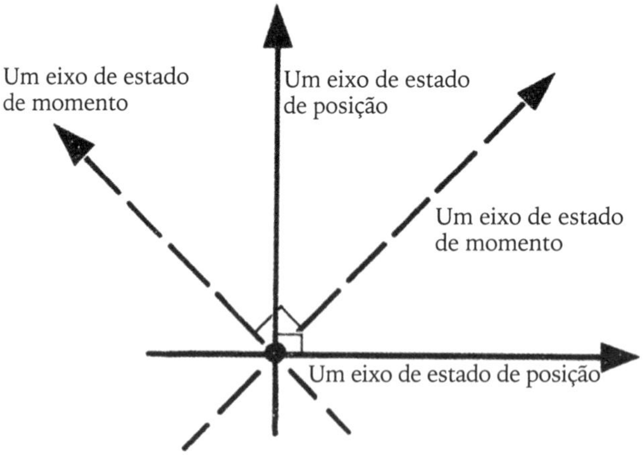

Fig. 6.21. Estados de posição e estados de momento fornecem diferentes escolhas de eixos ortogonais no espaço de Hilbert.

dos outros. Os diferentes estados de posição de uma partícula são todos ortogonais entre si, assim como são todos os diferentes estados de momento. Mas estados de posição não são ortogonais aos estados de momento. Essa situação está ilustrada, de maneira muito pictórica, na Fig. 6.21.

Medições

A regra geral **R** para uma *medição* (ou observação) necessita que os diferentes aspectos de um sistema quântico que podem ser simultaneamente amplificados para o nível clássico – e entre aqueles que o sistema deve então escolher – devam sempre ser *ortogonais*. Para uma medição *completa*, o conjunto selecionado de alternativas constitui um conjunto de vetores de *base* ortogonais, significando que qualquer vetor no espaço de Hilbert pode ser (unicamente) expresso como uma combinação linear em termos deles. Para uma medição de *posição* – em um sistema que consiste em uma única partícula – esses vetores de base definiriam os eixos de posição que consideramos agora há pouco. Para o *momento*, seria um conjunto diferente, definindo os eixos de momento e para um tipo diferente de medição completa ainda mais um conjunto. Após uma medição, o estado do sistema então *pula* para um dos eixos do conjunto determinado pela medição – sua escolha sendo governada simplesmente por probabilidades. Não existe uma lei dinâmica que nos diga qual dentre os eixos selecionados a natureza escolherá. Sua escolha é aleatória, os valores de probabilidade dessa escolha sendo os módulos ao quadrado das amplitudes de probabilidades.

Vamos supor que alguma medição completa é feita em um sistema cujo estado é $|\psi\rangle$ e vamos considerar que a base para a medição selecionada seja

$$|0\rangle, |1\rangle, |2\rangle, |3\rangle, \dots .$$

Já que esses vetores formam um conjunto completo, qualquer vetor de estado, em particular $|\psi\rangle$, pode ser expresso linearmente[11] em termos deles:

$$|\psi\rangle = z_0|0\rangle + z_1|1\rangle + z_2|2\rangle + z_3|3\rangle + \dots .$$

[11] Aqui temos de considerar que uma soma *infinita* de vetores também é permitida. A definição *completa* de um espaço de Hilbert (que é muito técnica para que eu entre em detalhes sobre ela aqui) envolve regras que tratam dessas somas infinitas.

Geometricamente, os componentes z_0, z_1, z_2,... medem o *tamanho das projeções ortogonais* do vetor $|\psi\rangle$ com relação aos vários eixos $|0\rangle$, $|1\rangle$, $|2\rangle$,... (veja a Fig. 6.22).

Gostaríamos de ser capazes de interpretar os números complexos z_0, z_1, z_2, ..., como as nossas amplitudes de probabilidades necessárias, já que o módulo ao quadrado destas fornecem as várias probabilidades de que, após a medição, o sistema seja encontrado em um dos respectivos estados $|0\rangle$, $|1\rangle$, $|2\rangle$,... No entanto, isso não funciona exatamente desse modo, pois não fixamos as "escalas" dos diferentes vetores de base $|0\rangle$, $|1\rangle$, $|2\rangle$,... Para isso, devemos especificar que eles são, em algum sentido, vetores *unitários* (i.e., vetores de "comprimento" um), e, assim, na terminologia matemática, eles formariam o que é chamada de uma base *ortonormal* (mutuamente *orto*gonal e *nor*malizada).[12] Se $|\psi\rangle$ também é normalizado para ser um vetor unitário, então as amplitudes necessárias serão de fato os componentes z_0, z_1, z_2,... de $|\psi\rangle$ e as probabilidades respectivas serão $|z_0|^2$, $|z_1|^2$, $|z_2|^2$,... . Se $|\psi\rangle$ também é normalizado para ser um vetor unitário, então as amplitudes necessárias serão de fato os componentes z_0, z_1, z_2,... de $|\psi\rangle$ e as probabilidades respectivas serão $|z_0|^2$, $|z_1|^2$, $|z_2|^2$,... . Se $|\psi\rangle$ não é um vetor unitário, então estes números serão *proporcionais* às amplitudes e às probabilidades necessárias, respectivamente. As amplitudes de fato serão

$$\frac{z_0}{|\psi|}, \frac{z_1}{|\psi|}, \frac{z_2}{|\psi|} \; etc.,$$

[12] Existe uma operação importante, conhecida como *produto escalar* (ou produto interno) de dois vetores, que pode ser utilizada para expressar os conceitos de "vetor unitário", "ortogonalidade" e "amplitude de probabilidade" de maneira muito simples. (Em termos da álgebra vetorial usual, o produto escalar é $ab \cos \theta$, em que a e b são os comprimentos dos vetores, e θ o ângulo entre suas direções.) O produto escalar entre vetores do espaço de Hilbert resulta em um número *complexo*. Para dois vetores de estado $|\psi\rangle$ e $|\chi\rangle$ escrevemos seu produto escalar como $\langle\psi|\chi\rangle$. Existem regras algébricas tais como $\langle\psi|(|\chi\rangle + |\varphi\rangle) = \langle\psi|\chi\rangle + \langle\psi|\varphi\rangle$, $\langle\psi(q|\chi\rangle) = q\langle\psi|\chi\rangle$ e $\langle\psi|\chi\rangle = \overline{\langle\chi|\psi\rangle}$, em que a barra denota a conjugação complexa. (O conjugado complexo de $z = x + iy$ é $\bar{z} = x- iy$, x e y sendo números reais; note que $|z|2 = z\bar{z}$.) A ortogonalidade entre $|\psi\rangle$ e $|\chi\rangle$ é expressa pela condição $\langle\psi|\chi\rangle = 0$. O comprimento ao quadrado de $|\psi\rangle$ é $|\psi|2 = \langle\psi|\psi\rangle$, de modo que a condição de que $|\psi\rangle$ seja normalizado como um vetor unitário é dada por $\langle\psi|\psi\rangle = 1$. Se um "ato de medição" faz com que o estado $|\psi\rangle$ salte para $|\chi\rangle$ ou para algo ortogonal a $|\chi\rangle$, então a amplitude para que ele salte para $|\chi\rangle$ é $\langle\chi|\psi\rangle$, assumindo que $|\psi\rangle$ e $|\chi\rangle$ sejam ambos normalizados. Sem a normalização, a probabilidade de saltar de $|\psi\rangle$ para $|\chi\rangle$ é dada por $\langle\chi|\psi\rangle\langle\psi|\chi\rangle/\langle\chi|\chi\rangle\langle\psi|\psi\rangle$. (Veja Dirac, 1947.)

E as probabilidades

$$\frac{|z_0|^2}{|\psi|^2}, \frac{|z_1|^2}{|\psi|^2}, \frac{|z_2|^2}{|\psi|^2}, etc.,$$

em que $|\psi|$ é o "comprimento" do vetor de estado $|\psi\rangle$. Esse "comprimento" é um número real positivo definido para cada vetor de estado (**0** tem comprimento zero) e $|\psi| = 1$ se $|\psi\rangle$ é um vetor unitário.

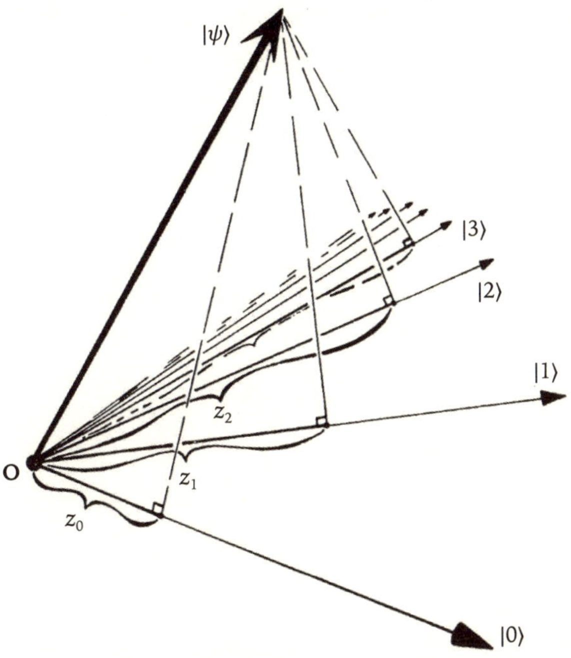

Fig. 6.22. Os comprimentos das projeções ortogonais do estado $|\psi\rangle$ nos eixos $|0\rangle$, $|1\rangle$, $|2\rangle$,... fornecem as amplitudes necessárias z_0, z_1, z_2,...

Uma medição completa é um tipo bastante idealizado de medição. Para uma medição completa da posição de uma partícula, por exemplo, precisaríamos ser capazes de localizá-la com uma precisão infinita em qualquer ponto do universo! Um tipo mais elementar de medição simplesmente faz uma pergunta com resposta do tipo *sim/não*, como: "a partícula está para a esquerda ou para a direita de alguma linha?" ou "o momento da partícula está em tal intervalo?", etc. Medições do tipo Sim/Não são realmente o tipo mais fundamental de medição. (Podemos, por exemplo, localizar uma partícula ou determinar o valor de seu momento tão bem quanto quisermos utilizando somente medições do tipo Sim/Não.) Vamos supor que o resultado de uma medição do tipo Sim/Não seja **SIM**. O vetor de estado deve então se encontrar na região **"SIM"** do espaço de Hilbert, que chamarei de **S**. Se, por outro lado, o resultado da medição é **NÃO**, o vetor de estado estará na região **"NÃO"**, **N**, do espaço de Hilbert. As regiões **S** e **N** são totalmente ortogonais entre si no sentido de que qualquer vetor que esteja na região **S** deve ser ortogonal a qualquer vetor que esteja na região **N** (e vice-versa). Além disso, qualquer vetor de estado $|\psi\rangle$ pode ser expresso (de forma unívoca) como uma soma de dois vetores, um da região **S** e outro da região **N**. Na terminologia matemática, dizemos que **S** e **N** são *complementos ortogonais* um do outro. Assim, $|\psi\rangle$ é expresso unicamente como

$$|\psi\rangle = |\psi_S\rangle + |\psi_N\rangle,$$

em que $|\psi_S\rangle$ pertence a **S** e $|\psi_N\rangle$ pertence a **N**. Aqui, $|\psi_S\rangle$ é a *projeção ortogonal* do estado $|\psi\rangle$ em **S** e $|\psi_N\rangle$, similarmente, é a projeção ortogonal de $|\psi\rangle$ em **N** (veja a Fig. 6.23).

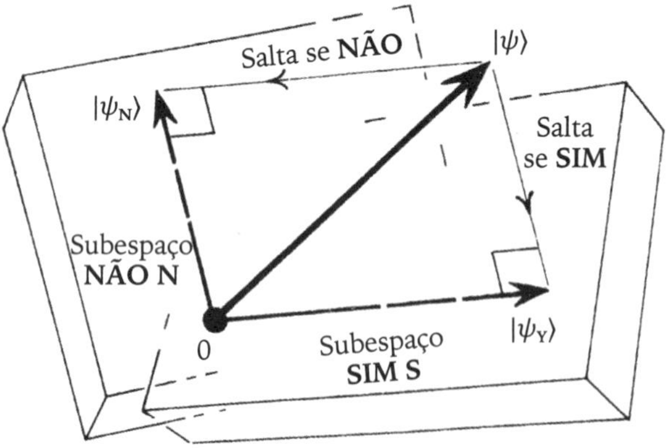

Fig. 6.23. Redução do vetor de estado. Uma medição do tipo Sim/Não pode ser descrita em termos de um par de subespaços **S** e **N** que são complementos ortogonais entre si. Ao realizarmos uma medição, o estado $|\psi\rangle$ salta para sua projeção em um ou outro desses subespaços, com probabilidades dadas pelo fator pelo qual o comprimento ao quadrado do vetor de estado diminui na projeção.

Ao realizarmos uma medição, o estado $|\psi\rangle$ *salta* – e se torna (proporcional) tanto a $|\psi_S\rangle$ quanto a $|\psi_N\rangle$. Se o resultado é **SIM**, então ele salta para $|\psi_S\rangle$, e se o resultado for **NÃO**, ele salta para $|\psi_N\rangle$. Se $|\psi\rangle$ é normalizado, então as respectivas probabilidades para essas ocorrências são os *comprimentos ao quadrado*

$$|\psi_S|^2, \; |\psi_N|^2$$

dos estados projetados. Se $|\psi\rangle$ não é normalizado, devemos dividir cada uma dessas expressões por $|\psi|^2$. (O "teorema pitagórico", $|\psi|^2 = |\psi_S|^2 + |\psi_N|^2$ afirma que essas probabilidades devem somar um, como deveriam mesmo!) Note que a probabilidade de que $|\psi\rangle$ salte para $|\psi_S\rangle$ é dada pela razão na qual seu comprimento é reduzido devido a essa projeção.

Devemos ressaltar um último ponto com relação a esses "atos de mensuração" que podem ser realizados sobre um sistema quântico. É uma consequência das hipóteses da teoria que para *qualquer estado que seja* – digamos o estado $|\chi\rangle$ – existe uma medição do tipo Sim/Não[13] que pode *em princípio* ser realizada para a qual a resposta **SIM**, se o estado medido é (proporcional a) $|\chi\rangle$, e **NÃO**, se ele é ortogonal a $|\chi\rangle$. Assim, a região **S** acima poderia consistir em todos os múltiplos de qualquer estado escolhido $|\chi\rangle$. Isso parece ter uma forte consequência ao nos dizer que os vetores de estado devem ser *objetivamente reais*. Seja qual for o estado físico no qual o sistema esteja – e vamos chamar esse estado de $|\chi\rangle$ – existe uma medição que pode em princípio ser feita para a qual $|\chi\rangle$ é o *único* estado (a menos de uma constante de proporcionalidade) para o qual a medição com *certeza* dá o resultado **SIM**. Para alguns estados $|\chi\rangle$, essa medição pode ser extremamente difícil de ser realizada na prática – mas, segundo a teoria, poderia ser feita *em princípio*. Esse fato terá algumas consequências surpreendentes para nós no final deste capítulo.

Spin e a esfera de Riemann dos estados

A quantidade conhecida na mecânica quântica como "*spin*" é vista algumas vezes como a quantidade mais "quantum-mecânica" das quantidades físicas, então será útil para nós focarmos nela. O que *é* o *spin*? Essencialmente é uma medida de rotação de uma partícula. O termo "spin" (giro) de fato

---

[13] Para aqueles familiares com o formalismo quantum-mecânico de operadores, essa medição é definida (na notação de Dirac) pelo operador hermitiano limitado $|\chi\rangle\langle\chi|$. O autovalor 1 (para $|\chi\rangle$ normalizado) significa SIM, e o autovalor 0 significa NÃO. (Os vetores $\langle\chi|, \langle\psi|$ etc. pertencem ao espaço *dual* do espaço de Hilbert original.) Veja Von Neumann (1955), Dirac (1947).

sugere algo como o giro de uma bola de críquete ou de *baseball*. Lembrem-se do conceito de *momento angular* que, como a energia e o momento, é *conservado* (veja o Capítulo 5, p.240, e também p.320). O momento angular de um corpo se preserva no tempo, contanto que o corpo não seja perturbado por forças de atrito ou outros tipos de força. Isso, de fato, é o que o *spin* quantum-mecânico é, mas agora é a "rotação" de uma *única* partícula que nos interessa, não o movimento orbital de uma variedade de partículas individuais com relação ao seu centro de massa (que seria o caso da bola de críquete). É um fato físico notável que a maioria das partículas encontradas na natureza de fato tenha um "spin" nesse sentido, cada uma com uma quantidade própria bastante específica.[14] No entanto, como veremos, o *spin* de uma única partícula quantum-mecânica tem algumas propriedades bastante particulares que não são o que esperaríamos com base em nossa experiência com bolas de críquete girando e fenômenos similares.

Em primeiro lugar, a *quantidade* de *spin* de uma partícula é sempre a *mesma* para um determinado tipo de partícula. É somente a direção do eixo daquele spin que pode variar (de uma maneira muito estranha, que veremos em breve). Isso está em patente contraste com uma bola de críquete que pode girar tendo uma quantidade de *spin* qualquer, dependendo de como ela foi lançada. Para um elétron, próton ou nêutron, a quantidade de *spin* é sempre $\hbar/2$, que é somente *metade* da menor quantidade positiva que Bohr havia permitido originalmente para o momento angular quantizado dos átomos. (Lembre-se de que esses valores eram 0, $\hbar$, $2\hbar$, $3\hbar$,...) Aqui exigimos somente metade da unidade básica $\hbar$ – e, em certo sentido, $\hbar/2$ é ela própria a unidade básica mais fundamental. Essa quantidade de momento angular não seria permitida para um objeto composto somente de um certo número de partículas orbitando, as quais não girariam em si; ele pode surgir somente pelo fato de que o *spin* é uma propriedade *intrínseca* da própria partícula (i.e., não surge do movimento orbital de suas "partes" ao redor de algum centro).

Uma partícula cujo *spin* seja um múltiplo *ímpar* de $\hbar/2$ (i.e., $\frac{\hbar}{2}, \frac{3\hbar}{2}, \frac{5\hbar}{2}$ *etc*.) é chamada de *férmion* e exibe uma característica curiosa da descrição

[14] Em minhas descrições anteriores de um sistema quântico consistindo em somente uma partícula fiz uma simplificação ignorando o *spin* e supondo que o estado pode ser descrito somente em termos de sua posição. *Existem* certas partículas – chamadas de partículas *escalares*, como as partículas nucleares conhecidas como *píons* (mésons π, cf. p.306), ou certos átomos – para as quais o valor do *spin* de fato é zero. Para essas partículas (e só para essas), as descrições acima em termos da posição de fato serão somente suficientes.

quantum-mecânica: uma rotação completa de 360° faz com que seu vetor de estado não retorne para o valor inicial, mas para o *oposto* desse valor! Muitas partículas da natureza são de fato férmions, e mais tarde veremos mais sobre eles e suas propriedades estranhas – tão vitais para nossa existência. As partículas remanescentes, para as quais o spin é um múltiplo *par* de $\hbar/2$, i.e., um múltiplo inteiro de $\hbar$ (isto é, $0, \hbar, 2\hbar, 3\hbar, \ldots$) são chamadas de *bósons*. Sob uma rotação de 360° o vetor de estado de um bóson retorna *para si mesmo*, não para seu oposto.

Considere uma partícula de *spin meio*, i.e., cujo valor do *spin* seja $\hbar/2$. Por questão de clareza vou me referir à partícula como um elétron, mas um próton ou um nêutron serviriam igualmente bem, ou até mesmo um tipo apropriado de átomo. (Uma "partícula" pode apresentar partes individuais, contanto que ela possa ser tratada em sua totalidade de forma quantum- mecânica, com um momento angular bem definido.) Consideramos que o elétron esteja em repouso, e levamos em conta somente seu estado de *spin*. O espaço de estados quantum- mecânicos (espaço de Hilbert) agora é *bi*dimensional, de modo que podemos considerar uma base de somente *dois* estados. Estes chamarei de $|\uparrow\rangle$ e $|\downarrow\rangle$, indicando que, para $|\uparrow\rangle$, o *spin* gira no sentido *anti-horário* com relação à direção vertical apontando para cima (i.e., mão direita para cima), enquanto para $|\downarrow\rangle$ o spin rotaciona no sentido horário apontando para baixo (i.e., mão direita para baixo) (Fig. 6.24). Os estados $|\uparrow\rangle$ e $|\downarrow\rangle$ são ortogonais entre si, e podemos considerá-los normalizados ($|\uparrow|^2 = |\downarrow|^2 = 1$). Qualquer estado possível de *spin* para o elétron é uma superposição linear, digamos $w|\uparrow\rangle + z|\downarrow\rangle$ somente desses *dois* estados $|\uparrow\rangle$ e $|\downarrow\rangle$, isto é, dos estados de *spin para cima* e *para baixo*.

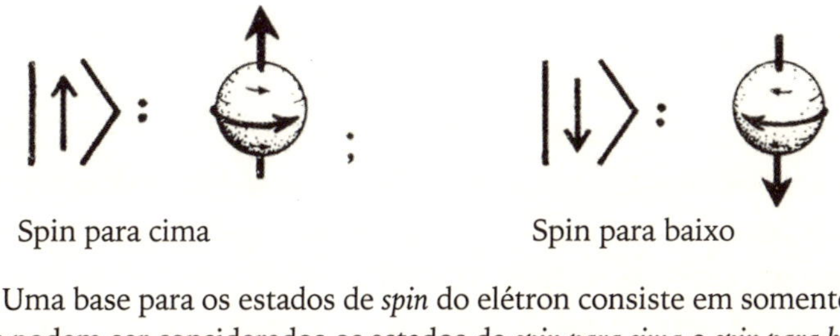

Fig. 6.24. Uma base para os estados de *spin* do elétron consiste em somente dois estados. Estes podem ser considerados os estados de *spin para cima* e *spin para baixo*.

Não existe nada de especial sobre as direções "para cima" e "para baixo". Poderíamos muito bem ter escolhido descrever o *spin* (rotacionando segundo a regra da mão direita) em qualquer direção, por exemplo, à *direita* $|\rightarrow\rangle$ em oposição à *esquerda* $|\leftarrow\rangle$. Assim (com uma escolha de ponderação complexa apropriada para $|\uparrow\rangle$ e $|\downarrow\rangle$), encontramos que[15]

$$|\rightarrow\rangle = |\uparrow\rangle + |\downarrow\rangle \text{ e } |\leftarrow\rangle = |\uparrow\rangle - |\downarrow\rangle.$$

Isso nos dá um novo ponto de vista: qualquer estado do spin do elétron é uma superposição linear dos dois estados ortogonais $|\rightarrow\rangle$ e $|\leftarrow\rangle$, isto é, *à direita* e *à esquerda*. Poderíamos escolher, em vez disso, alguma direção completamente arbitrária, dada, por exemplo, pelo vetor de estado $|\nearrow\rangle$. Isso novamente é alguma combinação complexa de $|\uparrow\rangle$ e $|\downarrow\rangle$, digamos

$$|\nearrow\rangle = w|\uparrow\rangle + z|\downarrow\rangle$$

e qualquer estado de *spin* será então uma combinação linear desse estado e do estado ortogonal $|\swarrow\rangle$, que aponta na direção oposta[16] a $|\nearrow\rangle$. (Note que o conceito de "ortogonal" em um espaço de Hilbert não corresponde ao conceito de "formando um ângulo reto" do espaço ordinário. Os vetores de estado ortogonais do espaço de Hilbert aqui correspondem a direções diametralmente opostas no espaço, em vez de direções em ângulo reto entre si.)

Qual é a relação geométrica entre a direção do espaço determinada por $|\nearrow\rangle$ e os dois números complexos w e z? Já que o estado físico dado por $|\nearrow\rangle$ não é afetado se multiplicarmos $|\nearrow\rangle$ por um número complexo não nulo, será sempre a *razão* de z com w que terá algum significado. Escrevemos

$$q = z/w$$

para essa razão. Então q pode ser qualquer número complexo, exceto pelo fato de que o valor "$q = \infty$" também é permitido, de modo a podermos englobar a situação na qual $w = 0$, i.e., quando a direção de *spin* for verticalmente para baixo. A menos que $q = \infty$, podemos representar q por um ponto no plano de Argand, exatamente como fizemos no Capítulo 3. Vamos imaginar que esse plano de Argand esteja situado horizontalmente no espaço, com a direção do eixo real sendo "à direita" na descrição acima (i.e., na direção do estado de *spin* $|\rightarrow\rangle$) Imagine uma esfera de raio unitário, cujo centro está na origem do plano de Argand, de modo que os pontos $1, i, -1, -i$ estejam todos no equador da esfera. Consideramos o ponto no polo sul, que chamaremos de ∞, e então

---

[15] Como em vários lugares anteriores preferi não sobrecarregar as descrições com fatores de que surgiriam, já que impusemos que $|\rightarrow\rangle$ e $|\leftarrow\rangle$ sejam normalizados.

[16] Considere $|\swarrow\rangle = \bar{z}|\uparrow\rangle\ \bar{w}|\downarrow\rangle$, em que $\bar{z}$ e $\bar{w}$ são os complexos conjugados de z e w. (Veja a nota 12 à p.356.)

projetamos a partir desse ponto de maneira que o plano de Argand inteiro é mapeado para a esfera. Assim, qualquer ponto q no plano de Argand corresponde univocamente a um ponto q na esfera, obtido ao traçarmos uma linha entre esse ponto e o ponto no polo sul da esfera (Fig. 6.25). Essa correspondência é chamada de *projeção estereográfica* e tem muitas propriedades geométricas bonitas (e.g., preserva ângulos e mapeia círculos para círculos). A projeção nos dá um rótulo dos pontos da esfera por números complexos junto com ∞, i.e., um rótulo pelo conjunto de razões complexas possíveis q. Uma esfera rotulada dessa maneira particular é chamada de *esfera de Riemann*. A importância da esfera de Riemann para os estados de *spin* de um elétron é que a direção de spin dada por $|\nearrow\rangle = w|\uparrow\rangle + z|\downarrow\rangle$ é dada pela direção real do centro até o ponto $q = z/w$, como marcado na esfera de Riemann. Notamos que o polo Norte corresponde ao estado $|\uparrow\rangle$, que é dado por $z = 0$, i.e., por $q = 0$, e o polo Sul a $|\downarrow\rangle$, dado por $w = 0$, i.e., por $q = \infty$. O ponto mais a direita é dado por $q = 1$, que resulta no estado $|\rightarrow\rangle = |\uparrow\rangle + |\downarrow\rangle$, e o ponto mais a esquerda, por $q = -1$, que resulta no estado $|\leftarrow\rangle = |\uparrow\rangle - |\downarrow\rangle$. O ponto mais distante na parte de trás da esfera é dado por $q = i$, correspondendo ao estado $|\uparrow\rangle + i|\downarrow\rangle$, em que o *spin* aponta diretamente para longe de nós, e o ponto mais próximo, $q = -i$, corresponde a $|\uparrow\rangle - i|\downarrow\rangle$, em que o *spin* está diretamente em nossa direção. O ponto arbitrário q corresponde ao estado $|\uparrow\rangle + q|\downarrow\rangle$.

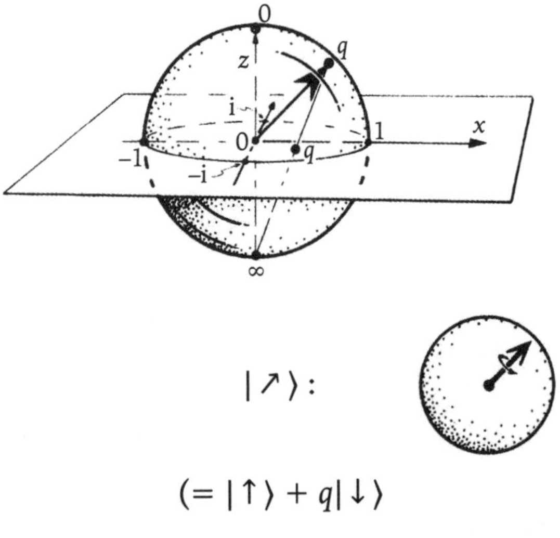

Fig. 6.25. A esfera de Riemann, aqui representada como o espaço de fases de *spin* fisicamente distintas de uma partícula de *spin* 1/2. A esfera é projetada estereograficamente de seu polo sul (∞) ao plano de Argand através de seu equador.

Como tudo isto se relaciona com às medições que podemos fazer sobre o *spin* do elétron?[17] Selecione alguma direção no espaço; vamos chamar essa direção de α. Se medirmos o *spin* do elétron naquela direção, a resposta **SIM** dirá que o elétron está (agora) de fato girando na direção α (girando segundo a regra da mão direita), enquanto **NÃO** dirá que ele está girando na direção oposta a α.

Suponha que a resposta seja **SIM**; então rotulamos o estado resultante como $|\alpha\rangle$. Se simplesmente repetirmos a medição, utilizando precisamente a mesma direção α que antes, então descobrimos que a resposta deve novamente ser **SIM**, com 100% de probabilidade. Porém, se mudarmos a direção para uma segunda medição, digamos, para uma nova direção β, então descobrimos que existe alguma probabilidade um pouco menor para a resposta **SIM**, o estado agora saltando para $|\beta\rangle$, e também há uma possibilidade de que a resposta para a segunda medição possa ser **NÃO**, o estado agora saltando para a direção oposta a β. Como calculamos essa probabilidade? A resposta está contida nas prescrições dadas ao final da seção anterior. A probabilidade de **SIM**, para a segunda medição, é

$$\frac{1}{2}(1 + \cos\theta),$$

em que θ é o ângulo entre as direções[18] α e β. A probabilidade de **NÃO** para a segunda medição é, analogamente,

$$\frac{1}{2}(1 - \cos\theta).$$

---

[17] Existe um aparato experimental padrão, conhecido como aparato de Stern-Gerlach, que pode ser utilizado para medir os *spins* de átomos. Os átomos são lançados em um feixe que passa por um campo magnético inomogêneo, e a direção da inomogeneidade do campo nos dá a direção de medição do *spin*. O feixe se divide em dois (para um átomo de *spin* meio, ou em mais de dois feixes para *spins* mais altos), um dos feixes dando átomos para os quais a resposta à medição de *spin* é SIM, e o outro para o qual a resposta é NÃO. Infelizmente existem razões técnicas, irrelevantes para nossos propósitos, pelas quais esse aparato não pode ser utilizado como uma medição do *spin* do elétron, e um procedimento mais indireto deve ser utilizado. (Veja Mott; Massey, 1965.) Por essa e outras razões prefiro não ser muito específico quanto ao modo como o *spin* do nosso elétron de fato será mensurado.

[18] O leitor intrépido pode querer verificar a geometria dada no texto. A maneira mais fácil de fazer isso é orientar nossa esfera de Riemann de modo que a direção seja "para cima", e a direção esteja no plano originado por "para cima" e "à direita", i.e., dado por na esfera de Riemann, e então usarmos a prescrição que $\langle\chi|\psi\rangle\langle\psi|\chi\rangle/\langle\chi|\chi\rangle\langle\psi|\psi\rangle$ é a probabilidade do salto de $|\psi\rangle$ para $|\chi\rangle$. Veja a nota 12 à p.356.

Podemos ver com base nisso que, se a segunda medição for feita em um ângulo reto em relação à primeira, então a probabilidade é 50% seja para uma resposta ou seja para a outra (cos 90° = 0): o resultado da segunda medição é completamente aleatório! Se o ângulo entre as duas medições for um ângulo agudo, então a resposta **SIM** é mais provável que a resposta **NÃO**. Se for obtuso, então **NÃO** é mais provável que **SIM**. No caso extremo que β seja oposto a α, as probabilidades se tornam 0% para **SIM** e 100% para **NÃO**; i.e., o resultado da segunda medição é com certeza o inverso da primeira. (Veja Feynman et al., 1965 para mais informações sobre o *spin*.)

A esfera de Riemann de fato exerce um papel fundamental (nem sempre reconhecido) a desempenhar em *qualquer* sistema quântico de dois níveis, descrevendo todos os estados quânticos possíveis (a menos de uma proporcionalidade). Para uma partícula de *spin* meio, seu papel geométrico é particularmente aparente, já que os pontos da esfera correspondem às direções espaciais possíveis para o eixo do *spin*. Em muitas outras situações é mais difícil ver o papel da esfera de Riemann. Considere um fóton que acabou de passar por um par de fendas ou que tenha acabado de ser refletido de um espelho semitransparente. O estado do fóton é alguma combinação linear tal como $|\psi_t\rangle + |\psi_b\rangle$, $|\psi_t\rangle - |\psi_b\rangle$ ou $|\psi_t\rangle + i|\psi_b\rangle$, dos dois estados $|\psi_t\rangle$ e $|\psi_b\rangle$ descrevendo duas localizações bastante distintas. A esfera de Riemann ainda descreve todos os estados distintos e possíveis, mas agora somente de forma *abstrata*. O estado $|\psi_t\rangle$ representado pelo polo Norte da esfera ("topo") e $|\psi_b\rangle$ pelo polo Sul ("base"). Então $|\psi_t\rangle + |\psi_b\rangle$, $|\psi_t\rangle - |\psi_b\rangle$ e $|\psi_t\rangle + i|\psi_b\rangle$ são representados por diversos pontos ao redor do equador e, em geral, $w|\psi_t\rangle + z|\psi_b\rangle$ é representado pelo ponto $q = z/w$. Em muitos casos, tais como esse, o "valor da esfera de Riemann" em revelar os estados possíveis é bastante obscuro, sem relação evidente com a geometria espacial.

A objetividade e a mensurabilidade dos estados quânticos

Apesar do fato de que normalmente nos são dadas probabilidades para o resultado de um experimento, parece haver algo *objetivo* sobre o estado quantum-mecânico. É geralmente afirmado que o vetor de estado é meramente uma descrição conveniente do "nosso conhecimento" com relação a um sistema físico – ou, talvez, que o vetor de estado não descreva realmente um único sistema, mas meramente forneça a informação de probabilidades sobre um "conjunto" de um grande número de sistemas preparados de modo similar. Esses sentimentos me parecem bastante tímidos com relação ao que a mecânica quântica tem a dizer sobre o *real estado* do mundo físico.

Um pouco dessa timidez, ou dúvida, com relação à "realidade física" dos vetores de estado parece surgir do fato de que o que é fisicamente mensurável é estritamente limitado, segundo a teoria. Vamos considerar um estado de *spin* de um elétron, como descrito acima. Suponha que o estado de *spin* seja $|\alpha\rangle$, mas não sabemos isso; isto é, não sabemos a *direção* α na qual o *spin* do elétron está direcionado. Podemos determinar essa direção por uma medição? Não, não podemos. O melhor que podemos fazer é extrair "um bit" de informação – isto é, a resposta para uma única questão com resposta do tipo Sim/Não. Podemos selecionar alguma direção β no espaço e mensurar o *spin* do elétron naquela direção. Vamos obter ou uma resposta **SIM** ou **NÃO**, mas depois perdemos a informação sobre qual era o estado original do *spin*. Com uma resposta **SIM** sabemos que o estado *agora* é proporcional a $|\beta\rangle$, e com uma resposta **NÃO** sabemos que o estado está *agora* em uma direção oposta a β. Em nenhum dos casos isso nos fala algo sobre a direção α *antes* da medição, mas meramente nos dá alguma informação probabilística sobre α.

Por outro lado, parece que há algo completamente *objetivo* sobre a direção α em si, na qual o elétron "estava alinhado" antes da medição ter sido feita.[19] Afinal, nós *poderíamos* ter escolhido mensurar o *spin* do elétron na direção α – e o elétron deve estar preparado para responder com **SIM**, com *certeza*, se acontecesse de termos acertado a direção! De algum modo, a "informação" que o elétron de fato deve dar está guardada no estado de *spin* do elétron.

Parece para mim que devemos fazer uma distinção entre o que é "objetivo" e o que é "mensurável" ao discutirmos a questão da realidade física, segundo a mecânica quântica. O vetor de estado do sistema é, de fato, *não mensurável*, no sentido de que não podemos afirmar, por experimentos feitos sobre o sistema, precisamente (a menos de uma constante de proporcionalidade) qual é o estado; mas o vetor de estado *parece* ser (novamente a menos de uma constante de proporcionalidade) uma propriedade completamente *objetiva* do sistema, sendo completamente caracterizado pelos resultados que deveriam aparecer para experimentos que *poderíamos* realizar. No caso de uma única partícula de *spin* meio, tal como um elétron, essa objetividade é razoável

[19] Essa objetividade é uma característica, ao considerarmos seriamente o formalismo padrão da mecânica quântica. Segundo um ponto de vista que não fosse o padrão, o sistema poderia, na realidade, "saber", antes do tempo, que resultado ele daria para *qualquer* medição. Isso poderia nos levar a um paradigma *diferente*, aparentemente objetivo, da realidade física.

pois ela meramente afirma que existe *alguma* direção na qual o *spin* do elétron está precisamente definido, mesmo que não saibamos qual é essa direção. (No entanto, veremos mais tarde que esse modelo "objetivo" é muito mais estranho com sistemas mais complexos – mesmo para um sistema que consista meramente de um *par* de partículas de *spin* meio.)

Porém, é necessário que o *spin* do elétron tenha *algum* estado definido antes de ser mensurado? Em muitos casos, ele *não* terá, pois não pode ser considerado ele próprio um sistema quântico; em vez disso, o estado quântico deve geralmente ser considerado descrevendo um elétron intrinsecamente emaranhado com um número grande de outras partículas. Em circunstâncias particulares, no entanto, o elétron (pelo menos com relação aos aspectos do *spin*) *pode* ser ele próprio assim considerado. Nessas circunstâncias, como quando o *spin* do elétron tenha sido medido previamente em alguma direção (talvez desconhecida) e então tenha sido deixado em paz por um tempo, o elétron *de fato* tem uma direção de *spin* perfeitamente e objetivamente definida, segundo a teoria quântica padrão.

Copiando um estado quântico

A objetividade, embora imensurabilidade, de um estado de *spin* do elétron ilustra outro ponto importante: *é impossível copiar um estado quântico e ao mesmo tempo deixar o estado original intacto*! Suponha que pudéssemos fazer essa cópia do estado do *spin* do elétron $|\alpha\rangle$. Se pudéssemos fazer isso uma vez, então poderíamos fazer quantas vezes quiséssemos. O sistema resultante teria um momento angular enorme em uma direção muito bem definida. Essa direção, α, poderia ser discernida com uma medição macroscópica. Isto violaria a *i*mensurabilidade fundamental do estado de *spin* $|\alpha\rangle$.

No entanto, *é* possível copiar um estado quântico, se estivermos preparados para destruir o estado original. Por exemplo, poderíamos ter um elétron em um estado de *spin* desconhecido $|\alpha\rangle$, e um nêutron, digamos, em outro estado de *spin* $|\gamma\rangle$. É bastante legítimo trocar estes dois, de modo que o estado de *spin* do nêutron agora é $|\alpha\rangle$, e o do elétron, $|\gamma\rangle$. O que não podemos fazer é *duplicar* $|\alpha\rangle$! (A menos que *já saibamos* qual estado $|\alpha\rangle$ realmente é)! (Cf. também Wootters; Zurek, 1982.)

Lembre-se da "máquina de teletransporte" discutida no Capítulo 1 (p.67). Sua existência depende de ser possível, em princípio, recompor uma cópia completa do corpo e do cérebro de uma pessoa em um planeta distante. É intrigante especular que a "noção existencial" de uma pessoa possa depender de algum aspecto de um estado quântico. Se for assim, a teoria quântica nos impediria de realizar uma cópia dessa "noção existencial" sem destruir o estado original – e, assim, o "paradoxo" do teletransporte poderia ser resolvido. A possível relevância de efeitos quânticos para o funcionamento cerebral será considerada nos dois últimos capítulos.

O *spin* do fóton

Vamos considerar em seguida o "*spin*" de um fóton e sua relação com a esfera de Riemann. Fótons *possuem spin*, mas, por eles sempre viajarem à velocidade da luz, não podemos considerar o *spin* com relação a um ponto fixo; em vez disso, o eixo do *spin* está sempre na direção do movimento. O *spin* do fóton é chamado de *polarização*, que é o fenômeno do qual os óculos de sol "polarizados" dependem. Considere duas peças de vidro polarizado, coloque uma contra a outra e olhe através delas. Você verá que, em geral, uma certa quantidade de luz é capaz de atravessar. Agora rode uma das peças, enquanto mantém a outra fixa. A quantidade de luz que passa vai variar. Em uma orientação na qual a quantidade transmitida é máxima, o segundo pedaço de vidro polarizado subtrai virtualmente nada da quantidade que passa; enquanto, para uma orientação escolhida com ângulos retos entre as duas peças, o segundo pedaço reduz a luz essencialmente a zero.

O que acontece é mais fácil entender em termos da interpretação de onda para a luz. Aqui precisamos da descrição de Maxwell dos campos elétricos e magnéticos oscilantes. Na Fig. 6.26, é ilustrada a luz *plano-polarizada*. O campo elétrico oscila para a frente e para trás em um plano – chamado de *plano de polarização* –, e o campo magnético oscila em conjunto, mas em um plano que é perpendicular àquele do campo elétrico. Cada peça de vidro polarizado deixa passar a luz cujo plano de polarização está alinhado com a sua estrutura. Quando a segunda peça de vidro polarizado tem sua estrutura apontando na mesma direção que a da primeira, então toda a luz que passa pela primeira também passará pela segunda. Porém, quando ambos têm suas estruturas orientadas segundo um ângulo de noventa graus entre si, a segunda peça de vidro bloqueia toda a luz que passa pela primeira. Se as duas peças de vidro estão orientadas segundo um ângulo φ entre elas, então a fração

$$\cos^2 \varphi$$

passa pelo segundo vidro polarizado.

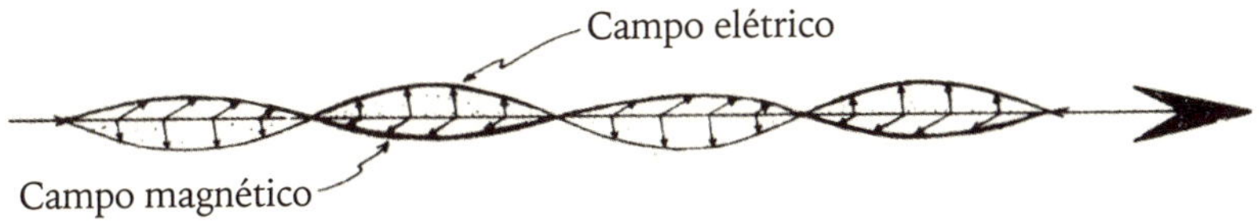

Fig. 6.26. Uma onda eletromagnética linearmente polarizada.

No modelo de partículas devemos pensar em *cada fóton individual* como se apresentasse uma polarização. O primeiro vidro atua como um medidor de polarização, dando a resposta **SIM**, se o fóton de fato está polarizado na direção apropriada, de maneira que o fóton consegue passar. Se o fóton está polarizado na direção ortogonal, então a resposta é **NÃO**, e o fóton é absorvido. (Aqui, "ortogonal" é usado no sentido do espaço de Hilbert e *de fato* corresponde a "em ângulo reto" no espaço real!) Assumindo que o fóton passe pelo primeiro vidro, então o segundo faz também o equivalente a uma medição, mas em alguma outra direção. O ângulo entre as duas direções sendo de φ, o resultado $\cos^2 \varphi$ é agora a *probabilidade* que o fóton passe pelo segundo vidro, dado que passou pelo primeiro.

Onde entra a esfera de Riemann? Para conseguirmos todos os possíveis estados de polarização precisamos considerar a polarização *circular* e a polarização *elíptica*. Para uma onda clássica, essas polarizações estão ilustradas na Fig. 6.27. Com a polarização circular o campo elétrico *gira*, em vez de oscilar, e o campo magnético, ainda em ângulo de noventa graus do campo elétrico, gira em conjunto. Para a polarização elíptica existe uma combinação de movimento rotacional e oscilatório, e o vetor que descreve o campo elétrico desenha uma *elipse* no espaço. Na descrição quântica, cada fóton *individual* pode estar polarizado dessas diversas maneiras alternativas – os estados de *spin do fóton*.

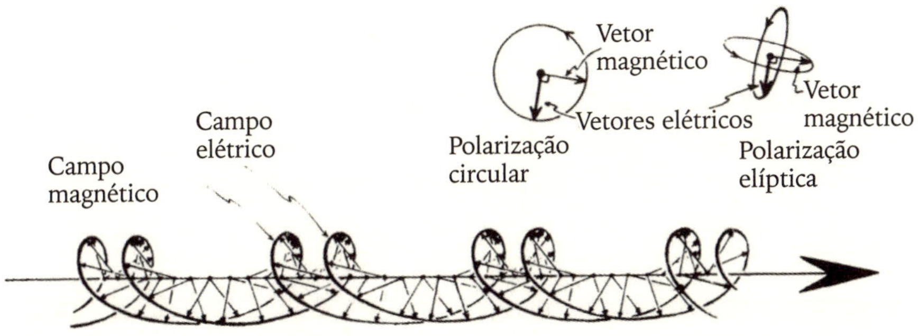

Fig. 6.27. Uma onda eletromagnética circularmente polarizada. (A polarização elíptica é intermediária entre as Figs. 6.26 e 6.27.)

Para entender como o conjunto de possibilidades novamente é composto pela esfera de Riemann imagine o fóton viajando verticalmente para cima. O polo norte agora representa o estado $|D\rangle$ de *spin* (com relação à mão direita), que significa que o vetor elétrico gira no sentido anti-horário com relação à vertical (como visto por cima) à medida que o fóton viaja. O polo sul representa o estado $|E\rangle$ de *spin* de mão *esquerda*. (Podemos pensar nos fótons como se girassem como projéteis de rifle, seja no sentido da mão direita ou da mão esquerda.) O estado de *spin* geral $|D\rangle + q|E\rangle$ é uma superposição linear completa dos dois e corresponde a um ponto, vamos chamá-lo de q, na esfera de Riemann. Para vermos a conexão entre q e a elipse de polarização primeiro tomamos a *raiz quadrada* de q para obter outro número complexo p:

$$p = \sqrt{q}.$$

Então marcamos p em vez de q na esfera de Riemann e consideramos o plano, pelo centro da esfera, que é perpendicular à linha que une o centro ao ponto marcado p. Esse plano intersecta a esfera em um círculo, e projetamos esse círculo verticalmente para baixo para obter a elipse de polarização (Fig. 6.28).[20] A esfera de Riemann de q ainda descreve a totalidade dos estados de polarização do fóton, mas a raiz p de q fornece sua noção espacial.

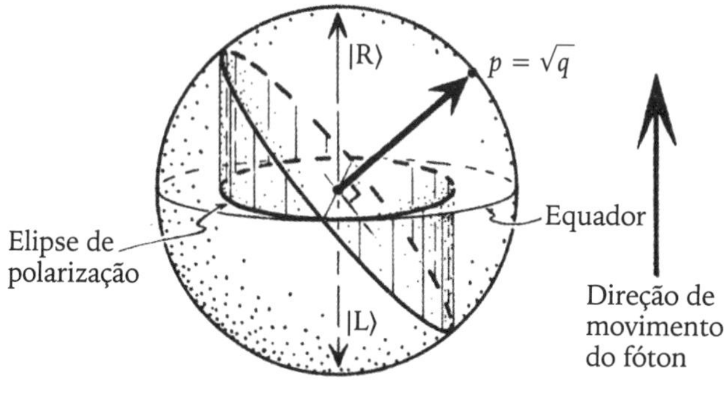

Fig. 6.28. A esfera de Riemann (mas agora de $\sqrt{q}$) também descreve os estados de polarização de um fóton. (O vetor que aponta para $\sqrt{q}$ é chamado de *vetor de Stokes*.)

---

[20] O número complexo $-p$ serviria tão bem quanto p, ao considerarmos a raiz quadrada de q, e resultaria na mesma elipse de polarização. A raiz tem relação com o fato de o fóton ser uma partícula sem massa de *spin um*, i.e., *duas* vezes a unidade fundamental $\hbar/2$. Para um gráviton – o *quantum* sem massa ainda não detectado da gravitação – o *spin* seria *dois*, i.e., *quatro* vezes a unidade fundamental, e precisaríamos tomar a raiz quarta de q na descrição acima.

Para calcular probabilidades podemos usar a mesma fórmula $\frac{1}{2}$ (1 + cos θ) que utilizamos para o elétron, contanto que a apliquemos para *q*, não para *p*. Considere a polarização *plana*. Medimos a polarização do fóton primeiro em uma direção e então em outra em um ângulo φ da primeira, essas duas direções correspondendo a dois valores de *p* no equador da esfera formando um ângulo φ a partir do centro. Em razão de os *p*s serem as raízes quadradas dos *q*s, o ângulo θ compreendido no centro pelos pontos *q* é *duas vezes* o ângulo compreendido pelos pontos *p*: $\theta = 2\varphi$. Assim, a probabilidade de **SIM** para a segunda medição, dada que a primeira foi **SIM** (i.e., que o fóton passe pelo segundo vidro polarizador, dado que ele passou pelo primeiro) é $\frac{1}{2}$ (1 + cos θ) que (por trigonometria simples) é equivalente a 2 $\cos^2 \varphi$, como afirmado acima.

Objetos de *spin* elevado

Para um sistema quântico em que o número de estados-base é maior do que dois, o espaço de estados fisicamente distinguíveis é mais complicado do que a esfera de Riemann. No entanto, no caso do *spin*, a *própria* esfera de Riemann sempre tem um papel geométrico direto a desempenhar. Considere uma partícula *massiva* ou átomo *massivo*, de *spin* $n \times \frac{\hbar}{2}$, em repouso. O *spin* então define um sistema quântico com $(n+1)$ estados. (Para uma partícula com *spin sem massa*, i.e., uma que viaja à velocidade da luz, como um fóton, o *spin* é sempre um sistema com apenas *dois* estados, como descrito acima. Porém, para uma partícula massiva, o número de estados aumenta com o *spin*.) Se escolhermos medir o *spin* em alguma direção, então encontramos que existem $n+1$ diferentes possíveis resultados, conforme quanto do *spin* esteja orientado naquela direção. Em termos da unidade fundamental $\hbar/2$, os resultados possíveis para os valores do *spin* naquela direção são n, $n-2$, $n-4$, ... , $2-n$ ou $-n$. Assim, para $n = 2$, os valores são 2, 0 ou –2; para $n = 3$, os valores são 3, 1, –1, ou –3; etc. Os valores *negativos* correspondem ao *spin* que aponta principalmente na direção *oposta* àquela que é medida. No caso de *spin* meio, i.e., $n = 1$, o valor 1 corresponde à resposta **SIM**, e o valor –1 corresponde à resposta **NÃO** em termos das descrições dadas anteriormente.

No entanto, acontece que *cada estado de spin* (a menos de uma constante de proporcionalidade) para *spin* $\hbar n/2$ é unicamente caracterizado por um *conjunto* (desordenado) *de n pontos na esfera de Riemann* – i.e. por *n* direções a partir do centro (usualmente distintas) (veja a Fig. 6.29) (Essas direções são caracterizadas pelas medições que poderíamos realizar sobre o sistema: se medirmos o *spin* em uma delas, então o resultado certamente não está na direção totalmente oposta a ela, i.e., resulta em um dos valores dentre n, $n-2$, $n-4$, ... , $2-n$, mas *não* $-n$). Não tentarei detalhar aqui as razões para que isso seja verdade, mas o leitor interessado pode consultar Majorana (1932) e Penrose (1987a). No caso particular $n = 1$, como o elétron acima, há *um* ponto na esfera de Riemann, e este é simplesmente o ponto chamado de q nas descrições acima. Porém, para valores maiores de *spin*, a representação é mais elaborada, como acabei de descrever – mesmo que, por alguma razão, ela não seja muito familiar aos físicos.

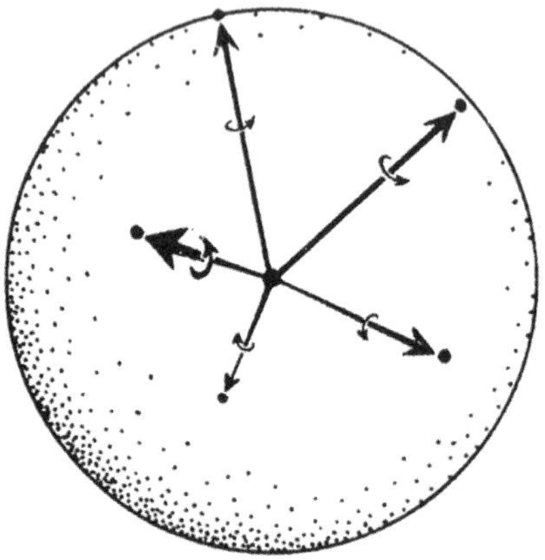

Fig. 6.29. Um estado geral de *spin* elevado, para uma partícula massiva, pode ser descrito como uma coleção de estados de *spin* 1/2 que apontam em direções arbitrárias.

Existe algo particularmente notável e enigmático sobre essa descrição. Frequentemente somos levados a crer que, em algum sentido de limite apropriado, as descrições quânticas dos átomos (ou partículas elementares ou moléculas) necessariamente passarão para as descrições newtonianas clássicas quando o sistema tornar-se grande e complicado. No entanto, da maneira como foi exposto aqui, *isso simplesmente não é verdade*. Afinal, como vimos, os estados de *spin* de um objeto de momento angular grande corresponderão a um grande número de pontos espalhados por toda a esfera de Riemann.[21] Podemos pensar no *spin* de um objeto como se fosse composto de muitos

[21] De maneira mais correta, o momento angular é descrito por uma combinação linear complexa desses arranjos com números distintos de pontos, já que podem existir diferentes valores totais de *spin* superpostos no caso de um sistema complexo. Isso apenas torna o quadro geral *ainda menos* parecido com o do momento angular clássico!

spins 1/2 que apontam em todas as diferentes direções determinadas por esses pontos. Somente uma quantidade muito pequena desses estados combinados – isto é, aquela na qual a maior parte dos pontos estão concentrados em uma pequena região da esfera (i.e., onde a maior parte dos *spins* meio apontam grosseiramente na mesma direção) – corresponderão aos estados de momento angular normalmente encontrados em objetos clássicos, como bolas de críquete. Poderíamos ter a expectativa de que, ao escolher um estado de *spin* para o qual a medida total do *spin* seja algum número muito grande (em termos de $\hbar/2$), no entanto "aleatório", então algo como um *spin* clássico poderia surgir. Porém, não é assim que as coisas realmente funcionam. Em geral, estados quânticos de spin de grande spin total não são em nada parecidos com estados clássicos!

Como, então, a correspondência com o momento angular da física clássica deve ser feita? Mesmo que a maior parte dos estados quânticos de *spin* elevado realmente *não* se pareçam com estados clássicos, eles são combinações lineares de estados (ortogonais) em que *cada* um deles *de fato* se parece com um estado clássico. De algum modo, uma "medição" é realizada no sistema, e o estado "pula" (com alguma probabilidade) para um ou outro desses estados clássicos. A situação é similar a outras propriedades classicamente mensuráveis de um sistema, não só o momento angular. É esse aspecto da mecânica quântica que está em jogo sempre que um sistema alcança "o nível clássico". Terei mais a falar sobre isso mais tarde, mas antes que possamos discutir esses estados quânticos "grandes" ou "complicados", teremos de criar alguma intuição quanto à estranha maneira como a mecânica quântica de fato trata de sistemas que envolvem mais de uma partícula.

Sistemas de muitas partículas

As descrições quantum-mecânicas de estados de muitas partículas são, infelizmente, bastante complicadas. De fato, elas podem se tornar *extremamente* complicadas. Devemos pensar em termos da superposição de *todas* as diferentes localizações possíveis para todas as partículas separadamente! Isso nos dá um amplo espaço de estados possíveis – muito maior do que para um *campo* na teoria clássica. Vimos que, mesmo um estado quântico para uma *única* partícula, isto é, a função de onda, apresenta o tipo de complicação que um campo clássico todo tem. Esse modelo (necessitando de um número *infinito* de parâmetros para especificá-lo) já é bastante mais complexo que o modelo clássico de uma partícula (para a qual só precisamos de alguns números para especificar seu estado – seis, se ela não apresentar graus de liberdade internos como o *spin*; cf. Capítulo 5, p.253). Isso pode parecer ruim o bastante, mas poderíamos pensar que para descrever o estado quântico de duas partículas *dois* "campos" seriam necessários, cada um deles descrevendo o estado de uma das partículas. Não é bem assim! Com duas ou mais partículas, a descrição do estado é muito mais complexa que isso, como veremos.

O estado quântico de uma *única* partícula (sem *spin*) é definido por um número complexo (uma amplitude) para cada posição possível que essa partícula poderia ocupar. A partícula tem uma amplitude para estar no ponto A, uma para estar no ponto B, uma para estar no ponto C etc. Agora pense em *duas* partículas. A primeira partícula poderia estar em A, e a segunda em B, por exemplo. Haveria agora uma amplitude para essa possibilidade. Alternativamente, a primeira partícula poderia estar em B, e a segunda em A, e também precisaríamos de uma amplitude; ou então a primeira poderia estar em B, e a segunda em C; ou talvez ambas as partículas estivessem em A. Cada uma dessas alternativas necessitaria de uma amplitude. Assim, a função de onda não é somente um par de funções de posição (i.e., um par de campos); ela é uma função de *duas* posições!

Para entendermos quão mais complexo é especificar uma função de duas posições do que especificar duas funções de uma posição, vamos imaginar a situação na qual somente exista um número finito de posições possíveis disponíveis. Suponha que existam somente dez posições permitidas, dadas pelos estados (ortonormais)

$$|0\rangle, |1\rangle, |2\rangle, |3\rangle, |4\rangle, |5\rangle, |6\rangle, |7\rangle, |8\rangle, |9\rangle.$$

O estado $|\psi\rangle$ de uma única partícula seria alguma combinação como

$$|\psi\rangle = z_0|0\rangle + z_1|1\rangle + z_2|2\rangle + z_3|3\rangle + \ldots + z_9|9\rangle,$$

em que os vários componentes $z_0, z_1, z_2, z_3, \ldots, z_9$ fornecem as respectivas amplitudes para que a partícula esteja em cada ponto correspondente. Dez números complexos são necessários para especificar o estado de uma partícula. Para o estado de *duas* partículas precisaríamos de uma amplitude para cada *par de posições*. Existem

$$10^2 = 100$$

pares diferentes (ordenados) de posições, de modo que precisaríamos de *uma centena* de números complexos! Se tivéssemos meramente dois estados de uma partícula (i.e., "duas funções de uma posição", em vez de "uma função de duas posições" como acima), precisaríamos meramente de *vinte* números complexos.

Podemos referenciar cada número desta centena de pares como

$$z_{00}, z_{01}, z_{02}, \ldots, z_{09}, z_{10}, z_{11}, z_{12}, \ldots, z_{20}, \ldots, z_{99}$$

Da mesma maneira, os vetores de base correspondentes (ortonormais) podem ser escritos como[22]

$$|0\rangle|0\rangle, |0\rangle|1\rangle, |0\rangle|2\rangle, \ldots, |0\rangle|9\rangle, |1\rangle|0\rangle, \ldots, |9\rangle|9\rangle.$$

Assim, o estado mais geral possível de duas partículas $|\psi\rangle$ teria a forma

$$|\psi\rangle = z_{00}|0\rangle|0\rangle + z_{01}|0\rangle|1\rangle + \ldots + z_{99}|9\rangle|9\rangle.$$

Essa notação "produto" para os estados tem o seguinte significado: se $|\alpha\rangle$ é um estado possível para a primeira partícula (não necessariamente um estado de posição) e se $|\beta\rangle$ é um estado possível para a segunda partícula, então o estado que afirma que o estado da primeira partícula é $|\alpha\rangle$ *e* o da segunda é $|\beta\rangle$ seria escrito como

$$|\alpha\rangle|\beta\rangle.$$

"Produtos" podem ser considerados para qualquer par de estados quânticos, não necessariamente estados de uma única partícula. Assim, sempre interpretamos o estado produto $|\alpha\rangle|\beta\rangle$ (não necessariamente estados de uma partícula) como descrevendo a conjunção:

"o primeiro sistema está no estado $|\alpha\rangle$ *e* o segundo sistema está no estado $|\beta\rangle$"

---

22 Matematicamente dizemos que o espaço dos estados de duas partículas é o produto tensorial dos estados da primeira partícula pelos da segunda. O estado $|\chi\rangle|\varphi\rangle$ é o produto tensorial do estado $|\chi\rangle$ com o estado $|\varphi\rangle$.

(Uma interpretação similar é válida para $|\alpha\rangle|\beta\rangle|\gamma\rangle$ etc.; veja abaixo.) No entanto, o estado *geral* de duas partículas não apresenta a forma de "produto". Por exemplo, ele poderia ser

$$|\alpha\rangle|\beta\rangle + |\rho\rangle|\sigma\rangle,$$

onde $|\rho\rangle$ é outro estado possível para o primeiro sistema, e $|\sigma\rangle$ é outro estado possível para o segundo. Esse estado é uma *superposição linear*; isto é, a primeira conjunção ($|\alpha\rangle$ *e* $|\beta\rangle$) *mais* a segunda conjunção ($|\rho\rangle$ *e* $|\sigma\rangle$), e ele não pode ser expresso por um produto simples (i.e., como a conjunção de dois estados). O estado $|\alpha\rangle|\beta\rangle - i|\rho\rangle|\sigma\rangle$, para considerarmos outro exemplo, descreveria uma superposição linear diferente. Note que a mecânica quântica exige que uma distinção evidente seja feita entre o significado das palavras "e" e "mais". Existe uma tendência infeliz na fala comum – tal como nos avisos das seguradoras – de utilizar de forma incorreta a palavra "mais" no sentido de "e". Aqui precisamos tomar muito mais cuidado!

A situação com três partículas é muito similar. Para especificar um estado geral de três partículas, como no caso acima, em que somente dez posições alternativas estão disponíveis, agora precisamos de *um milhar* de números complexos! A base completa para estados de três partículas seria

$$|0\rangle|0\rangle|0\rangle,\ |0\rangle|0\rangle|1\rangle,\ |0\rangle|0\rangle|2\rangle,\ldots,\ |9\rangle|9\rangle|9\rangle.$$

Alguns estados de três partículas têm a forma

$$|\alpha\rangle|\beta\rangle|\gamma\rangle,$$

em que $|\alpha\rangle$, $|\beta\rangle$ e $|\gamma\rangle$ não precisam ser estados de posição, mas para o estado geral de três partículas teríamos de considerar uma superposição de diversos estados desse tipo mais simples de "produto". O padrão correspondente para quatro ou mais partículas já deve estar evidente.

A discussão até agora se aplica para o caso de partículas *distinguíveis*, no qual consideramos a "primeira partícula", a "segunda partícula" e a "terceira partícula" etc., todas de tipos *diferentes*. É uma característica notável da mecânica quântica, no entanto, que para partículas *idênticas* as regras sejam diferentes. De fato, as regras são tais que, em um sentido evidente, partículas de um tipo específico devem ser *precisamente* idênticas, não somente extremamente próximas de idênticas, por exemplo. Isso se aplica a todos os elétrons e se aplica a todos os fótons. Porém, ocorre que todos os elétrons são idênticos uns aos outros de um modo *diferente* daquele pelo qual todos os fótons são idênticos uns aos outros! A diferença está no fato de que elétrons são férmions, enquanto fótons são bósons. Esses dois tipos gerais de partículas devem ser tratados de maneira bastante diferente um do outro.

Antes de confundir completamente o leitor com essa inadequação verbal, deixe-me explicar como estados de férmions e bósons são de fato caracterizados. Estas são as regras: se $|\psi\rangle$ é um estado que envolve algum número de férmions de um tipo em particular, então, se quaisquer desses dois férmions forem trocados, $|\psi\rangle$ deve passar pela transformação

$$|\psi\rangle \rightarrow -|\psi\rangle.$$

Se $|\psi\rangle$ envolve um número de bósons de um tipo particular, se quaisquer desses dois bósons forem intercambiados, então $|\psi\rangle$ deve passar pela transformação

$$|\psi\rangle \rightarrow |\psi\rangle.$$

Uma consequência dessas regras é que *dois férmions não podem estar no mesmo estado*. Afinal, se estivessem, trocá-los não afetaria o estado total de maneira alguma, e teríamos $-|\psi\rangle = |\psi\rangle$, i.e., $|\psi\rangle = 0$, que não é um estado quântico permitido. Essa propriedade é conhecida como *princípio da exclusão de Pauli*,[23] e suas implicações para a estrutura da matéria são fundamentais. Todos os constituintes principais da matéria são de fato férmions: elétrons, prótons e nêutrons. Sem o princípio da exclusão, a matéria colapsaria toda sobre si mesma!

Vamos investigar nossas dez posições novamente e vamos supor agora que o estado consista em dois férmions idênticos. O estado $|0\rangle|0\rangle$ é excluído,

[23] Wolfgang Pauli, brilhante físico austríaco e figura importante no desenvolvimento da mecânica quântica, apresentou seu princípio da exclusão como uma hipótese em 1925. O tratamento completamente quantum-mecânico daquilo que hoje chamamos de "férmions" foi desenvolvido em 1926 pelo físico ítalo-estadunidense altamente influente e original Enrico Fermi e pelo notável Paul Dirac, que já encontramos diversas vezes antes. O comportamento estatístico dos férmions segue a "estatística de Fermi-Dirac", distinta da "estatística de Boltzmann" – a estatística clássica de partículas distinguíveis. A "estatística de Bose-Einstein" foi desenvolvida para o tratamento de fótons pelo notável físico indiano S. N. Bose e por Albert Einstein em 1924.

pelo princípio de Pauli (ele volta para si mesmo, em vez de voltar para seu negativo, ao trocarmos a primeira parte pela segunda). Além disso, $|0\rangle|1\rangle$ não serve do jeito que está, já que ele não vai para o seu negativo ao sofrer a troca; mas isso é facilmente consertado, se o substituirmos por

$$|0\rangle|1\rangle - |1\rangle|0\rangle.$$

(Um fator geral de $1/\sqrt{2}$ poderia ser incluído, se quiséssemos, para normalizar o estado.) Esse estado corretamente troca de sinal sob uma troca da primeira partícula com a segunda, mas agora não temos $|0\rangle|1\rangle$ e $|1\rangle|0\rangle$ como estados indepententes. No lugar destes *dois* estados agora só podemos considerar *um* estado! No total, existem

$$\frac{1}{2}(10 \times 9) = 45$$

estados desse tipo, um para cada par não ordenado dos estados distintos $|0\rangle$, $|1\rangle, \ldots, |9\rangle$. Assim, 45 números complexos são necessários para especificar esse sistema de dois férmions. Para três férmions precisamos de três posições distintas, e os estados de base se parecem com

$$|0\rangle|1\rangle|2\rangle + |1\rangle|2\rangle|0\rangle + |2\rangle|0\rangle|1\rangle - |0\rangle|2\rangle|1\rangle - |2\rangle|1\rangle|0\rangle - |1\rangle|0\rangle|2\rangle,$$

e há $(10 \times 9 \times 8)/6 = 120$ desses estados no total; precisamos então de 120 números complexos para especificar um estado de três férmions nesse sistema. A situação é similar para um número maior de férmions.

Para um par de bósons idênticos, os estados de base independentes são de dois tipos, estados como

$$|0\rangle|1\rangle + |1\rangle|0\rangle$$

e estados como

$$|0\rangle|0\rangle$$

(que agora são permitidos), nos dando $10 \times 11/2 = 55$ no total. Assim, 55 números complexos são necessários para nossos estados de dois bósons. Para estados de três bósons existem estados de base de três tipos diferentes e $(10 \times 11 \times 12)/6 = 220$ números complexos são necessários; e assim por diante.

É evidente que aqui considero uma situação simplificada, para conduzir as ideias mais importantes. Uma descrição mais realista necessitaria de um contínuo inteiro de estados de posição, mas as ideias seriam essencialmente as mesmas. Outra ligeira complicação ocorre na presença de *spin*. Para uma partícula de *spin* meio (necessariamente um férmion) existem dois estados possíveis para cada posição. Vamos indexá-los por "↑" (*spin* para cima) e "↓" (*spin* para baixo). Então para uma única partícula teríamos, em nossa situação simplificada, vinte estados base, em vez de dez:

$$|0\uparrow\rangle, |0\downarrow\rangle, |1\uparrow\rangle, |1\downarrow\rangle, |2\uparrow\rangle, |2\downarrow\rangle, \ldots |9\uparrow\rangle, |9\downarrow\rangle,$$

mas, fora isso, a discussão segue exatamente da mesma maneira que antes (de maneira que, para dois férmions, agora precisaríamos de $(20 \times 19)/2 = 190$ números; para três, $\frac{20\times 19\times 18}{6} = 1140$ etc.).

No Capítulo 1 mencionei o fato de que, segundo a teoria moderna, se uma partícula do corpo de uma pessoa fosse trocada com uma partícula similar de um dos tijolos de sua casa, então nada haveria acontecido. Se essa partícula fosse um bóson, então, como vimos, o estado $|\psi\rangle$ de fato seria completamente não afetado. Se essa partícula fosse um férmion, então o estado $|\psi\rangle$ seria substituído por $-|\psi\rangle$, que é fisicamente idêntico a $|\psi\rangle$. (Podemos arrumar essa mudança de sinal, se quisermos, simplesmente tomando o cuidado de rotacionar uma das duas partículas completamente por 360° quando a troca for feita. Lembre-se de que férmions mudam de sinal sob uma rotação deste, e bósons não são afetados!) A teoria moderna (como estava por volta de 1926) de fato nos diz algo profundo sobre a questão da identidade individual de partes da matéria física. Não podemos nos referir, de maneira estritamente correta, a "este elétron em particular" ou "àquele fóton individual". Afirmar que "o primeiro elétron está aqui, e o segundo ali" é afirmar que o estado tem a forma $|0\rangle|1\rangle$, que, como vimos, não é um estado permitido para um férmion! Podemos, no entanto, afirmar que "existe um par de elétrons, um que está aqui e outro que está ali". É legítimo nos referirmos ao conglomerado de todos os elétrons, de todos os prótons, de todos os fótons (mesmo que isso ignore as *interações* entre os tipos diferentes de partícula). Elétrons individuais fornecem uma aproximação para esse quadro mais global, assim como prótons individuais ou fótons individuais. Para a maior parte dos propósitos, essa aproximação funciona bem, mas existem diversas circunstâncias para as quais ela não funciona, exemplos contrários notáveis que incluem a supercondutividade, superfluidez e o comportamento de um *laser*.

O modelo do mundo físico que a mecânica quântica nos deu não é de modo algum aquele ao qual nos acostumamos por meio da física clássica. Porém, prepare-se – existem coisas mais estranhas no mundo quântico!

O "paradoxo" de Einstein, Podolsky e Rosen

Como foi mencionado no começo do capítulo, algumas das ideias de Albert Einstein foram bastante fundamentais para o desenvolvimento da teoria quântica. Lembre-se de que foi ele quem apresentou pela primeira vez o conceito de "fóton" – o quantum do campo eletromagnético – já em 1905, do qual se desenvolveu a ideia da dualidade onda-partícula. (O conceito de "bóson" também foi parcialmente dele, assim como muitas outras ideias, centrais para a teoria.) Mesmo assim, Einstein nunca pôde aceitar que a teoria desenvolvida com base nessas ideias pudesse ser qualquer coisa além de uma teoria provisória como descrição do mundo físico. Sua aversão aos aspectos probabilísticos da teoria é bem conhecida e está encapsulada em sua resposta a uma das cartas de Max Born de 1926 (citada em Pais, 1982, p.443):

> A mecânica quântica é bastante impressionante. Porém, uma voz interior me diz que ela ainda não é a teoria fundamental. A teoria produz muito, mas dificilmente ela faz com que estejamos mais próximos de entender os segredos do Criador. Estou convencido de todas as maneiras que *Ele* não joga dados.

No entanto, parece que, até mais do que a indeterminação física, o que mais preocupava Einstein era uma aparente *falta de objetividade* na maneira pela qual a teoria quântica tinha de ser descrita. Em minha exposição da teoria quântica fui extremamente cuidadoso de ressaltar que a descrição do mundo, como fornecida pela teoria, é realmente bastante objetiva, embora geralmente muito estranha e contraintuitiva. Por outro lado, Bohr parece ter visto os estados quânticos de um sistema (entre medições) como se não apresentasse realidade física verdadeira, atuando meramente como sumarização do "nosso conhecimento" sobre o sistema. Porém, não poderia ocorrer que diferentes observadores possuíssem diferentes conhecimentos sobre um sistema de modo que a função de onda teria de ser vista como algo essencialmente *subjetivo* – ou "que está toda na cabeça do físico"? Nosso modelo físico maravilhosamente preciso do mundo, desenvolvido ao longo de muitos séculos, não pode evaporar completamente; assim, Bohr precisou ver o mundo *no nível clássico* como se de fato apresentasse uma realidade objetiva. Mesmo assim, não haveria uma "realidade" aos estados do nível *quântico* que subjazem a tudo.

Tal modelo era um anátema para Einstein, que acreditava que de fato deveria haver um mundo físico objetivo, mesmo nas escalas minúsculas dos fenômenos quânticos. Em suas diversas discussões com Bohr, ele tentou (mas falhou nessa tentativa) mostrar que haveria contradições inerentes no modelo quântico e que deveria haver uma estrutura ainda mais profunda subjacente à teoria quântica, provavelmente mais similar aos paradigmas que a física clássica nos havia apresentado. Talvez por trás dos comportamentos probabilísticos dos sistemas quânticos haveria a ação estatística de ingredientes menores ou "partes" do sistema, sobre as quais não teríamos acesso direto. Os seguidores de Einstein, particularmente David Bohm, desenvolveram o ponto de vista de "variáveis ocultas", segundo o qual de fato haveria alguma realidade definitiva, mas os parâmetros que definem precisamente o sistema não seriam diretamente acessíveis para nós, de maneira que as probabilidades quânticas surgiriam porque os valores desses parâmetros seriam desconhecidos antes da medição.

Poderia tal teoria de variáveis ocultas ser consistente com todos os fatos observacionais da física quântica? A resposta parece ser sim, mas somente se a teoria for essencialmente *não local*, no sentido de os parâmetros escondidos serem capazes de afetar instantaneamente partes do sistema em regiões arbitrariamente distantes! *Isso* não teria agradado Einstein, particularmente devido às dificuldades com a relatividade especial que surgem. Falarei mais sobre elas depois. O modelo de variáveis ocultas mais bem-sucedido é conhecido como modelo de De Broglie-Bohm (de Broglie, 1956; Bohm, 1952). Não discutirei aqui esses modelos, já que meu propósito neste capítulo é somente dar um panorama da teoria quântica padrão, não das diversas propostas rivais dela. Se desejamos objetividade física, mas estivermos preparados para deixar o determinismo, então a teoria quântica padrão em si serve. Simplesmente consideramos que o vetor de estado fornece a "realidade" – geralmente evoluindo segundo um procedimento suave determinístico **U**, mas uma vez ou outra "saltando" estranhamente segundo **R**, sempre que um efeito for amplificado para o nível clássico. No entanto, o problema da não localidade e as dificuldades aparentes com a relatividade especial permanecem. Vejamos algumas delas.

Suponha que um sistema físico consista em subsistemas A e B. Por exemplo, considere A e B duas partículas diferentes. Suponha que duas alternativas (ortogonais) para o estado de A sejam $|\alpha\rangle$ e $|\rho\rangle$, enquanto para o estado de B sejam $|\beta\rangle$ e $|\sigma\rangle$. Como vimos acima, o estado geral combinado não poderia simplesmente ser um produto ("e") de um estado de A com um estado de B, mas uma superposição ("soma") desses produtos. (Dizemos que A e B estão, assim, *correlacionados*.) Vamos considerar que o estado do sistema seja

$$|\alpha\rangle|\beta\rangle + |\rho\rangle|\sigma\rangle.$$

Agora realizemos uma medição do tipo Sim/Não em A que seja capaz de distinguir $|\alpha\rangle$ (**SIM**) de $|\rho\rangle$ (**NÃO**). O que ocorre com B? Se a medição resultar em **SIM**, então o estado resultante deve ser

$$|\alpha\rangle|\beta\rangle,$$

enquanto se resultar em **NÃO**, então será

$$|\rho\rangle|\sigma\rangle.$$

Assim, nossa medição de A faz com que o estado de B salte: para $|\beta\rangle$ no caso de uma resposta **SIM**, e para $|\sigma\rangle$ no caso de uma resposta **NÃO**! A partícula B não precisa estar localizada na vizinhança de A; elas poderiam estar a anos-luz de distância uma da outra. Mesmo assim, B salta simultaneamente com a medição de A!

Porém, espere um minuto – o leitor pode dizer. O que são esses supostos "saltos"? Por que as coisas não ocorrem da seguinte maneira: imagine uma caixa que sabemos que contém uma bola branca e uma bola preta. Suponha que as bolas sejam removidas e levadas para dois cantos opostos de uma sala, sem que olhemos nenhuma delas. Se examinarmos uma das bolas e vermos que ela é branca (como "$|\alpha\rangle$" acima) – veja só! – a outra é preta (como "$|\beta\rangle$")! Se, por outro lado, vermos que a primeira é preta ("$|\rho\rangle$") então, instantaneamente, o estado incerto da segunda bola pula para "branco, com certeza" ("$|\sigma\rangle$"). Ninguém em sã consciência, o leitor insistirá, atribuiria tal mudança súbita no estado "incerto" da segunda bola como se fosse "preto com certeza" ou como "branco com certeza" a alguma misteriosa "influência" não local viajando instantaneamente da primeira bola no momento que ela for examinada.

Porém, a natureza é de fato muito mais extraordinária que isso. No que expusemos acima, poderíamos de fato imaginar que o *sistema* já "sabia" que, digamos, o estado de B era $|\beta\rangle$, e o de A era $|\alpha\rangle$ (ou então que o estado de B era $|\sigma\rangle$, e o de A era $|\rho\rangle$) antes de a medição ser realizada em A; e que era somente o *experimentalista* que não sabia nada. Ao descobrir que A está no estado $|\alpha\rangle$ ele simplesmente *infere* que B está em $|\beta\rangle$. Isso seria o ponto de vista "clássico" – tal como nas teorias de variáveis locais escondidas – e nenhum "salto" *físico* de fato teria ocorrido. (Tudo ocorreu na mente do experimentalista!) Segundo esse ponto de vista, cada parte do sistema "sabe", de antemão, os resultados de qualquer experimento que poderia ser realizado sobre ela. As probabilidades surgem somente por causa da falta de conhecimento do experimentalista. Notavelmente, acontece que esse ponto de vista simplesmente *não funciona* como uma explicação para as enigmáticas probabilidades aparentemente não locais que surgem da teoria quântica!

Para entender isso devemos considerar uma situação como a descrita acima, mas na qual a *escolha de mensuração* sobre o sistema A não seja feita até que A e B estejam muito bem separados. O comportamento de B então parece ser instantaneamente influenciado por essa escolha! Esse aparentemente paradoxal tipo "EPR" de "experimento mental" é devido a Albert Einstein, Boris Podolsky e Nathan Rosen (1935). Vou expor uma variante, apresentada por David Bohm (1951). O fato de que nenhuma descrição local "realista" (e.g., teorias de variáveis ocultas ou teorias "clássicas") pode dar as probabilidades quânticas corretas segue de um notável teorema devido a John S. Bell (Veja Bell, 1987; Era, 1986; Squires, 1986.)

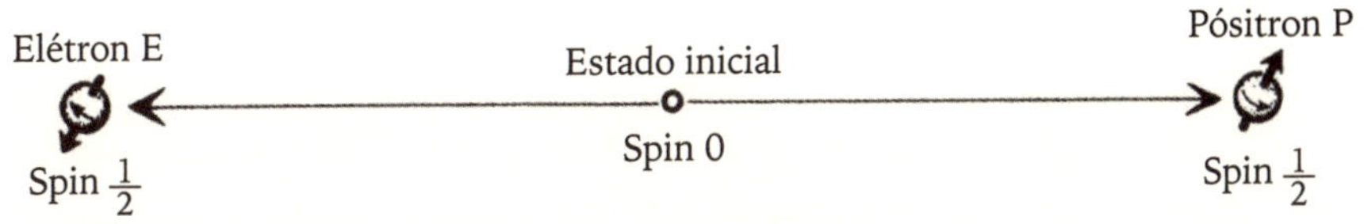

Fig. 6.30. Uma partícula de *spin* zero decai em duas partículas de *spin* $\frac{1}{2}$, um elétron E e um pósitron P. A medição do *spin* de uma das partículas de *spin* $\frac{1}{2}$ aparentemente fixa *instantaneamente* o estado de *spin* da outra.

Suponha que duas partículas de *spin* meio – que vou considerar um *elétron* e um *pósitron* (i.e., um *anti*elétron) – são produzidas pelo decaimento de uma única partícula de *spin* zero em algum ponto central, e então ambas se movem em direções opostas uma à outra (Fig. 6.30). Por conservação de momento angular, os *spins* do elétron e do pósitron devem somar zero, já que o momento angular da partícula inicial era zero. Isso implica que, sempre ao medirmos o *spin* do elétron em alguma direção, seja qual direção escolhermos, o pósitron agora tem um *spin* na direção *oposta*! As duas partículas poderiam estar a milhas ou até mesmo anos-luz de distância, e mesmo assim a própria *escolha* de mensuração em uma das partículas parece *instantaneamente* definir qual é o eixo de *spin* da outra!

Vejamos como o formalismo quântico nos leva a essa conclusão. Representamos o estado combinado de momento angular zero das duas partículas pelo vetor de estado $|Q\rangle$ e obtemos, então, uma relação como

$$|Q\rangle = |E\uparrow\rangle|P\downarrow\rangle - |E\downarrow\rangle|P\uparrow\rangle,$$

em que E se refere ao elétron, e P ao pósitron. Aqui descrevemos as coisas em termos da direção para cima/para baixo do *spin*. Vemos que o estado total é uma superposição linear do elétron com *spin* para cima e do pósitron com *spin* para baixo, e do elétron com *spin* para baixo e do pósitron com *spin* para cima. Assim, se medirmos o *spin* do elétron na direção cima/baixo e encontrarmos que ele de fato está para cima, então devemos ter o estado saltando para o estado $|E\uparrow\rangle|P\downarrow\rangle$, de forma que o *spin* do pósitron deve estar para baixo. Se, por outro lado, descobrirmos que o *spin* do elétron está para baixo, então o estado salta para $|E\downarrow\rangle|P\uparrow\rangle$, e o *spin* do pósitron está para cima.

Agora suponha que tivéssemos escolhido outro par de direções opostas, por exemplo direita e esquerda, em que

$$|E\rightarrow\rangle = |E\uparrow\rangle + |E\downarrow\rangle, \qquad |P\rightarrow\rangle = |P\uparrow\rangle + |P\downarrow\rangle$$

e

$$|E\leftarrow\rangle = |E\uparrow\rangle - |E\downarrow\rangle, \qquad |P\leftarrow\rangle = |P\uparrow\rangle - |P\downarrow\rangle$$

então encontramos (verifique a álgebra, se desejar!) que

$$\begin{aligned}
&|E\rightarrow\rangle|P\leftarrow\rangle - |E\leftarrow\rangle|P\rightarrow\rangle \\
&\quad = (|E\uparrow\rangle + |E\downarrow\rangle)(|P\uparrow\rangle - |P\downarrow\rangle) \\
&\qquad - (|E\uparrow\rangle - |E\downarrow\rangle)(|P\uparrow\rangle + |P\downarrow\rangle) \\
&\quad = |E\uparrow\rangle|P\uparrow\rangle + |E\downarrow\rangle|P\uparrow\rangle - |E\uparrow\rangle|P\downarrow\rangle - |E\downarrow\rangle|P\downarrow\rangle \\
&\qquad -|E\uparrow\rangle|P\uparrow\rangle + |E\downarrow\rangle|P\uparrow\rangle - |E\uparrow\rangle|P\downarrow\rangle + |E\downarrow\rangle|P\downarrow\rangle \\
&\quad = -2(|E\uparrow\rangle|P\downarrow\rangle - |E\downarrow\rangle|P\uparrow\rangle) \\
&\quad = -2|Q\rangle,
\end{aligned}$$

que (a menos do fator irrelevante –2) é o mesmo estado com o qual havíamos começado. Assim, nosso estado original pode igualmente bem ser pensado como uma superposição linear de um elétron com *spin* para a direita e o pósitron com *spin* para a esquerda, e do elétron com *spin* para a esquerda e do pósitron com *spin* para a direita! A expressão é útil, se escolheremos medir o *spin* do elétron na direção direita/esquerda, em vez de cima/baixo. Se encontrarmos que de fato o elétron tem *spin* para a direita, então o estado salta para $|E \rightarrow\rangle|P \leftarrow\rangle$ e o pósitron tem *spin* para a esquerda. Se, por outro lado, encontrarmos que o elétron tem *spin* para a esquerda, então o estado salta para $|E \leftarrow\rangle|P \rightarrow\rangle$ e o pósitron tem *spin* para a direita. Se tivéssemos escolhido medir o *spin* do elétron em qualquer outra direção veríamos uma correspondência óbvia: o estado de *spin* do pósitron instantaneamente saltaria para seja qual fosse a direção de medição ou para seu oposto, dependendo do resultado da medição do elétron.

Por que não podemos modelar os *spins* do nosso elétron e do nosso pósitron de maneira similar à do exemplo dado acima com as bolas branca e preta retiradas da caixa? Sejamos completamente gerais. Em vez de uma bola branca e uma bola preta, poderíamos ter duas peças de maquinário E e P inicialmente juntas, então se movendo em direções opostas. Suponha que cada uma das peças E e P fosse capaz de nos dar uma resposta **SIM** ou **NÃO** para uma medição de *spin* em dada direção. Essa resposta poderia ser completamente determinada pelo maquinário para cada escolha de direção – ou talvez o maquinário produza somente respostas probabilísticas, com probabilidades determinadas pelo maquinário – mas onde assumimos que, após a separação, *cada parte E e P se comporta de maneira completamente independente uma da outra.*

Consideramos medidores de *spin* de cada lado, um que mede o *spin* de E, e outro o de P. Suponha que existam três configurações para a direção de *spin* em cada medidor, digamos A, B e C para o medidor E e A’, B’ e C’ para o medidor P. As direções A’, B’ e C’ devem ser paralelas, respectivamente, às direções A, B e C, e consideramos que A, B e C estejam todas em um plano e espaçadas com ângulos iguais entre si, i.e., a 120° uma da outra. (Veja a Fig. 6.31.) Agora, imagine que o experimento seja repetido muitas vezes com diversos valores para as configurações em cada lado. Algumas vezes, o medidor E registrará **SIM** (i.e., o *spin está* na direção medida: A ou B ou C), e algumas vezes registrará **NÃO** (*spin* na direção oposta). De modo similar, o medidor P algumas vezes registrará **SIM**, e algumas vezes, **NÃO**. Notemos duas propriedades que devem ter as probabilidades *quânticas* de fato:

(1) Se as configurações em ambos os lados são as *mesmas* (i.e., A e A' etc.), então os resultados produzidos pelos dois medidores devem sempre estar em *discordância* (i.e., o medidor E registra **SIM** sempre que o medidor P registrar **NÃO** e vice-versa).

(2) Se os botões para as configurações são pressionados de forma *aleatória,* completamente independentes um do outro, então os dois medidores têm probabilidade igual de *concordar ou de discordar*.

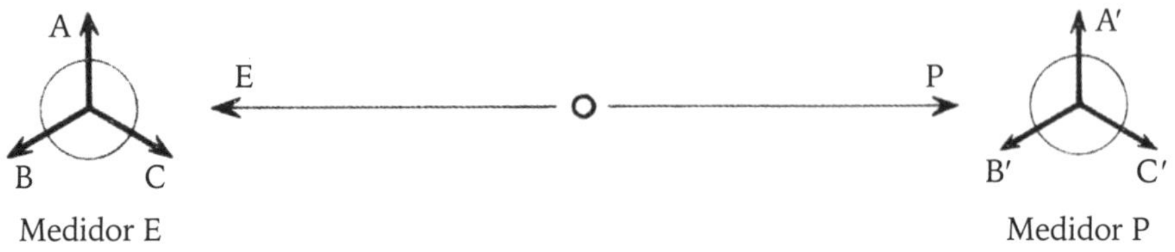

Fig. 6.31. A versão simples de David Mermin para o paradoxo EPR e o teorema de Bell, mostrando que existe uma contradição entre o ponto de vista realista da natureza e os resultados da teoria quântica. Os medidores E e P têm, cada um, três configurações independentes para as direções nas quais eles podem medir os *spins* de suas respectivas partículas.

Podemos ver facilmente que as propriedades (1) e (2) seguem diretamente das regras para as probabilidades quânticas que demos antes. Podemos supor que o medidor E atue primeiro. O medidor P, então, vê a partícula cujo estado de *spin* é o oposto daquele medido por E, de modo que a propriedade (1) segue imediatamente. Para obter a propriedade (2) notamos que, para direções de medição a 120° entre si, se o medidor E nos dá **SIM**, então a direção P está a 60° com relação ao estado de *spin* sobre o qual ela atua, e se ele nos dá **NÃO**, está a 120°. Assim, existe uma probabilidade $\frac{3}{4} = 1/2(1 + \cos 60°)$ de que as medições concordem, e uma probabilidade $\frac{1}{4}$ $1/2(1 + \cos 60°)$ de que elas discordem. A probabilidade média para as três configurações de P se E resulta em **SIM** é $\frac{1}{3}\left(0+\frac{3}{4}+\frac{3}{4}\right)=\frac{1}{2}$ para P resultar em **SIM** e $\frac{1}{3}\left(1+\frac{1}{4}+\frac{1}{4}\right)=\frac{1}{2}$ para P resultar em **NÃO** – i.e., igualmente provável obter concordância ou discordância – algo similar vale no caso de E resultar em **NÃO**. Isso de fato é a propriedade (2). (Veja a p.364.)

É um fato notável que (1) e (2) sejam *inconsistentes* com qualquer modelo local realista (i.e., com qualquer tipo de maquinário do tipo que imaginamos)! Suponha que tivéssemos esse modelo. A máquina E deve estar preparada para cada possível medição A, B ou C. Note que, se ela estivesse preparada somente para dar uma resposta *probabilística*, então a máquina P não poderia *com certeza* nos dar uma discordância com relação a E para A', B' e C' respectivamente, de acordo com (1). De fato, *ambas* as máquinas devem ter suas respostas para cada uma das três possíveis direções de medição preparadas antes de uma medição ser feita. Suponha, por exemplo, que essas respostas devam ser **SIM**, **SIM** e **SIM** respectivamente, para A, B e C; a partícula da direita deve, então, estar programada para nos dar **NÃO**, **NÃO** e **NÃO** para as três configurações correspondentes da direita. Se, em vez disso, as respostas da esquerda fossem **SIM**, **SIM** e **NÃO**, então as respostas da direita deveriam ser **NÃO**, **NÃO** e **SIM**. Todos os outros casos seriam essencialmente similares a esses. Agora, vejamos se isso pode ser compatível com (2). As atribuições **SIM**, **SIM** e **SIM** / **NÃO**, **NÃO** e **NÃO** não são muito promissoras, pois isso nos dá 9 casos de discordância e 0 caso de concordância em relação a todos os pares A/A', A/B', A/C', B/A' etc. E quanto ao outro caso, **SIM**, **SIM** e **NÃO** / **NÃO**, **NÃO** e **SIM** e outros similares a esse? Eles nos dão somente 5 casos de discordância e 4 de concordância. (Para verificar é só fazer a contagem: **S/N**, **S/N**, **S/S**, **S/N**, **S/N**, **S/S**, **N/N**, **N/N**, **N/S**, cinco discordando e quatro concordando.) Isso é muito mais próximo do que é necessário para (2), mas *não* é bom o bastante, já que precisamos de tantas concordâncias quanto concordâncias! Qualquer outra combinação consistente com (1) novamente nos daria 5 a 4 (exceto por **NÃO**, **NÃO** e **NÃO** / **SIM**, **SIM** e **SIM**, que é pior, nos dando novamente 9 a 0). *Não* existe um conjunto de respostas prontas que pode produzir as probabilidades quantum-mecânicas. *Modelos realistas locais estão descartados!*[24]

---

[24] Esse é um resultado tão notável e importante que é válido darmos uma outra versão dele. Suponha que existam somente *duas* configurações para o medidor E, para cima [↑] e para a direita [→] e duas configurações para o medidor P, 45° para a direita e para cima [↗] e 45° para a direita e para baixo [↘]. Considere as configurações *verdadeiras* [→] e [↗] para os medidores E e P, respectivamente. Assim, a probabilidade de que as medidas de E e P estejam de acordo é $\frac{1}{2}$ (1 + cos 135°) = 0,146 ..., que é pouco abaixo de 15%. Uma longa sucessão de experimentos com essas configurações, por exemplo com a saída

E: SNNSNSSSNSSNNSNNNNSSN...
P: NSSNNNSNSNNSSNSSNSNNS...
√ √ √

resultará em pouco menos de 15% de concordância. Agora, suponha que a medição de P não seja influenciada pela de E – de maneira que, *se* a configuração de E tivesse sido [↑], em vez de [→], então os resultados de P teriam sido exatamente os mesmos – e, já que o ângulo entre [↑] e [↗] é o mesmo que entre [→] e [↗], haveria novamente cerca de 15% de concordância entre as medições de P, e as novas medições de E, que denotamos por E'. Por outro

Experimentos com fótons: um problema para a relatividade?

Devemos nos perguntar se experimentos reais comprovaram essas expectativas quânticas impressionantes. O exato experimento que acabamos descrever é um experimento hipotético que não foi realmente realizado, mas experimentos similares *foram* realizados utilizando as polarizações de pares de *fótons*, em vez do *spin* de partículas de *spin* 1/2 massivas. Além dessa distinção, esses experimentos são, essencialmente, os mesmos que o descrito acima – exceto que os ângulos envolvidos (já que os fótons teriam *spin* um, em vez de meio) seriam somente metade daqueles para as partículas de *spin* 1/2. As polarizações dos pares de fótons foram mensuradas em diversas combinações diferentes de direções e os resultados estão completamente de acordo com a teoria quântica, e são inconsistentes com qualquer modelo realista local!

O mais preciso e convincente desses resultados experimentais obtidos até hoje é o dos experimentos de Alain Aspect (1986) e de seus colegas em Paris.[25] Os experimentos de Aspect apresentavam outra característica interessante. As "decisões" sobre quais direções estariam envolvidas na medição das polarizações dos fótons foram feitas somente depois de os fótons já estarem em sua trajetória. Assim, se pensarmos em alguma "influência" não local viajando de um detector de fótons para o fóton no lado oposto, sinalizando a direção na qual ele pretende medir a direção de polarização do fóton que nele

---

lado, se a configuração de E tivesse sido [→] como antes, mas a configuração de P fosse [↘], em vez de [↗], então os resultados de E seriam como antes, mas os novos resultados de P, digamos P', seriam somente cerca de 15% de concordância com os resultados originais de E. Disso decorre que não haveria mais do que 45% (= 15% + 15% + 15%) de concordância entre a medição de P' [↘] e a medição de E' [↑], se essas *fossem* as verdadeiras configurações. Porém, o ângulo entre [↘] e [↑] é 135° e não 45°, de modo que a probabilidade de concordância *deveria* ser pouco acima de 85%, não 45%. Isso é uma contradição, mostrando que a hipótese de que a escolha de medições feitas em E não pode influenciar os resultados para P (e vice-versa) deve ser falsa! Devo a David Mermin por este exemplo. A versão dada no texto principal é de seu artigo Mermin (1985).

[25] Resultados anteriores foram devidos a Freedman e Clauser (1972), com base nas ideias sugeridas por Clauser, Horne, Shimony e Holt (1969). Existe ainda um ponto de divergência nesses experimentos devido ao fato de que os detectores de fótons que são utilizados estão muito longe de serem 100% eficientes, de modo que somente uma fração comparativamente pequena dos fótons emitidos de fato é detectada. No entanto, a concordância com a teoria quântica é tão perfeita, mesmo com esses detectores comparativamente ineficientes, que é difícil ver como tornar os detectores melhores subitamente resultará em uma concordância *pior* com a teoria!

vai chegar, então vemos que essa "influência" deve viajar mais rapidamente que a luz! Qualquer tipo de descrição realista do mundo quântico que seja consistente com os fatos deve aparentemente ser *não causal*, no sentido de que os efeitos envolvidos devem viajar mais depressa que a luz!

Porém, vimos no capítulo anterior que, enquanto a relatividade valer, o envio de sinais mais rápidos que a luz nos leva a absurdos (e conflitos com nossos sentimentos de "livre-arbítrio" etc., cf. p.298). Isso certamente é verdade, mas as "influências" não locais que surgem nos experimentos do tipo EPR não são do tipo que podem ser utilizadas para o envio de mensagens – como se pode ver, já que, se não fosse assim, seríamos conduzidos a resultados absurdos. (Uma demonstração detalhada de que essas "influências" não podem ser utilizadas para o envio de mensagens foi feita por Ghirardi; Rimini; Weber, 1980.) Não serve para nada sabermos que um fóton está polarizado "vertical ou horizontalmente" (em vez de, digamos, polarizado a "60° ou 150°") até que saibamos *qual* dessas duas alternativas é de fato verdadeira. É a primeira parte da "informação" (i.e., as *direções* alternativas de polarização) que chega mais rapidamente que a luz ("instantaneamente"), enquanto o conhecimento de *qual* dessas duas direções de fato foi escolhida pelo fóton chega mais devagar, por meio de um sinal ordinário comunicando o *resultado* da primeira medição de polarização.

Mesmo que experimentos do tipo EPR não estejam em conflito com a *causalidade* da relatividade, no sentido usual do envio de mensagens, existe definitivamente um conflito com o *espírito* da relatividade em nosso paradigma de "realidade física". Vejamos como uma visão *realista* do vetor de estado é aplicável no experimento EPR acima (envolvendo fótons). À medida que os dois fótons se afastam, o vetor de estado descreve a situação como um *par* de fótons, atuando como uma única unidade. Nenhum dos fótons individualmente apresenta estado objetivo: o estado quântico aplica-se somente aos dois juntos. Nenhum dos dois fótons individualmente tem direção de polarização: a polarização é uma característica combinada dos dois fótons juntos. Quando a polarização de um desses fótons é medida, o vetor de estado *salta* de modo que agora o fóton que não sofreu uma medição *tem* uma polarização bem definida. Quando a polarização *desse* fóton for subsequentemente mensurada, os valores de probabilidade são corretamente obtidos mediante a aplicação das regras usuais da mecânica quântica ao seu estado de polarização. Essa maneira de olhar a situação nos dá respostas corretas; ela é, de fato, a maneira pela qual normalmente aplicamos a mecânica quântica. Porém é essencialmente um ponto de vista não realista. Afinal, as duas medidas da polarização são medidas *com separação tipo-espaço*, o que significa que cada uma delas está fora do cone de luz da outra, como os pontos R e Q da Fig. 5.21. A questão de qual dessas medidas realmente aconteceu *primeiro* não é realmente fisicamente significativa, mas depende do estado de movimento dos "observadores" (veja a Fig. 6.32). Se o "observador" se move depressa o bastante para a direita, então ele considera que a medição do lado direito aconteceu primeiro; se se move depressa o bastante para a esquerda, então é a medida da esquerda! Porém, se considerarmos que o fóton da direita tenha sido medido primeiro, obtemos uma ideia da realidade física completamente diferente daquela que é obtida se considerarmos que o fóton da esquerda foi medido primeiro! (É uma medição diferente que causa o "salto" não local.) Existe um conflito essencial entre nosso modelo espaçotemporal da realidade física – mesmo aquele modelo correto não local e quantum-mecânico – e a relatividade especial! Esse é um enigma complexo, que os "realistas quânticos" não foram capazes de solucionar adequadamente (cf. Aharonov; Albert, 1981). Precisarei voltar a essa questão mais para a frente.

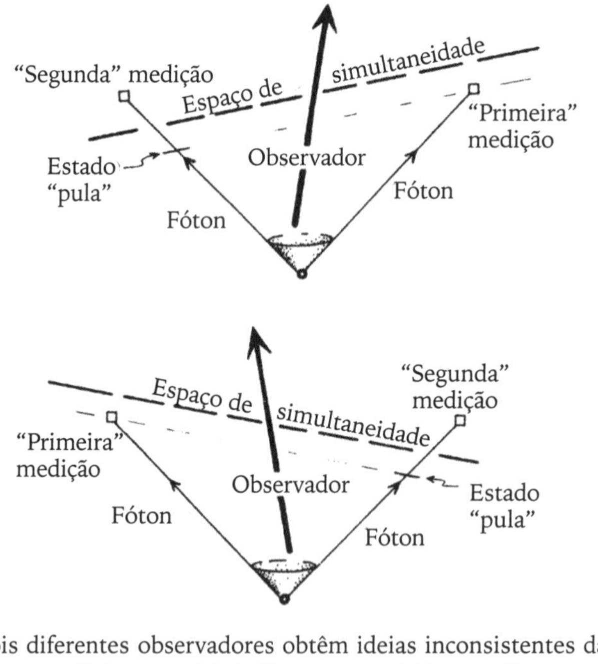

Fig. 6.32. Dois diferentes observadores obtêm ideias inconsistentes da "realidade" em um experimento EPR no qual dois fótons são emitidos em direções opostas a partir de um estado de *spin* 0. O observador que se move para a direita julga que a parte esquerda do estado salta *antes* de ela ser medida, e que o salto seja causado pela medição da direita. O observador que se move para a esquerda tem a opinião contrária!

A equação de Schrödinger; A equação de Dirac

Em seções anteriores deste capítulo, eu me referi à equação de Schrödinger, que é uma equação perfeitamente bem definida e determinística, similar em muitos pontos às equações da física clássica. As regras dizem que, contanto que nenhuma "medição" (ou "observação") seja realizada sobre um sistema quântico, a equação de Schrödinger deve continuar válida. O leitor pode se interessar em ver a forma dessa equação:

$$i\hbar \frac{\partial}{\partial t} \mid \psi\rangle = H \mid \psi\rangle.$$

Lembre-se de que $\hbar$ é a versão de Dirac para a constante de Planck ($h/2\pi$) (e $i = \sqrt{-1}$), e que o operador $\partial/\partial t$ (derivada parcial em relação ao tempo) atuando sobre $|\psi\rangle$ simplesmente quer representar a *taxa de variação de* $|\psi\rangle$ *com relação ao tempo*. A equação de Schrödinger enuncia que "$H|\psi\rangle$" descreve como $|\psi\rangle$ evolui.

Mas o que é "H"? É a *função hamiltoniana* que consideramos no capítulo anterior, porém com uma diferença fundamental! Lembre-se de que a hamiltoniana clássica é a expressão para a *energia* total em termos das diversas coordenadas de posição q_i e coordenadas de momento p_i para todos os objetos físicos no sistema. Para obter a hamiltoniana *quântica* devemos considerar a mesma expressão, porém substituir, para cada ocorrência do momento p_i, um múltiplo do *operador diferencial* "derivada parcial em relação a q_i". Especificamente, substituímos p_i por $-i\hbar\partial/\partial q_i$. Nossa hamiltoniana quântica H então se torna alguma operação matemática (frequentemente bastante complexa) que envolve derivações e multiplicações etc. – Ela não é somente um número! Isso parece bruxaria! Porém, não é apenas conjuração matemática; é realmente algo *mágico* que funciona! (Existe uma certa "arte" em aplicar esse processo de gerar uma hamiltoniana quântica a partir de uma clássica, mas é notável, em face de sua natureza surpreendente, quão pouco as ambiguidades inerentes a esse procedimento parecem importar.)

Algo importante a notar quanto à equação de Schrödinger (seja qual for H) é que ela é *linear*, i.e., se $|\psi\rangle$ e $|\varphi\rangle$ satisfazem ambos a equação, então $|\psi\rangle + |\varphi\rangle$ também o fará – ou, de fato, qualquer combinação $w|\psi\rangle + z|\varphi\rangle$, em que w e z são números complexos fixos. Assim, uma superposição lienar complexa é mantida indefinidamente pela equação de Schrödinger. Uma superposição linear (complexa) de dois estados possíveis alternativos não pode ser "dessobreposta" simplesmente pela ação de **U**! Por essa razão, a ação de **R** é necessária como um procedimento *apartado* de **U** para que, finalmente, *uma* única alternativa sobreviva.

Assim como o formalismo hamiltoniano da física clássica, a equação de Schrödinger não é uma equação específica, mas um gabarito para equações quantum-mecânicas em geral. Uma vez que a hamiltoniana quântica apropriada tenha sido obtida, a evolução temporal do estado segundo a equação de Schrödinger procede como se $|\psi\rangle$ fosse um campo clássico sujeito à alguma equação de campo clássica como a de Maxwell. De fato, se $|\psi\rangle$ descreve o estado de um único *fóton*, então ocorre que a equação de Schrödinger de fato *se transforma* nas equações de Maxwell! A equação para um único fóton é precisamente a mesma equação[26] utilizada para um campo eletromagnético inteiro. Esse fato é responsável pelo comportamento ondulatório do campo de Maxwell e pela polarização de *fótons únicos* sobre a qual tivemos alguns vislumbres anteriormente. Como outro exemplo, se $|\psi\rangle$ descreve o estado de um único *elétron*, então a equação de Schrödinger se torna a notável equação de onda de Dirac para o elétron – descoberta em 1928 após muitas ideias e intuições originais fornecidas por Dirac.

De fato, a equação de Dirac para o elétron deve ser colocada, juntamente com as equações de Maxwell e de Einstein, como uma das notáveis equações da física. Apreciá-la adequadamente aqui requereria que eu introduzisse ideias matemáticas que poderiam distrair o leitor. É suficiente dizer que, na equação de Dirac, $|\psi\rangle$ tem uma propriedade "fermiônica" curiosa, $|\psi\rangle \rightarrow -|\psi\rangle$ ao realizarmos a rotação de 360° que consideramos antes (p.361). As equações de Dirac e Maxwell em conjunto fornecem os ingredientes básicos da eletrodinâmica quântica, a mais bem-sucedida de todas as teorias quânticas de campos. Consideremos isso brevemente.

Teoria quântica de campos

O tópico conhecido como "teoria quântica de campos" surgiu da união de ideias da relatividade especial e da mecânica quântica. Ele difere da mecânica quântica padrão (i.e., não relativística) no fato de que o número de partículas,

[26] No entanto existe uma diferença importante no tipo de *solução* para as equações que podemos permitir. Campos de Maxwell clássicos são necessariamente *reais*, enquanto estados de fótons são *complexos*. Também existe uma condição chamada de "condição de frequência positiva" que o fóton deve satisfazer.

de qualquer tipo, não precisa ser assumido constante. Cada tipo de partícula tem sua *antipartícula* (algumas vezes, por exemplo, com os fótons, ela é a mesma que a partícula original). Uma partícula massiva e sua antipartícula podem se aniquilar para resultar em energia, e tal par também pode ser criado a partir de energia. De fato, o número de partículas não precisa nem mesmo estar bem definido; pois superposições lineares de estados com números de partículas diferentes são permitidas. A teoria quântica de campos suprema é a "eletrodinâmica quântica" - basicamente a teoria dos elétrons e dos fótons. Essa teoria é notável pela precisão de suas predições (e.g., o valor preciso do momento magnético do elétron mencionado no capítulo anterior, p.225). No entanto, é uma teoria bastante desarrumada - e não é inteiramente consistente - pois ela inicialmente dá respostas "infinitas" sem sentido. Elas precisam ser removidas por um processo conhecido como "renormalização. Nem todas as teorias quânticas de campos podem ser renormalizadas, e é difícil efetuar contas com elas, mesmo quando isso for possível.

Uma abordagem popular para a teoria quântica de campos é feita mediante "integrais de trajetória", que envolve a formação de superposições lineares quânticas não só de estados de partículas diferentes (como nas funções de onda ordinárias), mas da totalidade de suas histórias de comportamento físico espaçotemporais (veja Feynman, 1985, para uma descrição para leigos). No entanto, essa abordagem traz infinitos adicionais e só é possível dar um sentido a ela por meio da utilização de vários "truques matemáticos". Apesar do poder indubitável e precisão impressionante da teoria quântica de campos (nos poucos casos em que essa teoria pode ser completamente aplicada), somos deixados com um sentimento de que entendimentos mais profundos são necessários antes que estejamos confiantes com relação ao "modelo da realidade física" ao qual ela parece nos conduzir.[27]

Devo evidenciar que a compatibilidade entre a teoria quântica e a relatividade especial fornecida pela teoria quântica de campos é somente *parcial* - trata somente de **U** - e é de uma natureza bastante formal em termos matemáticos. A dificuldade de uma interpretação consistente e relativística dos "saltos quânticos" que ocorrem com **R**, com a qual somos confrontados em experimentos do tipo EPR, não é nem mesmo abordada pela teoria quântica de campos. Temos também o fato de que ainda não existe uma teoria quântica de campos crível ou consistente para a gravitação. Vou sugerir, no Capítulo 8, que essas questões talvez não sejam completamente sem relação.

---

[27] A teoria quântica de campos parece oferecer um escopo maior para a não computabilidade (cf. Komar, 1964).

O gato de Schrödinger

Vamos retornar finalmente a questão que nos persegue desde o começo de nossas incursões pela teoria quântica. Por que não vemos superposições lineares de objetos na escala clássica, como bolas de críquete em dois locais ao mesmo tempo? O que faz certos arranjos de átomos constituírem um "aparato de medida", de maneira que o procedimento **R** prevaleça ao processo **U**? Certamente qualquer pedaço do aparato de medida é uma parte em si do mundo físico, construída por meio dos mesmos constituintes quantum-mecânicos cujo comportamento ele foi desenhado para testar. Por que não tratamos o aparato de medida *junto* com o sistema físico que é investigado como um *sistema quântico combinado*? Não existe uma medição "externa" misteriosa envolvida agora. O sistema combinado deve simplesmente evoluir segundo **U**. Porém, será que isso ocorre? A ação de **U** no sistema combinado é completamente determinística, sem espaço para o tipo de incertezas probabilísticas decorrentes de **R** envolvidas na "medição" ou "observação" que o sistema combinado está realizando sob si mesmo! Aqui há uma contradição aparente, tornada explícita em um experimento mental famoso introduzido por Erwin Schrödinger (1935): *o paradoxo do gato de Schrödinger.*

Imagine um contêiner selado, construído de maneira tão perfeita que nenhuma influência física possa atravessar suas paredes, seja de fora para dentro ou de dentro para fora. Imagine que dentro do contêiner exista um gato e um aparato que é disparado por algum evento quântico. Se esse evento acontece, então o aparato quebra um frasco contendo cianureto, e o gato é morto. Se o evento não acontece, então o gato continua vivo. Na versão original de Schrödinger, o evento quântico era o decaimento de um átomo radiativo. Deixe-me modificar isso levemente e considerar nosso evento quântico o disparo de uma fotocélula por um fóton, em que o fóton foi emitido por alguma fonte de luz em um estado predeterminado, e então é refletido por um espelho semitransparente (veja a Fig. 6.33). A reflexão no espelho divide a função de onda do fóton em duas partes separadas, uma das quais é refletida, e a outra transmitida através do espelho. A parte refletida da função de onda do fóton é focalizada na fotocélula de modo que, se o fóton *é* registrado pela fotocélula, ele foi *refletido*. Nesse caso, o cianureto é liberado, e o gato é morto. Se a fotocélula *não* registra o fóton, então ele foi *transmitido* através do espelho semitransparente para a parede atrás dele, e o gato é salvo.

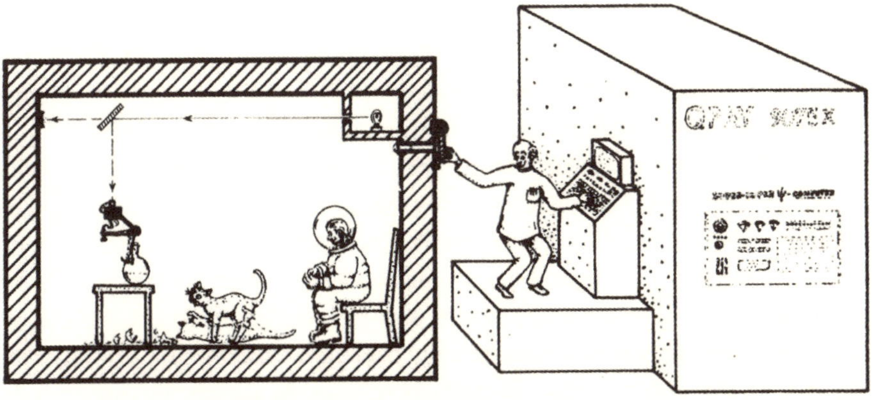

Fig. 6.33. O gato de Schrödinger – com componentes extras.

Do ponto de vista (de certo modo perigoso) de um observador *dentro* do contêiner, essa seria de fato a descrição do que acontece. (É bom entregar um equipamento de proteção apropriado a esse observador!) *Ou* se considera que o fóton tenha sido refletido, pois a fotocélula é "observada" como se tivesse registrado o fóton, e o gato é morto, *ou* se considera que o fóton tenha sido transmitido, pois a fotocélula é "observada" como se *não* tivesse registrado nada, e o gato está vivo. Um dos dois efeitos *de fato* aconteceu: **R** foi realizado, e a probabilidade de cada alternativa é 50% (pois é um espelho *semi*transparente). Agora, vamos considerar o ponto de vista de um físico que esteja *fora* do contêiner. Podemos considerar o vetor de estado *inicial* do conteúdo do contêiner "conhecido" por ele antes de o contêiner ter sido selado. (Não quero dizer que ele poderia ser conhecido na prática, mas não existe nada na teoria quântica que afirme que não seja conhecido *em princípio*.) Segundo o observador externo, nenhuma "medição" aconteceu, de maneira que toda a evolução do vetor de estado deve ter acontecido sob **U**. O fóton é emitido da fonte em um estado predeterminado – ambos os observadores concordam com isso – e sua função de onda é dividida em dois feixes, cada um com uma amplitude, digamos, de $1/\sqrt{2}$ para o fóton em cada (de maneira que o módulo ao quadrado resulte em uma probabilidade de ½). Já que todos os conteúdos são tratados como um único sistema quântico pelo observador externo, a superposição linear de alternativas deve ser mantida até a escala do gato. Há amplitude $1/\sqrt{2}$ para a fotocélula registrar algo, e amplitude $1/\sqrt{2}$ para que ela não registre nada. *Ambas* as alternativas devem estar presentes no estado, cada uma ponderada de maneira equivalente como parte de uma superposição linear quântica. Segundo o observador externo, o gato está em uma superposição linear de estar morto e estar vivo!

Realmente acreditamos que isso acontece? Schrödinger deixou evidente que ele mesmo não acreditava. Ele argumentou, para todos os efeitos, que a regra **U** da mecânica quântica não poderia ser aplicada a algo tão complicado como um gato. Algo deve ter dado errado com a equação de Schrödinger no meio do caminho. É evidente, Schrödinger tinha o direito de argumentar assim sobre sua própria equação, mas essa não é uma prerrogativa dada ao resto de nós! Uma grande parte (e provavelmente a maioria) dos físicos defenderia que, ao contrário, existe tanta evidência experimental em favor de **U** – e nenhuma contra – que não temos o direito de abandonar esse tipo de evolução, mesmo na escala de tamanho de um gato. Se aceitamos isso, então parece que somos levados a uma visão muito *subjetiva* da realidade física. Para um observador externo, o gato está de fato em uma combinação linear de estar morto e vivo, e é somente quando o contêiner é finalmente aberto que o vetor de estado do gato colapsaria em uma opção ou outra. Por outro lado, para um observador (devidamente protegido) dentro do contêiner, o vetor de estado do gato teria colapsado muito antes, e a combinação linear do observador externo

$$\psi\rangle = \frac{1}{\sqrt{2}} (|morto\rangle + |vivo\rangle)$$

não teria relevância alguma. Parece que o vetor de estado existe "somente em nossas cabeças", afinal de contas!

Podemos, no entanto, defender esse ponto de vista subjetivo sobre o vetor de estado? Suponha que o observador externo fizesse algo muito mais sofisticado que somente "olhar" dentro do contêiner. Suponha que, do seu conhecimento do estado inicial interno ao contêiner, ele use um vasto poder computacional disponível para ele para *computar*, utilizando a equação de Schrödinger, qual estado deve existir realmente dentro do contêiner, obtendo a resposta ("correta"!) $|\psi\rangle$ (em que $|\psi\rangle$ de fato envolve a superposição linear acima, de um gato morto e um gato vivo). Suponha então que ele realize um experimento *em específico* no conteúdo do contêiner que distinguia o próprio estado $|\psi\rangle$ de quaisquer estados ortogonais a $|\psi\rangle$. (Como descrito antes, segundo as regras da mecânica quântica, ele pode, *em princípio*, fazer tal experimento, mesmo que ele fosse inviável na prática.) As probabilidades para os dois resultados "sim, é o estado $|\psi\rangle$ " e "não, é ortogonal a $|\psi\rangle$" teriam respectivamente probabilidades 100% e 0%. Em particular, existe zero probabilidade para o estado $|\chi\rangle = |morto\rangle - |vivo\rangle$, que *é* ortogonal a $|\psi\rangle$. A impossibilidade de $|\chi\rangle$ como resultado do experimento pode ocorrer somente porque *ambas* as alternativas $|morto\rangle$ e $|vivo\rangle$ *coexistem* e interferem uma com a outra.

O mesmo seria verdadeiro se ajustássemos o tamanho dos caminhos dos fótons (índice de transparência) de maneira sutil, para que tivéssemos, em vez do estado $|morto\rangle + |vivo\rangle$, alguma outra combinação, digamos $|morto\rangle - i|vivo\rangle$ etc. Todas essas combinações diferentes teriam consequências experimentais diferentes – em princípio! Assim, não é "meramente" questão de alguma coexistência entre a vida e a morte que poderia afetar nosso pobre gato. Todas as diferentes combinações *complexas* são permitidas, e elas são, em princípio, todas distintas entre si! Para um observador dentro do contêiner, no entanto, todas essas combinações parecem irrelevantes. Ou o gato *está* vivo ou ele *está* morto. Como podemos dar sentido a esse tipo de discrepância? Indicarei brevemente um número de diferentes pontos de vista que foram expressos sobre isso (e questões relacionadas) – mesmo que, sem dúvida, não serei justo com todos eles!

Diversas atitudes com relação à teoria quântica existente

Em primeiro lugar, existem dificuldades óbvias em realizar um experimento como aquele que distingue o estado $|\psi\rangle$ de qualquer coisa ortogonal a $|\psi\rangle$. Não há dúvida de que esse experimento é impossível *na prática* para o observador externo. Em particular, ele precisaria saber o vetor de estado preciso de todos os conteúdos (incluindo-se o do observador interno) antes que ele pudesse mesmo começar a calcular o que $|\psi\rangle$, em um instante posterior, realmente seria! No entanto, exigimos que esse experimento seja impossível *em princípio* – não somente na prática – já que de outro modo não teríamos o direito de remover um dos estados "$|vivo\rangle$" ou "$|morto\rangle$" da realidade física. O problema é que a teoria quântica, como é hoje, não nos fornece nenhuma maneira de traçar uma linha evidente entre medições "possíveis" e medições "impossíveis". Talvez *deva* haver essa distinção evidente. Porém, a teoria, da maneira como a conhecemos hoje, não permite essa distinção. Para introduzir essa distinção teríamos de *alterar* a teoria quântica.

Em segundo lugar, existe o ponto de vista que é bastante difundido que as dificuldades desapareceriam se pudéssemos considerar adequadamente o *ambiente*. Seria, de fato, uma impossibilidade prática *realmente* isolar completamente do mundo exterior o conteúdo de um sistema. À medida que o ambiente externo se tornasse envolvido com o estado dentro do contêiner, o observador externo não pode considerar que os conteúdos sejam dados simplesmente por um único vetor de estado. Mesmo seu *próprio* estado se torna correlacionado com o contêiner de maneira complexa. Além disso, existirá um número enorme de diferentes partículas intrinsecamente envolvidas, fazendo com que os efeitos das diferentes possíveis combinações lineares se espalhem cada vez mais no universo por um número vasto de graus de liberdade. Não existe nenhuma maneira *prática* (digamos, por exemplo, observar efeitos apropriados de interferência) de distinguir essas superposições lineares complexas de meras alternativas ponderadas por probabilidades. Isso nem precisa ser uma questão relacionada ao isolamento dos conteúdos do exterior. O gato em si envolve um vasto número de partículas. Assim, a combinação linear completa de um gato morto e de um gato vivo pode ser tratada *como se* fosse simplesmente uma mistura de probabilidade. No entanto, não acho isso tudo muito satisfatório. Assim como com o ponto de vista anterior, podemos nos perguntar em qual estágio se torna oficialmente "impossível" obter efeitos de interferência – de maneira que os módulos ao quadrado das amplitudes em superposições lineares complexas podem agora ser declarados como fornecendo uma ponderação probabilística de "morto" e "vivo"? Mesmo que a "realidade" do mundo se torne, em algum sentido, uma "verdadeira" ponderação probabilística com números *reais*, como uma alternativa é escolhida em detrimento da outra? Não vejo como a *realidade* pode de algum modo transformar-se de uma *superposição* linear complexa (ou real) de duas alternativas em *uma ou outra* dessas alternativas, meramente com base na evolução **U**. Parece que somos novamente levados a uma visão subjetiva do mundo!

Algumas vezes se propõe que sistemas complicados não devem ser realmente descritos por "estados", mas por generalizações destes conhecidas como *matrizes de densidade* (Von Neumann, 1955). Elas envolvem tanto probabilidades clássicas quanto amplitudes quânticas. Para todos os efeitos, muitos estados quânticos diferentes são então considerados conjuntamente representantes da realidade. Matrizes de densidade são úteis, mas elas em si não resolvem as questões profundamente problemáticas da medição quântica.

Seria possível tentar defender que a evolução real é a evolução determinística **U**, mas que as probabilidades surgem de incertezas envolvidas em saber qual *é* realmente o estado quântico do sistema combinado. Isso seria equivalente a considerar uma visão muito "clássica" sobre a origem das probabilidades – que elas todas surgem a partir de incertezas sobre o estado inicial. Poderíamos imaginar que diferenças minúsculas no estado inicial poderiam dar origem a diferenças enormes na evolução, como o "caos" que pode ocorrer em sistemas clássicos (e.g., previsão do tempo; cf. Capítulo 5, p.250). No entanto, tais efeitos "caóticos" simplesmente não podem ocorrer somente devido a **U**, já que essa evolução é *linear*: superposições lineares indesejadas simplesmente persistem para sempre sob a ação de **U**! Para transformar essa superposição em uma alternativa ou outra, algum procedimento *não* linear seria necessário; então, o próprio **U** não o fará.

Para outro ponto de vista podemos ressaltar que a única discrepância completamente evidente por meio da observação no experimento do gato de Schrödinger parece surgir porque existem *observadores conscientes*, um (ou dois!) dentro e um fora do contêiner. Talvez as leis das superposições quânticas lineares complexas *não* se apliquem à consciência! O esboço de um modelo matemático para esse ponto de vista foi apresentado por Eugene P. Wigner (1961). Ele sugeriu que a linearidade da equação de Schrödinger poderia falhar para entidades conscientes (ou meramente "vivas") e ser substituída por algum procedimento não linear, segundo o qual uma ou outra alternativa sobre o mundo de fato ocorre. Pode parecer para o leitor que, já que estou procurando algum papel para os fenômenos quânticos em nosso pensamento consciente – como de fato estou – eu deveria nutrir alguma simpatia por essa possibilidade. No entanto, de fato não é o caso. Parece-me que ela nos leva a uma visão bastante distorcida da *realidade* do mundo. Aqueles cantos do universo onde a consciência reside podem ser muito esparsos. Sob esse ponto de vista, *somente* nesses cantos as superposições quânticas lineares complexas seriam decididas em termos de alternativas factuais. Pode ser que, para *nós*, esses outros cantos se pareceriam exatamente os mesmos que o resto do universo, já que sempre que nós, como seres humanos, de fato *olhamos* para eles (ou os observamos de alguma maneira), faríamos por nossas próprias ações de observação consciente que eles fossem "resolvidos em alternativas", *tivesse ou não* algo similar acontecido antes. Seja como for, esse desequilíbrio grosseiro nos forneceria um modelo bastante perturbador da *realidade* do mundo e, da minha parte, eu aceitaria isso somente com bastante relutância.

Há um ponto de vista relacionado, chamado de *universo participatório* (sugerido por John A. Wheeler, 1983) que leva o papel da consciência a um (diferente) extremo. Notamos, por exemplo, que a evolução da vida consciente neste planeta se deve a mutações apropriadas que ocorreram em diversos períodos. Estas, presumivelmente, são eventos quânticos, de maneira que só existiriam em formas linearmente superpostas, até que finalmente levassem à evolução de um ser consciente – cuja própria existência depende de todas as mutações corretas terem "de fato" acontecido! É a nossa própria presença que, segundo esse ponto de vista, torna o nosso passado existente. A circularidade e o paradoxo envolvidos nesse modelo têm apelo para algumas pessoas, mas particularmente acho isso bastante preocupante – e, de fato, muito pouco crível.

Outro ponto de vista, também lógico de certo modo, o qual fornece, porém, um modelo não menos estranho que os anteriores, é o dos *muitos mundos*, publicado pela primeira vez por Hugh Everett III (1957). Segundo a interpretação de muitos mundos, **R** nunca aconteceria. A evolução toda do vetor de estado – que é considerado realisticamente – é sempre governada pelo procedimento determinístico **U**. Isso implica que o pobre gato de Schrödinger, junto a seu observador protegido dentro do contêiner, deve realmente existir em alguma combinação linear complexa, com o gato estando em uma superposição de vida e morte. No entanto, o estado morto está correlacionado com um estado do interior da consciência do observador, e o gato vivo com outro (e, presumivelmente, ao menos em parte, com a consciência do gato – e, eventualmente, também com a consciência do observador externo, quando a ele for revelado o conteúdo do contêiner). A consciência de cada observador é considerada sofrendo uma "divisão", de maneira que ele agora existe duas vezes, uma para instância que teve uma experiência diversa (i.e., uma em que se vê o gato morto, e outra na qual se vê o gato vivo). De fato, não é só o observador, mas o universo todo que ele habita que se divide em dois (ou mais) a cada "medição" que ele realiza no mundo. Essa divisão ocorre várias vezes – não meramente em decorrência das "medições" feitas pelos observadores, mas devido à ampliação macroscópica dos eventos quânticos em geral – de maneira que os "ramos" do universo se proliferam enormemente. De fato, cada possibilidade alternativa coexistiria em uma estupenda superposição. Esse dificilmente é o ponto de vista mais econômico de todos, mas minhas próprias objeções contra ele não surgem em razão de sua falta de economia. Em particular, não vejo por que um ser consciente deve estar ciente de somente "uma" das alternativas em uma superposição linear. O que é que existe na consciência que exige que ela não possa estar "ciente" da combinação linear de um gato morto e vivo? Parece-me que uma teoria da consciência seria necessária antes que o ponto de vista de muitos mundos fosse compatibilizado com o que de fato observamos. Não vejo que relação existe entre o vetor de estado do universo "verdadeiro" (objetivo) e o que supostamente "observaríamos". Afirmações já foram feitas sobre o fato de que a "ilusão" de **R** pode, em algum sentido, ser efetivamente deduzida nesse modelo, mas não acredito que essas afirmações se sustentem. No mínimo, é necessário algum ingrediente a mais para fazer isso funcionar. Parece-me que o ponto de vista de muitos mundos introduz uma multitude de problemas próprios sem realmente tocar nos enigmas *reais* da medição quântica. (Comparem DeWitt; Graham, 1973.)

Onde isso tudo nos deixa?

Esses enigmas, de uma maneira ou de outra, persistem em *qualquer* interpretação da mecânica quântica, se nos basearmos na teoria como ela existe hoje. Vamos revisar brevemente o que a teoria quântica padrão de fato nos disse sobre o modo como deveríamos descrever o mundo, especialmente com relação a essas questões enigmáticas – e então perguntaremos: onde vamos a partir daqui?

Lembre-se, em primeiro lugar, de que as descrições da teoria quântica parecem ser aplicáveis (úteis?) somente no chamado *nível quântico* – das moléculas, átomos ou partículas subatômicas, mas também em coisas com dimensões maiores, contanto que as diferenças de energia entre as possibilidades alternativas permaneçam muito pequenas. No nível quântico devemos tratar essas "alternativas" como objetos que podem *coexistir* em um tipo de superposição ponderada por números complexos. Os números complexos utilizados como ponderações são chamados de *amplitudes de probabilidade*. Cada ponderação complexa define ela própria um *estado quântico* diferente, e qualquer sistema quântico deve ser descrito por um estado quântico. Geralmente, como fica mais evidente no exemplo do *spin*, não existe nada que nos diga quais devem ser as "verdadeiras" alternativas que compõem um estado quântico e quais devem ser somente "combinações" das alternativas. Em todo caso, contanto que o sistema *permaneça* no nível quântico, o estado quântico evolui de maneira completamente *determinística*. Essa evolução determinística é o processo **U**, governado pela importante *equação de Schrödinger*.

Quando os efeitos das diferentes alternativas quânticas são amplificados para o *nível clássico* de modo que as diferenças entre as alternativas se tornam grandes o bastante para que possamos percebê-las diretamente, então essas superposições ponderadas por números complexos parecem não ser capazes de persistir mais. Em vez disso, os módulos ao quadrado das amplitudes complexas devem ser tomados (i.e., suas distâncias ao quadrado à origem do plano complexo), e esses números *reais* agora exercem um novo papel como *probabilidades* reais para as alternativas em questão. Somente *uma* dessas alternativas sobrevive na realidade da experiência física, segundo o processo **R** (chamado de redução do vetor de estado ou colapso da função de onda; completamente diferente de **U**). É aqui, e somente aqui, que o não determinismo da teoria quântica faz sua aparição.

É possível argumentar fortemente contra o estado quântico fornecer um quadro *objetivo* da realidade. Porém, esse quadro pode ser complicado, e até ligeiramente paradoxal. Quando diversas partículas estão envolvidas, os estados quânticos podem (e normalmente é o caso) ser muito complicados. Nesse caso, as partículas individuais não têm "estados" próprios, mas existem somente em "emaranhados" complexos com as outras partículas, conhecidos como *correlações*. Quando uma partícula em uma região é "observada", no sentido deflagrar algum efeito que se torna amplificado para o nível clássico, então **R** deve ser invocado – isso, porém, aparentemente afeta *simultaneamente* todas as outras partículas com a qual aquela partícula em particular está correlacionada. Experimentos do tipo Einstein-Podolsky-Rosen (EPR) (tais como o de Aspect, no qual pares de fótons são emitidos em direções opostas por uma fonte quântica e têm então suas polarizações separadamente medidas muitos metros de distância entre si) apresentam evidências observacionais patentes desse fato enigmático, mas essencial, da física quântica: ela é *não local* (de maneira que os fótons do experimento de Aspect não podem ser tratados como entidades independentes separadas)! Se considerarmos **R** como se atuasse de maneira objetiva (e isso é o que parece que deveria ser a implicação da objetividade do estado quântico), então o espírito da relatividade especial é, assim, violado. *Nenhuma descrição espaçotemporal real e objetiva* do (da redução) do vetor de estado parece existir que seja consistente com as necessidades da relatividade! No entanto, os efeitos *observacionais* da teoria quântica não violam a teoria da relatividade.

A teoria quântica não nos diz nada sobre *quando* e *por que* **R** deveria (ou aparentemente deveria) acontecer. Além disso, ela não explica, por si só, apropriadamente por qual razão o mundo no nível clássico "parece" clássico. A "maior parte" dos estados quânticos não se parecem nem um pouco com estados clássicos!

Onde isso tudo nos deixa? Acredito que devemos considerar fortemente a possibilidade de que a mecânica quântica esteja simplesmente *errada* quando aplicada a corpos macroscópicos – ou, melhor, que as leis **U** e **R** nos deem aproximações excelentes (e somente isso) para alguma teoria mais completa, mas ainda não descoberta. É a *combinação* dessas duas leis juntas que nos dá a maravilhosa concordância experimental que a teoria atual de fato apresenta, não **U** somente. Se a linearidade de **U** fosse estendida para o mundo macroscópico, deveríamos aceitar a realidade física de combinações lineares complexas de diferentes posições (ou *spins* diferentes etc.) de bolas de críquete e similares. O próprio senso comum nos diz que essa não é a maneira pela qual o mundo realmente se comporta! Bolas de críquete são de fato muito bem aproximadas pelas descrições da física *clássica*. Elas apresentam localizações bem definidas, e não as vemos em dois lugares ao mesmo tempo, como as leis lineares da mecânica quântica permitiriam que elas estivessem. Se os procedimentos **U** e **R** devem ser substituídos por uma lei mais ampla, então, ao contrário da equação de Schrödinger, essa nova lei deve ter caráter *não* linear (pois **R** em si atua não linearmente). Alguns são contrários a isso, apontando bastante corretamente que muito da profunda elegância matemática da teoria quântica padrão resulta dessa linearidade. No entanto, sinto que seria surpreendente se a teoria quântica não passasse por alguma mudança fundamental no futuro – para algo cuja linearidade seria somente uma aproximação. Existem certamente precedentes para esse tipo de mudança. A poderosa e elegante teoria de Newton da gravitação universal devia muito ao fato de que as forças da teoria se adicionavam de maneira *linear*. No entanto, com a relatividade geral de Einstein, vimos que essa linearidade era uma aproximação (ainda que uma aproximação excelente) – e a elegância da teoria de Einstein supera até a da teoria de Newton!

Não escondo de maneira alguma o fato de acreditar que as soluções dos enigmas da teoria quântica devem estar em encontrarmos uma teoria melhor. Ainda que essa não seja a visão convencional, ela não é totalmente não convencional. (Muitos dos criadores da teoria quântica também pensavam assim. Eu me referi aos pontos de vista de Einstein. Schrödinger (1935), De Broglie (1956) e Dirac (1939) também viam a teoria como somente provisória.) Porém, mesmo que acreditarmos que a teoria deva ser de alguma forma modificada, são de fato enormes as restrições quanto ao modo *como* fazer essas modificações. Talvez algum tipo de ponto de vista de "variáveis ocultas" eventualmente se mostre aceitável. No entanto, a não localidade que é exibida por experimentos do tipo EPR desafia drasticamente qualquer descrição "realista" do mundo que possa ocorrer confortavelmente em um espaço-tempo usual – um espaço-tempo do tipo particular que nos é dado segundo os princípios da relatividade – de modo que eu creio que uma mudança ainda mais radical seja necessária. Além disso, nenhuma discrepância de qualquer tipo entre a teoria quântica e a observação experimental já foi encontrada – a menos, claro, que vejamos a evidente ausência de bolas de críquete em superposição como prova contrária. Meu próprio ponto de vista é que a inexistência de bolas de críquete em superposição *de fato* é uma evidência contrária! Apenas isso não nos ajuda muito, porém. Sabemos que, no nível submicroscópico das coisas, as leis da mecânica quântica são dominantes; mas, no nível das bolas de críquete, as leis da física clássica o são. Em algum lugar no meio, eu defenderia, devemos nos entender com alguma nova lei de maneira a ver como o mundo quântico se funde com o mundo clássico. Creio também que precisaremos dessa nova lei, se de alguma maneira queremos entender as mentes! Para tudo isso devemos, acredito, procurar por novas evidências.

Em minhas descrições da teoria quântica neste capítulo fui completamente convencional, ainda que a ênfase dada por mim tenha talvez sido mais geométrica e "realista" que o usual. No próximo capítulo tentaremos buscar algumas pistas necessárias – pistas que, acredito, devem nos oferecer algum auxílio na busca por uma mecânica quântica melhorada. Nossa jornada começará perto de casa, mas seremos forçados a viajar para muito longe. Ocorre que precisaremos explorar os confins do espaço, e até mesmo irmos para o próprio início do tempo!

7
A cosmologia e a seta do tempo

O fluxo do tempo

De importância central para nossos sentimentos de percepção consciente é a sensação de progressão do tempo. Nós *parecemos* estar sempre nos movendo para a frente, de um passado bem definido para um futuro incerto. O passado já passou, nós sentimos, e não existe nada que possamos fazer sobre isso. Ele é imutável e, em certo sentido, está "por aí" imóvel. Nosso conhecimento presente dele pode vir de registros, de nossas memórias e de nossas deduções a partir disso, mas não tendemos a duvidar da *realidade* do passado. O passado foi algo e pode (agora) *ser* somente uma coisa só. O que aconteceu já aconteceu e quanto a isso não existe absolutamente nada que nós, ou qualquer pessoa, possamos fazer! O futuro, por outro lado, parece ainda indeterminado. Ele pode mostrar-se uma coisa, ou pode se mostrar outra. Talvez essa "escolha" esteja completamente determinada pelas leis físicas ou talvez parcialmente por nossas próprias decisões (ou por Deus); mas essa "escolha" *parece* que ainda deve ser feita. Parece que existem meramente *potencialidades* para seja qual for a "realidade" na qual o futuro eventualmente decida existir. À medida que conscientemente percebemos a passagem do tempo, a parte mais imediata daquele vasto e aparentemente indeterminado futuro continuamente se torna existente como realidade, e assim faz sua entrada como membro do passado fixo. Algumas vezes podemos ter o sentimento de que *nós* fomos pessoalmente "responsáveis" por influenciar de alguma maneira a escolha do futuro potencial em particular que agora se tornou fato consumado e transformado em parte permanente da realidade do passado. Mais comum, no entanto, é que nos sintamos como espectadores passivos – talvez gratos por não termos responsabilidade – à medida que, inexoravelmente, o reino do passado consumado avança sobre o futuro incerto.

Porém, a física, como conhecemos, conta uma história diferente. Todas as equações bem-sucedidas da física são simétricas no tempo. Elas podem ser utilizadas igualmente bem tanto em uma direção do tempo como na outra. O futuro e o passado parecem estar fisicamente no exato mesmo patamar. As leis de Newton, as equações de Hamilton, as equações de Maxwell, a teoria da relatividade geral de Einstein, a equação de Dirac e a equação de Schrödinger – todas permanecem essencialmente inalteradas se invertermos a direção do tempo. (Substituirmos a coordenada t, que representa o tempo, por $-t$.) Toda a mecânica clássica, junto com a parte "U" da mecânica quântica é inteiramente reversível no tempo. Existe uma questão quanto à parte "**R**" da mecânica quântica ser realmente reversível temporalmente ou não. Essa questão será central para os argumentos que apresentarei no próximo capítulo. Por ora, deixemos isso de lado e foquemos no que é referido essencialmente como "conhecimento padrão" sobre o tema – isto é, que apesar das aparências iniciais, a operação de **R** também deve ser de fato considerada temporalmente simétrica (cf. Aharonov; Bergmann; Lebowitz, 1964). Se aceitarmos isso, parece que de fato precisaremos olhar em outro lugar, se queremos encontrar onde a lei física revela alguma distinção entre o passado e o futuro.

Antes de tratarmos dessa questão, devemos considerar outra divergência enigmática entre nossas percepções sobre o tempo e o que a teoria física moderna nos leva a crer. Segundo a relatividade não existe de fato algo como "agora". O mais próximo que chegamos deste conceito é o "espaço de simultaneidade" de um observador no espaço-tempo, como exemplificado na Fig. 5.21, p.283, mas isso depende do *movimento* do observador! O "agora" segundo um observador não precisa necessariamente concordar com o de outro.[1] Com relação a dois eventos espaçotemporais A e B pode ocorrer a situação na qual um observador **U** considera que B pertence ao passado fixo, e A ao futuro incerto, enquanto para um segundo observador **V**, A pertenceria ao passado fixo, enquanto B estaria no futuro incerto! (Veja a Fig. 7.1.)

[1] Alguns "puristas" com relação a aspectos da relatividade poderiam preferir utilizar os cones de luz dos observadores, em vez de seus espaços de simultaneidade. No entanto, isso não faz diferença nas conclusões.

Não podemos afirmar com propriedade que qualquer um desses eventos *A* ou *B* permanece incerto, enquanto o outro está bem definido.

Lembre-se da discussão nas p.284-5 e na Fig. 5.22. Duas pessoas passam uma pela outra na rua; e segundo uma delas, uma frota espacial de Andrômeda já iniciou sua jornada, enquanto para a outra a decisão quanto a essa jornada acontecer ou não ainda não foi feita. Como pode ainda haver incerteza sobre qual é o resultado dessa decisão? Se, para *qualquer* uma das pessoas a decisão já foi tomada, então certamente *não pode* haver nenhuma incerteza. A partida da frota espacial é uma inevitabilidade. De fato, nenhuma das pessoas pode ainda *saber* do lançamento da frota espacial. Eles podem ficar sabendo disso somente depois, quando observações telescópicas a partir da Terra revelarem que a frota de fato está a caminho. Elas podem, então, lembrar-se daquele encontro aleatório[2] e chegar à conclusão que *naquele* instante, segundo um deles, a decisão estava no futuro incerto, enquanto para o outro ela estava no passado concreto. Existia, *então*, alguma incerteza sobre aquele futuro? Ou o futuro de *ambas* as pessoas já estava "fixo"?

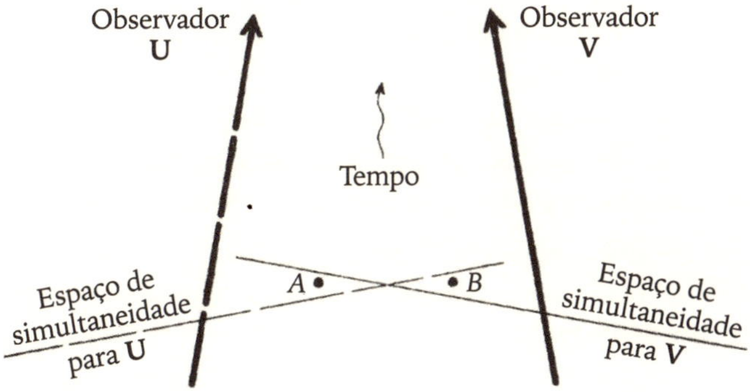

Fig. 7.1. Pode o tempo realmente "fluir"? Para o observador **U**, *B* pode estar no passado "fixo", enquanto *A* está ainda no futuro "incerto". O observador **V**, no entanto, tem a visão oposta!

Começa a parecer que, para qualquer coisa ser bem definida, o espaço-tempo todo deve ser bem definido! Não pode haver nenhum "futuro" incerto. A *totalidade* do espaço-tempo deve estar fixa, sem nenhuma brecha para a incerteza. De fato, essa parece ter sido a conclusão do próprio Einstein (cf. Pais, 1982, p.444). Além disso, não existe de fato um fluxo do tempo.

[2] Ocorreu-me, após ter escrito isso, que ambas as pessoas já teriam morrido faz muito tempo, nesse caso! Seriam seus *descendentes remotos* que teriam de "voltar".

Temos somente o "espaço-tempo" – e nenhum propósito para que um futuro cujo domínio inexoravelmente seja invadido por um passado fixo! (O leitor pode estar se perguntando qual é o papel das "incertezas" da mecânica quântica em tudo isso. Voltarei às questões levantadas pela mecânica quântica mais tarde, neste capítulo. Por ora, será melhor focarmos no modelo puramente clássico.)

É minha impressão de que existem discrepâncias severas entre o que sentimos conscientemente, com relação ao fluxo do tempo, e o que nossas (maravilhosamente precisas) teorias afirmam sobre a realidade do mundo físico. Essas discrepâncias devem certamente estar apontando para algo profundo sobre a física que presumivelmente deve estar realmente subjacente às nossas percepções conscientes – assumindo (como eu creio) que o que subjaz a essas percepções pode de fato ser entendido em termos de algum tipo apropriado de física. Pelo menos parece ser evidentemente o caso de que, seja qual for a física que estiver em jogo, deve haver, essencialmente, um ingrediente temporalmente assimétrico, i.e., algo que deve fazer uma distinção entre o passado e o futuro.

Se as equações da física não parecem fazer nenhuma distinção entre passado e futuro – e mesmo se a própria ideia de "presente" se encaixe de forma tão desconfortável com a relatividade – então onde entre o céu e a terra podemos encontrar leis físicas que estejam mais em concordância com a maneira que percebemos o mundo? De fato, as coisas não são tão discrepantes como posso estar deixando transparecer. Nosso entendimento físico da realidade contém ingredientes físicos importantes *além* das equações de evolução temporal – e alguns deles realmente parecem envolver assimetrias temporais. O mais importante é o que se conhece como *segunda lei da termodinâmica*. Tentemos ganhar algum entendimento sobre o que esta lei significa.

O inexorável aumento da entropia

Imagine um copo com água posicionado na borda de uma mesa. Se esbarrarmos nele, é provável que ele caia no chão – sem dúvida para quebrar-se em muitos pedaços, com a água se espalhando por uma área considerável, talvez sendo absorvida pelo carpete ou caindo entre as frestas do chão. Nisso, nosso copo de água estava simplesmente seguindo fielmente as equações da física. As descrições de Newton já bastam. Os átomos no copo e na água atuam individualmente segundo as leis de Newton (Fig. 7.2). Vamos agora imaginar esse filme se passando na direção inversa do tempo. Pela reversibilidade temporal dessas leis, a água poderia muito bem fluir para fora do carpete e das frestas no chão para entrar no copo, que está freneticamente se reconstruindo a partir de numerosos cacos, de modo que o conjunto inteiro pularia do chão exatamente para a altura da mesa e permaneceria então em repouso na borda desta. Tudo isso de acordo com as leis de Newton, assim como quando o copo caía e se despedaçava!

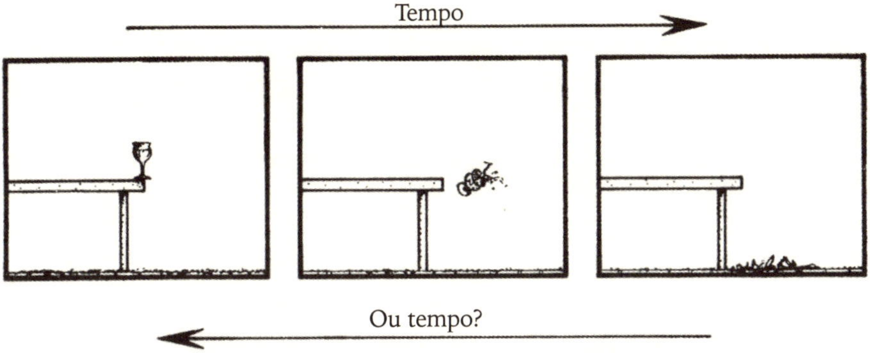

Fig. 7.2. As leis da mecânica são temporalmente reversíveis; ainda assim o ordenamento desse acontecimento do quadro direito para o esquerdo é algo que nunca vemos, enquanto aquele do quadro esquerdo para o direito é bastante comum.

O leitor poderia talvez estar se perguntando de onde a energia provém para levantar o copo do chão até a mesa. *Isso* não é um problema. Não pode haver nenhum problema com relação à energia, pois na situação na qual o copo *cai* da mesa, a energia que ele ganha ao cair deve *ir* para algum lugar. De fato, a energia do copo em queda se transforma em *calor*. Os átomos nos cacos de vidro, na água, no carpete e no chão se moverão de maneira aleatória ligeiramente mais rápida do que estavam antes, no momento seguinte ao impacto do copo no chão, i.e., os cacos de vidro, a água, o carpete e o chão estarão um pouco mais *quentes* do que estavam antes (ignorando possíveis perdas de calor pela evaporação – mas isso também seria reversível em princípio). Por *conservação de energia*, essa energia em forma de calor é igual à energia perdida pelo copo de água ao cair da mesa. Assim, essa pequena quantidade de energia em forma de calor seria suficiente para levar o copo de volta à mesa! É importante notar que a energia em forma de calor deve ser incluída, quando consideramos a conservação de energia. A lei da conservação de energia, quando a energia em forma de calor é considerada, é chamada de *primeira lei da termodinâmica*. A primeira lei da termodinâmica, que é uma dedução da mecânica newtoniana, é temporalmente simétrica. A primeira lei *não* restringe o copo ou a água de maneira alguma que os impeçam de se juntarem novamente, com a água enchendo o copo e pulando de volta miraculosamente para a mesa.

A razão pela qual nós não vemos isso acontecer é que os movimentos provenientes do "calor" dos átomos nos fragmentos de vidro, água, chão e carpete serão todos altamente aleatórios, de modo que a maioria dos átomos vai se mover nas direções erradas. Uma coordenação absolutamente precisa de seus movimentos seria necessária de maneira a reunir novamente o copo, com todas as partes da água de volta para dentro dele, e então lançá-lo de volta para a mesa. É praticamente uma certeza que esse movimento coordenado *não* acontecerá! Essa coordenação poderia ocorrer somente por um golpe de sorte absolutamente inacreditável – de um tipo que seria visto como "mágico" se acontecesse alguma vez!

No entanto, na outra direção temporal, esse movimento coordenado é comum. De alguma maneira, não vemos como um golpe de sorte se as partículas estão se movendo de forma coordenada, contanto que elas o façam *após* alguma mudança de larga escala no estado físico ter acontecido (aqui, a quebra e espalhamento do copo de água), em vez de ocorrer *antes* da mudança. O movimento das partículas de fato deve ser altamente coordenado após esse evento; pois, afinal, se esses movimentos são de uma natureza tal que se fôssemos reverter, de maneira precisa, o movimento de cada átomo, o comportamento resultante seria exatamente aquele necessário para reconstruir, encher o copo e erguê-lo precisamente até sua configuração inicial.

Movimentos altamente coordenados são aceitáveis e familiares se forem vistos como o *efeito* de uma mudança de larga escala, não sua *causa*. No entanto, as palavras "causa" e "efeito" já evocam por si sós a questão da assimetria temporal. Em nossa fala cotidiana estamos acostumados a aplicar esses termos no sentido de que a causa deve preceder o efeito. Porém, se tentamos entender a diferença física entre o passado e o futuro, devemos ser cuidadosos e não inserir inadvertidamente nossos sentimentos cotidianos sobre o passado e o futuro na discussão. Devo avisar o leitor que é extremamente difícil fazer isso, mas é imperativo que tentemos. Devemos tentar utilizar as palavras de tal maneira que elas não representem um conceito prévio com relação à questão da distinção física entre passado e futuro. Assim, se as circunstâncias fossem apropriadas, teríamos de nos permitir considerar as causas das coisas como se estivessem no futuro, e os efeitos, no passado! As equações determinísticas da física clássica (ou a operação de **U** na física quântica, a propósito) não têm preferência por evoluir em direção ao futuro. Elas podem ser utilizadas igualmente bem para evoluir em direção ao passado. O futuro determina o passado da mesma maneira que o passado determina o futuro. Podemos especificar arbitrariamente algum estado do sistema no futuro, e então utilizar esse estado para calcular como ele deveria ser no passado. Se nos é permitido ver o passado como uma "causa", e o futuro como um "efeito" quando estudamos a evolução proveniente das equações que regem um sistema na direção futura usual no tempo, então quando aplicamos de maneira igualmente válida o procedimento de ver essa evolução na direção temporal do passado devemos aparentemente considerar o futuro como uma "causa", e o passado, como um "efeito".

No entanto, existe algo além disso que está envolvido no uso dos termos "causa" e "efeito" que não é de fato uma questão de quais eventos estão no passado e quais eventos estão no futuro. Vamos imaginar um universo hipotético no qual as mesmas equações clássicas temporalmente simétricas que são válidas em nosso universo sejam válidas lá, mas para o qual o comportamento do tipo familiar (e.g., a quebra e espalhamento de copos de água) coexista com as ocorrências temporalmente reversas associadas. Suponha que, junto com a nossa experiência familiar, algumas vezes os copos de água *de fato* se juntem a partir de cacos quebrados, misteriosamente se encham a partir de poças de água e então pulem em nossas mesas; suponha também que, às vezes, ovos quebrados magicamente desquebrem e descozinhem a si mesmos, finalmente voltando para nossas caixas de ovos que perfeitamente se juntam e selam a si mesmas; que cubos de açúcar possam se formar a partir do açúcar dissolvido em um café adoçado e espontaneamente possam pular da xícara para a mão de alguém. Se vivêssemos em um mundo no qual esses acontecimentos fossem comuns, certamente não associaríamos as "causas" desses eventos a golpes de sorte fantasticamente improváveis com relação ao comportamento dos átomos individuais, mas a algum "efeito teleológico", no qual algumas vezes os objetos teriam a intenção de atingir uma determinada configuração macroscópica. "Veja!", diríamos, "está acontecendo novamente. A bagunça se juntará e formará um outro copo com água!" Sem dúvida consideraríamos que os átomos estariam se comportando de maneira tão precisa *porque* essa seria a maneira de produzir um copo com água sobre a mesa. O copo com água seria a "causa", e o aparente conjunto aleatório de átomos no chão, o "efeito" – apesar do fato de o "efeito" agora acontecer no tempo antes do que a "causa". Da mesma maneira, o movimento minuciosamente organizado dos átomos no ovo quebrado não é a "causa" do pulo que ele dá para formar um ovo inteiro, mas o "efeito" dessa ocorrência futura; e o cubo de açúcar não se junta e pula da xícara "porque" os átomos se movem com essa extraordinária precisão, mas devido ao fato de que alguém – ainda que no futuro – vai eventualmente segurar esse cubo de açúcar em sua mão!

É evidente que, em nosso mundo, não vemos essas coisas acontecendo – ou, melhor, o que não vemos é a *coexistência* dessas coisas com as coisas normais. Se *tudo* que víssemos fossem acontecimentos do tipo descrito acima, então não teríamos um problema. Poderíamos simplesmente trocar os termos "passado" e "futuro", "antes" e "depois" etc. em todas as nossas descrições. O tempo poderia ser considerado progredindo na direção reversa daquela originalmente especificada, e aquele mundo poderia ser descrito como se fosse exatamente como o nosso. No entanto, aqui estou considerando uma possibilidade diferente – igualmente consistente com as equações temporalmente simétricas da física – em que a quebra e a formação de copos com água poderiam *coexistir*. Nesse mundo não podemos retomar as descrições familiares ao nosso simplesmente pela reversão de nossas convenções sobre a direção de progressão do tempo. É evidente, acontece que nosso mundo não é assim, mas por quê? Para começarmos a entender esse fato, tenho pedido a você, leitor, que tente imaginar esse mundo e se pergunte como descreveríamos os eventos que aconteceriam nele. Estou pedindo a você aceitar que, nesse mundo, certamente descreveríamos as configurações macroscópicas – como copos inteiros com água, ovos inteiros ou cubos de açúcar – como se fornecessem "causas", e os movimentos detalhados, e talvez altamente correlacionados, dos átomos individuais, como "efeitos", estando ou não as "causas" no futuro ou no passado dos "efeitos".

Por que no mundo em que por acaso vivemos as causas *de fato* precedem os efeitos; ou, para dizer de modo diferente, por que o movimento precisamente coordenado das partículas ocorre somente *após* alguma mudança de larga escala no estado físico, não *antes* dela? De maneira a obter uma descrição física mais precisas dessas coisas precisaremos introduzir o conceito de *entropia*. *Grosso modo*, a entropia de um sistema é uma medida de sua *desordem*. (Serei um pouco mais preciso oportunamente.) Assim, o copo destruído e a água esparramada no chão são um estado de mais alta entropia do que aquele do copo coeso e cheio na mesa; o ovo quebrado apresenta entropia maior do que quando está inteiro; o café adoçado tem entropia maior do que o cubo de açúcar não dissolvido em um café ainda não adoçado. O estado de baixa entropia parece "especialmente ordenado" de algum modo evidente, e o estado de alta entropia menos "especialmente ordenado".

É importante notar que, quando nos referimos ao caráter "especial" de um estado de baixa entropia, estamos nos referindo a um caráter *manifestamente* especial. Afinal, em um certo sentido mais sutil, o estado de mais alta entropia nessas situações *é* tão "especialmente ordenado" quanto o estado de mais baixa entropia, devido à coordenação bastante precisa entre os movimentos das partículas individuais. Por exemplo, os movimentos aparentemente aleatórios das moléculas de água que vazaram pelas frestas do chão após o copo ter se espatifado de fato são bastante especiais: os movimentos são tão precisos que, se fossem todos exatamente *revertidos*, então o estado de baixa entropia original, no qual o copo está inteiro e cheio de água na mesa, seria retomado. (Isso deve ser verdade, já que a reversão de todos esses movimentos corresponde simplesmente a reverter a direção do tempo – situação na qual o copo de fato se juntaria e pularia de volta para a mesa.) Porém, esses movimentos coordenados de todas as moléculas de água *não* têm o mesmo caráter "especial" ao qual nos referimos quando falamos de baixa entropia. A entropia refere-se à desordem *manifesta*. A ordem presente na coordenação precisa do movimento das partículas não é uma ordem manifesta, de modo que ela não conta para a diminuição da entropia de um sistema. Assim, a ordem presente nas moléculas da água derramada não conta dessa maneira, e a entropia é alta. No entanto, a ordem *manifesta* do copo de água *inteiro* resulta em um valor baixo de entropia. Isso está associado ao fato de que um número comparativamente mais baixo de arranjos possíveis dos movimentos das partículas são compatíveis com a configuração manifesta de um copo inteiro e cheio de água; enquanto existem muito mais estados de movimento compatíveis com a configuração manifesta de uma água levemente mais quente fluindo entre as frestas do chão.

A *segunda lei da termodinâmica* enuncia que *a entropia de um sistema isolado aumenta com o tempo (ou permanece constante para um sistema reversível)*. É bom que não contemos o movimento coordenado das partículas como baixa entropia, pois, se o fizéssemos, a "entropia" de um sistema, segundo essa definição, seria sempre constante. O conceito de entropia deve referir-se somente à desordem que é de fato manifesta. Para um sistema isolado do resto do universo, sua entropia aumenta, de modo que se ele começa em um estado com alguma organização manifesta de algum tipo, essa organização, a seu tempo, será erodida, e essas características especiais serão convertidas em movimento coordenado "inútil" das partículas. Pode parecer, talvez, que a segunda lei é como um mantra do desespero, já que ela enuncia existir um princípio físico inevitável e universal dizendo-nos que a ordem está continuamente sendo destruída. Veremos mais tarde que essa conclusão pessimista não é totalmente apropriada!

O que é entropia?

Porém, o que *é* precisamente a entropia de um sistema físico? Nós vimos que ela é algum tipo de medida da desordem manifesta, mas parece, pelo meu uso de termos imprecisos como "manifesto" e "desordem", que o conceito de entropia não pode estar realmente bem definido como uma quantidade científica evidente. Existe outro aspecto da segunda lei que parece indicar uma certa imprecisão associada ao conceito de entropia: é somente nos chamados sistemas *reversíveis* que a entropia de fato aumenta, em vez de permanecer constante. O que "irreversível" significa? Se considerarmos os movimentos detalhados de todas as partículas, então *todos* os sistemas são reversíveis! *Na prática* devemos dizer que o copo caindo da mesa e se quebrando, o ovo sendo quebrado ou a dissolução do cubo de açúcar no café são todos irreversíveis; enquanto a colisão de um número pequeno de partículas entre si poderia ser considerada reversível, da mesma maneira que várias outras situações cuidadosamente controladas nas quais a energia não é transformada em calor. Basicamente o termo "irreversível" se refere somente ao fato de que não é possível acompanhar, ou controlar, todos os detalhes relevantes das partículas individuais de um sistema. Esses movimentos descontrolados são conhecidos como "calor". Assim, a irreversibilidade parece ser um conceito meramente "prático". Não podemos *na prática* desquebrar um ovo, mesmo que seja um procedimento perfeitamente permitido segundo as leis da mecânica. Nosso conceito de entropia depende, então, do que é prático ou não?

Lembre-se, do Capítulo 5, que aos conceitos físicos de *energia,* assim como momento e momento angular, *podemos* dar definições matemáticas precisas em termos das posições das partículas, suas velocidades, massas e forças envolvidas. Porém, como poderíamos fazer o mesmo com o conceito de "desordem manifesta" que é necessário para tornar o conceito de entropia matematicamente preciso? Certamente o que é "manifesto" para um observador pode não ser para o outro. Não dependeria da precisão com que cada observador é capaz de medir o sistema sob consideração? Com instrumentos de medição melhores, um observador poderia ser capaz de obter informações muito mais detalhadas sobre os constituintes de um sistema do que outro observador poderia fazê-lo. Mais da "ordem oculta" no sistema se tornaria manifesta para um observador do que para outro – e, assim, ele afirmaria que a entropia é menor do que o outro observador o faria. Parece também que os diversos julgamentos estéticos dos observadores poderiam estar envolvidos no que eles consideram como "ordem", em contraste com "desordem". Poderíamos imaginar algum artista que defendesse que a coleção de cacos de vidros estaria muito mais perfeitamente ordenada do que aquele horrendo copo que uma vez esteve sobre a borda da mesa. A entropia teria de ser *reduzida* por causa do julgamento de algum observador artisticamente sensível?

Em face destes problemas de subjetividade é notável que o conceito de entropia seja de útil de algum modo em descrições cientificamente precisas – e ele certamente o é! A razão para essa utilidade é que as mudanças de ordem para desordem em um sistema, em termos dos movimentos e velocidades detalhados das partículas são incrivelmente enormes e (em quase todas as circunstâncias) vão sobrepujar completamente quaisquer diferenças de opinião sobre o que é ou não "ordem manifesta" em uma escala macroscópica. Em particular, o julgamento do artista ou do cientista com relação ao fato de o copo estar inteiro ou quebrado ser um arranjo mais ordenado não tem nenhuma consequência com relação à medição de sua entropia. De longe, a contribuição principal para a entropia provém dos movimentos aleatórios das partículas que dão origem ao pequeno aumento de temperatura e à dispersão da água à medida que o copo e a água atingem o chão.

De maneira a sermos mais precisos sobre o conceito de entropia vamos voltar à ideia do *espaço de fase* que foi introduzida no Capítulo 5. Lembre-se de que o espaço de fase de um sistema é o espaço, normalmente de enormes dimensões, no qual cada um dos pontos representa o estado físico inteiro de um sistema em todos os seus detalhes. Um *único* ponto no espaço de fase fornece todas as coordenadas de posição e momento de todas as partículas individuais que compõem o sistema físico considerado. O que precisamos, para o conceito de entropia, é de uma maneira de agrupar todos os estados que parecem idênticos, do ponto de vista de suas propriedades *manifestas* (i.e., macroscópicas). Assim, precisamos dividir nosso espaço de fase em vários compartimentos (cf. Fig. 7.3), em que os diferentes pontos pertencentes a qualquer compartimento em particular representam sistemas físicos que, mesmo que diferentes nos detalhes minuciosos de suas configurações e movimentos das partículas, são em todo caso vistos como idênticos com relação às características macroscopicamente observáveis. Do ponto de vista do que é manifesto, todos os pontos em um único compartimento devem ser vistos como se representassem o *mesmo* sistema físico. Essa divisão do espaço de

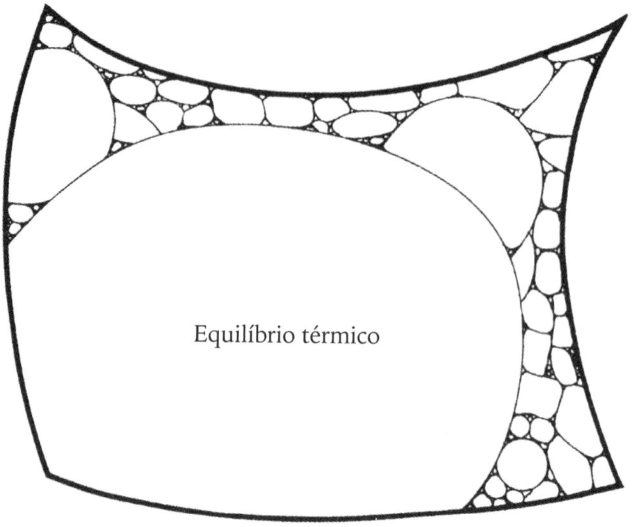

Fig. 7.3. Uma aproximação macroscópica do espaço de fase em regiões que correspondem a estados macroscopicamente indistintos entre si. A *entropia* é proporcional ao logaritmo do volume do espaço de fase.

fase em compartimentos é conhecida como uma *aproximação por macroestados*[3] do espaço de fase.

Ocorrerá de alguns desses compartimentos serem muito maiores do que os outros. Por exemplo, considere o espaço de fase de um gás em uma caixa. A maior parte desse espaço de fase corresponderá a estados nos quais o gás está distribuído de maneira bastante uniforme na caixa, com as partículas se movendo por aí de uma maneira característica que fornece temperatura e pressão uniformes. Esse tipo de movimento característico é, em certo sentido, o mais "aleatório" possível, e é conhecido como *distribuição de Maxwell* – em homenagem ao mesmo James Clerk Maxwell que encontramos antes. Se o gás estiver nesse estado aleatório, dizemos que está em *equilíbrio térmico*. Existe um volume absolutamente vasto de pontos no espaço de

[3] O termo em inglês referente a este conceito é *coarse graining*, que, traduzido literalmente, seria algo como "granulação grosseira". O sentido de "grosseiro" aqui é que, ao olharmos o sistema em uma escala macroscópica (em comparação com seus constituintes), ele tem suas propriedades microscópicas "escondidas" de nossa vista nessa escala. Um exemplo disto ocorre ao considerar galáxias inteiras como entes pontuais, adotando a escala cosmológica como padrão de medição. Em razão disso, adotamos o termo em português "aproximação por macroestados (ou macroscópica)". (N. T.)

fase correspondente ao equilíbrio térmico; os pontos desse volume descrevem todos os arranjos detalhados diferentes de posição e velocidade das partículas individuais que são consistentes com o equilíbrio térmico. Esse vasto volume é um dos nossos compartimentos do espaço de fase – certamente o maior de todos, e ocupa quase que todo o espaço de fase! Vamos considerar um outro estado possível do gás, por exemplo, aquele no qual todo o gás está amontoado em um canto da caixa. Novamente haverá vários estados individuais detalhados, de modo que todos descrevem o gás estando amontoado da mesma maneira no canto da caixa. Todos esses estados são macroscopicamente indistinguíveis entre si, e os pontos do espaço de fase que os representam constituem outro compartimento do espaço de fase. No entanto, o volume desse compartimento é muito menor do que aquele que contém os estados representando o equilíbrio térmico – por um fator de cerca de $10^{10^{25}}$, se considerarmos que a caixa tem capacidade de um metro cúbico e contém ar a pressão e temperatura atmosférica usuais, quando em equilíbrio, e se considerarmos que a região no canto da caixa tem volume de um centímetro cúbico!

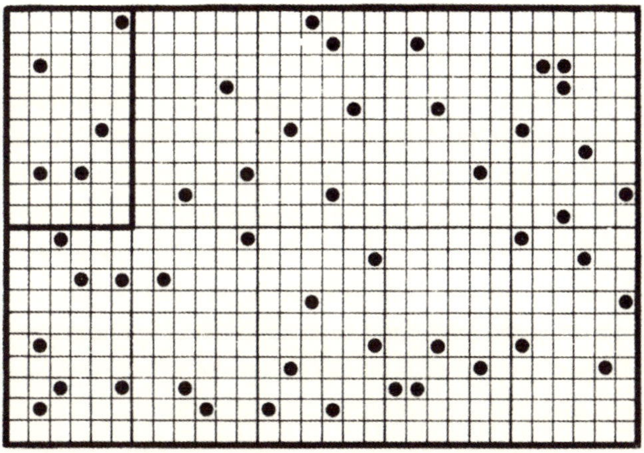

Fig. 7.4. Um modelo para um gás em uma caixa: uma quantidade de pequenas bolas deve ser distribuída por um número muito maior de buracos. Um décimo dos buracos é considerado *especial*; eles estão marcados no canto superior esquerdo.

Para ganharmos alguma noção dessa discrepância entre os volumes do espaço de fase, imagine uma situação simplificada na qual diversas bolas devem ser distribuídas em vários buracos. Suponha que cada buraco ou esteja vazio, ou contenha uma única bola. As bolas representam as moléculas de gás, e os buracos, as diferentes posições da caixa que as moléculas poderiam ocupar. Vamos focar em um pequeno subconjunto de células e considerá-las *especiais*; elas devem representar as posições das moléculas de gás que correspondem à região na qual está o canto da caixa. Suponha, por questão de clareza, que exatamente um décimo dos buracos seja especial – digamos, existem n buracos especiais e $9n$ não especiais (veja a Fig. 7.4). Queremos distribuir aleatoriamente m bolas entre os buracos e encontrar qual é a probabilidade de todas estarem nas células especiais. Se houver uma única bola e dez buracos (de modo que temos uma célula especial), então essa probabilidade é obviamente uma em dez. O mesmo é válido se existir uma bola e qualquer número $10n$ de buracos (de modo que haja n buracos especiais). Assim, para um "gás" de somente *um* átomo, o compartimento especial, correspondendo ao gás "amontoado no canto", teria volume de somente *um décimo* do volume total do "espaço de fase". Porém, se aumentarmos o número de bolas, a probabilidade de *todas* elas caírem em alguma das células especiais diminuirá consideravelmente. Para *duas* bolas, e pensando em vinte células[4] (duas das quais são especiais) ($m = 2, n = 2$), a probabilidade é 1/190, ou com cem buracos (dez especiais) ($m = 2, n = 10$), ela é 1/110; com um número muito grande de células, ela se torna 1/100. Assim, o volume da parte especial para um gás de *dois* átomos é somente *um centésimo* do volume total do "espaço de fase". Para *três* bolas e trinta buracos ($m = 3, n = 3$) é 1/4060; e com um número grande de buracos, torna-se 1/1000 – de modo que, para um "gás" de *três* átomos, o volume da parte especial é agora *um milésimo* do volume do "espaço de fase". Para quatro bolas com um número muito grande de buracos, a probabilidade se torna 1/10000. Para cinco bolas e um número grande de buracos, a probabilidade se torna 1/100000, e assim por diante. Para m bolas e um número grande de buracos, a probabilidade se torna $1/10^m$, de maneira que, para um "gás" de m átomos, o volume da região especial é $1/10^m$ do "espaço de fase". (Isso ainda é válido, se o "momento" for incluído.)

Isso pode ser aplicado à situação considerada acima de um gás real em uma caixa, mas agora, em vez de haver somente um décimo do total, a região especial ocupa somente um milionésimo (i.e., 1/1000000) do total (i.e., um centímetro cúbico em um metro cúbico). Isso significa que, em vez de a probabilidade ser somente $1/10^m$, ela é agora $1/(1000000)^m$, i.e., $1/10^{6m}$. Para o ar comum, haveria cerca de 10^{25} moléculas em nossa caixa como um todo, de modo que consideramos $m = 10^{25}$. Assim, o compartimento especial do

[4] Para n e m gerais, a probabilidade é $C(10n, m)/C(n, m) = (10n)!\,(n-m)!/(n!\,(10n-m)!)$.

espaço de fase, representando a situação na qual todo o gás estaria amontoado em um canto tem um volume de somente

$$1/10^{60\,000\,000\,000\,000\,000\,000\,000\,000}$$

de todo o espaço de fase!

A *entropia* de um estado é uma medida do *volume V* do compartimento que contém o ponto no estado de fase que representa o sistema. Em vista das enormes discrepâncias de volumes, como vimos acima, convém não considerar a entropia proporcional ao volume, mas ao *logaritmo* do volume:

$$\textit{entropia} = k \log V.$$

Considerar o logaritmo faz os números parecerem mais razoáveis. O logaritmo[5] de 10 000 000, por exemplo, é apenas 16. A quantidade k é uma constante, chamada de *constante de Boltzmann*. Seu valor é cerca de 10^{-23} joules por kelvin. A razão essencial para considerarmos o logaritmo aqui é que ele faz com que a entropia seja uma quantidade *aditiva* para sistemas independentes. Assim, para dois sistemas físicos completamente independentes, a entropia total dos dois sistemas juntos será a *soma* das entropias de cada um dos sistemas separados. (Isso é consequência de uma propriedade algébrica básica da função logarítmica: $\log AB = \log A + \log B$. Se os dois sistemas pertencem a compartimentos de volumes A e B, em seus respectivos espaços de fase, então o volume do espaço de fase para os dois sistemas será o produto AB, pois cada possibilidade para um sistema deve ser contada separadamente de cada possibilidade para o outro; assim, a entropia do sistema combinado será a soma das duas entropias individuais.)

As enormes discrepâncias entre os tamanhos dos compartimentos no espaço de fase parecerão mais razoáveis em termos da entropia. A entropia de nossa caixa de um metro cúbico de gás, como descrita acima, é cerca de apenas 1400 JK^{-1} ($14k \times 10^{25}$) maior do que a entropia do gás concentrado na região "especial" de um centímetro cúbico (já que $\log_e (10^{6 \times 10^{25}})$ é cerca de 14×10^{25}).

[5] O logaritmo utilizado aqui é o logaritmo *natural*, i.e., tomado com relação à base e = 2,7182818285 ..., em vez de 10, mas a distinção não tem muita importância. O logaritmo natural, $x = \log n$ de um número n é a potência a qual devemos elevar e de modo a obter n, i.e., a solução de $ex = n$ (veja a nota 6 à p.144).

De maneira a dar o *real* valor da entropia para esses compartimentos, devemos nos preocupar um pouco com a questão de quais unidades devem ser escolhidas (metros, joules, quilogramas, kelvin etc.). Isso não é de nosso interesse aqui e, de fato, para os valores estupendamente enormes que apresentarei em breve não faz a menor diferença quais unidades são escolhidas. No entanto, por questão de clareza (para os especialistas), deixe-me dizer que vou considerar unidades *naturais*, como fornecidas pelas regras da mecânica quântica, para as quais a constante de Boltzmann se mostra ser a *unidade*:

$$k = 1.$$

A segunda lei em ação

Suponha, agora, que comecemos com um sistema em alguma situação muito especial, como acontece com o gás todo em um canto da caixa. No momento seguinte, o gás se espalhará e ocupará rapidamente volumes cada vez maiores. Após um tempo, um equilíbrio térmico será estabelecido. Como vemos isso em termos do espaço de fase? Em cada instante, o estado completo e detalhado de todas as posições e momentos de todas as partículas do gás seria descrito por um único ponto no espaço de fase. À medida que o gás evolui, esse ponto viaja pelo espaço de fase, e seu histórico de viagem descreve a história inteira de todas as partículas do gás. O ponto começa em uma pequena região do espaço de fase – a região que representa a coleção de todos os possíveis estados iniciais para os quais o gás está em um canto particular da caixa. À medida que o gás se espalha, nosso ponto movediço entrará em uma região consideravelmente maior do espaço de fase, correspondendo aos estados em que o gás já está um pouco espalhado na caixa. O ponto no espaço de fase continua entrando em regiões do espaço de fase com volumes cada vez maiores à medida que o gás se espalha, em que cada novo volume é incomparavelmente maior que o volume anterior – por fatores absolutamente estupendos! (Veja a Fig. 7.5.) Em cada caso, uma vez que o ponto tenha entrado no volume maior, existe (para todos os efeitos) uma probabilidade nula de que ele possa se encontrar novamente em algum dos volumes menores. Finalmente, o ponto se perde no maior de todos os volumes do espaço de fase – que corresponde ao equilíbrio térmico. Esse volume praticamente ocupa todo o espaço de fase. Podemos estar virtualmente certos de que nosso ponto do espaço de fase, em sua trajetória efetivamente aleatória, não entrará em algum dos volumes menores em nenhum intervalo de tempo plausível. Uma vez que o estado de equilíbrio térmico tenha sido alcançado, então, para todos os propósitos, ele continuará a existir indefinidamente. Vemos, assim, que a entropia do sistema, que simplesmente fornece uma medida logarítmica do volume do compartimento do espaço de fase apropriado apresentará uma inexorável tendência a crescer[6] ao longo do tempo.

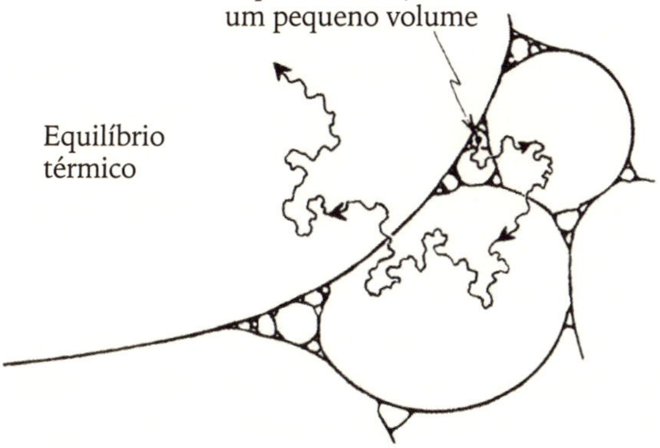

Fig. 7.5. A segunda lei da termodinâmica em ação: à medida que o tempo passa, o ponto no espaço de fase entra em compartimentos de volumes cada vez maiores. Consequentemente, a entropia aumenta de maneira contínua.

Parece que agora temos uma *explicação* para a segunda lei! Afinal, podemos supor que nosso ponto de fase não se move de nenhuma forma especial e, caso ele comece em um minúsculo volume do espaço de fase, correspondendo a uma *baixa* entropia, então, à medida que o tempo passa, será inimaginavelmente mais provável que ele se mova para volumes cada vez maiores, correspondendo a valores gradualmente maiores de entropia.

No entanto existe algo um pouco estranho sobre o que parece que deduzimos com base nesse argumento. Parecemos ter deduzido uma conclusão

---

[6] É óbvio que não é verdade que nosso ponto no espaço de fase *nunca* encontrará um dos compartimentos menores novamente. Se esperarmos tempo o bastante, esses compartimentos pequenos serão eventualmente revisitados. (Isso é conhecido como *recorrência de Poincaré.*) No entanto, as escalas de tempo envolvidas seriam tão ridiculamente longas na maior parte das circunstâncias, e.g., cerca de $10^{10^{26}}$ anos, anos, no caso de o gás ter de voltar ocupar um centímetro cúbico no canto da caixa. Isso excede de muitíssimos anos o tempo de existência do universo! Vou ignorar essa possibilidade na discussão que segue, já que ela não é de fato relevante para o problema em questão.

temporalmente assimétrica. A entropia *aumenta* ao seguirmos na direção *positiva* do tempo e, assim, *diminui* na direção *oposta* do tempo. De onde surge essa assimetria temporal? Certamente não introduzimos nenhuma lei física que seja temporalmente assimétrica. A assimetria temporal surge meramente do fato de o sistema de que estamos tratando *ter começado* em um estado muito especial (i.e., um estado de baixa entropia); tendo começado desse modo, nós o vimos evoluir na direção *futura* e vimos que sua entropia aumenta. Esse aumento de entropia de fato está de acordo com o comportamento dos sistemas que temos no nosso universo. Porém, poderíamos muito bem ter aplicado esse mesmo argumento na direção inversa do tempo. Poderíamos novamente especificar que o sistema está em um estado de baixa entropia em um certo instante, mas agora nos perguntamos qual é a sequência de estados com maior probabilidade de ter *antecedido* o estado atual.

Vamos ver como o argumento segue dessa maneira reversa. Assim como antes, considere o estado de baixa entropia como se o gás estivesse totalmente concentrado em um canto da caixa. Nosso ponto do espaço de fase está agora na mesma região minúscula do espaço de fase em que havíamos começado antes. Porém, vamos tentar ver o *passado* de sua história. Se imaginarmos o ponto do espaço de fase zanzando de uma forma bastante aleatória como antes, então esperamos, à medida que vemos seu movimento para trás no tempo, que ele logo alcançaria o mesmo volume consideravelmente maior do espaço de fase que antes, que corresponde ao gás estando um pouco mais espalhado pela caixa, mas ainda não em equilíbrio térmico, e então para volumes cada vez maiores, cada novo volume seria absolutamente enorme, em comparação com os anteriores. Ao seguirmos mais para trás no passado, encontraríamos o ponto no maior volume de todos, representando o equilíbrio térmico. *Agora* parece que deduzimos que, dado que em certo instante o gás estava totalmente concentrado em um canto da caixa, então a maneira mais provável pela qual ele chegou até ali foi ter começado em um estado de equilíbrio térmico, e então passado a concentrar-se cada vez mais no canto da caixa, e finalmente ficou todo no pequeno volume especificado do canto. Todo o tempo, a entropia teria de estar *diminuindo*: ela começaria de um valor alto em equilíbrio, e então gradualmente diminuiria até alcançar o pequeno valor correspondente ao gás totalmente concentrado em um canto da caixa!

É óbvio que isso não é nem um pouco similar ao que realmente acontece no universo! A entropia não diminui desse modo; ela *aumenta*. Se soubéssemos que o gás estava totalmente concentrado em um canto da caixa em um instante particular, então uma situação muito mais provável para *preceder* essa poderia ser que o gás estivesse preso firmemente no canto, devido a alguma compartimentação que teria sido rapidamente removida. Ou talvez o gás estivesse ali em um estado sólido ou líquido, e foi rapidamente aquecido até tornar-se gasoso. Para cada uma dessas possibilidades alternativas, a entropia era ainda *menor* nos estados anteriores. A segunda lei de fato seria válida, e a entropia aumentaria o tempo todo – i.e., na direção temporalmente *reversa*, de fato ela estava *diminuindo*. *Agora* vemos que nosso argumento nos deu a resposta completamente errada! Ele nos disse que a maneira mais provável pela qual o gás estava no canto da caixa seria ter começado em um estado de equilíbrio térmico e então, com a entropia reduzindo constantemente, o gás teria se amontoado no canto; enquanto, de fato, no mundo real, essa é uma maneira absolutamente *im*provável de ocorrer isso. Em nosso mundo, o gás começaria em um estado *ainda menos* provável (i.e., com menor entropia), e a entropia gradualmente *aumentaria* para o valor que ela subsequentemente teria, com o gás todo no canto da caixa.

Nosso argumento pareceu válido quando aplicado na direção futura, ainda que não o seja na direção passada. Para a direção *futura* corretamente antecipamos que, sempre que o gás começar no canto, a coisa mais provável a acontecer no futuro é que o equilíbrio térmico *será* alcançado, *não* que uma compartimentação subitamente aparecerá, ou que o gás subitamente congelará ou se tornará líquido. Essas alternativas bizarras representariam justamente o tipo de comportamento responsável por diminuir a entropia na direção futura que nosso argumento relativo ao espaço de fase parece, corretamente, desconsiderar. Porém, na direção *passada*, essas alternativas "bizarras" são de fato as que seriam prováveis de ocorrer – e elas não nos parecem de fato bizarras. Nosso argumento do espaço de fase nos dá a resposta completamente errada, quando tentamos aplicá-lo na direção temporalmente reversa!

Obviamente isso nos deixa em dúvida quanto ao argumento original. *Não* deduzimos a segunda lei. O que o argumento realmente mostrou foi que, para um dado estado de baixa entropia (como um gás completamente localizado num canto de uma caixa), então, *na ausência de quaisquer outros fatores que restringissem o sistema*, seria esperado que a entropia aumentasse em *ambas* as direções no tempo (veja a Fig. 7.6). O argumento não funcionou na direção temporalmente reversa precisamente porque *havia* esses fatores. De fato, existia algo no passado que restringia o sistema. Algo *forçou* no passado a entropia a ser pequena. A tendência a atingir uma alta entropia no futuro não é nenhuma surpresa. Os estados de alta entropia são, em certo sentido, os estados "naturais" que não precisam de justificativas adicionais para existir.

Porém, os estados de baixa entropia no passado são um enigma. O que restringiu a entropia do nosso mundo a ser tão baixa no passado? A presença comum de estados para os quais a entropia é absurdamente pequena é um fato incrível do universo que habitamos – mesmo que esses estados nos sejam tão comuns e familiares que normalmente nem tendemos a vê-los como incríveis. Nós mesmos somos configurações de entropia ridiculamente baixa! O argumento acima mostra que não deveríamos nos surpreender se, *dado* um estado de baixa entropia, esta tenda a ficar maior em um período posterior. O que *deveria* nos surpreender é a entropia tornar-se cada vez mais ridiculamente menor, à medida que olhamos cada vez mais profundamente no passado!

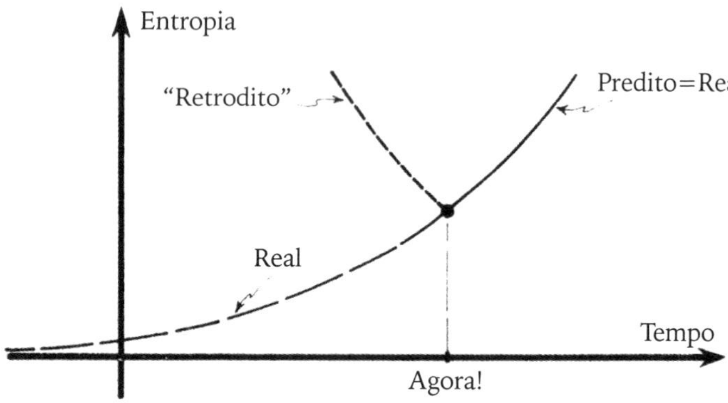

Fig. 7.6. Se utilizarmos o argumento representado na Fig. 7.5 na direção temporalmente reversa, "retrodizemos" que a entropia deveria também aumentar no *passado* com relação ao seu valor atual. Essa é uma grave contradição da observação.

A origem da baixa entropia no universo

Tentemos entender de onde essa "incrível" baixa entropia provém, no caso do universo real que habitamos. Comecemos conosco mesmos. Se pudermos entender de onde nossa baixa entropia proveio, então poderemos ver de onde proveio a baixa entropia do gás preso pela compartimentação – ou em um copo com água na mesa, ou em um ovo mantido sobre a frigideira ou em um cubo de açúcar mantido sobre uma xícara de café. Em cada caso, a pessoa ou coleção de pessoas (ou talvez a galinha!) seria direta ou indiretamente responsável. Foi, em larga escala, uma pequena parte da baixa entropia em nós mesmos que foi utilizada para organizar esses outros estados de baixa entropia. Fatores adicionais poderiam estar envolvidos. Talvez um aspirador tenha sido utilizado para sugar o gás para o canto da caixa, atrás da compartimentação. Se o aspirador não foi operado manualmente, então pode ter ocorrido de algum combustível fóssil (e.g., diesel) ter sido queimado, de maneira a fornecer a energia de baixa entropia necessária para seu funcionamento. Talvez o aspirador tenha sido operado eletricamente e dependesse, em certo grau, da energia de baixa entropia armazenada no combustível de urânio de uma usina de energia nuclear. Retomarei mais tarde essas fontes de baixa entropia, mas primeiro vamos somente considerar a baixa entropia em nós mesmos.

De onde *de fato* vem nossa baixa entropia? A organização em nossos corpos provém da comida que comemos e do oxigênio que respiramos. Geralmente escutamos que obtemos *energia* de nossa ingestão de comida e oxigênio, mas existe um sentido evidente no qual isso não é de fato correto. É verdade que a comida que consumimos de fato se combina com o oxigênio que inspiramos em nossos corpos, e isso nos fornece energia. Porém, em sua maior parte, essa energia deixa nossos corpos novamente, principalmente na forma de calor. Já que a energia é conservada, e já que o conteúdo real de energia de nossos corpos permanece mais ou menos constante durante nossas vidas adultas, então não existe a necessidade de simplesmente *adicionar* energia aos nossos corpos. Não *precisamos* de mais energia dentro de nós mesmos do que já temos. De fato, adicionamos energia ao nosso conteúdo energético quando ganhamos peso – mas nem sempre isso é considerado desejável! Também ocorre que, à medida que crescemos, aumentamos consideravelmente nosso conteúdo energético; isso não é o que me interessa aqui. A questão é como nos mantemos *vivos* durante nossas vidas normais (majoritariamente durante a fase adulta). Para isso *não* precisamos aumentar nosso conteúdo energético.

No entanto precisamos substituir a energia que é continuamente perdida na forma de calor. De fato, quanto mais "enérgicos" formos, mais energia de fato perdemos dessa maneira. Toda essa energia deve ser substituída. Calor é a forma mais *desordenada* de energia que existe, i.e., é a forma de mais alta entropia da energia. Consumimos energia em uma forma de *baixa* entropia (comida e oxigênio) e descartamo-la em uma forma de *alta* entropia (calor, dióxido de carbono, excretas). Não precisamos ganhar energia de nosso ambiente, já que a energia é *conservada*. Porém, continuamente lutamos contra a segunda lei da termodinâmica. Entropia *não* é conservada; ela está *aumentando* o tempo todo. Para nos mantermos vivos, precisamos continuamente diminuir a entropia que está presente em nós mesmos. Fazemos isso mediante a ingestão da combinação de baixa entropia de comida e oxigênio atmosférico, juntando-os dentro de nossos corpos e descartando a energia que ganharíamos de outra maneira em um estado de alta entropia. Podemos, assim, impedir que a entropia dos nossos corpos aumente e podemos manter (até mesmo aumentar) nossa organização interna. (Veja Schrödinger, 1967.)

De onde provém esse suprimento de baixa entropia? Se a comida que ingerimos for carne (ou cogumelos!) então *ela*, como nós, teria dependido de outras fontes externas de baixa entropia para prover e manter sua própria estrutura de baixa entropia. Isso meramente empurra o problema da origem da baixa entropia externa para outro lugar. Assim, suponhamos que nós (ou o animal ou o cogumelo) estejamos consumindo *plantas*. Devemos ser eternamente gratos às plantas verdes – seja direta ou indiretamente – por sua esperteza: ingerindo dióxido de carbono atmosférico, separando o oxigênio do carbono e utilizando esse carbono para construir sua própria estrutura. Esse processo, a *fotossíntese*, resulta em grande redução na entropia. Nós mesmos fazemos uso dessa separação de baixa entropia, para todos os efeitos, simplesmente ao recombinarmos o oxigênio e o carbono dentro de nossos corpos. Como pode ser que as plantas verdes sejam capazes dessa mágica de redução de entropia? Elas conseguem isso fazendo uso da *luz do Sol*. A luz do Sol traz energia para a Terra em um estado com uma entropia comparativamente *baixa*, isto é, nos fótons da luz visível. A Terra, incluindo seus habitantes, não *retém* essa energia, mas (após algum tempo) a reirradia toda de volta para o espaço. No entanto, a energia reirradiada está em um estado de alta entropia, isto é, "calor irradiado" – o que significa fótons infravermelhos. Ao contrário do senso comum, a Terra (junto com seus habitantes) *não* ganha energia do Sol! O que a Terra faz é pegar a energia em uma forma de baixa entropia e jogá-la toda de volta para o espaço, mas em um estado de alta entropia (Fig. 7.7). O que o Sol fez para nós é nos suprir uma imensa fonte de baixa entropia. Nós (graças à esperteza das plantas) fazemos uso disso, em última instância extraindo uma pequena parte dessa baixa entropia e a convertendo nas estruturas notáveis e sutilmente organizadas que somos.

Vejamos, focando no Sol e na Terra, o que aconteceu com a energia e a entropia. O Sol emite energia na forma de fótons de luz visível. Alguns deles são absorvidos pela Terra, tendo sua energia reirradiada na forma de fótons infravermelhos. Agora, a diferença crucial entre a luz visível e os fótons infravermelhos é que os primeiros têm uma frequência maior e, assim, têm individualmente uma energia maior do que no segundo caso. (Lembre-se da fórmula de Planck $E = h\nu$, dada na p.318. Isso nos diz que, quanto maior a

Fig. 7.7. Como fazemos uso do fato de que o Sol é um ponto de calor dentro da escuridão do espaço sideral.

frequência do fóton, maior sua energia.) Já que os fótons de luz visível têm cada energia maior que os infravermelhos, devem existir *menos* fótons de luz visível chegando à Terra do que fótons infravermelhos deixando a Terra, de maneira que a *energia* que chega à Terra se equilibre com a energia que a deixa. A energia que a Terra joga de volta para o espaço está espalhada por muito mais graus de liberdade do que a energia que ela recebe do Sol. Já que existem muito mais graus de liberdade envolvidos quando a energia é enviada de volta, o volume do espaço de fase é muito maior, e a *entropia* aumentou enormemente. As plantas verdes, pelo seu uso da energia em sua forma de baixa entropia (comparativamente *poucos* fótons de luz visível) e pela irradiação dela em uma forma de alta entropia (comparativamente *muitos* fótons infravermelhos) foi capaz de alimentar-se dessa baixa entropia e nos prover esta separação carbono–oxigênio de que precisamos.

Tudo isso é possível pelo fato de o Sol ser uma *fonte quente* no céu! O céu está em um estado de desequilíbrio de temperatura: uma pequena região dele, isto é, aquela ocupada pelo Sol, está a uma temperatura muito maior do que o resto. Esse fato nos dá a fonte de baixa entropia necessária. A Terra obtém sua energia dessa fonte quente em um estado de baixa entropia (poucos fótons) e a irradia novamente para as regiões mais frias em um estado de alta entropia (muitos fótons).

Por que o Sol é uma fonte quente? Como ele foi capaz de atingir esse desequilíbrio de temperatura e, assim, fornecer um estado de baixa entropia? A resposta para isso é que ele foi formado pela contração gravitacional de uma distribuição uniforme de gás prévia (principalmente hidrogênio). À medida que ela contraiu, nos estágios iniciais de sua formação, o Sol esquentou. Ele continuaria a contrair e a esquentar ainda mais, se não fosse pelo fato de que, quando sua temperatura e pressão alcançaram um certo ponto, ele encontrou outra fonte de energia além da contração gravitacional, isto é, *reações termonucleares*: a fusão dos núcleos de hidrogênio em núcleos de hélio para fornecer energia. Sem reações termonucleares, o Sol teria se tornado muito mais *quente* e menor do que ele é agora, até que finalmente teria morrido. Reações termonucleares, de fato, impediram que o Sol se tornasse *muito* quente, impedindo-o de contrair-se mais e estabilizando-o à temperatura que fosse conveniente para nós, permitindo-lhe brilhar por muito mais tempo do que ele seria capaz, caso contrário.

É importante entendermos que, mesmo que as reações termonucleares sejam sem dúvida extremamente importantes para determinarmos a natureza e quantidade da energia irradiada do Sol, é a *gravitação* que exerce o papel principal aqui. (O potencial para reações termonucleares *de fato* têm uma contribuição extremamente importante para o baixo nível da entropia do Sol, mas as questões levantadas pela entropia da fusão são delicadas, e uma discussão completa delas somente complicaria o argumento, sem afetar a conclusão final.)[7] Sem a gravidade, o Sol nem mesmo existiria! O Sol continuaria a brilhar sem reações termonucleares – mesmo que de uma maneira que não seria conveniente para nós – mas *não* haveria nenhum Sol para brilhar sem a

[7] Entropia é ganha na combinação de núcleos leves (e.g., de hidrogênio) nas estrelas em núcleos mais pesados (e.g. de hélio ou, finalmente, de ferro). Da mesma maneira, existe uma "baixa entropia" no hidrogênio presente na Terra, algum do qual eventualmente poderemos nos aproveitar ao convertermos hidrogênio em hélio em usinas de "fusão". A possibilidade de ganhar entropia por esses meios surge somente porque a gravidade permitiu aos núcleos se aglutinarem, mantendo-os a salvo dos fótons muito mais numerosos que eventualmente escaparam na vastidão do espaço e que agora constituem a radiação de corpo negro de fundo, a temperatura 2,7 K (cf. p.431). Essa radiação apresenta entropia muito maior do que aquela presente na matéria das estrelas comuns, e se ela fosse novamente toda concentrada no material estelar ela serviria para desintegrar os núcleos mais pesados novamente em suas partículas constituintes! O ganho de entropia na fusão é, assim, um ganho "temporário", e só é possível devido à presença dos efeitos aglutinadores da gravitação. Veremos mais tarde que, mesmo que a entropia disponível pela via da fusão de núcleos seja muito grande com relação àquela que já foi obtida até hoje diretamente pela gravidade – e a entropia na radiação de fundo é enormemente maior –, esse é um estado puramente local e temporário das coisas. As reservas de entropia da gravitação são *enormemente* maiores, tanto as de fusão quanto as da radiação de fundo a 2,7 K (cf. p.445)!

gravidade que é necessária de modo a manter seu material unido e fornecer as pressões e temperaturas necessárias. Sem a gravitação, só haveria um gás frio e difuso no lugar do Sol, e não existiria *nenhuma* fonte quente no céu!

Ainda não discuti a fonte da baixa entropia nos "combustíveis fósseis" na Terra; mas as considerações são basicamente as mesmas. Segundo a teoria convencional, todo o petróleo (e gás natural) na Terra provém das plantas pré-históricas. Novamente vemos que são as plantas as responsáveis por essa fonte de baixa entropia. As plantas pré-históricas obtiveram sua baixa entropia do Sol – de maneira que devemos voltar novamente os olhos para a ação gravitacional que moldou o Sol a partir de um gás difuso. Existe uma teoria "desgarrada" alternativa com relação à origem do petróleo na Terra, devido a Thomas Gold, que desafia esse ponto de vista convencional, sugerindo que existem muito mais hidrocarbonetos na Terra do que seria possível, se tivessem surgido das plantas pré-históricas. Gold acredita que o petróleo e o gás natural foram aprisionados dentro da Terra quando esta se formou, e que eles estão continuamente vazando em bolsões subterrâneos desde então.[8] Segundo a teoria de Gold, o petróleo ainda teria sido sintetizado pela luz do Sol; no entanto, isso teria ocorrido no espaço, antes de a Terra ter se formado. Novamente seria o Sol, formado pela gravitação, o responsável.

E quanto à energia nuclear de baixa entropia nos isótopos de urânio-235 utilizados nas usinas nucleares? Eles não vieram originalmente do Sol (mesmo que possam ter muito bem passado pelo Sol em certo ponto) mas de alguma outra estrela, que explodiu muitos milhares de milhões de anos atrás, em uma explosão supernova! De fato, o material foi reunido a partir de *muitas* dessas estrelas que explodiram. O material dessas estrelas foi espalhado pelo espaço devido à explosão, e parte desse material por fim se uniu (por meio do Sol) para fornecer os elementos pesados na Terra, incluindo todo o seu urânio-235. Cada núcleo, com seu conteúdo de energia de baixa entropia, proveio de violentos processos nucleares que ocorreram em alguma explosão supernova. A explosão ocorreu como consequência do colapso gravitacional[9] de uma estrela que era muito massiva para se sustentar por meio das forças térmicas e de pressão. Como resultado desse colapso e da explosão

---

[8] Evidência recente de perfurações ultraprofundas na Suécia podem ser interpretadas como evidências para a teoria de Gold, mas a questão é bastante controversa, havendo alternativas convencionais como explicação.

[9] Assumo aqui o que é chamado de supernova "tipo II". Se fosse uma supernova do "tipo I" estaríamos pensando novamente em termos de um ganho de entropia "temporário" fornecido pela fusão (cf. nota 7 à p.428). No entanto, supernovas de tipo I muito provavelmente não produzem muito urânio.

subsequente, um pequeno núcleo restou – provavelmente na forma do que é conhecido como *estrela de nêutrons* (mais sobre isso depois!). A estrela teria se contraído originalmente devido à gravitação a partir de uma nuvem difusa de gás, e muito desse material original, incluindo o urânio-235 teria sido novamente lançado no espaço. No entanto, houve um enorme ganho de entropia devido à contração gravitacional decorrente do núcleo de estrela de nêutrons que permaneceu. Novamente foi a *gravidade* a responsável em última instância – dessa vez causando a condensação de gás difuso em uma estrela de nêutrons (com consequências finais violentas).

Parece que nós chegamos à conclusão que todos notáveis estados de baixa entropia que encontramos ao nosso redor – a qual fornece o aspecto mais intrigante da segunda lei – devem ser atribuídos ao fato de vastas quantidades de entropia poderem ser obtidas por meio da contração gravitacional de gás difuso em estrelas. De onde provém todo esse gás difuso? É o fato de esse gás começar *difuso* que nos fornece uma quantidade enorme de baixa entropia. Ainda estamos vivendo dessa reserva de baixa entropia, e continuaremos a fazer por muito tempo. É o potencial que esse gás tem para se amalgamar gravitacionalmente que nos deu a segunda lei. Além disso, não é somente a segunda lei que essa amalgamação gravitacional produziu, mas algo muito mais preciso e detalhado que a mera afirmação "a entropia do mundo começou muito baixa". A baixa entropia poderia ter sido dada a nós de muitas *outras* maneiras diversas, i.e., poderia haver uma grande "ordem manifesta" no universo primordial, mas muito diferente da "ordem" que vemos no universo. (Imagine que o universo primordial tenha sido um dodecaedro regular – como poderia apetecer Platão – ou alguma outra forma geométrica improvável. Isso seria de fato uma "ordem manifesta", mas não do tipo que esperamos encontrar no universo primordial *real*!) Devemos entender de onde todo este gás difuso proveio – e para isso precisaremos estudar as nossas teorias cosmológicas.

Cosmologia e o Big Bang

Até onde conseguimos enxergar utilizando nossos telescópios mais poderosos – tanto telescópios ópticos quanto de rádio – o universo, em uma escala muito grande, parece ser bastante uniforme; mas, ainda mais notável que isso, ele está *expandindo*. Quanto mais longe olhamos, mais rapidamente as galáxias distantes (e até mesmo os quasares mais distantes) parecem estar se afastando de nós. É como se o próprio universo tivesse sido criado em uma explosão enorme – um evento conhecido como *Big Bang*, que ocorreu cerca de dez bilhões de anos atrás.[10] Evidências ainda mais impressionantes dessa uniformidade e da existência do Big Bang provêm do que é conhecida como *radiação de corpo negro de fundo*. Essa radiação térmica – fótons que se movem aleatoriamente sem uma fonte aparente – correspondente à temperatura de cerca de 2,7 graus absolutos (2,7 K), i.e. -270,3° Celsius ou 454,5° Fahrenheit abaixo de zero. Isso pode parecer uma temperatura *muito* fria – e de fato é – mas ela parece ser resquício do *flash* proveniente do próprio Big Bang! Devido à expansão do universo para uma escala gigantesca desde o Big Bang, essa bola de fogo inicial se dispersou de maneira absolutamente impressionante. As temperaturas no Big Bang de longe excediam qualquer temperatura que podemos encontrar hoje, mas devido à expansão, essa temperatura esfriou para o valor minúsculo presente na radiação de corpo negro de fundo atual. A presença dessa radiação de fundo foi *predita* pelo físico russo-estadunidense e astrônomo George Gamow em 1948, com base no que agora é o modelo padrão do Big Bang. Ela foi observada pela primeira vez (acidentalmente) por Penzias e Wilson em 1965.

Devo tratar aqui uma questão que geralmente confunde as pessoas. Se as galáxias distantes no universo estão todas se afastando de nós, isso não significa que ocupamos algum lugar central muito especial? Não, não significa! O mesmo afastamento das galáxias distantes seria visto *seja qual for* o lugar em que estivéssemos no universo. A expansão é uniforme em uma escala macroscópica, e nenhuma localização em particular tem preferência sobre qualquer outra. Isso geralmente é desenhado em termos de um balão sendo inflado (Fig. 7.8). Suponha que existam pontos no balão que representem as diferentes galáxias e considere a superfície bidimensional do balão em si como representando o universo espacial tridimensional todo. É evidente que, do ponto de vista de *cada* ponto no balão, *todos* os outros pontos estão se afastando dele. Nenhum ponto no balão é preferencial, nesse sentido, com relação a qualquer outro. Da mesma maneira, vistas de cada galáxia no universo, todas as outras galáxias parecem estar se afastando dela, igualmente em todas as direções.

O balão em expansão fornece uma representação muito boa de um dos três modelos padrão do universo – chamados de modelos de *Friedmann-Robertson-Walker* (FRW), isto é, do modelo espacialmente fechado com *curvatura positiva*. Nos outros dois modelos FRW (curvatura zero ou negativa), o universo se expande de maneira similar, mas em vez de haver um universo

[10] No momento atual ainda existe um conflito com relação ao valor dessa cifra que se encontra entre 6×10^9 e $1{,}5 \times 10^{10}$ anos. Essas cifras são consideravelmente maiores que a de 10^9 anos, que originalmente pareceu apropriada, após as observações iniciais de Edwin Hubble em 1930 mostrarem que o universo está se expandindo.

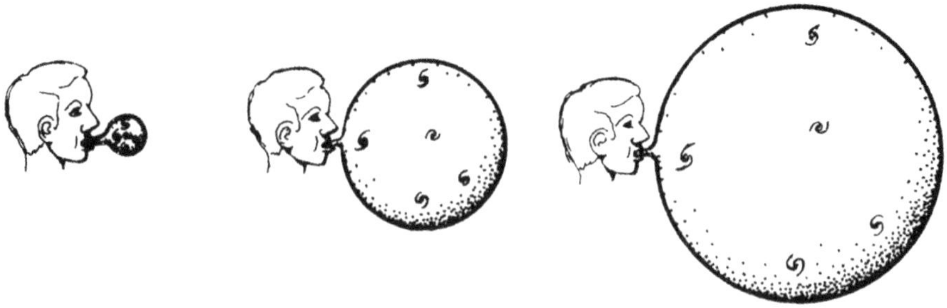

Fig. 7.8. A expansão do universo pode ser comparada à superfície de um balão sendo inflado. As galáxias todas se afastam umas das outras.

espacialmente finito, como a superfície do balão, há um universo *infinito*, com um número infinito de galáxias.

Desses dois modelos, o de mais fácil compreensão é aquele cuja geometria espacial é *euclidiana*, i.e., apresenta curvatura *nula*. Pense em um plano ordinário como se representasse o universo espacial todo, onde existem pontos marcados no plano que representam galáxias. À medida que o universo evolui com o tempo, essas galáxias se afastam umas das outras de maneira uniforme. Vamos pensar nisso em termos *espaçotemporais*. Temos, assim, um plano euclidiano diferente para cada "momento no tempo", e todos esses planos devem ser pensados como se estivessem empilhados uns sobre outros, de maneira a obtermos a representação do espaço-tempo todo (Fig. 7.9). As galáxias agora são representadas como *curvas* – as *linhas de mundo* das histórias das galáxias – e essas curvas se afastam umas das outras ao avançarmos para o futuro. Novamente consideramos que nenhuma linha de mundo de qualquer galáxia em particular é favorecida com relação às outras.

Para o modelo de FRW remanescente, o de curvatura *negativa*, a geometria espacial agora é a geometria *não* euclidiana de *Lobachevsky* descrita no Capítulo 5 e ilustrada pela figura de Escher mostrada na Fig. 5.2 (p.229). Para a descrição espaçotemporal precisamos de um desses espaços de Lobachevsky para cada "instante no tempo" e os empilhamos uns sobre os outros para termos uma representação do espaço-tempo todo (Fig. 7.10).[11] Novamente as linhas de mundo das galáxias são curvas que se afastam umas das outras à

[11] Refiro-me a modelos de curvatura espacial zero ou negativa como modelos *infinitos*. Existem, no entanto, maneiras de "dobrar" esses modelos de modo a fazê-los espacialmente finitos. Essa consideração – a qual é improvável que seja relevante para o universo real – não afeta muito nossa discussão, e eu não proponho aqui que nos preocupemos com ela.

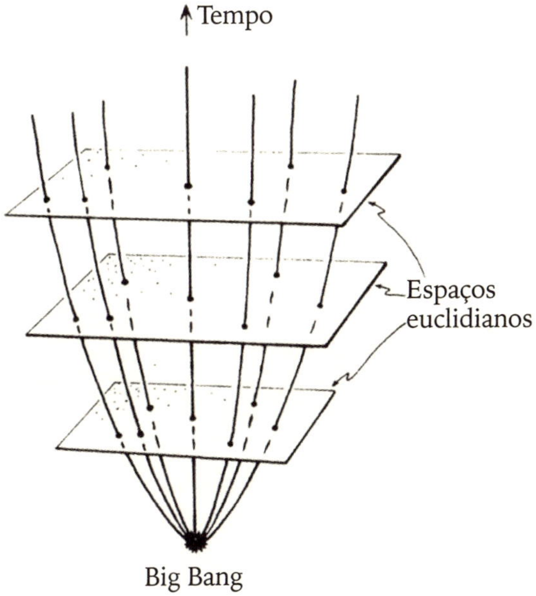

Fig. 7.9. Representação espaçotemporal de um universo em expansão com seções espaciais euclidianas (duas dimensões espaciais são aqui representadas).

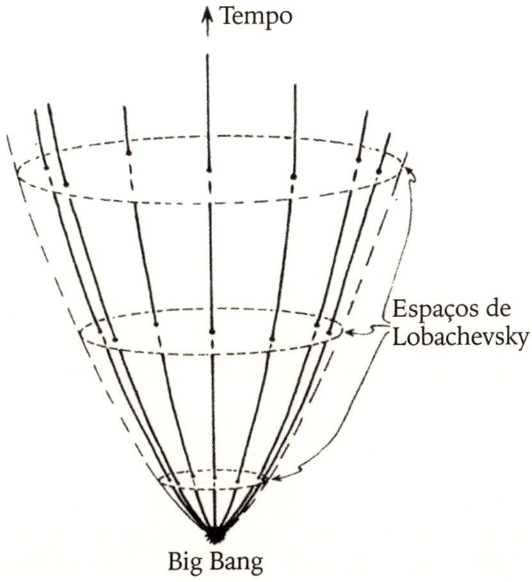

Fig. 7.10. Representação espaçotemporal de um universo em expansão com seções espaciais lobachevskianas (duas dimensões espaciais são aqui representadas).

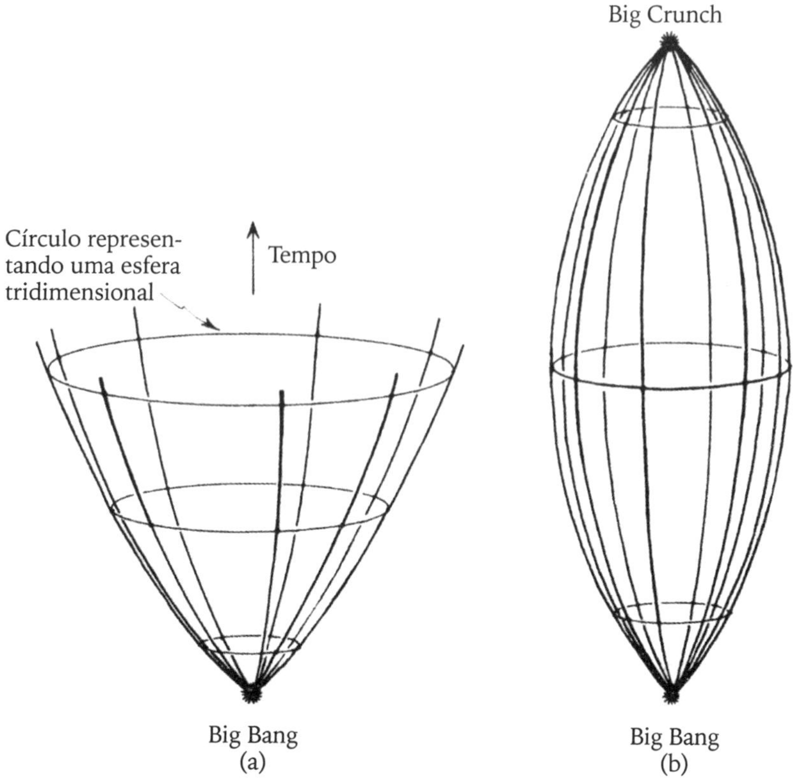

Fig. 7.11. (a) Representação espaçotemporal de um universo em expansão com seções espaciais esféricas (somente uma dimensão espacial está representada). (b) Em algum momento futuro esse universo recolapsa em um Big Crunch.

medida que avançamos para o futuro, e nenhuma delas tem preferência em relação às outras.

É evidente que em todas essas descrições suprimimos uma das três dimensões espaciais (como fizemos no Capítulo 5, cf. p.274), resultando em um espaço-tempo tridimensional de mais fácil visualização, em vez do que é necessário para uma representação quadridimensional completa do espaço-tempo. Mesmo assim é difícil visualizar o espaço-tempo de curvatura positiva sem descartar mais uma dimensão espacial! Vamos fazer isso, representando o universo de curvatura espacial positiva por um *círculo* (unidimensional), em vez de uma esfera (bidimensional) que havia sido a superfície do balão. À medida que o universo se expande, esse círculo aumenta de tamanho e podemos representar o espaço-tempo pelo empilhamento desses círculos (um para cada "instante de tempo") uns sobre os outros de modo a obter um tipo de cone curvo (Fig. 7.11(a)). Agora, segue das equações de Einstein da relatividade geral que esse universo fechado de curvatura positiva não pode continuar a se expandir para sempre. Após atingir um estágio de máxima expansão, ele colapsa sobre si, até que finalmente atinja novamente tamanho zero em um tipo de Big Bang às avessas (Fig. 7.11(b)). Esse Big Bang temporalmente revertido é conhecido algumas vezes pelo termo *Big Crunch*. Os modelos FRW de curvatura negativa para o universo e o de curvatura zero para o universo (infinito) não recolapsam dessa maneira. Em vez de chegarem ao Big Crunch, eles continuam se expandindo para sempre.

Isto é verdade, pelo menos, na relatividade geral *padrão* na qual a chamada *constante cosmológica* é considerada zero. Com valores apropriados e não nulos para essa constante cosmológica é possível considerarmos um universo espacialmente infinito que recolapsa para um Big Crunch, ou então um universo de curvatura positiva finita que se expande indefinidamente. A presença de uma constante cosmológica não nula complicaria a discussão um pouco, mas não de maneira significativa para nossos propósitos. Por simplicidade vou considerá-la zero.[12] No momento que escrevo este livro, a constante cosmológica é sabidamente (por meio de observações) muito pequena, e os dados são consistentes com ela sendo zero. (Para mais informações sobre modelos cosmológicos, veja Rindler, 1977.)

Infelizmente os dados ainda não são bons o suficiente para favorecer de modo inequívoco um ou outro dos modelos cosmológicos propostos (nem para determinar se a presença ou ausência de uma constante cosmológica pequena poderia ter um efeito significativo). Aparentemente os dados apontariam em direção a um universo que tem curvatura espacial negativa (com uma geometria de Lobachevsky em larga escala) e que continuará a se expandir indefinidamente. Isso é largamente fundamentado nas observações da quantidade de matéria que parece estar presente de maneira visível no universo. No entanto, pode haver uma quantidade imensa de matéria invisível no universo espalhada pelo espaço, caso no qual o universo poderia ter curvatura positiva e poderia finalmente recolapsar em um Big Crunch – mesmo que somente em uma escala de tempo muito superior aos 10^{10} anos nos quais o universo já existiu. Para esse recolapso ser possível deveríamos ter cerca de trinta vezes a quantidade de matéria que consideramos permeando o espaço nessa forma invisível – o conceito postulado que é conhecido como "matéria

[12] Einstein introduziu a constante cosmológica em 1917, mas se arrependeu disso e a desconsiderou em 1931, referindo-se a sua introdução anterior como seu "maior engano"!

escura" – do que pode ser visto diretamente pelos telescópios. Existe boa evidência indireta de que uma quantidade substancial de matéria escura está presente, mas se isso é *suficiente* para "fechar o universo" (ou fazer com que sua seção espacial seja plana) – e recolapsá-lo – ainda é uma questão em aberto.

A bola de fogo primordial

Voltemos agora à nossa busca pela origem da segunda lei da termodinâmica. Nossa investigação nos levou à presença de um gás difuso a partir do qual as estrelas se formaram. O que é esse gás? De onde ele proveio? Ele é principalmente composto de hidrogênio, mas também tem cerca de 23% de hélio (com relação à massa) e pequenas quantidades de outros elementos. Segundo a teoria padrão, esse gás foi expelido como resultado da explosão que criou o universo: o Big Bang. No entanto, é importante que não pensemos nisso como uma explosão usual, em que o material é ejetado de algum ponto central no espaço preexistente. Aqui, o espaço em si é *criado* pela explosão e não existe, ou existia, ponto central. Talvez a situação seja mais fácil de ser visualizada no caso de curvatura positiva. Considere novamente a Fig. 7.11, ou o balão cheio da Fig. 7.8. Não existe um "espaço preexistente vazio" no qual o material produzido pela explosão pode se espalhar. O próprio espaço, i.e., a "superfície do balão", passa a existir por causa da explosão. Devemos ter em mente que é apenas por questão de visualização que nossas figuras, no caso de curvatura positiva, utilizaram um "espaço ambiente" – o espaço euclidiano no qual o balão se encontra, ou espaço tridimensional no qual o espaço-tempo da Fig. 7.11 é representado – esses espaços-ambiente não devem ser dotados de nenhuma realidade física. O espaço dentro ou fora do balão está lá simplesmente para nos ajudar a visualizar a superfície do balão. É *somente* a superfície do balão que deve representar o espaço físico do universo. Vemos agora que não existe um ponto central a partir do qual o material do Big Bang emana. O "ponto" que parece estar no centro do balão não é parte do nosso universo, mas somente um auxílio para nossa visualização do modelo. O material ejetado pelo Big Bang está simplesmente espalhado de maneira uniforme por *todo* o universo espacial.

A situação é a mesma (mesmo que um pouco mais difícil de ser visualizada) para os dois outros modelos padrão. O material nunca esteve concentrado em nenhum ponto único no espaço. Ele preencheu de maneira uniforme *todo* o espaço – desde o início!

Esse paradigma está subjacente à teoria do *Big Bang quente* que é conhecida como *modelo padrão (da Cosmologia)*. Segundo essa teoria, o universo, momentos após sua criação, estava em um estado térmico extremamente quente – a *bola de fogo primordial*. Cálculos detalhados foram feitos com relação à natureza e a proporção dos constituintes iniciais dessa bola de fogo e como esses constituintes se alteraram à medida que a bola de fogo (que era o universo todo) se expandiu e resfriou. Pode parecer notável que cálculos possam ser realizados de maneira confiável para descrever o estado do universo quando ele era tão diferente do universo de nossa era atual. No entanto, a física na qual esses cálculos se baseiam não é controversa, contanto que não nos perguntemos o que aconteceu *antes* de cerca de 10^{-4} segundo após da criação! A partir desse momento, cerca de 1/10000 segundo após a criação até três minutos depois, o comportamento é conhecido em grandes detalhes (cf. Weinberg, 1977) – e, notavelmente, nossas bem estabelecidas teorias físicas, derivadas de observações experimentais feitas em um universo em um estado bastante diferente, são bastante adequadas para isso.[13] As implicações finais desses cálculos são que haveria, espalhados uniformemente por todo o universo, muitos fótons (i.e., luz), elétrons e prótons (os dois constituintes do hidrogênio), algumas partículas α (núcleos de hélio) e um pequeno número de dêuterons (os núcleos do deutério, um isótopo pesado do hidrogênio) e traços de outros tipos de núcleo – com talvez um número grande de partículas "invisíveis" como os neutrinos, cuja presença mal seria notada. Os constituintes *materiais* (principalmente prótons e elétrons) se juntariam para produzir o gás a partir do qual as estrelas são formadas (majoritariamente hidrogênio) cerca de 10^8 anos após o Big Bang.

As estrelas, no entanto, não seriam todas formadas de uma vez. Após alguma expansão e resfriamento do gás, concentrações desse gás em certas regiões seriam necessárias para que os efeitos gravitacionais locais pudessem começar a superar os efeitos da expansão do universo. Aqui encontramos um

---

[13] A evidência experimental para essa confiança surge principalmente de dois tipos de dados. Em primeiro lugar, o comportamento das partículas quando elas colidem entre si nas velocidades que são relevantes e, posteriormente se espalham e se fragmentam, criando novas partículas, é conhecido por meio de aceleradores de partículas de alta energia construídos em diversas localidades da Terra e de acordo com o comportamento de partículas de raios cósmicos que atingem a Terra a partir do espaço exterior. Em segundo lugar, é sabido que os parâmetros que governam a maneira pela qual as partículas interagem não mudaram nem mesmo por uma parte em 10^6 no intervalo de 10^{10} anos (cf. Barrow, 1988), de maneira que é altamente provável que eles não tenham mudado de forma significativa (e provavelmente não tenham mudado nada) desde os tempos da bola de fogo primordial.

problema ainda sem solução e controverso quanto ao modo como as galáxias realmente se formam e que tipo de irregularidades iniciais deveriam estar presentes para que a formação de galáxias fosse possível. Não desejo entrar nessa seara aqui. Vamos apenas aceitar que algum tipo de irregularidade na distribuição inicial do gás deveria estar presente e que, de alguma maneira, o tipo certo de aglomeração gravitacional teve início, de modo que as galáxias puderam se formar com suas centenas de milhares de estrelas constituintes!

Encontramos de onde o gás difuso surgiu. Ele proveio da própria bola de fogo que foi o Big Bang. O fato de que esse gás foi distribuído de maneira notoriamente uniforme no espaço é o que nos deu a segunda lei – na maneira detalhada pela qual essa lei chegou até nós – após o processo de aumento de entropia a partir da aglomeração gravitacional ter se tornado disponível. Quão uniformemente distribuído *é* o material do universo? Notamos que as estrelas estão unidas em galáxias. As galáxias, também, estão juntas em aglomerados de galáxias; e os aglomerados nos chamados superaglomerados. Existe ainda alguma evidência de que esses superaglomerados estão agrupados em estruturas ainda maiores, conhecidas como complexos de superaglomerados. É importante notar, no entanto, que toda essa irregularidade e aglomeração é "um trocado" em comparação com a impressionante uniformidade da estrutura do universo como um todo. À medida que avançamos mais no passado e que investigamos porções cada vez maiores do universo tem sido possível ver que ele parece mais e mais uniforme. A radiação de fundo de corpo negro fornece a evidência mais impressionante disso. Ela nos diz particularmente que, quando o universo tinha cerca de somente um milhão de anos, em um intervalo de distância que agora se espalha por cerca de 10^{23} kilômetros – uma distância que englobaria cerca de 10^{10} galáxias – o universo e todos os seus constituintes materiais eram *uniformes* em uma parte em cerca de cem mil partes (cf. Davies et al., 1987). O universo, apesar de suas origens violentas, era de fato muito uniforme já nos seus estágios iniciais.

Assim, foi a bola de fogo inicial que espalhou esse gás de maneira tão uniforme pelo espaço. É aqui que nossa investigação nos trouxe.

O Big Bang explica a segunda lei?

Nossa busca acabou? O fato enigmático de a entropia em nosso universo ter começado muito baixa – que nos deu a segunda lei da termodinâmica – é "explicado" somente pelo acaso de o universo ter se iniciado com um Big Bang? Um pouco de contemplação sugere que existe algo paradoxal nessa ideia. Ela não pode ser realmente a resposta. Lembre-se de que a bola de fogo primordial era um *estado térmico* – um gás quente em equilíbrio térmico em expansão. Lembre-se, também, que o termo "equilíbrio térmico" se refere a um estado de *máxima* entropia. (É assim que nos referimos ao estado de máxima entropia de um gás em uma caixa.) No entanto, a segunda lei demanda que, em seu estado inicial, a entropia do universo estivesse em algum tipo de *mínimo*, não em um máximo!

Onde erramos? Uma resposta "padrão" seria mais ou menos a seguinte:

> É verdade, a bola de fogo estava efetivamente em equilíbrio térmico no início, mas o universo naquela época era muito pequeno. A bola de fogo representava o estado de máxima entropia que era permitido a um universo *daquele* tamanho pequeno, mas a entropia assim seria minúscula em comparação com aquela permitida ao universo do tamanho que o vemos hoje. À medida que o universo expandiu, a entropia máxima permitida aumentou com o tamanho do universo, mas a entropia real do universo estava sempre defasada do seu máximo permitido. A segunda lei surge, já que a entropia real está lutando para alcançar esse máximo permitido.

No entanto, um pouco de reflexão nos diz que essa não pode ser a resposta certa. Se fosse, então, no caso de um modelo de universo (espacialmente fechado) que por fim recolapsasse para um Big Crunch, o argumento seria novamente válido – na direção *oposta* no tempo. Quando o universo por fim alcançasse um tamanho minúsculo, existiria novamente um teto baixo para os possíveis valores da entropia. O mesmo vínculo que serviu para nos dar uma entropia pequena nos estágios mais iniciais do universo em expansão deveria ser aplicado agora aos estágios finais de um universo em contração. Foi um vínculo de entropia baixa no "início dos tempos" que nos deu a segunda lei, segundo a qual a entropia do universo está aumentando com o tempo. Se essa mesma restrição fosse ser aplicada ao "fim dos tempos", então nós encontraríamos um conflito patente com a segunda lei da termodinâmica!

Pode muito bem, claro, ser o caso de que o nosso universo *real* nunca recolapse dessa maneira. Talvez estejamos vivendo em um universo com curvatura espacial igual a zero (caso euclidiano) ou negativa (caso de Lobachevsky). Ou talvez *estejamos* vivendo um universo em recolapso (curvatura positiva), mas o recolapso ocorrerá em um tempo tão remoto que nenhuma violação discernível da segunda lei seria observável na época atual – apesar do fato de que, sob esse ponto de vista, *toda* a entropia do universo por fim daria a volta e cairia para um valor minúsculo – e a segunda lei, como entendemos hoje, seria fortemente violada.

De fato, existem muitas boas razões para duvidar de que possa haver tal virada da entropia em um universo em colapso. Algumas das razões mais poderosas estão relacionadas com objetos misteriosos conhecidos como *buracos negros*. Em um buraco negro há um microcosmo de um universo em colapso; de modo que, se a entropia de fato fosse reverter seu fluxo em um universo em colapso, então sérias violações observáveis da segunda lei também ocorreriam nas vizinhanças de um buraco negro. No entanto, existe toda a razão do mundo para acreditar que, com buracos negros, a segunda lei continua seguramente válida. A teoria dos buracos negros fornece um *input* vital para nossa discussão da entropia, de maneira que será necessário considerar mais detalhadamente esses objetos estranhos.

Buracos negros

Vamos primeiro considerar o que a teoria nos diz sobre o destino final do nosso Sol. O Sol existe há cerca de cinco bilhões de anos. Em cerca de outros cinco ou seis bilhões de anos começará a expandir em tamanho, crescendo inexoravelmente até que sua superfície alcance o ponto onde está a órbita da Terra. Então se tornará um tipo de estrela conhecida como *gigante vermelha*. Muitas gigantes vermelhas são observadas em outros pontos do céu, duas das mais conhecidas são as estrelas Aldebarã, da constelação de Touro, e Betelgeuse, da constelação de Órion. Durante todo o tempo que essa superfície estiver expandindo haverá, no seu núcleo, uma concentração excepcionalmente pequena e densa de matéria que aumentará gradativamente. Esse núcleo denso terá a natureza de uma estrela *anã branca* (Fig. 7.12).

As anãs brancas, quando sozinhas, são as estrelas cujo material está concentrado em densidade extremamente alta, como uma bola de pingue-pongue cheia de um material que pesaria cerca de centenas de toneladas. Essas estrelas são observadas nos céus em um número considerável: talvez cerca de dez por centro das estrelas luminosas em nossa Via Láctea sejam anãs brancas. A mais famosa delas é a companheira de Sirius, cuja densidade alarmantemente alta forneceu um grande enigma observacional para os astrônomos na primeira parte deste século. Mais tarde, no entanto, essa mesma estrela forneceu uma confirmação maravilhosa da teoria física (originalmente proposta por R. H. Fowler, em cerca de 1926) – segundo a qual algumas estrelas de fato poderiam ter essa enorme densidade e não implodiriam devido à "pressão de degenerescência eletrônica", significando que é o princípio da exclusão quantum-mecânico de Pauli (p.377), aplicado aos elétrons, o que impede a estrela de colapsar gravitacionalmente.

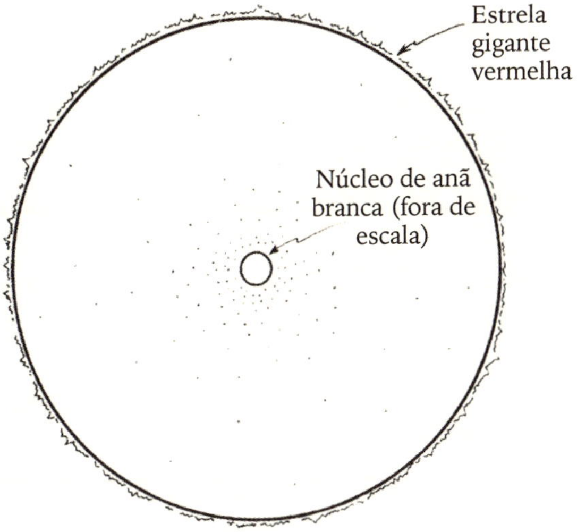

Fig. 7.12. Uma gigante vermelha com um núcleo de anã branca.

Qualquer gigante vermelha terá uma anã branca em seu núcleo, e esse núcleo continuará a acumular material continuamente do corpo principal da estrela. Em algum momento a gigante vermelha será consumida completamente por seu núcleo parasítico e uma anã branca real – de tamanho similar à Terra – será tudo que restará. Esperamos que nosso Sol exista como uma gigante vermelha por "somente" cerca de alguns bilhões de anos. Depois disso, em sua última encarnação "visível" – como uma brasa de uma anã branca morrendo[14] lentamente – o Sol persistirá por mais alguns bilhões de anos e por fim vai obscurecer totalmente para uma *anã negra*.

Nem todas as estrelas compartilharam o destino do Sol. Para algumas, o destino será consideravelmente mais violento, e seu futuro está selado pelo que é conhecido como *limite de Chandrasekhar*: o valor máximo permitido

[14] De fato, em seus estágios finais, a anã brilhará fracamente como uma estrela vermelha – mas o que é conhecido como uma "anã vermelha" é um outro tipo de estrela bastante diferente!

para a massa de uma anã branca. Segundo um cálculo realizado em 1929 por Subrahmanyan Chandrasekhar, anãs brancas não podem existir, se suas massas forem maiores do que cerca de um a um quinto da massa do Sol. (Ele era um jovem pesquisador indiano viajando em um navio da Índia para a Inglaterra quando fez este cálculo.) O cálculo foi repetido de forma independente em cerca de 1930 pelo russo Lev Landau. O valor moderno e levemente mais refinado para o limite de Chandrasekhar é cerca de

$$1{,}4\, M_{\odot},$$

em que $M_{\odot}$ é a massa do Sol, i.e., $M_{\odot}$ = uma *massa solar*.

Note que o limite de Chandrasekhar não é muito maior que a massa do Sol, e muitas estrelas comuns são conhecidas cujas massas são consideravelmente maiores que esse valor. Qual seria, então, o destino de uma estrela com massa $2M_{\odot}$, por exemplo? Novamente, segundo a teoria atual, a estrela incharia até tornar-se uma gigante vermelha, e seu núcleo de anã-branca lentamente adquiriria massa, da mesma maneira que antes. No entanto, em algum ponto crítico, o núcleo atingiria o limite de Chandrasekhar, e o princípio de exclusão de Pauli seria insuficiente para mantê-lo estável em face das enormes pressões gravitacionalmente induzidas.[15] Nesse ponto, ou próximo a ele, o núcleo colapsaria de maneira catastrófica, e temperaturas e pressões enormes surgiriam. Reações nucleares violentas aconteceriam, e uma quantidade enorme de energia seria liberada do núcleo na forma de neutrinos. Estes aqueceriam as regiões externas da estrela, que estavam colapsado para dentro, e uma explosão colossal aconteceria. A estrela se tornou uma supernova!

O que acontece então com o núcleo que ainda está colapsando? A teoria nos diz que ele atingirá densidades enormemente maiores do que até mesmo aquelas incríveis densidades vistas dentro de uma anã branca. O núcleo pode se estabilizar como uma *estrela de nêutrons* (p.430), em que agora é a *pressão de degenerescência de nêutrons* – i.e., o princípio da exclusão de Pauli aplicado aos nêutrons – que a mantém estável. A densidade seria tal que nossa bola de pingue-pongue contendo matéria similar a uma estrela de nêutrons agora pesaria tanto quanto o asteroide Hermes (ou tanto quanto a lua de Marte,

---

[15] O princípio de Pauli de fato não impede que os elétrons estejam no mesmo "lugar" um do outro, mas impede que quaisquer dois elétrons estejam no mesmo "estado" – o que envolve não só o movimento, mas também o *spin* dos elétrons. O argumento completo é um pouco delicado e foi objeto de muita controvérsia, particularmente da parte de Eddington, quando foi proposto pela primeira vez.

Deimos). Esse é o tipo de densidade encontrada no próprio núcleo! (Uma estrela de nêutrons é como um núcleo atômico gigante, com cerca de um raio de dez quilômetros, o que é, no entanto, minúsculo para os padrões estelares!) Mas agora existe um *novo* limite, análogo ao de Chandrasekhar (conhecido como limite de Landau-Oppenheimer-Volkov), cujo valor atual (revisto) é cerca de aproximadamente

$$2{,}5\ M_{\odot},$$

acima do qual uma estrela de nêutrons não pode se manter estável.

O que acontece com esse núcleo em colapso, se a massa da estrela original é grande o suficiente até mesmo para que *esse* limite seja excedido? Muitas estrelas conhecidas têm massas entre 10 e 100 massas solares, por exemplo. Parece altamente improvável que todas elas invariavelmente ejetem tanta massa de maneira que o núcleo remanescente permanecesse abaixo desse limite de estrelas de nêutrons. A expectativa é que, em vez disso, o resultado da evolução estelar seja um *buraco negro*.

O que é um *buraco negro*? É uma região do espaço – ou do espaço-tempo – dentro da qual o campo gravitacional se tornou tão poderoso que nem mesmo a luz pode escapar. Lembre-se de que uma consequência dos princípios da relatividade é que a velocidade da luz é a velocidade limite: nenhum objeto material ou sinal pode exceder a velocidade da luz local (p.275, 298). Assim, se nem mesmo a luz pode escapar de um buraco negro, *nada* pode escapar.

Talvez o leitor esteja familiar com o conceito de *velocidade de escape*. Essa é a velocidade que um objeto deve atingir de modo a escapar de algum corpo massivo. Suponha que o corpo seja a Terra; então a velocidade de escape seria aproximadamente 40 000 quilômetros por hora, que é cerca de 25 000 milhas por hora. Uma pedra que fosse atirada da superfície da Terra (em qualquer direção que não seja para o chão) a uma velocidade maior que esse valor escapará da Terra completamente (assumindo que podemos ignorar os efeitos da resistência do ar). Se atirada a uma velocidade menor que essa velocidade de escape, então ela cairá novamente no chão. (Assim, *não* é verdade que "tudo que sobe tem que descer"; um objeto retorna somente se for lançado a uma velocidade *menor* que a velocidade de escape!) Para Júpiter, a velocidade de escape é cerca de 220 000 quilômetros por hora, i.e., cerca de 140 000 milhas por hora; e para o Sol é cerca de 2 200 000 quilômetros por hora, cerca de 1 400 000 milhas por hora. Agora suponha que a massa do Sol fosse concentrada em uma esfera de raio igual a somente um quarto do seu raio original, então obteríamos uma velocidade de escape que é *duas* vezes maior que seu valor atual; se o Sol fosse ainda mais concentrado, digamos, em uma esfera de raio de cerca de *um centésimo* do seu valor atual, então a velocidade de escape seria *dez vezes* maior. Podemos imaginar que, para um corpo suficientemente massivo e concentrado, a velocidade de escape seria maior até mesmo que a velocidade da luz! Quando isso acontece, evidencia-se um buraco negro.[16]

Na Fig. 7.13 desenhei um diagrama espaçotemporal representando o colapso de um corpo para formar um buraco negro (aqui assumo que o colapso acontece de tal modo que a simetria esférica permaneça aproximadamente válida, e também suprimi uma das dimensões espaciais). Os cones de luz são mostrados e, como podemos nos lembrar de nossas discussões sobre a relatividade geral no Capítulo 5 (cf. p.296), eles indicam as limitações absolutas de movimento de um objeto material ou sinal. Note que estes cones começam a "entortar" para dentro em direção ao centro, e o grau de "entortamento" torna-se cada vez mais extremo quanto mais centrais eles forem.

Existe uma distância crítica do centro, conhecida como *raio de Schwarzschild*, na qual os limites exteriores dos cones se tornam *verticais* no diagrama. A essa distância, a luz (que deve seguir os cones de luz) pode simplesmente permanecer "flutuando" acima do corpo em colapso, e toda a velocidade em direção ao exterior que a luz tenha é simplesmente o suficiente para contrariar o puxão gravitacional gigantesco. A (tripla) superfície no espaço-tempo formada, no raio de Schwarzschild, por esta luz flutuante (i.e., a história toda da luz) é conhecida como o *horizonte de eventos (absoluto)* do buraco negro. Qualquer coisa que esteja dentro desse horizonte de eventos é incapaz de escapar, ou mesmo se comunicar com o mundo exterior. Isso pode ser visto do entortamento dos cones e do fato fundamental de todos os movimentos e sinais estarem restritos a propagar-se dentro dos (ou nos) cones de luz. Para um buraco negro formado do colapso de uma estrela com algumas massas solares, o raio do horizonte seria cerca de alguns quilômetros. Buracos negros muito maiores provavelmente se encontram nos centros galácticos. Nossa própria Via Láctea pode muito bem conter um buraco negro de cerca

[16] Essa linha de raciocínio foi apresentada já em 1784 pelo astrônomo inglês John Michell e, de maneira independente, por Laplace um pouco depois. Eles concluíram que os corpos mais massivos e concentrados do universo poderiam de fato ser totalmente invisíveis – como buracos negros – porém seus argumentos (certamente proféticos) foram traçados utilizando a teoria newtoniana, de onde segue que suas conclusões são, na melhor das hipóteses, discutíveis. Um tratamento apropriado dessa questão segundo a relatividade geral foi dado pela primeira vez por John Robert Oppenheimer e Hartland Snyder (1939).

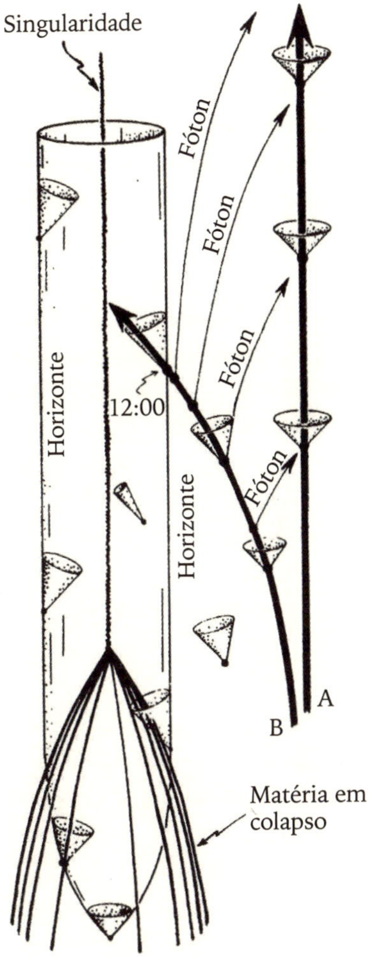

Fig. 7.13. Um diagrama espaço-temporal representando o colapso para um buraco negro. O raio de Schwarzschild é denotado como "Horizonte".

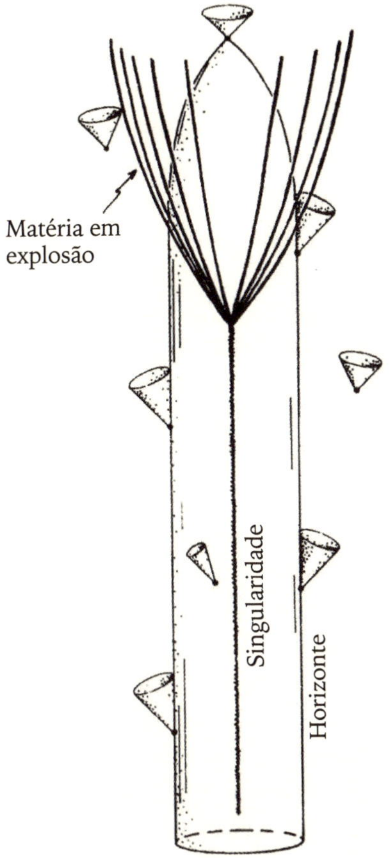

Fig. 7.14. Uma configuração espaço-temporal hipotética: um buraco branco, cujo destino é explodir em matéria (o reverso temporal do espaço-tempo da Fig. 7.13).

de alguns milhões de massas solares, e o raio desse buraco negro mediria alguns milhões de quilômetros.

O corpo material de fato que colapsa para formar o buraco negro terminará totalmente dentro do horizonte, de modo que será incapaz de comunicar-se com o exterior. Vamos considerar em breve o destino provável desse corpo. Por ora, é somente a geometria espaçotemporal criada pelo colapso que nos interessa – uma geometria espaçotemporal com implicações profundamente interessantes.

Vamos imaginar um bravo (ou tolo) astronauta **B**, que decide viajar para um grande buraco negro, enquanto seu companheiro mais tímido (ou cauteloso) **A** resolve permanecer em segurança fora do horizonte de eventos. Suponha que **A** queira manter **B** em vista por quanto tempo for possível. O que **A** enxerga? Isso pode ser verificado com base na Fig. 7.13. Vemos que a porção da história espaçotemporal de **B** (i.e., a linha de mundo de **B**) que está *dentro* do horizonte nunca será vista por **A**, enquanto a porção *fora* do horizonte em algum momento se tornará totalmente visível para **A** – mesmo que os momentos imediatamente anteriores ao cruzamento do horizonte serão vistos por **A** somente após períodos cada vez maiores de espera. Suponha que **B** cruze o horizonte quando seu próprio relógio registrar 12 em ponto. Essa ocorrência nunca será visualizada por **A**, mas as ocorrências em 11:30, 11:45, 11:52, 11:56, 11:58, 11:59, 11:59 ½ , 11:59 ¾ , 11:59 ⅞ etc., serão sucessivamente vistas por **A** (em intervalos aproximadamente iguais, do ponto de vista de **A**). Em princípio **B** permanecerá para sempre visível para **A** e lhe parecerá que está sempre logo acima do horizonte, seu relógio se aproximando cada vez mais e mais da hora fatídica 12:00, mas nunca chegando lá. Porém, a imagem de **B** que é vista por **A** rapidamente se tornaria muito apagada para ser discernível. Isso acontece porque a luz da pequena porção da linha de mundo de **B** logo acima do horizonte tem de durar para todo o restante do tempo de que **A** dispõe. Para todos os efeitos, **B** sumirá da vista de **A** – e o mesmo será verdadeiro com relação a todo o corpo que originalmente colapsou. Tudo que **A** verá será de fato um "buraco negro"!

E quanto ao pobre **B**? Qual será a *sua* experiência? Primeiro devemos notar que não haverá nada digno de nota para **B** quando ele cruzar o horizonte. Ele olha o seu relógio à medida que este marca 12, e vê os minutos passarem regularmente: 11:57, 11:58, 11:59, 12:00, 12:01, 12:02, 12:03, ... Nada particularmente estranho quanto às 12:00. Ele pode olhar na direção de **A** e verá que **A** permanece continuamente em seu campo de visão o tempo todo. Ele pode ver o relógio de **A** que, para **B**, parece continuar para a frente de modo normal e regular. A menos que **B** *calcule* que ele deve ter atravessado o horizonte de eventos, ele não terá como saber disso.[17] O horizonte é

[17] De fato, a localização *exata* do horizonte no caso de um buraco negro geral não estacionário não é algo que possa ser obtido por medições diretas. Ela depende, parcialmente, do conhecimento de todo o material que cairá no buraco negro em seu *futuro*!

extremamente traiçoeiro. Uma vez que seja cruzado não existe escapatória para **B**. Seu universo local por fim colapsará a seu redor, e ele está destinado a encontrar em breve seu próprio "Big Crunch" particular!

Ou talvez não seja tão particular. Toda a matéria do corpo colapsado que forçou o buraco negro em primeiro lugar vai, em certo sentido, compartilhar o mesmo "Big Crunch" que ele. De fato, se o universo *fora* do buraco é espacialmente fechado de maneira que a matéria exterior também seja por fim engolfada em um único Big Crunch, então aquele Crunch, também, será provavelmente o "mesmo" que o Crunch "particular" de **B**.[18]

Apesar do destino desagradável de **B**, não esperamos que a física local que ele vivencia até aquele ponto deva ter nenhum contraste com a física que conhecemos. Em particular, não esperamos que ele vivenciará nenhuma violação local da segunda lei da termodinâmica, muito menos uma reversão completa do comportamento crescente da entropia. A segunda lei valerá tão bem dentro do buraco negro quanto fora. A entropia na vizinhança de **B** ainda está aumentando, até o momento de seu Crunch final.

Para entender como a entropia em um "Big Crunch" (seja "particular" ou "geral") pode de fato ser enormemente alta, enquanto a entropia no Big Bang teve de ser muito pequena, precisaremos entrar em mais detalhes sobre a geometria espaçotemporal do buraco negro. Porém, antes de fazermos isso, o leitor deveria dar uma olhada também na Fig. 7.14, em que representamos uma estrutura hipotética tida como o reverso temporal de um buraco negro, i.e., um buraco *branco*. Buracos brancos provavelmente *não* existem na natureza, mas a possibilidade teórica de existirem terá consequências importantes para nós.

A estrutura das singularidades espaçotemporais

Lembrem-se, do Capítulo 5 (p.289), como a curvatura espaçotemporal se manifesta como um *efeito de maré*. Uma superfície esférica composta de partículas caindo livremente em um campo gravitacional de algum corpo grande seria esticada em uma direção (ao longo da linha saindo do corpo maior em

[18] Ao fazer essa afirmação considero duas hipóteses. A primeira é que o possível desaparecimento final do buraco negro – decorrente de sua "evaporação" (extremamente lenta) devida à radiação Hawking, que será considerada mais tarde (cf. p.455) – seria precedida pelo recolapso do universo; a segunda é uma hipótese (bastante plausível) conhecida como "problema da censura cósmica" (p.303).

direção ao menor) e amassada em direções perpendiculares a esta. Essa distorção de maré aumenta à medida que nos aproximamos do corpo maior (Fig. 7.15), variando com o inverso do cubo da distância a ele. Esse efeito de maré cada vez mais forte será sentido pelo astronauta **B** à medida que ele cai em direção ao buraco negro. Para um buraco negro de algumas poucas massas solares, esse efeito de maré seria enorme – tão enorme que o astronauta seria incapaz de sobreviver a qualquer aproximação do buraco negro, muito menos ao cruzar seu horizonte. Para buracos maiores, o efeito de maré no horizonte seria menor. Para o buraco negro de alguns milhões de massas solares que os astrônomos acreditam que reside no centro da nossa Via Láctea, o efeito de maré seria bastante pequeno enquanto o astronauta cruza o horizonte, mesmo que provavelmente seja o bastante para fazer com que ele se sinta desconfortável. Esse efeito de maré não permaneceria pequeno por muito tempo durante a queda do astronauta, no entanto, e cresceria rapidamente até o infinito em questão de alguns segundos! Não somente o corpo do astronauta seria despedaçado por essa força de maré crescente, mas também, logo em sequência, as moléculas do quais ele era composto, seus átomos, seus núcleos e, por fim, até mesmo as partículas subatômicas! É assim que o "Crunch" destrói e aniquila tudo!

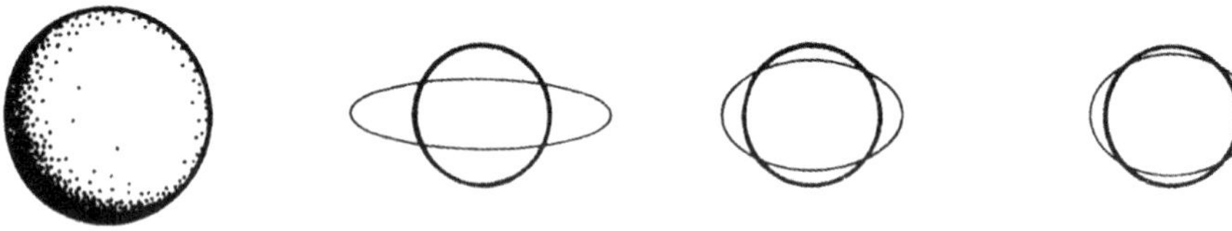

Fig. 7.15. O efeito maré devido a um corpo esférico gravitante aumenta à medida que nos aproximamos do corpo, segundo o inverso do cubo da distância até o centro do corpo.

Não somente toda a matéria é destruída dessa maneira, mas o próprio espaço-tempo deve ter um fim! Essa catástrofe final é o que conhecemos como uma *singularidade espaçotemporal*. O leitor pode muito bem se perguntar como sabemos que essas catástrofes devem ocorrer e sob que circunstâncias a matéria e o espaço-tempo estão fadados a sofrer esse destino. Essas são as conclusões que surgem como consequência das equações clássicas da relatividade geral, em qualquer circunstância na qual um buraco negro é formado. O modelo original de buracos negros de Oppenheimer e Snyder (1939) exibia um comportamento como esse. No entanto, por muitos anos os astrofísicos haviam defendido a esperança de que esse comportamento singular seria um artefato das simetrias especiais que haviam sido assumidas nesse modelo. Talvez, em situações realistas (assimétricas), a matéria em colapso poderia se bagunçar de alguma maneira complicada e escapar para fora novamente. Porém, essas esperanças se desfizeram quando tipos mais gerais de argumentos matemáticos ficaram disponíveis, provando o que hoje são conhecidos como *teoremas das singularidades* (cf. Penrose, 1965; Hawking; Penrose, 1970). Esses teoremas estabeleceram que, dentro da relatividade geral clássica, com fontes materiais razoáveis, as singularidades espaçotemporais são *inevitáveis* em situações de colapso gravitacional.

Da mesma forma, utilizando a direção inversa do tempo, novamente encontramos a inevitabilidade de uma singularidade espaçotemporal correspondente no *início* do espaço-tempo que agora representa o Big Bang em qualquer universo em expansão (apropriado). Aqui, em vez de representar a *destruição* final de toda a matéria e do espaço-tempo, a singularidade representa a *criação* da matéria e do espaço-tempo. Pode parecer que existe uma simetria temporal exata entre esses dois tipos de singularidade: o tipo *inicial*, em que o espaço-tempo e a matéria são criados; e o tipo *final*, em que o espaço-tempo e a matéria são destruídos. Existe, de fato, uma analogia importante entre essas duas situações, mas quando as estudamos detalhadamente descobrimos que elas *não* são reversões temporais exatas uma da outra. É importante que entendamos as diferenças geométricas, pois elas contêm a chave para a origem da segunda lei da termodinâmica!

Voltemos à experiência do nosso astronauta sacrificial **B**. Ele encontra forças de maré que crescem rapidamente até o infinito. Já que ele viaja pelo espaço vazio, experimenta os efeitos de *distorção* que preservam o volume que são fornecidos pelo tipo de tensor de curvatura espaçotemporal que denotei por **WEYL** (veja o Capítulo 5, p.288, 296). A parte remanescente do tensor de curvatura espaçotemporal, a parte que representa compressão e expansão, conhecida como **RICCI**, é zero no espaço vazio. Pode ser que de fato **B** encontre matéria em algum momento, mas mesmo que esse seja o caso (e é, já que, afinal, ele é constituído de matéria), ainda encontramos em geral que a magnitude de **WEYL** é muito *maior* que a de **RICCI**. Esperamos encontrar, de fato, que a curvatura próxima à singularidade *final* seja completamente dominada pelo tensor **WEYL**. Esse tensor vai para o *infinito* em geral:

$$\mathbf{WEYL} \to \infty$$

(mesmo que ele possa muito bem fazer isso de forma oscilatória). Parece ser essa a situação *genérica* para uma singularidade espaçotemporal.[19] Esse comportamento está associado a uma singularidade de *alta entropia*.

No entanto, a situação com o Big Bang parece bastante diversa. Os modelos padrão do Big Bang são dados pelos espaços-tempos altamente simétricos de Friedmann-Robertson-Walker que consideramos antes. Agora, os efeitos de distorção de maré fornecidos pelo tensor **WEYL** estão completamente *ausentes*. Em vez disso, existe uma aceleração para dentro simétrica atuando em qualquer superfície esférica de partículas de teste (veja a Fig. 5.26). Esse é o efeito do tensor **RICCI**, em vez do tensor **WEYL**. No modelo de FRW, a equação tensorial

$$\mathbf{WEYL} = \mathbf{0}$$

é sempre válida. À medida que nos aproximamos da singularidade inicial, vemos cada vez mais que é **RICCI** que se torna infinito, em vez de **WEYL**, de modo que **RICCI** domina perto da singularidade inicial, em vez de **WEYL**. Isso nos fornece uma singularidade de *baixa entropia*.

Se nós examinarmos a singularidade associada ao Big *Crunch* nos modelos de recolapso *exatos* de FRW, de fato encontramos **WEYL** = **0** no Crunch, enquanto **RICCI** vai para infinito. No entanto, essa é uma situação bastante especial, e *não* esperamos que ela aconteça para um modelo mais realista em que a amalgamação gravitacional seja levada em conta. À medida que o tempo passa, o material, originalmente na forma de um gás difuso, vai se amalgamar em galáxias de estrelas. No seu devido tempo, um número grande dessas estrelas vai contrair gravitacionalmente: em estrelas anãs brancas, estrelas de nêutrons e buracos negros, e pode muito bem haver alguns buracos negros gigantes nos centros galácticos. A amalgamação – particularmente no caso de buracos negros – representa um aumento enorme na entropia (veja a Fig. 7.16). Pode ser enigmático, em um primeiro momento, que esses estados amalgamados representem *alta* entropia, e os estados mais difusos, baixa entropia, quando nos lembramos de que, em uma caixa com gás, os estados amalgamados (como o gás concentrado em um dos cantos da caixa) eram de *baixa* entropia, enquanto o estado *uniforme* de equilíbrio térmico era de *alta* entropia. Quando a gravitação é levada em consideração, existe uma reversão disso, devido à natureza universalmente atrativa do campo gravitacional.

[19] Veja as discussões de Belinskii, Khalatnikov e Lifshitz (1970) e Penrose (1979b).

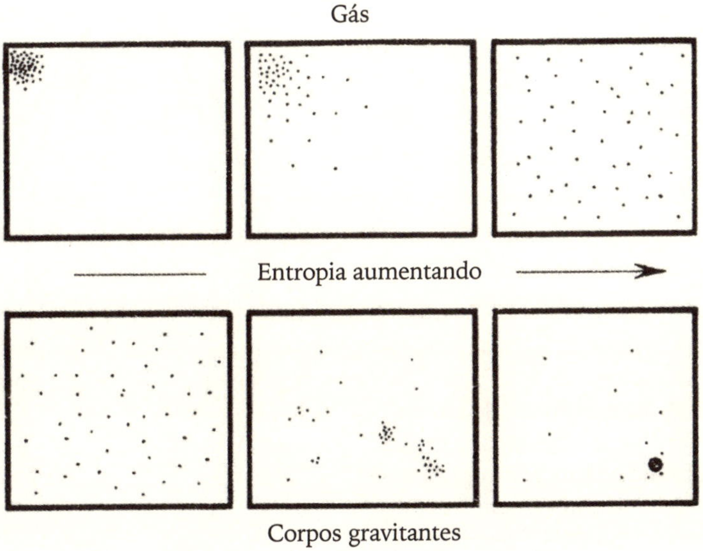

Fig. 7.16. Para um gás comum, o aumento de entropia tende a fazer a distribuição ser mais uniforme. Para um sistema de corpos gravitantes, o inverso é verdadeiro. Entropia elevada é obtida por amalgamação gravitacional – e no caso máximo de todos, por um colapso para um buraco negro.

A amalgamação torna-se cada vez mais extrema à medida que o tempo passa e, no final, muitos buracos negros vão se fundir e suas singularidades se unir na singularidade complexa e final do Big Crunch. Essa singularidade final de maneira alguma representa o Big Crunch idealizado dos modelos de recolapso de FRW com seu vínculo **WEYL = 0**. À medida que acontece cada vez mais amalgamação, existe o tempo todo uma tendência para o tensor de Weyl aumentar cada vez mais,[20] e, em geral, **WEYL** $\rightarrow \infty$ na singularidade final. Veja a Fig. 7.17, para uma representação espaçotemporal que mostra a história inteira de um universo fechado de acordo com essa descrição geral que demos.

Entendemos agora como um universo em recolapso *não* precisa ter uma entropia baixa. A "pequenez" da entropia no Big Bang – que nos deu a segunda lei – *não* seria, então, mera consequência da "pequenez" do universo

[20] É tentador identificar a contribuição gravitacional para a entropia do sistema com alguma medida da curvatura de Weyl total, mas nenhuma tentativa disso já apareceu até hoje. (Seriam necessárias algumas propriedades não locais estranhas, em geral.) Felizmente, essa medida de entropia gravitacional não é necessária para nossa discussão aqui.

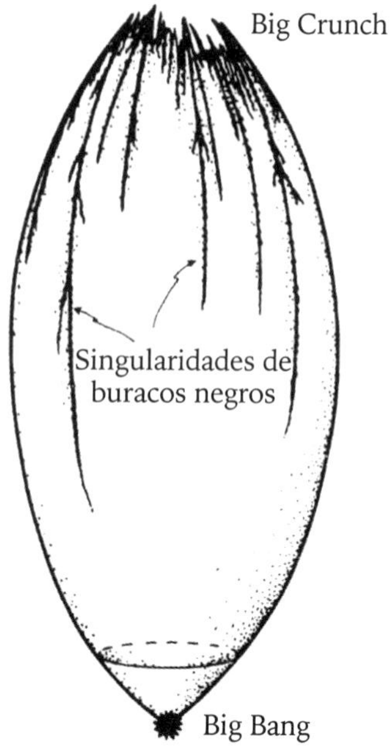

Fig. 7.17. A história inteira de um universo fechado que começa de um Big Bang uniforme de baixa entropia, com **WEYL** = **0** e termina com um Big Crunch de alta entropia – representado pela amalgamação de muitos buracos negros – com **WEYL** → ∞.

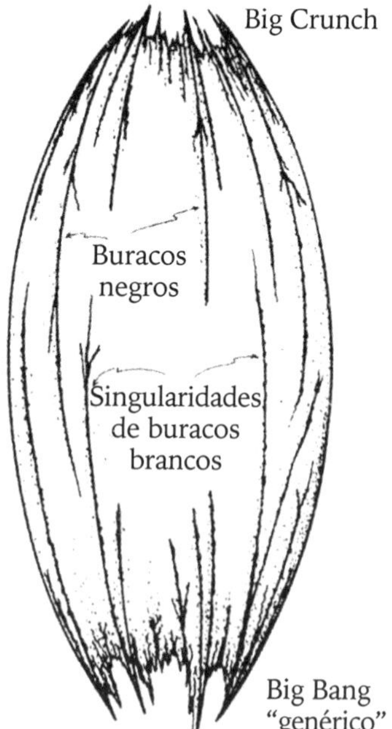

Fig. 7.18. Se o vínculo **WEYL** = **0** é removido, então também há um Big Bang de alta entropia, com **WEYL** → ∞. Tal universo seria cheio de buracos brancos e não haveria uma segunda lei da termodinâmica, uma contradição absurda das observações experimentais.

no instante do Big Bang! Se fossemos capazes de reverter temporalmente o quadro do Big Crunch que pintamos acima, então obteríamos um "Big Bang" de uma entropia enormemente *alta*, e não haveria segunda lei neste caso! Por alguma razão, o universo foi criado em um estado muito especial (de baixa entropia) com algo como o vínculo **WEYL** = **0** dos modelos de FRW imposto sobre o universo. Se não fosse pelo vínculo dessa natureza teria sido "muito mais provável" haver uma situação na qual *ambas* as singularidades iniciais e finais fossem singularidades de alta entropia com **WEYL** → ∞ (veja a Fig. 7.18). Em tal universo "provável" não haveria, de fato, *nenhuma* segunda lei da termodinâmica!

Quão especial foi o Big Bang?

Vamos tentar entender quão vinculante teria sido uma condição como **WEYL** = **0** no Big Bang. Por simplicidade (como na discussão acima) vamos supor que o universo seja fechado. De modo a sermos capazes de obter algumas cifras compreensíveis, assumiremos, além das hipóteses anteriores, que o número B de bárions – isto é, o número de prótons e nêutrons em conjunto – no universo é da ordem de

$$B = 10^{80}.$$

(Não existe uma razão em particular para essa cifra, exceto pelo fato de que, observacionalmente, B é *pelo menos* tão grande quanto esse número; Eddington uma vez afirmou ter calculado B *exatamente*, obtendo uma cifra que era próxima ao valor acima! Ninguém parece acreditar mais nesse cálculo, mas o valor 10^{80} parece ter vindo para ficar.) Se B fosse considerado *maior* que isso (e talvez, na realidade, $B = \infty$), então as cifras que obteríamos seriam *ainda* mais impressionantes que as cifras que vamos obter logo mais!

Tente imaginar o espaço de fase (cf. p.254) do universo *inteiro*! Cada ponto no espaço de fase representa uma maneira possível pela qual o universo começou. Devemos imaginar o Criador, munido de um "alfinete" – que deve ser fixada em algum ponto no espaço de fase (Fig. 7.19). Cada posição diferente do alfinete fornece um universo diferente. A precisão que exigimos da mira do Criador depende da entropia do universo que é criado dessa maneira. Seria relativamente "fácil" produzir um universo de entropia elevada, já que existiria um volume grande do espaço de fase disponível para ser alvo do alfinete. (Lembre-se de que a entropia é proporcional ao logaritmo do volume do espaço de fase em que estamos interessados.) Porém, de modo a começar o universo em um estado de baixa entropia – para que de fato haja uma segunda lei da termodinâmica – o Criador deve mirar em um volume muito menor do espaço de fase. Quão pequena essa região seria de maneira a resultar em um universo similar ao que habitamos? Para responder a essa pergunta devemos primeiro ver uma fórmula notável, devida a Jacob Bekenstein (1972) e Stephen Hawking (1975), que nos diz qual deve ser a entropia de um *buraco negro*.

Considere um buraco negro e suponha que a superfície do seu horizonte tenha área A. A fórmula de Bekenstein-Hawking para a entropia do buraco negro é, então:

$$S_{bh} = \frac{A}{4} \times \left(\frac{kc^3}{G\hbar}\right),$$

em que k é a constante de Boltzmann, c é a velocidade da luz, G é a constante gravitacional de Newton e $\hbar$ é a constante de Planck dividida por 2π. A parte essencial da fórmula é $A/4$. A parte em parênteses consiste meramente nas constantes físicas apropriadas. Assim, a entropia de um buraco negro é proporcional à área de sua superfície. Para um buraco negro esfericamente simétrico, a área dessa superfície é proporcional ao quadrado da massa do buraco:

$$\mathrm{A} = m^2 \times 8\pi\left(\frac{G^2}{c^4}\right).$$

Juntando essa expressão à fórmula de Bekenstein-Hawking, encontramos que a entropia de um buraco negro é proporcional ao quadrado de sua massa:

$$S_{bh} = m^2 \times 2\pi(kG/\hbar c).$$

Assim, a *entropia por unidade de massa* (S_{bh}/m) de um buraco negro é proporcional a sua massa, e ela se torna maior para buracos negros maiores. Assim, para uma quantidade fixa de massa – ou equivalentemente, pela equação de Einstein $E = mc^2$, para uma dada quantidade fixa de *energia* – a maior entropia possível é obtida quando o material colapsou todo para formar um buraco negro! Ocorre também que dois buracos negros ganham (enormemente) em entropia quando eles se engolem mutuamente para produzir um único buraco negro! Buracos negros grandes, como os encontrados nos centros galácticos, fornecerão quantidades absolutamente estupendas de entropia

– muito maiores que os tipos de entropia que podemos encontrar em outras situações físicas.

Existe uma ligeira qualificação necessária para a afirmação de a maior entropia possível ser alcançada quando toda a massa está concentrada em um buraco negro. A análise de Hawking da termodinâmica de buracos negros nos mostra que deve existir uma *temperatura* não nula associada a um buraco negro. Uma implicação disso é que nem toda a massa-energia pode estar contida dentro do buraco negro, no estado de entropia máxima, a entropia máxima sendo então atingida por um buraco negro em equilíbrio com um "banho térmico de radiação". A temperatura dessa radiação é realmente minúscula para um buraco negro de qualquer tamanho razoável. Por exemplo, para um buraco negro de uma massa solar, essa temperatura seria da ordem de 10^{-7} K, pouco menor do que a menor temperatura que já fomos capazes de medir em um laboratório até hoje, e consideravelmente menor do que a temperatura de 2,7 K encontrada no espaço intergaláctico. Para buracos negros maiores, a temperatura Hawking é ainda menor!

A temperatura Hawking se tornaria importante para nossa discussão somente em dois casos: (i) para buracos negros muito menores, conhecidos como *miniburacos negros*, que podem existir em nosso universo, ou (ii) se o universo não recolapsar antes do *tempo de evaporação Hawking* – segundo o qual um buraco negro evaporaria completamente. Com relação a (i), miniburacos negros poderiam ser produzidos somente em um Big Bang apropriadamente caótico. Esses miniburacos negros não poderiam ser muito numerosos em nosso universo, ou seus efeitos já teriam sido observados; além disso, segundo o ponto de vista que exponho aqui, eles deveriam estar completamente ausentes. Com relação a (ii), para um buraco negro de massa solar, o tempo de evaporação Hawking seria cerca de 10^{54} vezes a idade atual do universo, e para buracos negros ainda maiores, seria consideravelmente maior. Não parece que esses efeitos devam alterar substancialmente os argumentos acima.

Para obter uma ideia da magnitude da entropia de um buraco negro, vamos considerar o que anteriormente era tida como a maior fonte de entropia do universo, isto é, a radiação cósmica de fundo de corpo negro a 2,7 K. Os astrofísicos ficaram admirados pela quantidade enorme de entropia que essa radiação contém, que excede largamente as cifras ordinárias de entropia geralmente encontradas em outros processos (e.g., no Sol). A entropia da radiação cósmica de fundo é cerca de 10^8 para cada bárion (aqui agora adoto "unidades naturais", de maneira que a constante de Boltzmann seja unitária). (Para todos os efeitos, isso significa que existem cerca de 10^8 fótons na radiação cósmica de fundo para cada bárion.) Assim, com 10^{80} bárions no total, deveríamos obter uma entropia total de

$$10^{88}$$

para a entropia na radiação cósmica de fundo do universo.

De fato, se não fosse pela existência dos buracos negros, essa cifra representaria a entropia *total* do universo, já que a entropia na radiação cósmica de fundo supera largamente a de todos os outros processos ordinários. A entropia por bárion do Sol, por exemplo, é da ordem de um. Por outro lado, pelos padrões dos *buracos negros*, a radiação cósmica de fundo seria "ninharia". A fórmula de Bekenstein-Hawking nos diz que a entropia por bárion em um buraco negro de massa solar é cerca de 10^{20} em unidades naturais, de maneira que, se o universo consistisse inteiramente de buracos negros de massa solar, a cifra total seria muito maior do que a cifra dada acima, isto é

$$10^{100}.$$

É evidente, o universo não é assim, mas essa cifra começa a nos dizer quão "pequena" a entropia da radiação cósmica de fundo é se comparada aos efeitos implacáveis decorrentes da gravitação, como os buracos negros.

Tentemos ser mais realistas. Em vez de popular nossas galáxias inteiramente com buracos negros, vamos considerar que elas consistem principalmente de estrelas ordinárias – cerca de 10^{11} delas – e cada uma tendo um milhão de massas solares (i.e., 10^6) concentradas em um buraco negro em seu núcleo (como seria razoável supor para nossa própria Via Láctea). Os cálculos nos mostram que a entropia por bárion seria agora um pouco maior até que o modelo anterior, que já era enorme, isto é, cerca de 10^{21}, nos dando agora a entropia total em unidades naturais de

$$10^{101}.$$

Podemos antecipar que, após um longo período, uma fração majoritária da massa das galáxias será incorporada ao buraco negro em seu centro. Quando isso acontece, a entropia por bárion se torna da ordem de 10^{31}, resultando em um total monstruoso de

$$10^{111}.$$

No entanto consideramos um universo fechado, de maneira que em algum momento ele deveria recolapsar; assim, não deixa de ser razoável estimar a entropia do Crunch final pela utilização da fórmula de Bekenstein-Hawking, como se o universo todo tivesse se transformado em um buraco negro. Isso nos dá uma entropia por bárion de 10^{43}, e o total absoluto surpreendente, para todo o Big Crunch, de

$$10^{123}.$$

Essa cifra nos dará uma estimativa do volume total do espaço de fase **V** disponível para o Criador, já que essa entropia deveria representar o logaritmo do volume do maior compartimento do espaço de fase (de longe). Já que 10^{123} é o *logaritmo* do volume, o volume deve ser a exponencial de 10^{123}, i.e.

$$\mathbf{V} = 10^{10^{123}}.$$

em unidades naturais! (Alguns leitores mais atentos podem notar que eu deveria ter utilizado a cifra $e^{10^{123}}$, porém, para números dessa magnitude, e 10 são essencialmente indistinguíveis!) O quão grande era o volume do espaço de fase original **W** que o criador tinha para mirar de maneira a resultar em um universo compatível com a segunda lei da termodinâmica e com aquilo que observamos hoje? Não importa muito, se considerarmos o valor

$$\mathbf{W} = 10^{10^{101}} \text{ ou } 10^{10^{88}},$$

dados pelos buracos negros galácticos ou pela radiação cósmica de fundo, respectivamente, ou o valor muito menor (e, de fato, mais apropriado) que teria sido a cifra *real* no Big Bang. Em todo caso, a razão de **V** por **W** será, de maneira muito precisa

$$\frac{\mathbf{V}}{\mathbf{W}} = 10^{10^{123}}$$

(Verifiquem: $10^{10^{123}}/10^{10^{101}} = 10^{(10^{123}-10^{101})} = 10^{123}$ praticamente.)

Isso nos diz agora que a mira do Criador deve ter uma precisão de uma parte em

$$10^{10^{123}}$$

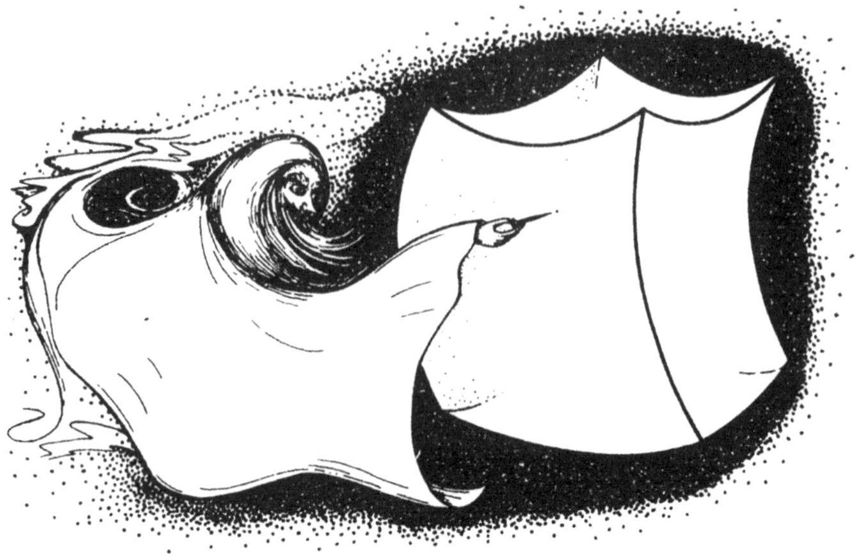

Fig. 7.19. De forma a produzir um universo similar ao que habitamos, o Criador teria de mirar em um volume absurdamente minúsculo do espaço de fase de todos os universos possíveis – cerca de $1/10^{10^{123}}$ do volume, para a situação que consideramos. (O alfinete e o ponto que está sendo mirado não estão desenhados em escala!)

Essa cifra é extraordinária. Não poderíamos nem começar a *escrever esse número* todo na notação decimal usual: seria "1" seguido por 10^{123} "0"s consecutivos! Mesmo que escrevêssemos um "0" em cada próton e em cada nêutron do universo todo – e poderíamos até considerar todas as outras partículas – ainda estaríamos longe de alcançar a cifra necessária. A precisão necessária de maneira a fazer com que o universo seja como é hoje é, dessa maneira, vista como não menos incrível que a extraordinária precisão à qual nos acostumamos nas soberbas equações dinâmicas (Newton, Maxwell, Einstein) que governam o comportamento dos objetos físicos de um instante para o outro.

Porém, *por que* o Big Bang foi organizado tão precisamente, enquanto o Big Crunch (ou as singularidades de buracos negros) são esperados que sejam completamente caóticos? Parece que essa questão pode ser formulada em termos do comportamento da parte **WEYL** da curvatura espaçotemporal nas singularidades espaçotemporais. O que parece que encontramos é que existe um vínculo

$$\mathbf{WEYL} = 0$$

(ou algo muito similar) nas singularidades espaçotemporais *iniciais* – mas não nas finais –, e isso parece restringir a escolha do Criador a essa minúscula região no espaço de fase. A hipótese que esse vínculo se aplica a qualquer singularidade espaçotemporal inicial (mas não final) eu chamo de *Hipótese da Curvatura de Weyl*. Assim, parece que precisamos entender por que essa hipótese temporalmente assimétrica deveria ser aplicável, se queremos entender qual é a origem da segunda lei da termodinâmica.[21]

Como podemos obter um entendimento mais profundo da origem da segunda lei? Parece que somos forçados a um impasse. Precisamos entender a razão de as *singularidades espaçotemporais* terem a estrutura que parecem ter; mas as singularidades espaçotemporais são as regiões nas quais o nosso entendimento da física alcança o seu limite. O impasse posto pela existência das singularidades espaçotemporais é às vezes comparado a outro impasse: o encontrado pelos físicos no começo do século, com relação à estabilidade dos átomos (cf. p.315). Em cada um dos casos, a teoria clássica bem estabelecida chegava a uma resposta "infinita" e, assim, mostrava-se inadequada. O comportamento singular do colapso eletromagnético dos átomos foi impedido pela teoria *quântica*; e, da mesma maneira, deveria ser a teoria quântica que nos dá uma teoria finita no lugar das singularidades espaçotemporais clássicas "infinitas" que surgem no colapso gravitacional das estrelas. Porém, não pode ser qualquer teoria quântica ordinária. Deve ser uma teoria quântica da própria estrutura do espaço e do tempo. Essa teoria, se existir, seria conhecida como *"gravitação quântica"*. A inexistência de uma teoria de gravitação quântica não é por falta de esforço, expertise ou engenhosidade da parte dos físicos. Muitas mentes de primeira linha se aplicaram a construir essa teoria, mas sem sucesso. Esse é o impasse ao qual finalmente chegamos em nossas tentativas de entender a direcionalidade do fluxo do tempo.

---

[21] Existe atualmente um ponto de vista popular, conhecido como "cenário inflacionário", que se propõe a explicar por que, dentre outras coisas, o universo é tão uniforme em larga escala. Segundo esse ponto de vista, o universo passou por uma expansão vasta em seus estágios primordiais – de uma ordem de magnitude muito maior que a expansão "usual" do modelo padrão. A ideia é que qualquer irregularidade seria varrida por essa expansão. No entanto, sem algum vínculo inicial ainda maior, como aquele já fornecido pela hipótese de curvatura de Weyl, a inflação não pode funcionar. Ela não introduz nenhum ingrediente temporalmente assimétrico que poderia explicar a diferença entre a singularidade inicial e a final. (Além disso, ela se baseia em teorias físicas sem evidências experimentais – as teorias de grande unificação – cujo *status* não é melhor que daquelas outras teorias PROVISÓRIAS, na terminologia do Capítulo 5. Para uma visão crítica da "inflação", no contexto das ideias deste capítulo, veja Penrose, 1989b.)

O leitor pode muito bem se perguntar qual é o benefício que ganhamos de toda essa jornada. Em nossa aventura pelo entendimento da razão pela qual o tempo parece fluir somente em uma direção e não na outra, tivemos que ir até os confins do tempo e a lugares onde as próprias noções de espaço sumiram. O que aprendemos de tudo isso? Aprendemos que nossas teorias não são ainda adequadas para fornecer respostas, mas no que isso nos ajuda no entendimento da mente? Apesar da ausência de uma teoria adequada, creio que existem de fato lições importantes que podemos aprender de nossa jornada. Devemos voltar agora para casa. Nossa viagem de volta será mais especulativa que nossa viagem de ida, mas, em minha opinião, não existe outro caminho de volta possível!

8
Em busca da gravitação quântica

Por que gravitação quântica?

O que existe de novo para ser aprendido, com relação aos cérebros ou as mentes, com base em que que vimos no último capítulo? Mesmo que possamos ter vislumbrado alguns dos princípios físicos gerais subjacentes à direcionalidade do nosso "fluxo do tempo" percebido, parece que até agora não ganhamos nenhuma intuição quanto à razão pela qual percebemos o tempo fluindo ou, de fato, por que percebemos qualquer coisa. Em minha opinião, ideias muito mais radicais são necessárias. A apresentação que fiz até o momento não foi particularmente radical, mesmo que algumas vezes tenha dado uma ênfase diferente da que é geralmente dada. Pudemos conhecer a segunda lei da termodinâmica, e tentei persuadir o leitor de que a origem dessa lei – apresentada a nós pela natureza da maneira particular como de fato a conhecemos – pode ser encontrada em um enorme vínculo geométrico existente na origem pelo Big Bang do nosso universo: a *hipótese da curvatura de Weyl*. Alguns cosmólogos podem preferir caracterizar esse vínculo inicial de maneira um pouco diferente, mas essa restrição sobre a singularidade inicial é de fato necessária. As *deduções* que estou para fazer com base nessa hipótese serão consideravelmente menos convencionais que a hipótese em si. Afirmo que precisaremos mudar o próprio esquema da teoria quântica!

Essa mudança deve exercer um papel quando a mecânica quântica for unificada apropriadamente com a relatividade geral, i.e., quando obtivermos uma tão buscada teoria de *gravitação quântica*. A maioria dos físicos não acredita que a teoria quântica precisa mudar quando for unificada com a relatividade geral. Além disso, eles argumentariam que em uma escala relevante para os nossos cérebros os efeitos físicos de *qualquer* teoria de gravitação quântica devem ser completamente insignificantes! Eles diriam (de maneira bastante razoável) que, mesmo que esses efeitos físicos sejam importantes em uma escala absurdamente pequena de distância conhecida como *comprimento de Planck*[1] – que é cerca de $10^{-35}m$, cerca de 100 000 000 000 000 000 000 vezes menor que o tamanho da menor partícula subatômica – esses efeitos não deveriam ter nenhuma relevância direta para sejam quais forem os fenômenos existentes na escala muito, muito maior de comprimento "usual", digamos, de cerca de $10^{-12}m$, em qie dominam os processos químicos e elétricos importantes para a atividade cerebral. De fato, mesmo a gravitação *clássica* (i.e., não quântica) quase não tem influência alguma sobre esses fenômenos elétricos e químicos. Se a gravitação clássica não tem importância, então como diabos pode qualquer pequena "correção quântica" à teoria clássica fazer alguma diferença? Além disso, já que *desvios* da teoria quântica nunca foram observados, parece que seria ainda *menos* razoável imaginar que qualquer pequeno desvio tentativo da teoria quântica padrão poderia ter algum papel a desempenhar com relação aos fenômenos mentais!

Argumentarei de modo bastante diferente. Não estou tão preocupado com os efeitos que a mecânica quântica poderia ter em nossa teoria da estrutura do espaço-tempo (a relatividade geral de Einstein), mas com o *inverso*: ou seja, os efeitos que o espaço-tempo de Einstein poderia ter sobre a própria estrutura da mecânica quântica. Devo enfatizar que esse é um ponto de vista *não convencional* que estou apresentando. É não convencional que a relatividade geral deva ter alguma influência sobre a estrutura da mecânica quântica! Físicos convencionais têm sido bastante relutantes em acreditar que a estrutura da mecânica quântica deva ser de algum modo alterada. Mesmo que seja verdade que a aplicação direta das regras da mecânica quântica à teoria de Einstein tenha encontrado dificuldades aparentemente intransponíveis, a reação dos pesquisadores da área tem sido considerar que essa seja uma

[1] Esta é a distância ($10^{-35}m = \sqrt{(\hbar Gc^{-3})}$) na qual as chamadas "flutuações quânticas" na própria métrica do espaço-tempo deveriam ser tão grandes que a ideia usual de um espaço-tempo contínuo deixaria de ser válida. (Flutuações quânticas são consequência do princípio da incerteza de Heisenberg – cf. p.340.)

razão para modificar a teoria *de Einstein*, não a teoria quântica.[2] Meu próprio ponto de vista é quase o oposto. Acredito que os problemas da teoria quântica são problemas de um caráter fundamental. Lembre-se da incompatibilidade entre os dois procedimentos básicos **U** e **R** da mecânica quântica (**U** obedece à completamente determinística *equação de Schrödinger* – chamada de evolução *unitária* – e **R** era a *redução do vetor de estado* probabilística que devemos aplicar sempre que considerarmos que uma "observação" foi feita). Em minha opinião, essa incompatibilidade é algo que *não* pode ser adequadamente resolvido pela adoção de uma "interpretação" correta da mecânica quântica (mesmo que a opinião usual seja que de alguma forma isso seja possível), mas somente por alguma teoria radicalmente nova, segundo a qual os dois procedimentos **U** e **R** serão vistos como diferentes (e excelentes) aproximações de algum *único* procedimento mais amplo e exato. Minha opinião, então, é que mesmo a maravilhosamente precisa teoria da mecânica quântica terá que ser alterada e que dicas importantes com relação à natureza dessa mudança virão da teoria da relatividade geral de Einstein. Vou além, e direi até mesmo que é a própria tão buscada teoria de *gravitação quântica* que deve conter, como um de seus ingredientes fundamentais, esse tentativo procedimento combinado de **U**/**R**.

No ponto de vista *convencional*, por outro lado, qualquer implicação direta da gravitação quântica deveria ser de natureza mais esotérica. Mencionei a expectativa de uma alteração fundamental na estrutura do espaço-tempo na ridiculamente pequena escala do comprimento de Planck. Também existe a crença (justificada, em minha opinião) de que a gravitação quântica estará fundamentalmente envolvida em determinar por fim a natureza da ampla variedade de "partículas elementares" que observamos hoje. No momento, não existe, por exemplo, nenhuma boa teoria explicando a razão de as massas das partículas serem o que são – enquanto "massa" é um conceito intimamente ligado ao conceito de gravitação. (De fato, a massa atua unicamente

---

[2] Algumas modificações populares são: (i) Alterar as equações de Einstein RICCI = ENERGIA (por meio de "lagrangianas de ordem superior"); (ii) Alterar o número de dimensões do espaço-tempo de quatro para algum número maior (como ocorre nas chamadas "teorias do tipo Kaluza-Klein"); (iii) Introduzir "supersimetria" (ideia tomada de empréstimo do comportamento quântico de bósons e férmions, combinada com um esquema amplo e aplicado, mesmo que não seja de maneira totalmente lógica, às coordenadas do espaço-tempo); (iv) Teoria de cordas (modelo radical atualmente popular no qual as "linhas de mundo" são substituídas por "histórias de cordas" – geralmente combinada com as ideias de (ii) e (iii)). Todas essas propostas, apesar de sua popularidade e apresentação entusiasmada, estão firmemente na categoria PROVISÓRIA na terminologia do Capítulo 5.

como "fonte" da gravitação.) Também existe uma boa expectativa (segundo uma ideia apresentada originalmente em 1955 pelo físico sueco Oskar Klein) de que a teoria de gravitação quântica correta deveria servir para remover os infinitos que infectam a teoria quântica de campos convencional (cf. p.392). A física é sinônimo de unidade, e a *verdadeira* teoria de gravitação quântica, quando for descoberta por nós, deve certamente desempenhar um papel profundo para que entendamos o comportamento detalhado das leis universais da natureza.

Estamos, entretanto, muito longe desse entendimento. Além disso, qualquer teoria de gravitação quântica provisória deve certamente estar muito longe dos fenômenos que governam o comportamento dos cérebros. *Particularmente* distante dessa atividade cerebral parece ser o papel (geralmente aceito) para a gravitação quântica que é necessário para resolver o impasse ao qual fomos levados no capítulo anterior: o problema das *singularidades espaçotemporais* – as singularidades da teoria clássica de Einstein, surgindo no *Big Bang* e nos *buracos negros* – e também no Big Crunch, se nosso universo por fim decidir colapsar sob si mesmo. Sim, esse papel pode muito bem *parecer* distante. Argumentarei, no entanto, que existe um fio elusivo mais importante de conexão lógica. Tentemos ver o que é essa conexão.

O que está por trás da hipótese de curvatura de Weyl?

Como observei anteriormente, mesmo o ponto de vista convencional nos diz que deve ser a gravitação quântica que vai auxiliar a teoria clássica da relatividade geral e solucionar o enigma das singularidades espaçotemporais. Assim, a gravitação quântica deve nos fornecer algum tipo de física coerente no lugar das respostas "infinitas" sem sentido que a teoria clássica nos dá. Certamente concordo com este ponto de vista: no qual de fato a gravitação quântica deve exercer algum papel. No entanto, os teóricos não parecem conseguir lidar com o fato de que esse papel da gravitação quântica é estonteantemente temporalmente assimétrico! No Big Bang – a *singularidade passada* –, a gravitação quântica deve nos dizer que uma condição como

$$\mathbf{WEYL = 0}$$

deve valer, a partir do momento que conseguimos dar um sentido para as coisas em termos de conceitos clássicos da geometria espaçotemporal. Por outro lado, nas singularidades dentro dos buracos negros, e (possivelmente) no Big Crunch – *singularidades futuras* –, não existe essa restrição, e esperamos que o tensor de Weyl se torne infinito:

$$\mathbf{WEYL} \to \infty,$$

à medida que nos aproximamos da singularidade. Em minha opinião, essa é uma indicação evidente de que a verdadeira teoria que nós buscamos deve ser assimétrica no tempo:

A teoria de gravitação quântica que desejamos encontrar é uma teoria temporalmente assimétrica.

O leitor deve ficar avisado que essa conclusão, apesar de sua aparente necessidade óbvia decorrente da forma como apresentei este tópico, *não* é uma opinião universalmente aceita! A maior parte dos pesquisadores desse tópico parece muito relutante em concordar com esse ponto de vista. A razão parece ser não existir uma maneira evidente pela qual a aplicação dos procedimentos de quantização convencionais e bem entendidos (até onde conheçamos) possa produzir uma teoria quantizada temporalmente assimétrica,[3] quando a teoria clássica ao qual esses procedimentos são aplicados (a relatividade geral padrão ou uma de suas modificações populares) é ela própria temporalmente simétrica. Assim (quando se consideram essas questões – o que não é comum!), esses quantizadores da gravitação teriam de procurar em outro lugar para a "explicação" do baixo valor da entropia no Big Bang.

Talvez muitos físicos argumentassem que uma hipótese, como a anulação da curvatura de Weyl inicial, sendo uma escolha de "condição de contorno" e não uma lei dinâmica, não é algo que esteja no âmbito dos poderes da física explicar. Para todos os efeitos, eles estão argumentados que nós fomos presenteados com um "ato de Deus" e não devemos tentar entender por que uma condição de contorno nos foi dada no lugar de uma outra. No entanto, como vimos, a restrição que essa hipótese colocou sobre o "alfinete do Criador" não é menos extraordinária ou menos precisa que toda a notável

[3] Mesmo que a simetria da teoria clássica não seja sempre preservada pelos procedimentos de quantização (cf. Treiman, 1985; Ashtekar et al., 1989), o que é necessário aqui é uma violação de todas as *quatro* simetrias geralmente denotadas por T, PT, CT e CPT. Isso (particularmente a violação CPT) parece estar além do poder dos métodos de quantização convencionais.

e delicada coreografia organizada que constitui as leis dinâmicas que entendemos por meio das equações de Newton, Maxwell, Einstein, Schrödinger, Dirac e outros. Apesar de a segunda lei da termodinâmica parecer ter caráter vago e estatístico, ela surge de um vínculo geométrico de extrema precisão. Não parece razoável para mim que devamos desistir de qualquer entendimento científico dos vínculos que operaram na "condição de contorno" que foi o Big Bang, quando a abordagem científica se mostrou tão valiosa para o entendimento das equações dinâmicas. Para mim, o primeiro caso é tão parte da ciência quando o segundo, ainda que seja uma parte da ciência que ainda não seja propriamente entendida no momento.

A história da ciência nos mostrou quão valiosa tem sido essa ideia segundo a qual as *equações dinâmicas* da física (as leis de Newton, as equações de Maxwell etc.) foram separadas das chamadas *condições de contorno* – condições que precisam ser impostas de maneira que soluções fisicamente apropriadas dessas equações possam ser escolhidas dentre a miríade de soluções inapropriadas. Historicamente, as equações dinâmicas foram encontradas em formas simples. Os movimentos das partículas satisfazem leis simples, mas o *arranjo organizacional de fato* das partículas que encontramos no universo nem sempre parece ter essa propriedade. Algumas vezes, esses arranjos parecem à primeira vista ser simples – como as órbitas elípticas do movimento planetário, como vistas por Kepler – mas sua simplicidade é então entendida como uma *consequência* das leis dinâmicas. Um entendimento mais profundo sempre veio pelas leis dinâmicas e esses arranjos simples tendem também a ser meras aproximações dos arranjos muito mais complicados, como os movimentos planetários perturbados (que não são exatamente elípticos) de fato observados, estes sendo explicados pelas leis dinâmicas de Newton. A condição de contorno serve para dar o "tranco" inicial no sistema, e a partir daí, então, as equações dinâmicas governam. É uma das maiores conquistas da teoria física podermos separar o comportamento dinâmico da questão do arranjo organizacional dos conteúdos do universo.

Eu disse que essa separação em equações dinâmicas e condições de contorno tem sido historicamente de importância vital. O fato de ser possível fazer essa separação de algum modo é uma propriedade de um tipo *particular* de equações (equações diferenciais) que parecem sempre surgir na física. Porém, eu não acredito que essa divisão seja eterna. Em minha opinião, quando de fato viermos a entender fundamentalmente as leis, ou princípios que *de fato* governem o comportamento do nosso universo – no lugar das maravilhosas aproximações que entendemos hoje e que constituem nossas teorias SOBERBAS até hoje – descobriremos que essa distinção entre equações dinâmicas e condições de contorno vai desaparecer. Em vez disso, existirá somente algum modelo maravilhosamente consistente e amplo. É evidente que, ao dizer isso, estou expressando um ponto de vista bastante pessoal. Muitos outros podem não concordar com isso. Porém, é um ponto de vista como esse que eu tenho vagamente em mente quando tento explorar as consequências de alguma teoria de gravitação quântica desconhecida. (Esse ponto de vista também afetará algumas das minhas considerações mais especulativas no capítulo final.)

Como podemos explorar as consequências de uma teoria desconhecida? As coisas não são tão desesperadoras como podem parecer. O ponto fundamental é a consistência! Primeiro, peço ao leitor que aceite que nossa teoria tentativa – que doravante chamarei de TGQC ("Teoria de Gravitação Quântica Correta"!) – fornecerá uma explicação para a hipótese de curvatura de Weyl (HCW). Isso significa que as singularidades *iniciais* devem ser vinculadas de tal modo que **WEYL = 0** no futuro imediato da singularidade. Esse vínculo será uma consequência das leis da TGQC, e assim deve ser aplicável a *qualquer* "singularidade inicial", não somente à singularidade em particular que chamamos de "Big Bang". Não estou dizendo que não existe a necessidade de que *exista* alguma singularidade inicial em nosso universo além do Big Bang, mas a questão é que, *se* houvesse, então qualquer singularidade estaria vinculada pela HCW. Uma singularidade inicial seria uma da qual, em princípio, partículas sairiam. Esse é o comportamento oposto das singularidades nos buracos negros, essas sendo singularidades *finais* – na qual as partículas podem cair.

Um tipo inicial de singularidade além daquela do Big Bang seria uma singularidade em um *buraco branco* – o qual, como podemos lembrar do Capítulo 7, é o oposto temporal de um buraco negro (olhe novamente a Fig. 7.14). Vimos, porém, que as singularidades dentro dos buracos negros satisfazem **WEYL** $\rightarrow \infty$; assim, para um buraco branco, também deve haver **WEYL** $\rightarrow \infty$. A singularidade, porém, agora é uma singularidade *inicial*, para a qual a HCW exige que **WEYL = 0**. Assim, a HCW *impede* a existência de buracos brancos em nosso universo! (Felizmente isso não é bom somente do ponto de vista termodinâmico – pois buracos brancos desobedeceriam violentamente a segunda lei da termodinâmica – mas também é consistente com as observações! De tempos em tempos, diversos astrofísicos postularam a existência de buracos brancos para explicar certos fenômenos, mas isso sempre causou mais problemas do que solucionou.) Note que não estou dizendo que o próprio Big Bang seja um "buraco branco". Um buraco branco apresentaria singularidade inicial *localizada* que não seria capaz de satisfazer **WEYL = 0**, mas o Big Bang deslocalizado *pode* ter **WEYL = 0** e, assim, é permitido de ocorrer pela HCW, contanto que a satisfaça.

Existe um outro tipo de possibilidade para uma "singularidade inicial": o exato ponto da *explosão de um buraco negro* que finalmente *desapareceu* após (cerca de) 10^{64} anos da evaporação Hawking (p.455; veja também a p.479 a seguir)! Existe muita especulação sobre a natureza precisa desse fenômeno presumido (apesar de ele ser extremamente plausível). Penso que é provável não haver aqui conflito com a HCW. Essa explosão (localizada) poderia efetivamente ser instantânea e simétrica, e não vejo conflito com a hipótese de que **WEYL = 0**. Em todo caso, assumindo que não existam miniburacos negros (cf. p.455), é provável que a primeira dessas explosões não acontecesse antes de o universo ter existido por cerca de 10^{54} vezes o tempo T pelo qual ele já existiu. De maneira a apreciar quão longo é $10^{54} \times T$, imagine que T fosse comprimido para o menor tempo que pode ser mensurado – o menor tempo de decaimento de qualquer partícula instável – então a idade do nosso universo *real* no momento presente, nessa escala, seria menor que $10^{54} \times T$ por um fator de milhões de milhões!

Alguns argumentariam de maneira bem diferente da minha. Eles argumentariam[4] que a TGQC não deveria ser temporalmente simétrica, mas, para todos os efeitos, permitiria *dois* tipos de estrutura de singularidades, uma que necessitaria de **WEYL = 0**, e outra que permitiria **WEYL** $\to \infty$. Acontece que existe uma singularidade do primeiro tipo neste universo, e nossa percepção é que a direção do tempo é tal que colocamos essa singularidade no que chamamos de "passado", em vez do que chamamos de "futuro" (devido ao eventual surgimento da segunda lei). No entanto, parece-me que esse argumento não é adequado dessa maneira. Ele não explica por que não existem *outras* singularidades iniciais do tipo **WEYL** $\to \infty$ (ou outra do tipo **WEYL = 0**). Por que, sob

[4] Até onde eu entenda, um ponto de vista desse tipo está implícito nas propostas atuais de Hawking quanto a uma explicação devida à gravitação quântica dessas questões (Hawking, 1987, 1988). Uma proposta devida a Hartle e Hawking (1983) de uma origem quantum-gravitacional para o estado inicial é possivelmente o tipo de coisa que *poderia* dar alguma substância teórica para uma condição inicial do tipo WEYL = 0; porém (em minha opinião), um ingrediente *essencialmente* temporalmente assimétrico até agora não está presente nessas ideias.

esse ponto de vista, o universo não está cheio de buracos brancos? Já que ele presumivelmente *é* cheio de buracos *negros*, precisamos de uma explicação segundo a qual não existem os brancos.[5]

Outro argumento que às vezes é invocado nesse contexto é o chamado *princípio antrópico* (cf. Barrow; Tipler, 1986). Segundo esse argumento, o universo particular em que observamos nós mesmos habitando é selecionado dentre todos os *possíveis* universos pelo fato de que *nós* (ou, pelo menos, algum tipo de criatura senciente) precisa estar presente para observá-lo! (Discutirei o princípio antrópico novamente no Capítulo 10.) É afirmado que, pelo uso desse argumento, seres inteligentes somente podem habitar um universo com um tipo muito especial de Big Bang – e, assim, algo como a HCW deveria ser uma consequência desse princípio. No entanto, o argumento não chega nem perto da cifra necessária de $10^{10^{123}}$ para o caráter "especial" do Big Bang, como vimos no Capítulo 7 (cf. p.457). Por uma estimativa bem grosseira, o sistema solar todo junto com seus habitantes poderia ser criado simplesmente pela colisão aleatória de partículas de maneira muito mais "barata" do que essa, com uma "improbabilidade" (medida em termos de volumes do espaço de fase) de "somente" uma parte em muito menos que $10^{10^{60}}$ Isso é tudo que o princípio antrópico pode fazer por nós, e ainda estamos muito longe da cifra necessária. Além disso, da mesma maneira que o ponto de visto discutido agora há pouco, esse princípio antrópico não oferece nenhuma explicação para a ausência de buracos brancos.

Assimetria temporal na redução do vetor de estado

Parece que nós de fato somos levados à conclusão que a TGQC deve ser uma teoria temporalmente assimétrica, na qual a HCW (ou algo muito similar a ela) é uma das consequências da teoria. Como pode ser que obtenhamos uma teoria temporalmente assimétrica a partir de dois ingredientes temporalmente simétricos: a teoria quântica e a relatividade geral? Existe,

---

[5] Alguns poderiam argumentar (corretamente) que as observações não são de maneira nenhuma evidentes o bastante para darem suporte à minha afirmação de que existem buracos negros, mas não existem buracos brancos no universo. Porém, meu argumento é basicamente um argumento teórico. Buracos negros estão em concordância com a segunda lei da termodinâmica, mas buracos brancos não estão! (É evidente, poderíamos simplesmente *postular* a segunda lei e a ausência de buracos brancos; mas estamos tentando ir além disso, chegando até as origens da segunda lei.)

curiosamente, um número de possibilidades técnicas factíveis para obter esse feito, nenhuma das quais foi muito explorada até agora (cf. Ashtekar et al., 1989). No entanto, desejo seguir uma linha diferente de investigação. Ressaltei que a teoria quântica é "temporalmente simétrica", mas isso só se aplica realmente à parte **U** da teoria (a equação de Schrödinger etc.). Em minhas discussões da simetria temporal das leis físicas no começo do Capítulo 7, deliberadamente mantive distante delas à parte **R** (o colapso da função de onda). Parece haver uma visão majoritária de que **R** também deveria ser temporalmente simétrico. Talvez esse ponto de vista surja parcialmente devido a certa relutância em considerar **R** um "processo" realmente independente de **U**, de maneira que a simetria temporal de **U** também deveria implicar a simetria temporal de **R**. Desejo argumentar que isso *não é assim*: **R** é temporalmente *a*ssimétrico – pelo menos se simplesmente considerarmos "**R**" significando o procedimento que os físicos de fato adotam quando computam probabilidades na mecânica quântica.

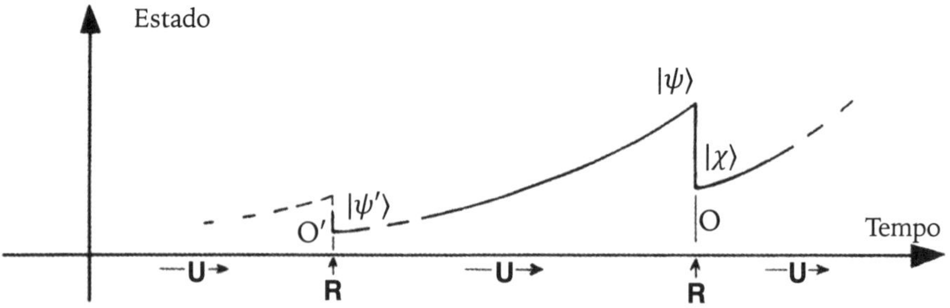

Fig. 8.1. Evolução temporal do vetor de estado: evolução unitária suave **U** (pela equação de Schrödinger) pontuada pela redução descontínua do vetor de estado **R**.

Deixem-me primeiro lembrar o leitor do procedimento que é aplicado na mecânica quântica que chamamos de redução do vetor de estado (**R**) (lembre-se da Fig. 6.23). Na Fig. 8.1 desenhei esquematicamente a estranha maneira pela qual consideramos que o vetor de estado $|\psi\rangle$ deve evoluir na mecânica quântica. Na maior parte do tempo, essa evolução é considerada procedendo segundo a evolução *unitária* **U** (equação de Schrödinger), mas em diversos momentos, quando uma "observação" (ou "medição") ocorre, o procedimento **R** é adotado, e o vetor de estado $|\psi\rangle$ *salta* para outro vetor de estado, digamos $|\chi\rangle$, em que $|\chi\rangle$ é uma das duas ou mais alternativas ortogonais possíveis $|\chi\rangle$, $|\phi\rangle$, $|\theta\rangle$,... determinadas pela natureza da observação O em particular que consideramos. A probabilidade p de saltar de $|\psi\rangle$ para $|\chi\rangle$ é dada pela quantidade na qual o comprimento ao quadrado $|\psi|^2$ de $|\psi\rangle$ diminui na projeção de $|\psi\rangle$ na direção (no espaço de Hilbert) de $|\chi\rangle$. (Isto é matematicamente o mesmo que quantidade pela qual $|\chi|^2$ diminuiria, se $|\chi\rangle$ fosse projetado na direção de $|\psi\rangle$.) Nessa forma, esse procedimento é temporalmente assimétrico, pois imediatamente *após* a observação I ter sido feita, o vetor de estado é um dentre um *dado conjunto* $|\chi\rangle$, $|\phi\rangle$, $|\theta\rangle$,... de possibilidades alternativas *determinadas por* O, enquanto imediatamente *antes* de O, o vetor de estado é $|\psi\rangle$, que *não* precisa ser uma dessas alternativas dadas. No entanto, essa assimetria temporal é somente aparente, e pode ser remediada se considerarmos um ponto de vista diferente com relação à evolução do vetor de estado. Vamos considerar a evolução quantum-mecânica *temporalmente revertida*. Essa excêntrica descrição é ilustrada na Fig. 8.2. Agora consideramos o estado sendo $|\chi\rangle$ imediatamente *antes* de O, em vez de imediatamente depois, e consideramos a evolução unitária sendo aplicada de maneira *temporalmente reversa* ao tempo da observação anterior O'. Vamos supor que esse estado evoluído temporalmente ao contrário se torne $|\chi'\rangle$ (imediatamente depois da observação O'). Na evolução para a frente usual da Fig. 8.1, tínhamos um outro estado $|\psi'\rangle$ logo ao futuro de O' (o resultado da observação O', em que $|\psi'\rangle$ evoluiria até chegar a $|\psi\rangle$ em O na descrição normal.) Agora, em nossa descrição *reversa*, o vetor de estado $|\psi'\rangle$ também exerce um papel: ele deve representar o estado do sistema imediatamente no *passado* de O'. O vetor de estado $|\psi'\rangle$ é o estado que foi de fato observado em O', de modo que, em nosso ponto de vista reverso, pensamos agora em $|\psi'\rangle$ como o estado que é o "resultado", no sentido *temporalmente reverso*, da observação em O'. O cálculo da probabilidade quântica *p'* que relacionada o resultado da observação em O' com aquela em O é agora dado pela quantidade na qual $|\chi'|^2$ diminui na projeção de $|\chi'\rangle$ na direção de $|\psi'\rangle$ (sendo esse o mesmo fator pelo qual $|\psi'|^2$ diminui quando $|\psi'\rangle$ é projetado na direção de $|\chi'\rangle$. É uma propriedade fundamental da operação de **U** que isso seja precisamente o mesmo valor que tínhamos antes.[6]

[6] Esses fatos são um pouco mais transparentes em termos da operação de tomar o *produto escalar*, $\langle\psi|\chi\rangle$, dada na nota 12 do Capítulo 6. Na descrição temporalmente para a frente, calculamos a probabilidade *p* por

$$p = |\langle\psi|\chi\rangle|^2 = |\langle\chi|\psi\rangle|^2$$

E, na descrição temporalmente reversa, por

$$p = |\langle\chi'|\psi'\rangle|^2 = |\langle\psi'|\chi'\rangle|^2.$$

O fato de que essas são iguais decorre de $\langle\psi 1|\chi 1\rangle = \langle\psi|\chi\rangle$, que é essencialmente o que queremos dizer por uma "evolução unitária".

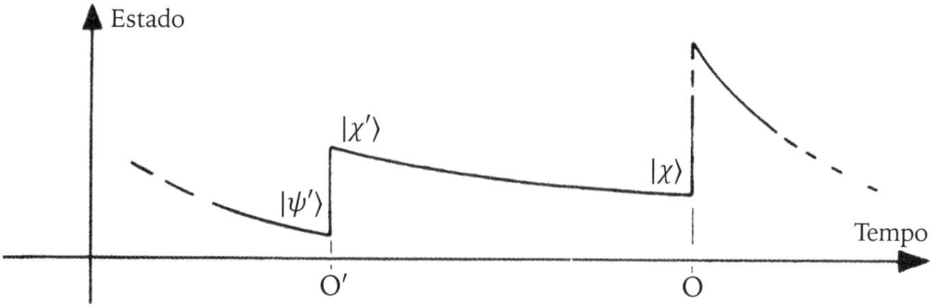

Fig. 8.2. Uma visão mais excêntrica da evolução do vetor de estado, em que uma descrição em termos de uma evolução temporal reversa é utilizada. A probabilidade calculada relacionando a observação em O com aquela em O′ seria exatamente a mesma que na Fig. 8.1, mas a que esse valor calculado se refere?

Assim, *pareceria* que estabelecemos que *a teoria quântica é temporalmente simétrica,* mesmo quando levamos em conta o processo descontínuo descrito pela redução do vetor de estado **R** em adição à evolução unitária ordinária **U**. No entanto, *isso não é verdade*. O que a probabilidade quântica p descreve – calculada de uma maneira ou de outra – é a probabilidade de encontrar o resultado (isto é, $|\chi\rangle$) em O *dado* o resultado (isto é, $|\psi'\rangle$) em O'. Isso não é necessariamente o mesmo que a probabilidade do resultado em O' *dado* o resultado em O. O último[7] seria realmente o que nossa teoria quântica temporalmente reversa deveria obter. É notável a quantidade de físicos que parece tacitamente assumir que essas duas probabilidades sejam as mesmas. (Eu mesmo sou culpado dessa presunção, cf. Penrose, 1979b, p.584.) No entanto, essas duas probabilidades devem ser muito diferentes, de fato, e somente a anterior é dada corretamente pela mecânica quântica!

Vamos entender isso em um caso específico muito simples. Suponha que tenhamos uma lâmpada L e uma fotocélula (i.e., um detector de fótons) P. Entre L e P temos um espelho semitransparente M, que está inclinado em um ângulo de, digamos, 45°, com relação à linha de L para P (veja a Fig. 8.3).

[7] Alguns leitores podem ter problemas tentando entender o que significa perguntar qual é a probabilidade de um evento passado dado um evento futuro! Não existe, no entanto, um problema essencial quanto a isso. Imagine a história toda do universo mapeada no espaço-tempo. Para encontrar a probabilidade de p ocorrer, dado que q ocorreu, imaginamos que investigamos todas as ocorrências de q e contando a fração destas que foi acompanhada por p. Essa é a probabilidade de que necessitamos. Não importa se q é o tipo de evento que normalmente ocorreria depois ou antes de p no tempo.

Suponha que a lâmpada emita fótons ocasionalmente de alguma maneira aleatória e que a construção da lâmpada seja tal que esses fótons sempre sejam direcionados cuidadosamente para P (poderíamos utilizar espelhos parabólicos). Sempre que a fotocélula receber um fóton, ela registra esse fato, e assumimos que isso é 100% confiável. Podemos assumir também que, sempre que um fóton é emitido, esse fato seja *gravado* por L, novamente com 100% de confiança. (Não existe um conflito com os princípios da mecânica quântica em nenhum desses requerimentos ideais, mesmo que possa haver dificuldades práticas em conseguir tal eficiência no mundo real.)

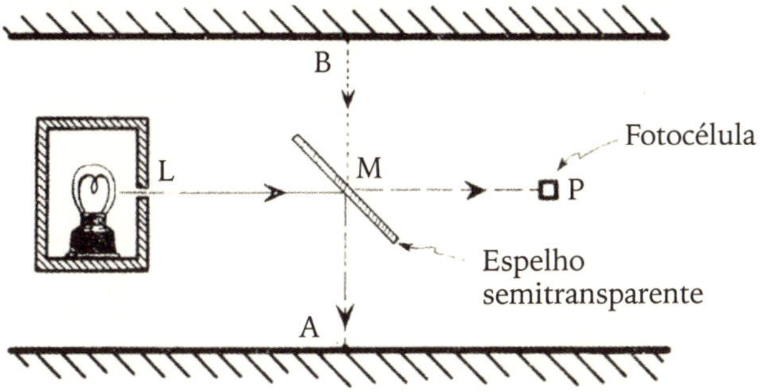

Fig. 8.3. A irreversibilidade temporal de **R** em um experimento quântico simples. A probabilidade de que a fotocélula detecte um fóton *dado* que a fonte tenha emitido um é exatamente meio; mas a probabilidade de que essa fonte tenha emitido um fóton *dado* que a fotocélula detecte um certamente *não* é meio.

O espelho semitransparente M é tal que ele reflete exatamente metade dos fótons que o alcançam e transmite a outra metade. De maneira mais correta, devemos pensar nisso quantum-mecanicamente. A função de onda do fóton chega ao espelho e é dividida em duas. Existe uma amplitude de $\frac{1}{\sqrt{2}}$ para a parte refletida da função de onda e $\frac{1}{\sqrt{2}}$ para a transmitida. Ambas as partes devem ser consideradas "coexistindo" (na descrição normal em termos temporais) até o momento que consideremos que uma "observação" tenha sido feita. Nesse momento, essas duas alternativas coexistentes são transformadas em alternativas *reais* – uma *ou* outra – com as probabilidades sendo dadas pelos módulos ao quadrados dessas amplitudes, isto é $\left(\frac{1}{\sqrt{2}}\right)^2 = \frac{1}{2}$, em ambos os casos. Quando uma observação é feita, as probabilidades de que o fóton tenha sido refletido ou transmitido de fato são meio.

Vejamos como isso se aplica ao experimento que consideramos. Suponha que L tenha registrado a emissão de um fóton. A função de onda do fóton divide-se no espelho e alcança P com uma amplitude $\frac{1}{\sqrt{2}}$, de maneira que a fotocélula registra ou não registra algo, cada situação com probabilidade igual a meio. A outra parte da função de onda do fóton atinge o ponto A na *parede do laboratório* (veja a Fig. 8.3) novamente com amplitude igual a $\frac{1}{\sqrt{2}}$. Se P *não* registrar nada, então o fóton deve ser considerado tendo atingido a parede em A. Afinal, se tivéssemos colocado outra fotocélula em A, então ela sempre registraria algo quando P não registrasse – assumindo que L de fato registrou a emissão de um fóton – e ela não registraria nada sempre que P registrasse. Nesse sentido, não é necessário colocar uma fotocélula em A. Podemos inferir o que a fotocélula em A *teria* feito, caso estivesse lá simplesmente olhando o que aconteceu em L e em P.

Deve estar evidente agora como o cálculo quantum-mecânico segue. Fazemos a pergunta:

"Dado o que L registrou, qual é a probabilidade que P registre algo?"

Para responder a ela, notamos que existe uma amplitude $\frac{1}{\sqrt{2}}$ para o fóton atravessar o caminho LMP e uma amplitude $\frac{1}{\sqrt{2}}$ para ele atravessar o caminho LMA. Quadrando, encontramos as respectivas probabilidades ½ e ½ para ele alcançar P e alcançar A. A resposta quantum-mecânica para a nossa questão é, então,

"meio."

Essa é a resposta que obtemos de fato experimentalmente.

Poderíamos utilizar igualmente bem o procedimento excêntrico "temporalmente revertido" para obter a mesma resposta. Suponha que notemos que P tenha registrado algo. Consideramos a evolução temporalmente revertida da função de onda para o fóton, assumindo que o fóton finalmente chegue em P. À medida que voltamos no tempo, o fóton vai de volta a P até atingir o espelho M. Nesse ponto, a função de onda bifurca, e existe uma amplitude $\frac{1}{\sqrt{2}}$ para o fóton alcançar a lâmpada e uma amplitude $\frac{1}{\sqrt{2}}$ para ele ter sido refletido em M e alcançar *outro* ponto na parede do laboratório, que chamamos de B na Fig. 8.3. Quadrando, novamente obtemos meio para as duas probabilidades. Porém, devemos ser cuidadosos ao considerar a quais perguntas essas probabilidades respondem. Elas são as duas perguntas: "Dado que L registrou algo, qual é a probabilidade que P registra?", assim como antes, e a pergunta mais excêntrica "Dado que o fóton seja ejetado da parede em B, qual é a probabilidade que P registre algo?".

Podemos considerar que ambas as respostas são, em certo sentido, experimentalmente "corretas", mesmo que a segunda (ejeção da parede) seria uma inferência, em vez do resultado de uma série de experimentos *reais*! No entanto, nenhuma dessas é a questão *temporalmente reversa* à que perguntamos antes. Esta seria:

"Dado que P registra algo, qual é a probabilidade que L registre algo?".

Notemos que a resposta experimental *correta* para esta pergunta não é "meio" de forma alguma, mas

"um."

Se a fotocélula de fato registra algo, então é virtualmente certo que o fóton proveio da *lâmpada*, não da parede do laboratório! No caso da nossa questão temporalmente revertida, o cálculo quantum-mecânico nos deu uma *resposta completamente equivocada*!

As implicações disso são que as regras para a parte **R** da mecânica quântica simplesmente não podem ser utilizadas para questões temporalmente revertidas. Se quisermos calcular a probabilidade de um estado *passado* com base em um estado *futuro* conhecido, vamos obter respostas bastante incorretas, se tentarmos adotar o procedimento **R** padrão de simplesmente tomar a amplitude quantum-mecânica e quadrar seu módulo. É somente para calcular probabilidades de estados *futuros* com base em estados *passados* que esse procedimento funciona – e aqui ele funciona excessivamente bem! Parece-me evidente, com base nisso, que o procedimento **R** *não pode ser temporalmente assimétrico* (e, incidentalmente, não pode ser uma consequência de um procedimento temporalmente simétrico como **U**).

Muitos consideram que a razão para essa discrepância com a simetria temporal é que, de algum modo, a segunda lei da termodinâmica tenha se esgueirado pelo argumento, introduzindo uma assimetria temporal adicional que não é descrita pelo procedimento de quadrar as amplitudes. De fato, parece ser verdade que qualquer aparato físico capaz de realizar um procedimento como o procedimento **R** deve envolver uma "irreversibilidade termodinâmica" – de maneira que a entropia aumente sempre que uma medição ocorra. Acho que é provável que a segunda lei *esteja* envolvida de alguma maneira fundamental no processo de medida. Além disso, não parece que faça muito sentido físico tentar reverter temporalmente *toda* a operação de um experimento quantum-mecânico como o experimento (idealizado) que descrevemos acima, incluindo o registro de todas as medições envolvidas. Não me preocupei com a questão de quão longe conseguimos ir ao reverter temporalmente o experimento de fato. Meu interesse foi somente com a aplicabilidade do notável procedimento quantum-mecânico que obtém corretamente as probabilidades ao quadrar os módulos das amplitudes. É um fato maravilhoso que esse simples procedimento seja aplicado na direção futura sem nenhum outro conhecimento sobre o sistema dever ser considerado. De fato, é parte da teoria que *não* podemos influenciar essas probabilidades: probabilidades quantum-teóricas são inteiramente *estocásticas*! No entanto, ao tentar aplicar esses procedimentos na direção passada (i.e., para retrodizer, em vez de predizer) então nos enganamos completamente. Qualquer número de desculpas, circunstâncias atenuantes ou outros fatores podem ser invocados para explicar *por que* o procedimento de quadrar as amplitudes não se aplica corretamente na direção passada, mas o fato é que ele realmente não se aplica. Essas desculpas simplesmente não são necessárias na direção futura! O procedimento **R**, como *é utilizado de fato*, simplesmente *não* é temporalmente simétrico.

A caixa de Hawking: uma conexão com a hipótese de curvatura de Weyl?

Seja como for, o leitor certamente está se perguntando: o que tudo isso tem a ver com a HCW ou com a TGQC? É verdade que a *segunda lei*, da maneira como ela funciona hoje, pode ser uma consequência de **R**, mas onde existe algum papel significativo para as singularidades espaçotemporais ou para a gravitação quântica nessas ocorrências "cotidianas" da redução do vetor de estado? Para responder a essa questão, desejo descrever um "experimento mental" bastante ousado, proposto originalmente por Stephen Hawking, mesmo que o propósito para o qual o usarei não tenha sido parte da intenção original de Hawking.

Imagine uma caixa selada de proporções colossais. Suas paredes são consideradas totalmente refletivas e impermeáveis a toda influência externa. Nenhum objeto material pode atravessá-las, nem sinal eletromagnético, neutrino ou qualquer coisa. Tudo deve ser refletido, seja algo que proveio de dentro, seja algo que provenha de fora. Mesmo os efeitos da gravitação estão proibidos de atravessar essa barreira. Não existe substância real que poderia ser o material dessas paredes. Ninguém realmente poderia *fazer* o "experimento" que vou descrever. (Tampouco alguém gostaria, como veremos!) Isso não é o ponto principal. Em um experimento mental tentamos desvendar princípios gerais com base em meras considerações mentais de experimentos que *poderíamos* fazer. Dificuldades tecnológicas são ignoradas, contanto que elas não tenham relação com os princípios gerais em consideração. (Lembre-se da discussão sobre o gato de Schrödinger, no Capítulo 6.) Em nosso caso, as dificuldades em construir as paredes de nossa caixa devem ser consideradas puramente "tecnológicas" para nossos propósitos, de modo que serão ignoradas.

Dentro da caixa está uma enorme quantidade de material de um certo tipo. Não importa de qual tipo seja essa substância material. Estamos interessados somente na sua massa total *M*, que consideraremos muito grande, e no enorme volume *V* da caixa que contém a substância. O que queremos fazer com a nossa caixa construída com tanto gasto e com seu conteúdo aparentemente inútil? O experimento é o mais entediante possível. Devemos deixar tudo intocado – para sempre!

A questão que nos interessa é o destino final do conteúdo da caixa. De acordo com a segunda lei da termodinâmica, sua entropia deveria estar aumentando. A entropia aumentaria até o valor máximo ser obtido, o material estando agora em "equilíbrio térmico". Nada muito além disso aconteceria a partir deste ponto, se não fossem por "flutuações" nas quais desvios (relativamente) breves do equilíbrio térmico ocorrem temporariamente. Na nossa situação, se assumirmos que *M* é grande o bastante e que *V* tem o valor apropriado (*muito* grande, mas não tão grande), de modo que, quando o "equilíbrio" térmico é alcançado, a maior parte do material colapsou em um *buraco negro* de somente um pouco de matéria e radiação ao seu redor – constituindo um chamado "banho térmico" (muito frio) no qual o buraco negro está imerso. Para termos algo bem definido, poderíamos escolher *M* como a massa do sistema solar, e *V*, como o volume da Via Láctea! Assim, a temperatura do "banho" seria da ordem de 10^{-7} acima do zero absoluto.

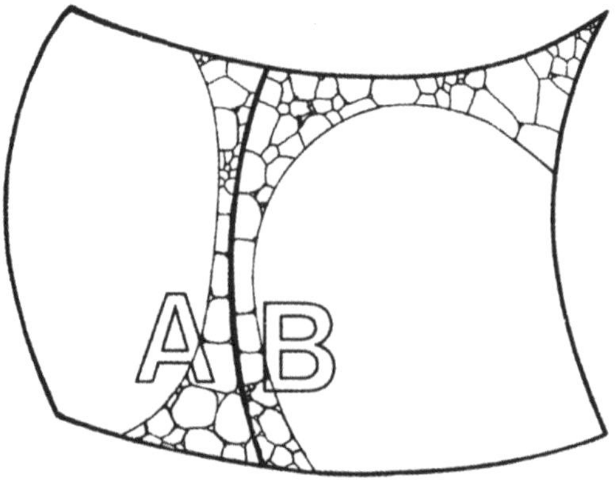

Fig. 8.4. O espaço de fase ℙ da caixa de Hawking. A região 𝔸 corresponde às situações em que *não* existe um buraco negro na caixa, e a região 𝔹, a situações nas quais *existe* um buraco negro (ou mais de um buraco negro) na caixa.

Para entendermos de modo mais compreensível a natureza desse equilíbrio e dessas flutuações vamos nos recordar do conceito de espaço de fase que encontramos nos Capítulos 5 e 7, particularmente em sua conexão com a definição de entropia. A Figura 8.4 mostra uma descrição esquemática de todo o espaço de fase ℙ dos conteúdos da caixa de Hawking. Como podemos lembrar, o espaço de fase é um espaço com um número elevado de dimensões, onde cada ponto representa todo um estado possível do sistema em consideração – aqui os conteúdos da caixa. Assim, cada ponto em ℙ codifica as posições e momentos de todas as partículas presente na caixa, além de toda a informação necessária sobre a *geometria espaçotemporal* dentro da caixa. A sub-região 𝔹 (de ℙ) à direita na Fig. 8.4 representa a totalidade dos estados nos quais existe um *buraco negro* dentro da caixa (incluindo-se todos os casos em que haveria mais de um buraco negro), enquanto a sub-região 𝔸 à esquerda representa a totalidade de todos os estados livres de buracos negros. Devemos supor que cada uma das regiões 𝔸 e 𝔹 possa ainda ser subdividida em componentes menores segundo um processo de "aproximação por macroestados", necessário para a definição precisa da entropia (cf. Fig. 7.3, p.416), mas os detalhes disso não nos interessarão aqui. Tudo que precisamos notar neste ponto é que o maior desses compartimentos – representando o equilíbrio térmico, com um buraco negro presente – é a porção principal de 𝔹, enquanto a porção principal de 𝔸 (um pouco menor) é o compartimento representando o que *aparenta* ser equilíbrio térmico, exceto que não existe nenhum buraco negro presente.

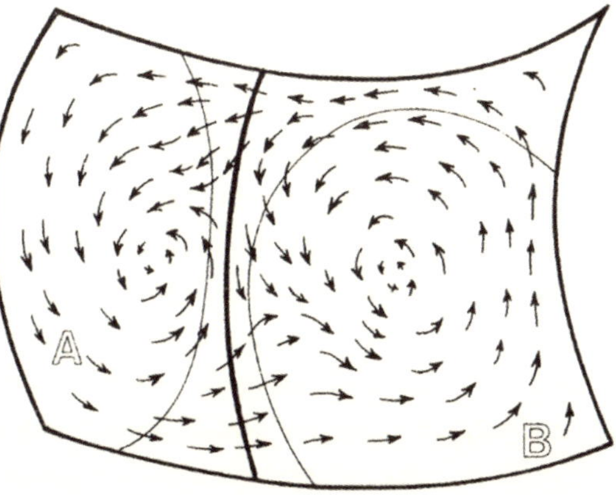

Fig. 8.5. O "fluxo hamiltoniano" dos conteúdos da caixa de Hawking (compare com a Fig. 5.11). Linhas de fluxo cruzando de 𝔸 para 𝔹 representam o colapso em um buraco negro; e aquelas de 𝔹 para 𝔸, o desaparecimento de um buraco negro por evaporação Hawking.

Lembre-se de que existe um campo de setas (campo vetorial) em qualquer espaço de fase que representa a evolução temporal do sistema físico (veja Capítulo 5, p.254; também a Fig. 5.11). Assim, para sabermos o que acontecerá em seguida com nosso sistema, simplesmente seguimos as setas em ℙ (veja a Fig. 8.5). Algumas destas setas irão cruzar da região 𝔸 para a região 𝔹. Isso ocorre no momento que um buraco negro se forma a partir do colapso gravitacional da matéria. Existem setas que cruzam de volta da região 𝔹 para região 𝔸? Sim, existem, mas somente se levarmos em conta o fenômeno da *evaporação Hawking* que foi mencionado anteriormente (p.455, 468). Segundo somente a teoria *clássica* da relatividade geral, buracos negros podem apenas engolir coisas; jamais emiti-las. Porém, levando em conta efeitos da mecânica quântica, Hawking (1975) foi capaz de mostrar que buracos negros devem, no nível quântico, ser capazes de emitir coisas afinal de contas, segundo um processo conhecido como *radiação Hawking*. (Isso ocorre mediante o processo quântico de "criação de pares virtuais", em que partículas e antipartículas são continuamente criadas a partir do vácuo – momentaneamente – normalmente se aniquilando entre si imediatamente após seu surgimento, não deixando nenhum rastro. Quando um buraco negro está presente, no entanto, ele pode "engolir" uma das partículas de modo que o par não tenha tempo para se aniquilar, e a partícula restante pode escapar do buraco. Essas partículas que escapam constituem a radiação Hawking.) Nos casos normais, a radiação Hawking é de fato irrisória. Porém, no estado de equilíbrio térmico, a quantidade de energia que o buraco negro perde através da radiação Hawking se equilibra perfeitamente com a energia que ele ganha ao absorver outras "partículas térmicas" que possivelmente estejam no "banho térmico" no qual o buraco negro se encontra imerso. Ocasionalmente, devido a alguma "flutuação", o buraco poderia emitir um pouco a mais, ou engolir um pouco a menos, e assim perder energia. Ao perder energia, ele perde massa (em decorrência de $E = mc^2$, de Einstein) e, segundo as regras governando a radiação Hawking, ele se torna um pouco mais quente. *Muito* ocasionalmente, quando a flutuação for grande o bastante, é até mesmo possível o buraco negro entrar em uma situação sem volta, na qual ele começa a ficar cada vez mais quente, perdendo cada vez mais energia, ficando cada vez menor até que finalmente ele (presumivelmente) desapareça completamente em uma violenta explosão! Quando isso acontece (e assumindo que não existam outros buracos negros na caixa), ocorre a situação em que, no nosso espaço de fase $\mathbb{P}$, passamos da região $\mathbb{B}$ para a região $\mathbb{A}$, de maneira que de fato *existem* setas da região $\mathbb{B}$ para a região $\mathbb{A}$!

Neste ponto, eu deveria detalhar o que queremos dizer por "flutuação". Lembre-se dos compartimentos em mais larga escala que consideramos no capítulo anterior. Os pontos do espaço de fase que pertencem a um único compartimento devem ser considerados (macroscopicamente) indistinguíveis entre si. A entropia aumenta porque, ao seguirmos as setas, tendemos a ir para compartimentos cada vez maiores à medida que o tempo progride. Por fim, o ponto do espaço de fase se perde no maior compartimento de todos, isto é, aquele correspondente ao equilíbrio térmico (máxima entropia). No entanto, isso será verdade só até certo ponto. Se esperarmos tempo o bastante, o ponto do espaço de fase *eventualmente encontrará* um compartimento menor, e a entropia diminuirá. Isso não ocorreria por muito tempo (comparativamente falando), e a entropia logo aumentaria à medida que o ponto do espaço de fase reentrasse no maior compartimento. Essa é uma *flutuação*, e ela momentaneamente diminui a entropia. Usualmente, a entropia não cai demais, mas muito raramente uma flutuação *grande* ocorrerá, e a entropia decairá substancialmente – e talvez permanecer diminuída por um período considerável de tempo.

Esse é o tipo de coisa de que precisamos de maneira a sair da região $\mathbb{B}$ para a região $\mathbb{A}$ mediante o processo de evaporação Hawking. Uma flutuação muito grande é necessária porque devemos passar por um compartimento minúsculo bem no ponto onde as setas cruzam de $\mathbb{B}$ para $\mathbb{A}$. Da mesma maneira, quando nosso ponto no espaço de fase está no compartimento principal dentro de 𝔸 (representando um estado de equilíbrio térmico sem buracos negros) vai demorar muito tempo até que um colapso gravitacional ocorra e o ponto se mova para 𝔹. Novamente, uma flutuação grande é necessária. (A radiação térmica não entra em colapso gravitacional tão facilmente!)

Existem *mais* setas nos levando de 𝔸 para 𝔹, de 𝔹 para 𝔸, ou o número de setas é *o mesmo* em ambos os casos? Esta será uma questão importante para nós. Dito de outro modo, é "mais fácil" para a natureza produzir um buraco negro por meio do colapso gravitacional de partículas térmicas, ou é mais fácil ela se livrar de um buraco negro mediante a radiação Hawking? Será que ambas as situações são cada uma tão "difícil" quanto a outra? Estritamente falando, não é o "número" de setas que nos interessa aqui, mas a taxa de fluxo do volume no espaço de fase. Pense no espaço de fase como preenchido por algum tipo de fluido (altamente dimensional) incompressível. As setas representam o fluxo desse fluido. Lembre-se do *teorema de Liouville*, que descrevemos no Capítulo 5 (p.260). O teorema de Liouville enuncia que o volume do espaço de fase é preservado pelo fluxo, o que quer dizer que nosso fluido no espaço de fase é de fato incompressível! O teorema de Liouville parece nos dizer que o fluxo de 𝔸 para 𝔹 deve ser *igual* ao fluxo de 𝔹 para 𝔸 porque, sendo o fluido no espaço de fase incompressível, ele não pode se acumular de um lado nem de outro. Assim, pareceria que deve ser igualmente "difícil" fazer um buraco negro por meio de radiação térmica quanto destruí-lo!

Essa, de fato, foi a conclusão do próprio Hawking, mesmo que ele tenha chegado a ela com base em algumas considerações um pouco diversas. O argumento principal de Hawking era que toda a física básica envolvida no problema é *temporalmente simétrica* (relatividade geral, termodinâmica, os processos unitários padrão da teoria quântica), de modo que, se olharmos o tempo fluindo de maneira oposta, devemos obter a mesma resposta que se o considerarmos correndo normalmente. Isso significa simplesmente reverter a direção de todas as setas em ℙ. Decorreria, então, também *desse* argumento que deve haver exatamente a mesma quantidade de setas de 𝔸 para 𝔹 quanto de 𝔹 para 𝔸, *contanto* que seja o caso de a região temporalmente reversa de B ser a própria região 𝔹 (e, equivalentemente, que a região temporalmente reversa de 𝔸 seja novamente 𝔸). Isso é equivalente à notável sugestão de Hawking que buracos negros e seus equivalentes temporalmente reversos, isto é, buracos brancos, são na verdade fisicamente idênticos! Seu raciocínio foi que em qualquer física temporalmente simétrica, o estado de equilíbrio térmico deve ser também temporalmente simétrico. Não desejo adentrar em uma discussão detalhada dessa notável possibilidade aqui. A ideia de Hawking era que, de algum modo, a radiação quantum-mecânica de Hawking poderia ser vista como o inverso temporal do processo clássico de "absorção" de material pelo buraco negro. Mesmo que engenhosa, sua sugestão envolve dificuldades teóricas grandes, e não acredito que haja saída delas.

Em todo caso, essa sugestão não é realmente compatível com as ideias que apresento aqui. Argumentei que, enquanto os buracos negros devem existir, os buracos brancos são *proibidos* de existir em decorrência da hipótese de curvatura de Weyl! A HCW introduz uma *assimetria* temporal na discussão que não foi considerada por Hawking. Devemos ressaltar que, uma vez que os buracos negros e suas singularidades espaçotemporais são de fato uma parte integral do que acontece dentro da caixa de Hawking, a física desconhecida que governa o comportamento dessas singularidades certamente está envolvida. Hawking defende o ponto de vista de que essa física desconhecida deve ser uma teoria de gravitação quântica *temporalmente simétrica*, enquanto afirmo que ela deve ser uma TGQC *temporalmente assimétrica*! Estou afirmando que uma das principais consequências da TGQC deve ser a HCW (e, consequentemente, a segunda lei da termodinâmica da maneira como a conhecemos), de modo que deveríamos tentar ver quais as implicações da HCW para o nosso problema em consideração.

Vejamos como a inclusão da HCW afeta nossa discussão sobre o fluxo do "fluido incompressível" em $\mathbb{P}$. No espaço-tempo, o efeito de uma singularidade de um buraco negro é absorver e destruir toda a matéria que chega até ela. Mais importante, para os nossos propósitos, ela *destrói informação*! O efeito disso em $\mathbb{P}$ é que agora algumas linhas de fluxo se juntam (veja a Fig. 8.6). Dois estados que antes eram diferentes podem se tornar agora o mesmo, assim que a informação que os distingue é destruída. Quando as linhas de fluxo de $\mathbb{P}$ se juntam, ocorre uma *violação* efetiva do teorema de Liouville. Nosso "fluido" não é mais incompressível, sendo *continuamente aniquilado* dentro da região $\mathbb{B}$!

Parece que agora temos um problema. Se nosso "fluido" é continuamente destruído na região $\mathbb{B}$, então deve haver *mais* linhas de fluxo de $\mathbb{A}$ para $\mathbb{B}$ do que de $\mathbb{B}$ para $\mathbb{A}$ – de modo que é "mais fácil" criar um buraco negro do que destruí-lo, afinal de contas! Isso poderia fazer sentido, não fosse pelo fato de que agora mais "fluido" flui da região $\mathbb{A}$ do que entra novamente nela. Não existem buracos negros na região $\mathbb{A}$ – e buracos brancos foram excluídos pela HCW –, de maneira que certamente o teorema de Liouville deveria ser perfeitamente válido bem na região $\mathbb{A}$! No entanto, parece que agora precisamos de algum modo "criar fluido" na região A para darmos conta da perda

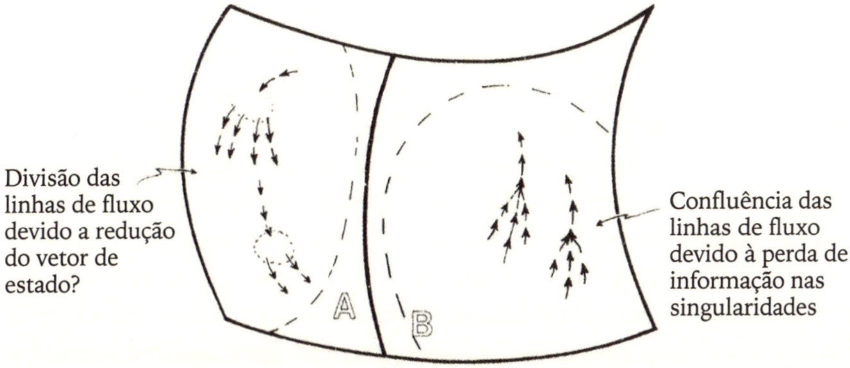

Fig. 8.6. Na região 𝔹, as linhas de fluxo devem se juntar devido à perda de informação nas singularidades espaçotemporais. Será que isso é equilibrado pela criação de linhas de fluxo decorrentes do procedimento quântico **R** (majoritariamente na região 𝔸)?

que ocorre na região B. Que mecanismos poderiam existir para aumentar o número de linhas de fluxo? Parece que precisamos de que algumas vezes um certo estado possa resultar em mais de um estado (i.e., linhas de fluxo bifurcantes). Esse tipo de incerteza na evolução futura de um sistema físico tem "cheiro" de teoria quântica - a parte **R** dela. Poderia ser que **R** é, em algum sentido, o "outro lado da moeda" da HCW? Enquanto a HCW serve para fazer com que linhas de fluxo se juntem dentro de 𝔹, o procedimento quantum-mecânico **R** faz com que as linhas de fluxo bifurquem. Estou de fato afirmando que é um procedimento quantum-mecânico objetivo de redução do vetor de estado (**R**) que faz com que as linhas de fluxo se bifurquem, e de tal modo a compensar exatamente a junção das linhas de fluxo que ocorre em razão da HCW (Fig. 8.6)!

Para que essa bifurcação ocorra, precisamos de que **R** seja temporalmente assimétrico, como já vimos: lembre-se do nosso experimento acima com a lâmpada, fotocélula e o espelho semitransparente. Quando o fóton é emitido pela lâmpada, existem duas alternativas (igualmente prováveis) para o resultado final: ou o fóton alcança a fotocélula e a fotocélula marca um registro, ou o fóton alcança a parede em A e a fotocélula não registra nada. No espaço de fase desse experimento há uma linha de fluxo que representa a emissão de um fóton que se bifurca em duas: uma descrevendo a situação na qual a fotocélula dispara, e a outra, a situação na qual ela não dispara. Isso parece ser uma bifurcação genuína, pois há somente uma linha de entrada e duas linhas de saída possíveis. A outra linha de entrada que teríamos de considerar seria que o fóton pudesse ter sido ejetado da parede do laboratório em B, caso no qual haveria duas linhas de entrada e duas de saída. Porém, essa entrada alternativa foi excluída devido à inconsistência com a segunda lei da termodinâmica – i.e., segundo o ponto de vista aqui expresso, em última instância devido à HCW, quando a evolução é seguida até o passado.

Devo dizer novamente que o ponto de vista que defendo não é de fato um ponto de vista "convencional" – mesmo que não esteja totalmente evidente para mim o que um físico "convencional" teria a dizer de maneira a resolver todos os problemas que foram levantados. (Suspeito de que muitos deles nem tenham sequer pensado muito sobre esses problemas!) Certamente já vi diversos outros pontos de vista. Por exemplo, de tempos em tempos tem sido sugerido, por alguns físicos, que a radiação Hawking nunca causaria que o buraco negro desaparecesse *completamente*, mas algum pequeno "caroço" sempre permaneceria lá (Assim, desse ponto de vista *não* existem setas de $\mathbb{B}$ para $\mathbb{A}$!). Isso realmente não faz diferença para o meu argumento (e de fato o tornaria mais forte). Poderíamos fugir de minhas conclusões, no entanto, postulando que o volume do espaço de fase $\mathbb{P}$ total seja na verdade *infinito*, mas isso está em desacordo com algumas ideias básicas sobre a entropia de buracos negros e sobre a natureza do espaço de fase de um sistema (quântico) limitado; e as outras maneiras de fugir de minha conclusão tecnicamente não me parecem mais satisfatórias. Uma objeção consideravelmente mais séria é que as idealizações envolvidas na construção da caixa de Hawking são realmente muito grandes, e certas questões de princípio são violadas quando assumimos que ela pode ser construída. Não estou totalmente certo disso, mas estou inclinado a acreditar que as idealizações necessárias para isso de fato podem ser engolidas em nossas discussões!

Por fim, existe um ponto importante sobre o qual não fiz muitos comentários. Comecei a discussão assumindo que tínhamos um espaço de fase *clássico* – e o teorema de Liouville se aplica à física clássica. Porém, então consideramos o fenômeno quântico da radiação Hawking. (E a teoria quântica também é necessária para a *dimensionalidade finita* assim como o volume finito de $\mathbb{P}$.) Como vimos no Capítulo 6, a versão quântica do espaço de fase é o *espaço de Hilbert*, de modo que presumivelmente deveríamos ter utilizado o espaço de Hilbert, em vez do espaço de fase em toda nossa discussão. No espaço de Hilbert *existe* um análogo do teorema de Liouville. Ele surge do que é chamada de natureza *"unitária"* da evolução temporal **U**. Talvez meu argumento todo possa ser formulado inteiramente em termos do espaço de Hilbert, em vez do espaço de fase clássico, mas é difícil ver como discutir desse modo os fenômenos clássicos envolvidos na geometria espaçotemporal dos buracos negros. Minha própria opinião é que, para a *teoria correta*, nem o espaço de Hilbert nem o espaço de fase clássico seriam totalmente apropriados, mas teríamos de utilizar algum tipo de espaço matemático até agora não conhecido que seria um intermediário entre os dois. Assim, meu argumento deve ser considerado somente no nível heurístico, e é meramente algo *sugestivo*, em vez de ser conclusivo. Em todo caso, realmente acredito que ele fornece fortes evidências para pensarmos que a HCW e **R** estão profundamente conectados e que, consequentemente, **R** *deve ser um efeito de gravitação quântica.*

Para reiterar minhas conclusões: estou sugerindo que a redução do vetor de estado quântico é de fato o outro lado da moeda da HCW. Segundo esse ponto de vista, as duas maiores implicações da nossa tão buscada "teoria de gravitação quântica correta" (TGQC) serão a HCW e **R**. O efeito da HCW é a *confluência* das linhas de fluxo no espaço de fase, enquanto o efeito de **R** é o *espalhamento* das linhas de fase, de maneira que ambas as coisas se compensem exatamente. Ambos os processos estão intimamente associados à segunda lei da termodinâmica.

Note que a confluência de linhas de fluxo acontece inteiramente dentro da região $\mathbb{B}$, enquanto o espalhamento das linhas de fluxo pode acontecer seja em $\mathbb{A}$ *ou* em $\mathbb{B}$. Lembre-se de que $\mathbb{A}$ representa a ausência de buracos negros, de maneira que a redução do vetor de estado realmente pode acontecer quando buracos negros estão ausentes. Obviamente não é necessário obter um buraco negro no laboratório de modo a comprovarmos o processo **R** (como em nosso experimento com o fóton considerado agora há pouco). Estamos preocupados aqui somente com o equilíbrio geral entre coisas que *poderiam* acontecer em uma certa situação. Do ponto de vista que expresso é meramente a *possibilidade* de buracos negros poderem se formar em algum momento (e consequentemente destruir informação) que deve ser equilibrada pela falta de determinismo da teoria quântica!

Quando o vetor de estado é reduzido?

Suponha que aceitemos, com base nos argumentos anteriores, que a redução do vetor de estado seja afinal de contas um fenômeno gravitacional. Podemos deixar as conexões entre **R** e a gravitação mais explícitas? Quando, com base nesse ponto de vista, o colapso do vetor de estado deveria *de fato* acontecer?

Primeiro, eu deveria mencionar que, mesmo nas abordagens mais "convencionais" para a gravitação quântica, parece haver algumas dificuldades técnicas sérias envolvidas em harmonizar os princípios da relatividade geral com as regras da teoria quântica. Essas regras (primariamente a maneira pela qual os momentos são reinterpretados como derivadas em relação à posição, na expressão da equação de Schrödinger, p.391) não se casam muito bem com a ideia geométrica de um espaço-tempo curvo. Meu próprio ponto de vista é que, assim que uma quantidade de curvatura espaçotemporal "significativa" apareça, as regras de superposição linear quântica devem falhar. É aqui que as superposições de amplitudes complexas de estados alternativos potenciais são substituídas por alternativas ponderadas por probabilidades reais – e uma das alternativas deve *de fato* ocorrer.

O que quero dizer por uma quantidade "significativa" de curvatura? Quero dizer que esse nível foi alcançado quando a medida da curvatura introduzida tem a escala de cerca de *um gráviton*[8] ou mais. (Lembre-se de que, segundo as regras da teoria quântica, o campo eletromagnético é "quantizado" em unidades individuais chamadas de "fótons". Quando o campo é decomposto em suas frequências individuais, a parte de frequência ν só pode ocororrer em números inteiros de fótons, cada um com energia $h\nu$. Regras similares devem aplicar-se da mesma maneira ao campo gravitacional.) Um gráviton seria a menor unidade de curvatura que deveria ser permitida segundo a teoria quântica. A ideia é que, assim que esse nível fosse alcançado, as regras ordinárias de superposição linear, seguindo o procedimento **U**, seriam modificadas quando aplicadas aos grávitons, e algum tipo de "instabilidade não linear" temporalmente assimétrica surgiria. Em vez de haver superposições lineares complexas de "alternativas" coexistindo para sempre, uma das alternativas começará a ganhar das outras nesse ponto, e o sistema "decairia" para uma alternativa ou outra. Talvez a escolha das alternativas seja por pura sorte, ou talvez haja algo mais profundo subjacente a essa escolha. Porém, agora, a *realidade* se tornou uma *ou* outra. O procedimento **R** ocorreu.

Note que, segundo essa ideia, o procedimento **R** ocorre espontaneamente de maneira inteiramente objetiva, independentemente de qualquer intervenção humana. A ideia é que o nível de "um gráviton" deva estar

[8] Devemos permitir que eles sejam o que conhecemos como *grávitons longitudinais* – os grávitons "virtuais" que compõem um campo gravitacional estático. Infelizmente existem problemas teóricos envolvidos ao definir esses objetos de modo evidente e matematicamente "invariante".

confortavelmente entre o "nível quântico" dos átomos, moléculas etc., no qual as regras lineares (**U**) usuais da teoria quântica funcionam, e o "nível clássico" de nossa experiência cotidiana. Quão "grande" *é* esse nível de um gráviton? Devo ressaltar que não é realmente uma questão de *tamanho* físico: é mais uma questão de massa e distribuição de energia. Vimos que efeitos de interferência quântica podem acontecer em distâncias grandes, contanto que não haja muita energia envolvida. (Lembrem-se da autointerferência do fóton descrita na p.384 e dos experimentos EPR de Clauser e Aspect, p.388.) A escala quantum-gravitacional característica de massa é o que é conhecida como *massa de Planck*

$$m_p = 10^{-5} \text{ gramas}$$

(aproximadamente). Isso parece ser bem maior do que gostaríamos, já que objetos que são muito *menos* massivos que esse, como grãos de poeira, podem ser vistos diretamente, comportando-se de maneira clássica. (A massa m_p é um pouco menor que a de uma pulga.) No entanto, não acho que o critério de um gráviton seria aplicado de maneira tão rudimentar como essa. Tentarei ser um pouco mais explícito, mas no momento que escrevo estas linhas existem ainda muitas obscuridades e ambiguidades quanto ao modo como esse critério deve ser precisamente aplicado.

Primeiro vamos considerar um tipo muito direto de maneira pela qual uma partícula pode ser observada, isto é, pelo uso do que é conhecido como *câmara de nuvens de Wilson*. Aqui consideramos uma câmara cheia de vapor que está quase no ponto de se condensar em gotículas. Quando uma partícula carregada que se move rapidamente entra nessa câmara, produzida por, digamos, o decaimento de um átomo radioativo colocado logo fora da câmara, sua passagem pelo vapor faz com que alguns átomos próximos de seu caminho se tornem ionizados (i.e., carregados, devido aos elétrons que foram deslocados). Esses átomos ionizados atuam como centros nos quais as pequenas gotículas podem se condensar a partir do vapor. Podemos, assim, seguir a trilha de gotas que o experimentalista pode observar diretamente (Fig. 8.7).

Qual é, então, a descrição quantum-mecânica desse processo? No momento que nosso átomo radioativo decai, ele emite uma partícula. Porém, existem muitas diferentes direções possíveis pelas quais essa partícula emitida pode ir. Existirá uma amplitude para uma direção, uma amplitude para a outra, uma amplitude para uma terceira etc., todas elas ocorrendo simultaneamente em uma superposição linear quântica. A totalidade dessas

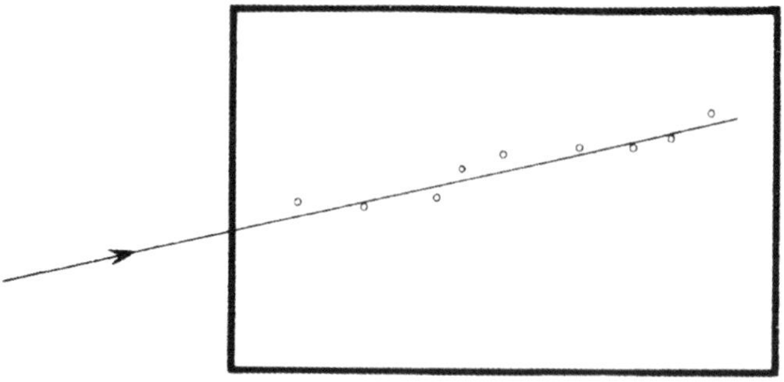

Fig. 8.7. Uma partícula carregada entrando em uma câmara de nuvens de Wilson e condensando uma sequência de gotículas.

alternativas superpostas constituirá uma onda esférica emanando do átomo que decaiu: a *função de onda* da partícula emitida. À medida que cada partícula entra na câmara, ela se torna conectada a uma sequência de átomos ionizados, cada um dos quais começa a atuar como um centro de condensação para o vapor. Todas essas diferentes sequências de átomos ionizados devem também coexistir em superposições lineares quânticas de maneira que agora há uma superposição linear de um número grande de *diferentes* sequências de gotículas em condensação. Em algum momento, essa superposição quântica linear complexa se torna uma coleção ponderada por probabilidades reais de alternativas *factuais,* à medida que as amplitudes complexas na ponderação têm seu módulo elevado ao quadrado seguindo o procedimento **R**. Somente *uma* delas ocorre no mundo físico da nossa experiência, e essa alternativa em particular será observada pelo experimentalista. Segundo o ponto de vista que defendo, esse estágio ocorre assim que a diferença entre o campo gravitacional dessas diferentes alternativas atinge o nível de um gráviton.

Quando isso ocorre? Segundo um cálculo bastante grosseiro,[9] se houvesse somente *uma* gota completamente uniforme e esférica, então o estágio de um gráviton seria alcançado quando a gota crescesse para cerca de um centésimo da massa de Planck, o que é cerca de dez milionésimos de um grama. Existem muitas incertezas nesse cálculo (incluindo-se algumas de princípio),

[9] Minhas próprias tentativas originais para calcular esse valor foram muito melhoradas por Abhay Ashtekar, e estou usando seu valor aqui (veja Penrose, 1987a). No entanto, ele ressaltou para mim que existe uma boa dose de arbitrariedade nas hipóteses que somos levados a considerar, de modo que devemos ter bastante cautela ao adotar o valor preciso da massa que é obtido.

e o tamanho é um pouco grande para nos sentirmos confortáveis, mas o resultado não é totalmente desprovido de razão. Devemos esperar que alguns resultados mais precisos surjam no futuro e que seja possível tratar toda uma sequência de gotículas, em vez de uma única gotícula. Também poderá haver algumas diferenças significativas quando levarmos em conta o fato de que as próprias gotículas são compostas de muitos pequenos átomos, em vez de serem totalmente uniformes. Além disso, mesmo o "critério de um gráviton" deve ser consideravelmente refinado em um critério muito mais preciso matematicamente.

Na situação acima considerei o que poderia de fato ser uma observação de um processo quântico (o decaimento radioativo de um átomo), no qual os efeitos quânticos foram amplificados até o ponto em que as diferentes alternativas quânticas produzem diferentes alternativas macroscópicas diretamente observáveis. É meu ponto de vista, no entanto, que **R** pode acontecer até mesmo quando essa amplificação *manifesta* não está presente. Suponha que, em vez de entrar em uma câmara de nuvens, nossa partícula simplesmente entre em uma caixa grande de gás (ou fluido) com tal densidade que é praticamente certo que ela colidirá com um grande número de átomos no gás, ou de algum modo os perturbará. Vamos considerar só duas alternativas para a partícula em uma superposição linear complexa inicial: ela pode nem mesmo entrar na caixa, ou ela pode entrar por algum caminho particular e ricochetear em algum átomo do gás. No segundo caso, o átomo do gás, então, se moverá a grande velocidade, de uma maneira que não teria acontecido, se a partícula não tivesse colidido com ele, e subsequentemente ele colidirá com algum átomo mais adiante, e ricocheteará. Cada um dos dois átomos, então, se moverá de um modo como não fariam, caso a partícula inicial não tivesse existido, e logo haverá uma cascata de movimento dos átomos do gás que não teria acontecido se a partícula inicial não tivesse entrado na caixa (Fig. 8.8). Não será preciso esperar muito tempo para que virtualmente todos os átomos do gás tenham sido perturbados pela partícula no segundo caso.

Agora pense no modo como deveríamos descrever isso quantum-mecanicamente. Inicialmente devemos considerar somente as diferenças da partícula original na superposição linear complexa – como parte da função de onda da partícula. Porém, após um pequeno período, todos os átomos do gás devem estar envolvidos. Considere a superposição complexa de dois caminhos que poderiam ser percorridos pela partícula, um deles entrando na caixa, e o outro não. A mecânica quântica padrão insiste que estendamos essa superposição a todos os átomos da caixa: devemos superpor os dois estados, em que

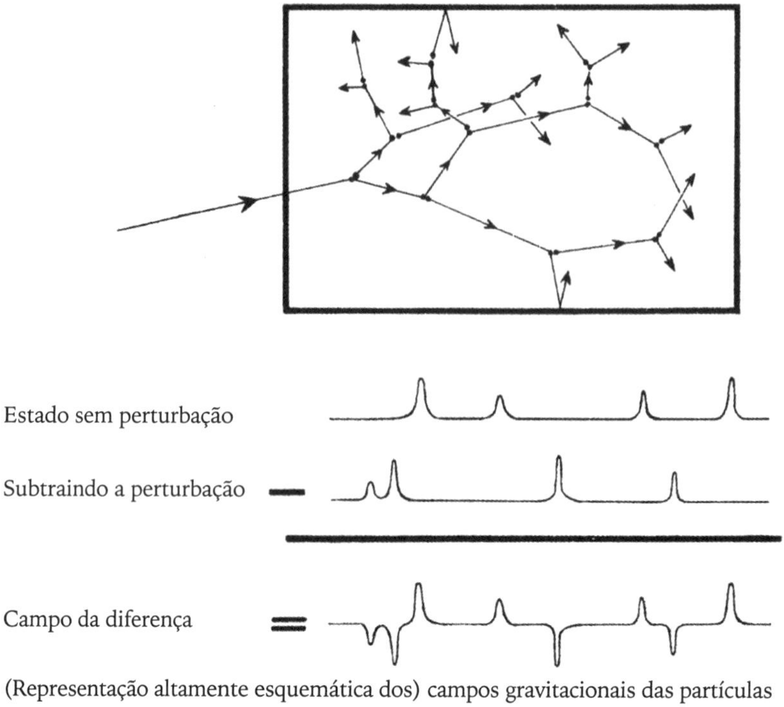

Fig. 8.8. Se uma partícula entra em uma caixa grande de gás, então logo virtualmente todos os átomos do gás terão sido perturbados. Uma superposição linear quântica da partícula entrando na caixa e não entrando envolveria uma superposição linear de duas geometrias espaçotemporais diferentes que descreveriam os dois campos gravitacionais dos diferentes arranjos das partículas. Quando essa *diferença* entre essas geometrias alcança o nível de um gráviton?

os átomos de gás em um estado estão todos deslocados de suas posições no outro estado. Agora considere a *diferença* nos campos gravitacionais da totalidade dos átomos individuais. Mesmo que a distribuição *geral* do gás seja virtualmente a mesma nos dois estados superpostos (e os campos gravitacionais sejam em geral praticamente idênticos), se *subtrairmos* um campo do outro obtemos um campo de *diferenças* (altamente oscilatório) que poderia muito bem ser "significativo" no sentido que uso aqui – em que o critério de um gráviton no campo de diferença é facilmente excedido. Assim que esse nível for alcançado, então a redução do vetor de estado acontece: no estado *real* do sistema, *ou* a partícula entrou na caixa, *ou* não. A superposição linear complexa foi reduzida a um conjunto de alternativas ponderado estatisticamente, e somente *uma* delas de fato acontece.

No exemplo anterior considerei uma câmara de nuvens como um meio de efetuar uma observação quântica. Parece-me provável que outros tipos de observações (placas fotográficas, câmaras de faíscas etc.) podem ser tratadas utilizando o "critério de um gráviton", abordando-as da mesma maneira como delineei para a caixa de gás acima. Muito trabalho ainda precisa ser realizado para ver como esse processo se aplica em detalhes.

Até o momento essa é somente a semente de uma ideia do que creio que seja uma teoria nova bastante necessária.[10] Qualquer esquema novo totalmente satisfatório, creio, necessariamente teria de envolver algumas ideias bastante radicais e novas sobre a natureza da geometria do espaço-tempo, provavelmente envolvendo essencialmente descrições não locais.[11] Uma das maiores motivações para acreditar nisso provém dos experimentos do tipo EPR (cf. p.380, 388), nos quais uma "observação" (aqui, o registro de uma fotocélula) em uma ponta da sala pode afetar a redução do vetor de estado *simultânea* no outro lado da sala. A construção de uma teoria completamente objetiva da redução do vetor de estado que seja consistente com o espírito da relatividade é profundamente desafiadora, uma vez que "simultaneidade" é um conceito alheio à relatividade, sendo dependente do estado de movimento de algum observador. Creio que nosso atual modelo da realidade física, particularmente em relação à natureza do *tempo*, deve sofrer um abalo sísmico – ainda maior, talvez, do que aquele que já sofreu pelas revoluções que deram origem à mecânica quântica e à teoria da relatividade recentes.

Devemos voltar à nossa questão original. Como tudo isso se relaciona com a física que governa o funcionamento dos nossos cérebros? Como isso tudo pode ter alguma relação com nossos sentimentos e pensamentos? Para tentar algum tipo de resposta a essas questões será necessário primeiro investigar um pouco o modo como nossos cérebros são realmente construídos. Voltarei depois disso ao que acredito que seja a pergunta fundamental: que tipo de nova *física* provavelmente esteja envolvida nos processos de percepção ou pensamento consciente?

---

10 Diversas outras tentativas de fornecer uma teoria objetiva da redução do vetor de estado já apareceram na literatura de tempos em tempos. As mais relevantes são Károlyházy (1974), Károlyházy, Frenkel e Lukács (1986), Komar (1969), Pearle (1985, 1989) e Ghiardi; Rimini; Weber (1986).

11 Eu mesmo já estive envolvido, ao longo dos anos, com tentativas de desenvolver uma teoria não local do espaço-tempo, amplamente motivado por outras direções de pesquisa, conhecida como "teoria dos twistors" (veja Penrose; Rindler, 1986; Huggett; Tod, 1985; Ward; Wells, 1990). No entanto, esta teoria ainda carece, na melhor das hipóteses, de alguns ingredientes essenciais e não seria apropriado para mim entrar em uma discussão sobre ela aqui.

9
Cérebros reais e modelos de cérebros

Como os cérebros de fato são?

Dentro de nossas cabeças existe uma estrutura magnífica que controla nossas ações e de alguma maneira evoca uma percepção consciente do mundo ao nosso redor. Porém, como Alan Turing uma vez colocou,[1] ela não parece nem um pouco diferente de uma tigela de purê frio! É difícil ver como um objeto de aparência tão ordinária pode realizar os milagres que sabemos de que ela é capaz. Ao investigarmos mais a fundo, no entanto, começamos a ver o cérebro como se tivesse uma estrutura muito mais intrincada e sofisticada (Fig. 9.1). A porção grande e convoluta (a mais parecida com um purê) no topo é referida como *telencéfalo*. Ela é dividida nitidamente no meio nos *hemisférios cerebrais* direito e esquerdo e também é dividida de maneira menos evidente no lobo frontal e em três outros lobos: o parietal, temporal e occipital. Mais abaixo, na parte posterior, existe uma porção pequena do cérebro, de forma similar à de uma esfera – talvez parecido com dois novelos de lã – o *cerebelo*. Nas profundezas, um pouco escondida pelo telencéfalo, existe uma variedade de estruturas curiosas e de aparência complexa diferentes: a ponte de Varólio e a medula (incluindo uma estrutura conhecida como formação reticular, região sobre a qual voltaremos a falar sobre mais tarde) que

[1] Em uma transmissão de rádio da BBC; veja Hodges (1983, p.419).

constituem o tronco cerebral, o tálamo, hipotálamo, hipocampo, corpo caloso e muitas outras estruturas estranhas e de nomes curiosos.

A parte da qual os seres humanos sentem que devem mais se orgulhar é o telencéfalo – não somente é a maior parte do cérebro humano, mas também é maior, em termos proporcionais, no *ser humano* do que nos outros animais. (O cerebelo também é maior no ser humano do que na maior parte dos animais). O telencéfalo e o cerebelo têm camadas externas superficiais comparativamente finas de *matéria cinzenta* e porções interiores grandes de *matéria branca*. Essas regiões de matéria cinzenta são respectivamente conhecidas como *córtex cerebral* e *córtex cerebelar*. A matéria cinzenta é onde diversos tipos de tarefas computacionais parecem ser realizadas, enquanto a matéria branca consiste em longas fibras nervosas carregando sinais de uma parte do cérebro para outra.

Diversas partes do córtex cerebral estão associadas a funções bastante específicas. O *córtex* visual é uma região dentro do lobo occipital, bem na porção posterior do cérebro, e se ocupa da recepção e interpretação de sinais visuais. É curioso que a natureza tenha escolhido essa região para interpretar os sinais dos olhos que, pelo menos no ser humano, estão situados na parte *frontal* da cabeça! Porém, a natureza se comporta de outras maneiras mais curiosas além dessa. É o hemisfério cerebral *direito* que se ocupa quase

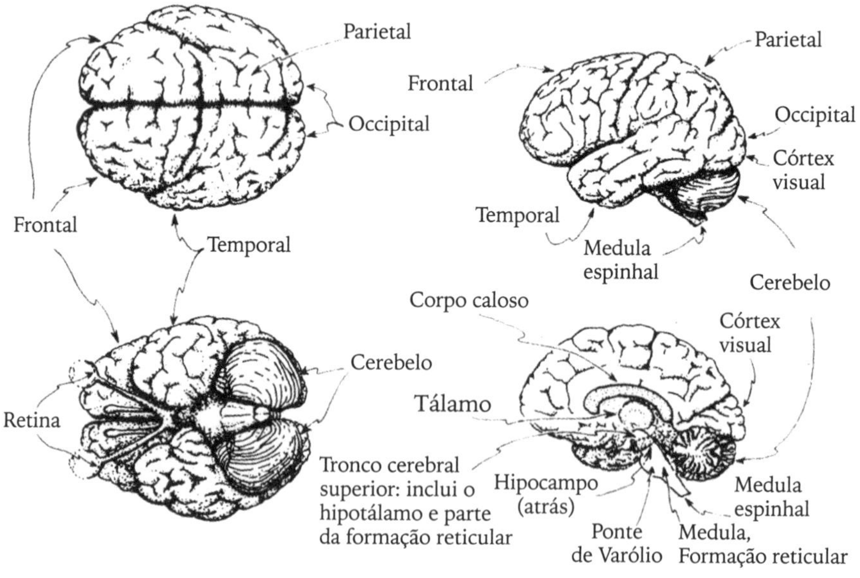

Fig. 9.1. O cérebro humano: vista superior, lateral, por baixo e secção longitudinal.

exclusivamente do lado *esquerdo* do corpo, enquanto o hemisfério cerebral esquerdo se ocupa do lado direito – de maneira que virtualmente todos os nervos devem cruzar de um lado para o outro à medida que eles entram ou saem do telencéfalo! No caso do córtex visual não acontece de o lado direito estar associado com o olho esquerdo, mas com o *campo de visão esquerdo* de *ambos os olhos*. Similarmente, o córtex visual esquerdo está associado com o campo de visão direito de ambos os olhos. Isso significa que nervos do lado direito da retina de cada olho devem ir para o córtex visual direito (lembre-se de que a imagem na retina é invertida) e que os nervos do lado esquerdo da retina de cada olho devem ir para o córtex visual esquerdo. (Veja a Fig. 9.2.) Assim, um mapa muito bem definido do campo visual esquerdo é formado no córtex visual direito, e outro mapa é formado para o campo visual direito no córtex visual esquerdo.

Sinais das orelhas também tendem a cruzar para o lado oposto do cérebro dessa maneira curiosa. O córtex auditivo direito (parte do lobo temporal direito) se ocupa principalmente do som que é recebido à esquerda, e o córtex auditivo esquerdo, no geral, com sons da orelha direita. Cheiros parecem ser uma exceção a essas regras gerais. O córtex olfatório direito, situado na parte frontal do telencéfalo (no lobo frontal – o que por si só é excepcional para uma área sensorial) se ocupa principalmente da narina direita, e o esquerdo, da narina esquerda.

As sensações de *tato* têm relação com uma região do lobo parietal conhecida como córtex *somatossensorial*. Essa região está localizada logo atrás da divisão entre os lobos frontal e parietal. Existe uma correspondência muito específica entre as diversas partes da superfície do corpo e as regiões no córtex somatossensorial. Essa correspondência às vezes é ilustrada graficamente em termos do que é conhecido como "homúnculo somatossensorial", uma figura humana distorcida em tamanho desenhada ao longo do córtex somatossensorial, como na Fig. 9.3. O córtex somatossensorial direito se ocupa das sensações do lado esquerdo do corpo, e o esquerdo, daquelas do lado direito. Existe uma região correspondente do lobo *frontal*, localizada logo em *frente* à divisão entre o lobo frontal e parietal, conhecida como córtex *motor*. Essa região trata de ativar os *movimentos* das diferentes partes do corpo, e novamente existe uma correspondência muito específica entre os diversos músculos do corpo e as regiões do córtex motor. Temos agora um "homúnculo motor" para representar essa correspondência, como mostrado na Fig. 9.4. O córtex motor direito controla o lado esquerdo do corpo, e o córtex motor esquerdo, o lado direito.

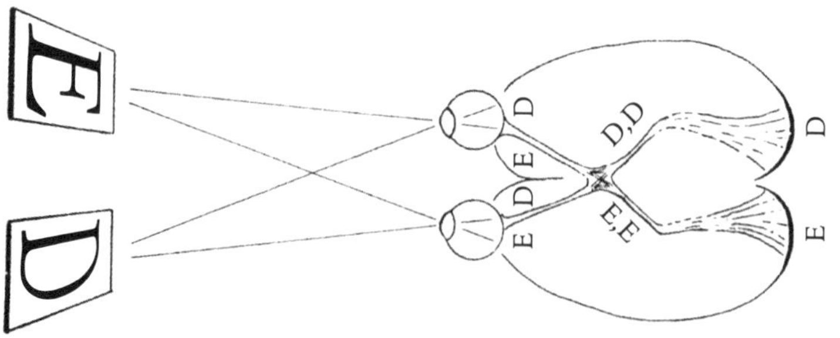

Fig. 9.2. O campo de visão esquerdo de ambos os olhos é mapeado para o córtex visual direito, e o campo de visão direito, para o córtex visual esquerdo. (Visão por baixo; note que as imagens na retina estão invertidas.)

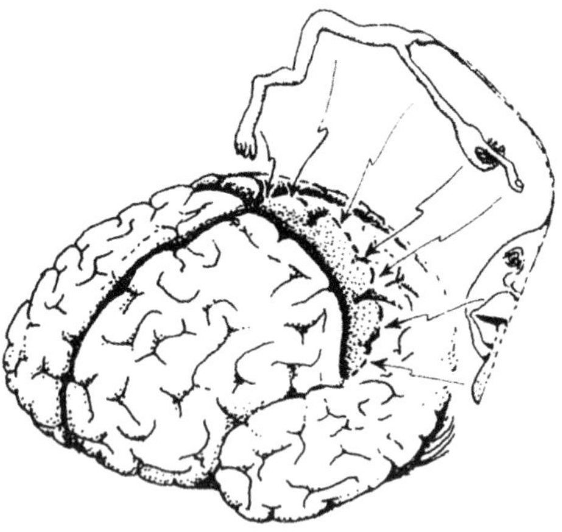

Fig. 9.3. O "homúnculo somatossensorial" ilustra graficamente as porções do telencéfalo – logo atrás da divisão entre os lobos frontal e parietal – que, para as diversas partes do corpo, são as principais responsáveis pela sensação tátil.

As regiões do córtex cerebral às quais acabamos de nos referir (visual, auditiva, olfatória, somatossensorial e motora) são chamadas de *primárias*, porque elas são as mais diretamente ocupadas com a entrada de sinais no cérebro e saída de sinais do cérebro. Perto dessas regiões primárias estão as regiões *secundárias* do córtex cerebral, responsáveis por um nível mais sutil e complexo de abstração. (Veja a Fig. 9.5.) A informação sensorial recebida pelos córtices visual, auditivo e somatossensorial é processada nas regiões secundárias associadas, e a região motora secundária se ocupa do planejamento do movimento que se traduz em direções mais específicas para o real

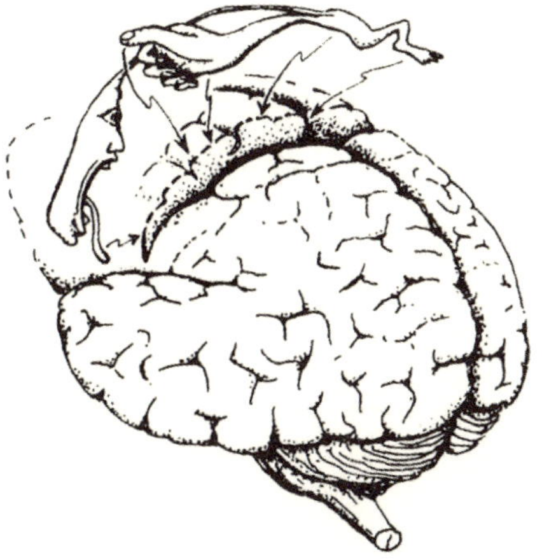

Fig. 9.4. O "homúnculo motor" ilustra as porções do telencéfalo – logo em frente à divisão entre os lobos frontal e parietal – que, para as diversas partes do corpo, ativam mais diretamente o movimento.

movimento muscular pelo córtex motor primário. (Vamos deixar de lado o córtex olfatório em nossas considerações, uma vez que ele se comporta de maneira diversa e sabemos pouco sobre ele.) As regiões remanescentes do córtex cerebral são conhecidas como *terciárias* (ou córtex *associativo*). Nessas regiões terciárias em sua maioria é onde é realizada a atividade cerebral mais abstrata e sofisticada. É aqui – em conjunto, até certo grau, com a periferia cerebral – que a informação das diferentes regiões sensoriais se mistura e é analisada de maneira muito complexa, onde as memórias são sedimentadas, onde imagens do mundo exterior são construídas, onde planos e estratégias gerais são concebidos e avaliados e onde a fala é entendida ou formulada.

A fala é particularmente interessante, pois ela geralmente é vista como algo bastante específico da inteligência humana. É curioso que (pelo menos na vasta maioria das pessoas destras e na maioria das pessoas canhotas) os centros da *fala* estejam principalmente apenas do lado *esquerdo* do cérebro. As áreas essenciais são a *área de Broca*, região na parte posteroinferior do lobo frontal, e outra chamada de *área de Wernicke*, ao redor da parte posterossuperior do lobo temporal (veja a Fig. 9.6). A área de Broca se ocupa da formulação de sentenças, e a de Wernicke da compreensão da linguagem. Danos à área de Broca impedem a fala, mas deixam a compreensão intacta, enquanto no caso de danos na área de Wernicke, a fala é fluente, mas sem conteúdo. Uma fibra nervosa chamada de *fascículo arqueado* conecta as duas áreas. Quando esta é

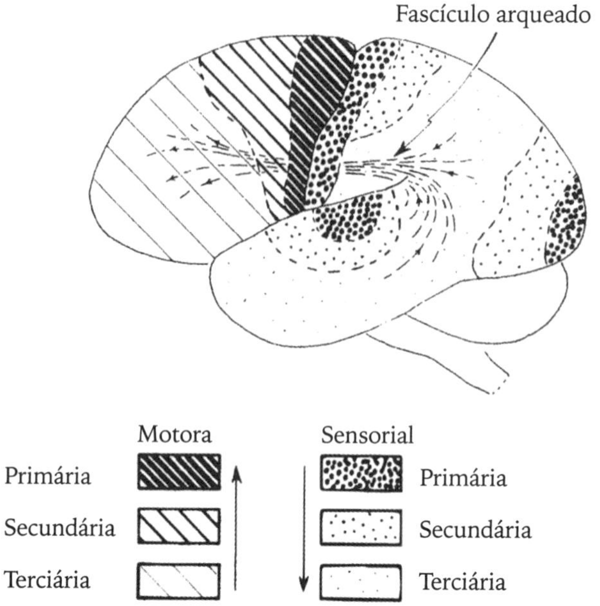

Fig. 9.5. A ação do telencéfalo representada de maneira geral. Informações sensoriais externas entram nas regiões sensoriais primárias, são processadas em diversos graus de sofisticação nas regiões sensoriais secundárias e terciárias, transferidas para a região motora terciária e então finalmente refinadas em instruções específicas para o movimento nas regiões motoras primárias.

danificada, a compreensão não é prejudicada, e a fala continua fluente, mas a compreensão não consegue ser vocalizada.

Podemos agora ter em mente um quadro geral de o que o telencéfalo faz. Os sinais de *entrada* do cérebro provêm de maneira visual, auditiva, táctil e de outras maneiras que são detectadas primeiramente no telencéfalo nas porções *primárias* dos lobos (principalmente) *posteriores* (parietal, temporal e occipital). Os sinais de *saída* do cérebro, na forma de ativação dos movimentos do corpo, são realizados principalmente pelas porções primárias do lobo *frontal* do telencéfalo. Entre elas, ocorrem alguns tipos de tarefas de processamento. De modo geral, existe um movimento da atividade cerebral que começa nas porções primárias dos lobos posteriores, movendo-se para as regiões secundárias, à medida que os sinais de entrada são analisados, e então para as porções terciárias dos lobos posteriores, onde os sinais se tornam completamente compreendidos (e.g., como a compreensão da fala pela área de Wernicke). O fascículo arqueado – conjunto de fibras nervosas aos quais nos referimos acima, mas agora dos dois lados do cérebro – então carrega essa informação processada para o lobo frontal – onde os planos e estratégias gerais de ação são concebidos nas regiões terciárias (e.g., como na formulação da fala na área de Broca). Esses planos de ação são traduzidos em ações mais palpáveis, como os movimentos do corpo em regiões motoras secundárias e, finalmente, a atividade cerebral flui para o córtex motor primário, de onde os sinais são enviados, em última instância, para os diversos grupos de músculos no corpo (e geralmente para vários de uma vez).

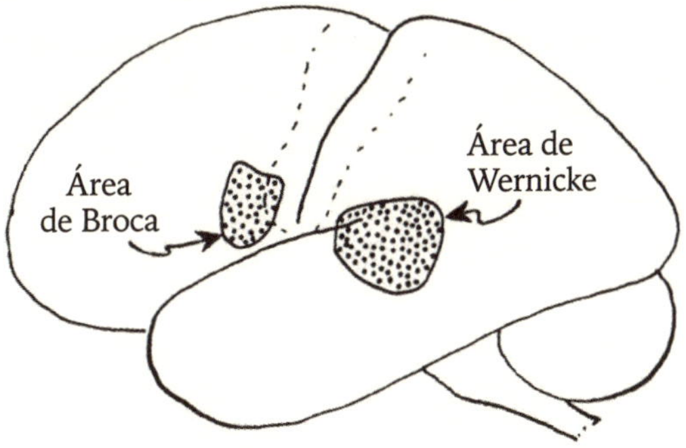

Fig. 9.6. Normalmente apenas do lado esquerdo do cérebro: a área de Wernicke se ocupa da compreensão, e a de Broca, da formulação da fala.

A representação de uma máquina computacional soberba é então apresentada para nós. Os proponentes da IA forte (cf. Capítulo 1 etc.) defenderiam que aqui há um exemplo supremo de um algoritmo de computador – uma máquina de Turing para todos os efeitos – na qual existe uma entrada de informação (como na parte esquerda fita de entrada da máquina de Turing) e uma saída de informação (como na fita direita de resultados da máquina) e todo o tipo de cálculo computacional complicado acontecendo entre esses dois momentos. É evidente que a atividade do cérebro também pode ocorrer de maneira independente de sinais sensoriais de entrada específicos. Isso ocorre quando simplesmente pensamos, calculamos ou nos debruçamos sobre memórias do passado. Para os defensores da IA forte, essas atividades do cérebro continuariam sendo simplesmente atividades algorítmicas, e eles poderiam propor que o fenômeno da "noção existencial" surge simplesmente quando essa atividade interna alcança um nível suficiente de sofisticação.

Não devemos, no entanto, ser tão precipitados com as nossas explicações. O quadro geral que traçamos da atividade do telencéfalo, como apresentado acima, é somente um esboço rudimentar. Em primeiro lugar, mesmo a recepção de sinais visuais não é tão evidente como apresentei. Parece que existem diversas regiões diferentes (ainda que menores) do córtex onde mapas do campo visual são criados, aparentemente com diversos outros propósitos. (Nossa *noção da existência* da visão parece diferir com relação a eles.) Parece também haver outras regiões motoras e sensoriais subsidiárias espalhadas pelo córtex cerebral (por exemplo, os movimentos dos olhos podem ser ativados em vários pontos pelos lobos *posteriores*).

Ainda nem mesmo mencionei o papel de outras partes do cérebro além do telencéfalo em minhas descrições apresentadas acima. Qual é, por exemplo, o papel do *cerebelo*? Aparentemente ele é responsável pela coordenação e controle preciso do corpo – seu *timing*, equilíbrio e a delicadeza dos movimentos. Imagine a arte em movimento de um dançarino, a precisão incrível de um jogador de tênis profissional, o controle veloz de um piloto de corrida e os movimentos certeiros das mãos de um pintor ou músico; imagine também o trote gracioso de uma gazela ou a sutileza de um gato. Sem o cerebelo, essa precisão seria impossível, e todo movimento seria desajeitado e desastrado. Parece que, quando aprendemos uma nova habilidade, caminhar ou dirigir, inicialmente devemos pensar bem sobre cada ação em todos os seus detalhes, e o telencéfalo está no controle, mas à medida que a habilidade é aperfeiçoada e dominada – e se torna "inata" – é o cerebelo que toma o controle. Além disso, é uma experiência comum que, quando *pensamos sobre* nossas ações com relação a uma habilidade que se tornou inata, facilmente perdemos o controle de maneira temporária. *Pensar* sobre ela parece envolver a reintrodução do controle cerebral e, mesmo que uma flexibilidade com relação à atividade cerebral esteja então presente, a fluida e precisa ação cerebelar é perdida. Sem dúvida essas descrições estão muito simplificadas, mas elas dão um aperitivo do papel do cerebelo.[2]

Também foi levemente enganoso, em minha descrição anterior do funcionamento do telencéfalo, deixar de fora todas as outras partes do cérebro. Por exemplo, o *hipocampo* desempenha papel fundamental na fixação de memórias de longo prazo (permanentes), e as próprias memórias são armazenadas no córtex cerebral – provavelmente em diversos lugares de uma vez só. O cérebro pode também reter imagens no *curto* prazo de outras maneiras; e ele pode reter por cerca de alguns minutos ou mesmo horas (talvez "mantendo-as na

[2] Curiosamente, o comportamento "cruzado" do telencéfalo não se aplica ao cerebelo, de maneira que a metade direita do cerebelo é principalmente responsável pelo lado *direito* do corpo, e a metade esquerda pelo lado *esquerdo*.

mente"). Mas, de modo a sermos capazes de lembrar dessas imagens após elas terem deixado nossa atenção é necessário que sejam fixadas de maneira permanente, e para isso o hipocampo é essencial. (Danos ao hipocampo causam a temida condição na qual nenhuma nova memória é retida, uma vez que ela saia da atenção consciente da pessoa.) O *corpo caloso* é a região através da qual os hemisférios direito e esquerdo do cérebro se comunicam entre si. (Veremos mais tarde algumas das implicações impressionantes de cortarmos essa conexão estabelecida pelo corpo caloso.) O hipotálamo é a morada da emoção – prazer, fúria, medo, desespero, fome – e ele medeia tanto as manifestações mentais quanto físicas da emoção. Existe um fluxo contínuo de sinais entre o hipotálamo e as diferentes partes do telencéfalo. O *tálamo* atua como um centro de processamento importante e estação de transmissão, sendo responsável por distribuir muitos dos sinais de entrada nervosos do mundo externo para o córtex cerebral. A *formação reticular* é responsável pelo estado geral de alerta ou atenção envolvido no cérebro como um todo ou em diferentes partes do cérebro. Existem muitos outros caminhos nervosos conectando essas e muitas outras áreas de importância vital.

A descrição acima fornece somente uma amostra das partes mais importantes do cérebro. Devo finalizar esta seção tratando um pouco mais da organização do cérebro como um todo. Suas diversas partes são classificadas em três regiões que, tomadas em ordem com relação à medula espinal, são chamadas de *encéfalo posterior* (ou rombencéfalo), *encéfalo medial* (ou mesencéfalo) e *encéfalo anterior* (ou prosencéfalo). No início do desenvolvimento embrionário, essas três regiões são encontradas, nesta ordem, como três bojos ao fim da coluna vertebral. Aquele mais ao fim, o encéfalo frontal em desenvolvimento, dá origem a dois inchaços bulbosos, um de cada lado, que se tornam os hemisférios cerebrais. O encéfalo posterior completamente desenvolvido inclui muitas das partes importantes do cérebro – não só o telencéfalo, mas também o corpo caloso, tálamo, hipotálamo, hipocampo e muitas outras partes. O cerebelo é parte do encéfalo traseiro. A formação reticular tem uma parte no encéfalo medial e outra parte no encéfalo traseiro. O encéfalo posterior é o "mais novo" do ponto de vista do desenvolvimento evolutivo, e o traseiro, o mais "ancestral".

Espero que este breve rascunho, ainda que inadequado de várias maneiras, possa dar ao leitor uma ideia de maneira geral de como o cérebro humano é e o que ele faz. Até agora mal toquei na questão central da *consciência*. Vamos endereçar isso agora.

Onde está a sede da consciência?

Muitos pontos de vista diferentes já foram expressos com relação ao estado de importância do cérebro para o fenômeno da consciência. Existe uma notável falta de consenso entre as opiniões quanto a um fenômeno de importância tão óbvia. É evidente, no entanto, que todas as partes do cérebro não estão igualmente envolvidas na manifestação da consciência. Por exemplo, como delineado acima, o cerebelo mais parece ser um "autômato" que o telencéfalo. Ações sob controle cerebelar são tomadas de forma "independente" sem termos de "pensar" sobre elas. Enquanto é possível decidirmos conscientemente andar de um lugar para o outro, não precisamos em geral estar cientes de um plano elaborado de movimentos musculares detalhados que seria necessário para a movimento controlado. O mesmo pode ser dito das reações reflexivas inconscientes, como retirar a mão de um fogão quente, que pode ser mediada não pelo cérebro como um todo, mas pela parte superior da coluna vertebral. Com base nisso, pelo menos, podemos muito bem estar inclinados a inferir que o fenômeno da consciência está mais provavelmente relacionado à ação do telencéfalo que do cerebelo ou da medula espinal.

Por outro lado, não é nem um pouco claro que a atividade do telencéfalo deva sempre ser registrada por nós de maneira consciente. Por exemplo, como eu descrevi acima, na ação normal de andar, onde nós *não* estamos conscientes do funcionamento detalhado de nossos músculos e membros – o controle desta atividade sendo majoritariamente cerebelar (auxiliado por outras partes do cérebro e da medula espinhal) – as regiões motoras primárias do telencéfalo *também* estariam envolvidas. Mais que isto, o mesmo seria verdadeiro para as regiões sensoriais primárias: nós não precisamos estar conscientes, no momento, das pressões diferentes nas solas de nossos pés à medida que andamos, mas as regiões correspondentes do córtex somatossensorial ainda assim estariam sendo ativadas de forma contínua.

De fato, o distinto neurocirurgião estadunidense-canadense Wilder Penfield (que, nas décadas de 1940 e 1950) foi responsável por muito do mapeamento detalhado das regiões motoras e sensoriais do cérebro humano) argumentou que a consciência *não* está simplesmente associada à atividade cerebral. Ele sugeriu, com base em suas experiências realizando diversas operações cerebrais em pacientes conscientes, que alguma região do que ele chamou de *tronco cerebral superior*, consistindo largamente do tálamo e do encéfalo medial (cf. Penfield; Jasper, 1947) – mesmo que ele tivesse principalmente a formação reticular em mente – deve, em certo sentido, ser vista como a "sede da consciência". O tronco cerebral superior está em comunicação com o telencéfalo, e Penfield argumentou que a "noção existencial consciente" ou "a ação conscientemente desejada" surgiria sempre que essa região do tronco cerebral estivesse em comunicação direta com a região apropriada do córtex cerebral, isto é, a região em particular que estivesse associada a quaisquer sensações específicas, pensamentos, memórias ou ações conscientemente percebidas ou evocadas em um certo instante. Ele ressaltou que, enquanto ele pudesse, por exemplo, estimular a região do córtex motor do paciente que causa o movimento do braço direito (e o braço direito de fato se moveria), isso não levaria o paciente a *querer* mover o braço direito. (De fato, o paciente pode até usar o braço esquerdo e parar o movimento do direito – como na atuação cinematográfica de Peter Sellers, em *Doutor Fantástico*!) Penfield sugeriu que o *desejo* pelo movimento poderia estar mais relacionado com o tálamo do que com o córtex cerebral. Seu ponto de vista era de que a consciência é a manifestação da atividade do tronco cerebral superior, mas já que adicionalmente parece haver a necessidade de estarmos conscientes *de algo*, não é somente o tronco superior cerebral que está envolvido, mas alguma região no córtex cerebral que naquele momento estivesse em comunicação com o tronco cerebral superior e cuja atividade representasse o sujeito (impressão sensorial ou memória) ou objeto (ação desejada) daquela consciência.

Outros neurofisiologistas também argumentaram que, em particular, a formação reticular deve ser vista como a "sede" da consciência, se essa sede realmente existir. A formação reticular é, afinal, responsável pelo estado geral de alerta do cérebro (Moruzzi; Magoun, 1949). Se ela é danificada, então isso resultará na inconsciência. Sempre que o cérebro está em um estado desperto e consciente, a formação reticular está ativa; quando ele não está, ela também não está. Parece de fato haver uma associação evidente entre o estado de atividade da formação reticular e o estado de uma pessoa a quem nos referiríamos usualmente como "consciente". No entanto, tudo se torna mais complicado pelo fato de que em um estado onírico, quando estamos de fato "cientes", no sentido de estarmos cientes do próprio sonho, as partes que estão normalmente ativas na formação reticular parecem *não* estar ativas. Algo que também preocupa as pessoas em dar esse estado honorífico à formação reticular é que, em termos evolutivos, essa é uma parte muito *antiga* do cérebro. Se tudo de que precisamos para estar conscientes é atividade da formação reticular, então sapos, lagartos e mesmos bacalhaus são conscientes!

Pessoalmente não considero muito forte este último argumento. Que evidência temos de que lagartos e bacalhaus *não* têm algum tipo primário de consciência? Que direito temos, como alguns o fazem, de achar que os seres humanos são os únicos habitantes do nosso planeta abençoados com a habilidade de "estar ciente"? Estamos sós, dentre as criaturas terrestres, como coisas para as quais é possível "ser"? Duvido. Mesmo que sapos e lagartos, e especialmente bacalhaus, não me forneçam uma grande quantidade de convicção de que necessariamente há "alguém ali" me olhando de volta quando eu os olho, a impressão de uma "presença consciente" é de fato muito forte para mim quando eu olho para um cão ou um gato ou, especialmente, quando um símio ou macaco no zoológico olha para mim. Não exijo que eles sintam as coisas da mesma maneira que eu, nem mesmo que exista muita sofisticação naquilo que eles sintam. Não peço que eles estejam "autoconscientes" em algum sentido forte (embora eu tenha um palpite que algum elemento de autoconsciência possa estar presente[3]). Tudo que peço é que eles algumas vezes simplesmente *sintam*! Quanto ao estado onírico, de minha parte aceitaria que existe alguma forma de senciência presente, mas presumivelmente em um nível muito baixo. Se partes da formação reticular de algum modo são unicamente responsáveis pela percepção consciente, então elas deveriam estar ativas, mesmo que em um nível baixo durante o estado onírico.

Outro ponto de vista (O'Keefe, 1985) parece ser que é a ação do *hipocampo* que tem maior relação com o estado de consciência. Como observei antes, o hipocampo é crucial para a fixação de memórias de longo prazo. Podemos defender o ponto de vista de que a fixação de memórias permanentes é associada à consciência e, se isso estiver correto, o hipocampo de fato exerceria papel central no fenômeno da percepção consciente.

Outros defenderiam que é o próprio córtex cerebral o responsável pela consciência. Já que o telencéfalo é o orgulho do ser humano (mesmo que os telencéfalos de golfinhos sejam tão grandes quanto o dos seres humanos), e uma vez que as atividades mentais mais associadas à inteligência pareçam ser realizadas pelo telencéfalo, então certamente é aqui que a alma do ser humano reside! Presumivelmente, essa seria, por exemplo, a conclusão do ponto de vista da IA forte. Se "percepção consciente" é apenas uma característica da *complexidade* de um algoritmo – ou talvez de sua "profundidade", ou algum "nível de sutileza" – então, segundo o ponto de vista da IA forte, o algoritmo

[3] Existe alguma evidência convincente de que chimpanzés, pelo menos, são capazes de autoconsciência, como parece ser mostrado em experimentos nos quais os chimpanzés podem brincar com espelhos, cf. Oakley (1985), Capítulos 4 e 5.

complicado que é posto em funcionamento pelo córtex cerebral daria a essa região a maior probabilidade de ser capaz de manifestar a consciência.

Muitos filósofos e psicólogos parecem defender o ponto de vista que a consciência humana está intrinsecamente vinculada à *linguagem* humana. Assim, é somente devido às nossas habilidades linguísticas que pudemos alcançar um nível de sutileza de pensamento que é a marca principal de nossa humanidade – e a expressão de nossas próprias almas. É a linguagem, segundo esse ponto de vista, que nos distingue de outros animais e, assim, nos fornece uma justificativa para tirar deles sua liberdade e matá-los, quando sentimos que essa necessidade existe. É a linguagem que nos permite filosofar e descrever como nos sentimos, de modo que possamos convencer aos outros de que *nós* temos consciência do mundo exterior e que também estamos cientes de nós mesmos. Desse ponto de vista, nossa linguagem é vista como o ingrediente principal para termos uma consciência.

Devemos lembrar que nossos centros da linguagem estão (na vasta maioria das pessoas) somente do lado *esquerdo* dos nossos cérebros (as áreas de Broca e Wernicke). O ponto de vista expresso acima parece implicar que a consciência estaria associada somente ao córtex cerebral esquerdo, não com o direito! De fato, essa parece ser a opinião de diversos neurofisiologistas (em particular, John Eccles, 1973), embora a mim, como alguém alheio a essa disciplina, me parece um ponto de vista bastante estranho, pelas razões que explicarei.

Experimentos de cérebro dividido

Com relação a isso, devo mencionar um conjunto notável de observações de voluntários humanos (e animais) que tiveram seus corpos calosos completamente divididos, de tal modo que os hemisférios esquerdo e direito do córtex cerebral eram incapazes de comunicar-se entre si. No caso dos seres humanos,[4] a divisão do corpo caloso foi realizada como uma operação terapêutica, pois descobriu-se que esse seria um tratamento efetivo para uma condição particularmente severa de epilepsia que atormentava esses voluntários. Numerosos testes psicológicos foram dados a eles por Roger Sperry e

[4] Os primeiros experimentos desse tipo foram realizados em gatos (cf. Myers; Sperry, 1953). Para mais informações sobre experimentos de cérebro dividido, veja Sperry (1966), Gazzaniga (1970) e MacKay (1987).

seus colaboradores, algum tempo depois de eles passarem por essas operações. Eles eram posicionados de tal maneira que os campos de visão esquerdo e direito seriam confrontados com estímulos completamente separados, o hemisfério esquerdo recebendo informações visuais somente do que era mostrado do lado direito, e o hemisfério direito somente daquilo que era mostrado do lado esquerdo. Se o desenho de um lápis fosse apresentado rapidamente à direita e o de uma xícara à esquerda, o voluntário vocalizaria "Isto é um *lápis*", pois o lápis, não a xícara, seria percebido pelo lado do cérebro aparentemente responsável pela fala. No entanto, a mão esquerda seria capaz de selecionar um pires, em vez de um pedaço de papel, como o objeto apropriado a associar com a xícara. A mão esquerda estaria sob o controle do hemisfério direito e, mesmo que incapaz de falar, o hemisfério direito realizaria certas ações humanas bastante complexas e características. De fato, foi sugerido que o *pensamento geométrico* (particularmente em três dimensões) e também o pensamento musical podem ser realizados principalmente dentro do hemisfério *direito*, de modo a balancear as capacidades verbais e analíticas do esquerdo. O cérebro direito pode entender substantivos comuns e sentenças elementares, além de efetuar operações aritméticas muito simples.

O que é mais notável sobre estes experimentos de cérebro-dividido é que os dois lados parecem se comportar como um indivíduo virtualmente independente, de modo que o experimentalista poderia comunicar-se com eles separadamente – mesmo que a comunicação seja mais difícil, e de maneira mais primitiva, com o lado direito do que com o esquerdo, devido à falta de habilidade verbal do hemisfério direito. Uma metade do telencéfalo do voluntário poderia comunicar-se com a outra de maneira simples, e.g., vendo o movimento do braço controlado pelo outro lado ou talvez ouvindo sons característicos (como o tilintar de um pires). Porém, mesmo essa comunicação primitiva entre os dois lados pode ser removida por condições experimentais laboratoriais cuidadosamente controladas. Sentimentos emocionais vagos ainda podem ser transmitidos de um lado para o outro, no entanto, presumivelmente porque as estruturas que não estão divididas, como hipotálamo, ainda se comunicando com ambos os lados.

Somos tentados a levantar a questão: há dois indivíduos conscientes separados habitando o mesmo corpo? Essa questão tem sido objeto de muita controvérsia. Alguns diriam que a resposta certamente deve ser "sim", enquanto outros diriam que nenhum dos dois lados pode ser propriamente considerado um só indivíduo. Alguns argumentariam que o fato de os sentimentos emocionais poderem ser comuns aos dois lados seria evidência de que ainda existe somente um único indivíduo envolvido. Porém, outro ponto de vista é que somente o hemisfério *esquerdo* representa o indivíduo consciente, e o direito é um autômato. Esse ponto de vista parece ser defendido por aqueles que acreditam que a linguagem é um ingrediente essencial da consciência. De fato, somente o hemisfério esquerdo pode responder de maneira convincente "Sim!" à questão verbal "Você é consciente?" O hemisfério direito, como um cão, um rato ou um chimpanzé, pode ter dificuldades até mesmo de decifrar as palavras que formam a pergunta, e pode ser incapaz de propriamente vocalizar sua resposta.

Mesmo assim, a questão não pode ser dada como resolvida de maneira tão leviana. Em um experimento mais recente de considerável interesse, Donald Wilson e seus colaboradores (Wilson et al., 1977; Gazzaniga; LeDoux; Wilson, 1977), examinaram um voluntário com cérebro divido, conhecido como "P.S.". Após a operação de divisão, somente o cérebro esquerdo poderia falar, mas *ambos* os hemisférios podiam compreender a fala; logo mais, o hemisfério direito também aprendeu a falar! Evidentemente *ambos* os hemisférios estavam conscientes. Além disso, eles pareciam estar *separadamente* conscientes, pois tinham gostos e desejos diferentes. Por exemplo, o hemisfério esquerdo descreveu que seu desejo era ser um desenhista, e o direito, um piloto de corrida!

Pessoalmente não consigo acreditar na afirmação comum que a linguagem humana usual é necessária para o pensamento ou para a consciência. (No próximo capítulo darei algumas das minhas razões para isso.) Assim, junto-me àqueles que acreditam, de modo geral, que ambas as metades de um paciente com o cérebro dividido podem ser conscientes de maneira independente. O exemplo de P.S. sugere fortemente que, ao menos nesse caso particular, ambas as metades de fato podem sê-lo. Minha própria opinião é que a única diferença entre P.S. e os outros, quanto a isso, é que sua consciência do hemisfério direito conseguiu de fato convencer os outros de sua existência!

Se aceitarmos que P.S. de fato possui duas mentes independentes, então somos confrontados com uma situação notável. Presumivelmente, *antes* da operação cada paciente de cérebro dividido teria uma única consciência; mas depois passaram a ter duas! De algum modo, a consciência original se *bifurcou*. Podemos nos lembrar do viajante hipotético do Capítulo 1 (p.67) que se sujeitou à máquina de teletransporte e que (inadvertidamente) acordou para se dar conta de que seu alegadamente "eu real" chegou a Vênus. Ali, a bifurcação de sua consciência parecia nos apresentar um paradoxo. Poderíamos nos perguntar: "Qual rota seu fluxo consciente 'realmente' seguiu?" Se *você* fosse o viajante, então qual dos dois terminaria sendo "você"? A máquina de teletransporte poderia ser descartada como ficção científica, mas no caso de P.S. parecemos ter algo bastante análogo, mas que *de fato aconteceu*! Qual das consciências de P.S. "é" de fato P.S. de antes da operação? Sem dúvida, muitos filósofos descartariam essa questão como se não fizesse sentido. Afinal, parece que não existe uma maneira operacional de decidir sobre essa questão. Cada hemisfério compartilharia memória de uma existência consciente antes da operação e, sem dúvida, afirmaria que é aquela pessoa. Isso pode ser notável, mas não é propriamente um paradoxo. Mesmo assim, existe algo certamente enigmático que resulta disso tudo.

O enigma seria ainda maior se, de alguma maneira, as duas consciências pudessem mais tarde ser reunidas. Juntar novamente os nervos individuais separados do corpo caloso parece estar fora de questão com a tecnologia da qual dispomos hoje, mas poderíamos imaginar algo mais brando do que a secção das fibras nervosas, em primeiro lugar. Talvez essas fibras poderiam ser temporariamente congeladas ou paralisadas com algum fármaco. Não estou ciente de que nenhum experimento tenha sido realizado quanto a isso, mas imagino que poderia ser algo que se tornasse viável em breve. Presumivelmente, após a reativação do corpo caloso, somente *uma* consciência restaria. Imagine que essa consciência seja você! Como seria o sentimento de ter sido duas pessoas separadas com "eus" próprios em algum momento do passado?

Visão cega

Os experimentos de cérebro-dividido parecem pelo menos indicar que não há necessariamente uma única "sede da consciência". Mas existem outros experimentos que parecem sugerir que algumas partes do córtex cerebral estão mais associadas à consciência do que outras. Um deles tem relação com o fenômeno da *visão cega*. Danos na região do córtex visual podem causar cegueira no campo de visão correspondente. Se um objeto é segurado nessa região do campo visual, então o objeto não será percebido. A cegueira ocorre com relação à essa região da visão.

No entanto, algumas descobertas curiosas (cf. Weiskrantz, 1987) indicam que as coisas não são tão simples assim. Um paciente referido como "D.B." teve parte de seu córtex visual removido, e isso o tornou incapaz de ver qualquer coisa em uma certa região do campo visual. No entanto, quando algo era colocado naquela região e perguntavam a D.B. se ele poderia *chutar* o que aquela coisa era (geralmente uma marcação como uma cruz ou um círculo ou um segmento de linha com alguma inclinação) descobriu-se que ele era capaz de acertar com quase 100% de precisão! A precisão desses "chutes" foi uma surpresa para o próprio D.B., pois ele ainda afirmava que não podia perceber nada naquela região.[5]

Imagens recebidas pela retina também são processadas em regiões do cérebro *distintas* do córtex visual, sendo que uma das regiões mais obscuras envolvidas está no lobo temporal inferior. Parece que D.B. pode ter sido capaz de basear seus "chutes" em informações obtidas por essa região temporal inferior. Nada foi percebido *conscientemente* pela ativação dessas regiões, porém, mesmo assim, a informação estava lá, sendo revelada somente devido à correção dos chutes de D.B. De fato, após algum treino, D.B. era capaz de obter uma noção visual limitada quanto a essas regiões.

Tudo isso parece mostrar que algumas áreas do córtex cerebral (e.g., o córtex visual) estão mais associadas com a percepção consciente que outras áreas, mas que, com algum treino, algumas das outras áreas podem aparentemente ser trazidas para o domínio da percepção direta.

Processamento de informação no córtex visual

Mais que outras partes do cérebro, o córtex visual que é mais bem compreendido com relação ao modo como ele trabalha com a informação que recebe; e vários modelos já foram propostos para explicar seu funcionamento.[6] De fato, algum processamento da informação visual acontece já na própria retina, *antes* do córtex visual ser alcançado. (A retina é, na realidade, considerada parte do cérebro!) Um dos primeiros experimentos que sugeriram a forma pela qual o processamento é realizado no córtex visual foi aquele que conferiu a David Hubel e Torsten Wiesel o prêmio Nobel de 1981. Em seus experimentos, eles foram capazes de mostrar que certas células do córtex visual de um gato eram responsivas a linhas no campo visual que tinham um *ângulo de inclinação particular*. Outras células próximas eram responsivas

[5] De certa maneira complementar à visão cega há uma condição conhecida como "negação da cegueira", segundo a qual um paciente que é de fato totalmente cego insiste em ser capaz de enxergar bastante bem, parecendo estar *visualmente* consciente do seu entorno *inferido*! (Veja Churchland, 1984, p.143.)

[6] Para uma descrição inteligível dos funcionamentos do córtex visual, veja Hubel (1988).

a linhas em algum ângulo diferente. Geralmente não importava o que apresentava ângulo. Poderia ser uma linha marcando a fronteira entre uma região clara e escura, ou então escura e clara, ou somente uma linha escura em um fundo claro. A característica "ângulo de inclinação" havia sido abstraída pelas células particulares que eram investigadas. Outras células respondiam a cores particulares ou a diferenças entre o que era recebido em cada olho, de maneira que a percepção de profundidade pudesse ser obtida. À medida que nos afastamos das regiões de recepção primárias, encontramos células sensíveis a aspectos mais sutis da nossa percepção do que enxergamos. Por exemplo, a imagem de um triângulo branco completo é percebida quando olhamos o desenho na Fig. 9.7; porém, as próprias linhas que formam o triângulo não estão realmente presentes na figura, sendo apenas *inferidas*.

Fig. 9.7. Você consegue ver o triângulo branco acima de outro triângulo que está associado ao círculo? As bordas do triângulo branco não estão desenhadas em lugar nenhum, mesmo assim existem células no cérebro que respondem a essas linhas invisíveis, porém percebidas.

Já foram, de fato, encontradas células no córtex visual (no que é chamado de córtex visual secundário) que podem resolver a percepção dessas linhas inferidas!

Existem certas afirmações na literatura,[7] no início de 1970, da descoberta de uma célula no córtex visual de um macaco que respondeu somente à imagem de uma *face* registrada na retina. Com base nessa informação, a "hipótese da célula-avó" foi proposta, segundo a qual existiriam certas células no cérebro que responderiam somente quando a avó do voluntário entrasse em uma sala de experimentação! De fato, algumas descobertas recentes indicam que certas células são responsivas somente a palavras particulares. Talvez isso sirva para ajudar a verificar a hipótese da célula-avó?

Obviamente existe muita coisa que pode ser aprendida sobre o processamento detalhado que o cérebro realiza. Muito pouco é conhecido hoje em dia sobre o modo como os centros de processamento superiores do cérebro realizam suas funções. Vamos deixar essa questão de lado agora e voltar nossa atenção para as células do cérebro que de fato permitem esses feitos notáveis.

Como os sinais nervosos funcionam?

Todo o processamento realizado pelo cérebro (e pela medula espinal e pela retina) é feito pelas notavelmente versáteis células do corpo conhecidas como *neurônios*.[8] Tentemos ver como um neurônio realmente é. Na Fig. 9.8 apresento o desenho de um neurônio. Existe um bulbo central, parecido um pouco com uma estrela, mas geralmente com a forma de um nabo, chamado de *soma*, que contém o núcleo da célula. Saindo da soma, de um lado há uma longa fibra nervosa – algumas vezes muito longa de fato, considerando que nos referimos a uma única célula microscópica (algumas vezes de alguns centímetros de comprimento em um ser humano) – conhecida como *axônio*. O axônio é o "fio" através do qual o *sinal resultante* da célula é transmitido. Originando-se do axônio pode haver diversos ramos pequenos, com o axônio bifurcando várias vezes. Ao final de cada uma das fibras nervosas resultantes encontramos um pequeno *botão sináptico*. Do outro lado da soma e comumente se espalhando em todas as direções estão estruturas parecidas com árvores, conhecidas como *dendritos*, através dos quais os *sinais recebidos* são carregados para a soma.

---

[7] Veja Hubel (1988, p.221). Experimentos anteriores registravam células sensíveis somente à imagem de uma mão.

[8] A teoria agora bem estabelecida de que o sistema nervoso consiste em células individuais separadas, os neurônios, foi apresentada de maneira vivaz pelo eminente neuroanatomista espanhol Ramón y Cajal por volta de 1900.

(Ocasionalmente existem botões sinápticos também nos dendritos, resultando no que são conhecidas como sinapses *dendrodendríticas* entre os dendritos. Vou ignorá-las em minha discussão, já que as complicações que elas introduzem não são importantes.)

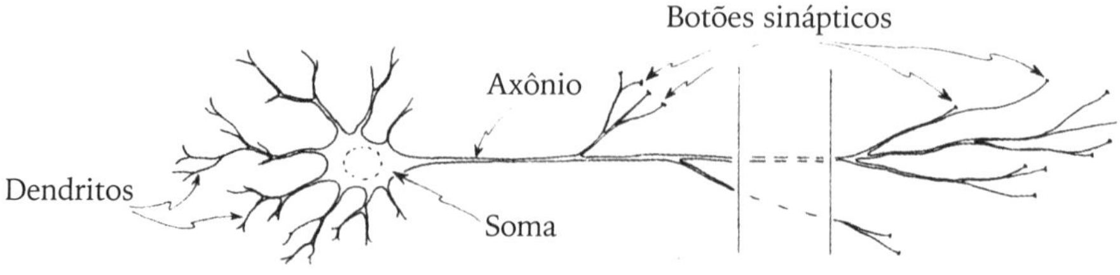

Fig. 9.8. Um neurônio (em geral, relativamente muito mais longo do que o indicado). Diferentes tipos de neurônios variam muito quanto à sua aparência detalhada.

A célula toda, sendo uma unidade autocontida, apresenta membrana celular que envolve a soma, o axônio, os botões sinápticos, os dendritos e toda a célula. Para os sinais passarem de um neurônio para o outro é necessário que eles de algum modo "atravessem a barreira" entre eles. Isso é feito em uma junção conhecida como *sinapse*, na qual o botão sináptico de um neurônio se une a algum outro ponto do outro neurônio, seja na soma do neurônio, ou então em um dos seus dendritos (veja a Fig. 9.9). Na realidade existe uma pequena fenda entre o botão sináptico e a soma ou o dendrito ao qual ele está vinculado, chamada de *fenda sináptica* (veja a Fig. 9.10). O sinal de um neurônio para o outro se propaga por essa fenda.

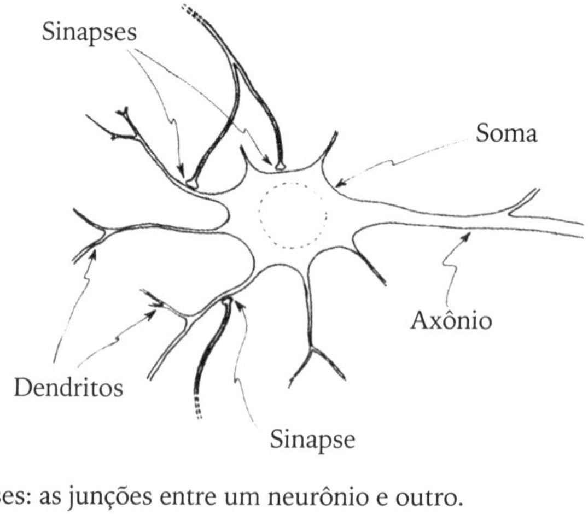

Fig. 9.9. Sinapses: as junções entre um neurônio e outro.

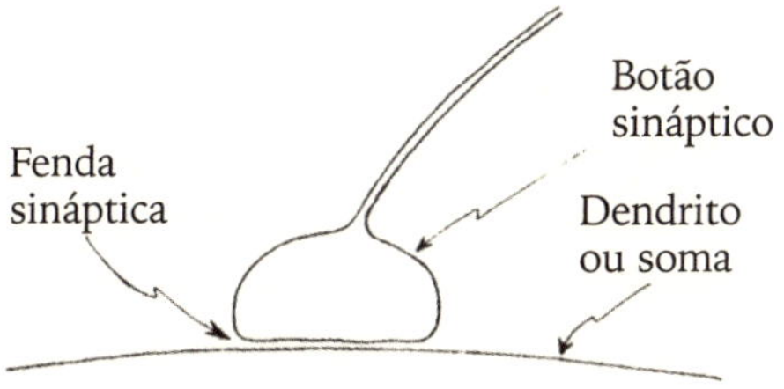

Fig. 9.10. Uma sinapse em mais detalhes. Existe uma pequena fenda ao longo da qual fluem substâncias químicas neurotransmissoras.

Qual forma os sinais assumem à medida que se propagam pelas fibras nervosas e pelas fendas sinápticas? O que faz com que o neurônio seguinte emita um sinal? Para alguém de fora dessa área como eu, os processos que a natureza adotou de fato parecem extraordinários – e incrivelmente fascinantes! Poderíamos pensar que esses sinais seriam iguais a correntes elétricas atravessando fios, mas o que ocorre é muito mais complicado que isso.

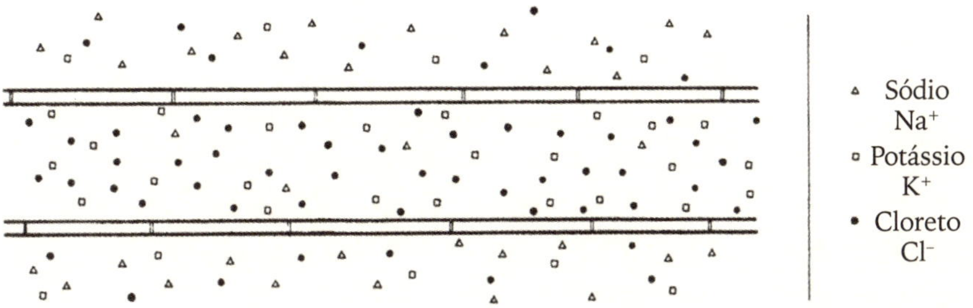

Fig. 9.11. Representação esquemática de uma fibra nervosa. No estado de repouso existe um excesso de cloreto com relação aos íons de sódio e potássio em seu interior, resultando em uma carga negativa; no exterior ocorre o inverso, resultando em uma carga positiva. O equilíbrio entre sódio e potássio também é diferente interna e externamente, com mais potássio dentro e mais sódio fora.

Uma fibra nervosa consiste basicamente em um tubo cilíndrico contendo uma solução mista de sal comum (cloreto de sódio) e cloreto de potássio, principalmente o segundo, de maneira que existem íons de sódio, potássio e cloreto dentro do tubo (Fig. 9.11). Esses íons também estão presentes do lado de fora, mas em proporções diversas, de maneira que fora existem mais íons de sódio do que de potássio. No estado de repouso do nervo existe uma carga elétrica negativa líquida dentro do tubo (i.e., mais íons de cloreto do que de sódio e potássio juntos – lembre-se de que os íons de sódio e potássio são positivamente carregados, e os íons cloreto, negativamente carregados) e uma carga líquida positiva fora (i.e., mais sódio e potássio do que cloreto). A membrana celular que constitui a superfície do cilindro é um pouco "vazada" (semipermeável), de maneira que os íons tendem a migrar por ela e neutralizar a diferença de carga. Para compensar isso, mantendo a carga negativa em excesso do lado de dentro, existe uma "bomba metabólica" que muito vagarosamente bombeia íons de sódio para fora novamente através da membrana. Isso também serve parcialmente para manter o excesso de potássio com relação ao sódio do lado de dentro. Existe outra bomba metabólica que (em menor escala) bombeia íons de potássio para dentro, assim contribuindo para o excesso de potássio do lado interno (embora isso funcione contra a manutenção do desequilíbrio de carga).

Um *sinal* ao longo da fibra consiste em uma região na qual esse equilíbrio de carga é *revertido* (i.e., positivo no interior e negativo fora) que se move ao longo da fibra (Fig. 9.12). Imagine que você esteja situado em uma fibra nervosa à frente dessa região de reversão de carga. À medida que a região se aproxima, seu campo elétrico faz com que pequenos "portões", chamados *portões de sódio,* se abram na membrana celular; isso permite que os íons de sódio fluam para dentro (por uma combinação de forças elétricas e pressões devidas a diferenças de concentração, i.e., "osmose"). Isso resulta na carga se tornando positiva dentro e negativa fora. Quando isso acontece, a região de reversão de carga que constitui o sinal nos alcança. Isso faz agora com que outro conjunto de pequenos "portões" se abra (*portões de potássio*), permitindo que os íons de potássio fluam para fora e comecem a restaurar o excesso de carga negativa que havia dentro. O sinal agora passou! Finalmente, à medida que o sinal se afasta, a lenta mas inexorável ação das bombas empurra os íons de sódio para fora e os íons de potássio para dentro novamente. Isso restaura o estado de repouso da fibra nervosa, e ela está pronta para outro sinal.

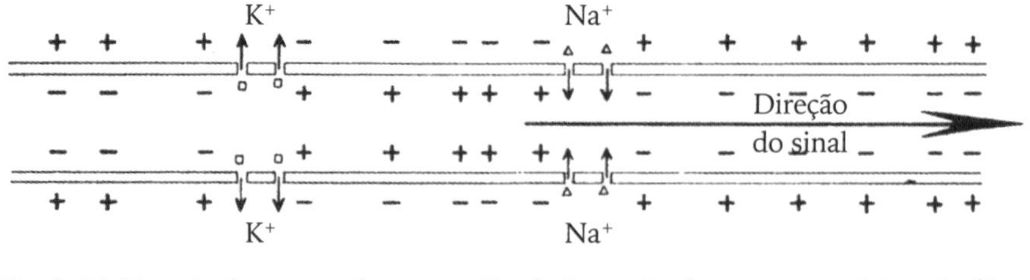

Fig. 9.12. Um sinal nervoso é uma região de inversão de carga que viaja pela fibra. Adiante dela, portões de sódio abrem-se para permitir que o sódio flua para dentro; atrás dela, portões de potássio abrem-se para permitir que o potássio flua para fora. Bombas metabólicas atuam para restaurar o *status quo*.

Note que o sinal consiste simplesmente de uma região de inversão de carga que se move ao longo da fibra. O *material* (i.e., os íons) se move muito pouco – apenas para dentro e para fora da membrana celular!

Esse mecanismo curiosamente exótico parece funcionar de maneira muito eficiente. Ele é encontrado universalmente, tanto em vertebrados quanto em invertebrados. Porém, os vertebrados aperfeiçoaram uma inovação a mais: ter a fibra nervosa envolta por uma camada insular de uma substância gordurosa branca conhecida como *mielina*. É essa camada de mielina que dá à "matéria branca" do cérebro sua cor.) Esse isolamento permite que os sinais nervosos se propaguem sem resistência (entre as "estações") a uma velocidade respeitável – cerca de 120 metros por segundo.

Quando um sinal alcança um botão sináptico, ele emite uma substância química conhecida como neurotransmissor. Essa substância viaja pela fenda sináptica para outro neurônio – seja em algum ponto dos seus dendritos ou da própria soma. Agora alguns neurônios apresentam botões sinápticos que emitem um químico neurotransmissor com uma tendência a *encorajar* a soma do próximo neurônio a "disparar", i.e., iniciar um novo sinal ao longo do seu axônio. Essas sinapses são chamadas de *excitatórias*. Outros tendem a *desencorajar* o próximo neurônio de disparar, e são chamadas de *inibitórias*. O efeito total das sinapses excitatórias ativas em qualquer instante é adicionado, e o total de atividade inibitória é subtraído, de modo que, se o resultado atinge um certo limiar crítico, o próximo neurônio é de fato induzido a disparar. (As excitatórias causam uma *diferença de potencial* elétrico positiva entre o interior e o exterior do próximo neurônio, e as inibitórias causam uma diferença de potencial negativa. Essas diferenças de potencial são adicionadas apropriadamente. O neurônio vai disparar quando essa diferença de potencial alcançar um nível crítico no axônio, de maneira que o potássio não possa sair rápido o bastante para restaurar o equilíbrio.)

Modelos computacionais

Uma característica importante da transmissão nervosa é que os sinais (em sua maioria) são inteiramente fenômenos do tipo "tudo ou nada". A força do sinal não varia: ou ele está lá, ou não está. Isso dá ao funcionamento do sistema nervoso um aspecto similar ao de um computador digital. De fato, existem muitas similaridades entre a o funcionamento de um grande número de neurônios interconectados e o funcionamento interno de um computador digital, com seus fios transmissores de correntes elétricas e portões lógicos (mais sobre isso em um momento). Não seria difícil, em princípio, montar uma simulação de computador do funcionamento de um dado sistema de neurônios. Uma questão natural surge então: isso significa que, seja qual for a conectividade do cérebro, ela sempre pode ser modelada pelo funcionamento de um computador?

De maneira a tornar essa comparação mais compreensível devo explicar o que um *portão lógico* de fato é. Em um computador também há situações do tipo "tudo ou nada", em que ou existe um pulso de corrente elétrica através de um fio, ou não, e a força do pulso sempre é igual quando um pulso *está* presente. Já que tudo é cronometrado de maneira muito precisa, a própria *ausência* de um pulso seria um sinal, e seria "percebido" pelo computador. De fato, quando utilizamos o termo "portão lógico", implicitamente pensamos na presença ou ausência de um pulso como se denotasse respectivamente "verdadeiro" ou "falso". De fato, isso não tem nenhuma relação com verdades e falsidades; somente para que a terminologia tenha sentido usamos essas expressões normalmente. Vamos escrever o dígito "1" para *"verdadeiro"* (presença de um pulso) e "0" para *"falso"* (ausência de um pulso) e, como no Capítulo 4), e podemos usar "&" para "e" (que é a "afirmação" que ambos são "verdadeiros", i.e., a resposta é 1, se e somente se ambos os argumentos são 1), "v" para "ou" (o que "significa" que um ou outro ou ambos são "verdadeiros", i.e., 0 se e somente se ambos os argumentos são 0), "⇒" para "implica" (i.e., A ⇒B significa "se A é verdadeiro, então B é verdadeiro", que é equivalente a "ou A é falso, ou B é verdadeiro"), "⇔" para "se e somente se" (ambos "verdadeiros" ou ambos "falsos") e "~" para "não" ("verdadeiro" se "falso"; "falso" se "verdadeiro"). Podemos descrever a ação desses vários operadores lógicos em termos das chamadas "tabelas de verdade":

$$A \,\&\, B = \begin{pmatrix} 0 & 0 \\ 0 & 1 \end{pmatrix}$$

$$A \vee B = \begin{pmatrix} 0 & 1 \\ 1 & 1 \end{pmatrix}$$

$$A \Rightarrow B = \begin{pmatrix} 1 & 1 \\ 0 & 1 \end{pmatrix}$$

$$A \Leftrightarrow B = \begin{pmatrix} 1 & 0 \\ 0 & 1 \end{pmatrix}$$

em que, em cada caso, A identifica as linhas (i.e., A = 0 dá a primeira linha, e A = 1 dá a segunda) e B identifica as colunas de maneira similar. Por exemplo, se A = 0 e B = 1, resultando na parte superior direita de cada tabela, então na *terceira* tabela obtemos o valor 1 para A ⇒ B. (Para uma instância verbal disso em termos *de lógica*: a asserção "se eu estou dormindo, então eu estou feliz" é certamente verificada – trivialmente – no caso particular que eu porventura esteja tanto acordado quanto feliz.) Finalmente, o portão lógico "não", simplesmente tem o efeito

$$\sim 0 = 1 \text{ e } \sim 1 = 0.$$

São esses os tipos básicos de portões lógicos. Existem alguns outros, mas todos eles podem ser construídos com os que mencionei.[9]

Agora, como podemos em princípio construir um computador a partir de conexões *neuronais*? Vou ressaltar que, mesmo com as considerações primárias que fizemos acima sobre o disparo neuronal, isso é de fato possível. Vejamos como seria possível em princípio construir portões lógicos de conexões neuronais. Precisamos de alguma nova maneira de codificar os dígitos, já que a *ausência* de um sinal não dispara nada. Vamos (de maneira bastante arbitrária) considerar um pulso *duplo* para denotar 1 (ou "verdadeiro") e um pulso *único* para denotar 0 (ou "falso"), e adotar um esquema simplificado no qual o limiar para o disparo de um neurônio é sempre *dois* pulsos excitatórios simultâneos. É fácil construir um portão "e" (i.e., &). Como mostrado na Fig. 9.13, podemos considerar as duas fibras nervosas de entrada acabando como o único par de bulbos sinápticos no neurônio de saída. (Se ambos são pulsos duplos, então tanto o primeiro pulso quando o segundo serão necessários para atingirmos o limiar de dois pulsos, enquanto se um deles é somente um único pulso, então somente um dos dois pares atingirá esse limiar. Assumo que os pulsos são precisamente cronometrados e que, por questão de clareza, no caso de um pulso duplo, é o *primeiro* do par que determina o tempo.) A construção de um portão "não" (i.e., ~) é consideravelmente mais complicada, e um modo de fazer isso é mostrado na Fig. 9.14. Aqui, o sinal de entrada vem por um axônio que se divide em duas partes. Uma parte toma um caminho tortuoso, com um comprimento tal de maneira a atrasar o sinal pelo exato intervalo de tempo entre os dois pulsos de um pulso duplo, e então ambos se bifurcam uma vez mais, com um ramo de cada terminando em um neurônio inibitório, mas onde aquele do ramo atrasado primeiro se divide

[9] De fato, *todos* os portões lógicos podem ser construídos utilizando somente "~" e "&" (ou até mesmo apenas a partir de *uma* operação ~ (A&B)).

para dar a ambos um caminho direto e um tortuoso. A saída daquele neurônio seria *nenhuma*, no caso de um único pulso, e um *pulso duplo* (atrasado) no caso de um pulso duplo de entrada. O axônio que carrega esse sinal de saída se divide em três ramos, todos os quais terminam em bulbos sinápticos inibitórios ao final de um neurônio excitatório. As duas partes remanescentes do axônio original dividido dividem-se cada em duas outras partes, e todos os quatro ramos também terminal nesse último neurônio, agora com bulbos sinápticos excitatórios. O leitor pode querer verificar que esse neurônio final excitatório fornece o sinal de saída "não" necessário (i.e., um pulso duplo se o sinal de entrada é um pulso único e um pulso único se o sinal de entrada é duplo). (Esse esquema parece absurdamente complicado, mas é o melhor que posso fazer!) O leitor pode querer entreter-se fornecendo construções "neuronais" diretas para os outros portões lógicos mencionados acima.

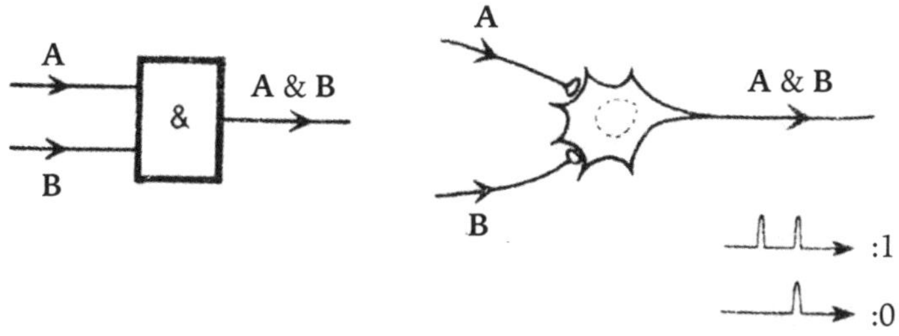

Fig. 9.13. Um portão "e". No "modelo neuronal" à direita, o neurônio é considerado disparando somente quando o sinal de entrada atinge o dobro da força de um pulso único.

É evidente que esses exemplos explícitos não devem ser tomados como modelos sérios do que o cérebro de fato faz em detalhes. Estou somente tentando indicar que existe uma equivalência lógica essencial entre o modelo do disparo neuronal que apresentei acima e a construção de um computador eletrônico. É fácil ver que um computador poderia simular qualquer desses modelos de interconexões neuronais; mesmo que as construções detalhadas acima deem sinais do fato de que, da mesma maneira, sistemas de neurônios são capazes de simular um computador – e assim *poderiam* atuar como uma máquina de Turing (universal). Mesmo que a discussão das máquinas de Turing dada no Capítulo 2 não utilizasse portões lógicos,[10] e de fato

[10] De fato, o uso de portões lógicos está mais próximo da construção de um computador eletrônico que as considerações detalhadas sobre máquinas de Turing do Capítulo 2. A ênfase naquele capítulo era na abordagem de Turing por razões teóricas. O desenvolvimento de computadores reais surgiu com base tanto no trabalho do notável matemático húngaro-estadunidense John von Neumann quanto no trabalho de Turing.

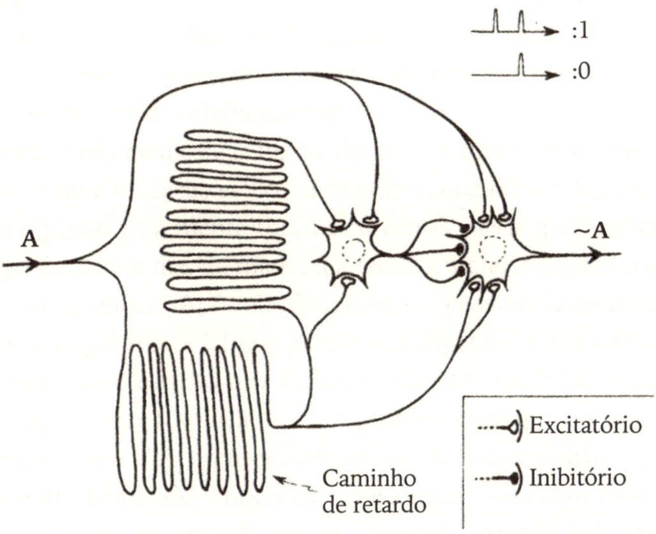

Fig. 9.14. Um portão "não". No "modelo neuronal", um sinal de entrada com força dupla (pelo menos) é novamente necessário para que o neurônio dispare.

precisamos de muito mais do que somente portões lógicos, se queremos simular uma máquina de Turing geral, não existe nenhuma questão nova de princípio envolvida em fazer isso – *contanto* que nos permitamos *aproximar a fita infinita* de uma máquina de Turing por um banco grande, mas finito, de neurônios. Isso parece nos dizer que cérebros e computadores são essencialmente equivalentes.

No entanto, antes de pularmos muito apressadamente para essa conclusão, devemos considerar diversas diferenças entre o funcionamento cerebral e o funcionamento dos computadores atuais que possam ser significativas. Em primeiro lugar, simplifiquei um pouco minha descrição do disparo de um neurônio como um fenômeno de tudo ou nada. Isso se refere a somente um único pulso viajando por um axônio, mas na realidade quando um neurônio "dispara", ele emite uma sequência toda desses pulsos em rápida sucessão. Mesmo quando um neurônio não é ativado, ele emite pulsos, mas a uma taxa menor. Quando ele dispara, é a *frequência* desses pulsos sucessivos que aumenta enormemente. Também existe um aspecto probabilístico associado ao disparo neuronal. O mesmo estímulo nem sempre produz o mesmo resultado. Além disso, o funcionamento cerebral não é exatamente tão cronometrado da mesma maneira que as correntes em computadores eletrônicos; e devemos ressaltar que o funcionamento dos neurônios – a uma taxa máxima de cerca de 1 000 vezes por segundo – é muito mais lento que a dos circuitos eletrônicos mais rápidos, por um fator de cerca de 10^{-6}. Também, ao contrário da conectividade precisa de um computador eletrônico, parece haver uma boa dose de aleatoriedade e redundância na maneira detalhada pela qual os neurônios estão de fato conectados – embora saibamos agora que existe muito mais precisão na maneira pela qual o cérebro é conectado (no nascimento) do que pensávamos cerca de cinquenta anos atrás.

A maior parte do que foi tratado acima parece simplesmente indicar as desvantagens do cérebro em comparação com um computador. Porém, existem outros fatores que dizem o contrário. Com os portões lógicos existe somente uma quantidade pequena de fios de entrada e saída (cerca de, digamos, três ou quatro no máximo), enquanto os neurônios podem ter um número enorme de sinapses. (Para um exemplo extremo, os neurônios do cerebelo conhecidos como células de Purkinje apresentam cerca de 80 000 terminações sinápticas excitatórias.) O número total de neurônios no cérebro ainda excede o número de transistores até para o maior computador – provavelmente cerca de 10^{11} para o cérebro, e "somente" cerca de 10^{9} para o computador! Porém, o número para o computador, é evidente, aumentará muito provavelmente no futuro.[11] Além disso, o grande número de células cerebrais surge somente pela existência de um imenso número de pequenas *células granulares* que podem ser encontradas no cerebelo – cerca de trinta mil milhões (3×10^{10}) delas. Se devemos acreditar que é simplesmente a imensidão do número de neurônios que nos permite ter experiências conscientes, enquanto os computadores atuais parecem não as ter, então precisamos encontrar algumas explicações adicionais para o fato de o funcionamento do cerebelo parecer ser completamente *in*consciente, enquanto a consciência é associada com o telencéfalo, que é somente cerca de duas vezes maior em termos de neurônios (cerca de 7×10^{10}), em uma densidade muito menor.

[11] Essas comparações podem nos levar ao erro de muitas maneiras. A vasta maioria dos transistores nos computadores modernos está lá para tratar de "memória", em vez de funcionamento lógico, e a memória do computador sempre pode ser aumentada externamente, de maneira virtualmente infinita. Com o aumento de operações paralelas, mais transistores poderiam estar diretamente envolvidos com a execução lógica do que normalmente ocorre nos dias de hoje.

Plasticidade cerebral

Existem outros pontos de divergência entre o funcionamento cerebral e o funcionamento de um computador que me parecem ser de importância muito maior do que os que eu mencionei até agora, que têm relação com um fenômeno conhecido como *plasticidade cerebral*. Não é de fato legitimo considerar o cérebro simplesmente uma coleção *fixa* de neurônios ligados uns aos outros. As interconexões entre os neurônios não são de fato fixas, como elas seriam no modelo computacional apresentado acima, mas mudam o tempo todo. Não quero dizer que as localizações dos axônios ou dos dendritos vá mudar. Muito do "cabeamento" complicado dessas células é estabelecido de maneira geral no nascimento. Refiro-me às junções sinápticas onde acontece a comunicação entre diferentes neurônios. É frequente que elas ocorram em lugares conhecidos como *espinhas dendríticas*, pequenas protuberâncias nos dendritos nas quais o contato com os botões sinápticos pode acontecer (veja a Fig. 9.15). Aqui, "contato" *não* significa só tocar, mas deixar uma pequena e estreita fenda (a fenda sináptica) na distância certa – cerca de 1/40 000 partes de um milímetro. Sob certas condições, essas espinhas dendríticas podem encolher e quebrar o contato ou elas (ou novas espinhas) podem crescer e estabelecer um novo contato. Assim, se pensarmos nas conexões entre os neurônios do cérebro, para todos os efeitos, como se constituíssem um computador, então esse computador é capaz de alterar-se todo o tempo!

Segundo uma das mais proeminentes teorias quanto ao modo como as memórias de longo prazo se assentam no cérebro são essas mudanças nas conexões sinápticas que fornecem os meios para armazenar a informação

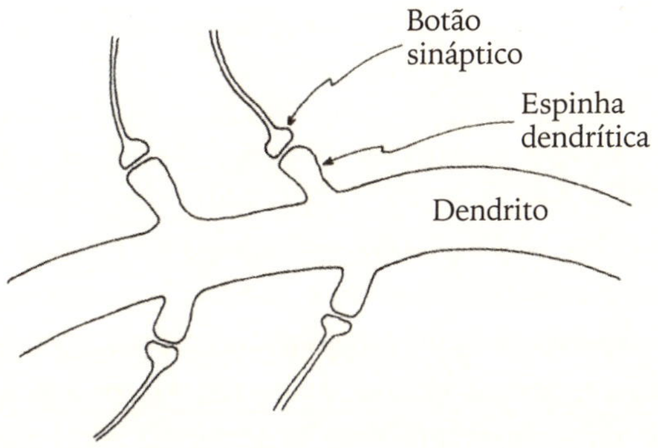

Fig. 9.15. As junções sinápticas envolvendo as espinhas dendríticas. A efetividade da junção é rapidamente afetada pelo crescimento ou pela contração da espinha.

necessária. Se é assim, então vemos que a plasticidade cerebral não é somente uma complicação acidental, é uma característica *essencial* do funcionamento do cérebro.

Qual é o mecanismo subjacente a essas mudanças contínuas? Quão rápido elas podem ser feitas? A resposta à segunda questão parece ser controversa, mas existe pelo menos uma escola de pensamento que defende que essas mudanças possam acontecer em questão de segundos. Isso deveria ser esperado, se essas mudanças são responsáveis pelo armazenamento de memórias permanentes, já que essas memórias podem de fato assentar-se no cérebro em questão de segundos (cf. Kandel, 1976). Isso teria implicações importantes para nós mais adiante. Voltarei a essa importante questão no próximo capítulo.

E quanto aos mecanismos subjacentes à plasticidade cerebral? Uma engenhosa teoria (devida a Donald Hebb, 1954) propõe que existam certas sinapses (chamadas hoje de "sinapses de Hebb") que teriam a seguinte propriedade: uma sinapse de Hebb entre um neurônio A e um neurônio B seria fortalecida sempre que o disparo de A fosse seguido por um disparo de B e enfraquecida caso contrário. Isso independe de a própria sinapse de Hebb estar significativamente envolvida de no disparo de B. Isso daria origem a certa forma de "aprendizado". Vários modelos matemáticos foram apresentados para tentar simular a atividade de aprendizado/solução de problemas com base nesse tipo de teoria. Eles são referidos como *redes neurais*. Parece que esses modelos de fato são capazes de algum tipo de aprendizado rudimentar, mas até agora ainda estão muito longe de serem modelos realistas do cérebro. Em todo caso, parece provável que os mecanismos que controlam as mudanças nas conexões sinápticas são provavelmente mais complicados do que os que consideramos. Um entendimento maior obviamente é necessário.

Quanto a isso, existe um outro aspecto da liberação de neurotransmissores pelos botões sinápticos. Algumas vezes eles não ocorrem nas fendas sinápticas, mas entram no fluido intercelular, talvez influenciando alguns outros neurônios pelo caminho. Muitas substâncias neuroquímicas diferentes parecem ser emitidas dessa maneira – e existem diferentes teorias da memória da que indiquei acima, que dependem das diferentes variedades possíveis desses químicos que poderiam estar envolvidos. Certamente o estado do cérebro pode ser influenciado de modo geral pela presença de substâncias químicas produzidas em outras partes do cérebro (e.g., como acontece com hormônios). Tudo que envolve a neuroquímica é complicado, e é difícil ver como realizar uma simulação computacional detalhada e confiável de tudo que pode ser relevante.

Computadores paralelos e a "unicidade" da consciência

Muitos parecem ter a opinião de que o desenvolvimento de computadores *em paralelo* guarda a chave para construir uma máquina com as capacidades do cérebro humano. Vamos considerar brevemente essa ideia atualmente popular. Um computador paralelo, em oposição a um serial, seria capaz de realizar um grande número de cálculos separados de maneira independente, e os resultados dessas operações altamente autônomas seriam combinados entre si oportunamente para dar origem ao resultado do cálculo como um todo. A motivação para esse tipo de arquitetura de computador provém principalmente de uma tentativa de imitar o funcionamento do sistema nervoso, já que diferentes partes do cérebro de fato parecem realizar atividades de processamento de maneira separada e independente (e.g., com o processamento de informação visual no córtex visual).

Dois pontos devem ser destacados aqui. O primeiro é que não existe diferença alguma *em princípio* entre um computador paralelo e um serial. Ambos são, para todos os efeitos, *máquinas de Turing* (cf. Capítulo 2, p.94). As diferenças estão relacionadas somente a questões de eficiência, ou velocidade, dos cálculos como um todo. Existem certos tipos de cálculo para os quais uma organização em paralelo é de fato mais eficiente, mas isso nem sempre é o caso. O segundo ponto é que, pelo menos em minha opinião, a computação clássica em paralelo dificilmente terá a chave para entendermos o que acontece em nosso pensamento *consciente*. Uma propriedade característica do pensamento consciente (pelo menos em um estado psicológico normal, não em um paciente de uma operação de "cérebro dividido"!) é sua "unicidade" – em oposição a muitas atividades que acontecem simultaneamente.

Expressões como "Como você espera que eu consiga pensar em mais de uma coisa ao mesmo tempo?" são comuns. Será que *é mesmo* possível manter ao mesmo tempo coisas separadas no pensamento consciente? Talvez *possamos* manter algumas coisas ao mesmo tempo, mas isso parece ser mais algo como uma transição constante e contínua entre os diversos tópicos do que realmente pensar neles de maneira simultânea, consciente e independente. Se fôssemos pensar conscientemente sobre duas coisas bastante diferentes, seria parecido com termos duas *consciências separadas*, mesmo que por um período temporário, enquanto o que parece que experimentamos (em uma pessoa normal, pelo menos) é uma *única* consciência que pode estar vagamente ciente de várias coisas, mas que pode concentrar-se em qualquer instante em somente *uma* coisa em particular.

É óbvio que o que queremos dizer aqui por "uma coisa" não está totalmente evidente. No próximo capítulo encontraremos algumas instâncias notáveis de "pensamentos únicos" nas inspirações de Poincaré e Mozart. Porém, não temos de ir tão longe para reconhecer que aquilo de que uma pessoa a qualquer momento pode ter consciência pode ser implicitamente bastante complicado. Imagine decidir o que vamos jantar, por exemplo. Poderia haver um grande número de informações envolvidas nesse pensamento consciente, e uma descrição verbal dele poderia ser bastante longa.

Essa "unicidade" da percepção consciente me parece estar em bastante desacordo com o modelo de computador em paralelo. Esse modelo poderia, por outro lado, ser mais apropriado ao do funcionamento *inconsciente* do cérebro. Vários movimentos independentes – andar, apertar um botão, respirar e mesmo falar – podem ser todos realizados simultaneamente e de maneira mais ou menos autônoma, sem que estejamos conscientemente atentos a *nenhum* deles!

Por outro lado, parece-me que poderíamos concebivelmente estabelecer uma relação entre essa "unicidade" da consciência e o *paralelismo quântico*. Lembre-se de que, segundo a teoria quântica, diferentes alternativas no nível quântico podem coexistir em uma superposição linear. Assim, um *único estado quântico* poderia, em princípio, consistir em um grande número de atividades diferentes, todas ocorrendo simultaneamente. Isso é o que queremos dizer com paralelismo quântico, e logo mais vamos considerar a ideia teórica de um "computador quântico", no qual esse paralelismo quântico poderia em princípio ser utilizado para realizar simultaneamente um número grande de cálculos. Se um "estado mental" consciente fosse de algum modo similar a um estado quântico, então alguma forma de "unicidade" ou globalidade de pensamento poderia ser mais apropriada do que seria o caso para o paralelismo de computadores usuais. Existem alguns aspectos interessantes nessa ideia, e retornarei a elas no próximo capítulo. Porém, antes que essa ideia seja seriamente considerada, devemos levantar a questão de quão provável é os efeitos quânticos terem alguma relevância para o funcionamento do cérebro.

Existe um papel para a mecânica quântica na atividade cerebral?

As discussões acima sobre a atividade neural foram de fato inteiramente clássicas, exceto quando foi necessário falar sobre fenômenos físicos cujas causas subjacentes são parcialmente quantum-mecânicas (e.g., íons, com suas cargas elétricas unitárias, portões de sódio e potássio, os potenciais químicos que determinam o caráter de liga-desliga dos sinais nervosos, a química dos neurotransmissores). Existe algum papel mais evidente para um controle quantum-mecânico em algum lugar importante? Isso parece ser necessário, se a discussão no fim dos capítulos anteriores puder ter qualquer relevância real.

Existe, de fato, pelo menos um lugar evidente onde o funcionamento da mecânica quântica parece ter importância para a atividade neural, e esse lugar é na *retina*. (Lembre-se de que a retina é tecnicamente uma parte do cérebro!) Experimentos com sapos mostraram que, sob certas condições, um *único fóton* que atinge a retina adaptada para o escuro pode ser suficiente para disparar um sinal nervoso macroscópico (Baylor; Lamb; Yau, 1979). O mesmo parece ser verdadeiro para o ser humano (Hecht; Shlaer; Pirenne, 1941), mas nesse caso parece haver um mecanismo adicional presente que suprime esses sinais fracos de maneira a não confundirem a imagem percebida com muita "poluição" visual. Um sinal combinado de cerca de *sete* fótons é necessário de modo a um voluntário humano com a retina já adaptada ao ambiente escuro poder de fato tornar-se consciente de sua chegada. Mesmo assim, células com sensitividade a fótons únicos parecem estar presentes na retina humana.

Já que *existem* neurônios no corpo humano que podem ser ativados por eventos quânticos únicos, não seria razoável nos perguntarmos se existem células desse tipo que poderiam ser encontradas na parte principal do cérebro humano? Até onde eu saiba, não existe evidência disso. Todos os tipos de células examinadas necessitam alcançar um certo limiar, e um número muito grande de *quanta* é necessário para que a célula dispare. Poderíamos especular, no entanto, que em algum lugar profundo do cérebro encontraríamos células com sensitividade a um único *quantum*. Se isso for verdade, então a mecânica quântica estará significativamente envolvida na atividade cerebral.

Mesmo isso não parece ainda muito *útil* quantum-mecanicamente, uma vez que o *quantum* seria usado meramente como meio para disparar um sinal. Nenhum efeito característico de interferência quântica seria obtido. Parece que, no melhor dos casos, tudo que conseguiríamos disso seria uma incerteza quanto ao neurônio disparar ou não, e é difícil ver como isso poderia ser útil para nós.

No entanto, algumas das questões aqui envolvidas não são tão simples assim. Voltemos à retina e a consideremos novamente. Suponha que um fóton chegue à retina tendo sido previamente refletido de um espelho semitransparente. Seu estado envolve uma complexa superposição linear quanto a ter atingido uma célula da retina e quanto a não a ter atingido e, em vez disso, por exemplo, ter viajado para o espaço através de uma janela (cf. Fig. 6.17, p.XXX). Quando chegar o momento no qual ele *poderia* ter atingido a retina, e contanto que a regra linear **U** da teoria quântica seja válida (i.e., evolução determinística de Schrödinger para o vetor de estado, cf. p.XXX), podemos ter uma superposição linear complexa de um sinal neuronal presente e ausente. Quando isso chega a nossa consciência, somente *uma* dessas duas alternativas é vista como realizada, e o outro procedimento quântico **R** (redução do vetor de estado, cf. p.XXX) deve ter ocorrido. (Ao dizer isso, ignoro o ponto de vista de muitos mundos, cf. p.XXX, que tem seu próprio montante de problemas!) De acordo com as considerações que fizemos ao final do capítulo anterior, devemos nos perguntar se matéria o bastante é perturbada pela passagem do sinal de maneira que o critério de *um gráviton* daquele capítulo seja alcançado. Apesar de ser verdade que uma ampliação enorme é conseguida pela retina ao converter a energia do fóton no movimento de massa envolvido no sinal – talvez por um fator de até 10^{20} com relação à massa movimentada –, essa massa ainda é muito pequena em comparação com a massa de Planck m_p por um fator muito grande (cerca de 10^8). No entanto, um sinal nervoso cria um *campo elétrico* mutável detectável ao redor dele (um campo toroidal, com o nervo como eixo, que se move ao longo do nervo). Esse campo poderia perturbar o *entorno* de maneira significativa, e o critério de um gráviton poderia facilmente ser alcançado nesse entorno. Assim, segundo o ponto de vista que apresento, o procedimento **R** poderia ter acontecido muito antes de percebermos o *flash* de luz ou não o percebermos, seja qual fosse o caso. Sob esse ponto de vista, nossa consciência não é necessária para a redução do vetor de estado!

Computadores quânticos

Se *de fato* especularmos que neurônios sensíveis a fenômenos quânticos têm exercido papel importante nas profundezas do cérebro, podemos nos perguntar que efeitos isso pode ter. Discutirei primeiro o conceito de Deutsch de um *computador quântico* (cf. também Capítulo 4, p.216) e então perguntar se isso pode ser relevante para nossas considerações aqui.

Como indicado acima, a ideia básica é fazer uso do paralelismo quântico, segundo o qual duas coisas bastante distintas devem ser consideradas ocorrendo simultaneamente em uma superposição quântica linear – como o fóton simultaneamente sendo refletido e atravessando um espelho semitransparente ou, talvez, passando através de cada uma das duas fendas. Com um computador quântico, essas duas coisas superpostas seriam, em vez disso, dois *cálculos computacionais* diferentes. Não devemos querer obter a resposta para *ambos* os cálculos, mas para alguma coisa que usa uma informação parcial extraída do par superposto. Finalmente, uma "observação" apropriada seria feita no par de cálculos, quando ambos fossem completados, para obtermos a resposta necessária.[12] Assim, o aparato pode ser capaz de poupar algum tempo ao realizar dois cálculos computacionais simultaneamente! Até agora parece que não haveria um ganho significativo em realizar as coisas dessa maneira, já que presumivelmente seria muito mais direto fazer uso de um par de computadores clássicos separados de maneira paralela (ou um único computador clássico paralelizável) no lugar de um computador quântico. No entanto, o ganho real de um computador quântico se faz presente quando um número *muito grande* de cálculos computacionais em paralelo é necessário – talvez indefinidamente grande – cujas respostas individuais não nos interessariam, mas que possuíssem uma combinação útil desses resultados que entregasse a resposta que nos interessa.

Detalhadamente, a construção de um computador quântico envolveria a versão quântica de um portão lógico, em que a saída seria o resultado de alguma "operação unitária" aplicada à entrada – uma instância de algum **U** – e a operação toda do computador seria realizar um processo **U** até o final, quando um último "ato de observação" se utiliza de **R**.

Segundo a análise de Deutsch, computadores quânticos não podem ser utilizados para efetuar operações não algorítmicas (i.e., coisas além da capacidade de uma máquina de Turing), mas podem, em certas situações específicas, ter velocidade muito maior, no sentido dado pela *teoria da complexidade computacional* (veja p.210) que uma máquina de Turing padrão. Até agora os resultados são levemente decepcionantes para uma ideia tão importante, mas são tempos incipientes ainda.

Como isso poderia estar relacionado ao funcionamento de um cérebro que contém um número significativo de neurônios sensíveis a fenômenos

---

[12] Deutsch, em suas descrições, prefere utilizar o ponto de vista de "muitos mundos" com relação à teoria quântica. No entanto, é importante entendermos que isso não tem consequências, já que o conceito de computador quântico é igualmente apropriado independentemente do ponto de vista que tivermos em relação à mecânica quântica padrão.

quânticos? O principal problema dessa analogia seria que os efeitos quânticos seriam perdidos muito rapidamente devido ao "ruído" – o cérebro é muito "quente" como um objeto físico para preservar a coerência quântica (i.e., comportamento útil que pode ser descrito pela ação contínua de **U**) por qualquer período significativo. Nos termos que venho utilizando, isso significaria que o critério de um único gráviton seria continuamente satisfeito, de modo que a operação **R** aconteceria o tempo todo intercalada com **U**.

Até agora isso não parece muito promissor, se desejamos obter algo útil para o cérebro por meio da mecânica quântica. Talvez estejamos condenados a sermos computadores, afinal de contas! Pessoalmente não acredito nisso, mas uma análise mais profunda é necessária, se queremos escapar desse destino.

Além da teoria quântica?

Gostaria de voltar à uma questão que tem sido um tema subjacente de muito deste livro. O modelo que temos de um mundo governado pelas regras da teoria clássica e quântica, da maneira como essas regras são entendidas atualmente, é realmente adequado para a descrição de cérebros e mentes? Existe certamente um enigma em qualquer descrição "simples" quântica de nossos cérebros, uma vez que a ação de "observar" é tomada como elemento essencial da interpretação válida da teoria quântica convencional. Devemos considerar o cérebro "observando a si mesmo" sempre que um pensamento ou uma percepção emerge em nossa atenção consciente? A teoria convencional não nos dá nenhuma regra evidente de como a mecânica quântica deve levar isso em consideração e como ela poderia, assim, ser aplicada ao cérebro como um todo. Tentei formular um critério para o aparecimento de **R** que é bastante independente da consciência (o "critério de um gráviton"), e se algo como isso puder ser desenvolvido em uma teoria completamente coerente, então poderia haver uma maneira de fazer uma descrição quântica do cérebro de maneira mais compreensível do que é possível atualmente.

No entanto, creio que não é somente em conexão com nossas tentativas de descrever o funcionamento cerebral que esses problemas fundamentais aparecem. O funcionamento dos computadores digitais também depende de modo vital de efeitos quânticos – efeitos que não estão, em minha opinião, inteiramente livres das dificuldades inerentes à teoria quântica. Qual é essa dependência "vital"? Para entender o papel da mecânica quântica na computação digital devemos primeiro nos perguntar como poderíamos tentar fazer um objeto inteiramente *clássico* comportar-se como um computador digital. No Capítulo 5 consideramos o "computador de bolas de bilhar" clássico de Fredkin-Toffoli (p.246), mas também notamos que esse "aparato" teórico depende de certas idealizações que contornam um problema de instabilidade essencial inerente aos sistemas clássicos. Esse problema de instabilidade foi descrito como dispersão efetiva no espaço de fase, à medida que o tempo evolui (p.260, Fig. 5.14), levando à quase inevitável perda contínua de precisão no funcionamento de um aparato clássico. O que impede essa perda de precisão é, em última instância, a mecânica quântica. Nos computadores eletrônicos modernos, a existência de *estados discretos* é necessária (por exemplo, para codificar os dígitos **0** e **1**), de maneira que é bastante evidente quando o computador está em um desses estados e quando está em outro. Essa é a própria essência do que é "digital" na natureza do funcionamento do computador. Essa discretização depende da mecânica quântica. (Podemos nos lembrar da discretização de estados de energia, frequências espectrais, do *spin* etc., cf. Capítulo 6.) Mesmo as velhas máquinas de cálculo dependiam da *solidez* de suas diversas partes – e solidez, também, de fato depende da discretização proveniente da mecânica quântica.[13]

No entanto, a discretização quântica não é proveniente somente da ação de **U**. De fato, a equação de Schrödinger é *pior* em prevenir a dispersão indesejável e a "perda de precisão" que as equações da física clássica! Segundo **U**, a função de onda de uma única partícula, inicialmente localizada no espaço, vai se espalhar por regiões cada vez mais extensas à medida que o tempo passa (p.344). Sistemas mais complicados também estariam algumas vezes sujeitos a esse desmedido efeito de falta de localização (lembrem-se do gato de Schrödinger!), se não fosse pela ação de **R** de tempos em tempos. (Os estados *discretos* de um átomo, por exemplo, são aqueles com energia, momento e momento angular total bem definidos. Um estado geral que se "espalha" é uma superposição desses estados discretos. É a ação de **R**, em algum momento, que requer que o átomo "esteja" de fato em um desses estados discretos.)

Parece-me que nem a mecânica clássica nem a quântica – esta última sem algumas mudanças fundamentais que fariam de **R** um processo "real"

[13] Esse comentário não seria aplicável, se permitíssemos que os constituintes "clássicos" fossem engrenagens, eixos etc. inteiros. Considero que os constituintes sejam partículas ordinárias (digamos, partículas pontuais ou esféricas).

– poderiam, em todo caso, explicar a maneira pela qual *pensamos*. Talvez mesmo o funcionamento digital dos computadores precise de um entendimento mais profundo da inter-relação entre **U** e **R**. Pelo menos nos computadores sabemos que esse funcionamento é *algorítmico* (por nossa própria construção!) e não tentamos nos aproveitar de nenhum comportamento especulativo *não* algorítmico nas leis físicas. Defendo, porém, que com nossos cérebros e mentes a situação é bastante diferente. Pode-se argumentar plausivelmente que existe um elemento essencial e *não* algorítmico nos processos de pensamento (consciente). No próximo capítulo vou elaborar e expor minhas razões para minha crença nesse elemento e especular que tipo de efeitos físicos poderiam constituir uma "consciência" que influencie o funcionamento do cérebro.

10
Onde se encontra a física da mente?

Para que servem as mentes?

Em discussões relacionadas ao problema mente-corpo, existem duas questões separadas sobre as quais a atenção geralmente é dirigida: "como pode ser que um objeto material (um cérebro) pode de fato *evocar* consciência?"; e, da mesma maneira; "como pode ser que a consciência, mediante o funcionamento de sua vontade, pode de fato *influenciar* (o aparentemente fisicamente determinado) movimento de objetos materiais?" Esses são os aspectos passivos e ativos do problema mente-corpo. Parece que temos, em "mente" (ou, melhor, na "consciência"), "algo" imaterial que é, por um lado, evocado pelo mundo material e, por outro lado, pode influenciá-lo. No entanto, vou preferir, em minhas discussões preliminares neste último capítulo, considerar uma questão um pouco diferente e talvez um pouco mais científica – que tem relevância tanto para os aspectos passivos quanto ativos do problema – na esperança de que nossas tentativas de obter uma resposta possam nos direcionar pelo menos um pouco a um entendimento melhorado desse velho problema filosófico fundamental. Minha pergunta é: "Qual *vantagem seletiva* a consciência fornece àqueles que de fato a possuem?".

Existem diversas hipóteses implícitas envolvidas ao formularmos a questão dessa maneira. Primeiro, existe a crença de que a consciência é "algo" que pode ser *descrito cientificamente*. Assume-se que esse "algo" realmente "faz alguma coisa" – e, além disso, que o que ele faz é útil para a criatura que o possui, de modo que uma criatura equivalente, mas sem a consciência, se comportaria de maneira menos efetiva. Por outro lado, pode-se acreditar que a consciência é meramente um passivo que aparece ao possuirmos um sistema de controle suficientemente elaborado e que ela, por si só, *não* "faz" *qualquer coisa*. (Este último seria, presumivelmente, o ponto de vista, por exemplo, dos defensores da IA forte). Alternativamente, talvez haja algum propósito divino ou misterioso para o fenômeno da consciência – possivelmente teleológico, que ainda não se revelou para nós – e qualquer discussão desse fenômeno em termos meramente de ideias quanto à seleção natural fugiria completamente desse "propósito". Um pouco melhor, para minha forma de pensamento, seria uma versão mais científica desse tipo de argumento, conhecida como *princípio antrópico*, enunciando que a natureza do universo no qual nós nos encontramos é fortemente vinculada pela necessidade de que seres sencientes como nós possamos de fato estar presentes para observá-lo. (Aludimos brevemente a esse princípio no Capítulo 8, p.469, e eu retornarei a ele mais tarde.)

Tratarei a maior parte dessas questões no seu devido tempo, mas primeiro devemos ressaltar que o termo "mente" é talvez um pouco enganoso quando nos referimos ao "problema mente-corpo". Geralmente falamos, afinal, da "mente inconsciente". Isso mostra que não consideramos sinônimos os termos "mente" e "consciência". Talvez, quando nos referimos à mente *in*consciente tenhamos a imagem vaga de "alguém escondido" que atua por trás das cortinas, mas a quem não atribuímos usualmente (com exceção de sonhos, alucinações, objeções ou deslizes freudianos) às coisas que percebemos. Talvez, essa mente consciente de fato *tenha* percepção existencial própria, mas essa percepção normalmente é mantida separada da parte da mente à qual usualmente nos referimos como "nós".

Isso não é tão estranho como pode parecer à primeira vista. Existem alguns experimentos que parecem apontar que existe algum tipo de "consciência" presente mesmo quando um paciente é operado, estando sob efeito de anestesia geral – no sentido de que as conversas que estejam ocorrendo no momento podem "inconscientemente" influenciar o paciente e podem algumas vezes serem lembradas depois sob hipnose, como se elas tivessem sido de fato "vivenciadas" no momento. Além disso, as sensações que parecem ter sido bloqueadas da consciência por sugestão hipnótica podem ser mais tarde lembradas mediante outra sessão de hipnose como "se tivessem sido vivenciadas", mas de alguma maneira mantidas "em outro compartimento" (cf. Oakley; Eames, 1985). As questões relacionadas não são totalmente evidentes para mim. Mesmo imaginando que não seria correto atribuir nenhuma "percepção existencial" usual à mente consciente, e não tenho nenhum desejo de tratar dessas especulações aqui. Em todo caso, a divisão entre a mente consciente e inconsciente é certamente uma questão complicada e sutil à qual precisaremos retornar mais tarde.

Tentemos ser tão diretos quanto possível sobre o que queremos dizer por "consciência" e quando acreditamos que ela está presente. Não acho que seja sábio, neste estágio do nosso entendimento, tentar propor uma *definição* precisa da consciência, mas podemos nos apoiar, em boa medida, sobre nossas impressões subjetivas e bom senso intuitivo quanto ao que o termo quer dizer e quando essa propriedade da consciência provavelmente está presente. Sei mais ou menos quando estou consciente e acredito que outras pessoas experimentam algo correspondente ao que experimento. Para estar consciente pareço ter de estar consciente *de* algo, talvez de uma sensação como dor, calor, uma cena colorida ou um som musical; ou talvez esteja consciente de um sentimento de mistério, desespero ou felicidade; ou poderia estar consciente da memória de alguma experiência passada, de não entender o que alguém está dizendo ou de alguma nova ideia minha; ou talvez esteja tentando conscientemente falar ou realizar alguma ação como levantar-me de minha cadeira. Eu poderia também "dar um passo para trás" e estar consciente dessas intenções ou do meu sentimento de dor ou da minha experiência de alguma memória ou da minha chegada ao entendimento de um conceito; ou poderia estar simplesmente consciente da minha própria consciência. Posso estar dormindo e ainda estar consciente em algum grau, contanto que eu esteja experimentando algum sonho; ou talvez, à medida que eu esteja acordando, eu esteja conscientemente influenciando a direção daquele sonho. Estou pronto a acreditar que a consciência é uma questão de grau, não simplesmente algo que está ou não está lá. Considero a palavra "consciência" essencialmente sinônimo de "percepção" (embora talvez "percepção" seja um pouco mais passiva do que o que eu quero dizer com "consciência"), enquanto "mente" e "alma" têm conotações adicionais muito menos *evidentes* para definir no momento. Teremos problemas o bastante nos entendendo com a "consciência" da maneira como mencionamos; assim, espero que o leitor me perdoe por essencialmente deixar à parte os problemas adicionais da "mente" e da "alma"!

Também existe a questão do que queremos dizer pelo termo "inteligência". É com ela, afinal, que as pessoas da área de IA estão preocupadas, em vez da questão mais nebulosa da "consciência". Alan Turing (1950), em seu famoso artigo (cf. Capítulo 1, p.41) não se referiu diretamente à "consciência", mas ao "pensamento", e a palavra "inteligência" estava no título. Segundo minha maneira de ver as coisas, a questão da inteligência é subsidiária à da consciência. Não acho que acreditaria que inteligência verdadeira poderia estar realmente presente, a menos que estivesse acompanhada pela consciência. Por outro lado, se acontecer de os pesquisadores de IA *serem* eventualmente capazes de simular a inteligência sem a consciência estar presente, então poderia ser considerado insatisfatório não definir o termo "inteligência" de maneira a incluir essa inteligência simulada. Nesse caso, a questão da inteligência não seria minha preocupação principal aqui. Estou primariamente preocupado com a "consciência".

Ao afirmar minha crença de que inteligência verdadeira necessita de consciência, implicitamente sugiro (uma vez que não acredito na afirmação da IA *forte* de que a mera execução de um algoritmo evocaria a consciência) que a inteligência não pode ser propriamente simulada por meios algorítmicos, i.e., por um computador, no sentido do termo que utilizamos hoje em dia. (Veja a discussão do "teste de Turing" dada no Capítulo 1.) Argumentarei em breve de maneira incisiva (veja, particularmente, a discussão sobre o pensamento matemático dada três seções adiante, na p.545) que deve haver essencialmente um ingrediente *não algorítmico* no funcionamento da consciência.

Agora, trataremos da questão de *existir* alguma distinção operacional entre o que é consciente e um "equivalente" que não o seja. A consciência presente em um objeto sempre revelaria sua presença? Gostaria de pensar que a resposta a esse questionamento seja necessariamente "sim". No entanto, minha fé nisso dificilmente pode sustentar-se pela completa falta de consenso acerca de onde podemos encontrar consciência no reino animal. Alguns não diriam que existe consciência em nenhum animal não humano (e alguns, até mesmo, em seres humanos antes de cerca de 1000 a.C.; cf. Jaynes, 1980), enquanto outros atribuiriam consciência a um inseto, um verme ou talvez até mesmo uma pedra! De minha parte, eu seria cético quanto ao fato de um verme ou inseto – e certamente uma pedra – ter muito, sequer algo, dessa qualidade, mas mamíferos, de modo geral, de fato me dão a impressão da existência de uma percepção existencial genuína. Dessa ausência de consenso devemos inferir, pelo menos, que não existe um critério aceito de modo geral para a manifestação da consciência. Ainda pode ser que *exista* um sinal evidente de comportamento consciente, mas seria algum que ainda não é universalmente reconhecido. Mesmo assim, isso trataria somente do papel *ativo* da consciência. É difícil ver como a mera presença da percepção consciente, sem sua contraparte ativa, poderia ser verificada diretamente. Isso é visto de maneira horrenda no fato que, por um período na década de 1940, a droga curare foi utilizada como um "anestésico" em operações feitas em crianças – ao passo que o efeito real dessa droga era paralisar a ação dos nervos motores nos músculos, de modo que a agonia que *era de fato experimentada* por essas crianças infelizes não poderia ser expressa para o cirurgião (cf. Dennett, 1978, p.209).

Vamos olhar agora para o possível papel ativo que a consciência *pode* ter. É necessariamente o caso que a consciência pode – e, de fato, algumas vezes *tem* – ter um papel ativo operacional e evidente? Minhas razões para crer nisso são variadas. Primeiro, existe a questão de que, mediante o uso do nosso "om senso", geralmente sentimos perceber que outra pessoa *é* realmente consciente. *Essa* impressão provavelmente não está errada.[1] Enquanto uma pessoa que *é* consciente pode (como as crianças afetadas pelo curare) não ser obviamente consciente, uma pessoa que *não* é consciente provavelmente *não* parece ser consciente! Assim, deve de fato haver algum tipo de comportamento característico da consciência (embora não seja *sempre* evidenciado pela consciência), ao qual somos sensíveis por meio de nossas "intuições advindas do bom senso".

Em segundo lugar, considere o implacável processo de seleção natural. Veja esse processo diante do fato de que, como vimos no capítulo anterior, não é toda a atividade cerebral que é diferentemente acessível à consciência. De fato, o cerebelo "mais velho" – com sua vasta superioridade em termos de densidade local de neurônios – parece ser capaz de realizar ações complexas sem o envolvimento da consciência de algum modo. Mesmo assim, a natureza escolheu que seres sencientes como nós evoluíssemos, em vez de permanecer contente com criaturas que poderiam existir sob a supervisão de mecanismos de controle totalmente inconscientes. Se a consciência não tem nenhum propósito seletivo, por que a natureza se deu ao trabalho de fazer com que cérebros *conscientes* evoluíssem, quando cérebros "autômatos" não sencientes como os cerebelos serviriam igualmente bem?

Além disso, existe uma razão fundamental para acreditar que a consciência deve ter *algum* efeito ativo, mesmo que esse efeito *não* forneça uma vantagem seletiva. Por que seres como nós ficamos perturbados às vezes – especialmente quando lhes são apresentadas questões sobre o *eu*? (Quase

[1] Pelo menos levando em conta a tecnologia de computação atual (veja a discussão sobre o teste de Turing dada no Capítulo 1).

seria possível dizer: "Por que *você* está lendo este capítulo?" ou "Por que, em primeiro lugar, *eu* senti um desejo forte de escrever um livro sobre esse assunto?") É difícil imaginar que um autômato inteiramente inconsciente perderia seu tempo com essas questões. Já que seres conscientes, por outro lado, *de fato* parecem agir dessa maneira engraçada de tempos em tempos, assim se comportam de um modo *diferente* da maneira como se comportariam se *não* estivessem conscientes – assim, a consciência tem *algum* efeito ativo! É evidente que não seria um problema programar deliberadamente um computador para que parecesse se comportar dessa maneira ridícula (e.g., ele poderia ser programado para sair por aí murmurando "Ah, céus, qual é o sentido da vida? Por que estou aqui? O que diabos é este 'eu' que eu sinto?"). Por que deveria a seleção natural importar-se em favorecer essa espécie, quando certamente o livre mercado da selva deveria ter extirpado essas elucubrações sem sentido muito tempo atrás!

Parece-me evidente que as elucubrações e especulações às quais nós nos entregamos quando (talvez temporariamente) nos tornamos filósofos não são coisas *propriamente* selecionadas, mas são a "bagagem" necessária (do ponto de vista da seleção natural) que deve ser carregada pelos seres que sejam *de fato* conscientes e cuja consciência tenha sido selecionada pela seleção natural, porém por alguma razão bastante diferente e presumivelmente bastante poderosa. É uma bagagem que não é muito desvantajosa e é facilmente (mesmo que de maneira ranzinza) carregada, eu diria, pelas forças indomáveis da seleção natural. De vez em quando, talvez quando exista a paz e prosperidade que algumas vezes é desfrutada por nossa afortunada espécie, de maneira que nós temos que lutar contra os elementos da natureza (ou contra os vizinhos) pela nossa sobrevivência, os tesouros inclusos nessa bagagem podem ser estudados e contemplados. É quando vemos os outros se comportando dessa estranha maneira filosófica pela qual nos *convencemos* de que interagimos com indivíduos, além de nós mesmos, que de fato também têm mentes.

O que a consciência de fato faz?

Aceitemos que a presença de consciência em uma criatura de fato conceda a ela alguma vantagem seletiva. Qual, especificamente, seria essa vantagem? Um ponto de vista que já ouvi é que a percepção consciente poderia ser uma vantagem para um predador que estivesse tentando adivinhar o que sua presa provavelmente faria em seguida ao "colocar-se no lugar da presa". Ao imaginar que ele mesmo *seria* a presa, poderia ganhar uma vantagem sobre ela.

Pode muito bem ser que haja alguma verdade parcial nessa ideia, mas ela me incomoda bastante. Em primeiro lugar, supõe alguma consciência preexistente por parte da presa em si, pois dificilmente seria útil imaginar-se "sendo" um autômato, já que um autômato – por definição *in*consciente – não é algo que fosse *possível* de fato "ser"! Em todo caso, seria possível imaginar um autômato predador totalmente inconsciente que conteria, como parte de sua programação, uma sub-rotina que fosse o programa de sua presa, um autômato. Não me parece que seja *logicamente* necessário que a consciência precise participar da relação predador-presa em nenhum ponto.

É evidente que é difícil imaginar como os procedimentos aleatórios da seleção natural teriam sido inteligentes o suficiente para dar a um predador *autômato* uma cópia completa do programa da presa. Isso seria mais próximo a algum tipo de *espionagem* do que da seleção natural! Além disto, um programa *parcial* (no sentido de uma parte da "fita" da máquina de Turing ou algo que aproxime a fita da máquina de Turing) dificilmente conferiria alguma vantagem seletiva ao predador. A posse improvável da fita toda, ou pelo menos de alguma parte completa e autocontida, parece que seria necessária. Assim, como uma alternativa a isso, poderia haver algum sentido na ideia de que algum elemento da consciência, em vez de somente um programa de computador, poderia ser inferido com base na linha de raciocínio predador-presa. No entanto, ela não parece endereçar a *verdadeira* questão de qual realmente é a diferença entre a ação consciente e uma ação "programada".

A ideia mencionada acima parece estar relacionada a um ponto de vista sobre a consciência que é comum de ser ouvido, isto é, que um sistema estaria "ciente" de algo se ele dispõe de um modelo daquela coisa dentro de si e que ele se tornaria "autoconsciente" ao dispor de um modelo de *si* dentro de si. Porém, um programa de computador que contenha dentro de si (digamos, como uma sub-rotina) alguma descrição de outro programa de computador não dá ao primeiro programa uma consciência do segundo; nem o faria algum aspecto *auto*rreferencial do programa de computador com que ele se tornasse *auto*consciente. Apesar das afirmações que parecem ser feitas frequentemente, as questões importantes com relação à consciência e a autoconsciência, em minha opinião, não estão nem perto de serem resolvidas por considerações como essas. Uma câmera de vídeo não tem consciência das cenas que registra; nem uma câmera de vídeo apontada para um espelho tem autoconsciência (Fig. 10.1).

Fig. 10.1. Uma câmera de vídeo apontada para um espelho forma um modelo de si dentro de si. Isso faz com que ela seja autoconsciente?

Gostaria de seguir por uma linha de raciocínio diferente. Vimos que não são todas as atividades do nosso cérebro que são acompanhadas de uma percepção consciente (e, em particular, o funcionamento cerebelar não parece ser consciente). O que podemos *fazer* com o pensamento consciente que não podemos fazer de maneira inconsciente? O problema torna-se mais elusivo ainda pelo fato de que qualquer coisa que parece originalmente necessitar da consciência parece também ser algo que podemos aprender e depois realizar inconscientemente (talvez pelo cerebelo). De algum modo, a consciência é necessária para tratarmos de situações em que precisamos formar novos julgamentos e nas quais as regras não são conhecidas previamente. É difícil ser muito preciso quanto às distinções entre os tipos de atividades mentais que parecem precisar de consciência e aquelas que parecem não precisar. Talvez, como os defensores da IA forte (e outros) proporiam, nossa "formação de novos julgamentos" seria novamente feita pela aplicação de algumas regras algorítmicas bem definidas, mas obscuras por serem de "alto nível", e não teríamos consciência do modo como elas funcionariam. No entanto, parece-me que o tipo de terminologia que nós tendemos a utilizar, que distingue nossa atividade mental consciente de nossa atividade mental inconsciente, é pelo menos *sugestiva* de uma distinção entre algo algorítmico e algo não algorítmico:

Precisa de consciência	Não precisa de consciência
"bom senso"	"automático"
"julgamento de valor"	"seguir regras sem pensar"
"entendimento"	"programado"
"senso estético"	"algorítmico"

Talvez essas distinções não sejam sempre muito cristalinas, particularmente pelo fato de que muitos fatores *in*conscientes entram em nossos julgamentos conscientes: experiência, intuição, preconceitos, mesmo nosso uso comum da lógica. Porém, os julgamentos em si, eu afirmaria, são a manifestação do funcionamento da *consciência*. Assim, sugiro que, enquanto os funcionamentos inconscientes do cérebro são aqueles que seguem de um processo algorítmico, o funcionamento da consciência é bastante diferente, e segue de uma maneira que não pode ser descrita por um algoritmo.

É irônico que o ponto de vista que apresento aqui represente quase que um giro de cento e oitenta graus com relação a alguns que frequentemente ouço. Geralmente é argumentado que é a mente *consciente* que se comporta da maneira "racional" que podemos entender, enquanto o inconsciente é que é misterioso. As pessoas que trabalham com IA geralmente afirmam que, tão logo somos capazes de entender alguma linha de pensamento consciente, podemos fazer um computador executá-la; é o misterioso processo *in*consciente sobre o qual não temos nenhuma ideia de como tratá-lo (ainda!). Minha própria linha de raciocínio tem sido de que os processos inconscientes poderiam muito bem ser algorítmicos, mas em um nível muito complicado, de maneira que seja monstruosamente difícil obter os detalhes de como eles funcionam. O pensamento completamente consciente que pode ser racionalizado como inteiramente lógico pode novamente (em geral) ser formalizado como algorítmico, mas isso acontece em *um nível completamente diferente*. Não pensamos agora sobre funcionamentos inteiros (disparos de neurônios etc.), mas em manipular pensamentos completos. Algumas vezes essa manipulação de pensamentos tem caráter algorítmico (como na lógica antiga; silogismos gregos antigos formalizados por Aristóteles ou a lógica simbólica do matemático George Boole; cf. Gardner, 1958), algumas vezes não o tem (como no caso do teorema de Gödel e alguns dos exemplos dados no Capítulo 4). A *formação de julgamentos* que afirmo ser a característica principal da consciência é algo que os postulantes da IA não teriam *propriamente* ideia de como programar em um computador.

Alguns às vezes contestam que os *critérios* para esses julgamentos não são, afinal de contas, conscientes, o que os leva a perguntar, então, por que estou atribuindo esses julgamentos a consciência? Porém, isso seria perder de vista o ponto que tento expressar. Não peço que entendamos conscientemente *como* formamos nossas impressões e julgamentos conscientes. Isso seria confundir os níveis a que me refiro. As *razões* subjacentes das nossas impressões conscientes não seriam diretamente acessíveis para a consciência. Elas teriam de ser consideradas em algum nível físico mais profundo do que aquele dos pensamentos reais dos quais estamos cientes. (Farei uma sugestão sobre isso mais adiante!) São as próprias impressões conscientes que *são* os julgamentos (não algorítmicos).

Tem sido, de fato, um tema subjacente dos capítulos anteriores que parece haver algo *não algorítmico* acerca de nosso pensamento consciente. Em particular, uma conclusão do argumento exposto no Capítulo 4, particularmente com relação ao teorema de Gödel, foi que, pelo menos na matemática, a contemplação consciente pode algumas vezes permitir que sejamos capazes de aferir a verdade de uma afirmação de um modo que nenhum algoritmo seria capaz de fazer. (Vou elaborar mais esse argumento em um momento.) De fato, os próprios algoritmos *jamais* aferem a verdade! Seria fácil fazer um algoritmo produzir nada além de falsidades, assim como podemos fazê-lo produzir verdades. Precisamos de *engenhosidade externa* de maneira a decidir a validade ou não de um algoritmo (mais sobre isso em breve). Argumento aqui que essa habilidade de discernir (ou "intuir") a verdade da falsidade (e a beleza da feiura!), em certas circunstâncias apropriadas, é a característica principal da consciência.

Devo evidenciar, no entanto, que não me refiro a nenhum tipo de "adivinhação" mágica. A consciência não nos é útil, se quisermos adivinhar o número premiado em uma loteria (que seja honesta)! Refiro-me aos julgamentos que fazemos continuamente enquanto em estado consciente, unindo fatos, impressões sensoriais, experiências pregressas relevantes e ponderando essas coisas entre si – até mesmo formando julgamentos engenhosos e eventualmente inspirados. Informação suficiente está disponível em princípio para que o julgamento relevante seja feito, mas o processo de formular o julgamento apropriado, por meio da extração do que é necessário do mar de dados, pode ser algo para o qual não exista nenhum processo algorítmico compreensível – ou mesmo se existir, não seja prático. Talvez tenhamos uma situação na qual uma vez *feito* o julgamento, pode ser um processo mais algorítmico (ou talvez só um processo mais fácil) *verificar* se esse julgamento é preciso do que formá-lo em primeiro lugar. Proponho que a consciência, sob circunstâncias apropriadas, exerceria seu principal papel como responsável por conjurar os julgamentos apropriados.

Por que razão digo que a característica principal da consciência é a formação não algorítmica de julgamentos? Parte da razão provém de minhas experiências como matemático. Simplesmente não confio em minhas ações inconscientes e algorítmicas quando não presto atenção suficiente nelas por meio de minha percepção consciente. Geralmente não há nada de errado com um algoritmo *como* algoritmo, em algum cálculo que começamos a fazer, mas será que ele é o algoritmo *certo* a ser escolhido para solucionar o problema de que tratamos? Para um exemplo simples, considere as regras algorítmicas que aprendemos para multiplicar dois números e também aquelas para dividir um número pelo outro (operações que podemos preferir fazer usando uma calculadora). Como sabemos que, para solucionar o problema em questão, devemos multiplicar ou dividir os números? Para isso precisamos *pensar* e fazer um julgamento *consciente*. (Veremos em breve por que esses julgamentos devem, pelo menos às vezes, ser *não* algorítmicos!) É evidente que, uma vez que tenhamos resolvido um número grande de problemas similares, a decisão quanto a multiplicar ou dividir os números pode se tornar inata e ser tomada algoritmicamente – talvez pelo cerebelo. Nesse ponto, a percepção consciente não é mais necessária, e torna-se seguro permitir à mente consciente vagar e contemplar outros temas – embora, de tempos em tempos, precisemos verificar se o algoritmo não está errado de algum modo (talvez sutilmente).

O mesmo tipo de coisa ocorre continuamente em todos os níveis do pensamento matemático. Geralmente buscamos algoritmos quando fazemos matemática, mas a própria busca não parece corresponder a algum processo algorítmico. Uma vez que o algoritmo apropriado seja encontrado, o problema estará, em certo sentido, resolvido. Além disso, o julgamento matemático que algum algoritmo seja de fato preciso ou apropriado é o tipo de coisa que necessita muita atenção consciente. Algo similar ocorreu na discussão de sistemas formais para a matemática que foram descritos no Capítulo 4. Podemos começar com alguns axiomas, dos quais derivam diversas proposições matemáticas. O procedimento posterior pode até ser algorítmico, mas é necessário que algum julgamento seja feito por um matemático consciente para decidir se os axiomas são apropriados. Que esses julgamentos sejam necessariamente *não* algorítmicos deve ficar mais evidente da discussão dada após a seção seguinte. Porém, antes disso, vamos considerar o que poderia ser um ponto de vista mais prevalente quanto ao que nossos cérebros fazem e como eles surgiram.

Seleção natural de algoritmos?

Ao supor que o funcionamento do cérebro humano, consciente ou não, é meramente a execução de algum algoritmo muito complicado, então devemos nos perguntar como surgiu um algoritmo tão extraordinariamente efetivo. A resposta padrão, é óbvio, seria a "seleção natural". À medida que as criaturas com cérebros evoluíram, aquelas que tinham os algoritmos mais eficazes teriam tendência maior a sobreviver e, de modo geral, teriam uma prole maior. Essa prole também tenderia a ter algoritmos mais efetivos que os de seus ascendentes, já que eles herdaram os ingredientes desses algoritmos melhores dos seus pais; assim, gradualmente os algoritmos melhorariam – não necessariamente de maneira contínua, já que poderia haver bastante solavancos em sua evolução – até que eles atingissem o nível notável que (aparentemente) encontramos no cérebro humano. (Compare com Dawkins, 1986.)

Mesmo segundo o meu ponto de vista, deveria haver *alguma* veracidade quanto a essa ideia, porque vejo que muito do funcionamento do cérebro é de fato algorítmico e – como o leitor pode ter inferido da discussão acima – sou um forte defensor do poder da seleção natural. Porém, eu não vejo como a seleção natural por si só poderia fazer evoluir algoritmos que poderiam ter o tipo de julgamentos conscientes da *validade* de outros algoritmos, dos quais, ao que parece, dispomos.

Imagine um programa de computador qualquer. Como *ele* poderia ter iniciado sua existência? Obviamente não (de forma direta) como resultado da seleção natural! Algum ser humano, programador de computador, deveria tê-lo concebido e deveria ter aferido que ele executa corretamente as ações que supostamente teria de executar. (De fato, a maior parte dos programas de computador complexos contém erros – geralmente pequenos, mas sutis, que não aparecem, exceto em circunstâncias atípicas. A presença desses erros não afeta substancialmente meu argumento.) Algumas vezes um programa de computador poderia ter sido ele próprio "escrito" por outro computador, digamos um "programa-mestre", mas então o próprio programa-mestre deveria ter sido produto da engenhosidade e intuição humanas; ou esse programa poderia ser composto de ingredientes, de modo que alguns deles seriam produtos de outros programas de computador. Porém, em todos os casos, a validade e a própria concepção do programa seriam em última instância responsabilidade da consciência humana (de uma ou mais).

Pode-se pensar, claro é evidente, que as coisas não precisam ter ocorrido assim e que, dado tempo suficiente, os programas de computador poderiam de alguma maneira ter evoluído espontaneamente por algum processo de seleção natural. Se acreditamos que o próprio funcionamento da consciência dos programadores de computador seja um algoritmo, então, para todos os efeitos, devemos crer que os algoritmos *evoluíram* exatamente assim. No entanto, o que me preocupa quanto a isso é que a decisão acerca da validade de um algoritmo *não* é propriamente um processo algorítmico! Já vimos isso no Capítulo 2. (Se uma máquina de Turing de fato vai *parar* ou não é uma questão que não pode ser decidida algoritmicamente.) De maneira a decidir se um algoritmo vai ou não de fato *funcionar* é necessário *engenhosidade e intuição,* não somente outro algoritmo.

Em todo caso, poderíamos ainda imaginar algum tipo de processo de seleção natural que fosse efetivo para produzir algoritmos *aproximadamente* válidos. Pessoalmente, no entanto, acho bastante difícil acreditar nisso. Qualquer processo de seleção desse tipo poderia atuar somente sobre a *saída* dos algoritmos,[2] não diretamente sobre as ideias subjacentes à execução deles. Isso não é apenas muito ineficiente; acredito que seria totalmente impossível fazer isso. Em primeiro lugar não é fácil aferir o que um algoritmo de fato é somente ao avaliar seus dados de saída. (Seria uma questão fácil construir duas execuções bastante distintas de máquinas de Turing simples para as quais os resultados de saída não diferissem, por exemplo, até a 2^{65536} casa decimal – e esta diferença não poderia ser percebida em toda a história do universo!) Além disso, a menor "mutação" de um algoritmo (digamos, uma pequena mudança na especificação da máquina de Turing ou em sua fita de entrada) tenderia a deixá-lo totalmente inútil, e é difícil ver como *melhoras* reais em um algoritmo poderiam em algum momento surgir dessa maneira aleatória. (Mesmo melhoras *deliberadas* são difíceis sem que haja um conceito de "significado". Isso é particularmente evidente nas circunstâncias comuns em que um programa complicado e inadequadamente documentado deveria ser alterado ou corrigido, e o programador original já teria deixado o cargo, ou talvez tenha falecido. Em vez de tentar desemaranhar todos os significados e intenções das quais o programa depende implicitamente, provavelmente é mais fácil jogar tudo fora e começar de novo!)

2 Existe também a questão ligeiramente espinhosa quanto a dois algoritmos deverem ser considerados equivalentes entre si meramente se os *resultados* que eles produzem são iguais, ou se devemos levar em conta os cálculos de fato que eles executam para avaliarmos se são iguais. Veja o Capítulo 2, p.101.

Talvez uma maneira muito mais "robusta" de especificar algoritmos poderia ser imaginada, e ela não estaria sujeita às minhas críticas. De certo modo é isso mesmo o que afirmo. As especificações "robustas" são as *ideias* subjacentes aos algoritmos. Porém, ideias são coisas que, até onde saibamos, necessitam de mentes conscientes para serem manifestadas. Estamos de volta ao problema do que a consciência realmente é, e o que ela pode de fato fazer, de que objetos inconscientes são incapazes – e como pode ter sido o caso a seleção natural ser esperta o bastante para fazer evoluir *essa* qualidade, uma das mais notáveis do reino animal.

Os resultados da seleção natural são de fato impressionantes. O pouco conhecimento que adquiri sobre o modo como o cérebro humano funciona – e, de fato, o cérebro de qualquer outro ser – deixa-me embasbacado de admiração e espanto. O funcionamento de um neurônio individual é extraordinário, mas os próprios neurônios estão organizados conjuntamente de maneira bastante notável, com um vasto número de conexões prontas já no nascimento, preparados para todas as tarefas que o ser humano precisará executar mais para a frente em sua vida. Não é somente a própria consciência que é notável, mas também toda a parafernália que parece necessária de maneira a que ela possa existir!

Se em algum momento descobrirmos em detalhe que qualidade é essa que permite um objeto físico tornar-se consciente, então, concebivelmente, poderíamos nós mesmos ser capazes de construir objetos como esses – embora possam não se qualificar como "máquinas" no sentido da palavra que nós utilizamos atualmente. Poderíamos imaginar que esses objetos teriam uma vantagem tremenda em relação a nós, já que eles poderiam ser desenhados *especificamente* para uma única tarefa, isto é, *ter consciência*. Eles não teriam de surgir a partir de uma única célula. Eles não teriam que carregar toda a "bagagem" associada à sua ancestralidade (as velhas e "inúteis" partes do cérebro ou do corpo que sobrevivem elas próprias simplesmente devido a "acidentes" na nossa história evolutiva). Poderíamos imaginar que, em face dessas vantagens, esses objetos seriam bem-sucedidos em *de fato* superar os seres humanos, o que (segundo opiniões como as minhas) os computadores algorítmicos estão fadados a nunca fazer.

No entanto, pode muito bem haver mais coisas relacionadas à consciência além disso. Talvez, de algum modo, nossa consciência de fato dependa de nossa herança ancestral e dos milhares de milhões de anos de evolução *real* que estão por trás de nossa existência. Segundo minha forma de pensar, ainda existe algo misterioso quanto à evolução, com seu aparente "direcionamento" rumo a um propósito futuro. As coisas *parecem* se organizar um pouco melhor do que elas simplesmente "deveriam", somente com base na evolução completamente aleatória e a seleção natural. Parece haver algo quanto ao modo como as leis da física funcionam, permitindo que a seleção natural seja um processo muito mais efetivo do que ela seria apenas com leis arbitrárias. O aparente direcionamento "rumo a algo inteligente" é uma questão interessante, e em breve voltaremos a ela.

A natureza não algorítmica da intuição matemática

Como afirmei antes, boa parte da razão para acreditar que a consciência seja capaz de realizar julgamentos sobre a veracidade de afirmações de maneira *não* algorítmica provém de considerações com base no teorema de Gödel. Se podemos ver que o papel da consciência é não algorítmico quando formamos *julgamentos* matemáticos, em que o cálculo e a prova rigorosa são fatores cruciais, então certamente podemos ser persuadidos que esse ingrediente não algorítmico poderia ser essencial também para o papel da consciência em circunstâncias mais gerais (não matemáticas).

Vamos nos lembrar dos argumentos dados no Capítulo 4 que estabeleceram o teorema de Gödel e sua relação com a computabilidade. Foi mostrado ali que *seja qual for* (contanto que seja suficientemente extensivo) o algoritmo que um matemático poderia utilizar para estabelecer a veracidade matemática – ou, o que significa a mesma coisa,[3] seja qual for o *sistema formal* que ele[4] adote para considerar seu critério de veracidade – sempre existirão proposições matemáticas, como a proposição de Gödel explícita $P_k(k)$ do sistema (cf. p.168) para as quais o algoritmo não poderá nos dar uma resposta. Se os funcionamentos da mente de um matemático são inteiramente algorítmicos, então o algoritmo (ou sistema formal) que ele de fato utiliza ao formar seu julgamento quanto à veracidade de sentenças matemáticas não é capaz de lidar com a proposição $P_k(k)$ construída por meio de seu próprio algoritmo pessoal.

[3] Vimos no Capítulo 4, p.180, que verificar a validade de uma prova em um sistema formal sempre é um processo algorítmico. Da mesma maneira, qualquer algoritmo para geração de verdades matemáticas sempre pode ser associado aos axiomas e regras de procedimento da lógica ordinária ("cálculo de predicados") para nos dar um novo sistema formal para derivar verdades matemáticas.

[4] É claro que "ele" não implica necessariamente o sexo masculino. Veja a nota de rodapé na p.41.

Mesmo assim, *podemos* (em princípio) ver que $P_k(k)$ é realmente *verdadeira*! Isso parece fornecer a *ele* uma contradição, já que *ele* deveria ser capaz de ver isso também. Talvez isso indique que o matemático *não* está realmente utilizando um algoritmo, afinal de contas!

Esse é essencialmente o argumento apresentado por Lucas (1961) de que a operação do cérebro não pode ser inteiramente algorítmica, mas diversos contra-argumentos foram apresentados também de tempos em tempos (e.g. Benacerraf, 1967; Good, 1969; Lewis, 1969, 1989; Hofstadter, 1981; Bowie, 1982). Quanto a essa discussão, devo ressaltar que os termos "algoritmo" e "algorítmico" se referem a qualquer coisa que (para todos os propósitos) se possa simular em um computador de propósito geral. Isso certamente inclui "funcionamentos em paralelo", mas também "redes neurais" (ou "máquinas de conexão"), "heurísticas", "aprendizado" (em que algum procedimento fixo sobre o modo como o aparato deve aprender sempre é escolhido desde o início) e a interação com o ambiente (que pode ser simulada com a fita de entrada da máquina de Turing). O mais sério desses contra-argumentos é este: de maneira a *de fato* nos convencermos da veracidade de $P_k(k)$, devemos saber qual é o algoritmo que o matemático utiliza e estarmos convencidos da sua validade como um meio para alcançar a verdade matemática. Se o matemático utiliza um algoritmo muito complicado em sua cabeça, então não teríamos *a menor chance* de realmente saber qual é esse algoritmo, e assim não poderíamos de fato construir sua proposição de Gödel, muito menos nos convencermos de sua validade. Esse tipo de objeção é frequentemente levantado contra asserções como a que faço de que o teorema de Gödel indica que o julgamento matemático humano é não algorítmico. Porém, não acredito que essa objeção seja convincente. Vamos supor, por ora, que as maneiras pelas quais os matemáticos humanos formam seus julgamentos conscientes sobre a veracidade matemática *sejam de fato* algorítmicos. Tentaremos com isso, mediante o uso do teorema de Gödel, chegar a um absurdo (*reductio ad absurdum!*).

Devemos primeiro considerar a possibilidade de que matemáticos diferentes utilizem algoritmos *não equivalentes* para decidir a verdade. No entanto, uma das características mais notáveis da matemática (talvez sendo única dentre as disciplinas) é que a veracidade das proposições pode de fato ser decidida por um argumento abstrato! Um argumento matemático que convença um matemático – contanto que não esteja errado – também convencerá outro, assim que esse argumento for completamente entendido. Isso também se aplica a proposições do tipo Gödel. Se o primeiro matemático está preparado para aceitar todos os axiomas e regras de procedimento de um sistema formal em particular como resultando somente em proposições *verdadeiras*, então ele também deve estar preparado para aceitar sua proposição de Gödel como uma proposição verdadeira. Seria exatamente igual para um segundo matemático. O ponto é que os argumentos que estabelecem a veracidade matemática são *comunicáveis*.[5]

Assim, nós não estamos falando sobre vários algoritmos obscuros que porventura possam estar funcionando na cabeça de diferentes matemáticos em particular. Tratamos de *um* sistema formal universalmente utilizado que é *equivalente* a *todos* os algoritmos matemáticos diferentes para aferir a veracidade matemática. Esse sistema especulativo "universal", ou algoritmo, nunca pode ser conhecido como aquele que os matemáticos utilizam para decidir a verdade! Afinal, se fosse, então *poderíamos* construir sua proposição de Gödel e também saber que ela é uma verdade matemática. Assim, somos levados à conclusão que o algoritmo que os matemáticos de fato utilizam para decidir a verdade matemática é tão complicado ou obscuro que sua própria validade nunca pode ser conhecida por nós.

Porém, isso vai contra o espírito da própria matemática! O ponto todo de nosso treinamento e herança matemática é que *não* respeitamos a autoridade de algumas regras obscuras que nunca teremos esperança de conhecer. Devemos *ver* – pelo menos em princípio – que cada etapa de um argumento pode ser reduzida a algo simples e óbvio. A veracidade matemática não é um dogma horrendamente complexo cuja validade está além de nossa compreensão. É

---

[5] Alguns leitores podem ficar incomodados com o fato de que existem, mesmo, pontos de vista diferentes entre os matemáticos. Lembre-se da discussão dada no Capítulo 4. No entanto, as diferenças, onde existem, não são muito preocupantes para nós aqui. Elas se referem somente àquelas questões esotéricas que tratam de conjuntos muito grandes, enquanto podemos restringir nossa atenção às proposições da aritmética (com um número finito de quantificadores universais e de existência), e a discussão anterior se aplicará. (Talvez isso superestime um pouco a evidência, já que um princípio reflexivo relativo a conjuntos infinitos pode algumas vezes ser utilizado para derivar proposições na aritmética.) Quanto ao formalista muito dogmático Gödel-imunizado que afirma nem mesmo reconhecer que *exista* tal coisa como a verdade matemática, vou simplesmente ignorá-lo, já que ele aparentemente não apresenta as características de vislumbrar a verdade sobre a qual toda a discussão versa!

É evidente que algumas vezes os matemáticos cometem erros. Parece que o próprio Turing acreditava que *aqui* haveria uma "brecha" para os argumentos do tipo Gödel contra o pensamento humano poderem ser algorítmicos. Porém, parece-me improvável que a capacidade humana de cometer erros seja a chave para a engenhosidade e intuição humanas! (E *algoritmos aleatorizadores* podem ser muito bem simulados de maneira algorítmica.)

construída por meio de alguns ingredientes simples e óbvios – e devemos compreendê-los, e sua veracidade clara deve ser evidente, e todos devem estar em concordância com ela.

A meu ver, isso é um *reductio ad absurdum* tão evidente como podemos esperar, faltando pouco para ser até mesmo uma prova matemática! A mensagem deveria ser óbvia. A veracidade matemática *não* é algo que nós aferimos meramente pelo uso de um algoritmo. Acredito, também, que nossa *consciência* seja um ingrediente crucial em nossa compreensão da veracidade matemática. Devemos "ver" a verdade de um argumento matemático para nos convencermos de sua validade. Esse ato dever" é a própria essência da consciência. Ele deve estar presente *sempre* que aferimos diretamente a veracidade matemática. Quando nos convencemos da validade do teorema de Gödel, não somente a "vemos", mas ao fazer isso também revelamos a própria natureza não algorítmica do processo mesmo de "ver".

Inspiração, intuição e originalidade

Devo aqui tentar fazer alguns poucos comentários com relação a esses lampejos ocasionais de novas intuições a que comumente nos referimos como inspiração. Seriam esses pensamentos e imagens que surgem misteriosamente a partir da mente *in*consciente, ou eles seriam, em algum sentido, importantes resultados da própria consciência? Podemos citar diversos casos em que grandes pensadores documentaram essas experiências. Como matemático, estou especialmente interessado em pensamentos originais e inspiradores em outras pessoas que também são matemáticas, mas imagino que exista muito em comum entre a matemática e outras ciências e artes. Para uma descrição muito boa, gostaria de direcionar o leitor ao pequeno volume *A psicologia da invenção no campo da matemática* (*The Psychology of Invention in the Mathematical Field*), um clássico pelo distinto matemático francês Jacques Hadamard. Ele cita numerosas experiências de inspiração descritas por expoentes matemáticos e outras pessoas. Uma das mais conhecidas dessas descrições é a fornecida por Henri Poincaré. Poincaré descreve, em primeiro lugar, como ele teve intensos períodos de esforço deliberado e consciente em busca do que ele chamou de funções fuchsianas, mas que ele havia chegado a um impasse. Então:

> [...] Eu saí de Caen, onde eu vivia, para ir a uma excursão geológica sob os auspícios da Escola de Minas. Os incidentes da viagem fizeram-me esquecer

> completamente do meu trabalho matemático. Tendo chegado a Coutances, entramos em um ônibus para ir a algum lugar. No momento que coloquei meu pé sobre o degrau, uma ideia me surgiu, sem que nada em meus pensamentos anteriores tivesse pavimentado o caminho para ela, que as transformações que eu havia utilizado para definir as funções fuchsianas eram idênticas àquelas da geometria não euclidiana. Não verifiquei a veracidade da ideia; não haveria tempo, uma vez que, assim que me sentei no ônibus, continuei com uma conversa que já havia começado, mas eu tinha certeza da ideia. Ao retornar a Caen, por questão de conveniência, verifiquei o resultado ao meu próprio tempo.

O que é notável sobre esse exemplo (e muitos outros citados por Hadamard) é que essa ideia complicada e profunda aparentemente veio a Poincaré em um lampejo, enquanto seus pensamentos conscientes pareciam estar em outro lugar, e que a ideia estava acompanhada por esse sentimento de certeza de que ela estava correta – como, de fato, cálculos posteriores mostraram que estava. Devemos evidenciar que não seria simples explicar em palavras a própria ideia. Imagino que levaria cerca de uma hora de um seminário, dado aos especialistas, para que sua ideia fosse propriamente entendida. Obviamente ela pôde entrar na consciência de Poincaré, completamente formada, somente devido às suas muitas longas horas anteriores de atividade consciente, familiarizando-o com os vários aspectos distintos do problema sob consideração. Mesmo assim, em um certo sentido, a ideia que Poincaré teve enquanto embarcava no ônibus foi uma "única" ideia, capaz de ser completamente compreendida em um único instante! Ainda mais notável foi a convicção de Poincaré da veracidade da ideia, de modo que sua verificação detalhada subsequente pareceu quase supérflua.

Talvez eu deva tentar relacionar isso às minhas próprias experiências que podem ser comparáveis de algum modo. De fato, não me lembro nenhuma ocasião quando uma boa ideia me surgiu completamente do nada, como no caso contado por Poincaré (ou como em tantos outros exemplos de inspiração genuína). Para mim, parece ser necessário que eu *esteja* pensando (talvez vagamente) sobre o problema em questão – conscientemente, mas talvez em um nível baixo de consciência no fundo da minha mente. Pode muito bem ser que eu execute alguma outra atividade relaxante; fazer a barba seria um bom exemplo. Provavelmente estaria começando a pensar sobre um problema que deixado de lado por um tempo. As muitas e difíceis horas de atividade deliberadamente consciente certamente seriam necessárias e algumas vezes eu levaria algum tempo para me entender novamente com o problema. Porém, a experiência de uma ideia surgir "em um lampejo", sob certas circunstâncias – junto de uma forte sensação de que ela é uma ideia válida – não me é desconhecida.

Possivelmente é útil fazer um relato de um exemplo particular sobre isso que também tem um ponto de interesse curioso adicional. No outono de 1964, eu estava preocupado com o problema das singularidades em buracos negros. Oppenheimer e Snyder haviam mostrado, em 1939, que um colapso exatamente *esférico* de uma estrela massiva poderia levar a uma singularidade espaçotemporal no centro da esfera – ponto no qual a teoria da relatividade geral clássica é levada além de seus limites (veja o Capítulo 7, p.443, 448). Muitas pessoas sentiam que essa desagradável conclusão poderia ser evitada, se a hipótese (que não era razoável) de simetria esférica *exata* fosse removida. No caso esférico, toda a matéria em colapso atinge um único ponto central onde ocorre, talvez de maneira esperada em razão dessa simetria, uma singularidade de densidade infinita. Parecia razoável supor que, *sem* essa simetria, a matéria chegaria à região central de maneira mais desordenada, e nenhuma singularidade de densidade infinita surgiria. Talvez até mesmo a matéria seria expulsa para fora da região central, resultando em um comportamento bastante diferente do buraco negro idealizado de Oppenheimer e Snyder.[6]

Meus próprios pensamentos foram estimulados pelo interesse renovado pelo problema dos buracos negros que havia surgido de uma descoberta bastante recente de quasares (no começo de 1960). A natureza física desses objetos astronômicos distantes e notavelmente brilhantes levou algumas pessoas a especular que algo como os buracos negros de Oppenheimer-Snyder residissem no centro deles. Por outro lado, muitos pensavam que a assunção de Oppenheimer-Snyder de simetria esférica poderia nos levar a uma conclusão totalmente errada. No entanto, havia me ocorrido (devido à experiência de trabalhos que eu fizera anteriormente, em outro contexto) que poderia haver um teorema matemático preciso a ser provado mostrando que as singularidades espaçotemporais seriam *inevitáveis* (dentro da teoria da relatividade geral usual padrão) e, assim, o modelo dos buracos negros seria confirmado – contanto que o colapso atingisse um tipo de "ponto sem retorno". Eu não conhecia nenhum critério definido matematicamente para "ponto sem retorno" (não utilizando simetria esférica), muito menos nenhuma formulação ou

[6] O termo "buraco negro" teve seu uso popularizado muito mais tarde, em 1968 (devendo muito às ideias proféticas do físico estadunidense John A. Wheeler).

prova de um teorema apropriado. Um colega (Ivor Robinson) visitava os EUA, e ele me engajou em uma conversa viva sobre um tema bastante diferente enquanto caminhávamos pela rua até chegar ao meu escritório no Birkbeck College, em Londres. A conversa parou momentaneamente enquanto atravessávamos a rua e voltou ao chegarmos do outro lado. Evidentemente, durante esses poucos momentos, uma ideia me ocorreu, mas a conversa subsequente a despachou da minha mente!

Mais tarde, após meu colega ter me deixado, retornei para meu escritório. Lembro de ter uma sensação estranha de euforia que não conseguia justificar. Comecei a repassar pela mente todas as diversas coisas que haviam acontecido comigo durante o dia, de maneira a tentar entender o que teria causado essa sensação de euforia. Após eliminar diversas possibilidades inadequadas, finalmente consegui trazer à luz o pensamento que eu tivera enquanto atravessava a rua – pensamento que tinha me deixado eufórico momentaneamente, por apresentar a solução de um problema em que eu trabalhava no fundo da minha mente! Aparentemente era o critério necessário – que eu subsequentemente chamei de "superfície aprisionada" – e então não se passou muito tempo até que eu rascunhasse uma prova do teorema pelo qual eu buscava (Penrose, 1965). Mesmo assim levou algum tempo até que a prova fosse formulada de maneira completamente rigorosa, mas a ideia que eu tivera enquanto cruzava a rua tinha sido a chave. (Algumas vezes me pergunto o que teria acontecido, se alguma *outra* experiência causadora de euforia houvesse acontecido comigo durante aquele dia. Talvez eu nunca tivesse me lembrado da ideia de superfícies aprisionadas!)

A anedota acima me leva a outra questão relacionada à inspiração e à engenhosidade, isto é, que critérios *estéticos* são enormemente valiosos na formação de nossos julgamentos. Nas artes, poderíamos dizer que são prioritários os critérios estéticos. A estética na arte é um tópico sofisticado, e filósofos devotaram suas vidas a estudá-los. Poderia ser argumentado que, na matemática e nas ciências, esses critérios são meramente incidentais, e que é prioritário o critério da *veracidade*. No entanto, parece impossível separar um do outro, quando consideramos questões relativas à inspiração e à engenhosidade. Minha impressão é que a forte convicção da *validade* de um lampejo de inspiração (que não é 100% confiável, devo acrescentar, mas pelo menos seria mais confiável que uma mera chance aleatória) está fortemente relacionada às qualidades estéticas do lampejo. Uma bela ideia tem uma probabilidade muito maior de ser uma ideia correta que uma ideia má. Pelo menos essa tem sido minha própria experiência, e sentimentos similares já foram expressos por outros (cf. Chandrasekhar, 1987). Por exemplo, Hadamard (1945, p.31) escreve:

> [...] É evidente que nenhuma descoberta ou invenção significativa pode acontecer sem o *desejo* da descoberta. Porém, em Poincaré vemos algo diverso, a intervenção de um senso de beleza exercendo papel fundamental como *meio* para chegar à descoberta. Chegamos à conclusão dupla:
> que invenção é uma escolha
> que essa escolha é governada de maneira imperativa por um senso de beleza científica.

Além disso, Dirac (1982), por exemplo, está convicto de sua afirmação que foi seu *profundo senso de beleza* que lhe permitiu visualizar qual seria sua equação para o elétron (a "equação de Dirac" mencionada na p.392) enquanto outros buscaram por ela em vão.

Posso certamente advogar pela importância das qualidades estéticas no meu próprio pensamento, tanto com relação à "convicção" que seria sentida por ideias que poderiam ser qualificadas como "inspiradas" e com relação aos palpites mais "rotineiros" que continuamente devem ser feitos à medida que caminhamos em direção a algum alvo desejado. Escrevi sobre isso em outros lugares com relação, particularmente, à descoberta dos ladrilhamentos aperiódicos descritos nas Figs. 10.3 e 4.11. Sem dúvida foram as qualidades estéticas dos primeiros padrões desses ladrilhamentos – não somente sua aparência visual, mas também suas intrigantes propriedades matemáticas – que permitiram que chegasse até mim (provavelmente como um "lampejo", mas com somente cerca de 60% de certeza!) a intuição de que sua organização poderia ser feita utilizando regras apropriadas de junção (i.e., organização de quebra-cabeças). Veremos mais sobre esses ladrilhamentos em breve. (Cf. Penrose, 1974.)

Parece-me evidente que a importância dos critérios estéticos não se aplica somente a julgamentos instantâneos e inspirados, mas também aos julgamentos muito mais frequentes que fazemos todo o tempo no trabalho matemático (ou científico). Um argumento rigoroso geralmente é o *último* passo! Antes disso devemos fazer diversos palpites e, quanto a eles, as convicções estéticas são enormemente importantes – sempre restritas pelo argumento lógico e pelos fatos conhecidos.

São esses julgamentos que considero a principal característica do pensamento consciente. Meu palpite é que, mesmo com um lampejo súbito de inspiração, aparentemente produzido pronto para uso pela mente inconsciente, é a *consciência* que é o árbitro, e a ideia seria rapidamente rejeitada e esquecida se não tivesse um "semblante de verdade". (Curiosamente *esqueci* das minhas superfícies aprisionadas, mas não é quanto a esse nível que quero dizer. A ideia chegou à minha consciência por tempo o bastante para deixar uma impressão duradoura.) A rejeição "estética" à qual me refiro poderia, suponho, ser tal que ela proibisse ideias que não fossem atraentes a chegar a qualquer nível apreciável de perenidade na consciência.

Qual, então, é minha visão sobre o papel do *inconsciente* no pensamento inspirado? Admito que essas questões não sejam tão óbvias como gostaria que fossem. Essa é uma área em que o inconsciente parece estar desempenhando um papel vital, e devo concordar com a visão de que os processos inconscientes são importantes. Também devo concordar que a mente consciente não está apenas fazendo surgir ideias aleatoriamente. Deve existir um processo de seleção poderoso que faz com que a mente consciência seja acionada somente pelas ideias que "têm alguma probabilidade". Sugeriria que esses critérios para a seleção – largamente critérios "estéticos", de algum tipo – já foram consideravelmente influenciados por desejos conscientes (como sentimentos relacionados a feiura que acompanhariam pensamentos matemáticos inconsistentes com princípios gerais já estabelecidos).

Com relação a isso, a questão em que consiste a *originalidade* genuína deve ser levantada. Parece-me que existem dois fatores envolvidos, um processo de "lançar ideias para cima" e outro de "abater" ideias. Imagino que lançar ideias para cima pode ser um processo majoritariamente inconsciente, enquanto abatê-las, um processo majoritariamente consciente. Sem um processo de ideação bem-sucedido não haveria nenhuma ideia nova. Porém, somente esse processo mesmo teria pouco valor. É necessário um processo efetivo para a formação de julgamentos de maneira que somente as ideias com uma probabilidade razoável de sucesso possam sobreviver. Nos sonhos, por exemplo, ideias estranhas podem facilmente vir à mente, mas é somente em casos raros que elas sobrevivem aos julgamentos críticos da consciência desperta. (De minha parte nunca tive nenhuma ideia científica bem-sucedida em um estado onírico, enquanto outros, como o químico Kekulé, em sua descoberta da estrutura do benzeno, tiveram mais sorte quanto a isso.) Em minha opinião, é a eliminação consciente de ideias (julgamento) que é central para a questão da originalidade, em vez do processo de ideação inconsciente; mas eu estou ciente de que muitos outros têm visões contrárias a essa.

Antes de sairmos deste tópico e deixá-lo em um estado bastante insatisfatório de conclusão eu deveria mencionar outra característica notável do pensamento inspirado, isto é, seu caráter *global*. A anedota de Poincaré acima foi um exemplo notório já que a ideia que veio a sua mente em um momento passageiro abarcaria uma enorme área do pensamento matemático. Talvez mais acessível para o leitor não matemático (ainda que não mais compreensível, sem dúvida) é a maneira como (alguns) artistas podem manter a totalidade de suas criações na mente de uma vez só. Uma citação vívida (Hadamard, 1945, p.16) atribuída a Mozart, apesar de agora acharmos que a citação seja falsa, em todo caso ilustra as visões contemporâneas sobre seu pensamento:

> Quando me sinto bem e de bom humor ou quando estou viajando ou caminhando após uma boa refeição, ou durante a noite quando não consigo dormir, pensamentos enchem minha mente de modo tão fácil quanto seja possível querer. Por que e como eles chegam? Não sei e não tenho relação alguma com esse processo. Aqueles que me dão prazer são mantidos em minha cabeça e eu os cantarolo; ao menos me dizem que faço isso. Uma vez que eu tenha um tema, outra melodia chega, juntando-se com a primeira, de acordo com as necessidades da composição como um todo: o contraponto, a parte de cada instrumento e todos os fragmentos melódicos por fim produzem a obra completa. Então minha alma está envolta pelas chamas da inspiração. A obra cresce; eu continuo expandindo-a, concebendo-a de maneira cada vez mais nítida, até que eu tenha a composição inteira terminada em minha cabeça, mesmo se ela for longa. Então minha mente a captura quando meus olhos veem um belo quadro ou uma bela jovem. Ela não vem para mim sucessivamente, com as suas várias partes detalhadas, como serão detalhadas mais tarde, mas é em sua totalidade que minha imaginação me deixa ouvi-la.

Parece-me que isso se encaixa no esquema de ideação e eliminação mencionado. A ideação parece ser inconsciente ("Não relação alguma com esse processo") mesmo que, sem dúvida, altamente seletiva, enquanto a eliminação é o julgamento consciente do gosto ("aqueles que me dão prazer são mantidos ..."). O caráter global do pensamento inspirado é particularmente notável na "citação de Mozart" ("Ela não vem para mim sucessivamente, [...] mas em sua totalidade") e na de Poincaré ("Não verifiquei a ideia; eu não teria tempo"). Além disso, eu afirmaria que uma qualidade global notável já está presente de modo geral em nosso pensamento consciente. Voltarei a esse tópico em breve.

A não verbalidade do pensamento

Um dos principais pontos levantados por Hadamard em seu estudo sobre o pensamento criativo é uma impressionante refutação da tese, tão frequentemente expressa, que a verbalização é necessária para o pensamento. Não poderíamos fazer melhor que repetir uma citação de uma carta que ele recebeu de Albert Einstein sobre a questão:

> As palavras ou a linguagem, como são escritas ou faladas, não parecem ter nenhum papel a desempenhar em meu mecanismo de pensamento. As entidades físicas que parecem servir de elementos do pensamento são dados símbolos e imagens mais ou menos evidentes que podem ser "voluntariamente" reproduzidas e combinadas [...] Os elementos mencionados acima são, no meu caso, de um tipo visual e muscular. Palavras convencionais ou outros sinais devem ser buscados laboriosamente apenas em um segundo momento, quando o jogo associativo mencionado já está suficientemente estabelecido e pode ser reproduzido conforme se deseje.

Também é válido mencionar o eminente geneticista Francis Galton:

> É um problema sério para mim na hora de escrever, e ainda mais na hora de me explicar, que eu não pense tão claramente em palavras como de outras maneiras. É comum que depois de trabalhar intensamente e ter chegado a resultados perfeitamente compreensíveis e satisfatórios para mim, quando tento expressá-los pela linguagem sinto que devo começar me colocando em um outro tipo bastante diferente de plano intelectual. Tenho de traduzir meus pensamentos em uma linguagem que não se casa exatamente com eles. Assim, perco bastante tempo em escolher palavras e frases apropriadas, e estou ciente de que, quando me pedem repentinamente para falar, sou geralmente bastante obscuro por mera incapacidade verbal, não por nebulosidade de percepção. Esse é um dos pequenos incômodos da minha vida.

O próprio Hadamard escreve:

> Insisto que as palavras estejam totalmente ausentes da minha mente quando penso de fato, e devo concordar plenamente com Galton quanto a todas as palavras desaparecerem logo após ler ou ouvir uma questão no momento que começo a pensar nela; e concordo plenamente com Schopenhauer quando ele escreve "pensamentos morrem no momento que são incorporados em palavras".

Cito esses exemplos porque eles concordam muito com a minha própria maneira de pensar. Quase todos os meus pensamentos matemáticos são feitos visualmente e em termos de conceitos não verbais, mesmo que os pensamentos sejam comumente acompanhados de comentários verbais frívolos e quase inúteis, como "esta coisa vai com aquela coisa e aquela coisa vai com aquela coisa". (Posso às vezes usar palavras em inferências lógicas simples.) Também, a dificuldade que esses pensadores tiveram com a tradução de seus pensamentos em palavras é algo que eu frequentemente experimento. Geralmente a razão é simplesmente não haver palavras disponíveis para expressar os conceitos necessários. De fato, geralmente faço cálculos utilizando diagramas especialmente constituídos para serem um atalho de certos tipos de expressões algébricas (cf. Penrose; Rindler, 1984, p.424-34). Seria um processo muito desajeitado de fato ter de traduzir esses diagramas em palavras, e isso é algo que eu faria somente como último recurso, se fosse necessário em uma explicação detalhada para outras pessoas. Como observação relacionada, às vezes já notei que, se concentrando-me concentro muito em problemas matemáticos durante um período e alguém subitamente tenta conversar comigo, pareço quase incapaz de falar por vários segundos.

Isso não quer dizer que às vezes não pense em palavras, mas que acho as palavras quase inúteis para o pensamento *matemático*. Outros tipos de pensamento, talvez como *filosofar*, parecem ser muito mais adequados para a expressão verbal. Talvez seja por isso que muitos filósofos parecem ter a opinião de que a linguagem é um ingrediente essencial para o pensamento inteligente ou consciente! Sem dúvida, pessoas diferentes pensam de maneiras muito diferentes – como certamente essa é a minha experiência própria, mesmo apenas entre matemáticos. A principal polarização em termos do pensamento matemático parece ser analítica/geométrica. É interessante que o próprio Hadamard considerava a si mesmo estar do lado analítico, mesmo que ele utilizasse imagens visuais em vez de verbais para seu pensamento matemático. Da minha parte, estou bastante do lado geométrico, mas o espectro entre os matemáticos de modo geral é bastante amplo.

Uma vez que aceitemos que muito do pensamento consciente pode de fato ter um caráter não verbal – e, para mim, essa conclusão é uma conclusão inescapável de considerações como as acima – então talvez o leitor não ache tão difícil acreditar que esse pensamento poderia também ter um componente não algorítmico!

Lembre-se de que no Capítulo 9 (p.505) me referi frequentemente ao ponto de vista expresso de que somente a parte do cérebro que apresenta a capacidade da fala (a parte esquerda, na vasta maioria) também seria capaz de ter uma consciência. Deve estar evidente para o leitor, em face da discussão acima, por que acho completamente indefensável esse ponto de vista. Não sei se, de modo geral, os matemáticos tendem a utilizar mais um lado do cérebro que o outro, mas não pode haver dúvida do alto nível de consciência que é necessário para o pensamento matemático genuíno. Enquanto o pensamento analítico parece estar principalmente sob o domínio do lado esquerdo do cérebro, o pensamento geométrico é frequentemente citado como pertencente ao lado *direito*, de maneira que é um palpite bastante razoável que uma boa parte da atividade matemática *consciente de fato* aconteça do lado direito!

Consciência animal?

Antes de abandonarmos a questão da importância da verbalização para a consciência, tratarei da questão, já brevemente levantada, quanto a animais não humanos poderem ser conscientes. Parece-me que às vezes alguns se fundamentam na incapacidade de falar dos animais para argumentar que eles não teriam nenhum tipo de consciência apreciável – e, por implicação, que eles não teriam quaisquer "direitos". O leitor pode muito bem perceber que acredito que essa é uma linha de argumentação indefensável, já que muito do pensamento consciente (e.g., matemático) pode ser realizado sem necessidade de verbalização. O lado direito do cérebro, também, é visto algumas vezes como se tivesse tão "pouca" consciência como o de um chimpanzé, também devido à sua falta de habilidade verbal (cf. LeDoux, 1985, p.197-216).

Existe uma controvérsia considerável quanto a chimpanzés e gorilas serem, de fato, capazes de verbalização genuína, quando lhes é permitido utilizar *língua de sinais*, em vez de falar da maneira como os seres humanos comumente falam (o que eles não podem fazer devido à ausência de cordas vocais adequadas. Veja, por exemplo, vários artigos em Blakemore; Greenfield, 1987.) Parece evidente, apesar da controvérsia, que eles são capazes de se comunicar ao menos de maneira elementar por esses meios. Em minha opinião, é um tanto maldoso alguns não aceitarem que isso seja chamado de "verbalização". Talvez por negar aos símios entrada ao clube dos verbalizadores, alguns tenham a esperança de excluí-los do clube dos seres conscientes!

Deixando de lado a questão da fala, existe bastante evidência de que os chimpanzés são capazes de *intuição* genuína. Konrad Lorenz (1972) descreve um chimpanzé em uma sala que contém uma banana suspensa do teto levemente fora de alcance e uma caixa em outro lugar da sala:

> O chimpanzé não conseguia ficar em paz e ele retornava várias vezes. Então, subitamente – e não existe uma outra maneira de descrever isso – sua face previamente fechada "se iluminou". Seus olhos agora se moviam da banana para o espaço vazio embaixo dela no chão, daí para a caixa, de volta para o espaço e então para a banana. No momento seguinte, ele soltou um grunhido de alegria e saltou em direção à caixa com uma alegria imensa. Completamente seguro de seu sucesso, ele empurrou a caixa para embaixo da banana. Ninguém que o observasse poderia duvidar da existência de uma experiência genuína de "Aha!" em símios antropoides.

Note que, assim como a experiência de Poincaré quando ele subiu em um ônibus, o chimpanzé estava "completamente seguro de seu sucesso" antes de ele ter verificado sua ideia. Se eu estiver certo de que esses julgamentos necessitam de consciência, então há aqui uma evidência, também, de que animais não humanos podem de fato ser conscientes.

Uma questão interessante surge em conexão com os golfinhos (e as baleias). Podemos notar que os cérebros dos golfinhos são tão grandes (ou maiores) que os nossos, e os golfinhos podem emitir sinais sonoros complexos entre si. Pode muito bem ser que seus cérebros grandes sejam de fatos necessários para algum outro propósito além da "inteligência" em escala humana ou próxima à humana. Além disso, devido a sua falta de mãos preênseis, eles não são capazes de construir uma "civilização" do tipo que apreciamos – e, mesmo que não possam escrever livros pela mesma razão, eles poderiam talvez filosofar de tempos em tempos e ponderar sobre o significado da vida e por que estacoai"! Será que em algum momento eles transmitem seus sentimentos de "percepção consciente" por meio de seus complexos sinais submarinos? Não tenho conhecimento de nenhuma pesquisa que indique se eles usam algum lado particular do cérebro para "verbalizar" e comunicar-se entre si. Com relação às operações de "cérebro dividido" feitas em seres humanos, com suas enigmáticas implicações para a continuidade do "ser", devemos notar que os golfinhos não adormecem simultaneamente[7] todo o seu cérebro de uma vez, mas um lado do cérebro dorme de cada vez. Seria instrutivo para nós se pudéssemos perguntar a eles como *eles* se "sentem" quanto à continuidade da consciência!

---

[7] Parece-me que o fato de os animais necessitarem de um sono profundo, no qual às vezes aparentam *sonhar* (como podemos observar em cães) é uma evidência de que eles podem apresentar alguma consciência. Afinal, um elemento de consciência parece ser um ingrediente importante na distinção entre o sono com sonhos e o sono sem sonhos.

Contato com o mundo Platônico

Mencionei que parece haver diversas maneiras diferentes pelas quais as pessoas pensam – até mesmo diferenças no modo como os matemáticos pensam sobre a matemática que fazem. Me lembro de quando eu estava para entrar na universidade para estudar o assunto e esperava que os outros, que seriam meus colegas matemáticos, pensariam mais ou menos da mesma maneira que eu. Tinha sido minha experiência no colégio que meus colegas de turma pareciam pensar de modo muito diferente do meu, o que eu achava ligeiramente perturbador. "Agora", eu pensava com ansiedade, "encontrarei colegas com quem vou poder me comunicar de maneira muito mais simples! Alguns pensarão um pouco mais efetivamente que eu, outros menos; mas todos compartilharemos minha maneira particular de pensamento". Quão errado eu estava! Acredito ter encontrado mais diferenças em modos de pensar do que eu jamais havia experimentado. Meu próprio pensamento era muito mais geométrico e menos analítico que o dos outros, mas existiam muitas outras diferenças entre os diversos modos de pensamento dos meus colegas. Sempre tive algum problema em compreender uma descrição verbal de uma fórmula, enquanto diversos dos meus colegas pareciam não ter essa dificuldade.

Uma experiência corriqueira, quando algum colega tentasse explicar algum raciocínio matemático para mim, era que eu o escutaria atentamente, mas não conseguia compreender de maneira alguma as conexões lógicas entre um conjunto de palavras e o outro. No entanto, algum rascunho pictórico se formaria em minha mente acerca de qual ideia meu colega tentava me passar – construída inteiramente do meu jeito e aparentemente com pouca conexão com as imagens mentais que foram a base para o entendimento do meu colega – e então eu daria uma resposta. Para minha surpresa, meus comentários geralmente eram vistos como apropriados, e a conversa continuava normalmente entre nós. Era evidente, ao final de tudo, que alguma comunicação genuína e positiva havia ocorrido. No entanto, as próprias sentenças que cada um de nós expressava muito incomumente eram entendidas de fato! Nos meus anos subsequentes como um matemático profissional (ou físico-matemático), descobri que esse fenômeno continua válido da mesma maneira quando eu era um estudante universitário. Talvez, à medida que minha bagagem matemática aumentou, eu tenha me tornado um pouco melhor em adivinhar o que os outros querem dizer por meio de suas explicações e talvez eu tenha me tornado um pouco mais capaz de permitir outros modos de pensamento quando explico as coisas aos outros. Porém, essencialmente, nada mudou.

Sempre achei enigmático como a comunicação é realmente possível mediante esse estranho procedimento, mas eu gostaria, agora, de tentar explicar algo quanto a isso, pois acredito que poderia possivelmente haver alguma relevância profunda para os tópicos de que tratamos. O ponto é que, ao expressar matemática, *não* estamos simplesmente comunicando *fatos*. Para uma sequência de fatos (contíguos) ser comunicada por uma pessoa a outra é necessário que os fatos sejam cuidadosamente enunciados pela primeira pessoa, e que a segunda deva absorvê-los individualmente. Porém, com a matemática, o conteúdo *factual* é pequeno. Asserções matemáticas são verdades necessárias (ou falsidades necessárias!), e mesmo que as afirmações do primeiro matemático representem somente um vislumbre dessa verdade, será a própria verdade que é transmitida para o segundo matemático, dado que ele possua um entendimento correto dela. As imagens mentais do segundo matemático podem diferir nos detalhes das do primeiro, e suas descrições verbais podem ser diversas, mas a ideia matemática relevante foi transmitida entre eles.

Esse tipo de comunicação não seria realmente possível se não fosse pelo fato de verdades matemáticas *interessantes* ou *profundas* estarem de alguma maneira distribuídas entre as verdades matemáticas em geral. Se a verdade a ser transmitida fosse, digamos, a afirmação *des*interessante $4\,897 \times 512 = 2\,507\,264$, então o segundo matemático de fato compreenderia o primeiro em termos da afirmação precisa que é transmitida. Porém, para uma afirmação matemática interessante, geralmente podemos nos agarrar ao próprio conceito, mesmo que a descrição tenha sido fornecida de maneira muito imprecisa.

Parece haver um paradoxo aqui, já que a matemática é um assunto no qual a precisão é uma cidadã de primeira classe. De fato, em comunicações escritas, muito cuidado é tomado de forma a fazer com que as diversas afirmações sejam tanto precisas quanto completas. No entanto, de forma a transmitir uma ideia matemática (geralmente em descrições verbais), tal precisão pode algumas vezes ter um efeito inibitório em primeiro lugar e uma descrição mais vaga e geral de comunicação pode ser necessária. Uma vez que a ideia tenha sido entendida na sua essência os detalhes podem ser examinados depois.

Como pode que ideias matemáticas sejam assim comunicadas? Imagino que sempre que a mente perceba uma ideia matemática, ela faz contato com o mundo de Platão dos conceitos matemáticos. (Lembre-se de que, segundo o ponto de vista platônico, as ideias matemáticas têm uma existência própria e habitam um mundo platônico ideal, acessível somente pelo intelecto; cf. p.151, 231.) Quando "vemos" uma verdade matemática, nossa consciência adentra esse mundo das ideias e faz contato direto com ele ("acessível pelo intelecto"). Descrevi esse tipo de "visão" com relação ao teorema de Gödel, mas ele está na essência do entendimento matemático. Quando os matemáticos se comunicam, isso é possível porque cada um tem uma *rota direta para a verdade*, e sua consciência está em uma posição de perceber diretamente as verdades matemáticas, mediante esse processo de "enxergar". (Geralmente esse ato de percepção geralmente é acompanhado de fato por expressões como "Ah, agora vejo (entendo)"!) Já que cada um pode ter contato diretamente com o mundo de Platão, eles podem se comunicar muito mais satisfatoriamente entre si do que poderíamos esperar. As imagens mentais que cada um tem, ao fazer contato com esse mundo platônico, podem ser bastante diferentes em cada caso, mas a comunicação é possível porque cada um está em contato direto com o *mesmo* mundo platônico existente!

Segundo essa visão, a mente sempre é capaz de fazer esse contato direto. Porém, somente um pouco pode ser vislumbrado por vez. A descoberta matemática consiste em ampliar a área de contato. Em razão de as verdades matemáticas serem verdades necessárias, nenhuma "informação" real, no sentido técnico, chega repentinamente ao seu descobridor. Toda a informação estava lá o tempo todo. Era somente uma questão de juntar os fatos e "enxergar" a resposta! Isso está bem de acordo com a ideia do próprio Platão de que a descoberta (digamos, a descoberta matemática) seja somente uma forma de *lembrar-se*! De fato, geralmente fico impressionado pela similaridade entre a sensação de estar com o nome de alguém "na ponta da língua" e a sensação de ter um conceito matemático "na ponta da língua". Em cada caso, o conceito procurado já *se encontra* na mente, embora expressá-lo desse modo não seja muito comum no caso de uma ideia matemática ainda não descoberta.

A fim de que essa maneira de ver as coisas seja útil, no caso da comunicação matemática, devemos imaginar que as ideias matemáticas interessantes e profundas, de algum modo, têm existência mais poderosa que aquelas que não são interessantes ou que são triviais. Isso terá importância com relação às considerações especulativas da próxima seção.

Uma visão sobre a realidade física

Qualquer ponto de vista do modo como a consciência surge no universo da realidade física deve tentar responder, ao menos implicitamente, a questão da própria realidade física.

O ponto de vista da IA forte, por exemplo, propõe que amente" encontra sua existência mediante a execução de um algoritmo suficientemente complexo, executado por algum tipo de objeto no mundo físico. Supostamente não importa quais sejam os objetos. Sinais nervosos, correntes elétricas ao longo de fios, engrenagens, alavancas ou tubos com água serviriam igualmente bem. Considera-se que o próprio algoritmo tenha importância fundamental. Porém, para um algoritmo "existir" independentemente de qualquer manifestação física, deveria ser essencial um ponto de vista platônico da matemática. Seria difícil para os defensores da IA forte defenderem o ponto de vista alternativo de que "conceitos matemáticos existem somente nas mentes", uma vez que essa definição seria circular, necessitando de mentes preexistentes para a existência dos algoritmos, e de algoritmos preexistentes para as mentes! Eles possivelmente tentem defender que os algoritmos podem existir em um pedaço de papel, direções de magnetização em um bloco de ferro ou deslocamentos de carga na memória de um computador. Porém, essa organização em um material não constitui ela própria um algoritmo. De maneira a se tornarem algoritmos, elas precisarem ter uma *interpretação*, i.e., ser possível decodificar as diferentes organizações, e isso dependerá da "linguagem" na qual os algoritmos são escritos. Mais uma vez parece ser necessária uma mente preexistente de maneira a "entender" a linguagem, e voltamos à estaca zero. Aceitando, então, que os algoritmos habitam o mundo de Platão e, assim, *aquele* mundo, segundo o ponto de vista da IA forte é onde as mentes são encontradas, agora teríamos de enfrentar a questão acerca do modo como o mundo físico e o mundo de Platão se relacionam. Isso me parece a versão da IA forte para o problema da mente-corpo!

Meu próprio ponto de vista é diferente desse, uma vez que eu acredito que as mentes (conscientes) *não* são entidades algorítmicas. Porém, fico incomodado ao ver que existem muitos pontos em comum entre o ponto de vista da IA forte e o meu. Indiquei acreditar que a consciência está fortemente associada à descoberta de verdades necessárias – e, assim, alcançando um contato direto com o mundo de Platão dos conceitos matemáticos. Esse não é um procedimento algorítmico – e não são os algoritmos que poderiam estar naquele mundo em que estamos especialmente interessados – mas novamente o problema da mente-corpo é visto, segundo esse ponto de vista, como intimamente relacionado à questão acerca do modo como o mundo de Platão se relaciona ao mundo "real" dos objetos físicos reais.

Vimos nos capítulos 5 e 6 como o mundo físico real parece estar de acordo, notavelmente, com um esquema matemático muito preciso (consistindo das teorias SOBERBAS, cf. p.223). É comumente ressaltado quão extraordinária essa precisão realmente é (cf. especialmente Wigner, 1960). É difícil para mim crer, como alguns tentam defender, que essas teorias SOBERBAS poderiam ter surgido meramente por algum tipo de seleção natural de ideais que deixasse somente as boas ideias como sobreviventes. As boas ideias são simplesmente *muito* boas para que as ideias sobreviventes possam ter surgido aleatoriamente. Deve existir, de fato, alguma razão profunda subjacente para a concordância entre a matemática e a física, i.e., entre o mundo de Platão e o mundo físico.

Para falarmos do "mundo Platônico" devemos conferir-lhe algum tipo de realidade que de algum modo seja comparável à realidade do mundo físico. Por outro lado, a própria realidade do mundo físico parece mais nebulosa do que parecia antes do advento das teorias SOBERBAS da relatividade e da mecânica quântica (veja os comentários nas p.223, 224 e 388, especialmente). A própria precisão dessas teorias quase forneceria uma existência matemática abstrata para a realidade física de fato. Esse é um paradoxo de algum modo? Como pode a realidade concreta tornar-se abstrata e matemática? Isso talvez seja o outro lado da moeda na questão quanto ao modo como os conceitos matemáticos abstratos podem quase alcançar uma realidade concreta no mundo de Platão. Talvez, em algum sentido, os dois mundos sejam de fato os *mesmos*? (Cf. Wigner, 1960; Penrose, 1979a; Barrow, 1988; Atkins, 1987.)

Embora eu tenha bastante simpatia com essa ideia de realmente identificar esses dois mundos, deve haver algo a mais relacionado a essa questão que somente isso. Como mencionei no Capítulo 3 e mais acima neste capítulo, algumas verdades matemáticas parecem ter uma realidade platônica mais forte ("profunda", "mais interessante", "mais frutífera"?) que outras. Elas seriam as mais fortemente identificadas com os funcionamentos da realidade física. (O sistema dos números complexos (cf. Capítulo 3) seria um caso desses, e esses números seriam os ingredientes fundamentais da mecânica quântica, as amplitudes de probabilidade.) Com essa identificação, seria muito mais compreensível como as "mentes" poderiam parecer manifestar alguma conexão misteriosa entre o mundo físico e o mundo platônico da matemática. Lembre-se também de que, como descrito no Capítulo 4, existem muitas partes do mundo matemático – algumas das partes mais profundas e mais interessantes, além disso – que têm caráter não algorítmico. Pareceria provável, então, com base no ponto de vista que tenho tentado expor, que o funcionamento não algorítmico deve exercer algum papel de considerável importância no mundo físico. Estou sugerindo que esse papel está intimamente ligado ao próprio conceito demente".

Determinismo e determinismo forte

Até agora tive pouco a dizer sobre a questão do "livre-arbítrio", que geralmente é considerada a questão fundamental da parte *ativa* do problema mente-corpo. Em vez disso, concentrei-me em minha sugestão de que existe um aspecto *não algorítmico* essencial para o papel da ação consciente. Comumente na física, a questão do livre-arbítrio é discutida em relação com o determinismo. Lembre-se de que, na maior parte de nossas teorias SOBERBAS, existe um determinismo evidente, no sentido de que, se o estado do sistema é conhecido em determinado instante,[8] então ele é completamente conhecido em todos os instantes posteriores (ou até anteriores) por meio das equações da teoria. Assim, parece não haver espaço para "livre-arbítrio", uma vez que o comportamento futuro do sistema parece totalmente determinado pelas leis físicas. Mesmo a parte **U** da mecânica quântica tem caráter completamente determinístico. No entanto, o "salto quântico" **R** não é determinístico, e introduz um elemento completamente aleatório na evolução temporal. Em tempos anteriores, muitos se apegaram à possibilidade de que poderia haver um papel para o livre-arbítrio, de modo que a ação da consciência talvez tivesse um efeito na maneira como um sistema quântico individual sofreria esses saltos. Porém, se **R** é *realmente* aleatório, então isso não nos ajuda muito, se quisermos fazer algo positivo com nossos livres-arbítrios.

Meu próprio ponto de vista, mesmo que não esteja tão bem formulado nesse aspecto, seria que algum novo procedimento (TGQC; cf. Capítulo 8 se tornaria dominante na fronteira quantum-clássica que interpola entre **U** e **R** (cada um dos quais agora é visto como uma aproximação), e esse novo procedimento conteria um elemento *essencialmente não algorítmico*. Isso implicaria que o futuro *não seria computável* a partir do presente, mesmo que *pudesse* ser *determinado* por ele. Tentei ser compreensível sobre a questão de distinguirmos computabilidade de determinismo em minhas discussões do Capítulo 5. Parece-me bastante plausível que a TGQC poderia ser uma teoria determinística, mas não computável.[9] (Lembre-se do "modelo de brinquedo" não computável que descrevi no Capítulo 5, p.245.)

---

[8] No caso da relatividade especial e da relatividade geral, leiam-se "espaços de simultaneidade" ou "superfícies tipo-espaço" (p.284, 301), no lugar de "instantes".

[9] Poderíamos ressaltar que existe pelo menos uma abordagem para a teoria de gravitação quântica que parece envolver algum elemento de não computabilidade (Geroch; Hartle, 1986).

Algumas vezes, defende-se o ponto de vista que, mesmo com o determinismo clássico (ou focado na parte **U** da teoria quântica), não existiria um determinismo *efetivo*, pois as condições iniciais nunca poderiam ser tão bem conhecidas de modo que o futuro pudesse ser *realmente* calculado. Algumas vezes, pequenas diferenças nas condições iniciais podem levar a diferenças enormes no resultado final. Isso é o que acontece, por exemplo, no fenômeno conhecido como "caos" em um sistema (clássico) determinístico – um exemplo sendo a incerteza na previsão do tempo. No entanto, é muito difícil acreditar que esse tipo de incerteza clássica pode ser o que nos permite nosso livre-arbítrio (ou talvez a ilusão de o termos?). O comportamento futuro ainda seria *determinado*, desde o Big Bang, mesmo que não pudéssemos calculá-lo (cf. p.250).

A mesma objeção poderia ser levantada contra minha sugestão de que uma ausência de *computabilidade* poderia ser intrínseca às leis dinâmicas – agora assumidas como se tivessem caráter não algorítmico –, em vez de nossa falta de informação com relação às condições iniciais. Mesmo que não fosse computável, o futuro ainda seria, segundo esse ponto de vista, completamente *determinado* pelo passado – desde o Big Bang. De fato, não sou tão dogmático para insistir que a TGQC seja determinística, mas não computável. Meu palpite é que a tão buscada-teoria teria uma descrição mais sutil que essa. Peço apenas que ela contenha elementos não algorítmicos de alguma maneira essencial.

Para fechar esta seção, gostaria de ressaltar um ponto de vista ainda mais extremo que pode ser encontrado quanto à questão do determinismo. Isso é a que me refiro (Penrose, 1987b) como *determinismo forte*. Segundo o determinismo forte, não é somente uma questão de o futuro ser determinado pelo passado; a *história inteira do universo está definida*, segundo algum esquema matemático preciso, *por todo o tempo*. Esse ponto de vista pode ter algum apelo, se estamos inclinados a identificar de algum modo o mundo platônico com o mundo físico, uma vez que o mundo platônico é completamente fixo, sem "possibilidades alternativas" para o universo! (Algumas vezes fico pensando se Einstein teria esse esquema em mente quando ele escreveu "O que eu estou realmente interessado em saber é se Deus poderia ter feito o mundo de uma maneira diferente; isto é, se a necessidade de simplicidade lógica deixa algum resquício de liberdade!" (carta para Ernst Strauss; veja Kuznetsov, 1977, p.285).

Como uma variante do determinismo forte, poderíamos considerar o ponto de vista de *muitos-mundos* da mecânica quântica (cf. Capítulo 6, p.400).

Segundo ele, não existiria uma única história do universo *individual* que seria fixa por um esquema matemático preciso, mas uma totalidade de miríades de miríades de histórias universais "possíveis" que seriam determinadas. Apesar da natureza desagradável (pelo menos para mim) desse esquema e a diversidade de problemas e inadequações que ele carrega, ele não pode ser descartado como uma possibilidade.

Parece-me que, se tivermos o determinismo forte, mas *sem* muitos mundos, então o esquema matemático que governa a estrutura do universo provavelmente *deveria* ser não algorítmico.[10] Afinal, de outra maneira poderíamos em princípio calcular o que faríamos em seguida, e então poderíamos "decidir" fazer algo bastante diferente, o que seria, para todos os efeitos uma contradição entre "livre-arbítrio" e o determinismo forte da teoria. Ao introduzirmos a não computabilidade na teoria, poderíamos fugir dessa contradição – mesmo que eu deva confessar que me incomoda esse tipo de resolução, e antecipo algo muito mais sutil para as *verdadeiras* regras (não algorítmicas!) que governam a maneira pela qual o mundo funciona!

O princípio antrópico

Quão importante é a consciência para o universo como um todo? Poderia existir um universo sem nenhum habitante consciente? As leis da física são especialmente construídas de modo a permitir a existência da vida consciente? Existe algo especial sobre nossa localização particular no universo, seja no espaço ou no tempo? Esses são os tipos de perguntas endereçadas pelo que se tornou conhecido como o *princípio antrópico*.

Este princípio tem muitas formas. (Veja Barrow; Tipler, 1986.) A mais obviamente aceitável delas responde somente quanto à localização espaço-temporal da vida consciente (ou "inteligente") no universo. Esse é o princípio antrópico *fraco*. O argumento pode ser utilizado para explicar por que as condições são exatamente aquelas necessárias para a existência de vida (inteligente) na Terra no momento atual. Afinal, se elas não fossem exatamente as

[10] Existe um escape, no caso de um universo espacialmente infinito, no entanto, uma vez, que nesse caso (de maneira bastante similar ao caso de muitos mundos), ocorre que haveria infinitas cópias de uma pessoa e de seu ambiente imediato! O comportamento futuro para cada cópia seria ligeiramente diferente, e nunca teríamos certeza total de qual cópia aproximada da pessoa modelada matematicamente de fato "seríamos"!

condições certas, não nos encontraríamos aqui agora, mas em outro lugar em outro tempo apropriado. Esse princípio foi utilizado de maneira muito efetiva por Brandon Carter e Robert Dicke para resolver uma questão que atormentava os físicos por muitos anos. Essa questão dizia respeito a diversas relações numéricas notáveis observadas como válidas entre constantes físicas (a constante gravitacional, a massa do próton, a idade do universo etc.). Um aspecto enigmático disso era algumas dessas relações serem válidas somente na época atual da história da Terra, de modo a parecer que vivemos, coincidentemente, em um momento muito especial no tempo (mais ou menos alguns milhões de anos!). Isso foi explicado depois, por Carter e Dicke, pelo fato de que essa época coincidiu com o intervalo de vida do que são chamadas estrelas da sequência principal, como o Sol. Em qualquer outra época, segundo o argumento, não haveria vida inteligente por aqui de maneira a mensurar as constantes físicas em questão – assim, a coincidência *deve* ser válida, simplesmente por que só haveria vida inteligente por aqui no momento em particular que a coincidência *de fato* ocorresse!

O princípio antrópico *forte* vai além. Nesse caso, não estamos preocupados somente com nossa localização espaçotemporal dentro do universo, mas também com a infinitude de universos *possíveis*. Agora podemos sugerir respostas a perguntas como esta: por que as constantes físicas ou as leis da física de modo geral são tais que a vida inteligente de algum modo exista? O argumento seria que, se essas constantes ou leis fossem diferentes, então não estaríamos neste universo em particular, mas em algum outro! Em minha opinião, o princípio antrópico forte tem caráter um pouco dividido e tende a ser utilizado por teóricos sempre que eles não têm uma teoria muito boa para explicar os fatos observados (i.e., em teorias de física de partículas, em que as massas das partículas não são explicadas e é argumentado que, se elas tivessem valores muito diferentes daqueles que observamos, então a vida presumivelmente seria impossível etc.). O princípio antrópico fraco, por outro lado, parece-me inescapável, contanto que sejamos cuidadosos com a maneira como o usamos.

Mediante o uso do princípio antrópico – seja na sua versão fraca ou forte – podemos tentar mostrar que a consciência seria *inevitável* devido ao fato de seres sencientes, isto é, "nós", deverem estar aqui de modo a observar o mundo; assim, *não* precisamos assumir, como fiz, que a senciência traz qualquer vantagem evolutiva! Em minha opinião, esse argumento é tecnicamente correto, e o princípio antrópico fraco *poderia* (ao menos) apresentar uma razão para a consciência estar aqui, sem ter sido favorecida pela seleção natural. Por outro lado, não consigo acreditar que o princípio antrópico seja a *verdadeira* razão (ou a única razão) para a evolução da consciência. Existem muitas evidências de outras direções para me convencer de que a consciência *é* uma poderosa vantagem evolutiva, e não acho que o argumento antrópico seja necessário.

Ladrilhamentos e quase-cristais

Devo deixar de lado as especulações abrangentes das últimas seções e considerar agora uma questão que, embora um pouco especulativa, é muito mais científica e "tangível". À primeira vista, essa questão parecerá uma digressão irrelevante. Porém, a significância dela para nós se tornará aparente na próxima seção.

Lembre-se dos padrões de ladrilhamento demonstrados na Fig. 4.12, p.207. Esses padrões são notáveis pelo fato de que eles "quase" violam um teorema matemático padrão com relação a arranjos cristalinos. O teorema enuncia que as únicas simetrias rotacionais permitidas para um arranjo cristalino são as simetrias bilaterais, trilaterais, quadrilaterais e hexalaterais. Por um padrão cristalino quero me referir a um sistema discreto de pontos que apresenta *simetria translacional*; isto é, existe uma maneira de mover esse padrão sobre si mesmo sem rodá-lo, de modo que o estado final do padrão seja igual ao inicial (i.e., ele não se altera devido a esse movimento em particular), e assim possui um *paralelogramo periódico* (cf. Fig. 4.8). Exemplos de padrões de ladrilhamento com essas simetrias rotacionais permitidas são dadas na Fig. 10.2. Agora, os padrões da Fig. 4.12, como aquele representado na Fig. 10.3 (que é essencialmente o ladrilhamento produzido pela junção dos ladrilhos da Fig. 4.11, p.205), por outro lado, *quase* apresentam simetria translacional, e eles *quase* têm simetria pentalateral – em que "quase" significa que é possível encontrar esses movimentos do padrão (translacional e rotacional, respectivamente) de modo a fazê-lo retornar a si mesmo em qualquer grau previamente definido de concordância que, por pouco, não seja 100%. Não há necessidade aqui de nos preocuparmos com o significado preciso disso. O único ponto que será relevante para nós é que, se tivéssemos uma substância com a qual os átomos fossem organizados em vértices desse padrão, então ela pareceria ser cristalina, mas exibiria simetria pentalateral proibida!

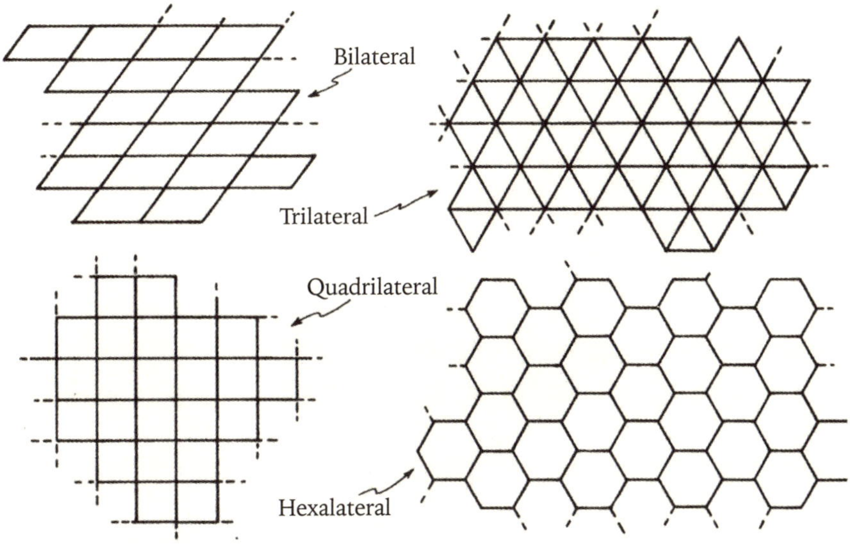

Fig. 10.2. Ladrilhamentos periódicos com simetrias diversas (em que o centro de simetria, em cada caso, é considerado como centro de um ladrilho).

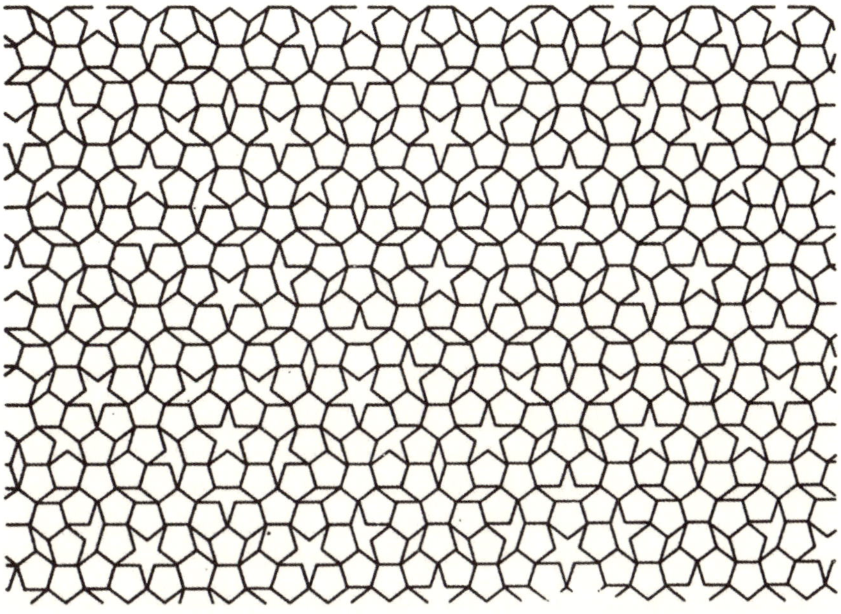

Fig. 10.3. Um ladrilhamento quase-periódico (essencialmente aquele produzido pela junção dos ladrilhos da Fig. 4.11) com uma quase-simetria pentalateral cristalograficamente "impossível".

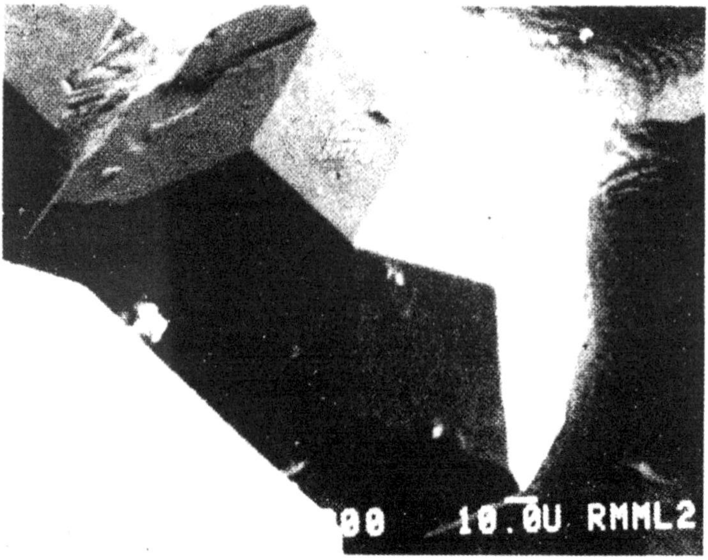

Fig. 10.4. Um quase-cristal (liga de Al-Li-Cu) com simetria cristalina aparentemente impossível. (De Gayle, 1987.)

Em dezembro de 1984, o físico israelense Dany Shechtman, que trabalhava com colegas no Escritório Nacional de Padrões em Washington DC, EUA, anunciou a descoberta de uma fase de uma liga de alumínio-manganês que parecia de fato ser uma substância similar a um cristal – conhecida agora como um *quase-cristal* – que apresentava simetria pentalateral. De fato, essa substância quase-cristalina também exibia simetria em *três* dimensões, e não somente no plano – resultando em uma simetria *icosaedral* proibida (Shechtman et al., 1984). (Análogos "icosaédricos" tridimensionais dos meus ladrilhamentos pentalaterais planos foram encontrados por Robert Ammann em 1975, veja Gardner, 1989.) A liga de Shechtman formava somente minúsculos quase-cristais microscópicos, de cerca de um milésimo de um milímetro de tamanho, mas mais tarde outras substâncias quase-cristalinas foram encontradas e, em particular, uma liga de alumínio-lítio-cobre na qual as unidades com simetria icosaédrica poderiam crescer até um milímetro em tamanho e que são bastante visíveis a olho nu (veja a Fig. 10.4).

Agora, uma característica notável dos padrões de ladrilhamento quase-cristalinos que tenho descrito é sua organização ser necessariamente *não local*. Isso quer dizer que, ao organizarmos os padrões, é necessário de tempos em tempos examinar o estado do padrão a muitos e muitos "átomos" de distância do ponto de organização, se quisermos ter certeza de não cometermos um erro sério ao juntarmos as peças. (Isso talvez seja similar ao aparente "direcionamento inteligente" ao qual me referi com relação à seleção natural.) Esse tipo de característica é um ingrediente consideravelmente controverso nos dias de hoje que envolve a questão da estrutura dos quase-cristais e seu crescimento, e não seria sábio tentar tirar nenhuma conclusão definitiva até que algumas questões prementes sejam resolvidas. Em todo caso, podemos especular; vou me aventurar ao dar minha própria opinião. Em primeiro lugar, acredito que algumas dessas substâncias quase-cristalinas sejam de fato altamente organizadas e seus arranjos atômicos sejam muito semelhantes em termos de estrutura aos padrões de ladrilhamento que tenho considerado. Em segundo, sou de opinião (mais especulativa) que isso implica que sua organização não pode ser feita corretamente pela adição local de átomos individuais, segundo o paradigma *clássico* de crescimento de cristais, mas em vez disso deve haver um ingrediente quantum-mecânico essencialmente *não* local em sua organização.[11]

A maneira pela qual vejo esse crescimento acontecendo é que, em vez de termos os átomos chegando individualmente e adicionarmos eles a uma linha de crescimento continuamente em movimento (crescimento de cristais clássicos), devemos considerar uma superposição linear quântica em evolução de diferentes organizações alternativas de átomos adjuntos (pelo procedimento quântico **U**). De fato, isso é o que a mecânica quântica nos diz que *deve* (quase sempre) acontecer! Não existe somente uma coisa acontecendo; muitas organizações atômicas alternativas devem coexistir em uma superposição linear complexa. Algumas dessas alternativas superpostas crescerão para aglomerados muito maiores e, a um certo ponto, a diferença entre os campos gravitacionais de algumas dessas alternativas alcançará o critério de um gráviton (ou seja lá o que for apropriado; veja o Capítulo 8, p.486). Nesse momento, uma das organizações alternativas – ou, de maneira mais provável, ainda uma superposição, mas uma reduzida – será escolhida como arranjo "real" (procedimento quântico **R**). Essa organização superposta, junto com as reduções para arranjos mais definidos, continuaria a cada escala maior, até que um quase-cristal de um tamanho razoável seja formado.

---

[11] Até mesmo o crescimento de alguns cristais reais poderia envolver problemas similares, por exemplo, em que a célula unitária básica envolveria várias centenas de átomos, como acontece no que são conhecidas como fases de Frank-Casper. Deveria ser mencionado, por outro lado, que um procedimento de crescimento "quase-local" (embora não exatamente local) para um quase-cristal de simetria pentagonal foi sugerido por Onoda, Steinhardt, DiVincenzo e Socolar (1988).

Normalmente, quando a natureza busca uma configuração cristalina, ela procura uma configuração com a *mais baixa energia* (considerando a temperatura de fundo como sendo zero). Visualizo algo similar no crescimento de quase-cristais, com a diferença de esse estado de mais baixa energia ser muito mais difícil de encontrar, e a "melhor" organização dos átomos não poder ser descoberta simplesmente pela adição de átomos individuais na esperança de que cada átomo simplesmente resolva o *seu próprio* problema de minimização. Em vez disso temos um problema *global* a resolver. Deve ser um esforço cooperativo de um número grande de átomos de uma vez só. Essa cooperação, proponho, deve ser obtida de maneira quantum-mecânica; e o modo como isso é feito é por meio da "triagem" de diversos arranjos diferentes de átomos simultaneamente em superposição linear (talvez um pouco como um computador quântico considerado ao fim do Capítulo 9). A seleção de uma solução apropriada (embora provavelmente não seja a melhor) para o problema de minimização deve ser obtida à medida que o critério de um gráviton (ou uma alternativa apropriada) seja alcançado – o que presumivelmente ocorreria somente quando as condições físicas fossem precisamente corretas.

Possível relevância para a plasticidade cerebral

Vamos levar essas especulações um pouco mais adiante e nos perguntar se elas poderiam ter alguma relevância para a questão do funcionamento cerebral. A possibilidade mais provável, até onde eu possa ver, está no fenômeno da plasticidade cerebral. Lembre-se de que o cérebro não é realmente como um computador, mas mais como um computador continuamente em mutação. Essas mudanças podem aparentemente acontecer mediante as sinapses que são ativadas ou desativadas pelo crescimento ou contração das espinhas dendríticas (veja Capítulo 9, p.521, Fig. 9.15). Dou um forte palpite e especulo que esse crescimento ou contração poderiam ser governados por algo similar aos processos envolvidos no crescimento de quase-cristais. Assim, não é somente um dos possíveis arranjos que é testado, mas um vasto número deles, todos em uma superposição linear complexa. Contanto que os efeitos dessas alternativas sejam mantidos abaixo do nível de um gráviton (ou algo similar), então de fato coexistirão (e quase invariavelmente *devem* coexistir, segundo as regras da mecânica quântica **U**). Se mantidas abaixo desse nível, cálculos superpostos simultâneos podem começar a ser realizados, de maneira muito similar aos princípios de um computador quântico.

No entanto, parece improvável que essas superposições sejam mantidas por muito tempo, já que sinais nervosos produzem campos elétricos que perturbariam significativamente o material ao redor (embora sua bainha de mielina pudesse ajudar a mantê-los isolados). Vamos especular que essas superposições de cálculos possam realmente ser mantidas por um intervalo de tempo suficiente de maneira que algo significativo *seja* realmente calculado antes do critério de um gráviton (ou algo similar) ser alcançado. O resultado bem-sucedido desse cálculo seria o "alvo" a ser atingido, em vez de simplesmente considerarmos o "alvo" de minimizar a energia como no crescimento dos quase-cristais. Assim, alcançar esse resultado seria similar ao crescimento bem-sucedido do quase-cristal!

Existe obviamente muita coisa vaga e duvidosa quanto a essas especulações, mas acredito que elas representem uma analogia genuinamente plausível. O crescimento de um cristal ou quase-cristal é fortemente influenciado pelas concentrações dos átomos e íons apropriados que estão em sua vizinhança. De maneira similar, poderíamos imaginar que o crescimento ou contração das famílias de espinhas dendríticas poderia muito bem ser influenciado pelas concentrações de diversas substâncias neurotransmissoras que poderiam existir na vizinhança (como as que estão associadas às nossas emoções). Seja qual for o arranjo atômico que finalmente seja selecionado (ou "reduzido") como a *realidade* do quase-cristal, isso envolve a solução de um problema de minimização de energia. De modo similar, especulo, o pensamento de fato que surge no cérebro é novamente a solução de algum problema, mas agora não somente um de minimizar a energia. Em geral, deveria envolver um objetivo de natureza muito mais complexa, envolvendo desejos e intenções eles próprios relacionados aos aspectos e capacidades computacionais do cérebro. Especulo que o funcionamento do pensamento consciente esteja bastante interligado com a resolução de diversas alternativas que antes estavam em superposição linear. Isso tudo está relacionada com a física desconhecida que governa a fronteira entre **U** e **R** e que, afirmo, depende de uma ainda a ser descoberta teoria de gravitação quântica correta – TGQC!

Poderia esse funcionamento físico ser algo não algorítmico por natureza? Lembremo-nos do problema geral do ladrilhamento que, como descrito no Capítulo 4, não tem solução algorítmica. Poderíamos imaginar que os problemas de definição de arranjo para os átomos poderiam compartilhar essa propriedade não algorítmica. Se esses problemas podem ser "solucionados" em princípio pelo tipo de coisa sobre a qual estou especulando, então de fato há a possibilidade de algum ingrediente não algorítmico estar envolvido no tipo de funcionamento cerebral que tenho em mente. Para que esse seja o caso, no entanto, precisarmos de algo não algorítmico na TGQC. Obviamente existe aqui uma especulação considerável. Porém, *algo* de um caráter não algorítmico me parece ser definitivamente necessário em face dos argumentos que expus previamente.

Quão rapidamente essas mudanças nas conexões cerebrais podem acontecer? A questão parece ser um pouco controversa até mesmo entre os neurofisiologistas, mas como as memórias permanentes podem ser fixadas dentro de frações de um segundo, é plausível que essas mudanças nas conexões também ocorram em escala de tempo similar. Para minhas próprias ideias terem alguma probabilidade de serem verdadeiras, essa velocidade seria de fato necessária.

Os atrasos temporais da consciência

Quero em seguida descrever dois experimentos (relatados em Harth, 1982) que foram realizados em voluntários humanos e que parecem ter implicações notáveis para nossas considerações aqui. Esses experimentos têm relação com o tempo que a consciência leva para agir e para se ativar. O primeiro deles está relacionado ao aspecto ativo da consciência, e o segundo ao aspecto passivo. Juntas, as implicações são ainda mais notáveis.

O primeiro desses experimentos foi realizado por H. H. Kornhuber e seus colegas na Alemanha em 1976. (Deeke; Grötzinger; Kornhuber, 1976). Um número de voluntários humanos teve seus sinais elétricos gravados em um certo ponto de suas cabeças (eletroencefalogramas, i.e., EEG), e a eles foi pedido que fechassem o dedo indicador da mão direita em diversos pontos no tempo *inteiramente a sua escolha*. A ideia era que os registros do EEG indicariam algo da atividade mental que aconteceria dentro do crânio e que estaria envolvida na decisão consciente de flexionar o dedo. De modo a obter um sinal significativo com base nos registros do EEG, é necessário tomar a média de diversos registros de diversos experimentos e o sinal resultante não é muito específico. No entanto, o que se viu é notável, isto é, existe um crescimento gradual do potencial elétrico registrado por cerca de *um segundo inteiro*, ou talvez até um segundo e meio, *antes* de o dedo ser realmente flexionado. Isso parece indicar que o processo de decisão consciente leva cerca de um segundo para funcionar. Isso pode ser contrastado com o tempo muito mais curto que leva para responder a um sinal externo, se o modo de resposta for combinado previamente. Por exemplo, em vez de ser algo "decorrente do livre-arbítrio", o flexionar do dedo pode ser em resposta a um lampejo de um sinal luminoso. Nesse caso, um tempo de reação de cerca de um quinto de segundo é normal, cerca de cinco vezes mais rápido que a ação "desejada" que é testada pelos dados de Kornhuber (veja a Fig. 10.5).

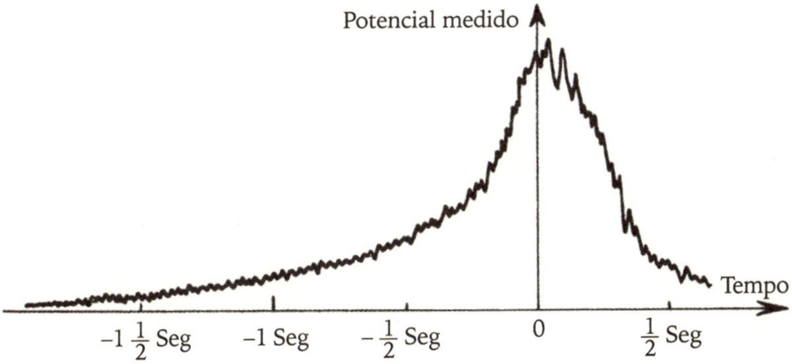

Fig. 10.5. O experimento de Kornhuber. A decisão de flexionar o dedo parece ser feita no tempo 0; porém, o sinal precursor (considerando a média obtida em diversos experimentos) sugere um "conhecimento prévio" da intenção de flexão.

No segundo experimento, Benjamin Libet, da universidade da Califórnia, em colaboração com Bertram Feinstein do Instituto Neurológico Mount Zion em São Francisco (Libet et al., 1979) testou voluntários que tinham sofrido cirurgia cerebral por alguma razão sem relação com o experimento e que haviam consentido em ter eletrodos colocados em certos pontos do cérebro, no córtex somatossensorial. O resultado do experimento de Libet foi tal que, quando um estímulo era aplicado à pele desses pacientes, levou cerca de meio segundo antes de eles notarem conscientemente o estímulo, apesar de que o próprio cérebro teria recebido o sinal do estímulo cerca de somente um centésimo de segundo depois, e um "reflexo" a esse estímulo (cf. o descrito acima) previamente programado poderia ser realizado pelo cérebro em cerca de um décimo de um segundo (Fig. 10.6). Além disso, apesar do atraso de cerca de meio segundo antes de o estímulo ser realizado conscientemente, haveria uma impressão subjetiva dos próprios voluntários que nenhum atraso aconteceu com relação a eles se tornarem conscientes do estímulo! (Alguns dos experimentos de Libet envolveram estimulações do tálamo, cf. p.501, com resultados similares aos do córtex somatossensorial.)

Lembre-se de que o córtex somatossensorial é a região do telencéfalo em que os sinais sensoriais entram. Assim, a estimulação elétrica de um ponto no córtex somatossensorial correspondente a algum ponto particular da pele pareceria ao voluntário como se algo houvesse de fato tocado sua pele naquele ponto correspondente. No entanto, se essa estimulação elétrica é muito curta – por menos que cerca de meio segundo –, então o voluntário não fica ciente de sensação alguma. Isso deve ser contrastado com o estímulo direto no ponto da própria pele, já que um toque momentâneo na pele pode ser sentido.

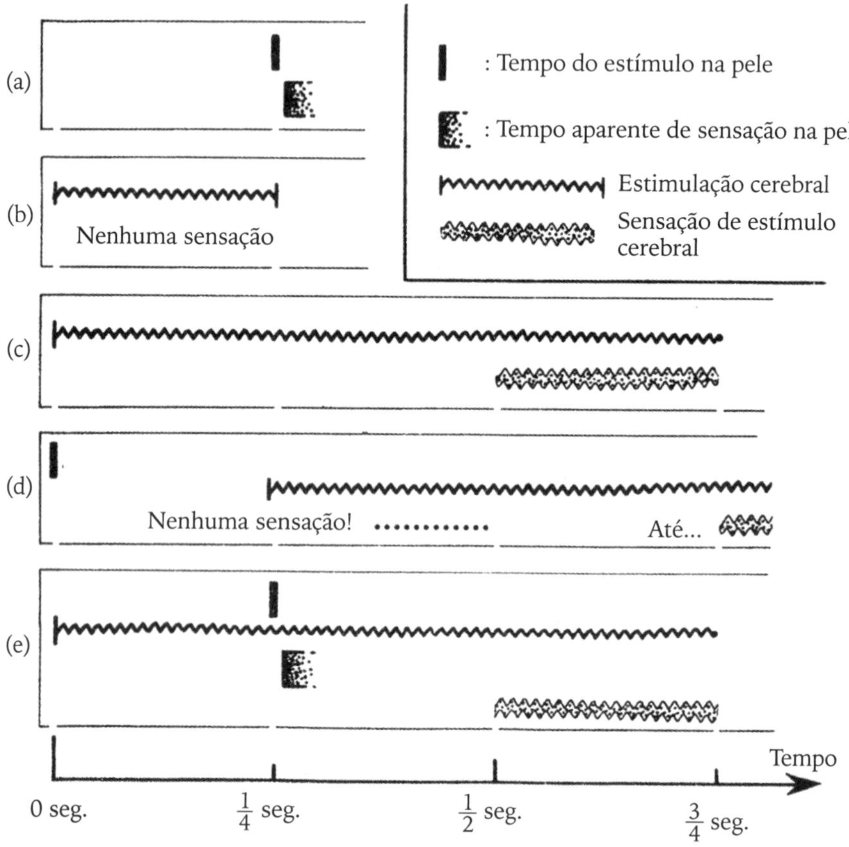

Fig. 10.6. O experimento de Libet. (a) O estímulo na pele "parece" ser percebido próximo do real momento do estímulo. (b) Um estímulo cortical de menos de meio segundo não é percebido. (c) Um estímulo cortical de mais de meio segundo é percebido cerca de meio segundo depois. (d) Esse estímulo cortical pode "mascarar" um estímulo na pele anterior, indicando que a ciência do estímulo na pele *não havia ainda acontecido* até o tempo do estímulo cortical. (e) Se o estímulo na pele é aplicado logo *depois* desse estímulo cortical, então a percepção na pele é "citada retroativamente", mas a noção do estímulo cortical não é.

Agora suponha que primeiro a pele seja tocada e então o ponto no córtex somatossensorial seja eletricamente estimulado. O que o paciente sente? Se a estimulação elétrica é iniciada cerca de um quarto de segundo após tocar a pele, então o toque na pele não é sentido! Esse é um efeito conhecido como *mascaramento retrógrado*. De algum modo, o estímulo no córtex serve para prevenir que a sensação usual de ter a pele tocada surja conscientemente. A percepção consciente pode ser prevenida ("mascarada") por um evento posterior, contanto que esse evento ocorra cerca de até meio segundo depois. Isso propriamente diz que a percepção consciente dessa sensação ocorre cerca de meio segundo depois após o evento que produz a sensação!

No entanto, não parece que estamos "cientes" desses atrasos temporais em nossas percepções. Podemos dar sentido a essa descoberta curiosa, se imaginarmos que o "instante" de todas as nossas "percepções" seja na realidade atrasado cerca de meio segundo do instante "real" – como se o nosso relógio interno estivesse simplesmente "errado", por cerca de meio segundo aproximadamente. O instante em que tomamos ciência de que um evento aconteceu estaria sempre meio segundo *após* o instante real no qual o evento aconteceu. Isso nos daria um quadro consistente, embora consistentemente atrasado, de nossas impressões sensoriais.

Talvez algo dessa natureza decorra da segunda parte do experimento de Libet, em que ele fez *primeiro* uma estimulação elétrica do córtex, continuando essa estimulação por um tempo bem maior que meio segundo, e então também tocando a pele enquanto esse estímulo ainda estava ativo, mas menos de meio segundo após o início do estímulo. Tanto a estimulação cortical quanto o toque de pele foram percebidos separadamente, e era evidente para o voluntário qual era qual. Quando perguntado qual estímulo ocorreu *primeiro*, no entanto, o voluntário responderia que foi o toque da pele, apesar de que o estímulo cortical tenha de fato ocorrido antes! Assim, o voluntário parece referir-se à percepção do toque de pele *retardado no tempo* por cerca de meio segundo (veja a Fig. 10.6). No entanto, isso não parece ser simplesmente um "erro" generalizado em nosso tempo internamente percebido, mas um rearranjo mais sutil da nossa percepção temporal dos eventos. Afinal, o estímulo cortical, assumindo que ele não tenha sido realmente percebido mais do que meio segundo depois de seu início, *não* parece sofrer esse atraso.

Do primeiro desses experimentos parecemos deduzir que a ação consciente leva cerca de um segundo a um segundo e meio antes de ser realizada, enquanto do segundo experimento vemos que a consciência de um evento externo não parece ocorrer até cerca de meio segundo após o evento ter ocorrido. Imagine o que acontece quando respondemos a alguma ocorrência externa não antecipada. Suponha que a resposta seja algo que requer um momento de contemplação consciente. Pareceria, com base nos achados de Libet, que meio segundo deve passar antes de a consciência poder entrar no jogo; e então, como os dados de Kornhuber parecem mostrar, cerca de um segundo é necessário antes de uma resposta consciente "desejada" ocorrer. O processo todo, do *input* sensorial até a resposta motora parece levar cerca de dois segundos! A implicação aparente desses dois experimentos em conjunto é que a consciência não pode exercer *nenhum papel* em resposta a um evento externo, se essa resposta deve acontecer em menos de um par de segundos!

O estranho papel do tempo na percepção consciente

Podemos nos fiar nesses experimentos? Se pudermos, parece que somos levados à conclusão que nós agimos inteiramente como "autômatos", quando realizamos qualquer ação que levaria menos do que um ou dois segundos para darmos uma resposta. Sem dúvida, a consciência é lenta, quando comparada aos outros mecanismos do sistema nervoso. Eu mesmo reparei em diversas ocasiões, como quando vejo, sem poder agir, a minha mão fechando a porta do carro um momento após eu ter reparado que esqueci algo dentro do carro de que precisava, e meu comando consciente para parar o movimento da minha atua mão perturbadoramente devagar – tão devagar que a porta é fechada. Porém, isso leva um segundo inteiro ou dois? Parece improvável para mim que essa escala de tempo tão longa esteja envolvida. É evidente, minha percepção *consciente* do objeto dentro do carro junto com meu comando pensado "por meio do livre-arbítrio" para parar minha mão *poderiam* todos ter ocorrido muito após ambos os eventos. Talvez a consciência seja, no fim das contas, meramente um espectador que não experimenta nada além de um "*replay*" da peça toda. De maneira similar, parece que não haveria, com base nas descobertas acima, tempo o bastante para a consciência exercer nenhum papel quando, por exemplo, jogamos tênis – e certamente não haveria tempo no caso do tênis de mesa! Sem dúvida, os especialistas nessas habilidades teriam todas as respostas essenciais programadas de maneira incrível no seu controle cerebelar. Porém, acreditar que a consciência não deve exercer *nenhum* papel com relação à decisão de qual jogada devemos fazer em um certo instante é algo que acho bastante difícil de defender. Sem dúvida existe muita antecipação com relação ao que um oponente poderia fazer, e muitas respostas previamente programadas podem estar disponíveis para cada ação possível do oponente, mas isso me parece ineficiente, e uma ausência *total* do envolvimento consciente no instante do evento é algo que acho difícil de aceitar. Esses comentários seriam muito mais pertinentes em relação à conversação comum. Novamente, embora possamos antecipar parcialmente o que a outra pessoa vai dizer, deve existir algo imprevisível com relação às falas da outra parte, ou a própria conversa em si inteiramente desnecessária. Certamente não leva muito mais do que alguns segundos para responder a alguém em uma conversação normal!

Talvez exista alguma razão para duvidar de que os experimentos de Kornhuber demonstram que a consciência "realmente" demora um segundo e meio para agir. Enquanto é verdade que a *média* de todos os rastros do EEG relativos à intenção de flexionar um dedo tinham um sinal aparecendo com aquela antecedência, pode ser que somente em *alguns* casos haja uma intenção de flexionar o dedo com tanta antecedência – em que geralmente essa intenção consciente pode *não* ser de fato materializada – enquanto em muitos outros casos, a ação consciente acontece muito mais próxima da flexão do dedo que isso. (De fato, alguns achados experimentais posteriores – cf. Libet, 1987, 1989 – levam a uma interpretação diferente daqueles de Kornhuber. Em todo caso, as implicações enigmáticas com relação à cronometragem da consciência continuam conosco.)

Aceitemos por ora que ambas as conclusões experimentais *sejam* realmente válidas. Gostaria de ressaltar algo alarmante com relação a isso. Sugeri que é possível que estejamos indo em uma direção totalmente errada, quando aplicamos as regras físicas usuais para o *tempo* ao considerar a consciência. Existe, de fato, algo muito estranho quanto à maneira como o tempo entra nas nossas percepções conscientes de qualquer modo, e penso que é possível que uma concepção muito diferente seja necessária quando tentamos colocar as percepções conscientes em um modelo convencional temporalmente ordenado. A consciência é, afinal, o único fenômeno que conhecemos segundo o qual o tempo precisa "fluir"! A maneira pela qual o tempo é tratado na física moderna não é essencialmente diferente da maneira como o *espaço* é tratado[12]

[12] Essa simetria entre espaço e tempo seria ainda mais notável para um espaço-tempo *bi*dimensional. As equações da física em um espaço-tempo bidimensional seriam essencialmente simétricas com relação à troca entre espaço e tempo – mesmo assim, ninguém consideraria o espaço como "fluindo" na física bidimensional. É difícil crer que o que faz o tempo "de fato fluir" em nossa vivência do mundo físico que conhecemos seria meramente a assimetria entre o número de dimensões espaciais (3) e temporais (1) que nosso espaço-tempo apresenta.

e o "tempo" nas descrições físicas de fato não "flui" de forma alguma; temos somente um "espaço-tempo" fixo e aparentemente estático no qual os eventos do universo estão descritos! Mesmo assim, segundo nossas percepções, o tempo *de fato* flui (veja o Capítulo 7). Minha opinião é que aqui também há algo ilusório, e o tempo de nossas percepções não flui "de fato" da maneira linear e para a frente com a qual o percebemos fluir (seja lá o que isso signifique!). A ordem temporal que "aparentemente" percebemos é, afirmo, algo que impomos sobre as nossas percepções de maneira a dar sentido a elas com relação à progressão temporal uniforme para a frente de uma realidade física externa.

Alguns poderiam detectar uma boa dose de "falta de confiabilidade" filosófica nas afirmações acima – e sem dúvida estariam certos nessas acusações. Como poderíamos estar "errados" quanto ao que de fato percebemos? Certamente, nossas percepções reais são somente as coisas de que estamos diretamente cientes, por *definição*; assim, não podemos estar "errados" quanto a elas. Mesmo assim, penso que é de fato provável que nós *estejamos* "errados" quanto a nossas percepções da progressão temporal (apesar da minha inadequação na utilização da linguagem usual para descrever isso) e que existe evidência que sustente essa crença (veja Churchland, 1984).

Um exemplo extremo (p.554) é a habilidade de Mozart de "capturar em um instante" uma composição musical inteira "embora ela seja longa". Devemos assumir da "descrição de Mozart" que esse "em um instante" continha tudo de essencial da composição, embora o intervalo de tempo externo real, em termos físicos usuais, desse ato de percepção consciente, pudesse não ser de maneira alguma comparável ao tempo que a composição levaria para ser executada. Podemos imaginar que a percepção de Mozart poderia ter uma forma totalmente diferente, talvez espacialmente distribuída como uma cena visual ou como uma partitura inteira aberta. Mas mesmo uma partitura tomaria um tempo considerável para ser visualizada – e eu duvidaria muito de que a percepção de Mozart de suas composições poderia inicialmente ocorrer assim (ou certamente ele teria dito isto!). A cena visual parece mais próxima de suas descrições, mas (como é comum com relação ao imaginário matemático que me é pessoalmente mais familiar), eu duvidaria fortemente de que houvesse qualquer coisa como uma tradução direta de música em termos visuais. Parece-me muito mais provável que a melhor interpretação do "instante" de Mozart seja de fato considerada puramente *musical*, com as conotações distintamente temporais que a audição (ou execução) de uma obra musical teria. A música consiste em sons que ocorrem por um período de tempo definido, o *tempo* que na suposta descrição de Mozart permite que "[...] minha imaginação me deixe escutar".

Ouçam a fuga quádrupla na parte final da *Arte da Fuga* de J. S. Bach. Ninguém que tenha uma apreciação pela música de Bach pode não se sentir sensibilizado pela maneira como a música para após dez minutos de execução, logo após a introdução do terceiro tema. A composição como um todo ainda parece estar "ali" de algum modo, mas agora ela fugiu de nós em um instante. Bach morreu antes que pudesse completar o trabalho, e suas partituras musicais simplesmente param naquele ponto, sem nenhuma indicação de como ele pretendia continuá-las. Em todo caso, a música começa com tal segurança e maestria que não podemos deixar de imaginar que Bach tivesse a essência de toda a composição em sua cabeça na época. Será que ele deveria tocá-la para si em sua totalidade em sua mente, no passo normal de uma apresentação, tentando de novo e de novo à medida que diversas melhorias ocorressem a ele? Não consigo imaginar que isso tenha ocorrido assim. Como Mozart, de algum modo ele deve ter sido capaz de conceber sua obra na totalidade, com toda a complicação e exuberância que a escrita de uma fuga necessita, tudo conjurado junto. No entanto, a qualidade temporal de uma música é um dos seus ingredientes essenciais. Como pode ser que a música permaneça sendo música, se ela não for executada "em tempo real"?

A concepção de um romance ou de uma história pode nos apresentar um problema comparável (embora aparentemente menos misterioso). Ao compreendermos a vida inteira de um indivíduo precisaríamos ser capazes de contemplar vários eventos cuja apreciação apropriada pareceria necessitar sua encenação mental em "tempo real". Porém, isso não parece ser necessário. Mesmo as impressões das memórias das nossas próprias experiências consumidoras de tempo parecem de algum modo ser tão "comprimidas" que podemos virtualmente "revivê-las" em um instante de recordação!

Talvez exista uma similaridade forte entre a composição musical e o pensamento matemático. Algumas pessoas poderiam supor que uma prova matemática é concebida como uma sequência lógica, em que cada passo decorra dos passos que o precederam. No entanto, a concepção de um argumento novo dificilmente ocorre assim. Existe uma globalidade e um conteúdo conceitual aparentemente vago que é necessário na construção de um argumento matemático; e isso tem pouca relação com o tempo que parece necessário de modo a apreciar completamente uma prova apresentada de maneira sequencial.

Suponha, então, que aceitemos que o *timing* e a progressão temporal da consciência não estejam de acordo com o da realidade física externa. Será que não estamos nos aproximando perigosamente de um paradoxo? Suponha que exista algo vagamente teleológico quanto aos efeitos da consciência, de maneira que uma impressão futura possa afetar uma ação passada. Certamente *isso* nos levaria a uma contradição, como as implicações paradoxais da sinalização superluminal que consideramos – e corretamente expurgamos – em nossas discussões ao final do Capítulo 5 (cf. p.298)? Quero sugerir que não há necessidade de paradoxo – pela própria natureza do que considero ser a consciência capaz de realizar. Lembre-se da minha proposta que a consciência é, essencialmente, a "visualização" da verdade necessária; e que ela pode representar algum tipo de contato real com o mundo de Platão dos conceitos matemáticos idealizados. Lembre-se de que o próprio mundo de Platão é atemporal. A percepção da verdade platônica não leva consigo nenhuma informação – no sentido técnico de "informação", de poder ser transmitida por uma mensagem –, e não precisaria haver nenhuma contradição real envolvida se essa percepção consciente fosse até mesmo propagada para o passado!

No entanto, mesmo que aceitemos que a própria consciência tenha essa relação curiosa com o tempo – e que ela represente, em algum sentido, contato entre o mundo físico externo e algo atemporal – como podemos encaixar isso com o funcionamento fisicamente determinado e temporalmente ordenado do cérebro material? Novamente somos deixados em um papel meramente de "espectador" da consciência, se não dermos conta da progressão normal decorrente das leis físicas. Porém, *estou* argumentando em favor de algum papel ativo da consciência e, de fato, algum papel relevante, com uma vantagem seletiva poderosa. A resposta a esse dilema está, acredito, na estranha maneira como a TGQC deve agir ao resolver o conflito entre os dois processos quantum-mecânicos **U** e **R** (cf. p.468, 485).

Lembre-se dos problemas com o tempo que o processo **R** apresenta quando tentamos torná-lo consistente com a relatividade (especial) (Capítulos 6 e 8, p.388 e 489). O processo não parece fazer sentido de maneira alguma, quando descrito em termos espaçotemporais ordinários. Considere um estado quântico para um par de partículas. Esse estado seria normalmente um estado *correlacionado* (i.e., *não* seria simplesmente da forma $|\psi\rangle|\chi\rangle$, em que $|\psi\rangle$ e $|\chi\rangle$ descreve cada um somente uma das partículas, mas seria uma soma, como $|\psi\rangle|\chi\rangle + |\alpha\rangle|\beta\rangle + \cdots + |\rho\rangle|\sigma\rangle$). Então uma observação sobre uma das partículas afetará a outra de maneira não local, que não pode ser consistentemente descrita em termos espaçotemporais ordinários em relação à relatividade especial (EPR; o efeito Einstein-Podolsky-Rosen). Esses efeitos não locais estariam implicitamente envolvidos em minha analogia sugerida de "quase-cristal" para o crescimento e contração das espinhas dendríticas.

Aqui interpreto a palavra "observação" no sentido de uma ampliação da ação de cada partícula observada até que algo como o critério de "um gráviton" da TGQC seja alcançado. Em termos mais "convencionais", uma "observação" é algo muito mais obscuro, e é difícil ver como poderíamos começar a desenvolver uma descrição quantum-teórica do funcionamento do cérebro quando podemos muito bem ter de considerar o cérebro como "observando a si mesmo" o tempo todo!

Minha própria ideia de que a TGQC, por outro lado, apresentaria uma teoria física *objetiva* da redução do vetor de estado (**R**) que *não* teria de depender de nenhuma ideia acerca da consciência. Não dispomos ainda dessa teoria, mas ao menos não seremos impedidos de encontrá-la devido aos problemas profundos ao decidir o que de fato a consciência "é"!

Vejo que, uma vez que a TGQC tenha sido de fato encontrada, pode *então* ser possível elucidar o fenômeno da consciência em termos dessa teoria. De fato, creio que as propriedades necessárias da TGQC, quando essa teoria chegar, serão ainda mais distantes de exigirmos uma descrição convencional do espaço-tempo do que os misteriosos fenômenos de duas partículas do tipo EPR de que falamos acima. Se, como estou sugerindo, o fenômeno da consciência depende dessa teoria especulativa de gravitação quântica, então a própria consciência se encaixará somente de maneira muito desconfortável com as nossas descrições atuais e convencionais do espaço-tempo!

Conclusão: um ponto de vista infantil

Neste livro apresentei vários argumentos cuja intenção era mostrar quão implausível é defender o ponto de vista – aparentemente prevalente nos círculos filosóficos atuais – segundo o qual nosso pensamento é basicamente a mesma coisa que o funcionamento de um computador muito complexo. Quando se assume explicitamente que a mera execução de um algoritmo pode evocar a uma *noção existencial*, a terminologia de Searle sobre a "IA forte" é aqui considerada. Outros termos como "funcionalismo" são utilizados algumas vezes de maneira um pouco menos específica.

Alguns leitores poderiam ter encarado desde o começo o "defensor da IA forte" talvez como um mero espantalho! Não é "óbvio" que simples cálculos computacionais não possam evocar prazer ou dor; que não possam perceber a poesia, a beleza de um céu noturno ou a mágica dos sons; que não possam sentir esperança, amor ou desalento; que não possam ter um propósito autônomo genuíno? No entanto, a ciência parece ter nos levado a aceitar que somos todos meras pequenas partes de um mundo governado em todos os seus detalhes por leis matemáticas muito precisas (embora, afinal de contas, talvez probabilísticas). Nossos cérebros, que parecem controlar todas as nossas ações, também são governados pelas mesmas regras precisas. Um modelo emergiu, considerando que toda essa atividade física precisa seja, para todos os efeitos, nada além da execução de um cálculo computacional vasto (talvez probabilístico); assim, nossos cérebros e nossas mentes podem ser entendidos somente em termos desses cálculos computacionais. Talvez quando os cálculos computacionais se tornarem extraordinariamente complicados, eles possam começar a demonstrar qualidades mais poéticas ou subjetivas que usualmente associamos ao termo "mente". No entanto, é difícil evitar a sensação incômoda de que deve sempre existir algo ausente nesse modelo.

Em meus argumentos tentei sustentar essa visão de que de fato deve haver algo essencial que esteja ausente de qualquer modelo puramente computacional. No entanto, também me ative à esperança de que é por meio da ciência e da matemática que alguns avanços profundos com relação ao entendimento da mente serão alcançados em algum momento futuro. Há aqui um aparente dilema, mas tentei demonstrar que de fato *existe* uma saída dele. Computabilidade não é a mesma coisa que ser matematicamente preciso. Existe tanto mistério quanto beleza que podemos desejar no mundo matemático platônico preciso, e a maior parte do seu mistério reside nos conceitos que estão além das partes comparativamente limitadas em que residem os algoritmos e cálculos computacionais.

A consciência parece para mim um fenômeno tão importante que simplesmente não posso crer que seria algo que apareceu "acidentalmente" em decorrência de um cálculo computacional complicado. É o fenômeno pelo qual a própria existência do universo se torna conhecida. Podemos argumentar que um universo governado pelas leis que não permitem a existência da consciência não é um universo de fato. Eu diria até que todas as descrições matemáticas de um universo dadas até agora falham com relação a esse critério. É somente o fenômeno da consciência que pode conjurar um universo "teórico" especulativo, para que ele de fato exista!

Alguns dos argumentos que apresentei nestes capítulos podem ter sido tortuosos e complexos. Alguns são admitidamente especulativos; ao mesmo tempo acredito que não exista uma escapatória real de alguns outros. Porém, por baixo de toda essa tecnicalidade está o sentimento de ser mesmo "óbvio" que a mente *consciente* não pode funcionar como um computador, embora muito do que está de fato envolvido na atividade mental possa fazê-lo.

Esse é o tipo de obviedade que uma criança pode ver – mesmo que a criança possa, mais tarde, acostumar-se a acreditar que os problemas óbvios são "não problemas", e que podem ser relegados à não existência segundo um raciocínio cuidadoso e escolhas inteligentes de definições. As crianças às vezes veem coisas óbvias que de fato passam a ser obscuras quando se tornam adultas. Geralmente esquecemos o maravilhamento que sentimos como crianças quando o peso das atividades do "mundo real" começa a se alojar em nossos ombros. As crianças não têm receios de postular questões básicas que nós, adultos, sentimos vergonha de perguntar. O que acontece com cada um dos nossos fluxos de consciência após morrermos; onde ele estava antes de nascermos; será que nos tornamos, ou fomos, alguém diferente; por que percebemos alguma coisa em vez de nada; por que estamos aqui; por que existe um universo no qual podemos existir? Esses são os enigmas que tendem a aparecer à medida que nos damos conta de nossa existência consciente – e, sem dúvida, com o surgimento da autoconsciência genuína em qualquer que seja a criatura ou entidade na qual ela tenha aparecido.

Lembro-me de eu mesmo ter me preocupado com esses enigmas quando criança. Talvez minha própria consciência poderia ser subitamente trocada com a de alguém. Como eu saberia que isso já não me aconteceu antes – assumindo que cada pessoa carregue memórias que pertençam somente àquela pessoa em particular? Como eu poderia explicar a alguém essa experiência de "troca"? Isso significaria alguma coisa de fato? Talvez eu esteja simplesmente vivendo as mesmas experiências de dez minutos uma atrás da outra, cada vez exatamente com as mesmas percepções. Talvez somente o instante presente "exista" para mim. Talvez ou" de amanhã, ou de ontem, seja realmente uma pessoa bastante diferente com uma consciência independente. Talvez eu esteja na realidade vivendo no sentido temporal inverso, com meu fluxo de consciência indo para o passado, de modo que minha memória de fato me diz o que *vai* acontecer, em vez do que *já* me aconteceu – de modo que experiências desagradáveis na escola sejam algo que está no meu futuro, e terei, infelizmente, de lidar com elas em breve. A distinção entre *isso* e a progressão temporal normalmente experimentada de fato "significa" algo, de maneira que uma seja "errada", e a outra, "certa"? Para em princípio tornar factível a obtenção das respostas a essas perguntas, uma teoria da consciência seria necessária. Porém, como poderíamos até mesmo *começar* a explicar o tamanho desses problemas para uma entidade que não fosse ela própria consciente...?

Epílogo

"..., como se sente? Ah, ..., uma questão bastante interessante, meu caro... Ahn... Eu gostaria de saber a resposta a isso também", disse o designer-chefe. "Vejamos o que nosso amigo tem a dizer... Isso é estranho... O computador Ultrônico diz que não vê o que... Ele não consegue nem mesmo entender o que você quer dizer!" As gargalhadas explodiram estrondosamente pela sala toda.

Adam se sentiu profundamente envergonhado. Seja lá o que eles deveriam ter feito, não deveriam ter dado risada.

Referências bibliográficas

AHARONOV, Y.; ALBERT, D. Z. Can we make sense out of the measurement process in relativistic quantum mechanics? *Phys. Ver.*, D24, p.359-70, 1981.

AHARONOV, Y.; BERGMANN, P.; LEBOWITZ, J. L. Time symmetry in the quantum process of measurement. In: WHEELER, J. A.; ZUREK, W. H. (ed.). *Quantum theory and measurement*. Princeton University Press, 1983; originalmente em *Phys. Ver.*, 134B, p.1410-16, 1964.

ASHTEKAR, A.; BALACHANDRAN, A. P.; SANG JO. The CP problem in quantum gravity. *Int. J. Mod. Phys.*, A6, p.1493-514, 1989.

ASPECT, A.; GRANGIER, P. Experiments on Einstein-Podolsky-Rosen-type correlations with pairs of visible photons. In: PENROSE, R.; ISHAM, C. J. (ed.). *Quantum concepts in space and time*. Oxford University Press, 1986.

ATKINS, P. W. Why mathematics works. *Oxford University Extension Lecture in series: Philosophy and the New Physics*. 13 mar. 1987.

BARBOUR, J. B. *Absolute or relative motion?* Volume 1: The Discovery of dynamics. Cambridge University Press, Cambridge, 1989.

BARROW, J. D. *The world within the world*. Oxford University Press, 1988.

BARROW, J. D; TIPLER, F. J. *The anthropic cosmological principle*. Oxford University Press, 1986.

BAYLOR, D. A.; LAMB, T. D.; YAU, K.-W. Responses of retinal rods to single photons. *J. Physiol.*, 288, p.613-34, 1979.

BEKENSTEIN, J. Black holes and entropy. *Phys. Rev.*, D7, p.2333-46, 1972.

BELINFANTE, F. J. *Measurement and time reversal in objective quantum theory*. Nova York: Pergamon Press, 1975.

BELINSKII, V. A.; KHALATNIKOV, I. M.; LIFSHITZ, E. M. Oscillatory approach to a singular point in the relativistic cosmology. *Adv. Phys.*, 19, p.525-73, 1970.

BELL, J. S. *Speakable and unspeakable in quantum mechanics*. Cambridge University Press, 1987.
BENACERRAF, P. God, the Devil and Gödel. *The Monist*, 51, p.9-32, 1967.
BLAKEMORE, C.; GREENFIELD, S. (ed.). *Mindwaves*: thoughts on intelligence, identity and consciousness. Oxford: Basil Blackwell, 1987.
BLUM, L.; SHUB, M.; SMALE, S. On a theory of computation and complexity over the real numbers: NP completeness, recursive functions and universal machines. *Bull. Amer. Math. Soc.*, 21, p.1-46, 1989.
BOHM, D. A suggested interpretation of the quantum theory in terms of "hidden" variables, I e II. In: WHEELER, J. A.; ZUREK, W. H. (ed.). *Quantum theory and measurement*. Princeton University Press, 1983; originalmente em *Phys. Rev.*, 85, p.166-93, 1952.
BOHM, D. The paradox of Einstein, Rosen and Podolsky. In: WHEELER, J. A.; ZUREK, W. H. (ed.). *Quantum theory and measurement*. Princeton University Press, 1983; originalmente em BOHM, D. *Quantum theory*, cap. 22, seç. 15-19. Prentice-Hall, Englewood-Cliffs, 1951.
BONDI, H. Gravitational waves in general relativity. *Nature*. Londres, 186, p.535, 1960.
BOWIE, G. L. Lucas' number is finally up. *J. of Philosophical Logic*, 11, p.279-85, 1982.
BROOKS, R.; MATELSKI, J. P. The dynamics of 2-generator subgroups of PSL(2,C), Riemann surfaces and related topics. In: KRA, I.; MASKIT, B. (ed.). *Proceedings of the 1978 Stony Brook Conference, Ann. Math Studies*, 97. Princeton: Princeton University Press, 1981.
CARTAN, É. Sur les variétés à connexion affine et la théorie de la relativité généralisée. *Ann. Sci. Ec. Norm. Sup.*, 40, p.325-412, 1982.
CHANDRASEKHAR, S. *Truth and beauty*: aesthetics and motivations in Science. University of Chicago Press, 1987.
CHURCH, A. The calculi of lambda-conversion. *Annals of Mathematics Studies*, n.6, Princeton University Press, 1941.
CHURCHLAND, P. M. *Matter and consciousness*. Cambridge: Bradford Books; Massachusetts: MIT Press, 1984.
CLAUSER, J. F.; HORNE, A. H.; SHIMONY, A.; HOLT, R. A. Proposed experiment to test local hidden-variable theories. In: WHEELER, J. A.; ZUREK, W. H. (ed.). *Quantum theory and measurement*. Princeton University Press, 1983; originalmente em *Phys. Rev. Lett.*, 23, p.880-4, 1969.
CLOSE, F. *The cosmic onion*: quarks and the nature of the universe. Londres: Heinemann 1983.
COHEN, P. C. *Set theory and the continuum hypothesis*. Menlo Park, Califórnia: Benjamin, 1966.
CUTLAND, N. J. *Computability*: an introduction to recursive function theory. Cambridge University Press, 1980.
DAVIES, P. C. W. *The physics of time-asymmetry*. Surrey University Press, 1974.
DAVIES, P. C. W.; BROWN, J. *Superstrings*: a theory of everything? Cambridge University Press, 1988.
DAVIES, R. D.; LASENBY, A. N.; WATSON, R. A.; DAINTREE, E. J.; HOPKINS, J.; BECKMAN, J.; SANCHES-ALMEIDA, J.; REBOLO, R. Sensitive measurement of fluctuations in the cosmic microwave background. *Nature*, 326, p.462-5, 1987.
DAVIS, M. Mathematical logic and the origin of modern computers. In: HERKEN, R. (ed.). *The universal Turing machine*: a Half-century survey. Hamburgo: Kammerer & Unverzagt, 1988.

DAWKINS, R. *The blind watchmaker*. Londres: Longman, 1986.

DE BROGLIE, L. *Tentative d'interprétation causale et nonlinéaire de la mécanique ondulatoire*. Paris: Gauthier-Villars, 1956.

DE WITT, B. S.; GRAHAM, R. D. (ed.). *The many-worlds interpretation of quantum mechanics*. Princeton University Press, 1973.

DEEKE, L.; GRÖTZINGER, B.; KORNHUBER, H. H. Voluntary finger movements in man: cerebral potentials and theory. *Biol. Cybernetics*, 23, p.99, 1976.

DELBRÜCK, M. *Mind from matter?* Oxford: Blackwell Scientific Publishing, 1986.

DENNETT, D. C. *Brainstorms*: Philosophical Essays on Mind and Psychology. Hassocks, Sussex: Harvester Press, 1978.

DEUTSCH, D. Quantum theory, the Church-Turing principle and the universal quantum computer. *Proc. Roy. Soc.*, Londres, A400, p.97-117, 1985.

DEVLIN, K. *Mathematics*: the new Golden age. Londres: Penguin Books, 1988.

DIRAC, P. A. M. Classical theory of radiating electrons. *Proc. Roy. Soc.*, Londres, A167, p.148, 1938.

DIRAC, P. A. M. Pretty mathematics. *Int. J. Theor. Phys.*, 21, p.603-5, 1983.

DIRAC, P. A. M. *The principles of quantum mechanics*. 3.ed. Oxford University Press, 1947.

DIRAC, P. A. M. The quantum theory of the electron. *Proc. Roy. Soc.*, Londres, A117, p.610-24; *ditto*, parte II, *ibid.*, A118, p.361, 1928.

DIRAC, P. A. M. The relations between mathematics and physics. *Proc. Roy. Soc.*, Edimburgo, 59, p.122, 1939.

DRAKE, S. *Discoveries and opinions of Galileo*. Nova York: Doubleday, 1957.

DRAKE, S. *Galileo Galilei*: dialogue concerning the two chief world systems – Ptolemaic and Copernican (tradução). Berkeley: University of California, 1953.

ECCLES, J. C. *The understanding of the brain*. Nova York: McGraw-Hill, 1973.

EINSTEIN, A.; PODOSLKY, B.; ROSEN, N. Can quantum mechanical descriptions of physical reality be considered complete? In: WHEELER, J. A.; ZUREK, W. H. (ed.). *Quantum theory and measurement*. Princeton University Press, 1983; originalmente em *Phys. Rev.*, 47, p.777-80, 1935.

EVERETT, H. Relative state formulation of quantum mechanics. In: WHEELER, J. A.; ZUREK, W. H. (ed.). *Quantum theory and measurement*. Princeton University Press, 1983; originalmente em *Rev. Of Mod. Phys.*, 29, p.454-62, 1957.

FEFERMAN, S. Turing in the Land of O(z). In: HERKEN, R. (ed.). *The universal Turing machine*: a half-century survey. Hamburgo: Kammerer & Unverzagt, 1988.

FEYNMAN, R. P. *QED*: the strange theory of light and matter. Princeton University Press, 1985.

FEYNMAN, R. P.; LEIGHTON, R. B.; SANDS, M. *The Feynman Lectures*. Addison-Wesley, 1965.

FODOR, J. A. *The modularity of mind*. Cambridge, Massachusetts: MIT Press, 1983.

FREDKIN, E.; TOFFOLI, T. Conservative logic. *Int. J. Theor. Phys.*, 21, p.219-53, 1982.

FREEDMAN, S. J.; CLAUSER, J. F. Experimental test of local hidden-variable theories. In: WHEELER, J. A.; ZUREK, W. H. (ed.). *Quantum theory and measurement*. Princeton University Press, 1983; originalmente em *Phys. Ver. Lett.*, 28, p.938-41, 1972.

GALILEI, G. *Dialogues concerning two new sciences*, 1638. Macmillan edn.; Dover Inc., 1914.

GANDY, R. *The confluence of ideas in 1936*. In: HERKEN, R. (ed.). *The universal Turing machine*: a Half-century survey. Hamburgo: Kammerer & Unverzagt, 1988.

GARDNER, M. *Logic machines and diagrams*. University of Chicago Press, 1958.

GARDNER, M. *Penrose tiles to trapdoor ciphers*. Nova York: W. H. Freeman and Company, 1989.

GARDNER, M. *The whys of a philosophical scrivener*. Nova York: William Morrow and Co., Inc., 1983.

GAYLE, F. W. Free-surface solidification habit and point group symmetry of a faceted icosahedral Al-Li-Cu phase. *J. Mater. Res.*, 2, p.1-4, 1987.

GAZZANIGA, M. S. *The bisected brain*. Nova York: Appleton-Century-Crofts, 1970.

GAZZANIGA, M. S.; LEDOUX, J. E.; WILSON, D. H. Language, praxis, and the right hemisphere: clues to some mechanisms of consciousness. *Neurology*, 27, p.1144-7, 1977.

GEROCH, R.; HARTLE, J. B. Computability and physical theories. *Found. Phys.*, 16, p.533, 1986.

GHIRARDI, G. C.; RIMINI, A.; WEBER, T. A general argument against superluminal transmission through the quantum mechanical measurement process. *Lett. Nuovo. Chim.*, 27, p.293-8, 1980.

GHIRARDI, G. C.; RIMINI, A.; WEBER, T. Unified dynamics for microscopic and macroscopic systems. *Phys. Rev.*, D34, p.470, 1986.

GÖDEL, K. Über formal unentscheidbare Sätze der Principa Mathematica und verwandter Systeme I. *Monatshefte für Mathematik und Physik*, 38, p.173-98, 1931.

GOOD, I. J. Gödel's theorem is a red herring. *Brit. J. Philos. Sci.*, 18, p.359-73, 1989.

GREGORY, R. L. *Mind in Science*: A history of explanations in psychology and physics. Weidenfeld and Nicholson Ltd., 1981.

GREY WALTER, W. *The living brain*. Gerald Duckworth and Co. Ltd., 1953.

GRÜNBAUM, B.; SHEPHARD, G. C. Some problems on plane tilings. In: KLARNER, D. A. (ed.). *The mathematical Gardner*. Boston: Prindle, Weber and Schmidt, 1981.

GRÜNBAUM, B.; SHEPHARD, G. C. *Tilings and patterns*. W. H. Freeman, 1987.

HADAMARD, J. *The psychology of invention in the mathematical field*. Princeton University Press, 1945.

HANF, W. Nonrecursive tilings of the plane, I. *J. Symbolic Logic*, 39, p.283-5, 1974.

HARTH, E. *Windows on the mind*. Hassocks, Sussex: Harvester Press, 1982.

HARTLE, J. B.; HAWKING, S. W. *Wave function of the universe*. *Phys. Rev.*, D31, p.1777, 1983.

HAWKING, S. W. *A brief history of time*. Londres: Bantam Press, 1988.

HAWKING, S. W. Particle creation by black holes. *Commun. Math. Phys.*, 43, p.199-220, 1975.

HAWKING, S. W. Quantum cosmology. In: HAWKING, S. W.; ISRAEL, W. (ed.). *300 years of gravitation*. Cambridge University Press, 1987.

HAWKING, S. W.; PENROSE, R. The singularities of gravitational collapse and cosmology. *Proc. Roy. Soc.*, Londres, A314, p.529-48, 1970.

HEBB, D. O. The problem of consciousness and introspection. In: DELAFRESNAYE, J. F. (ed.). *Brain mechanisms and consciousness*. Oxford: Blackwell, 1954.

HECHT, S.; SHLAER, S.; PIRENNE, M. H. Energy, quanta and vision. *J. of Gen. Physiol.*, 25, p.891-40, 1941.

HERKEN, R. (ed.). *The universal Turing machine*: a half-century survey. Hamburgo: Kammerer & Unverzagt, 1988.

HILEY, B. J.; PEAT, F. D. (ed.). *Quantum implications. Essays in honour of David Bohm*. Londres; Nova York: Routledge and Kegan Paul, 1987.

HODGES, A. P. *Alan Turing*: the Enigma. Londres: Burnett Books and Hutchinson; Nova York: Simon and Schuster, 1983.

HOFSTADTER, D. R. A conversation with Einstein's brain. In: HOFSTADTER, D. F.; DENNETT, D. C. (ed.). *The mind's I*. Harmondsworth, Middlesex: Basic Books, Inc.; Penguin Books, Ltd., 1981.

HOFSTADTER, D. R. *Gödel, Escher, Bach*: an eternal Golden braid. Hassocks, Sussex: Harvester Press, 1979.

HOFSTADTER, D. R.; DENNETT, D. C. (ed.). *The mind's I*. Harmondsworth, Middlesex: Basic Books, Inc.; Penguin Books, Ltd., 1981.

HUBEL, D. H. Eye, brain and vision. *Scientific American Library Series*, 22, 1988.

HUGGET, S. A.; TOD, K. P. *An introduction to twistor theory*. Textos para estudantes da London Math. Soc., Cambridge University Press, 1985.

JAYNES, J. *The origin of consciousness in the breakdown of the bicameral mind*. Harmondsworth, Middlesex: Penguin Books Ltd., 1980.

KANDEL, E. R. *The cellular basis of behavior*. San Francisco: Freeman, 1976.

KÁROLYHÁZY, F. Gravitation and quantum mechanics of macroscopic bodies. *Magyar Fizikai Folyóirat*, 12, p.24, 1974.

KÁROLYHÁZY, F.; FRENKEL, A.; LUKÁCS, B. *On the possible role of gravity on the reduction of the wave function*. In: PENROSE, R.; ISHAM, C. J. (ed.). *Quantum concepts in space and time*. Oxford University Press, 1986.

KEENE, R. Chess: Henceforward. *The Spectator*, 261 (n.8371), p.52, 1988.

KNUTH, D. M. *The art of computer programming*. Vol. 2, 2.ed. Reading, MA: Addison-Wesley, 1981.

KOMAR, A. B. Qualitative features of quantized gravitation. *Int. J. Theor. Phys.* 2, p.157-60, 1969.

KOMAR, A. B. Undecidability of macroscopically distinguishable states in quantum field theory. *Phys. Ver.*, 133B, p.542-4, 1964.

KUZNETSOV, B. G. *Einstein*: Leben, Tod, Unsterblichkeit (tradução para o alemão por H. Fuchs). Basileia: Birkauser, 1977.

LEDOUX, J. E. Brain, mind and language. In: OAKLEY, D. A. (ed.). *Brain and mind*. Londres; Nova York: Methuen, 1985.

LEVY, D. W. L. *Chess computer handbook*. Batsford, 1984.

LEWIS, D. Lucas Against mechanism II. *Can. J. Philos.*, 9, p.373-6, 1989.

LEWIS, D. Lucas Against mechanism. *Philosophy*, 44, p.231-3, 1969.

LIBET, B. Conscious subjective experience vs. unconscious mental functions: A theory of the cerebral process involved. In: COTTERILL, R. M. J. (ed.). *Models of brain function*. Cambridge: Cambridge University Press, 1989, p.35-43.

LIBET, B. Consciousness: Conscious subjective experience. In: ADELMAN, G. (ed.). *Encyclopedia of neuroscience*, Vol. 1. Birkhauser, 1987, p.271-5.

LIBET, B.; WRIGHT JR., E. W.; FEINSTEIN, B.; PEARL, D. K. Subjective referral of the timing for a conscious sensory experience. *Brain*, 102, p.193-224, 1979.

LORENZ, K. *Apud* WENDT, H. *From ape to Adam*. Indianapolis: Bobbs Merrill, 1972.
LUCAS, J. R. Minds, machines and Gödel. *Philosophy*, 36, p.120-4, 1961; reimpresso em ANDERSON, A. R. *Minds and machines*. Englewood Cliffs, 1964.
MACKAY, D. Divided brains: divided minds? In: BLAKEMORE, C.; GREENFIELD, S. (ed.). *Mindwaves*. Oxford: Basil Blackwell, 1987.
MAJORANA, E. Atomi orientati in campo magnetico variabile. *Nuovo Cimento*, 9, p.43-50, 1932.
MANDELBROT, B. B. Fractals and the rebirth of iteration theory. In: PEITGEN, H. O.; RICHTER, P. H. *The beauty of fractals*: images of complex dynamical systems. Berlim: Springer-Verlag, 1986, p.151-60.
MANDELBROT, B. B. Some "facts" that evaporate upon examination. *Math. Intelligencer*, 11, p.12-16, 1989.
MAXWELL, J. C. A dynamical theory of the electromagnetic field. *Philos. Trans. Roy. Soc.*, Londres, 155, p.459-512, 1865.
MERMIN, D. Is the moon there when nobody looks? Reality and the quantum theory. *Physics Today*, 38 (n.4), p.38-47, 1985.
MICHIE, D. The fifth generation's unbridged gap. In: HERKEN, R. (ed.). *The universal Turing machine*: a Half-century survey. Hamburgo: Kammerer & Unverzagt, 1988.
MINSKY, M. L. Matter, mind and models. In: MINSKY, M. L. (ed.). *Semantic information processing*. Cambridge, Massachusetts: MIT Press, 1968.
MIWSNER, C. W. Mixmaster universe. *Phys. Ver. Lett.*, 22, p.1071-4, 1969.
MORAVEC, H. *Mind children*: the future of robot and human intelligence. Harvard University Press, 1989.
MORUZZI, G.; MAGOUN, H. W. Brainstem reticular formation and activation of the EEG. *Electroencephalography and Clinical Neurophysiology*, 1, p.455-73, 1949.
MOTT, N. F. The wave mechanics of -ray tracks. In: WHEELER, J. A.; ZUREK, W. H. (ed.). *Quantum theory and measurement*. Princeton University Press, 1983; originalmente em *Proc. Roy. Soc.*, Londres, A126, p.79-84, 1929.
MOTT, N. F.; MASSEY, H. S. W. Magnetic moment of the electron. In: WHEELER, J. A.; ZUREK, W. H. (ed.). *Quantum theory and measurement*. Princeton University Press, 1983; originalmente In: MOTT, N. F.; MASSEY, H. S. W. *The theory of atomic collisions*. Oxford: Clarendon Press, 1965.
MYERS, D. Nonrecursive tilings of the plane, II. *J. Symbolic Logic*, 39, p.286-94, 1974.
MYERS, R. E.; SPERRY, R. W. Interocular transfer of visual form discrimination habit in cats after section of the optic chiasm and corpus callosum. *Anatomical Record*, 175, p.351-2, 1953.
NAGEL, E.; NEWMAN, J. R. *Gödel's proof*. Routledge & Kegan Paul Ltd., 1958.
NELSON, D. R.; HALPERIN, B. I. Pentagonal and icosahedral order in rapidly cooled metals. *Science*, 229, p.233, 1985.
NEWTON, I. *Opticks*, 1730. Dover, Inc., 1952.
NEWTON, I. *Principia*. Cambridge University Press, 1687.
O'CONNEL, K. Computer Chess. *Chess*, 15, 1988.
O'KEEFE, J. Is consciousness the gateway to the hippocampal cognitive map? A speculative essay on the neural basis of mind. In: OAKLEY, D. A. (ed.). *Brain and mind*. Londres; Nova York: Methuen, 1985.

OAKLEY, D. A. (ed.). *Brain and mind*. Londres; Nova York: Methuen, 1985.

OAKLEY, D. A.; EAMES, L. C. The plurality of consciousness. In: OAKLEY, D. A. (ed.). *Brain and mind*. Londres; Nova York: Methuen, 1985.

ONODA, G. Y.; STEINHARDT, P. J.; DIVINCENZO, D. P.; SOCOLAR, J. E. S. Growing perfect quasicrystals. *Phys. Ver. Lett.*, 60, p.2688, 1988.

OPPENHEIMER, J. R.; SNYDER, H. On continued gravitational contraction. *Phys. Ver.*, 56, p.455-9, 1939.

PAIS, A. "*Subtle is the Lord* ...": the Science and the life of Albert Einstein. Oxford: Clarendon Press, 1982.

PARIS, J.; HARRINGTON, L. A mathematical incompleteness in Peano arithmetic. In: BARWISE, J. (ed.). *Handbook of mathematical logic*. Amsterdã: North-Holland, 1977.

PEARLE, P. Combining stochastic dynamical state-vector reduction with spontaneous localization. *Phys. Rev. A.*, 39, p.2277-89, 1989.

PEARLE, P. Models for reduction. In: ISHAM, C. J.; PENROSE, R. (ed.). *Quantum concepts in space and time*. Oxford University Press, 1985.

PEITGEN, H.-O.; RICHTER, P. H. *The beauty of fractals*. Berlim; Heidelberg: Springer-Verlag, 1986.

PEITGEN, H.-O.; SAUPE, D. *The Science of fractal images*. Berlim: Springer-Verlag, 1988.

PENFIELD, W.; JASPER, H. Highest level seizures. *Research Publications of the Association for Research in Nervous and Mental Diseases*, Nova York, 26, p.252-71, 1947.

PENROSE, R. Difficulties with inflationary cosmology. In: FENYVES, E. J. (ed.). *Fourteenth Texas Symposium on Relativistic Astrophysics*, NY Acad. Sci., Nova York, 571, p.249-64, 1989b.

PENROSE, R. Einstein's vision and the mathematics of the natural world. *The Sciences*, 6-9, mar. 1979a.

PENROSE, R. Gravitational collapse and space-time singularities. *Phys. Rev. Lett.*, 14, p.57-9, 1965.

PENROSE, R. Newton, quantum theory and reality. In: HAWKING, S. W.; ISRAEL, W. (ed.). *300 years of gravitation*. Cambridge University Press, 1987a.

PENROSE, R. Quantum Physics and Conscious Thought. In: HILEY, B. J.; PEAT, F. D. (ed.). *Quantum implications*: Essays in honour of David Bohm. Londres; Nova York: Routledge and Kegan Paul, 1987b.

PENROSE, R. Singularities and time-asymmetry. In: HAWKING, S. W.; ISRAEL, W. (ed.). *General relativity*: An Einstein centenary. Cambridge University Press, 1979b.

PENROSE, R. The role of aesthetics in pure and Applied mathematical research. *Bull. Inst. Math. Applications*, 10, n.7/8, p.266-71, 1974.

PENROSE, R. Tilings and quasi-crystals: a non-local growth problem? In: JARIČ, M. (ed.). *Aperiodicity and order* 2. Nova York: Academic Press, 1989a.

PENROSE, R.; RINDLER, W. *Spinors and space-time*, Vol. 1: *Two-spinor calculus and relativistic Fields*. Cambridge University Press, 1984.

PENROSE, R.; RINDLER, W. *Spinors and space-time*, Vol. 2: *Spinor and twistors methods in space--time geometry*. Cambridge University Press, 1986.

POUR-EL, M. B.; RICHARDS, I. A computable ordinary differential equation which possesses no computable solution. *Ann. Math. Logic*, 17, p.61-90, 1979.

POUR-EL, M. B.; RICHARDS, I. *Computability in analysis and physics*. Nova York: Springer--Verlag, 1989.

POUR-EL, M. B.; RICHARDS, I. Noncomputability in models of physical phenomena. *Int. J. Theor. Phys.*, 21, p.553-5, 1982.

POUR-EL, M. B.; RICHARDS, I. The wave equation with computable initial data such that its unique solution is not computable. *Adv. In Math.*, 39, p.215-39, 1981.

RAE, A. *Quantum physics*: illusion or reality? Cambridge University Press, 1986.

RESNIKOFF, H. L.; WELLS JR., R. O. *Mathematics and civilization*. Mineola, NY: Dover Publications, Inc., 1973; reimpresso com adições em Nova York: Holt, Rinehart e Winston, Inc., 1984.

RINDLER, W. *Essential relativity*. Nova York: Springer-Verlag, 1977.

RINDLER, W. *Introduction to special relativity*. Oxford: Clarendon Press, 1982.

ROBINSON, R. M. Undecidability and nonperiodicity for tilings of the plane. *Invent. Math.*, 12, p.177-209, 1971.

ROUSE BALL, W. W. *Calculating prodigies*. In: *Mathematical recreations and essays*, 1892.

RUCKER, R. *Infinity and the mind*: the Science and philosophy of the infinite. Londres: Palading Books; Granada Publishing Ltd., 1984 (publicado primeiramente por Boston, Massachusetts: Birkhauser Inc., 1982.).

SACHS, R. K. Gravitational waves in general relativity. VIII. Waves in asymptotically flat space-time. *Proc. Roy. Soc. London*, A270, p.103-26, 1962.

SCHANK, R. C.; ABELSON, R. P. *Scripts, plans, goals and understanding*. Hildsdale, NJ: Erlbaum, 1977.

SCHRÖDINGER, E. "What is life?" and "Mind and matter". Cambridge University Press, 1967.

SCHRÖDINGER, E. Die gegenwärtige Situation in der Quanten-mechanik. Naturwissenschaften, 23, p.807-12, 823-8, 844-9, 1935. (Tradução para o inglês por J. T. Trimmer, *Proc. Amer. Phil. Soc.*, 124, p.323-38, 1980.) In: WHEELER, J. A.; ZUREK, W. H. (ed.). *Quantum theory and measurement*. Princeton University Press, 1983.

SEARLE, J. Minds, brains and programs. *The behavioral and brain sciences*, Vol. 3. Cambridge University Press, 1980; reimpresso In: HOFSTADTER, D. R.; DENNETT, D. C. (ed.). *The mind's I*. Harmondsworth, Middlesex: Basic Books, Inc.; Penguin Books, Ltd. 1981.

SEARLE, J. R. Minds and brains without programs. In: BLAKEMORE, C.; GREENFIELD, S. (ed.). *Mindwaves* Oxford: Basil Blackwell, 1987.

SHECHTMAN, D.; BLECH, I.; GRATIAS, D.; CAHN, J. W. Metallic phase with long-range orientational order and no translational symmetry. *Phys. Rev. Lett.*, 53, 1984.

SMITH, S. B. *The great mental calculators*. Columbia University Press, 1984.

SMORYNSKI, C. "Big" News from Archimedes to Friedman. *Notices Amer. Math. Soc.*, 30, p.2521-6, 1983.

SPERRY, R. W. Brain bisection and consciousness. In: ECCLESS, J. C. (ed.). *Brain and conscious experience*. Nova York: Springer, 1966.

SQUIRES, E. *The mystery of the quantum world*. Bristol: Adam Hilger Ltd., 1985.

SQUIRES, E. *To acknowledge the wonder*. Bristol: Adam Hilger Ltd., 1985.

TIPLER, F. J.; CLARKE, C. J. S.; ELLIS, G. F. R. Singularities and horizons: a review article. In: HELD, A. (ed.). *General relativity and gravitation*, Vol. 2, p.97-206. Nova York: Plenum Press, 1980.

TREIMAN, S. B.; JACKIW, R.; ZUMINO, B.; WITTEN, E. *Current algebra and anomalies, Princeton series in physics*. Nova Jersey: Princeton University Press, Princeton, 1985.

TURING, A. M. Computing machinery and intelligence. *Mind*, 59, p.236, 1950; reimpresso In: HOFSTADTER, D. R.; DENNETT, D. C. (ed.). *The mind's I*. Harmondsworth, Middlesex: Basic Books, Inc.; Penguin Books, Ltd., 1981.

TURING, A. M. On computable numbers, with an application to the Entscheidungsproblem. *Proc. Lond. Math. Soc. (ser. 2)*, 42, p.230-65; uma correção em 43, p.544-6, 1937.

TURING, A. M. Systems of logic based on ordinals. *P. Lond. Math. Soc.*, 45, p.161-228, 1939.

VON NEUMANN, J. *Mathematical foundations of quantum mechanics*. Princeton University Press, 1955.

WALTZ, D. L. Artificial intelligence. *Scientific American*, 247 (4), p.101-22, 1982.

WARD, R. S.; WELLS JR., R. O. *Twistor geometry and field theory*. Cambridge University Press, 1990.

WEINBERG, S. *The first three minutes*: A modern view of the origin of the universe. Londres: André Deutsch, 1977.

WEISKRANTZ, L. Neuropsychology and the nature of consciousness. In: BLAKEMORE, C.; GREENFIELD, S. (ed.). *Mindwaves*. Oxford: Blackwell, 1987.

WESTFALL, R. S. *Never at rest*. Cambridge University Press, 1980.

WHEELER, J. A. Law without law. In: WHEELER, J. A.; ZUREK, W. H. (ed.). *Quantum theory and measurement*. Princeton University Press, 1983, p.182-213.

WHEELER, J. A.; FEYNMAN, R. P. Interaction with the absorber as the mechanism of radiation. *Revs. Mod. Phys.*, 17, p.157-81, 1945.

WHEELER, J. A.; ZUREK, W. H. (ed.). *Quantum theory and measurement*. Princeton University Press, 1983.

WHITTAKER, E. T. *The history of the theories of aether and electricity*. Londres: Longman, 1910.

WIGNER, E. P. *Remarks on the mind-body question*. In: GOOD, I. J. (ed.). *The scientist speculates*. Londres: Heinemann, 1961; reimpresso In: WIGNER, E. *Symmetries and reflections*. Bloomington: Indiana University Press, 1967, e In: WHEELER, J. A.; ZUREK, W. H. (ed.). *Quantum theory and measurement*. Princeton University Press, 1983.

WIGNER, E. P. The unreasonable effectiveness of mathematics. *Commun. Pure Appl. Math.*, 13, p.1-14, 1960.

WILL, C. M. Experimental gravitation from Newton's Principia to Einstein's general relativity. In: HAWKING, S. W.; ISRAEL, W. (ed.). *300 years of gravitation*. Cambridge University Press, 1987.

WILSON, D. H.; REEVES, A. G.; GAZZANIGA, M. S.; CULVER, C. Cerebral commissurotomy for the control of intractable seizures. *Neurology*, 27, p.708-15, 1977.

WINOGRAD, T. Understanding natural language. *Cognitive Psychology*, 3, p.1-191, 1972.

WOOTTERS, W. K.; ZUREK, W. H. A single quantum cannot be cloned. *Nature*, 299, p.802-3, 1982.

Índice remissivo

SOBRE O LIVRO

Formato: 16 x 23 cm
Mancha: 27,9 x 43,9 paicas
Tipologia: Iowan Old Style 10/14
Papel: Off-white 80 g/m² (miolo)
Cartão Supremo 250 g/m² (capa)

1ª edição Editora Unesp: 2023

EQUIPE DE REALIZAÇÃO

Edição de Texto
Márcio Della Rosa (copidesque)
Marcelo Porto (revisão)

Capa
Marcelo Girard

Editoração eletrônica
Eduardo Seiji Seki

Assistência editorial
Alberto Bononi
Gabriel Joppert

Rettec artes gráficas e editora

Rua Xavier Curado, 388 • Ipiranga - SP • 04210 100
Tel.: (11) 2063 7000
rettec@rettec.com.br • www.rettec.com.br